普通高等教育测绘类规划教材

工 程 测 量 学

Engineering Surveying

（第四版）

陈永奇 主 编

测 绘 出 版 社

· 北京 ·

内容提要

本书根据工程建设中的规划设计、建筑施工、运营管理3个阶段对测量工作的不同要求,系统地叙述了地面、水下地形信息以及有关专题信息的获取、施工测量、变形观测及工业设备形位检测的理论、方法和技术。工程测量服务对象很广,本书着重共性部分,对一些重点有特色的工程作为例子介绍。书中内容兼顾国际上工程测量技术的先进性和国内生产的实用性。

本书为高等学校测绘工程专业的教材,同时也适合广大工程测量人员参考。

图书在版编目(CIP)数据

工程测量学 / 陈永奇主编. -- 4版. -- 北京:测绘出版社,2016.5 (2021.12重印)
普通高等教育测绘类规划教材
ISBN 978-7-5030-3942-3

Ⅰ. ①工… Ⅱ. ①陈… Ⅲ. ①工程测量-高等学校-教材 Ⅳ. ①TB22

中国版本图书馆CIP数据核字(2016)第099977号

责任编辑 贾晓林 **封面设计** 李 伟 **责任校对** 曹 平 **责任印制** 陈姝颖

出版发行	测绘出版社	**电　　话**	010-68580735(发行部) 010-68531363(编辑部)
社　　址	北京市西城区三里河路50号	**网　　址**	www.chinasmp.com
邮政编码	100045	**经　　销**	新华书店
电子信箱	smp@sinomaps.com	**印　　刷**	北京建筑工业印刷厂
成品规格	184mm×260mm	**字　　数**	695千字
印　　张	28	**印　　次**	2021年12月第22次印刷
版　　次	2016年5月第4版	**定　　价**	49.00元
印　　数	96501-99500		

书　　号 ISBN 978-7-5030-3942-3
本书如有印装质量问题,请与我社发行部联系调换。

李青岳教授为本书第一版的主编，提出了“根据工程建设各个阶段的不同要求，叙述进行测量工作的理论与方法”的教材结构，这种“纵向处理”被实践证明是符合教学规律的。

谨向为本教材编写做出开创性贡献的李青岳教授致以崇高的敬意。

《工程测量学》编写、修订人员

第一版

（1984—1995）

主　　编：李青岳

执行主编：李青岳

参编人员（按姓氏笔画排序）：

李水清　李青岳　李宝桂　李裕忠　吴子安

吴栋材　虞定麒

修订版

（1995—2008）

主　　编：李青岳　陈永奇

执行主编：陈永奇

参编人员（按姓氏笔画排序）：

李宝桂　李裕忠　陈永奇　吴子安　吴栋材

张正禄　彭先进　虞定麒

第三版

（2008—2016）

主　　编：李青岳　陈永奇

执行主编：陈永奇

参编人员（按姓氏笔画排序）：

丁晓利　于胜文　田永瑞　孙现申　陈正阳

陈永奇　周兴华　黄　腾　潘正风　潘国荣

第四版

主　　编：陈永奇

参编人员（按姓氏笔画排序）：

丁晓利　于胜文　田永瑞　匡翠林　孙现申

陈永奇　周兴华　黄　腾　楼立志　潘正风

第四版前言

《工程测量学》(第三版)自2008年出版以来已印刷多次,在我国测量工程专业的教学和生产实践中发挥了重要作用。为了能更好地适应国内外测绘科学技术的发展以及满足国内工程测量生产的需要,在测绘出版社的鼓励和促进下我们对《工程测量学》(第三版)做了修订。在修订的过程中,我们广泛地征求了本书用户的意见,得到了很多很好的建议。本次修订是在第三版的基础上通过增加、删除和更新内容完成的。

本次修订工作由陈永奇组织,集体讨论,分工负责。参加编写的有香港理工大学陈永奇(绪论、第9章),武汉大学潘正风(第1章和第14章),长安大学田永瑞(第2章和第7章),海洋局第一海洋研究所周兴华(第3章),山东科技大学于胜文(第4章),同济大学楼立志(第5章和第6章),解放军信息工程大学孙现申和中南大学匡翠林(第8章和第10章),香港理工大学丁晓利(第11章和第12章),河海大学黄腾(第13章)。

修订工作得到作者所在单位的大力支持,得到本书用户的积极反馈和建议,我们在此表示衷心的感谢!

作　者

2015年8月

第三版前言

由李青岳、陈永奇主编的《工程测量学》(修订版)自1995年出版以来在我国测绘工程专业的教学中发挥了应有的作用。然而,十多年过去了,科学技术飞速发展,国内外工程测量工作的内容和方法也发生了显著的变化,因此原教材中的很多内容就显得陈旧了。在测绘出版社的鼓励和促进下,我们决定重新修订《工程测量学》(修订版),以适应时代的发展。经多年教学实践证明,原有的教材结构“根据工程建设不同阶段的不同要求,叙述进行测量工作的理论与方法”是合理的。因此,此次修订我们继续保留这种结构,但对原教材做了较大的修改、调整和补充。修订时既参考国际上工程测量的先进方法和手段,又兼顾国内工程的生产实际,力图做到将教材内容的先进性和实用性相结合。与修订版教材相比,这次修改的主要内容有:

(1)删去原教材第四篇“特种工程测量”,其相关知识分别安排在第二篇及第三篇;

(2)原教材第一、第二章合并为一章,即“工程建设中对地形图的要求和应用”;

(3)增加第四章“专题图测绘”;

(4)原教材第四至第七章保留,但对内容做了较大的修改;

(5)原教材第三章改为第二章,并对内容做了较大的修改;

(6)原教材第八、第九章合并为一章,即“地下工程施工测量”;

(7)原教材第十章改为“变形测量概述”;

(8)原教材第十一、第十二章合并为一章,即“垂直位移与水平位移观测”;

(9)在新版中增加第十一章“变形观测新技术”;

(10)删去原教材第十三章“应用地面摄影测量方法进行变形观测”,有些内容在“变形观测新技术”一章中有所体现;

(11)在新版中增加第十三章“变形观测工程实例”介绍,通过一些具体工程介绍变形观测的内容、仪器和方法;

(12)在新版中增加第十四章“工业设备形位检测”。

本教材修订工作由陈永奇组织,集体讨论,分工负责。参加编写的有陈永奇(绪论、第九章),潘正风(第一、十四章),田永瑞(第二、七章),周兴华(第三章),于胜文(第四章),潘国荣(第五、六章),陈正阳、孙现申(第八、十章),丁晓利(第十一、十二章),黄腾(第十三章)。

由于测绘技术发展很快,工程测量应用领域不断扩大,所以我们恳切希望使用本教材的教师和广大读者对本书提供宝贵意见,并对工程测量学课程内容的选择、深度和广度等各方面提出建议,以便再版时修正。

作　者
2007年7月

第二版前言

李青岳主编的《工程测量学》自1984年第一版以来，经各兄弟院校和我校工程测量和大地测量本科专业多年教学实践，证明了“根据工程建设不同阶段的不同要求，叙述进行测量工作的理论与方法”的教材结构，是符合教学规律的，因此修订版保留了原教材的结构处理原则。然而，随着科学技术的飞速发展，我国的工程测量工作也发生了显著的变化，因此原教材中一些内容就显得陈旧。为了适应当前《工程测量学》教改的形势，使教材更紧密结合教学与生产实际，在征得各方面意见后，对原教材内容做了较大的修改和调整。修订时充分兼顾到教材内容的先进性和实用性，修改的主要内容有：

1. 将原教材的第六、七章合并为一章“施工放样方法和精度分析”；

2. 原教材的第二、九、十四、十六章的内容修改量较大，重新调整了章、节，增加了理论分析和先进技术的内容；

3. 原教材的其他章、节内容，在知识面的深度与广度上也做了调整和修改，在兼顾我国生产技术状况不平衡的情况下，较好地处理了先进技术与传统测量方法之间的关系；

4. 本教材结构保留了原教材按工程建设各个阶段的测量内容进行讲解的处理原则(称为“纵向处理”)，这次修改时对于重点的、有特色的工程对象做了个别处理(称为“横向处理”)。

本教材修订工作由陈永奇组织，集体讨论，分工负责。参加编写的有李裕忠(绪论、第三、四、九章)、吴子安(第十、十二、十四章)、虞定麒(第一、五、十一章)、张正禄(第八章)、陈永奇(第十三章)、彭先进(第二章)、吴栋材(第六、十五章)、李宝桂(第七章)。各章编写完后，虞定麒负责第一篇初校，李裕忠负责第二篇初校，吴子安负责第三篇初校，张正禄负责第四篇初校。全书由陈永奇负责统一校订。

本书经全国测绘教材委员会审定，蒙卓健成、于来法教授审阅并提出许多宝贵意见，谨此致谢。

由于编者水平有限，教材中难免存在缺点，谨请读者批评和指正。

编　者

1993年10月

第一版前言

按照工程测量专业的教学计划,《工程测量学》是一门专业课程。它是在学习了《测量学》、《控制测量学》以及《摄影测量学》等课程以后,在四年级学习的课程。因而其内容主要在实用方面。也就是说,主要是根据工程建设各个阶段的不同要求,叙述进行测量工作的理论与方法,而对基本理论与基本操作则叙述较少。对于工程测量中的一些专用仪器以及与处理某些实际问题所涉及的理论,则做比较详细的叙述。

在编写过程中,我们曾到过一些生产单位进行参观学习,并收集和整理了一些资料,使这份教材能比较多地结合我国的生产实践。此外,还参考了有关院校的一些教材。在此,向这些单位的同志们表示深切的感谢。

本教材由李青岳同志主编。参加编写的还有李裕忠,吴子安、虞定麒、吴栋材、李宝桂、李水清等同志。孙桂芳、徐方等同志参加了绘图与誊写工作。

由于我们的水平所限和收集的资料不够多,教材中一定会有许多缺点,希望同志们给予批评和指正。

编　者

1982 年 2 月

目 录

绪　论

测量学是人类从生产实践中发展起来的一门历史悠久的科学，是人类与大自然做斗争的一种手段。翻开人类历史，在文化最早发达的地区，都有测量工作的史实记载。早在公元前27世纪，埃及大金字塔的建设，其形状与方向都很准确，这说明当时已有放样的工具和方法。公元前14世纪，在幼发拉底河与尼罗河流域，曾进行过土地边界的测定。在我国汉代司马迁的《史记》中，对夏禹治水，有“陆行乘车，水行乘船，泥行乘橇，山行乘檋，左准绳，右规矩，载四时，以开九州，通九道，陂九泽，度九山”等勘测情况的记录。这些实际上都是工程测量的内容。随着历史文化的发展、科学技术的进步，工程建设的项目越来越多，规模越来越大，内容越来越复杂，对测量工作的要求也越来越高，这就在测绘科学这个领域内渐渐地形成了“工程测量学”这门学科。目前，国内外测绘专业都有工程测量学这门课程。国内大多数测量工程专业都以培养工程测量人才作为目标。国际测量师联合会（Fédération Internationale des Géomètres，FIG）中设有工程测量专业委员会（第六委员会），以便在世界范围内交流这门学科的成就，探讨它的发展方向。

工程测量的内容，如果按照其服务的对象来讲，它包括工业建设测量、矿山测量、铁路公路测量、桥梁测量、隧道及地下工程测量、水利工程建设测量、输电线路与输油管道测量、军事工程测量、港口与水下工程建设测量以及城市建设测量等。为各项工程建设服务的测量工作，各有其特点与要求，但从其基本原理与基本方法来看，又有很多共同之处。因此，也可以不分工程的种类，而按照工程建设中测量工作进行的次序以及所用的测量理论作业方法的性质，综合地讲述工程测量学的内容。本教材基本上是采用这种方式编写的。一般的工程建设，基本上可以分为三个阶段，即规划设计阶段、施工阶段和运营管理阶段。现将各个阶段的测量工作概述如下：

工程建设规划设计阶段的测量工作。每项工程建设都必须按照自然条件和预期目的，进行规划设计。在这个阶段中的测量工作，主要是提供各种比例尺的地形图，另外还要为工程地质勘探、水文地质勘探以及水文测验等进行测量。对于重要的工程（如某些大型特种工程）或在地质条件不良的地区（如膨胀土地区）进行建设，则还要对地层的稳定性进行观测。

工程建设施工阶段的测量工作。每项工程建设的设计，经过讨论、审查和批准之后，即进入施工阶段。这时，首先要将所设计的工程建筑物，按照施工的要求在现场标定出来（即所谓定线放样），作为实地施工的依据。为此，要根据工地的地形、工程的性质以及施工的组织与计划等，建立不同形式的施工控制网，作为定线放样的基础。然后再按照施工的需要，采用各种不同的放样方法，将图纸上所设计的内容测设到实地。所以这一部分就包括了施工控制网的建立和定线放样工作两大部分。此外，有时还要进行一些施工中的质量监测、竣工测量、变形观测以及设备的安装等测量工作。

工程建设运营管理阶段的测量工作。在工程建筑物运营期间，为了监视其安全和稳定的情况，了解其设计是否合理，验证设计理论是否正确，需要定期地对其位移、沉陷、倾斜以及摆动等进行监测。这些工作，就是通常所说的工程建筑物的变形监测。对于大型的工业设备，还要进行经常性的检测和调校，以保证其按设计安全运行。另外，还要为运营管理的科学化建立各种信息系统。

由此可见，工程测量学是研究各项工程在规划设计、施工建设和运营管理阶段所进行的各种测量工作的学科。它与其他测量学科的关系非常密切。例如，在测绘工程专业教学计划中所设置的“测量学(或数字测图原理与方法)”和“控制测量学(或大地测量学基础)”课程，其主要任务就是解决为工程建设的规划设计提供各种比例尺的地形图这个问题的。而在施工放样和变形观测方法的研究中，有很多方面也是建立在测量学和控制测量学的基础上的。此外，用摄影测量方法测绘地形图，现在已广泛地应用于工程建设的规划设计阶段。目前用航空摄影测量方法除了制作常规的线划地形图以外，还制作影像地图供设计时应用。用近景摄影测量的方法，还可以观测水流的形态及工程建筑物的变形(其中包括对于某些建筑物由于动荷载而发生的瞬间变形)。应用航空摄影测量进行铁路勘测选线，是行之有效的方法。航空摄影的数据还可以用来进行森林、土壤、地质等的判读，从而解决工程建设与资源勘查中的问题。用全球导航卫星系统(global navigation satellite system, GNSS)进行工程测量，涉及空间大地测量和重力测量等学科。在大型精密工程测量中，要顾及重力场的变化，也要用到重力测量学的知识。在工程运营管理阶段要建立各种信息系统，需要用到地理信息系统(geographic information system，GIS)的知识和工具。

因为工程测量是直接为工程建设服务的，所以工程测量工作者还必须具有一定的有关工程建设方面的知识。当为工程建设的规划设计进行勘测时，应该了解该项工程的作用、总体布置的特点以及它与周围环境的关系等；当为工程的施工进行定线放样时，必须了解工程的结构，掌握其各部分的关系，了解工程施工的步骤和方法与施工场地的布置情况，以便确定在现场应该放样的点和线，找出它们之间的关系，算出它们的平面与高程位置；设计图样是工程师的语言，一般的工程结构都是通过各种图纸来表示的，工程测量工作者必须善于识图和读图，才能正确执行定线放样任务；当进行变形观测时，为了合理地进行观测点和控制点的布置，确定观测的精度，选择观测的方法，以及合理地进行成果的整理与分析，都需要具备该项工程的构造及其使用情况的知识，特别是进行变形的物理解释研究变形的机理时，测量工作者需要具备岩土力学和土木工程结构的知识。因此，在工程建设的三个阶段中进行测量工作时，都需要有关工程知识，才能使测量工作有针对性，避免盲目性，才能与其他学科的专家有共同语言，紧密协作，从而合理地解决工程建设中的测量问题。

工程测量发展是由两方面的因素推动的：一方面，社会的发展为工程测量提出了新的任务和新的要求，使工程测量的领域不断扩大；另一方面，科学技术的发展，包括测绘学及其他学科的成就为工程测量的发展提供了新的方法、新的工具和手段。十多年来，工程测量的发展可归纳为以下几个方面。

(1)空间技术在工程测量中的应用与发展。

这里的空间技术是指卫星定位和卫星遥感。全球定位系统(Global Positioning System, GPS)的出现使定位、导航发生了革命性的变革。目前，GPS 伪距单点定位的精度为米级，载波相位精密单点定位为厘米级，差分 GPS 定位为亚米到米级，实时动态测量(real-time kinematic survey, RTK)为厘米级，而载波静态相对定位为毫米级或更高。可以看出，GPS 定位技术可满足不同工程测量工作的要求。它为工程测量提供了崭新的技术手段。在工程控制测量、地形测绘、施工放样、竣工测量、变形监测及工程机械控制中都得到了广泛应用。目前，除GPS外，还有俄罗斯的格洛纳斯导航卫星系统(Global Navigation Satellite System, GLONASS)也可使用，我国的北斗卫星导航系统(BDS)和欧盟的伽利略卫星导航(Galileo)系统都在发展中，还有其他国家也在研发各自的卫星定位系统，这使卫星定位由依靠单一的美国GPS发展到利用各类卫星系统。导航卫星的组合使将来卫星定位精度更高，整周模糊度解算更方便，势必为工程测量的发展提供更有力的保证。

——卫星定位技术使传统控制测量发生显著的变化。由于卫星定位速度快、精度均匀、不需要站间通视、对控制网图形要求低等特点，已被广泛用于各类工程控制网建设。它彻底地改变了传统多级控制方法，可以减少控制级别，保证成果质量，提高控制网布设效率。近年来随着我国经济发展，大型和精密工程不断出现，如长江三峡工程、西气东输工程、南水北调工程、青藏铁路工程、高速铁路工程以及特长跨海大桥工程等，卫星定位技术在这些大型工程控制网建设中发挥着重要作用，为上述工程顺利进行提供了有力的技术保障。

——RTK技术提高了施工放样和细部测量的速度和精度。对于大型工程建设如大型桥梁、高速公路、铁路工程、水坝工程、大型建筑物及大型体育场馆等，由于建设场地大、建筑结构特异、施工复杂、工期紧，对施工的准确、快速、高效的要求越来越高。利用卫星定位技术，特别是高精度、RTK技术是大型工程建设施工放样的关键技术之一。例如，西气东输管道施工放样，要求长度超过6 000 km的输油管线，分多个施工段同时进行，利用GNSS技术既保证了自西向东控制网的精度和速度，也保证了输油管线施工放样的速度和精度。再如某跨海大桥长达38 km，大桥距海岸15 km，采用常规测量进行桥墩施工放样十分困难，而利用网络RTK技术，即可直接用于大桥桥墩施工放样，既快速又满足平面和高程精度的要求。一般把GNSS接收机安置在土方工程机械上或露天矿开采机械上，利用RTK技术配上相应的软件，能自动指导机械上操作人员的工作。另外，用RTK加上测图软件可方便地进行地形测图和工程的竣工测量。当然这些应用必须在开阔地区，GNSS接收机能接收到足够多卫星信号。

——建立城市连续运行参考站网和精化局部大地水准面。目前我国越来越多的城市建立了卫星定位参考网。城市参考站网络系统是在一个城市及其近邻地区建立若干覆盖所辖地区的连续运行基准站(continuously operating reference station, CORS)。这些站采集的数据通过通信网络传送到数据处理中心进行处理，然后再通过无线通信网或因特网为用户提供高精度、连续的空间定位服务，还可向导航、地震、气象、灾害防治等部门提供各种数据服务。由于参考站网是在一个城市、一个地区建立若干固定连续运行的卫星信号跟踪站，利用先进的通信网，统一进行卫星信号采集、处理，及向用户发播卫星信号、差分GPS或RTK差分信号，因此可以实现一网多用、节省投资、资源共享。这样参考站网不但可以实现城市控制网的功能，还可为市政工程、城市规划、工程施工放样、地理信息快速更新提供服务。其静态观测数据还可为地壳形变、地震监测、短期大气水汽含量监测服务。这种网也被称为卫星定位综合服务网。与之相联系的是局部大地水准面的精化。由于GNSS所测的高程是大地高，为了转化成水准测量的高程(GPS水准)，需要知道精密大地水准面高，这是精化局部大地水准面的主要目的。

——空间技术在变形监测中的应用。GNSS已越来越广泛地用于监测各类工程建筑物变形、地表沉降和滑坡。它可以周期性静态相对定位方式测量缓慢的变形，也可以动态定位方式测量快速的变形，如桥梁动态变形、高层建筑物摆动、海洋钻井平台变形等。另外，雷达干涉测量(interometry SAR, InSAR)技术也开始用于监测地面变形。InSAR是自20世纪60年代发展起来的一种遥感技术，是合成孔径雷达(synthetic aperture radar, SAR)遥感成像与电磁波干涉两大技术的融合。该技术使用微波雷达成像传感器对地表进行主动遥感成像，采用一系列数据处理方法，从雷达影像的相位信号中提取地面的地形或变形信息。InSAR 技术用于变形观测时，具有测量精度高(亚厘米到厘米级)、空间分辨率高(一米到数十米)、不受云雨天气制约等特点，在研究地面沉降以及山体滑坡等方面，已经表现出极好的应用前景。近年来，也开始研究用它监测建筑物(如桥梁)沉降，出现地基 InSAR 用于建筑物变形测量。

(2)数字测绘与空间信息系统技术的应用和发展。

我国数字测绘技术从 20 世纪 90 年代初开始，经过了 20 多年的发展，形成了自己的方法和多个具有自主版权的国产软件。数字测绘正在从二维向三维，并向信息测绘发展。城市、矿山及工业企业 GIS 系统已广泛应用，为科学合理的决策提供了依据。下面分别说明这些方面的现状和发展。

——数字测绘技术。

数字测绘技术已经普及，大比例尺地形图、地籍图、房产图、竣工图、地下管网图、导航电子地图等都已实现了数字化测绘，白纸测图方法已经淘汰。国内主要数字测图方案有：①全站仪技术。全站仪加上计算机以及带有地物编码的地形图绘图软件，形成一套完整的野外测图数据采集系统。针对不同的应用，还在测图软件的基础上开发了相应专业测绘软件，如房产测绘、竣工图测绘、地下管网图测绘等。②RTK 技术。GNSS RTK 定位加上计算机以及带有地物编码的地形图绘图软件形成一套基于卫星定位的野外测图系统，其测图软件还增加了坐标转换、地图投影以及测区大地水准数据库，以便进行高程系统转换。③遥感技术。通过遥感技术进行大比例尺测图。以轻型飞机、飞艇、气球及无人飞机为平台，实现低空摄影，获取大比例尺图像，制作大比例尺地形图。例如：国内有关部门进行轻型飞机大比例尺成图，完成了城镇 1∶1 000、1∶2 000 数字地图的制作；利用高分辨率卫星遥感影像(如 QuickBird)制作 1∶2 000 大比例尺地图或大比例尺地图修测；在大型工程(如香港国际新机场)建设期间，利用直升机进行低空摄影，获取数字地面模型(digital terrain model，DTM)，以计算土方工程量，一般 1~2 个星期重复一次。

上述测图系统还解决了与常用 GIS 系统的接口，实现了野外采集数据与 GIS 数据间的交换，使野外数字测图系统成为 GIS 系统前端数据获取的一个子系统。

快速移动测图 (mobile mapping)系统也发展得很快。20 世纪 90 年代初期，世界上第一台移动测图系统在北美问世，该系统在车上安有 GPS 接收机和惯性导航系统 (inertial navigation system，INS)用于定位，还装有 CCD(charge-coupled device)相机，用于获取影像。CCD 相机的姿态由 INS 测定。当车沿公路行驶时就能立即获取两边的地形、地物。还有用飞行器(直升机、无人飞机、飞艇等)作为运载工具，飞行器上装有 GNSS 接收机，用 RTK 技术进行飞机定位，装有相机，用于获取地形信息，相机的姿态由 INS 测定。利用无地面控制点的摄影测量原理就能进行大比例尺测图。目前还有机载激光扫描系统直接获取三维地形信息和构建三维城市。

——数字三维(虚拟)城市与建筑测绘。

现在城市规划、建筑设计正在推行三维规划和三维设计，因此建立城市或建筑物三维立体模型，实现可视化是今后一段时间城市测绘一项很重要的工作。三维建筑立体模型的构造相对简单，很多设计部门都已做到了，已有不少商用软件可实现该功能。而构造三维城市(或称虚拟城市)相对要复杂一些。目前常用的方案是利用大比例尺航空影像，进行三维量测或用机载激光扫描仪量测高程方向上的信息加上已有电子地图，利用“虚拟现实”软件构造城市三维图。国内外已有不少成功的例子，如虚拟伦敦、数字三维威海城市模型。

建筑测绘目前多采用地面摄影测量与激光扫描系统结合，激光扫描提供“点云”数字信息，摄影提供纹理信息。激光扫描是近几年发展比较快的系统，它是将高精度无合作目标激光测距仪与精确测角系统组合，配合水平和竖直方向伺服马达，组成了全自动化三维激光扫描系统。该技术可用于对古代建筑进行数字化保护研究，如制作古建筑真彩色数字三维模型、正射影像图、大木结构模型、平面图、立面图和剖面图，为古建筑大修工程的设计和数字化保护提供服务。

近年来发展的建筑物信息模拟（building information modeling，BIM）是一个值得注意的发展方向，应是测量工作者大有可为的领域。BIM 是建筑设施的物理和功能特性的数字表达，不仅包含几何信息，还包含建筑物单元空间关系、数量和质量、成本及厂家等信息。

——城市地下管线探测。

地下管线是城市基础设施的重要组成部分，是城市赖以生存和发展的基础，关系到城市经济的持续、稳定和健康发展，被人们称为城市的“血管”和“神经”，是城市发展的“生命线”。随着国民经济和城市建设的快速发展，城市管线的种类不断增多，很多城市架空管线也逐步转入地下，地下管线越来越复杂，长度也在快速增长。例如，北京和上海的地下管线总量都在10 万千米以上，中等城市都有几千千米。目前，随着城市化进程的加快，每年地下管线增量约10 万千米。地下空间规划设计、建设、管理，地下管线运行和维护管理以及城市应急管理等都需要现势、准确和完整的地下管线信息。地下管线信息的重要性以及地下管线的安全问题日益被城市各级政府部门重视。而地下管线探测、检测与评估是为摸清城市已有地下管线的现状，以及评估地下管线的风险服务的。

传统的地下管线探测仪采用电磁感应法，可以较好地探测金属管线。但对于非金属管线就无能为力了。探地雷达可以解决非金属管线的探测。探地雷达是通过发射高频宽频带电磁波，并接收来自地下介质面的反射波，根据接收到反射波的旅行时间、幅度与波形数据，解释推断地下介质结构。只要地下管线目标与周围介质之间存在足够的物性差异，就能通过探地雷达来进行探测。随着多频探地雷达仪器的应用，以及探地雷达仪器的轻便化和一体化，克服了传统探地雷达电磁波能量分散、探测深度浅、分辨率低的缺陷，提高了探地雷达的工作效率，使探地雷达日益成为快速、准确探测非金属地下管线的一种重要的技术手段。使用电子标识器为探测非金属地下管线提供了另一种方法。地下管线埋设时，根据地下管线的类型（如燃气、给水、排水、电力、通信等），在管线特征点处预埋相应种类的电子标识器，之后在地面通过便携式探测仪查找地下电子标识器时，探测仪先向地下发出一定频率的电磁波信号，当靠近标识器时，标识器会反射探测仪发出的信号，从而被探测仪发现接收，根据仪器音频和读数可准确获得管线平面位置和埋深的准确信息。使用带信息存储功能的电子标识器，在地面通过便携式探测器，除了读取其埋深信息外，还可读取管径、材质、建设年代、权属单位等属性信息。

声呐等检测技术已开始应用于城市排水管线的管道竣工验收、灾害调查、健康普查、管道移交检查以及管道修复后的质量检查等领域，为保障管道的安全高效运行提供了可靠的技术保障。人体电容和直流电压梯度（direct current voltage gradient，DCVG）等检测技术方法，已成功应用于城市燃气钢质管道的外防腐层缺陷检测；通过电磁法测量的管道电流来评价管段的外防腐层绝缘电阻技术也已取得实质性的进展，并已投入工程应用；外防腐层缺陷检测技术与气体泄漏检测技术的结合，可快捷、准确地查找燃气管道的泄漏点位置。外防腐层缺陷检测技术、绝缘电阻评价技术和气体泄漏检测技术的应用，为管道维护和修复计划制订，以及管道的安全评价提供了数据依据，为保障燃气管道的安全运行提供了技术支撑。区域漏水评价与诊断技术的进展，大幅度提高了供水管道泄漏点检测的效率和准确性。在一个特定的区域内，通过安置在供水管道上一定数量的声波采集器采集漏水声波，利用采集的声波资料进行分析，根据漏水声波的稳定性和连续性特点，可以有效地发现区域内的漏水异常。

——城市信息系统和应用。

20 世纪 90 年代初期，美国副总统戈尔在一次演讲中提出了“数字地球”的概念，此后数字中国、数字城市的热潮席卷全国。大到整个国家，小到城市都开始建立空间数据基础设施。目前国内很多城市都建立了城市基础地理信息系统，并在此基础上建立各种专题信息系统，如土地利用与管理系统、城市规划管理系统、房产信息管理与发布系统、地下管网信息系统等。这些系统为政府的科学决策提供了保证。今后的发展应该是各政府部门系统信息的共享和兼容，以避免重复采集信息，浪费资源，还要定期更新数据以保证信息的现势性。

基于城市基础地理信息系统而发展起来的专用信息系统，与定位和通信功能组合在一起是今后发展的重点，有很大的市场潜力。典型的例子有车辆导航系统、公共交通查询信息、基于位置服务(location-based service, LBS)系统等。

近年来，智慧城市的概念也成为各级政府关心和工作的一个重点。所谓智慧城市是指利用信息技术来解决城市面临的各种问题，如智能交通、基于位置服务、各种应急服务等，它是集地理(空间)信息系统、通信技术、定位和传感器技术、计算机技术、管理科学等的综合系统。智能城市系统能有效地管理交通，有效地控制污染，有效地稳定电网供电，即时定位和协调应急服务(如火灾、水灾、交通事故、急救等)，给市民和管理者提供更多的信息。智慧城市的建设是不断发展的过程，不可能一下子就完成。测绘人员在智能城市的建设中的作用是提供基础地理(空间)信息系统，重要的是保证信息的现势性，有时还要求实时性。

(3)变形监测理论和方法的当代发展。

变形监测是一项跨学科的研究，它研究变形信息的获取、分析和解释，以及预报变形的方法和理论。研究成果对了解变形机理以及预防自然灾害都有极其重要的意义。

随着国民经济建设的飞速发展以及改造自然的加速，超大型和超高建(构)筑物、大型桥梁、高速铁路、拦河大坝、地铁及超大型地下工程等不断出现，监测这些敏感建筑物的变形越来越重要。另外，已有的建筑物也随着使用时间而老化，其运行情况需要检测。目前国际上引入了“建筑物健康检测”的概念，可见其重要性非同一般。变形观测精度要求很高，一般要求都在 1 mm 左右，有的要求亚毫米。

变形观测除了采用常规的测量方法和仪器外，也采用专门的技术、仪器和工具，如准直仪、倾斜仪、应变仪等。近年来在监测方法和技术方面的进步主要有 GNSS 测量、InSAR 测量、光纤传感技术和自动跟踪的全站仪（测量机器人）。这些技术各有特点，有的可以连续监测，有的是周期性的；有的是监测离散点，有的是空域上连续；有的可以监测变形体外面，有的可以监测其内部。发展的趋势是一个变形观测系统中综合不同技术和方法。

变形观测的特点是变形量一般很小，而且观测数据带有误差。要在这种“信噪比”较小的观测成果中提取有用的变形信息，必须特别重视数据处理的方法。这里特别要提到的是用方差—协方差分量估计方法模拟测量误差，以及用有效的粗差定位、剔除的策略和技术以保证成果的质量。

变形分析包括变形的几何分析和物理解释。前者用于模拟变形的时空特性，后者是解释变形和引起变形原因之间的关系。变形的时空模拟是变形观测的热门研究课题，它的目标是有效地鉴别变形的空间特性和时间特性，以便用于变形预报。有一种变形分析的通用法，它可以处理任何形式的变形，也能综合处理不同种类的数据，包括常规测量方法所获得的几何观测量和用土工仪器所获得的几何和物理观测量。变形解释是要确定变形和变形原因之间的关系。常采用统计分析法，即分析变形量与外因之间的相关性来建立荷载与变形之间的数学模型。另外是其他学科专业人员采用的“确定函数法”，它利用变形体的几何和物理性质，以及应力一应变间的关系建立变形的预报模型。最新的进展是综合这两种方法，用变形观测数据来校正变形体几何物理参数，也叫变形反演。

(4)工业测量。

现代工业生产要求对产品的设计、仿真、生产的自动化流程，生产过程控制，产品质量检验与监控等进行快速的、高精度的测量和定位，并给出复杂形体的数字模型或运行轨迹等，这对工程测量提出了新的任务，兴起了工业测量，它介于测量和计量之间。工业测量技术发展很快，技术设备向自动化、智能化、信息化的方向迈进。下面介绍主要的工业测量系统。

——工业大地测量系统。工业大地测量系统发展最早，应用较广，主要是电子经纬仪角度交会原理。国内外研制了不少系统，用于不同的用途。坐标确定精度约为0.1 mm。激光跟踪仪测量原理和全站仪相同，也是直接测量目标的三维坐标，但它具有自动跟踪目标的功能。它的最大特点是精度高。这种仪器主要用在飞机制造、汽车制造、精密工业设备安装等方面。工业测量正在由静态测量向动态监测、自动控制方向发展，成为工业控制中一种重要手段。

——工业摄影测量系统。工业摄影测量系统是借助目标的影像，通过图像处理和摄影测量处理，获取目标的几何状态和运动状态。其优点是通过像片提供大量信息，施测周期短，可在瞬间完成测量全过程；可对动态目标进行测量，可多重摄影，有多余观测值，精度可靠，相对精度可达百万分之一。特别适用于待测点密集的目标，适用于目标环境不甚稳定，乃至剧烈变化的目标，如工业生产流水线上产品的快速检测。

——地面激光扫描系统。地面激光扫描系统有很多产品，它具有扫描范围大、速度快、分辨率高、建模快、拼接好的特点。激光扫描“点云”可再现所测物体的三维立体景观，可直接用于点的量测。利用拟合软件，点云可以转换成三维模型、二维平面图、等高线图或断面图。地面激光扫描系统的问世使三维工业测量系统加速向自动化、智能化、多用途方向发展。

在过去的几十年中，我国进行了大量的工程建设。在这些工程的规划设计、建筑施工与运营管理中，都进行了大量工程测量工作，积累了丰富的经验。现在，全国上下正在加快建设具有中国特色的社会主义，为实现我国的工业、农业、国防与科学技术的现代化而努力奋斗。工程建设的项目与日俱增，对测量工作的要求也日益提高。我们应该及时地学习有关的新知识与新技术，研究和解决新的问题，总结生产实践中的经验，不断地丰富工程测量学的内容，把这门学科向前推进。

第1篇 工程建设中地形信息的获取和应用

第1章 工程建设对地形图的要求与应用

1.1 地形图在工程建设规划设计阶段的作用

一般的工程建设可分为规划设计、建筑施工和运营管理三个阶段。为进行工程建设的规划设计，必须对工程建设所在地的地形、地质和水文地质条件等有充分的了解，为此要进行勘查工作，其中测绘工作主要是地形图的测绘，为工程建设的规划设计提供地形图。

工程建设的规划设计通常可分选址、初步设计和施工设计三个阶段。各阶段设计的目的及任务不同，内容也有所不同，而就与测绘工作的关系来说，其各设计阶段涉及地域的大小不同，对地形信息详细程度的要求不同，因而各设计阶段所需地形图比例尺的大小也不同。在选址和初步设计阶段一般使用 1∶5 000 至 1∶10 万的地形图，我国大部分地区已测制了比例尺为 1∶1 万至 1∶5 万的地形图，在选址和初步设计阶段应尽量利用已有的地形图。在施工设计阶段需要详细设计各建筑物的细部，要求更大比例尺的地形图，比例尺为 1∶500 至 1∶2 000 的地形图。这些地形图通常是按照设计需要的范围实地进行测绘，大面积的测图(如大型水利枢纽、铁路)采用摄影测量方法，而中小范围的测图通常采用地面数字测图方法。

测绘资料要满足工程建设规划设计的需要，其主要质量标准是：地形图的精度、比例尺的合理选择和测绘内容的取舍适度等。要合理解决这些问题，使得既能充分满足规划设计的要求，又能使测绘工作经济合理，这就要根据设计工作所使用地形资料的具体情况进行分析，制订测绘计划。而由于各类工程建设的内容、规模等存在较大差异，规划设计对地形图的要求也不尽相同，现分述如下。

1.1.1 水利枢纽工程

我国蕴藏着极为丰富的水利资源，为开发与利用水利资源，必须兴建水工建筑物，如拦河坝、水闸、船闸、渠道、运河、港口码头等。对于一条河流或一个流域而言，首先应该有一个综合开发利用的全面规划，进行梯级开发，合理地选择水利枢纽的位置和分布，以使其在发电、航运、防洪及灌溉等方面都能发挥最大的效益。这时应该有全流域的比例尺为 1∶5 万或 1∶10 万的地形图，以及水面和河底的纵断面图，以便研究河谷地貌的特点，探讨各个梯级中水利枢纽水头的高低、发电量的大小、回水的分布情况以及流域的面积与水库的库容等，并确定各主要水利枢纽的形式和建造的先后次序。

对于某一个水利枢纽工程而言，拦河坝是一项主要工程，坝址的选择主要取决于地形和地质条件，河谷最窄而岩层良好的河段是最可能建坝的地方。建坝以后，在河流的上游形成水库。水库的库容与淹没面积的大小取决于地形与蓄水高度。为了进行水库的设计，要采用比例尺为 1∶1 万至 1∶5 万的地形图，以确定水库的淹没面积、库容和有效库容，制订库区居民的迁移和交通线改建规划，设计库岸的防护工程、航道及码头的位置。在研究这些问题时对地形图的要求并不完全一致，有些项目（如计算库容）需要整个库区范围内同一精度的地形图，而另一些项目（如防护工程的设计）则需要局部地区有较高精度的地形图。因此，为了满足各种用图项目的需要，测图工作应该有计划有区别地进行。

在水利枢纽工程的初步设计阶段，在可能布设枢纽工程的全部地区，也应有比例尺为1∶1万的地形图，以便正确地选择坝轴线的位置。坝轴线选定以后，就应在这个划定的枢纽布设地区提供比例尺为1∶2 000至1∶5 000的地形图，以研究枢纽工程主要建筑物的布置方案。这些主要建筑物包括拦河坝、发电厂、通航建筑物、交通运输线、施工围堰和导流建筑物、住宅区以及其他的辅助建筑物。在施工设计阶段，在坝区、厂房地区、船闸闸室、引水渠渠道以及引水隧洞的进口等处应测绘比例尺为1∶1 000（有时需1∶500）的地形图，以便详细地设计该工程各部分的位置与尺寸。

1.1.2 城市及工业企业建设

城市建设是按照城市的总体规划和详细规划进行的。对于城市总体规划、工程项目规划设计，需要比例尺为1∶5 000至1∶1万的地形图。对于小区规划、工程项目的初步设计需要比例尺为1∶2 000的地形图。对于工程项目的施工设计需要比例尺为1∶500或1∶1 000的地形图。城市地下铁道工程除需要地面地形图外，还需要沿线的地下管线测量资料。为满足城市建设的需要，城市地形图必须经常进行更新。

在工业企业的建筑设计中，各种大比例尺地形图是必不可少的基础资料之一。在改建、扩建现有的工业企业时，还需提供一些已有建筑物轮廓点的解析坐标和高程。在总平面图设计时，必须考虑地形条件，安排好各建筑物之间的相互关系。地形图资料是设计定点、定位、定向、定坡以及计算工程量的主要依据。设计人员只有全面掌握了正确可靠的自然地理、资源以及经济条件等基础资料后，才有可能根据工艺流程和投资限额，正确合理地进行设计。因此，基础资料是否正确和适用，将直接影响到工业企业的设计质量。

1.1.3 铁路、公路及桥隧工程建设

铁路、公路建设的最初阶段是收集有关设计线路方案的资料，需要的地形资料是比例尺为1∶1万至1∶5万的地形图。经方案研究，提出方案研究报告，确定可能的几个线路方案。方案确定后，即进行线路勘测设计工作，其中测量分为初测和定测。初测通常采用摄影测量方法，测绘比例尺为1∶2 000的地形图。定测中要进行中线测量和线路的纵横断面图测绘。关于线路勘测将在第2章中详细叙述。

隧道和桥梁一般是铁路、公路线上的关键性工程。对于中小型桥隧工程，往往先决定线路方向和位置，再考虑地形、地质条件，然后确定桥梁与隧道的位置。而大型桥隧工程，首先要考虑地形、地质及水文等条件来确定它们的位置，然后再决定与它们连接路线的走向及位置。对于大型桥梁，首先在比例尺为1∶1万至1∶5万的地形图上研究，然后结合实地踏勘，提出桥址的几个可能的比较方案。在初步设计阶段，其目的是要对几个可能的比较方案进一步加以比较，以确定一个最优的设计方案。为此，需要提供更为详细的地形、水文及其他资料，作为方案比较的依据，同时也供设计桥梁及其附属结构物之用。为设计桥梁需要提供的地形资料包

括桥渡线跨河长度、桥址纵断面图、比例尺为1∶2 000至1∶1万的桥渡位置图、比例尺为1∶500至1∶2 000的桥址地形图及水下地形图。

城市地下铁道工程建设的初步设计阶段,采用比例尺为1∶2 000或1∶5 000的城市地形图,以选定线路的布置。对于地铁车站、竖井以及用明挖法施工地区,还需要该地区的比例尺为1∶500的地形图。为了施工设计,要沿着设计线路施测比例尺为1∶500的带状地形图和地下管线图。

1.1.4　矿山建设

在矿山建设中,工业场地的布置、地质填图都需要大比例尺地形图。地形图是地质填图的底图,将地质要素及工程位置用相应的符号展绘在地形图上,按地质点圈绘地质界线,形成地形地质图。在地形地质图上做剖面,进行储量计算,同时把地下资源的质量、储量、范围搞清楚,绘制成矿图,作为采矿设计的依据。通常用比例尺为1∶1 000至1∶5 000的图进行储量计算和提交地质报告,用比例尺为1∶500或1∶1 000的图进行工业场地的布置,用比例尺为1∶500的图进行井口设计和地下巷道布置。

1.1.5　港口码头建设

港口码头的设计一般分为两个阶段,即初步设计阶段和施工设计阶段。在初步设计阶段,需要有关地区的比例尺为1∶1 000或1∶2 000的陆上地形图和水下地形图,以便布置铁路枢纽、仓库、码头、船坞、防波堤以及其他一些附属建筑物,并且进行方案比较。在施工设计阶段采用比例尺为1∶500或1∶1 000的地形图,以便进一步精确地确定建筑物的位置和尺寸。

目前,工程建设规划设计大多采用计算机辅助设计,因此,为工程建设规划设计所提供的地形图也需要数字地形图。现在地面测图和摄影测量测图都已采用数字测图方法,测制的地形图就是数字地形图。对于原来测制在图纸上的地形图可采用地形图数字化的方法,生成数字地形图。在很多设计部门已建立了工程信息系统,如城市地理信息系统、矿山地理信息系统等,测绘资料是工程信息系统的一个子系统。

1.2　大比例尺地形图的精度分析

在工程建设中,工程规划或方案设计所用的地形图比例尺较小,通常利用现有的地形图资料,而一般工程勘测所进行的测图工作,绝大多数是为满足初步设计和施工设计所需要的大比例尺地形图。针对这种情况,这里仅讨论大比例尺(1∶500、1∶1 000、1∶2 000)地形图的精度。

1.2.1　现行规范对大比例尺地形图精度的规定

《工程测量规范》(GB 50026—2007)规定地形图的精度:地形图图上地物点相对于邻近图根点的位置中误差应符合表1.1的规定。

表1.1　图上地物点的点位中误差

区域类型	点位中误差/mm
一般地区	0.8
城镇建筑区、工矿区	0.6
水域	1.5

等高(深)线的插求点相对于邻近图根点的高程中误差，应符合表1.2的规定。

表1.2　等高(深)线的插求点的高程中误差

一般地区	地形类别	平坦地	丘陵地	山地	高山地
	高程中误差/m	$h/3$	$h/2$	$2h/3$	h
水域	水底地形倾角	$\alpha<3°$	$3°\leqslant\alpha<10°$	$10°\leqslant\alpha<25°$	$\alpha\geqslant25°$
	高程中误差/m	$h/2$	$2h/3$	h	$3h/2$

注：h为地形图的基本等高距，单位为m。

工矿区细部坐标点的点位和高程中误差，应符合表1.3的规定。

表1.3　细部坐标点的点位和高程中误差

地物类别	点位中误差/cm	高程中误差/cm
主要建(构)筑物	5	2
一般建(构)筑物	7	3

《城市测量规范》(CJJ 8—2011)规定地形图的精度：图上地物点相对于邻近平面控制点的点位中误差和地物点相对于邻近地物点的间距中误差，应符合表1.4的规定。森林、隐蔽等特殊困难地区，可放宽0.5倍。

表1.4　地物点相对于邻近平面控制点的点位中误差和地物点相对于邻近地物点的间距中误差

地形类别	地物点相对于邻近平面控制点的点位中误差/mm	地物点相对于邻近地物点的间距中误差/mm
平地、丘陵地	≤0.5	≤0.4
山地、高山地	≤0.75	≤0.6

等高线插求点相对于邻近图根点的高程中误差，应符合表1.5的规定。

表1.5　等高线插求点相对于邻近图根点的高程中误差

地形类别	平地	丘陵地	山地	高山地
高程中误差/m	$\leqslant h/3$	$\leqslant h/2$	$\leqslant 2h/3$	$\leqslant h$

注：h为地形图的基本等高距，单位为m。

城镇居住区的地形图，要求提供给各部门使用，保留时间长达数十年。这种图需要经常修测，要求原图精度略有储备。城镇居住区应保留的建筑物对新建筑物的制约是比较强的，则要求图面位置较准确，以避免与设计的间距连接关系有较大出入。工程建设应用的大比例尺地形图往往用作土方计算，这要求地表高程点有较高的高程精度。

1.2.2　地面数字测图的地形图精度

地形图平面位置的精度可用地物点相对于邻近点图根点的点位中误差来衡量。数字测图采用全站仪按极坐标法或采用GPS RTK方法测定地物点的坐标。全站仪按极坐标法测定

地物点的点位中误差为

$$m_P = D\sqrt{\left(\frac{m_D}{D}\right)^2 + \left(\frac{m_\beta}{\rho}\right)^2}$$

式中，D 为地物点至测站的距离，$\frac{m_D}{D}$ 为测距相对中误差，m_β 为测角中误差。当 $D = 100$ m，$\frac{m_D}{D}=1/5\,000$，$m_\beta=45''$，则可计算出每百米所测地物点的点位中误差为 3 cm。因此，测定地物点的点位中误差较小，如测量时能将棱镜的中心和地物点一致或加棱镜偏差改正，则每百米所测地物点的平面位置中误差约为 5 cm。

地形图的高程精度是根据地形图按等高线所求得的任意一点高程相对于邻近点图根点的高程中误差来衡量的。因此，地形图的高程精度是指等高线所表示的高程精度。影响地形图高程精度的因素对数字测图来说，主要有测定地形点的高程误差和地形概括误差。全站仪每百米测定地形点的高程中误差约为 3 cm，但地形图的高程精度主要受地形概括误差的影响，地形点的间距越大，则地形概括误差就越大。等高线高程的中误差可按以下经验公式计算，即

$$m_H = \frac{1}{4}h_d + 0.8 \times 10^{-3} \times M \times \tan\alpha$$

式中，h_d 为等高距，M 为测图比例尺分母，α 为地面倾角。对于平地（$\alpha < 3°$），测图比例尺为 1∶1 000，等高距为 0.5 m，则可计算出等高线高程的中误差为 15 cm。

1.3　工业企业设计对地形图的要求

各种工业建设中的测量工作，目的都是为本企业的设计、施工和运营管理服务，因此各有其自己的特点。与国家的测图工作相比，企业测图的面积较小，使用范围较窄。由于工程施工，地面上的地物和地貌将发生很大变化，甚至整个场地都要进行平整，使地形图失去长期使用价值。因此，对于为各工业企业测绘的地形图，不论是精度、内容，还是表现形式等都应该以能满足用图单位的要求来确定。例如，有的工程只要求测绘地物的平面位置，有的则要求加测地形；有的主要重视地貌而地物可以大大简化；有的要求严格按规范规定的精度测绘；有的则嫌图的精度太低，还要求测定一些特征点的坐标和高程；而有的可以允许以较低精度测绘。《工程测量规范》在地形测量的一般规定中规定：对于精度要求较低的专用地形图，可按小一级比例尺地形图的规定进行测绘或利用小一级比例尺地形图放大成图。

为说明工业建设对地形图的要求，这里以工业企业设计用图为例讨论对地形图的要求。

对于工业企业的设计，地形图主要是用在总平面运输（简称总图运输）设计部门。该部门的设计任务，就是根据地形图等各种基础资料和工业企业生产的特点，综合解决主要车间、辅助车间、动力设施、运输设施、仓库、工程管网以及行政福利设施等在厂区内的平面与竖向布置。进行这种布置时，应充分利用场地地形，对原有建（构）筑物、运输线路及树林、耕地等，应尽量保留；地形坡度应能与建（构）筑物的配置、运输、排水要求的适宜坡度相适应；建（构）筑物的布置应与场地周围的地形和现有的建筑体群相适应；填挖方总量应最少，并接近平衡。要满足这些要求，作为设计的基础资料之一的地形图，应该有怎样的质量呢？这可以从地形图的必

要精度，比例尺的合理选择，以及其他一些方面来加以说明。

1.3.1 地形图的必要精度

地形图的精度对于地形图的测绘与使用都有很大的影响，如果片面强调精度，就会造成时间与经济上的浪费；但如果忽视精度，就可能会拆迁不该拆迁的建筑物或出现过大面积的平土，也会造成不应有的损失。所以，地形图的必要精度应从设计的实际需要出发给予确定。

在工业企业的初步设计阶段，在总平面图上要确定和绘出车间、仓库、动力设施和铁路线等主要建筑物的轮廓位置和坐标。在竖向布置图上要绘出竖向布置系统，设计地面连接方式、场地平土标高、排水坡向、建筑物地坪的高程以及运输道路的高程等。土方工程图要分别表示出土方的填挖量与土方总量。管道总平面图的设计是在建筑物之间布置并绘出上下水、动力、电力等地面和地下主要管线的位置与坐标。在施工设计阶段，设计的内容基本上与初步设计阶段相同，只是比较详细一些。图上要正确地反映出所有建筑物的形状与平面位置、道路和管线的走向与坡度，以及各项建筑物的高程等，作为准备施工放样数据的依据。

1.点位精度要求

总平面图的设计方法一般是：首先按照生产的工艺要求，将主要建筑物的轮廓位置绘出，然后移动建筑物，在考虑建筑物布置的合理性和地形条件的情况下，确定建筑物在地形图上的位置。为满足这一设计要求，地形图上的点位误差不应超过±1 mm。

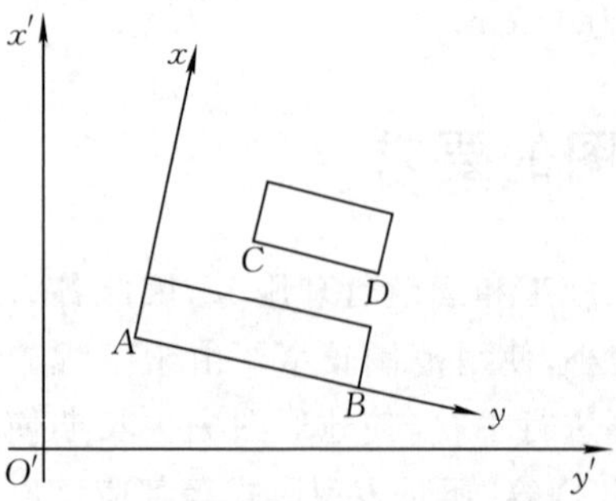

图 1.1 施工坐标系确定

建筑物的位置确定以后，即可将其绘在地形图上。如图 1.1 所示，在主要建筑物的方向上，确定 A、B 两点在测量坐标系中的坐标 x'_A、y'_A 与 x'_B、y'_B，反算出 AB 的方位角 α'，此方向即为施工坐标系中 y 轴（或 x 轴）的方向，并取位置适当的一点（如 A 点）作为施工坐标系的坐标原点，然后再根据 AB 的设计距离计算 B 点的施工坐标。建筑物其他各点（如 C、D 点等）的施工坐标，则按照总平面设计的解析数据进行计算。量测设计建筑物与现有地形地物的相对位置，进行校核。这样在地形图上确定施工坐标系坐标原点的位置，其允许的误差一般不能大于 1～2 mm。

在布置总平面图上的建筑物时，一方面要考虑生产的工艺要求，另一方面要考虑地下管网与运输道路布置的可能性，以及防火、防水、防震等要求。例如，在防火方面，各建筑物间应保证至少有 10 m 的距离。为了节约用地，一般要求尽量地接近允许的最小距离。当设计的建筑物与现有地形地物发生关系时，就要量取它们之间的距离，以决定是否满足各项建筑物界线的确定。考虑到地形图的误差与量取误差，设计的建筑物与现有地形地物的建筑物界线，设计时一般预留 1～2 m 余地。也就是说在大比例尺地形图上地物的位置误差不应超过±1 mm。

当用地紧张或设计的建筑物与已有建筑物的间距接近规定的最小距离，以及进行较为复杂的工程设计时，就需要施测一定数量的地物点的解析坐标。例如，地下管道之间的距离以及它们离其他建筑物的距离都比较小（一般电力管道离建筑物大于 0.6 m，下水管道离建筑物大于 2 m），如果原有建筑物的位置不正确，布置的管道间距则有可能小于规定间距，也有可能将设计的建筑物布置在原有的管道上面。因此，对于原有建（构）筑物施测的解析坐标，其最大点位误差不应超过±10 cm。

2. 高程精度要求

地形图测绘的高程精度要求，应根据竖向布置的设计来分析。工业场地的竖向布置就是将厂区的自然地形加以平整改造，以保证生产运输有良好的联系，合理地组织排水，并且使土方量最小，填挖方量平衡。

工业场地地面连接的方法一般分平坡法与台阶法两种，其选择是根据工业企业的性质、总平面布置、厂址的地质构造以及自然地形等因素综合考虑决定的。利用地形图主要是量取自然地面的坡度和起伏。对于平地可采用平坡法设计，对于缓坡可采用平坡法或台阶法设计，对于大坡度地面则可采用台阶法设计。专用铁路的限制坡度为 3%，公路为 12%。要求最严的是场地排水的最小坡度，其值为 0.5%。因此，在平坦地区，由地形图上量取地面坡度时，应能保证满足 0.5%坡度的要求。按设计要求，地面整平的宽度不应小于 100 m，否则应采用台阶法设计。假定在图上量取坡度的长度为 200 m，而等高线的高程误差对于坡度的最大影响小于最小坡度的一半，则考虑工业场地的竖向布置和地面连接要求等高线的高程中误差为

$$m_H = \frac{200 \times 0.005}{2 \times 2\sqrt{2}} = 0.18(\mathrm{m})$$

工业场地的竖向布置系统和地面连接方法确定以后，即可对整平的宽度、坡度和平土高程进行设计。根据排水的要求，主要整平面的坡度一般为 0.5%～1%。坡度的确定还要考虑填挖方量平衡。在工业场地上，除了整平面所需的挖方外，还有基础地槽、管线地沟、地下室等的挖方余土。因此，整平面填挖方的比例关系一般为

$$\text{填方} : \text{挖方} = 1 : (0.75 \sim 0.80)$$

整平面的坡度确定以后，即可计算平土的高程。如果在 0.5%～1%的范围内选不出达到填挖方量平衡的坡度时，则此场地不能用平坡法设计，应改为台阶法设计。

整平面的坡度和平土高程确定后，即进行建(构)筑物的地坪高程、道路中心线高程和工程管网高程的设计。这些高程的设计原则上仍然是要使其尽量与自然地形相适应，考虑到排水条件，室内地坪要高出室外地面 0.15～0.50 m。因此，平坦地区地形图的高程中误差可为 ±0.15 m，最大误差应在 ±0.3 m 以内。

各项竖向布置的高程设计完毕以后，应计算土方量，以作为进行投资预算、施工准备以及论证设计方案的资料。其计算的允许误差为 10%～20%。它要受确定整平坡度、计算土方量方法、施工验收方法、土的松散系数，以及等高线的高程误差等的影响。一般认为等高线的高程误差对土方量的影响应小于 5%。

土方量常采用正方形方格计算，由计算每个方格的体积求得总体积。设方格边长为 s（一般取 20 m），每个方格为一个棱柱体，则其体积为

$$v = \frac{h_1 + h_2 + h_3 + h_4}{4} \times s^2 \tag{1.1}$$

式中，$h_i(i=1,2,3,4)$ 为方格四个角点上设计高程与自然地面高程之差。如果认为 h_1、h_2、h_3、h_4 的中误差都相等，其值为 m_h（因为设计高程是计算的，m_h 的大小即表示地形图上所表示的高程误差），则该棱柱体的中误差为

$$m_v = \frac{s^2}{2} \times m_h$$

从而得

$$m_h = \frac{2}{s^2} \times m_v \tag{1.2}$$

设场地整平的总面积为 A，土石方总量为 V，则方格数为

$$n = \frac{A}{s^2}$$

因为 $V = v_1 + v_2 + \cdots + v_n$，故

$$m_V^2 = m_{v_1}^2 + m_{v_2}^2 + \cdots + m_{v_n}^2$$

设每个方格的体积的中误差相等，则

$$m_V = m_v \sqrt{n}$$

所以

$$m_v = \frac{m_V}{\sqrt{n}} = \frac{m_V}{\sqrt{\frac{A}{s^2}}} = \frac{m_V \times s}{\sqrt{A}} \tag{1.3}$$

如果场地所填(或挖)的平均高度为 $h_均$，则 $V = A \times h_均$，将式(1.3)代入式(1.2)得

$$m_h = \frac{2}{s^2} \times \frac{m_V \times s}{\sqrt{A}} = \frac{A \times h_均}{V} \times \frac{2}{s} \times \frac{m_V}{\sqrt{A}}$$

则

$$m_h = \frac{m_V}{V} \cdot \frac{2}{s} \sqrt{A} \cdot h_均 \tag{1.4}$$

设 $\frac{m_V}{V} = \frac{2.5}{100}$(取等高线高程误差对土方量影响限值5%的一半)，$s = 20$ m，一般工业场地的用地面积不小于50 000 m²，取 $A = 50\,000$ m²，在平坦地区填(或挖)的平均高度 $h_均$ 根据实践经验可取0.3 m，则 $m_h = 0.17$ m。如果整平的总面积增加，对高程的精度要求还可降低。

在扩建和改建的工业场地上，为了保证现有的建(构)筑物与设计的建(构)筑物之间的高程联系，对于现有的地坪高程、铁路轨顶高程、道路中心的高程，以及各种管线连接点的高程等，都要求用直接水准测量的方法测定。相对于测区内最近的水准点，其高程误差不应超过±(2～3)cm。

1.3.2 地形图的比例尺选择

由于总平面图的设计是在地形图上进行的，所以地形图除了按一定的要求表示出地面现有的情况以外，同时还要能在图上进行未来工程的设计。一方面要能表示出设计中所考虑的最小地形地物，另一方面要能绘出设计的最小建(构)筑物，且保持图面清晰，负荷不至于过大。

1. 总图运输设计图比例尺与地形图比例尺的关系

总图运输设计在地形图上进行，因此，地形图比例尺应和总图运输设计图比例尺相一致。而总图运输设计图比例尺的选定，基本上取决于设计内容的详细程度和建筑密度。

设计内容的详细程度随着设计阶段的不同而不同，建筑密度则按工业建筑的性质来划分。例如，施工设计阶段的设计内容要比初步设计阶段详细，冶金工业、化学工业和电力工业等要比建筑材料工业、纺织工业和机械加工工业等的建筑密度大。选择适当的测图比例尺，就能在设计图上清晰地绘出各种建(构)筑物和注记各种有关的数字。

地图的测量精度和地形地物表示的详细程度与地形图比例尺有关。一般的工业企业的设计，多数使用比例尺为 1∶1 000 的地形图，这种图属于设计用的"通用地形图"。比例尺为 1∶1 000 的地形图，其平面点位的误差基本上为±1 mm，在平坦地区高程误差为±0.15 m，可满足一般工业企业的设计要求。对于管网多或建筑密度大的工业企业的设计可测绘比例尺为 1∶500 的地形图。《工程测量规范》中规定，测图的比例尺根据工程性质、设计阶段和规模大小，可按表 1.6 选用。

表 1.6　测图比例尺的选用

<table>
<tr><th>比例尺</th><th>用　途</th></tr>
<tr><td>1∶5 000</td><td>可行性研究、总体规划、厂址选择、初步设计等</td></tr>
<tr><td>1∶2 000</td><td>可行性研究、初步设计、矿山总图管理、城镇详细规划等</td></tr>
<tr><td>1∶1 000</td><td rowspan="2">初步设计、施工图设计；城镇、工矿总图管理；竣工验收等</td></tr>
<tr><td>1∶500</td></tr>
</table>

注：对精度要求较低的专用地形图，可按小一级比例尺地形图的规定进行测绘或利用小一级比例尺地形图放大成图。

2. 场地现状条件和面积大小与地形图比例尺的关系

按照设计工作进行的情况，场地现状条件大致可分为两类：第一类是平坦地区新建的工业场地，第二类是山地或丘陵地区的工业场地以及扩建或改建的工业场地。

对于第一类工业场地，在建筑区内的原有建筑物大多数要拆除，总图运输设计受地形、地物的影响不大，一般可根据生产工艺流程和运输条件，按设计规程进行布置。设计所用的地形图比例尺的选择，可依据设计内容和建筑密度来确定。

第二类工业场地的情况则不相同，它是在满足生产工艺流程和运输条件的前提下，各项工程建筑物的布置在很大程度上取决于地形条件。也就是说，总图运输设计受场地现状条件的影响是比较大的。在这种情况下，对地形图比例尺的选择，除了考虑设计内容与建筑密度以外，还要使地形图的精度能满足工业企业的设计要求。

在选择测图比例尺时，工业场地面积的大小也是要考虑的因素。例如，当面积在 1 000 000 m^2 以上时，在保证图面清晰的前提下，一般总是希望尽可能选择比较小的比例尺。初步设计阶段可为 1∶2 000，而施工设计阶段则为 1∶1 000。对于一些小型的工业企业，其场地面积为(20～30)×10^4 m^2，甚至小于 100 000 m^2，这时就希望比例尺大一些。如果比例尺为 1∶1 000 的地形图精度就能满足工业企业的设计要求，一般可按比例尺 1∶1 000 的测图要求来施测 1∶500 地形图，或将 1∶1 000 的图放大成 1∶500 的图提供设计使用。

1.3.3　测图范围的确定

一般工业企业的勘测面积应比企业的占地面积大一些。但大多少合适，应随设计项目的具体条件而异。勘测的面积与范围，应由设计单位和勘测单位共同来拟定。一般来说，初步设计阶段勘测面积要布置得大一些，施工设计阶段可以缩小一些。如果有几个方案进行比较，初步设计阶段勘测面积就会更大。一般勘测面积应是厂区建筑占地面积的 1.3～1.5 倍，若加上外部水源、弃渣场等，勘测面积就可能为厂区占地面积的 2～3 倍。

为工业企业设计所进行的测图工作，除在地形图的精度、地形图的比例尺，以及测图范围几方面满足设计要求外，在时间上也应满足设计要求。在确保质量的前提下，应按时或提前测出图以供设计使用。

1.4　大比例尺地形图在工程设计中的应用

在进行工程设计时，除利用地形图进行工程建(构)筑物的平面布置外，还需按一定方向绘制剖面图，进行建(构)筑物的高程布置，以及在地形图上进行量算，为工程设计提供基础资料。

1.4.1　按一定方向绘制剖面图

在进行道路、管线等工程设计中，需要进行线路的竖向布置，为此要绘制纵横断面图。断面图的绘制除实地测量方法外，可根据已有的地形图按一定方向绘制断面图。在地形图上按一定方向绘制断面图的方法如下：

如图1.2(a)所示，沿 MN 方向绘制断面图：首先在地形图上做 MN 直线，找出与各等高线的相交点 $a,b,\cdots,i$；然后如图1.2(b)所示，在绘图纸上绘制水平线 MN 作为横轴，表示水平距离，并过 M 点做 MN 的垂线作为纵轴，表示高程；其次在地形图上自 M 点分别量取至 a，$b,\cdots,N$ 各点的距离，并在图1.2(b)上自 M 点沿 MN 方向截出相应的 $a,b,\cdots,N$ 各点；再在地形图上读取各点高程；最后在图1.2(b)上以各点高程作为纵坐标，向上画出相应的垂线，得到各交点在断面图上的位置，用光滑曲线连接这些点，即得 MN 方向的断面图。

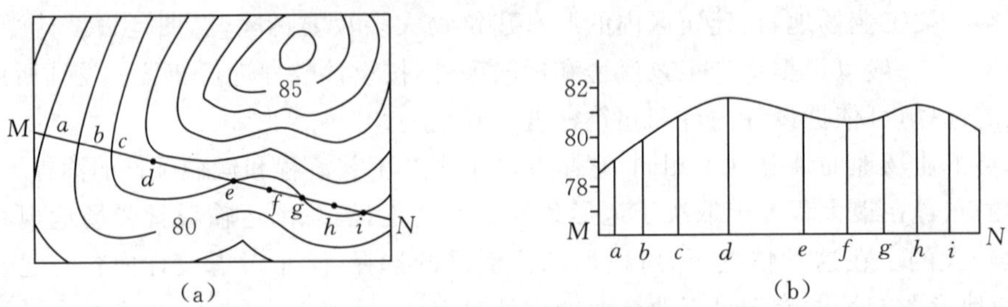

图1.2　按一定方向绘制断面图

为了明显地表示地面的起伏变化，高程比例尺常为水平距离比例尺的10～20倍。为了正确地反映地面的起伏形状，方向线与地性线(山脊线、山谷线)的交点必须在断面图上表示出来，以使绘制的断面曲线更符合实际地形，其高程可按比例内插求得。

1.4.2　按规定坡度进行选线

在道路、渠道等工程设计中，要求在不超过某一限制坡度条件下，选定最短线路或等坡度线路。此时，可根据式(1.5)求出地形图上相邻两条等高线之间满足限制坡度要求的最小平距。

$$d_{\min}=\frac{h_0}{i\times M} \tag{1.5}$$

式中，h_0 为等高线的等高距，i 为设计限制坡度，M 为比例尺分母。

如图1.3所示，首先按地形图的比例尺，用两脚规截取相应于 $d_{\min}$ 的长度。然后在地形图上以 A 点为圆心，以此长度为半径，交54 m等高线得到 a 点；再以 a 点为圆心，交55 m等高线得到 b 点；依此进行，直到 B 点。最后将相邻点连接，便得到符合限制坡度要求的路线 $A—a— b— \cdots — B$。同法可在地形图上沿另一方向定出第二条路线 $A—a'—b'— \cdots — B$，作为比较方案。

1.4.3　确定汇水面积及计算水库库容

在桥涵设计中桥涵孔径大小的确定、水利建设中水库水坝的设计位置与水库的蓄水量等，都是根据汇集于这一地区的水流量来确定的。汇集水流量的区域面积称为汇水面积。山脊线也称为分水线。雨、雪水是以山脊线为界流向两侧的，所以汇水面积的边界线是由一系列的山脊线连接而成的。各分水线处处都与等高线垂直，且经过一系列的山头和鞍部。如图 1.4 所示，在 A 处修筑拦水坝，坝址上游分水线(虚线)和水坝所围成的面积即为汇水面积，量算出该范围的面积即得到所求汇水面积。

设计水库时，若坝的溢洪道高程已定，就可以在地形图上确定水库的淹没范围(图 1.4 中的阴影部分)。淹没范围以下的蓄水量即为水库的库容。

用地形图计算库容一般采用等高线法，即将淹没范围内所有两两相邻等高线的体积求出并相加，即得库容。计算方法与按等高线法计算土石方量相同。

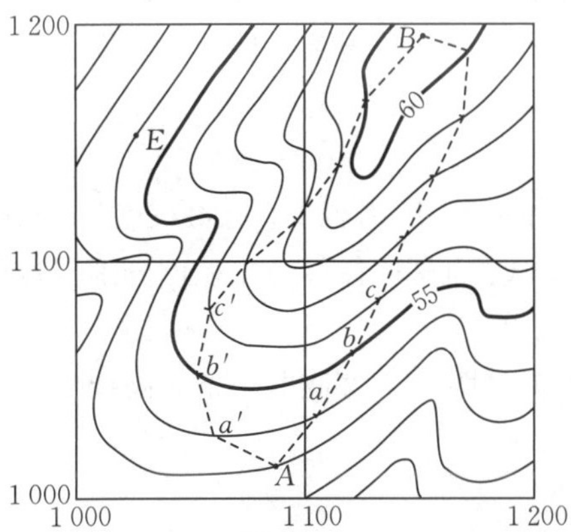

图 1.3　按限制坡度选线

图 1.4　确定汇水面积及计算库容

1.4.4　根据等高线平整场地

在建筑工程、水利工程以及工矿企业地面工程中，常需要把地面整理成水平或倾斜的平面，使改造后的地面适于布置和修建建筑物，便于组织排水，满足交通运输和铺设地下管线的需要。平整场地既要顾及工程量的大小，又要遵循填方与挖方基本平衡的原则。

假设要把如图 1.5 所示的地区整理成高程为 201.7 m 的水平场地，确定填挖边界线的方法是：在 201 m 与 202 m 两条等高线间，以 7∶3 的比例内插出 201.7 m 等高线，图上 201.7 m 高程的等高线即为填挖边界线。在这条等高线上的各点处不填不挖；不在这条等高线上的各点处就需要填或挖，如图上 204 m 等高线上各点处要挖深 2.3 m，在 198 m 等高线上各点处要填高 3.7 m。

把地表面整理成倾斜平面，要通过实地上 A、B、C 三点筑成一倾斜平面。假设此三点的高程分别为 152.3 m、153.6 m、150.4 m，这三点在图上的相应位置为 a、b、c，如图 1.6 所示。倾斜平面上的等高线是等距的平行线。为了确定填挖边界线，必须在地形图上画出设计等高线。首先求出 ab、bc、ac 三线中任意一线上设计等高线的位置。以图中 bc 线为例，在 bc 线上用内插法得到高程为 153 m、152 m 和 151 m 的点 d、e、f，同法再内插出与 A 点同高程(152.3 m)的点 k，连接 ak，此线即是倾斜平面上高程为 152.3 m 的等高线。通过 d、e、f 各点做与 ak 平行的直线，就得到倾斜平面上的设计等高线。

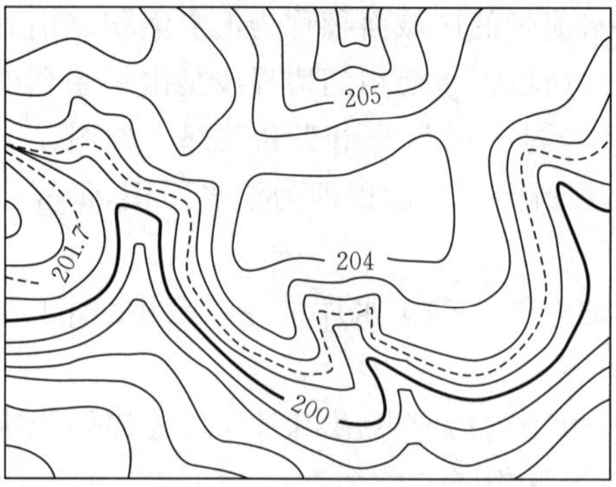

图 1.5 整理成水平面

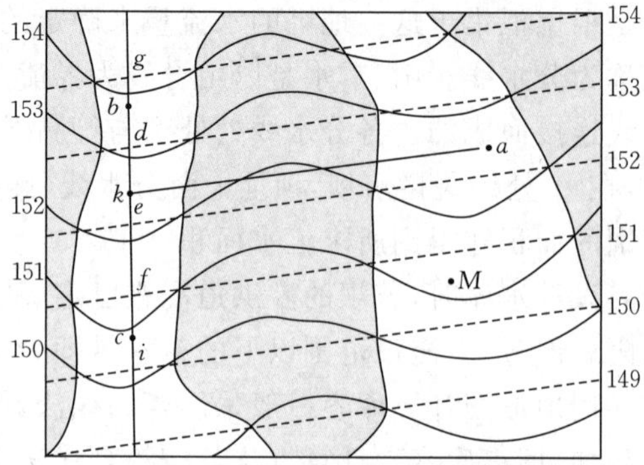

图 1.6 整理成倾斜平面

1.4.5 土石方量计算

在工程建设中，经常要进行土石方量计算，这实际上是一个体积计算问题。由于各种建筑工程的类型不同，地形复杂程度不同，导致需计算的体积的形体是复杂多样的。下面介绍常用的等高线法、断面法和方格网法。

1. 按等高线法计算土石方量

在地形图上，可利用图上等高线计算体积，如山丘体积、水库库容等。图 1.7 为一土丘，欲计算 100 m 高程以上的土方量，首先需量算各等高线围成的面积，各层的体积可分别按棱台和棱锥的体积公式计算。将各层体积相加，即得总的体积。

设 F_0、F_1、F_2 及 F_3 为各等高线围成的面积，h 为等高距，h_K 为最上一条等高线至山顶的高度，则

$$V_1 = \frac{1}{2}(F_0 + F_1) \times h$$

$$V_2 = \frac{1}{2}(F_1 + F_2) \times h$$

$$V_3 = \frac{1}{2}(F_2 + F_3) \times h$$

$$V_4 = \frac{1}{3}F_3 \times h_K$$

总体积为

$$V = \sum_{i=1}^{4} V_i \tag{1.6}$$

2. 按断面法计算土石方量

在地形图上求路基、渠道、堤坝等带状建筑物的开挖或填筑土石方量时，可采用断面法。根据纵断面线的起伏情况，按基本一致的坡度划分为若干同坡度路段，各段的长度为 d_i，如图 1.8 所示；过各分段点做横断面图，量算各横断面的面积为 S_i，第 i 段的体积为

$$V_i = \frac{1}{2} d_i (S_{i-1} + S_i) \tag{1.7}$$

则带状建筑物的总体积为

$$V = \sum_{i=1}^{n} V_i = \frac{1}{2} \sum_{i=1}^{n} d_i (S_{i-1} + S_i) \tag{1.8}$$

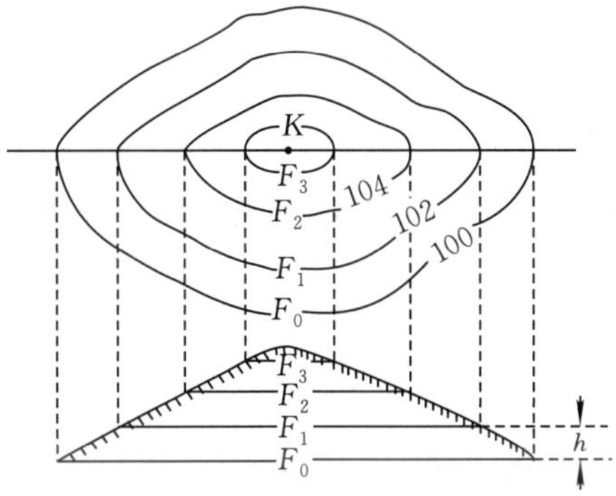

图1.7 按等高线量算体积

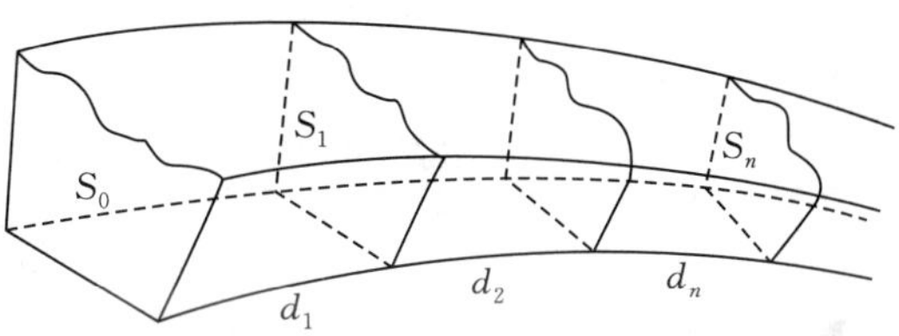

图1.8 断面法计算体积

3. 按方格网法计算土石方量

根据地形图来量算平整土地区域的填挖土石方，方格网法是常用的方法之一。首先在平整土地的范围内按一定间隔 d（一般为5～20 m）绘出方格网。如图1.9所示，量算各方格点的地面高程 H_i，标注在相应方格点的右上方。为使挖方与填方大致平衡，可取各方格点高程的平均值作为设计高程 H_0，则各方格点的施工标高 h_i 为

$$h_i = H_0 - H_i \tag{1.9}$$

将施工标高注在地面高程的下面，负号表示挖土，正号表示填土。

在图上按设计高程确定填挖边界线，根据方格四个角点的不同施工标高符号，可选择以下四种情况，计算各方格的填挖方量。

（1）四个角点均为填方或均为挖方，则填挖土石方量为

$$V = \frac{h_a + h_b + h_c + h_d}{4} \times d^2 \tag{1.10}$$

（2）相邻两个角点为填方，另外相邻两个角点为挖方，如图1.10(a)所示，则填挖土石方量为

$$\left.\begin{aligned} V_{挖} &= \frac{(h_a + h_c)^2}{4(h_a + h_b + h_c + h_d)} \times d^2 \\ V_{填} &= \frac{(h_b + h_d)^2}{4(h_a + h_b + h_c + h_d)} \times d^2 \end{aligned}\right\} \tag{1.11}$$

（3）三个角点为挖方，一个角点为填方，如图1.10(b)所示，则填挖土石方量为

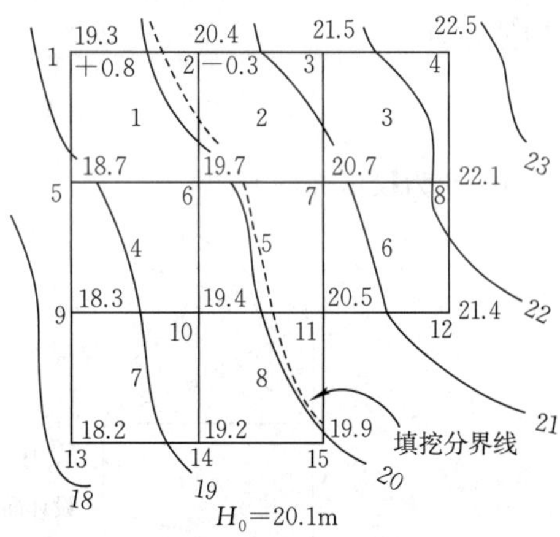

图1.9 计算填挖土石方量的方格网

$$\left.\begin{aligned} V_{挖} &= \frac{2h_b + 2h_c + h_d - h_a}{6} \times d^2 \\ V_{填} &= \frac{h_a^3}{6(h_a + h_b)(h_a + h_c)} \times d^2 \end{aligned}\right\} \tag{1.12}$$

如果三个角点为填方，一个角点为挖方，则上、下两计算公式等号右边的算式对调。

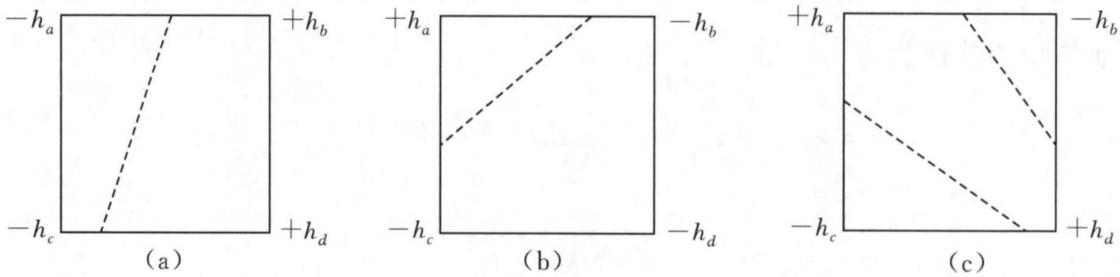

图 1.10　方格网法计算填挖方

(4)相对两个角点为连通的填方，另外相对两个角点为独立的挖方，如图 1.10(c)所示，则填挖土石方量为

$$\left.\begin{aligned} V_{填} &= \frac{2h_a + 2h_d - h_b - h_c}{6} \times d^2 \\ V_{挖} &= \left(\frac{h_b^3}{(h_b + h_a)(h_b + h_d)} + \frac{h_c^3}{(h_c + h_a)(h_c + h_d)}\right) \times \frac{d^2}{6} \end{aligned}\right\} \tag{1.13}$$

如果相对两个角点为连通的挖方，另外相对两个角点为独立的填方，则上、下两计算公式等号右边的算式对调。

4. 按三角网法计算土石方量

三角网法计算土石方量，首先由按地形特征采集的点连接成覆盖整个区域且互不重叠的三角形，构成不规则三角网；然后从每个三角形的 3 个顶点竖向引出 3 条直线，与设计表面相交，形成许多三棱柱，三棱柱各点的施工标高绝对值分别为 h_a、h_b、h_c，这时整个区域的土石方量就是由许多连续的三棱柱组成的集合；最后分别计算出每个三棱柱的体积，所有的三棱柱体积之和便是整个区域的土石方量。填挖方量可分别计算，填方量为"+"，挖方量为"−"。

(1)三棱柱的三个角点均为挖方或均为填方，三棱柱的体积计算如图 1.11(a)所示。ABC 为地表面上三角形，EDF 为设计表面上三角形，$A_1B_1C_1$ 为它们在水平面上的投影，则三棱柱的体积为

$$V = \frac{h_a + h_b + h_c}{3} \times S \tag{1.14}$$

式中，S 为投影面的面积。

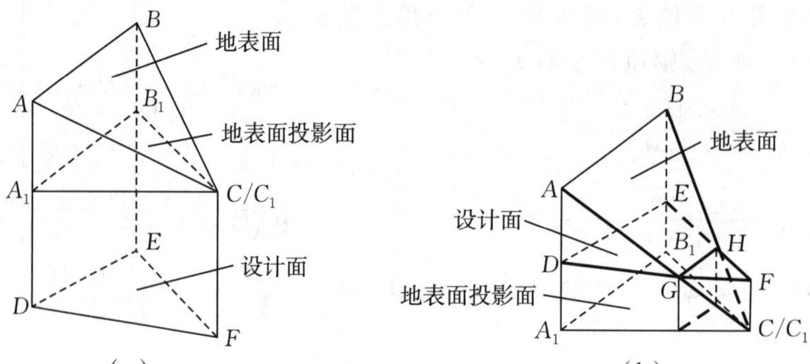

图 1.11　三棱柱的体积

(2)三棱柱的两个角点 (A、B) 为挖方，另一个角点(C) 为填方，如图 1.11(b)所示。设计面将三棱柱划分成底面为三角形 FGH 的锥体和底面为四边形 $EDGH$ 的楔体，则锥体的体积为

$$V_Z = \frac{h_c^3}{(h_a + h_c)(h_b + h_c)} \times \frac{S}{3}$$

楔体的体积为

$$V_X = \left[\frac{h_c^3}{(h_a + h_c)(h_b + h_c)} - h_c + h_b + h_a\right] \times \frac{S}{3}$$

式中，S 为投影面的面积。

1.4.6　数字高程模型的应用

在测绘领域，用一系列地面点的 x、y 坐标及其相联系的高程表示区域地面形状的模型，称为数字高程模型(digital elevation model，DEM)。这一系列地面点是离散形式的，它们应有三维坐标 (x,y,z)，DEM 可表示为某一区域的三维向量有限序列，用函数的形式描述为

$$\{V_i = (x_i, y_i, z_i) \mid (i = 1,2,3,\cdots,n)\} \tag{1.15}$$

式中，x_i、y_i 是平面坐标，z_i 是(x_i, y_i)对应的高程。当该序列中各平面向量的平面位置呈规则格网排列时，地面点的平面位置可由起始点推算求得，则其平面坐标可省略，此时 DEM 就简化为一维向量有限序列，表示为

$$\{z_i \mid (i = 1,2,3,\cdots,n)\}$$

因此，DEM 常用一维向量序列表示。这种用一维向量序列表示的 DEM 也称为格网 DEM。

DEM 适合计算机处理，可进行各种地形特征的定量分析、自动绘制地形断面图，因此在工程建设的勘测设计中得到广泛应用。

1．地面坡度、坡向的计算

坡度和坡向是相互联系的两个参数。坡度反映斜坡的倾斜程度，坡向反映斜坡所面对的方向。空间曲面的坡度是点位的函数，除非曲面是一平面，否则曲面上不同位置的坡度是不相等的，给定点位的坡度是曲面上该点的法线方向 N 与垂直方向 Z 之间的夹角 α (图 1.12)。网格单元的坡向是对网格单元所拟合的曲面片上某点的切平面的法线的正方向在平面上的投影与正北方向的夹角，即法线方向水平投影向量的方位角 β。

格网数字高程模型每个网格单元的地面坡度、坡向，可用逼近面或以网格内八方向判别法计算，这里介绍网格内八方向判别法。网格内八方向如图 1.13 所示，设网格四角点的高程值分别为 $z_{i-1,j-1}$、$z_{i-1,j}$、$z_{i,j}$、$z_{i,j-1}$，网格中心点的高程取它们的平均值，即

$$z_0 = \frac{z_{i-1,j-1} + z_{i-1,j} + z_{i,j} + z_{i,j-1}}{4} \tag{1.16}$$

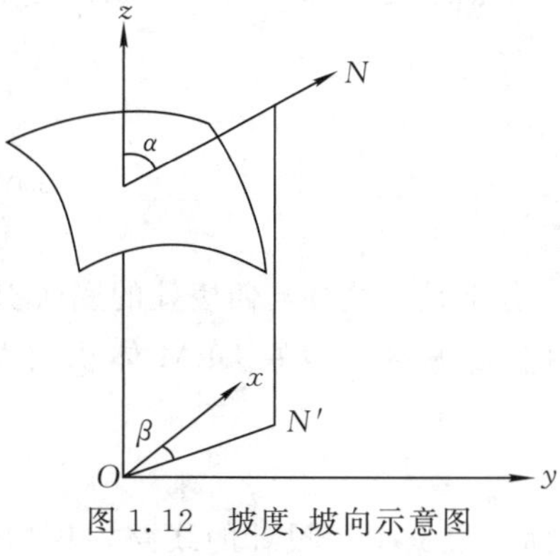

图 1.12　坡度、坡向示意图

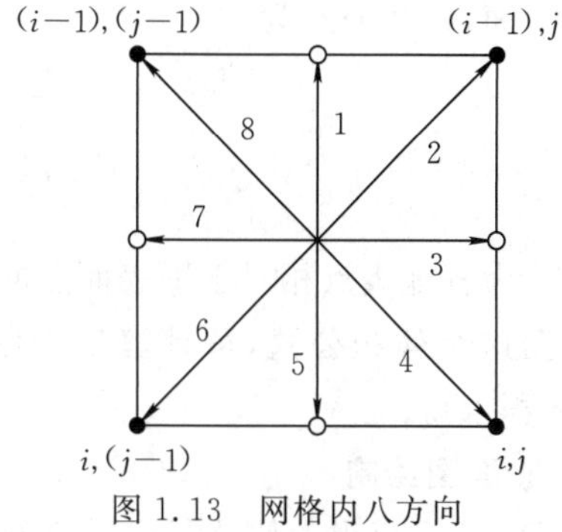

图 1.13　网格内八方向

从网格中心点向8个不同方向在地面上的坡度值按式(1.17)计算。

$$\left.\begin{aligned}
\alpha_1 &= \arctan\left(\frac{|2z_0 - z_{i-1,j-1} - z_{i,j-1}|}{l_2}\right)\\
\alpha_2 &= \arctan\left(\frac{|2z_0 - 2z_{i-1,j}|}{l_1}\right)\\
\alpha_3 &= \arctan\left(\frac{|2z_0 - z_{i-1,j} - z_{i,j}|}{l_3}\right)\\
\alpha_4 &= \arctan\left(\frac{|2z_0 - 2z_{i,j}|}{l_1}\right)\\
\alpha_5 &= \arctan\left(\frac{|2z_0 - z_{i,j} - z_{i,j-1}|}{l_2}\right)\\
\alpha_6 &= \arctan\left(\frac{|2z_0 - 2z_{i,j-1}|}{l_1}\right)\\
\alpha_7 &= \arctan\left(\frac{|2z_0 - z_{i-1,j-1} - z_{i,j-1}|}{l_3}\right)\\
\alpha_8 &= \arctan\left(\frac{|2z_0 - 2z_{i-1,j-1}|}{l_2}\right)
\end{aligned}\right\} \tag{1.17}$$

式中，l_1、l_2、l_3 分别为网格对角线长、纵向长和横向长。

该网格的坡度值取以上8个方向坡度值中的最大值，其方向便是该网格的坡向。根据网格的坡度值可以绘制坡度图，以便在工程设计中更好地研究地貌特征或进行土地质量评价。

2. 地面表面积计算

地表面积的计算可看作是其所包含的各个网格的表面积之和。若网格中有特征高程点，则可将网格分解为若干个小三角形，求出它们斜面面积之和作为网格的地表面积。若网格中没有高程点，则可计算网格对角线交点处的高程，用4个共顶点的斜三角形面积之和作为网格的地表面积。

空间三角形面积的计算公式为

$$A = \sqrt{P(P-S_1)(P-S_2)(P-S_3)} \tag{1.18}$$

式中，$P = \frac{1}{2}(S_1 + S_2 + S_3)$；$S_i$ 为三角形边长，计算公式为

$$S_i = \sqrt{\Delta x^2 + \Delta y^2 + \Delta z^2}$$

3. 体积计算

DEM体积由四棱柱(无特征高程点格网)与三棱柱体积进行累加得到。下表面为水平面或参考平面，计算公式为

$$\left.\begin{aligned}
V_3 &= \frac{h_1 + h_2 + h_3}{3} \cdot A_3\\
V_4 &= \frac{h_1 + h_2 + h_3 + h_4}{4} \times A_4
\end{aligned}\right\} \tag{1.19}$$

式中，h_i 为各地表点相对于下表面点的高差，A_3 与 A_4 分别是三棱柱与四棱柱的底面积。

根据这个体积公式，可计算工程中的挖、填方。挖、填方量可由原DEM体积减去新的DEM体积求得。

4. 断面图绘制

从DEM可以很方便地制作任一方向上的地形断面。根据工程设计的线路，只要知道所

绘断面线在 DEM 中的起点位置和终点位置，就可以唯一地确定其与 DEM 格网各个交点的平面位置和高程，以及断面线上相邻交点之间的距离，然后按选定的水平比例尺和垂直比例尺，依距离和高程绘出地形断面图。

5. 三维透视立体图

三维透视立体图是数字地面模型的一个重要应用，可直观地显示地表面的形态和景观。三维透视立体图是表现物体三维模型最直观形象的图形，它可以生动逼真地描述制图对象在平面和空间上分布的形态特征和构造关系。利用三维透视立体图可以直观地了解工程设计区域地表的起伏变化，更好地做出总图设计，并在工程设计后可将设计地表面、建筑物和周围环境一起绘制成三维透视立体图，以便更好地观察工程设计效果。图 1.14 为某山地地形图及其三维透视立体图。

图 1.14　某山地地形图及其三维透视立体图

第 2 章 线路设计阶段的测绘工作

铁路、公路、输电线路，以及输油(气)管道等均属于线型工程，它们的中线通称线路。一条线路的勘测和设计工作，主要是根据国家的计划与自然地理条件，确定线路经济合理的方案。

线路在勘测设计阶段的测量工作，称为线路测量。线路测量是为线路设计收集一切必需的地形资料，并将所设计的线路中线测设于实地。线路设计除了地形资料以外，还必须考虑线路所经地区的工程地质、水文地质以及经济等方面的因素，所以线路设计一般分阶段进行，其勘测工作也要分阶段进行。本章主要介绍线路初测、定测、线路纵横断面测绘等方面的知识。

2.1 线路设计的有关知识

本节介绍铁路、公路、输电线路、输油(气)管道勘测设计的有关知识。

2.1.1 铁路工程建设的一般知识

铁路是一种以钢轨引导列车的运输方式，它是建造在大地上的一种线型工程建筑物。

根据我国《铁路线路设计规范》(GB/T 50090—2006)规定，铁路建设标准分为三级：

Ⅰ级铁路，指在路网中起骨干作用的铁路，要求远期(运营 10 年后)年输送能力大于 1 000 万吨(单车方向)。

Ⅱ级铁路，指在路网中起辅助作用的铁路，要求远期年输送能力为 500 万～1 000 万吨。

Ⅲ级铁路，指在某一地区服务的铁路，年输送能力小于 500 万吨。

1. 铁路的基本组成

铁路主要是由路基、轨道、桥梁、涵洞、隧道等工程建筑物所组成的一项综合工程，此外还有附属的设备和房屋，如行车信号、车站内的站台、天桥、地道、水塔等。

1) 路基

路基是轨道的基础，包括路基本体、排水设备、防护和加固建筑物等。

——路基本体。铺设轨道的部分叫作路基本体。路基本体的横断面形式有路堤(图 2.1)、路堑(图 2.2)、半路堤、半路堑、半路堤半路堑(图 2.3)。在原地面上用土石填筑起来的路基本体叫作路堤；原地面高将之开挖建成的叫作路堑。

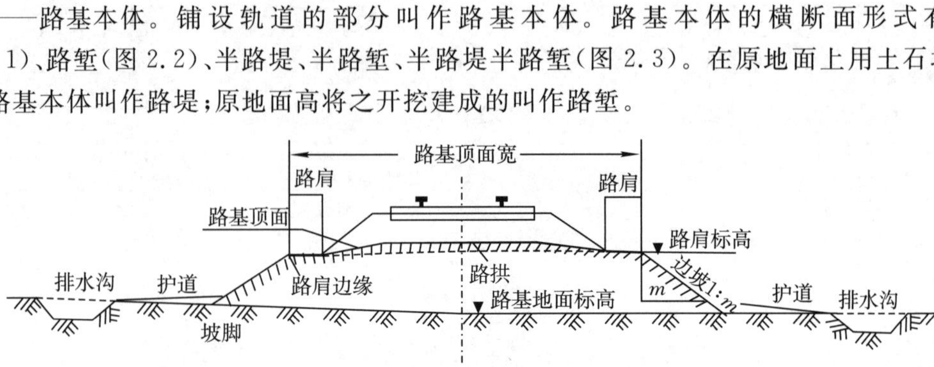

图 2.1 路堤

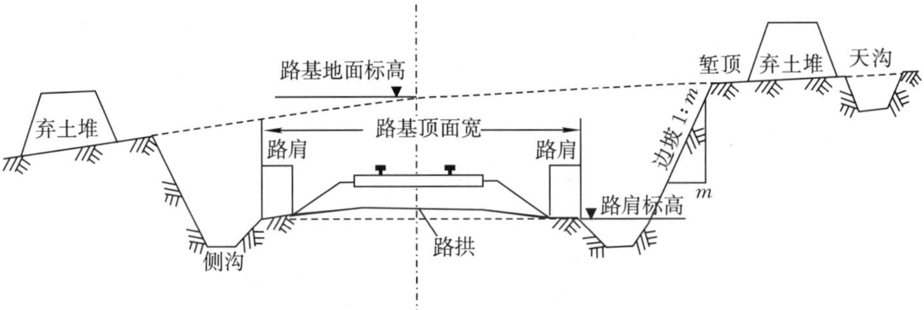

图 2.2　路堑

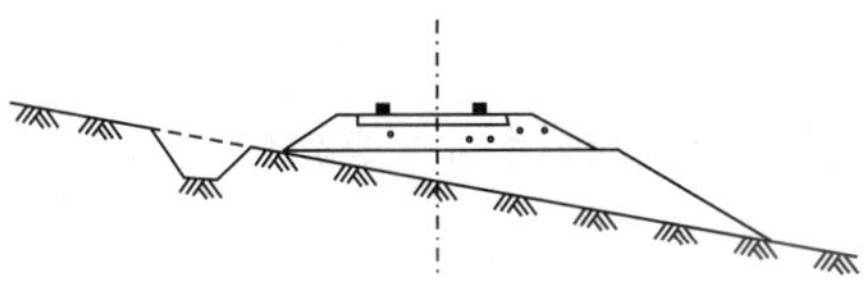

（a）半路堤

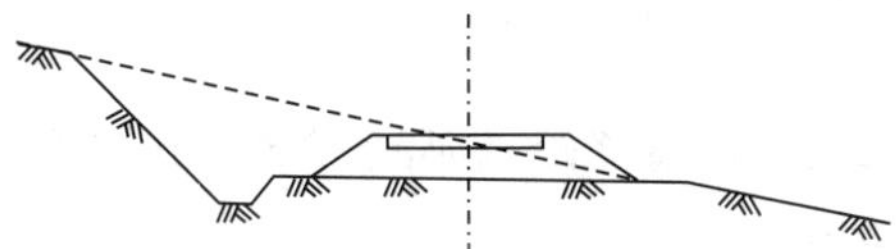

（b）半路堑

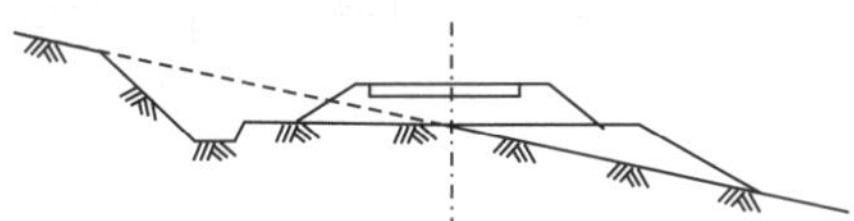

（c）半路堤半路堑

图 2.3　半路堤半路堑

——排水设备。路基是土石工程，最怕雨水冲刷和地下水的浸泡。其排水设备分地面排水设备和地下排水设备。用于路堤排水的设备是排水沟；用于路堑排水的设备有侧沟、天沟、截水沟、水槽等。

——防护和加固建筑物。路基防护设备主要有坡面防护层、护岸、拦石墙、落石坑等。加固建筑物包括各种类型的挡土墙和支顶墙、支柱等。

2）轨道

轨道是指在路基以上的部分，包括钢轨、轨枕、道床、道岔、附属设备等（图 2.4）。

轨道是直接承受列车重量的部分，要求有足够的强度，保持一定的线形和尺寸。钢轨两轨内侧之间的距离称为“轨距”。我国规定铁路直线地段的轨距为 1 435 mm，称为标准轨距。钢轨按每米长的质量来分类。我国生产的定型钢轨有 70 kg、60 kg、50 kg、43 kg 和 38 kg 等种类，钢轨的标准长度有 12.5 m、25 m、50 m 等类型。

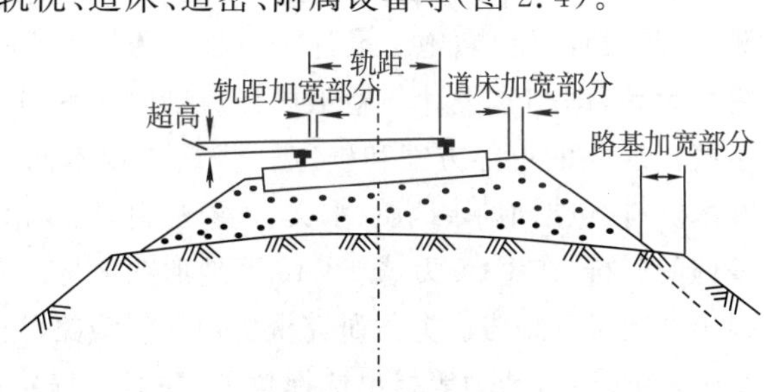

图 2.4　轨道

轨枕的作用是支撑钢轨、固定两股钢轨的相对位置。轨枕有木枕和钢筋混凝土轨枕，目前大量采用的是钢筋混凝土轨枕。

道岔是使列车由一条线路转到另一条线路的设备。道岔种类很多，最常用的是单开道岔、对称双开道岔、对称三开道岔、复式交分道岔、交叉渡线等（图 2.5）。

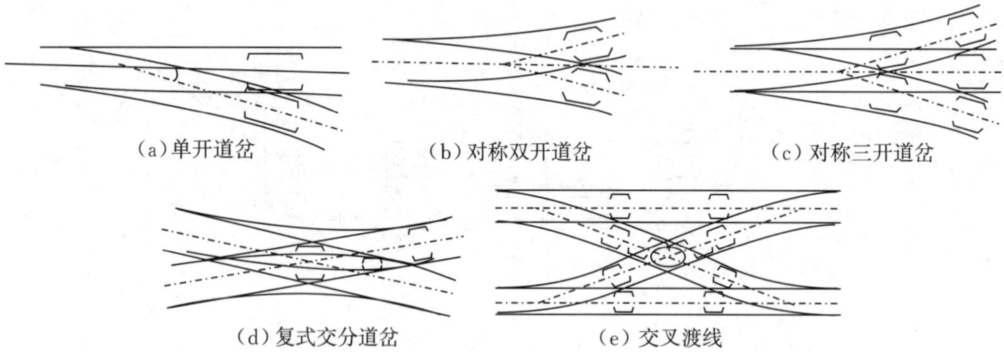

图2.5　道岔

3)桥梁

桥梁是铁路线路跨越河流、渠道、山谷或公路、铁路交通线时的主要建筑。

4)涵洞

涵洞是当线路跨过较小的溪流或水渠时,设置在路基下的过水构筑物。涵洞的孔径一般较小,用石砌、混凝土或二者兼用。常见的涵洞形式有钢筋混凝土管涵、混凝土拱涵、钢筋混凝土盖板箱涵等。

5)隧道

隧道是在山区修建铁路时从山体中凿出的一个地下通道,使线路能比较直顺而平缓地通过。隧道一般由洞身、衬砌、洞门几部分组成。

2. 铁路工程建设的基本程序

铁路建设要经过勘测设计和施工等过程,建成后再交付运营。这些工作一般都由设计、施工和运营等部门分别承担。在铁路建成后,随着经济的发展和运量的增长,常常要对既有线路进行加强和改建。

勘测设计是为铁路建设收集设计资料,并做出经济合理的设计。它是一项政策性强、涉及面广、技术复杂的工作,在铁路建设中占有十分重要的地位。

铁路勘测设计一般要经过下列过程,即方案研究(室内研究、现场踏勘、提出方案报告)、初测、初步设计、定测、施工设计等过程。方案研究一般不作为一个设计阶段,故这种方式称为两阶段设计,即初步设计和施工设计。勘测工作分为初测和定测两个阶段进行。方案研究是为了找出线路的可能方案和确定一些重要技术问题,提出初步选择意见。首先要搜集沿线各种技术资料,包括地形、地质、水文、气象资料,以及沿线有关的政治经济和国防方面的资料,利用已掌握的资料,在1∶5万或1∶10万地形图上选出几个可能的线路方案,经过全面的分析比较后,提出方案研究报告。方案研究报告包括对线路可行的各个方案和主要技术标准,如对限制坡度、牵引种类、运输能力等提出选择意见,并对工程费用提出初步估算。为了保证线路可以通行,需要对控制线路方向的局部重点地段(如跨越主要分水岭的各个垭口、长隧道或桥渡、严重地质不良地段以及地形复杂地段),深入现场进行调查研究,掌握确切的资料,以作为方案研究的依据。

方案确定后,即下达勘测设计任务书,这时就要进行初测。初测是初步设计阶段的勘测工作。初测的主要任务是提供沿线大比例尺带状地形图以及地质和水文方面的资料。

初步设计是由设计人员,在初测带状地形图上,研究线路的方向、坡度、曲线半径,以及难易程度,选定一个经济合理的方案,线路位置、重大工程以及主要技术标准要基本确定。由于这项工作在室内进行，故称为纸上定线。在纸上定线之后，即可编制主要线路方案的详细纵断面图及有关线路比较方案的简明纵断面图，并进行工程费用概算。

定测的主要任务是把初步设计中选定的线路中线测设到地面上去，测设时应结合现场的地形、水文、地质等实际情况尽量改善线路的位置，力求选出最经济合理的线路位置。同时为施工设计收集资料。

施工设计是根据定测资料对线路全线和所有个体工程做出详细设计，并提供工程数量和各种报表。施工设计中最主要的是线路的平面和纵断面设计。此外，对桥梁、隧道、特殊路基，以及车站等都要做出单独设计。

3. 铁路工程建设中的测量工作

勘测设计阶段的测量工作有草测、初测和定测工作。在方案研究中，若无足够的地形资料，就要进行草测。初测时要进行线路平面控制测量、线路高程测量和地形测量。定测中要进行交点放样工作、中线的测设(包括直线和曲线的测设)、纵断面测绘和横断面测绘。

施工阶段测量的任务主要是保证各种建筑物能按照设计位置准确地建立起来。施工阶段的首项工作是进行“复测”。复测是为了检查线路的主要控制桩的正确性和补设缺损的桩橛。在施工前要做“固桩”和“护桩”工作，以保证施工过程中桩点不丢失或便于随时恢复。路基施工前还要进行路基边桩的放样。在施工过程中要随时进行中线和高程测量，这些工作常常要反复进行多次，贯穿整个施工过程。各种工程结束后，要进行贯通全线的竣工测量。

在运营阶段，当对既有线路进行改建、修建复线时，都需要进行一系列的测量，其测量工作的特点是以既有线路为基础并对既有线路做详细的测量。为了更新资料，对线路现状和沿线地形每隔一定年份要进行全线的测量，即所谓的“旧线测量”。

铁路测量按不同的工程来分，有线路测量、桥梁测量、隧道测量等。

铁路测量的特点是测量和设计工作紧密结合，如初测中的导线测量工作，同时又有选线的作用，定测的放线也有同样的特点。此外，铁路测量中测量和测设工作往往交错进行，如定测中为了进一步详细测绘地形资料供线路纵断面和横断面设计之用，首先要把中线测设到地面。

4. 高速铁路的基本知识

高速铁路是指营运速率达每小时 200 km 的铁路系统。一般来讲，铁路速度的分档为：100～120 km/h 称常速，120～160 km/h 称中速，160～200 km/h 称为准高速，200～400 km/h 称为高速，400 km/h 以上称为特高速。1964 年日本的新干线系统开通，是史上第一个实现营运速率高于时速 200 km 的高速铁路系统。根据 2004 年的《中长期铁路网规划》，到 2020 年，我国将建成 12 000 km 高速铁路。目前，已投入运营的京津、武广、郑西、沪杭、京杭等高速铁路，其运营速率已达 300 km/h。高速铁路除了列车的营运速率达到一定标准外，车辆、路轨、操作都需要配合提升，是一项综合系统工程，技术复杂，轨道铺设方法与普通铁路有本质区别，施工精度要求高。高速铁路有输送能力大、速度快、安全性好、受气候变化影响小、正点率高、舒适、方便、能源消耗低、经济效益好等技术经济优势。广义的高速铁路包括使用磁悬浮技术的高速轨道运输系统。

2.1.2　公路工程建设的一般知识

公路是指连接城市、乡村和工矿基地等，主要供汽车行驶，具备一定技术和设施的道路。按其重要性和使用性质，公路可划分为国家干线公路(国道)、省干线公路(省道)、县公路(县道),以及专用公路等。

1. 公路等级

公路根据其使用任务、功能和适应的交通量分为高速公路、一级公路、二级公路、三级公路、四级公路五个等级。

高速公路是专供汽车分向、分车道行驶并全部控制出入的干线公路。四车道高速公路一般能适应的年平均日交通量①为25 000～55 000辆,六车道为45 000～80 000辆,八车道为60 000～100 000辆。

其他公路为除高速公路以外的干线公路、集散公路、地方公路四个等级。

一级公路是供汽车分向、分车道行驶的,并可根据需要控制出入的多车道公路。四车道一级公路一般能适应的年平均日交通量为15 000～30 000辆,六车道为25 000～55 000辆。

二级公路是供汽车行驶的双车道公路,一般能适应的年平均日交通量为5 000～15 000辆。

三级公路是主要供汽车行驶的双车道公路,一般能适应的年平均日交通量为2 000～6 000辆。

四级公路是主要供汽车行驶的双车道或单车道公路,双车道一般能适应的年平均日交通量为2 000辆以下,单车道为400辆以下。

2. 公路的结构组成

公路的结构组成主要包括路基、路面、桥涵、隧道、路线交叉及沿线设施等。

路基由行车道、中间带、路肩、边沟、边坡、截水沟、碎落台、护坡道等组成,如图2.6所示。

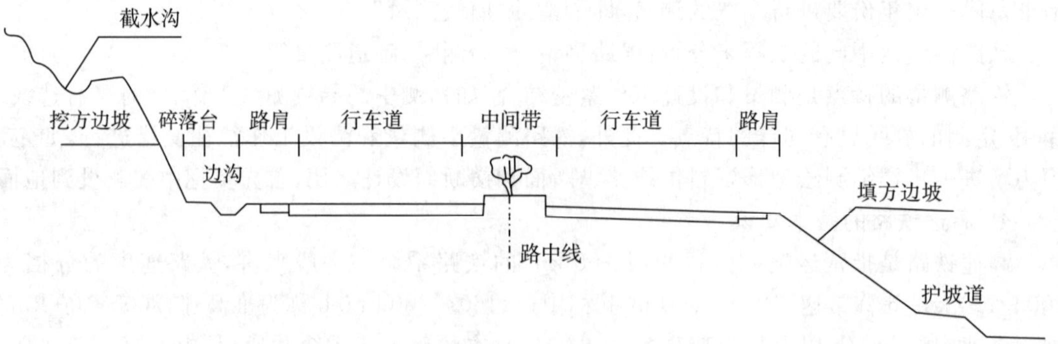

图2.6 公路路基

路面是在路基表面用各种材料分层铺筑的结构物。路面按其力学性能可分为柔性路面和刚性路面两类。常用的路面材料有沥青、水泥、碎(砾)石、沙、黏土等。

公路沿线设施包括交通安全设施、交通管理设施、防护设施、停车设施、绿化带、收费站、加油站等。

公路的其他构成与铁路构成基本一致。

3. 公路勘测设计阶段

公路勘测设计根据线路的性质和要求,可分为两阶段设计、一阶段设计和三阶段设计。

两阶段设计是一般公路通常所采用的勘测设计程序。它是公路勘测的主要阶段,分为踏

① 将各种汽车折合成小客车的数量,余同。

勘和详细测量两个阶段。公路踏勘主要是了解线路所经地区的自然地理条件(包括地形、土壤、地质、水文以及气象等情况),选择线路的大致位置,为初步设计收集资料,进行初测、编制初步设计和工程概算。详细测量是全面深入地研究线路的各项情况,精确地测定线路的长度和位置,编制施工图和工程预算。

一阶段设计适用于技术简单、方案明确的小型公路工程,即进行一次详细的定测,据此编制施工图和工程预算。

三阶段设计适合于技术复杂而又缺乏经验的建设项目或建设项目中的特殊大桥、互通式立体交叉、隧道等。三阶段设计即初步设计、技术设计和施工设计三个阶段。技术设计阶段主要是解决初步设计中未解决的重大、复杂技术问题,落实技术方案,计算工程数量,提出修正的施工方案,修正设计概算。其深度和要求介于初步设计和施工设计之间。

不论采用哪种阶段设计,在勘测前都要进行实地调查,它是勘测前不可缺少的一个步骤,但不作为一个阶段。

4. 公路道路设计的基本依据

公路道路设计的基本依据有设计车辆、设计车速、设计交通量、通行能力和服务水平等。

设计车辆是作为公路设计依据的车型,车辆的几何尺寸、质量、性能等,直接关系到行车道宽度、弯道加宽、道路纵坡、行车视距、道路净空、路面及桥涵荷载等。因此,设计车型的规定及采用对决定道路几何尺寸和结构具有极其重要的意义。

设计车速又称为计算行车速度,是道路几何设计所采用的车速和基本依据。设计车速直接决定道路的线形几何要素,同时又与道路的重要性、经济性有关,是体现道路等级的一项重要指标。

设计交通量指单位时间内通过公路某一断面的车辆数,又叫交通流量。交通量可以以年、日或小时计算。

通行能力是在一定的道路和交通条件下,道路上某一路段适应车流的能力,以单位时间内通过的最大车辆数表示,单位时间通常以小时计,即辆/小时。

5. 公路勘测设计程序

根据我国《公路工程基本建设管理办法》的规定,公路基本建设程序如下:

(1)根据长远规划或项目建议书,进行可行性研究。

(2)根据可行性研究,编写计划任务书。

(3)根据批准的计划任务书,进行现场勘测,编制初步设计文件和概算。

(4)根据批准的初步设计文件,编制施工图和施工图预算。

(5)列入年度基本建设计划。

(6)进行施工前的各项准备工作。

(7)编制实施性施工组织设计及开工报告,报上级主管部门审批。

(8)严格执行有关施工的规程和规定,坚持正常施工秩序,做好施工记录,建立技术档案。

(9)编制竣工图表和工程决算,办理竣工验收。

6. 公路工程建设中的测量工作

公路工程建设中的测量工作与铁路工程建设基本一致,有初测、定测、施工测量、竣工测量等工作。

2.1.3　输电线路工程建设的一般知识

1. 输电线路的分类与组成

电力线路是电力系统的组成部分，它担负着输送和分配电能的任务。从电源向电力负荷中心输送电能的线路称为输电线路。根据输送距离和输送容量的大小，输电线路采用各种不同的电压等级。目前，我国采用的各种不同电压等级有 35 kV、60 kV、110 kV、220 kV、330 kV、500 kV。通常称 35～220 kV 的线路为高压输电线路，330～500 kV 的线路为超高压输电线路。此外，担负分配电能任务的线路称为配电线路。

输电线路按结构又可分为电缆线路和架空线路。架空线路与电缆线路相比有许多优点，如结构简单、施工周期短、建设费用低、散热性能好、输送容量大等。在此只介绍架空输电线路的组成。

在架空线路中，为保证输电线路带电导线与地面之间保持一定距离，必须用杆塔支撑导线，如图 2.7 所示。相邻杆塔中心线之间的水平距离称为档距。相邻两基杆塔之间的几个档距组成一个耐张段，如图中 5# ～9# 杆塔为一个耐张段，该耐张段由 4 个档距组成。如果耐张段中只有一个档距则称为孤立档，如图中 9# 和 10# 杆塔之间。一条输电线路总是由多个耐张段组成的，其中包括孤立档。

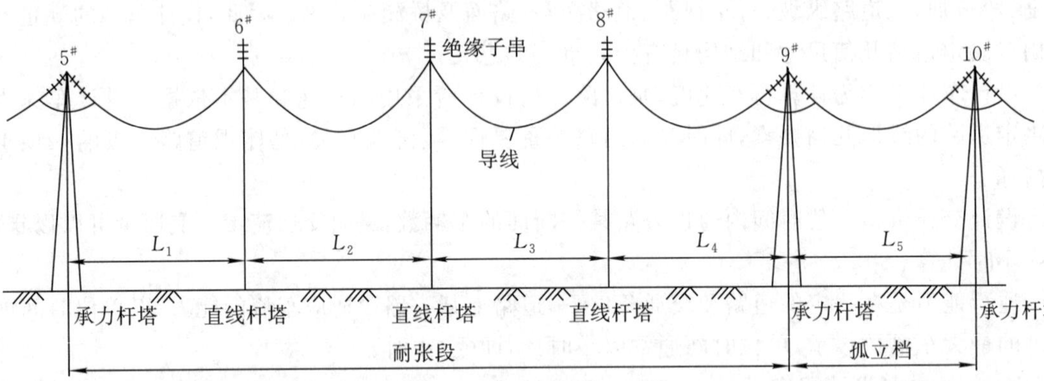

图 2.7　输电线路的组成

架空输电线路的组成元件主要有导线、避雷线、金具、绝缘子、杆塔、拉线和基础等。

2. 输电线路设计阶段

输电线路设计一般包括两个阶段，即初步设计阶段与施工图设计阶段。初步设计阶段为选择经济合理的路径方案进行图上选线和现场踏勘工作。踏勘主要是为室内选线收集资料，这时以调查为主，经过现场实地踏勘，检验图上选线的可能性和合理性，找寻其更佳的方案。然后按踏勘的结果修改图上选线，经研究比较，确定初步设计的方案。施工图设计阶段所进行的终勘定位是根据初步设计提出的线路方案，在实地进行选线、定线、测距、高程测量、断面测量以及杆塔定位测量等。

3. 输电线路工程建设中的测量工作

输电线路工程建设中的测量工作包括距离测量与直线定向、架空输电线路设计测量、线路施工复测和分坑测量、基础的操平找正及杆塔检查、架空线弧垂观测及检查等。

定线测量包括定线、设立标桩、直线转折角测量、距离和高程测量。

平断面测量包括线路中心线纵断面、横断面的测绘和中心线两侧各 50 m 范围的地物测量。

交叉跨越测量包括电力线和通信线的中心线、边线、交叉处左右杆上下线线高以及通信线的交叉角测量。

定位测量是将设计图上确定的电线杆塔位置在实地用标桩固定,包括定位测量,各杆塔位标桩间的角度、距离和高差测量。

弧垂测量是在输电线路施工中为使安装的导线弧垂(导线支撑点至最低点的垂直距离)满足设计要求而进行的测量工作。

2.1.4 输油(气)管道工程建设的一般知识

1. 输油(气)管道的分类及组成

管道输送是油(气)的主要输送方式之一,从油(气)田到最终用户,历经矿场集油(气)、输油(气)站、管道等形成一个统一密闭的输油(气)系统。输油(气)管道一般按其输送距离、经营方式及输送目的分为三类:

(1)油(气)田内部管理的矿场集输管道。矿场集输管道由采油(气)管线和集油(气)管线组成。

(2)长距离(干线)输油(气)管道。长输管道由输油(气)站和线路组成。输油(气)站是长输管道的两个组成部分之一,其任务是供给油(气)流一定的能量,使油(气)品保质、保量、安全、经济地输送到目的地。

(3)城市输油(气)管道。

2. 输油(气)管道的勘查设计阶段

长距离输油(气)管道工程建设的勘查分为踏勘、初步勘查和详细勘查阶段,设计有初步设计与施工图设计两个阶段。勘查与设计既有先后又有交叉,勘查工作走在设计工作之前,与设计阶段相适应。

踏勘是在设计任务书下达之前进行的,是为进行可行性研究或编制方案设计提供资料。踏勘工作结束后,将各项资料分析整理和汇总,编写踏勘报告。根据踏勘报告及相关资料,编制管道工程建设的可行性研究报告,根据可行性研究报告及其审批意见编制设计任务书,在设计任务书下达后,进行初步勘查。初步勘查是在踏勘的基础上,对选定的几条线路走向方案进行加深勘查,重点是站场、穿(跨)越工程和其他重要地段,为技术经济比较确定最优线路提供资料,根据初步勘查资料及前期资料进行初步设计。详细勘查是在初步设计批准之后进行的;在这一阶段主要对站场、穿(跨)越点、线路上的不良地质地段和特殊困难地段进行地形测量和地质勘查,线路一般地段则以查明管线通过地区的地质稳定性和岩性为主;取得的有关详细资料,作为施工设计的依据。设计人员根据初步设计及其详细勘查资料,进行施工图设计。

3. 输油(气)管道工程建设中的测量工作

输油(气)管道工程建设中的测量工作包括线路地形图测量、站场测量、距离测量与直线定向、断面测量、定位测量、架空管线及地下管(沟)道所进行的测量。

2.1.5 线路测量的特点

根据线路工程的作业内容,线路测量具有全线性、阶段性和渐近性的特点。

全线性指测量工作贯穿于线路工程建设的全过程,如铁路工程从项目立项、决策、勘测设计、施工、竣工图编制、营运监测等都需进行必要的测量工作。

阶段性既体现了测量技术本身的特点,也是线路设计过程的需要。在不同的实施阶段,所进行的测量工作内容与要求也不同,并要反复进行,而且各阶段之间测量工作也不连续。

渐近性说明了线路测量在项目建设的全过程中历经了由粗到精、由高到低的过程。线路工程项目高标准、高质量、低投资、高效益目标的实现,必须是严肃、认真、全面的勘查,科学、合理、经济、完美的设计和精心、高质量施工等的完美结合。因此,测量工作必须遵循"由高级到低级"的原则,分阶段、分先后,循序渐进逐步实施,同时也必须顾及典型工程对测量的特殊要求。

以上简要地介绍了铁路、公路、输电线路,以及输油(气)管道的勘测设计工作。各种线型工程的勘测设计工作有许多共同之处,其测量工作的内容和方法基本相同,只要掌握一两种典型线型工程的测量内容、方法及精度要求等,即可举一反三,完成其他线型工程的测量工作。相比之下,以铁路、公路的勘测设计对测量的要求较高,也较为全面和细致,故下面以铁路、公路为例介绍线路初测、定测等方面的测量工作。

2.2 线路初测阶段的测量工作

根据初拟方案,进行现场踏勘,踏勘过程中,应根据不同地形特点和实际情况,进行线路总体方案布设,对初拟的线路方案和比较方案进行调整或修正,确定线路走廊带,标出线路的走向和大致位置后进行初测。初测是铁路、公路设计中一个重要的勘测阶段,是初步设计的基础和依据,是初步设计阶段的测量工作。其外业包括线路平面控制测量、线路高程测量和地形测量。这些测量工作的具体做法在数字测图原理与方法、大地测量学等课程中已做了详细介绍,因此本节概述铁路、公路初测的特点。

2.2.1 线路平面控制测量

控制测量即平面控制测量和高程控制测量,是在已有交通规划线路,在实地也有了规划线路的基本走向的基础上,在相应的规划线路上进行的测量。

线路平面控制网的建立,可采用GNSS测量、导线测量、三角测量、三边测量等方法。

1. GNSS线路控制测量

目前,GNSS测量技术已广泛应用于布设各等级线路控制测量、施工放样等线路工程测量的各方面。它具有速度快、精度高、不要求点间通视等技术优势,显著地提高了线路工程测量的效益,改变了传统的线路测量作业模式和质量标准,成为线路测量的一种主要方法。

按线路测量规范的规定,线路测量采用的坐标系要纳入国家大地测量坐标系。因此,线路的初测和定测导线必须与国家大地控制点连测,利用GNSS测量加密国家四等大地点。用GNSS静态相对定位法,可以为线路导线测量建立导线的起闭点。同时要顾及线路工程自身的特点和线路定线、施工放样对控制点加密的需要,应分级建立GNSS线路控制网。为此,可将线路控制网分两级布设:

(1)建立边长较长的高一级的GNSS线路首级平面控制网。

(2)用常规测量技术进行线路导线测量,各段导线两端点应附合在高一级的GNSS控制点上。

分级布网既能保证在几千米范围内的导线点间具有较高的相对点位精度、较高的可靠性，同时由于高一级 GNSS 线路首级控制网的统一布设，这种相对点位精度将在整条线路上依次延续。

GNSS 控制网的点位除满足 GNSS 要求外，尚需考虑有利于后续用全站仪加密布设附合导线或施工放样的需要。GNSS 线路控制网的点位应选在沿线路方向离线路中线 50～300 m、稳固可靠且不易被施工破坏的范围内。一般每隔 5 km 左右设置一对相互通视的、边长为 500～1000 m 的 GNSS 点。

用 GNSS 测量代替常规的线路初测、定测导线测量和用 RTK 技术进行线路中线测量时，其方向和长度应满足相应测量等级网角度和长度的精度要求，并尽可能保持点间通视。在困难情况下，可降低为每个导线点上至少有 1 个通视方向(不一定是所有相邻点)。采用 RTK 测量还可测定线路中线的交点及控制桩。同时在沿线还应布设一些 GNSS 水准点，以利于进行高程的转化。

2. 导线测量

1)导线点的布设要求

导线测量应在 GNSS 测量加密的国家大地点或首级平面控制网的基础上进行，首先要选择导线点位。这时应注意：

(1)导线点宜选在地势较高的地方，且能前后互相通视。

(2)导线点应选在开阔的地方，以便作为图根控制，进行地形测量。

(3)导线点间的距离要适中，不宜大于 400 m，也不宜小于 50 m。地势平坦，视线清晰，也不应大于 500 m。若使用测距仪或全站仪时，导线点间的距离可增至 1 000 m，并应在不远于 500 m 处增设内分点。

(4)导线点应尽可能接近将来的线路位置，以便为定测时所利用。

(5)桥梁及隧道两端附近，严重地质不良地段以及越岭垭口处应设置导线点。

(6)导线点要定设大木桩，在一旁设立标志桩，标明点号及其里程，点号前冠以“C”表示初测导线点和里程，如 C6DK5＋187.35，DK5 为千米里程，187.35 为百米数及零数。

(7)在有比较线的地段，比较线按Ⅰ、Ⅱ、Ⅲ顺序编号。如Ⅰ比较线的里程桩号用ⅠC8DK4＋167.05(ⅠC8 表示Ⅰ比较线第 8 个导线点)；Ⅱ比较线的里程桩号用ⅡC5DK0＋328.05……对于比较线起点、终点里程桩号与正线里程桩号的关系均须注明。如：

ⅠC1DK0＋000＝C26DK8＋326.05

ⅠC8DK4＋167.05＝C39DK13＋125.40

为了便于实地查对，在比较线与正线衔接处应立一面标旗。

经过方案比较后，当决定采用Ⅰ比较线时，正线 C39DK13＋125.40 点以后的里程不必更改，只需在图上及手簿上分别注明：

DK8＋326.05＝DK0＋000.00

DK13＋125.40＝DK4＋167.05

正线与Ⅰ比较线的里程差数为(13 125.40－8 326.05)－4 167.05＝632.30(m)，称为断链。

2)导线测量

导线点选定后，即进行导线观测。铁路初测导线的水平角可用 DJ2 及 DJ6 级仪器以测回法观测右角，观测一测回。两半测回之间应变动度盘位置。两半测回间角值较差在±15″(DJ2)或±30″(DJ6)限差之内时取其平均值。

铁路初测导线的边长可采用光电测距仪或全站仪测量，往返测量各一测回，边长相对误差不应大于1∶2000。

依据《公路勘测规范》(JTG C10—2007)，公路初测导线测量的主要技术要求见表2.1。

表2.1　公路导线测量的技术要求

导线等级	公路路线	附合导线长度/km	平均边长/km	测边中误差/mm	测角中误差/(″)	导线全长相对闭合差	方位角闭合差/(″)	测回数	
								DJ2	DJ6
三等	—	30	2.0	13	1.8	1/55 000	$\pm3.6\sqrt{n}$	10	—
四等	—	20	1.0	13	2.5	1/35 000	$\pm5\sqrt{n}$	6	—
一级导线	高速、一级公路	10	0.5	17	5.0	1/15 000	$\pm10\sqrt{n}$	2	4
二级导线	二级及二级以下公路	6	0.3	30	8.0	1/10 000	$\pm16\sqrt{n}$	1	3
三级导线	三级及三级以下公路	—	—	—	20.0	1/2 000	$\pm30\sqrt{n}$	1	2

注：表中 n 为测站数。

3)导线的检核

《新建铁路工程测量规范》(TB 10101—1999)规定，导线的起点、终点以及在中间每隔不远于30 km处应与国家平面控制点或其他单位不低于四等的平面控制点进行连测。有条件时，可采用GNSS加密四等以上大地点并代替初测导线测量。

当缺乏平面控制点或连测有困难时，应进行真北观测(太阳高度法或北极星任意时角法)或用陀螺经纬仪定向(见第8章)检核导线角度，其限差要求见表2.2。

表2.2　导线测量限差

<table>
<tr><th colspan="4" rowspan="2">项　目</th><th colspan="2">仪器型号</th></tr>
<tr><th>DJ2</th><th>DJ6</th></tr>
<tr><td rowspan="4">水平角</td><td colspan="3">检测较差</td><td>20″</td><td>30″</td></tr>
<tr><td rowspan="3">闭合差</td><td colspan="2">附合和闭合导线</td><td>$\pm25''\sqrt{n}$</td><td>$\pm30''\sqrt{n}$</td></tr>
<tr><td rowspan="2">延伸导线</td><td>两端测真北</td><td>$\pm25''\sqrt{n+16}$</td><td>$\pm30''\sqrt{n+10}$</td></tr>
<tr><td>一端测真北</td><td>$\pm25''\sqrt{n+8}$</td><td>$\pm30''\sqrt{n+5}$</td></tr>
<tr><td rowspan="5">长度</td><td rowspan="2">检测较差</td><td colspan="2">光电测距仪和全站仪/mm</td><td>$2\sqrt{2}M_D$</td><td>$2\sqrt{2}M_D$</td></tr>
<tr><td colspan="2">其他测距方法</td><td>1/2 000</td><td>1/2 000</td></tr>
<tr><td rowspan="3">相对闭合差</td><td rowspan="2">光电测距仪和全站仪</td><td>水平角平差</td><td>1/6 000</td><td>1/4 000</td></tr>
<tr><td>水平角不平差</td><td>1/3 000</td><td>1/2 000</td></tr>
<tr><td colspan="2">其他测距方法</td><td>1/2 000</td><td>1/2 000</td></tr>
</table>

注：表中 n 为置镜点总数，M_D 为光电测距仪或全站仪的标称精度。

当初测导线与国家控制点连测进行角度检核时，角度闭合差若小于表2.1、表2.2中的规定，通常不进行平差。而利用坐标增量闭合差对导线进行检核时，则需要调整角度闭合差，用平差后的角度来计算坐标增量。在利用国家控制点进行导线检核之前，首先要考虑所用的控制点是否在同一个高斯投影带内，若不在同一投影带内则应进行换带计算。

铁路测量中对换带计算的精度要求较低，故可用坐标换带简表进行换算。

坐标换带简略计算公式为

$$\left.\begin{aligned} x_2 &= x_1 + m\Delta y_1 + \varepsilon_x \\ \mp y_2 &= y_0 + n\Delta y_1 + \varepsilon_y \end{aligned}\right\} \tag{2.1}$$

式中，x_1 为换带前的纵坐标；x_2 为换带后的纵坐标；y_2 为换带后的横坐标，由西带换至东带时取负值，反之取正值；x_0、y_0 为分带子午线上辅助点坐标。为换带简便，取 $x_0 = x_1$，y_0 以 x_0 为引数查取，永为正值；m、n 为以 x_0 为引数的换带系数；$\Delta y_1 = \pm y_1 - y_0$；$y_1$ 为换带前的横坐标，由西带换至东带时 y_1 取正号，反之 y_1 取负号；ε_x 为以 Δy_1 为引数的数值；ε_y 为以 x_0、Δy_1 为引数的数值。

坐标换带原理及具体运用，在大地测量学中已有叙述，此处不再重复。

然后，应将坐标增量的总和进行下面两次改化。

(1)把坐标增量总和改化至大地水准面上，其改化公式为

$$\left.\begin{aligned} \sum \Delta x_0 &= \sum \Delta x - \delta_{xH} \\ \sum \Delta y_0 &= \sum \Delta y - \delta_{yH} \end{aligned}\right\} \tag{2.2}$$

而

$$\delta_{xH} = \frac{H_m}{R} \sum \Delta x$$

$$\delta_{yH} = \frac{H_m}{R} \sum \Delta y$$

式中，$\Sigma\Delta x_0$、$\Sigma\Delta y_0$ 分别为改化至大地水准面的纵、横坐标增量总和，单位为 m；$\Sigma\Delta x$、$\Sigma\Delta y$ 分别为根据导线边长与平差后的角度算得的纵、横坐标增量总和，单位为 m；H_m 为导线的平均高程，单位为 km；R 为地球平均曲率半径，约为 6 371 km。

(2)把改化至大地水准面的坐标增量总和再改化至高斯平面上，其改化公式为

$$\left.\begin{aligned} \sum \Delta x_s &= \sum \Delta x_0 + \delta_x \\ \sum \Delta y_s &= \sum \Delta y_0 + \delta_y \end{aligned}\right\} \tag{2.3}$$

而

$$\delta_x = \frac{y_m^2}{2R^2} \sum \Delta x_0$$

$$\delta_y = \frac{y_m^2}{2R^2} \sum \Delta y_0$$

式中，$\Sigma\Delta x_s$、$\Sigma\Delta y_s$ 分别为高斯平面上纵、横坐标增量总和，单位为 m；y_m 为导线两端点横坐标的平均值(即距中央子午线的平均距离)，单位为 km。

由改化至高斯平面上的坐标增量总和计算的坐标值与国家平面控制点闭合，从而求得导线全长的闭合差，当相对闭合差不大于 1/2 000 时，可调整闭合差。导线点调整后，对已测带状地形图不进行改动。

2.2.2　线路高程测量

线路高程测量采用水准测量和光电三角高程测量。其任务有两类：一是建立沿线高程控制点，二是测定导线点及中桩的高程。

1. 水准测量

初测阶段的水准测量根据工作目的及精度的不同，可分为基平测量和中平测量。

(1) 基平测量是沿线路布设水准点。一般地段每隔约 2 km 设立一点，在工程复杂地段 1 km 设立一点，在 300 m 以上的大桥两端以及隧道洞口附近各设一点。水准点的高程采用一组往返或两组单程水准测量的方法测定。往返测或两组高差不符值在 $\pm 30\sqrt{K}$ mm(K 为相邻水准点间的线路长度，取单位为千米的数值)以内时取平均值，计算至毫米。

水准仪的精度不应低于 DS3。水准测量应在成像清晰和大气稳定的条件下进行。视线长度一般不大于 150 m；当跨越深沟、河流时，视线可增至 200 m；前后视距应尽量接近。

当跨越深沟或河流视线长度超过 200 m 时，可参照《国家水准测量规范》中五等跨河水准测量的要求进行。

水准点高程测量应与国家水准点或相当于国家等级的水准点连测。当线路与上述水准点距离在 5 km 以内时，不应远于 30 km 连测一次，形成附合水准路线，连测允许闭合差为 $\pm 30\sqrt{L}$ mm(L 为附合路线长度，取单位为千米的数值)。

(2)中平测量是测定导线点及中桩高程，一般采用单程水准测量。水准路线应起闭于基平测量时所设立的水准点。导线点应作为转点，转点高程取位至毫米，中桩高程取位至厘米，中平测量允许闭合差为 $\pm 50\sqrt{L}$ mm(L 为附合水准路线长度，取单位为千米的数值)。

2. 光电三角高程测量

基平测量用光电三角高程测量时，可与导线测量合并进行，导线点作为高程转点，高程转点间的距离和竖直角必须往返观测，并宜在同一气象条件下完成。斜距应加气象改正后，取往返观测的平均值。前后视的反射镜应置平与对中，仪器高与反射镜高应读至毫米。当竖直角大于 20°或边长短于 200 m 时，应提高观测值的精度。

用光电三角高程进行中桩测量时，其高程路线应起闭于基平测量中测定过高程的导线点，其路线长度不宜大于 2 km。中桩高程测量的距离和竖直角，可单向正镜观测两次，两次之间应变动反射镜的高度，也可单向观测一测回。两次或半测回间高差之差小于 100 mm 时取平均值。中桩光电三角高程测量的闭合差应满足水准测量的闭合限差要求。在困难地段，采用光电三角高程测量测定中桩高程更为有效。

2.2.3 铁路平面和高程控制测量

根据《铁路工程测量规范》(TB 10101—2009)，铁路工程测量的平面和高程控制网按施测阶段、施测目的及功能可分为勘测控制网、施工控制网和运营维护控制网。铁路平面控制测量应按 CP0、CPⅠ和 CPⅡ(见 7.8 节)控制测量施测。在初测、定测阶段不具备建立 CPⅠ、CPⅡ平面控制网条件时，可根据勘测设计的要求，建立满足初测、定测需要的平面控制。在线下工程施工前，全线应建立完整的 CPⅠ和 CPⅡ平面控制网。初测阶段未建立 CPⅠ平面控制网时，应沿线路建立初测平面控制网，初测平面控制网应以 CP0 为基准，每 8 km 左右布设一对 GNSS 点，点对间距以 500～800 m 为宜，按四等 GNSS 网要求施测。铁路高程控制测量应按二等水准测量要求施测。在勘测阶段不具备二等水准测量条件时，可根据勘测设计的需要建立相应的高程控制。在线下工程施工前，全线应建立线路水准基点控制网。初测高程控制测量按五等水准测量精度要求施测，可采用水准测量、光电测距三角高程测量和 GNSS 高程测量。为保证控制网的测量成果满足铁路工程勘测、施工、运营维护三阶段的要求，适应铁路工程建设和运营管理的需要，三阶段的平面、高程控制测量必须采用统一的尺度和起算基准，即所谓“三网合一”技术（见 7.8 节）。

2.2.4　地形测量

初测中的地形测量是测量沿线带状地形图，应尽量以导线点作为测站，必要时可设置一个测站点。但在地貌、地物复杂处，设置一个测站点尚不能测出隐蔽的测点时，可继续设置第二个测站点。

地形图的比例尺，一般为 1∶2 000，地形简单的平坦地区可为 1∶5 000，困难地区可为 1∶1 000。测图带的宽度应能满足纸上定线的需要，一般在选点时根据现场情况决定。对于 1∶2 000 测图，测图带宽度在平坦地区为 400～600 m，在丘陵地区为 300～400 m。测量的方法与一般地形测量方法相同。

初测目前已较多地采用航测方法测绘地形图。

2.3　线路定测阶段的测量工作

线路定测是根据初步设计及鉴定意见做了纸上定线之后进行的。定测的主要任务是准确地把初步设计的纸上线路测设到实地上，并且结合现场的具体情况改善线路的位置。定测是在初步设计与施工设计中间进行的测量工作，因此，定测阶段要为施工设计准备必要的资料。

将纸上线路测设到实地上的工作，称为中线测量。它是依据初测导线点定出设计的纸上线路，再沿此线路测设中线桩（百米桩和加桩）和曲线（曲线测设见第 7 章）。线路由直线和曲线组成，在没有测设曲线之前，线路是由一系列连续的折线所确定，此时定线的任务是把直线段在地面上测设出来，并测设直线的各交点和直线上的转点。

在定测工作中将纸上线路测设到实地的常用方法有 RTK 法、全站仪坐标法等。在利用 RTK 法、全站仪坐标法测设线路中线时，应首先准备测设数据，然后测设定位。

2.3.1　测设数据准备

如图 2.8 所示，C_1，C_2，…，C_6 等点为初测导线点，JD1，JD2，…，JD5 为定测中线的交点。在初测地形图上依次量取每个交点的纵、横坐标（x，y），根据量取的设计线路各交点的纵、横坐标，计算出每一段直线的距离和方向，如表 2.3 所示。

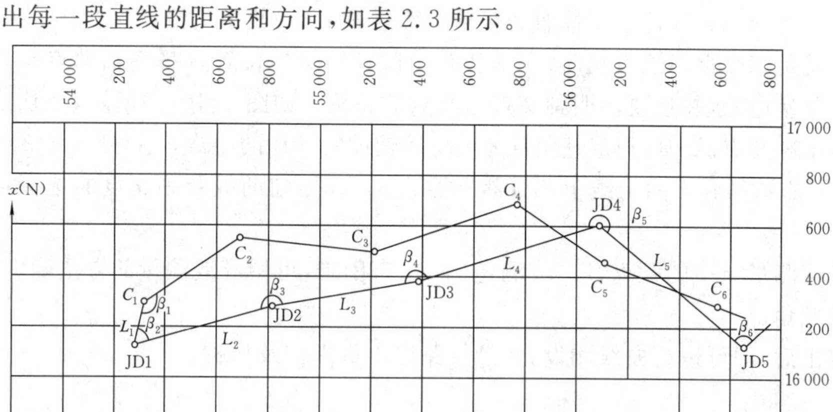

图 2.8　测设数据量取

表 2.3　线路交点的纵、横坐标及直线的距离和方向

桩号	横坐标 y/m	纵坐标 x/m	坐标方位角	距离/m
JD1	54 265	16 125		
			74°05.8′	558.37
JD2	54 802	16 278		
			81°18.5′	562.46
JD3	55 358	16 363		
			71°53.2′	733.34
JD4	56 055	16 591		
			127°35.2′	750.85
JD5	56 650	16 133		

对每条直线段可根据量取的各交点的纵、横坐标计算的每一段直线的距离和方向计算出直线段上若干待测设点的坐标，每条直线段最好有三个以上的点，以便核对。

2.3.2　交点定位

根据每条直线段的交点坐标和计算出的直线段上若干待测设点的坐标，利用 RTK 法或全站仪坐标法在实地上测设出直线段上待放样的点位，应检查这些点是否在一条直线上。当偏差不大时，可以适当调整其位置，使其位于一条直线上。

如图 2.9 所示，在测设出交点(如 JD5)的位置和直线段 ZD3—ZD4 与 ZD6—ZD7 后，在 JD5 前后各打一骑马桩 A、B 与 C、D。在交点上观测 $\beta_{右}$ 一个测回，然后计算偏角 α，并注明其左偏或右偏。

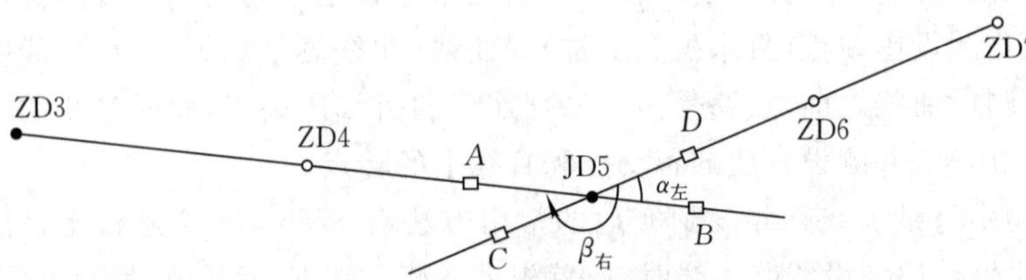

图 2.9　交点定位

偏角计算公式为

$$左偏角：\alpha_{左}=\beta_{右}-180°$$

$$右偏角：\alpha_{右}=180°-\beta_{右}$$

如果交点遇到障碍或位于不能置镜处或交点较远时，一般采用测设副交点的方法来解决。所谓副交点就是当交点不能设桩时，在两切线(直线段)适当位置选择的辅助点。副交点通常选在便于测角量边处，并且要注明副交点与交点的关系。如图 2.10(a)所示，在切线上适当的位置选定两个副交点 A、B，测定其角度 α_1、α_2 及辅助线 AB 的距离 S_{AB}，则偏角 $\alpha=\alpha_1+\alpha_2$。如图 2.10(b)所示是属于两切线上不通视的情况。这时，辅助线及副交点的选择可参考图示办法。

如果直接测量 AB 的距离 S_{AB} 或测定 α_1、α_2 有困难，可用导线测量的方法确定 A、B 点的相对位置及偏角 α。

交点定出后，即可进行曲线测设，并沿线路定出百米桩及加桩。

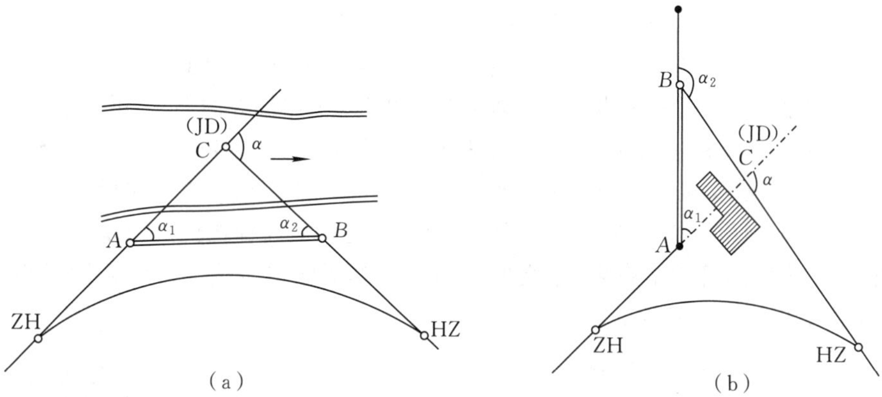

图 2.10　副交点与交点的关系

2.3.3　RTK 法

RTK 测量系统是由 GNSS 测量技术与数据传输技术相结合而构成的组合系统，是以载波相位观测量为根据的实时差分 GNSS 测量技术。RTK 技术是 GNSS 测量技术发展中的一个新的突破和里程碑。它不仅具有 GNSS 技术的所有优点，而且可以实时获得观测结果及精度，大大地提高了作业效率并拓宽了 GNSS 的应用领域。因而 RTK 技术在线路测量中的应用受到极大的关注，在线路初测、定测、施工测量等领域发挥着巨大作用。

用 RTK 技术进行线路中线定测时，直线段可采用前期准备的测设坐标数据，曲线段可根据交点定位测量的偏角和曲线设计参数计算出各待测设点的坐标(包括曲线主点、曲线细部点坐标，具体计算可参见第 7 章)和整桩、桥位等加桩的坐标数据，然后将这些数据送到手持机中，有了坐标以后在实测前还应做坐标转换参数的计算，以便把 GNSS 测量结果转换到工程采用的坐标系统。这样便可在野外进行测设工作。具体测设方法可参见第 6 章。

2.3.4　全站仪坐标法

全站仪是当今地面测量工作走向自动化、数字化的核心测量仪器，具有自动化、数字化、可编程等强大的功能。目前线路地面测量的外业工作与部分内业数据处理几乎都可在全站仪中完成。全站仪坐标法具有放样方法简单、灵活的优点，在线路中线定测中普遍使用。

利用全站仪坐标法可以很方便地完成中线测设工作。全站仪坐标法的具体测设方法可参见第 6 章。

2.4　线路纵横断面的测绘

断面图是根据断面外业测量资料绘制而成的，非常直观地体现了地面现状的起伏状况，是工程设计和施工中的重要资料，也是铁路、公路设计的基础文件之一。

2.4.1　线路纵断面的测绘

线路的平面位置在实地测设之后，应测出各里程桩处的高程。从而绘制表示沿线起伏情况的纵断面图，以便进行线路纵向坡度、桥面位置、隧道洞口位置的设计。

定测阶段的高程测量，应尽量采用初测水准点的高程数据。但需要逐一检测，限差为

$\pm 30\sqrt{K}$ mm(K 为相邻水准点间的线路长度,取单位为千米的数值)。当水准点被破坏或受到施工影响时,应补设新点。新设水准点的测量要求与基平测量相同。

初测水准点检测后,以中平测量的要求测出各里程桩、加桩处的高程,并绘制纵断面图。

断面图采用直角坐标法绘制,其横坐标表示水平距离,纵坐标表示高程。线路纵断面图是以中桩的里程为横坐标,以其高程为纵坐标而绘制的。常用的里程比例尺有 1∶2 000 和 1∶1 000。在纵断面图上,为明显表示地形起伏状态,通常使高程比例尺为水平比例尺的 10～20 倍。图 2.11 为定测阶段结束后,上交的线路详细纵断面图实例。图中连续里程是扣除断链后贯穿线路全长的累计里程。

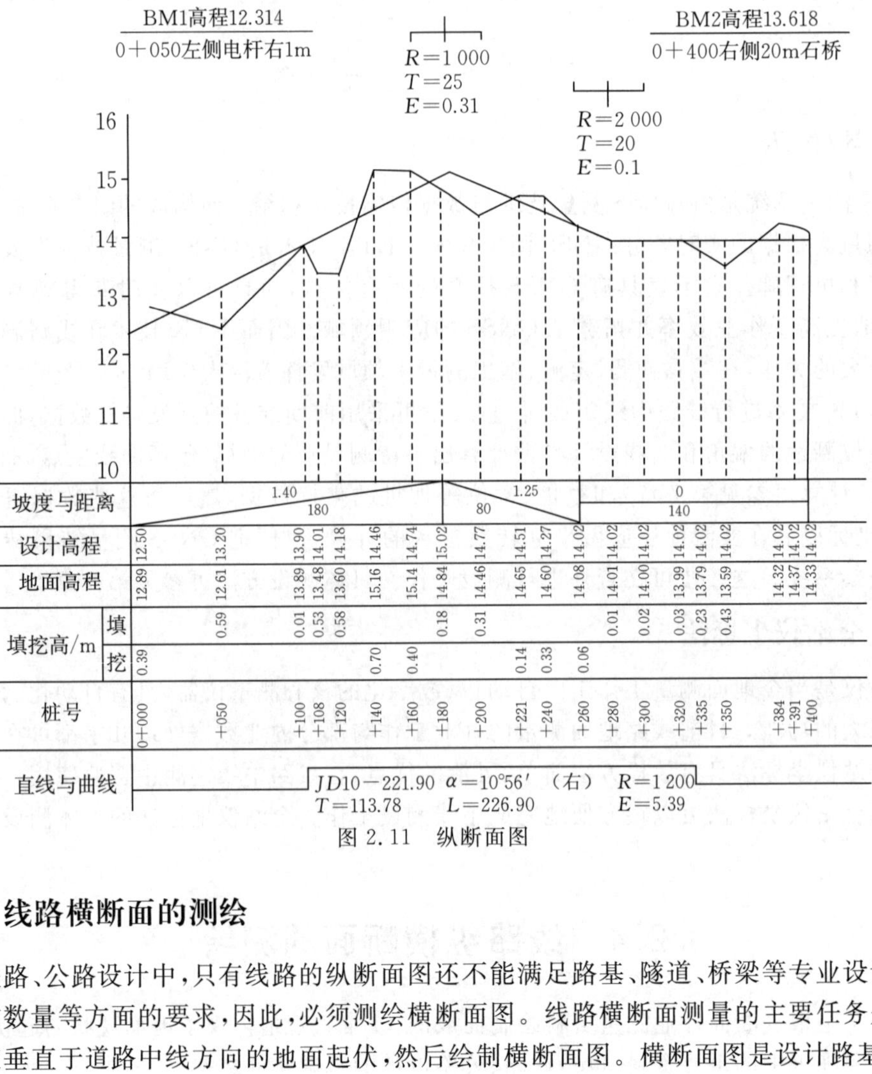

图 2.11 纵断面图

2.4.2 线路横断面的测绘

在铁路、公路设计中,只有线路的纵断面图还不能满足路基、隧道、桥梁等专业设计以及计算土石方数量等方面的要求,因此,必须测绘横断面图。线路横断面测量的主要任务是在各中桩处测定垂直于道路中线方向的地面起伏,然后绘制横断面图。横断面图是设计路基横断面、计算土石方和施工时确定路基填挖边界的依据。横断面测量的宽度,由路基宽度及地形情况确定,一般在中线两侧各测 15～50 m。

1. 确定横断面方向

在线路上,一般应在曲线控制点、千米桩和线路纵、横向地形明显变化处测绘横断面。在大中桥头、隧道洞口、挡土墙等重点工程地段,适当加密横断面。

横断面的方向，在直线地段与线路方向垂直，在曲线地段与各点的切线方向垂直。其确定方法可用方向架、经纬仪等进行。

2. 测定横断面上的点位

横断面上中桩的地面高程已在纵断面测量时测出，横断面上各地形特征点相对于中桩的平距和高差可用经纬仪、水准仪皮尺法、全站仪等测定。

(1)采用经纬仪测量横断面时，是将仪器置于中线桩上，读取中线桩两侧各地形变化点的视距和垂直角，计算各观测点相对中桩的水平距离与高差。此法适用于地形起伏变化较大的山区。

(2)采用水准仪皮尺法测量横断面时，由方向架确定断面方向，皮尺量距，水准仪测量高差。该法适用于施测横断面较宽的平坦地区。

(3)采用全站仪测量横断面时，可将仪器置于中线桩上，直接测量中线桩两侧各地形变化点的水平距离与高差。

3. 绘制横断面图

绘制横断面图的纵横比例尺相同，一般采用 1∶100 或 1∶200。根据横断面测量中得到的各点间的平距和高差，检验横断面测量成果，横断面测量检测限差为

$$\Delta H_{限} = \pm\left(\frac{H}{100} + \frac{L}{200}\right) + 0.1$$

$$\Delta L_{限} = \pm\left(\frac{L}{100} + 0.1\right)$$

式中，H 为检查点至中桩的高差，L 为检查点至中桩的水平距离，单位为 m。

检查合格后，绘出各中桩的横断面图，如图 2.12 所示。在横断面图上应标定中桩位置和里程，并逐一将地面特征点画在图上，再连接相邻点，即绘出横断面图。

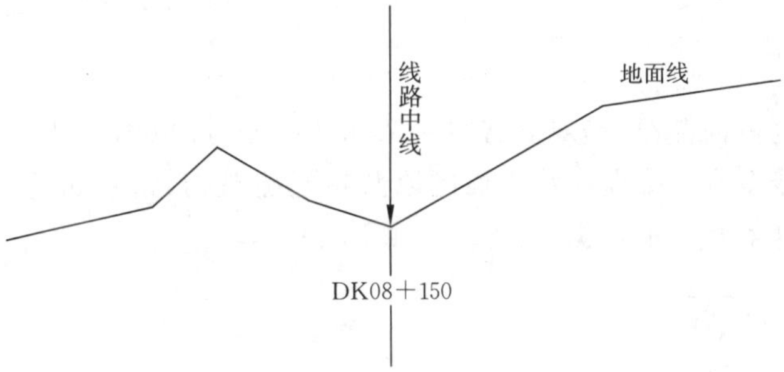

图 2.12　横断面图

2.5　既有线路测量

为了增强铁路、公路的运输能力，除修建新线路之外，对既有线路进行技术改造也是一种有效措施。既有线路的勘测设计与新建线路一样，即也需要方案研究、初测、初步设计、定测和施工设计。既有线路的勘测工作主要集中在初测阶段，包括线路的平面测绘、纵横断面测绘、地形测绘等；定测的测量工作应尽量利用初测资料，定测与初测的内容基本上相同，主要区别在于：初测中可做得较为简略，而定测时应做详细的测绘。既有线路勘测的主要特点是：勘测基本上沿着既有线路进行，较之新线路勘测减少了大量的选线测量工作。由于改建和增建工程是在既有线路的基础上进行，所以勘测中主要内容之一是对既有线路及各种建筑物做详细

测绘。既有线路平面测绘实质上是新线路勘测中测设中线的反转过程，新线路勘测中是把设计好的中线测设到地面，根据计算好的曲线要素、长度和转角测设曲线。而既有线路平面测绘则是把已经建成的线路测绘出来，根据测绘的资料反过来求算曲线的转角、半径、长度等要素，以便在此基础上设计新的曲线。

既有线路测量的主要内容有：既有线路里程丈量、线路调绘、高程测量、横断面测量、线路平面测绘、地形测绘、站场测绘及绕行线定测、设备调查等。

2.5.1 既有线路的里程丈量

里程丈量是为了在既有线路上定出千米桩、百米桩和加桩的位置，作为勘测设计和施工的里程依据，也是既有线路平面坐标计算的长度依据。

(1)里程丈量从车站中心或桥梁、隧道建筑物中心的既有里程引出，按原有里程方向连续推算。里程丈量使用钢卷尺丈量两次，较差在1/2 000以内时，以第一次丈量的里程为准。同时与既有桥梁、隧道、车站等建筑物的里程核对，并记录其差数。

(2)里程丈量时，直线地段可沿左轨轨面丈量，曲线段沿线路中心丈量。

(3)里程丈量时，应设千米桩、半千米桩、百米桩和加桩。千米桩和半千米桩写全里程，百米桩和加桩可不写千米数。

(4)在下列地点设加桩，并分别规定里程取位：①曲线地段每20 m应设加桩，其里程为20 m的整倍数。②桥梁中心、桥台胸墙和台尾、涵洞中心、隧道进出口、车站中心、进站信号机、道岔中心等，取位至厘米。③涵渠、渡槽、平交道口、跨线桥、坡度桩，跨越铁路的电力线、通信线、地下管道等中心，取位至分米。④地形变化处、路堤和路堑边坡的最高和最低处、路堤路堑交界处、路基宽度变化处、路基病害地段，取位至米。

2.5.2 线路调绘

线路调绘又称为横向测绘，是对既有线路两侧30～50 m以内的地物、地貌进行调查和测绘。其目的是作为修改和补充既有线平面图以及拆迁建筑物、路基加宽、防护、排水系统布置及第二线左右侧选择等意见的依据。

2.5.3 既有线路高程测量

既有线路高程测量的目的是沿线路检测已有水准点和补设新的水准点，测量沿线所有百米桩和加桩处钢轨顶面的高程。测量工作分为水准点高程测量和中桩高程测量。

(1)对既有水准点的编号、地点等进行核实。另外，在必要的地点，如大桥两端、隧道洞口、车站以及连续2 km以上无既有水准点的地段进行补设。补设或增设的水准点其高程应自邻近水准点引出，并与另一既有水准点连测。

(2)水准点高程测量要求进行两次，可采用一组往返测或两组单程测量，两次测量较差以及与既有水准点高程的闭合差在$\pm 30\sqrt{K}$ mm以内时采用原有高程；如超过限差并确认既有水准点高程有误，可更改原有高程。

(3)中桩高程测量应测两次，高程线路应起闭于水准点，当闭合差在$\pm 30\sqrt{K}$ mm以内时，按转点个数平差后推算中桩高程；当两次较差在20 mm以内时，以第一次为准。直线地段测左轨轨面，曲线地段测内轨轨面，读数至毫米。

2.5.4　站场测绘

站场平面图的比例尺为 1∶2 000 或 1∶ 1 000，其测绘范围根据需要确定，除了要测绘站场及其周围的地形外，还要对站内既有建筑和设备进行测绘。测量的主要内容有基线测量、高程测量、横断面测量、站场平面测绘、地形测绘、站内股道及线路测量、道岔测量等。

2.5.5　桥涵丈量

既有桥涵丈量应在调查和有关资料的基础上进行。丈量的数据必须核对，并查明各部位的建筑材料等有关情况。

既有桥涵的精度要求如下：

(1)长度采用钢尺丈量，钢结构尺寸取至毫米位，其余尺寸取至厘米位。

(2)大中桥的桥长、跨度、桥墩中心间的长度两次丈量的较差相对误差不应大于 1/2 000。

(3)丈量完后，应根据丈量草图、断面、水文、地质等资料绘制丈量图。丈量图的比例尺为 1∶50～1∶200。

(4)高程以水准仪施测，其精度不低于水准点高程测量的精度。

2.5.6　既有曲线测量

既有曲线测量的基本原理与新线勘测中测设曲线相同，只是因目的不同，方法上稍有差异。新线勘测中是将设计好的曲线测设到地面，既有曲线测量中则要测绘既有曲线的详细现状。

既有曲线测量常采用全站仪极坐标法等。用 RTK 技术进行既有曲线测量时，基准站安置在道轨旁的已知点上；流动站安置在可在轨道上开行的任何一种平板车上，随着平板车的运动，RTK 测量系统将实时地得出线路中线各点的三维坐标，一次性完成平面与高程测量。

2.6　航测、遥感技术在线路勘测中的应用

线路勘测设计的过程可分为内业设计和外业勘测，内业设计部分主要取决于计算机硬件、软件水平的提高与发展；外业勘测部分主要是地形数据采集的高精度与自动化，这取决于各种新技术、先进设备的支持。外业勘测中最关键的问题是如何高效、准确、及时地获取设计所需线路的各类地形数据。地形数据的获取一般有三种方法：①野外实测采集地形数据；②已有大比例尺地形图的数字化；③航测遥感方法采集地形数据。野外实测数据可采用 GNSS 和全站仪等方法从野外实测获得地形数据；地形图数字化有手扶跟踪数字化和全自动数字化；航测遥感采集地形数据视其采集设备的不同有模拟法、解析法、全数字测图以及遥感判释等几种方式。随着计算机技术、信息技术、光电技术、测绘技术、遥感技术等高新技术的进步，以及学科的相互交叉和渗透、相互影响和促进，线路勘测设计技术得到了迅速发展。从技术发展的角度看，GNSS、航测、遥感，以及 GIS 为线路的勘测设计提供了有力的技术支持。

随着航空、航天技术的发展，许多国家越来越广泛地采用航测、遥感方法进行铁路、公路、输电线路的勘测设计。与传统的线路勘测设计手段相比，航测、遥感方法具有明显的优点：把繁重的野外工作大部分变为室内作业，节省了大量的人力、物力；减轻了劳动强度；缩

短了勘测设计周期；提高了勘测质量。所以，有不少国家的高等学校和科研单位对这方面工作进行研究和推广使用，这就为铁路、公路、输电线路勘测设计采用航测、遥感技术提供了有利条件。

2.6.1 航测资料的获取

线路航测的主要任务是为线路设计提供地形资料，通过航片立体观察、判释，提供有关地质、水文、地貌等有关资料。

线路航测的作业过程包括准备工作、摄影工作、外业工作和内业工作等四个阶段。

1. 准备工作

包括接受任务，收集资料，进行线路方案研究，会同航摄部门进行航带设计，完成航摄技术计算，编制领航图等。

收集线路所经地区的有关地理、地质、水文、气象及该区域经济发展、规划等资料。

摄影范围的确定应依据线路方案，确定测图和摄影范围。为了保证测图的质量，防止造成漏测现象，一般摄影范围应比测图范围略大些。

摄影比例尺的确定，要根据测图精度和经济两个方面的要求决定。摄影比例尺与测图比例尺的关系见表2.4

摄影范围和摄影比例尺确定之后，可进行航带设计。线路航摄是沿线路方向进行的，一般线路往往是弯曲转折的，为了保证航摄线路的直线性，必须把线路分成若干测段，如图2.13所示。

表2.4 摄影比例尺与测图比例尺的关系

测图比例尺	摄影比例尺
1∶2 000	1∶8 000～1∶12 000
1∶5 000	1∶10 000～1∶20 000

注：表中所列数据指测段内线路设计高程平均面的摄影比例尺。

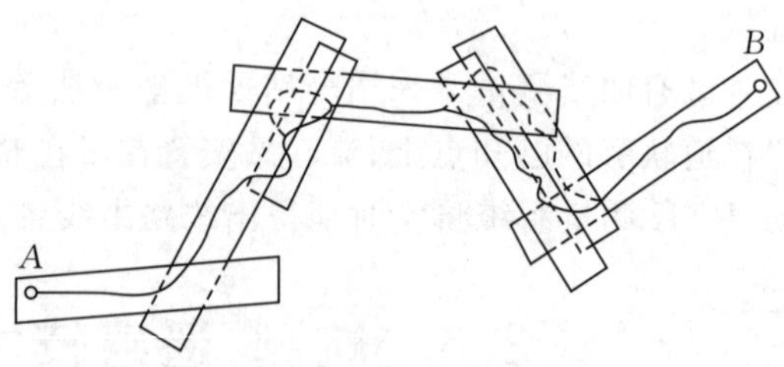

图2.13 航线分带图

测段的长度不宜过长，因为不易保证航线的顺直，但又不可太短，太短又会使飞机掉头频繁，飞行时间多，造成浪费。另外，在高山地区设计测段时，应注意每个测段内的高差变化不要太大，以便于飞行。每一测段再布设若干条航带，航带数目计算公式为

$$N = C/L + 1$$

式中，C为测段宽度；L为航线间隔，$L = l_y \times (1 - p_y\%) \times m$。其中，$m$为像片比例尺，$l_y$为像片在垂直于航线方向的边长，$p_y$为旁向重叠。

2. 摄影工作

首先要编制摄影计划，然后进行航空摄影，摄影处理，获得航摄像片。

3. 外业工作

包括像片调绘及控制测量。像片调绘又分为地形调绘与专业调绘。野外像片调绘的任务是将地面上地物、地貌及地质、水文等资料，准确地描绘在调绘像片上。控制测量的任务是测定外控点的坐标和高程，作为内业加密及测图的依据。

4. 内业工作

包括像控点加密、立体测图、底图清绘、整饰等。

2.6.2 航测数据的采集

航测数据采集的主要目的是为建立线路设计用的带状数字地面模型提供地形数据。根据数字地面模型的用途、结构和地形特征的不同,航测数据采集有各种不同的要求,其中数据的采样方法、采样数据的属性等因素对数字地面模型的费用和精度等都有直接影响。

1. 航测数据采样方法

涉及数字地面模型的航测数据采样方法包括等高线法、规则格网法、选择采样法、渐进采样法、剖面法、混合采样法等,这些方法可以是人机交互式的或自动化的。其中,等高线法、剖面法、选择采样法、混合采样法等方法适合于利用解析测图仪进行半自动的交互式数据采集。自动采集方法按照像片上的规则格网利用数字影像匹配进行数据采集,是数字摄影测量系统最主要的特征。

2. 采样数据的属性

就数字地面模型而言,采样是一个确定在何处需要量测的过程,由两个参数决定:数据点的分布和密度。

采样数据的分布通常由数据位置和结构来确定。位置可由地理坐标系中的经纬度或格网坐标系中的坐标决定。数据的结构可分为规则、半规则和不规则三大类。

采样数据的密度可以由几种方式指定,如相邻点之间的距离、单元面积的点数等。数据的密度取决于数字地面模型的精度要求,区域内的地形特征以及计算机的容量等。

航测采集的地形数据是进行线路设计的基本数据,该数据的质量好坏、精度高低直接影响到设计成果,而衡量航测数据采集的质量,主要是看其采集的数据是否适应地形的变化,其点的分布及密度是否能客观地反映地形特征,特别是各种地物、地形断裂线是否选择合理,是否采集得充分等。

2.6.3 航测、遥感方法在线路勘测中的应用

航测、遥感方法在线路勘测中的应用,主要体现在以下几方面:

(1)利用航摄、遥感像片上丰富的地表信息,通过立体观察、像片判释和少量的实地调查以及配合地面控制测量工作,可在航摄像片的立体光学模型上选线,为线路勘测设计提供各种像片平面图和地面信息。

(2)通过航测、遥感判释,可获得线路所经区域的地形、地貌、地物等基本资料,并可得到线路所经区域的岩石与土壤、地质构造、不良地质现象、水涯线及洪水痕迹等地质、水文资料,为线路方案的选择及线路设计提供依据。

(3)航摄影像和遥感图像含有大量丰富的地表信息,可直接生产被摄区域的大比例尺地形图和地形三维坐标数据,生成带状数字地面模型,为线路测设提供可靠的地形数据。

2.6.4 线路勘测设计一体化

随着数字摄影测量发展,航测遥感数据的采集与处理实现自动化,数据库技术和网络技术的发展,展示了高新技术在我国线路勘测设计中应用的广阔前景。

线路勘测地形数据采集与处理的自动化和数模技术、工程数据库、线路 CAD 紧密结合成

一个有机的整体，可实现地面数据采集、资料获取、数据处理、道路设计与优化直至成果输出等线路勘测设计全过程自动传递，达到勘测与设计信息的真正共享，形成覆盖数据采集与处理、线路初步设计、施工图设计到输出设计文件的线路设计全过程的一体化。计算机不仅参与勘测设计计算、绘图工作，而且还参与勘测设计各阶段工作的管理、协调和质量控制等，这就是所谓的勘测设计一体化。

基于摄影测量与遥感方法的线路勘测一体化系统的数据库建库工作包括基础数据的采集与编辑、沿公路走向的带状数字地面模型和数字正射影像图的采集与制作、三维线路建模、数据库的建立等，可快速、准确地为公路设计提供所需的一切地形资料。数据采集系统主要有全数字摄影测量工作站和遥感图像处理工作站。

下面介绍基于航测数据采集的公路勘测设计一体化系统。

公路勘测设计一体化涉及线路从规划、方案比较、初步设计到施工图设计的各个环节。公路勘测的数据采集与处理，是构成公路勘测设计一体化的重要基础。航测数据采集可直接应用测绘部门提供的航测测图数据，是在大范围内采集数据最理想、最有效的地形数据采集方法，也是目前我国高等级公路勘测设计中的主要地形数据来源。采用航测手段采集的地形数据是进行线路设计的基本数据。该数据质量的好坏、精度高低，直接影响到设计成果的质量，也是影响航测数模技术用于公路线路施工图设计的关键所在。这种方法主要是要解决数据的有效、准确获取。对数据处理而言，主要取决于数字地面模型技术的成熟、完善与应用。数字地面模型作为连接野外勘测（数据采集）和内业设计（CAD系统）之间的纽带和桥梁，在公路测设一体化系统中起着至关重要的作用。

在带状数字地面模型建立的基础上，只要确定了线路的平面线形，便可由数模快速内插出该线路的纵、横断面的地面线数据，配合线路CAD系统快速完成该线路初步设计与施工设计；通过直接由数字地面模型与线路设计成果自动产生的带状地面景观的三维道路工程模型，能准确、客观地反映道路修建后的真实情况，设计人员可通过从线形设计指标、工程量大小、线形景观、道路与地形环境的配合与协调等多角度全面、客观评价线路设计成果，从而找出最佳设计方案。这对工程费用的降低，设计周期的缩短，设计质量的提高具有重要意义。

基于航测数据采集的公路勘测设计一体化总体框架，如图2.14所示。

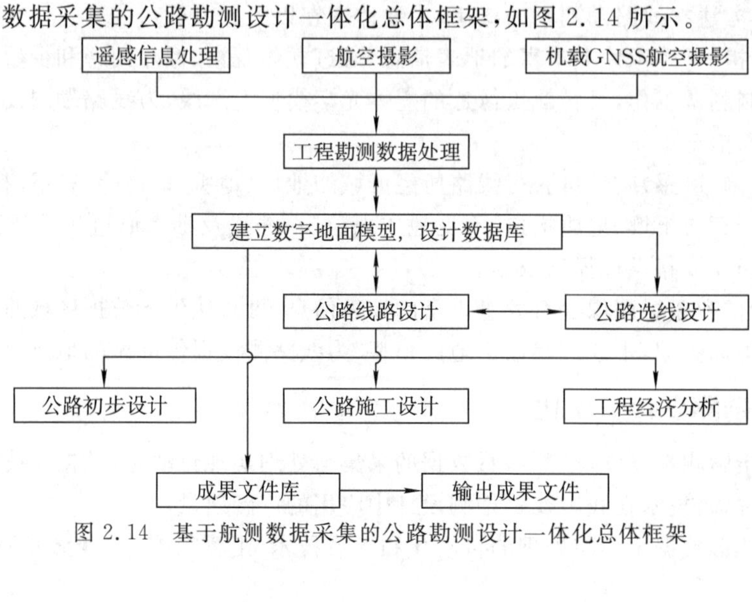

图2.14　基于航测数据采集的公路勘测设计一体化总体框架

2.7　机载 LiDAR 技术在线路勘测中的应用

机载 LiDAR(light detection and ranging)技术是一种综合利用激光、全球定位系统、惯性导航系统的数据采集技术。该技术在三维空间信息的实时获取方面取得了重大突破，为获取高时空分辨率地球空间信息提供了一种全新的技术手段。LiDAR 技术在欧美地区已有数十年的成功使用经验，近年来在我国也逐渐受到重视。

LiDAR 传感器发射的激光脉冲能部分穿透树林遮挡，直接获取高精度三维地表地形数据。LiDAR 数据经过相关软件数据处理后，可以生成高精度的数字地面模型、等高线图，利用它可以快速获取数字表面模型，在线路测量方面获得了很好的应用。相对于传统航空摄影测量技术，具有自动化程度更高，受天气影响较小，数据生产周期短、精度高等特点。

2.7.1　机载 LiDAR 的工作原理

机载 LiDAR 对地定位原理：若空间有一向量，其模为 S，方向为(φ,ω,κ)，若能测出该向量起点 O_s 的坐标(X_s,Y_s,Z_s)，则该向量的另一端点 P 的坐标(X,Y,Z)可唯一确定。对于机载 LiDAR 系统来说，起点 O_s 为遥感器光学系统的投影中心，其坐标(X_s,Y_s,Z_s)可利用动态差分 GNSS 求出；向量的模 S 是由激光测距系统测定的机载激光测距仪测量投影中心到地面激光脚点间的距离，姿态参数(φ,ω,κ)可以利用高精度姿态测量装置进行量测获得，如图 2.15 所示。但还必须顾及一些系统参数，包括激光测距光学投影中心相对于 GNSS 天线相位中心的偏差、激光扫描器机架的三个安装角(倾斜角、仰俯角和航偏角)，还包括惯性测量系统(inertial measurement system, IMU)相对于 GNSS 的位置偏差及 IMU 机体同载体坐标轴系间的不平行等。这些参数都需要通过一定的检校方法确定。

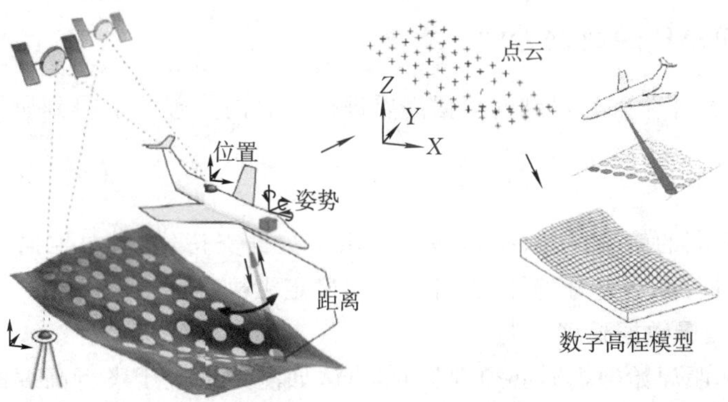

图 2.15　机载 LiDAR 系统工作原理

2.7.2　机载 LiDAR 技术的作业流程

机载 LiDAR 技术在线路勘测设计中主要用于数据采集，包括获取地面点的平面坐标和高程，构建高精度的数字地面模型，为后续的工作提供基础的也是核心的数据信息。机载 LiDAR 作业可以分为三个阶段：准备、野外作业和数据处理。准备阶段的工作内容有测区相关资料(测区地形、控制点坐标等)的收集、飞行计划设计(航线选择、申请空域、飞行时间、飞行参数等)、测试运行(机载设备的安装、GNSS 基站的野外踏勘与连测、测试飞行等)。野外作业是在准备工作结束后进行的,包括航飞数据采集和GNSS基站数据获取两部分。飞行结束后,需要对所获得的激光数据、数码影像、GNSS数据等的完整性进行检查,如有遗漏,应及时补飞。数据处理是机载LiDAR的重要环节,完成将原始数据转变为用户所需要的数字化产品。机载LiDAR系统工作流程见图2.16。

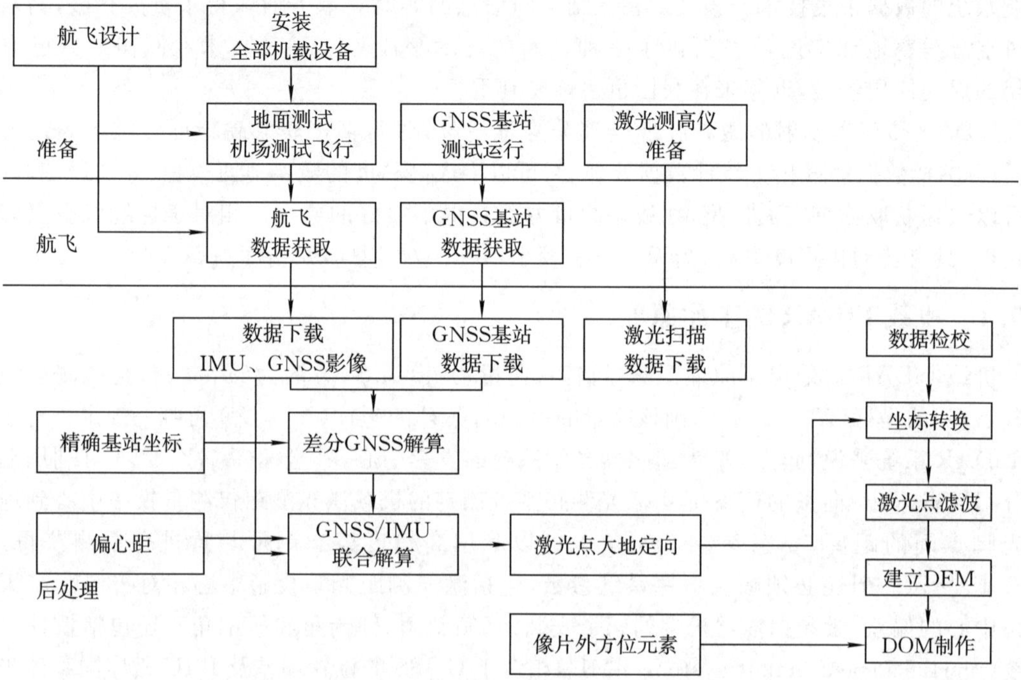

图2.16 机载LiDAR系统工作流程

2.7.3 机载LiDAR的数据处理

机载LiDAR在外业采集得到的数据需要进行一定的处理才能得到所需的信息。数据处理包括以下内容。

1. 航线重构

航线重构为后期的航带拼接、接边检查提供了数据支持,通过对地面基站GNSS数据和机载GNSS数据进行联合差分解算,就可以精确确定飞机飞行轨迹。

2. 激光扫描测量数据处理

在处理激光测距原始数据时必须剔除异常点,如测距远大于飞行高度的奇异点或测距值特别小的无效数据。利用仪器厂家提供的随机软件,对飞机GNSS轨迹数据、INS飞机姿态数据、激光测距数据及激光扫描镜的摆动角度数据进行联合处理,最后得到各测点的(X,Y,Z)三维坐标数据,即点云数据。

3. 坐标匹配

在一幅点云图中,扫描点间的相对位置关系是正确的,而不同点云图间点的相对位置关系的正确与否,取决于它们是否处于同一坐标系下。因此,将多幅点云图精确地"装配"在一起,使点处于同一个坐标系下,必须解决坐标匹配问题。

4. **点云滤波**

LiDAR点云数据处理的基本任务是将数据进行分解，将地面与其覆盖物（如房屋、植被）以及其他地物等分开，得到数字地面模型。目前用于机载LiDAR数据滤波的方法大致可分为数学形态学滤波法、移动窗口法、迭代线性最小二乘内插法、基于地形坡度滤波等。

5. **影像数据的定向和镶嵌**

数字影像先进行解压处理，再结合航片的内外方位元素进行空中三角测量，然后结合激光扫描测量的数字地面模型数据进行定向镶嵌，形成正射影像图。

6. **生成数字高程模型**

经过上述处理的LiDAR数据进行内插等运算，生成可以满足线路工程的DEM。利用DEM和相关调查工作，可生产数字线划图。

2.7.4 机载LiDAR在线路勘测中的应用

机载LiDAR在线路勘测中的应用主要用于获取线路范围高精度的DTM，测绘带状地形图、输电线和电线杆（塔）线路图、海岸带地形测图等。

1. **在公路勘测设计中的应用**

LiDAR技术为公路、铁路设计提供高精度的DEM，采用LiDAR技术在较短的时间内就可以提供详细而准确且能满足设计部门要求的数字线划图和断面图，以方便线路设计和施工土方量的计算，在线路勘测设计方面有着重要的应用价值。如图2.17所示为某高速公路机载LiDAR勘测示意图。

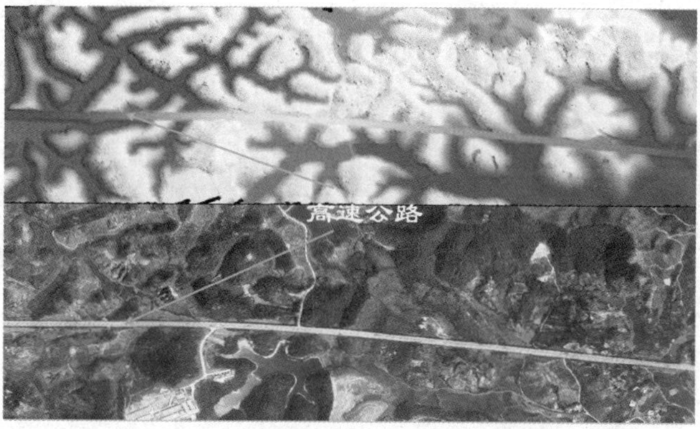

图2.17 高速公路机载LiDAR勘测设计

2. **在电力线路勘测设计中的应用**

在电力线路勘测设计时，通过LiDAR数据可以了解整个电力线路勘测设计区域的地形和地物要素的情况，绘制纵断面图。尤其是在树木密集处，可以估算出需要砍伐树木的面积和木材量。在进行电力线抢修和维护时，根据电力线路上的LiDAR数据点和相应的地面裸露点的高程可以测算出任意一处线路距离地面的高度，这样就可以便于抢修和维护。如图2.18所示为某电力线路机载LiDAR勘测示意图。

机载LiDAR采用激光主动测量，能有效克服植被阴影的影响，对天气要求相对宽松，数据成果精度高，能够满足线路勘测和施工图设计的要求；还能有效缩短测量周期，降低工程造价，拥有良好的社会经济和生态环境效益，具有广阔的应用前景。

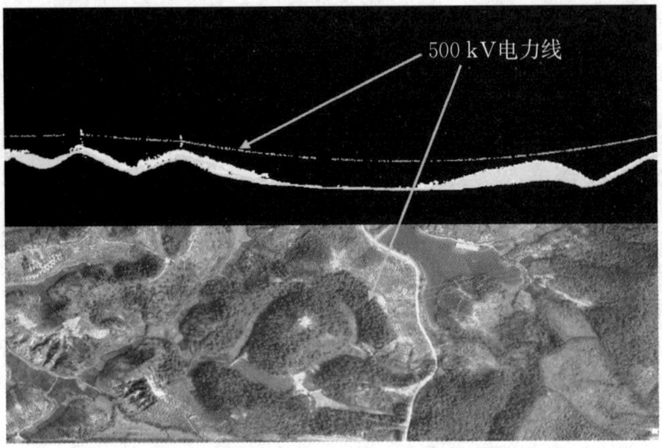

图 2.18 电力线路机载 LiDAR 勘测设计

第3章　水下地形测绘

水下地形测绘的目的主要通过水深测量方法获取水体覆盖下的水底地形图，为航运交通、港口码头建设、海洋渔业捕捞、水产养殖、水利设施建设、路桥建设、海洋资源开发、海底管道电缆铺设、国防军事、海洋划界等提供基础数据和图件。

3.1　精度要求与技术设计

3.1.1　精度要求

水深测量的精度主要由测点的测深精度和定位精度决定，其精度必须满足相应的国家标准、行业标准或特定测量项目的精度要求。国际上权威的测深精度标准是国际海道测量组织(International Hydrographic Organization，IHO)制定的国际海道测量标准。在我国，水深测量的国家标准主要是《海道测量规范》(GB 12327—1998)、《海洋工程地形测量规范》(GB 17501—2012)，行业标准有《水运工程测量规范》(JTS 131—2012)等，这些技术标准对平面和高程控制测量的精度要求与陆地测量的要求基本相同，对测深精度的规定一般与IHO的要求一致。表3.1为1998年版国家标准《海道测量规范》规定的深度测量极限误差。对定位精度的要求，通常是根据测图比例尺和项目的特定要求来规定，尽管存在一些细微的差别，但对测深定位精度的要求基本应满足表3.2的规定。定位中心应尽量与测深中心保持一致，当二者之间的水平距离超过定位精度要求的1/2时，应将定位中心归算到测深中心。

表3.1　深度测量极限误差(95%的置信度，2σ)

测深范围 Z/m	极限误差/m
$0 < Z \leqslant 20$	±0.3
$20 < Z \leqslant 30$	±0.4
$30 < Z \leqslant 50$	±0.5
$50 < Z \leqslant 100$	±1.0
$Z > 100$	$\pm Z \times 2\%$

表3.2　水深测量定位点点位中误差限值

测图比例尺	定位点点位中误差图上限差/mm
1∶200～1∶500	2.0
>1∶5 000	1.5
≤1∶5 000	1.0

主测线与检查线的重合点水深值比对是检查水深测量的主要精度指标。主测线、检查线点位图上距离1.0 mm内的重合深度点深度不符值限差规定见表3.3。当超限的点数超过参加比对点总数的25%，或图幅拼接的点位水深比对超限时应重测。

表3.3　主测线和检查线重合点深度比对互差

水深/m	深度比对互差/m
≤20	≤0.4
>20	≤0.02×水深值

3.1.2 技术设计

技术设计首先要确定测区范围，划分图幅和确定测量比例尺，标定免测范围或确定不同比例尺图幅之间的具体分界线，明确实施测量工作中的重要技术保证措施，编写项目设计书和绘制有关附图。为此，必须全面收集和分析测区有关资料，进行初步设计，然后对某些资料不足或难以评估资料可靠性的测区进行实地勘查，在此基础上对初步设计进行修改和充实，并编制技术设计书。收集的资料包括最新出版的陆域及水域地形图、测区的平面及高程控制成果资料及其说明、测区的水位资料、气象资料，以及其他有关资料；对所收集的资料进行可靠性和精度分析，并对资料能否采用给出意见。

1. 实地勘查

实地勘查主要是了解测区的社会情况、自然地理、水文气象、交通运输、物资器材供应、测量船工作及生活条件、测量船停靠的码头及避风锚泊条件，测区已知控制点和水准点位置、标志类型及保存情况是否完好，所设水位观测站站位和设站条件，是修正充实初步技术设计的重要环节。

2. 制订技术设计书

通过实地勘查，对初步设计进行修改，制订技术设计书。技术设计书由技术说明书、控制测量、水深测量和岸滩地形测量设计图及有关附图和附表组成。

技术说明书的内容为：任务的来源、性质、技术要求，测区的自然地理特点，技术设计的依据及原有测量成果的采用情况；各施测控制点的等级、标石及造埋数量，水深测量图幅、测深面积及障碍物的大致分布情况；作业所需的各种主要仪器、器材、船只类型和数量；根据测区地理气象及技术装备条件，确立不同测区的作业率，计算各种测量作业的工作量和工作天数以及时间安排；技术人员选定及分工；根据测区特点和作业技术水平，重点提出适当的作业方法和注意事项，以及一些具体技术指示。

技术设计书的图表内容主要包括：控制测量设计图应标出已知点和待测点的位置、名称和等级，水准测量起点和待测点名称、连测线路、测量等级等；水深测量设计图应标出测区范围、测图分幅编号、比例尺、水位观测站名称和位置及附近重要城镇和道路的名称；岸滩地形测量设计图应标明测量比例尺及实测、修测范围；附表包括技术说明书中各种统计表格等。

3. 测线布设

测线布设是水下地形测量技术设计的主要内容之一，测线布设主要考虑测线间距和测线方向。

测线间距是水下地形测量要求的一项重要指标，测深线的间隔应顾及测区的重要性、水底地貌特征和水深等因素。对单波束测深仪，原则上主测线间距图上为1 cm，平坦水底可以放宽为2 cm，见表3.4。对于需要详细探测的海区和地貌复杂的海区，测深线的间隔可以缩小或放大比例尺进行测量。对多波束测深仪，应根据系统的测幅宽深比等技术性能，结合测区水下地形的大致分布情况设计测线间距，以达到全覆盖测区的目的。因此，除非是水下地形平坦的区域，否则测线间距是根据水深情况而变化的，测幅之间还应有适当的重叠。

表3.4 单波束水深测量测线间距限值

测区	沿海	内河	
		重点水域	一般水域
图上测线间距/mm	10～20	10～15	15～20

测线布设的方向对采用单波束测深仪或是多波束测深仪是不同的。原则上，采用单波束测深仪时，主测线应垂直等深线方向布设；采用多波束测深仪时，主测线应大致平行于等深线方向布设。

如图 3.1 所示，图中曲线表示等深线。虚线表示使用单波束测深仪时，测线垂直于等深线方向布设，测线间距相同；实线表示使用多波束测深仪时，测线大致平行于等深线方向布设，测线间距一般是浅水密、深水稀。

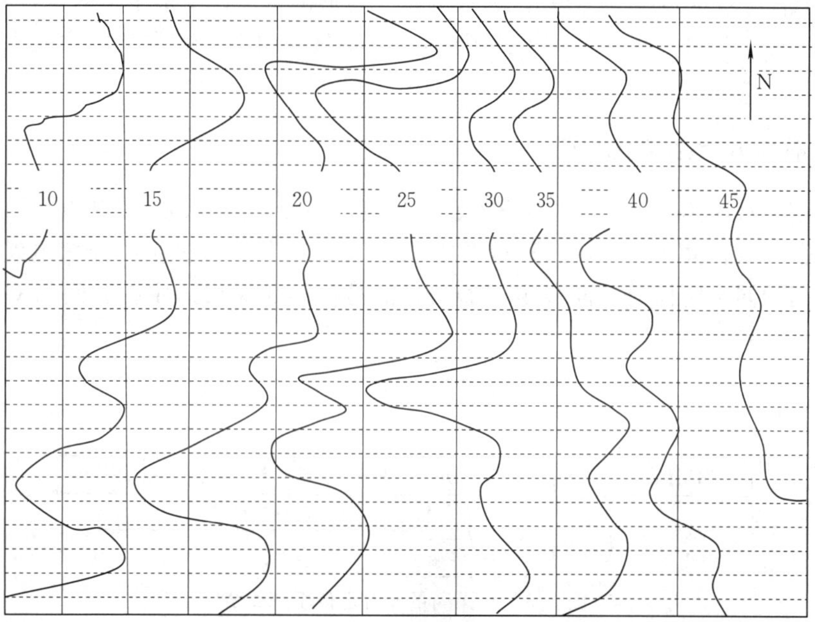

图 3.1　测线布设

为了检查测深与定位是否存在系统误差或粗差，并以此衡量测深测量成果总的精度，需要布设检查线。检查线的方向应尽量与主测线垂直，分布均匀，并要求布设在较平坦处，能普遍检查主测深线。检查线一般应占主测线总长的 5%～10%。

对航道或河道测量，当使用多波束测深仪测量时，应根据河道和航道的宽窄、水流缓急等情况，在实地沿航道和河道中心线平行布设一定数量的测深线。但采用单波束测深仪时，主测线方向应垂直于等深线总方向或航道轴线，若有河口拦门沙，最好布设网格状测线。对内河航道测量，测深线应垂直于河流流向、航道中心线或岸线方向；弯曲河段可设为扇形，如图 3.2 所示。沿航道中心线及其两侧应适当布设几条检查线，河道或航道测量测深线间距限值见表 3.5。

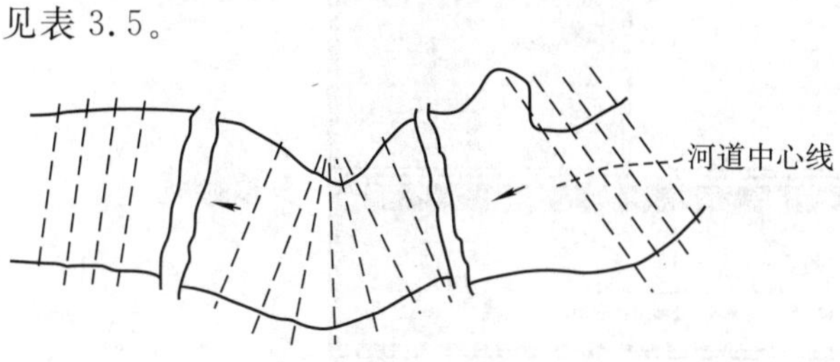

图 3.2　河道测线布设

表 3.5　河道或航道测量测深线间距限值

测区与测深类别		图上测深线间距/cm
沿海	基本测量	1.0
	检查测量	1.0～1.5
内河	重点测量	1.5
	一般水域	2.0

3.2　导航定位

在进行水下地形测量时，测量船须沿着预先设计的测线行驶，并且按照规定的时间或距离获取水深值和该水深值的平面位置。在20世纪90年代以前，有多种定位方法用于水下地形测量，如断面索量距法、六分仪、交会法、极坐标法、微波测距系统和无线电定位系统等。目前，GNSS几乎取代了这些传统的定位方法，成为水下地形测量工作中最主要的定位手段，那些传统的方法在实际工作已经极少使用了。因此，本节将只介绍GNSS导航定位在水下地形测量中的应用。

3.2.1　导航定位系统的组成

一个典型的水深测量导航定位系统（图3.3），包括GNSS接收机、安装有导航定位软件的计算机、导航显示器、操作员使用的显示终端，以及与测深仪连接的数据通信电缆，有时候，还需要一个专门的同步定标器。同步定标器的目的是控制测深仪的定标时间与GNSS的定位取样时间保持一致。

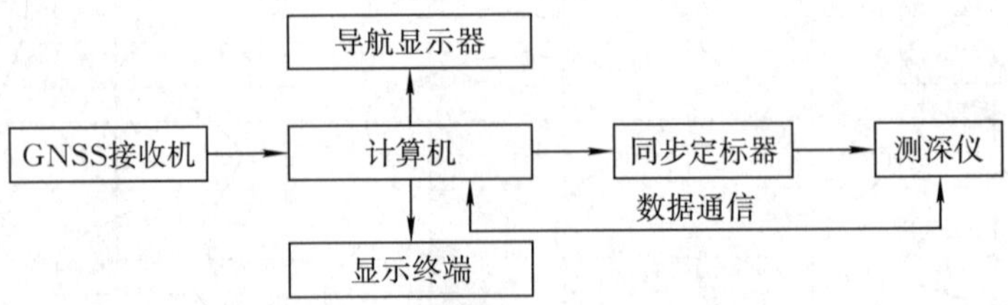

图3.3　水深测量导航定位系统组成

导航定位软件应具有数据采集、质量控制以及导航定位信息显示等功能。导航定位信息应包括测线和测量船的位置、导航信息与数据采集信息，以及供船驾驶的航向和偏航等，如图3.4所示。

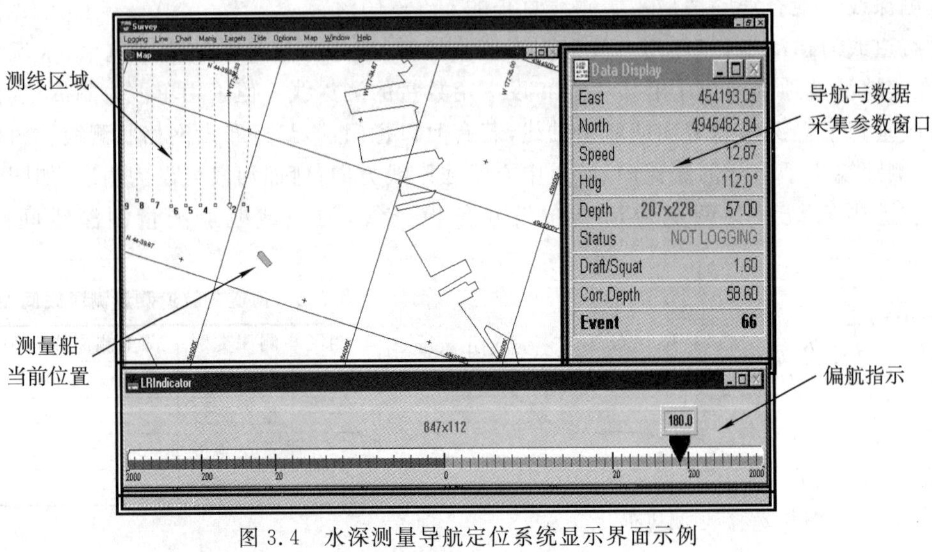

图3.4　水深测量导航定位系统显示界面示例

3.2.2　定位系统的选择

除少数对定位精度要求较低的情况外，大部分水深测量项目必须采用差分定位的方式才能满足定位精度的要求。需要根据不同的精度要求和覆盖区域，选择适当的定位系统和定位方式用于水下地形测量的定位。

(1)根据水下地形测量对定位精度的要求，当测图比例尺小于 1∶5 万时，由于定位精度要求低，因此，采用单点 GNSS 定位的方式即可满足定位工作的需要。

(2)在实际的工程测量应用中，多数情况下，测图比例尺大于 1∶5 万，采用差分 GNSS (differential GNSS, DGNSS)定位以提高定位的精度。在 DGNSS 系统中，伪距差分模式最为灵活，应用较普遍；载波相位差分模式的定位精度最高，适合大比例尺测图和要求厘米级精度的定位测量。

为了扩大 DGNSS 系统的覆盖范围，在较大的区域内实现精密导航定位，可以通过布设多个基准站，以构成基准站网，形成一个区域性 DGNSS 系统，有些文献称为局域差分全球卫星导航系统(local area DGNSS, LADGNSS)。其中，无线电指向标——差分全球定位系统(radio beacon differential GNSS, RBN-DGNSS)就是一个典型的 LADGNSS。由交通部在我国沿海建立 RBN-DGNSS 定位系统，可以覆盖我国近岸向海约 400 km、向陆约 100 km 的范围，定位精度 1～5 m，取决于移动台与信标台站的距离和信标台站所提供修正量的精度。该系统信号完全免费，使用方便，是近海和河口地区水下地形测量用户最常用的一个 DGNSS 系统。

(3)在远离 LADGNSS 基准站的远海海域或广大内陆区域，为了获得高精度的导航定位，需要选用覆盖范围更广的差分 GNSS 系统，即广域差分 GNSS(wide area DGNSS, WADGNSS)精密定位系统。WADGNSS 主要采用通信卫星作为差分信号传输的数据链，覆盖的区域更广，修正量的精度比较均匀，可达亚米级或更高的定位精度。

(4)利用 RTK 定位技术可实现无水位观测的水下地形测量。如图 3.5 所示，h 为 GNSS 天线到吃水线的高度，Z_0 为测深仪换能器设定吃水，Z 为测量的水深值，Z_p 为绘图水深，H 为 RTK 测得的相对深度基准面的高程。由图可知

$$Z_p = Z + Z_0 - (H - h) \tag{3.1}$$

式中，$H-h$ 是瞬时水面至深度基准面的高度，即水位值。当水面由于潮水或者波浪升高时，H 增大，相应地 Z 也增加相同的值，根据式(3.1)，Z_p 将不变。因此从理论上讲，GNSS RTK 无水位观测水深测量模式将消除波浪和水位的影响，是一种较好的水深测量方法。

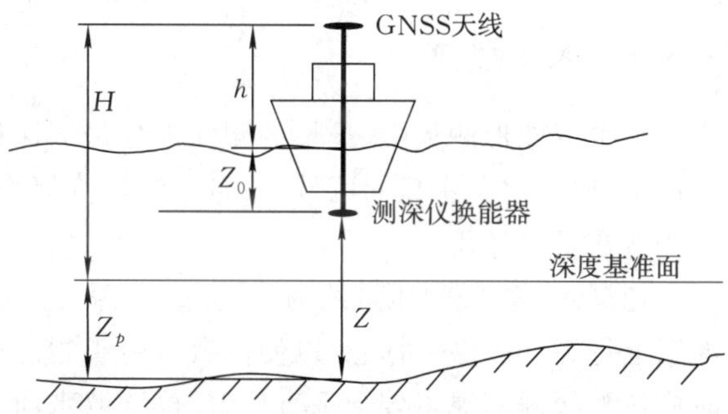

图 3.5　GNSS RTK 无水位观测模式水深测量原理

3.2.3　定位测量的质量控制

在使用 GNSS 进行水深测量的导航定位工作时，须采取下列措施，以保证导航定位的质量。

(1)出测前应在已知点上对 GNSS 接收机做检校和比对测量。比对时应将各项技术参数设置在与实际测深时相同的状态,比测时间一般在半小时以上。利用式(3.2)对比测结果的定位中误差进行估算,即

$$m=\pm\sqrt{\frac{\sum_{i=1}^{n}(X_0-X_i)^2+\sum_{i=1}^{n}(Y_0-Y_i)^2}{n}} \tag{3.2}$$

式中,m 为定位观测中误差;n 为比对观测值个数;X_0、Y_0 为已知点坐标值;X_i、Y_i 为比对观测坐标值。

(2)当采用自设基准站 DGNSS 或 GNSS RTK 定位时,基准站应选在视野开阔,视场障碍物仰角小于 10°,尽可能避开强磁和电信号干扰的物体和区域。当差分改正数的龄期大于 30 s 时,应停止作业,直到查明原因信号恢复正常。

(3)用 GNSS 定位测量的坐标值应转换为工程项目要求的坐标值。在获取定位数据时,通常采用等时或等距的方式与测深数据同步采集。当采用等距方式进行采集定位数据时,采集的定位数据密度视测图比例尺和项目的要求而定,一般为图上 1～2 cm。采用多波束测量时,定位数据的采集密度与多波束系统的发射更新率有关,大部分系统要求每秒 1 次。但是,当进出一条测线时,发现特殊水深,改变航向及出现其他突发情况,应及时定位。

3.3　水深测量

水深测量(简称测深)是水下地形测量最主要的内容。根据使用的测量工具,测深方法主要有人工测量和测深声呐测量两种。此外,机载激光雷达测深仪(airborne LiDAR bathymeter)从 20 世纪 60 年代末期开始用于水质透明度好的水域,测深深度可达 60 m,目前,该项技术并未得到广泛使用。本节将重点介绍人工测深、单波束声呐和多波束声呐测量方法。

3.3.1　人工测深

在水下地形测量中,最早的测深工具是测深杆和测深锤。尽管现在的测深设备主要是测深声呐,但在水草密集的区域,或者极浅滩涂等声呐设备无法工作的地方,这些原始的测深工具仍然在发挥作用。

测深锤(图 3.6)质量约为 3.5 kg,水深与流速较大时可用 5 kg 以上的重锤。在测深锤的绳索上每 10 cm 做一标志,以便读数。由于测深锤适用于水深较小、流速不大的浅水区,测深时应使测深锤的绳索处于垂直位置,再读取水面与绳索相交的数值,其测深精度与操作人员的熟练程度有很大关系,工作效率低,因此,目前已很少使用或基本不用。

测深杆(图 3.7)适用于水深 5 m 以内且流速不大的水区。同样,在测深杆上每 10 cm 做一标志,以便读数。测深杆下端的铁质底板是为了防止杆端陷入淤泥中。测量水深时,使测深杆处于垂直位置放入水底,再读取水面与测深杆相交处的数值。现在虽然很少用测深杆进行水深测量,但在浅滩测量工作中,当回声测深仪难以反映小于 1 m 的水深时,用测深杆进行水深测量则更加有效。测量时采用测深杆测量水深,记取定位的点号和所测水深,便可根据测深的时间进行水位改正。

图 3.6　测深锤

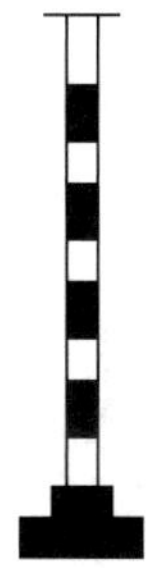

图 3.7　测深杆

3.3.2　单波束测深仪测量

在 19 世纪 20 年代，人类就能够测量声音在水中的传播速度，但直到一个世纪后才研制出第一台回声测深仪，逐渐结束了人类用测深锤和测深杆测量水深的历史。目前，回声测深仪（也称测深声呐）用途较广，是水深测量最基本的仪器。随着电子工业的发展与集成电路技术的应用，测深技术不断得到改进，测深仪从模拟信号处理发展到数字信号处理，极大地提高了水深测量的精度和效率。

1. 测深原理

测深仪的型号虽多，但其测深的基本原理都是利用声波在同一介质中均匀传播的特性。如图 3.8 所示，换能器至水底的深度为

$$H = \frac{1}{2}Ct + k \tag{3.3}$$

式中，C 为声波在水中传播的速度，设计时一般以 1 500 m/s 为标准声速；t 为声波在水中往返所需的时间；k 为测深仪电子或机械延迟产生的系统常数。

测深仪工作原理如图 3.9 所示，在仪器电源作用下，使激发器输出一个电脉冲至换能器发射晶片，将电脉冲转换为机械振动，并以超声波的形式向水底垂直发射，达到水底或遇到水中障碍物时，一部分声能被反射回来，经接收换能器接收后，将声能转变为微弱的电能；这个信号经接收放大后，使记录纸被击，留下一个黑点。每发射和接收一次，记录一个点，连续测深时，各记录点连接为一条曲线，这就是所测水深的模拟记录。现代的测深仪在定位的瞬时，不但可以在测深记录纸上标示出定位线，而且可以标记测深的时间、测点号和所测水深。除了模拟记录外，数字式测深仪还可将模拟信号转换成数字信号，同时记录所测点的水深值。

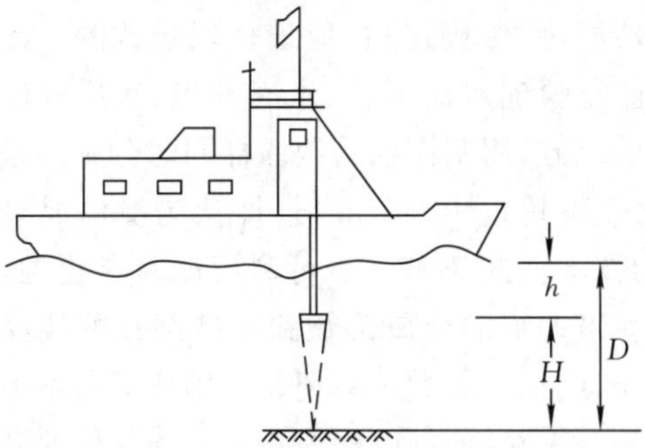

图 3.8　测深仪基本原理

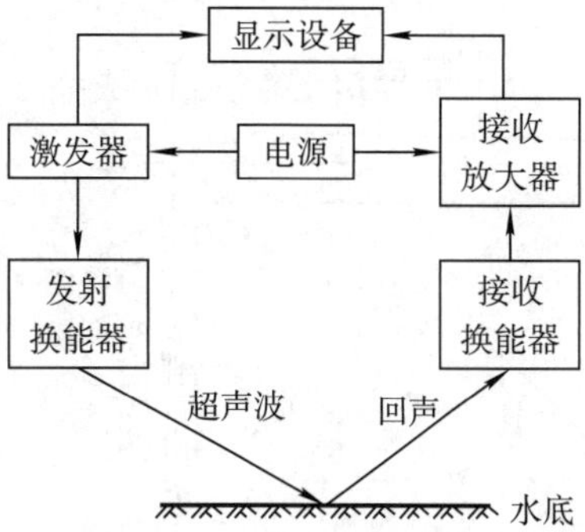

图 3.9　测深仪工作原理

若要求水面至水底的深度 D 时，则应将测深仪测得的水深值加上换能器的吃水深度 h，见图 3.8，计算公式为

$$D = H + h \tag{3.4}$$

2. **测深仪的安装**

换能器安装是准确可靠地进行水深测量的重要环节。换能器通常应安装在离船首的距离约为船总长的 1/3 处，以免船首分水浪花形成的气泡对声波传播造成影响。换能器要尽可能安装牢固，同时，还要远离发电机、电动机、推进器，以及排气管和排水管，避开这些机械产生的有规律的环境噪声干扰。换能器入水深度一般为 0.3～0.8 m，具体情况应根据流速、航速和测量船吃水的大小而定。船大，流速大，航速快，入水可深一些；反之，换能器入水可相应浅一些。换能器的长轴要平行于船艇的轴线。

测深仪应放置在通风良好，振动较小，便于操作，便于观察周围环境，以及与驾驶人员联系方便的地方。仪器与电源，换能器及其他部件尽量接近些。要防止仪器受电磁场干扰，海水、雨水的溅泼等。

3. **测深仪的校准**

测深仪必须经过校准后方可使用。仪器校准一般在码头边沿或选择风浪小的平静水域进行，校准后应记录校准时的水体声速和校准后的仪器声速。由于声速随着水体的温度、盐度和压力的变化而变化，因而，不同测区，不同季节，仪器所使用的声速不同。为了保证测深成果可靠，在测深前必须对测深仪进行再次现场校准，以确定测深时应使用的声速。

现场校准时，如果条件具备可用声速仪直接测量声速剖面，也可利用数字温度计现场测定海水的温度，根据海区海水的盐度，利用式(3.5)计算现场海水的声速，即

$$C = 1492.9 + 3(T-10) - 6\times10^{-3}(T-10)^2 - 4\times10^{-2}(T-18)^{-2} + 1.2(S-35) - 10^{-2}(T-18)(S-35) - \frac{h}{61} \tag{3.5}$$

式中，C 为现场海水声速，单位为 m/s；T 为现场水温，单位为℃；S 为海区盐度(‰)；h 为现场校准时的水深，单位为 m。现场应使用的仪器声速与校准时的海水声速、仪器声速的关系式为

$$V_2 = \frac{C_2 \times V_1}{C_1} \tag{3.6}$$

式中，V_2 为现场应使用的仪器声速，V_1 为校准时的仪器声速，C_1 为校准时的海水声速，C_2 为现场海水声速。在河口地区，必须测量河口区的水温和盐度，并计算河口区应使用的声速。

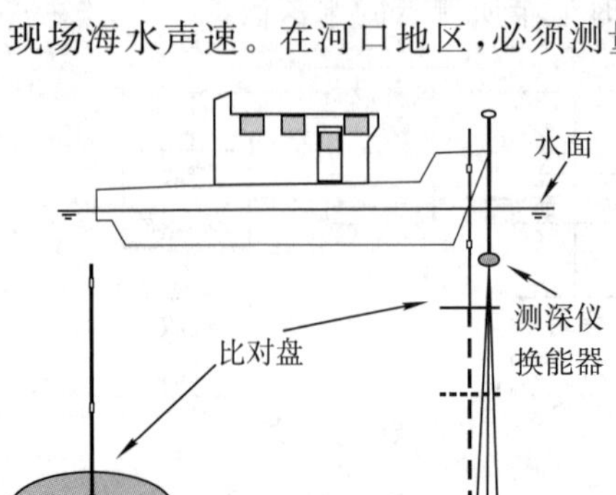

图 3.10　比对盘比测

现场仪器声速 V_2 确定后，应进行现场比测。比测的方法是把船行驶到水流平稳、水底平坦、底质较硬的水深约 5 m 的地方，用测深仪与测深杆同时分别测量水深，当两者之差不超过 ±0.1 m 时，即认为测深成果可靠，测深仪的技术性能正常。也可利用比对盘比测，比对盘可用一适当大小的金属圆盘和连接圆盘的线绳制作，线绳每 1 m 或 0.5 m 做一标记。利用比对盘不但可以检查声速是否正确，还可以检查和测定测深仪的系统常数，其过程如下所述(图 3.10)。

(1)将比对盘放置在测深仪换能器下方1 m处,察看此时测深仪测量的深度(加上系统常数)。当差值超过±0.05 m时,需要重新设置并确定系统常数。

(2)将比对盘尽可能低地放于换能器下方,同时在测深仪上可以检测到比对盘的深度,通过线绳上的标记和测深仪的测量深度,察看它们的结果。如果结果相同说明测深仪使用的声速参数正确,仪器工作正常;如果差值较大,说明测深仪的声速参数不正确或者仪器有问题。当判断不是仪器问题时,可以对测深仪使用的声速进行修正,此时,正确的声速应为

$$S=\frac{D_p}{D_e}\times S_e \tag{3.7}$$

式中,S表示正确的声速,D_p表示比对盘的深度,D_e表示测深仪测量的深度,S_e表示测深仪目前输入的声速。用计算的正确声速代替当前的声速,再做进一步比测。

(3)将比对盘分别放置在测深仪换能器下方1 m、2 m、5 m等深度,察看测深仪在比对盘不同深度时的测量值。其差值应主要由测深仪的系统常数引起,根据差值可调整声速或者系统常数来补偿。

(4)重复上述过程,直到两者的深度匹配为止。需要注意的是,在用比对盘比测时,最好选取平静和水流小的水域进行。

4. 深度测量

经过测深仪校准后,可进行水深测量工作。不同的测深仪由于其技术性能与规格不同,仪器的操作方法也不同,在此只能介绍仪器的一般使用方法。

在仪器开机前,应检查:①电源电压是否符合规定;②测深仪各部分间的连接电缆是否正确,电源、换能器的插头是否插对,电源正负极接法是否正确;③机械传动部分的零件是否松动或有被障碍物卡阻的现象;④换能器的安装是否稳妥;⑤记录纸的安装是否正确,记录纸在记录板上是否平贴,记录纸架是否合位;⑥记录笔与记录纸面接触是否良好,压力大小要均匀;⑦各控制旋钮的位置是否处于关闭位置。

上述各项检查无误后,方可接通电源,这时还要检查:①电动机、交流机转动时是否有杂音。若发现不转动或启动困难,转动缓慢,杂音很大时,应切断电源检查原因。②测速装置工作是否正常。按下测速钮或打开测速开关,观察1～2 min,测速灯的明亮没有间隙与停顿现象。③发声与回声是否正常。当转动增益控制钮到1/3的位置时,可看到记录纸上出现两条有一定间距的黑色线。④换挡开关是否正常。不同型号的测深仪,换挡开关的每挡量程不同,但一般在第一挡和最后一挡,可在记录纸上看到发声信号。⑤变速装置是否正常。为了满足不同测深的要求,有的测深仪有变速装置。变换不同的转速时,用测速装置测定各挡的转速值应符合仪器说明书的规定。⑥定标装置是否正常。当按下定标开关时,显示器上出现连续的定标线。⑦当使用数字测深仪时,应检查测深仪与控制计算机的数据通信是否正常,显示数值是否与模拟记录一致。

单波束水深测量是一种由点到线的测量方法,可以在测线上进行连续深度测量。即使使用数字测深仪测量,在记录数字水深值的同时,也应进行记录纸模拟记录。一条完整的测深记录应包括序号、日期、时间、坐标和水深。在数字深度记录的同时,还要通过同步定标器在模拟记录纸上打出定标线,定标线可通过人工或自动注记与数字记录一致的序号、日期和时间等信息。为了提高测深精度,可通过使用涌浪滤波器,消除由测量船上下起伏引起的测量误差。测深时,测量船应按布设的测线逐条施测。当测深线偏离设定测线的距离超过规定间隔的1/2,

或因仪器故障、验潮中断等情况发生漏测时，应进行补测。为了保证测深成果可靠，应在测前测后及测深期间，经常进行深度比对检查。

5. 测深数据归算

深度测量结果需要经过归算处理获得最终的图载水深值。图载深度值是测深值加上若干项改正获得，这些改正包括仪器改正、声速改正、动态吃水改正和水位改正。图载深度计算公式为

$$Z = H_C + k + \Delta H_S + \Delta H_D + \Delta H_T \tag{3.8}$$

式中，Z 为经归算后的图载水深；H_C 为实测水深，是换能器到水底的深度；k 为仪器系统改正常数（如系统延迟等）；ΔH_S 为声速改正；ΔH_D 为吃水改正，包括静态吃水（船舶静止时吃水）、动态吃水（船舶运动时沉降）和加速时船的蹲伏；ΔH_T 为水位改正。

6. 误差来源与质量控制

测深误差可以分为三类：粗差、系统误差和随机误差。这里的粗差指由于测深仪的机械或电子部件损坏引起的误差。测深的系统误差主要是由于测深仪换能器和测量船的姿态传感器的安装偏移产生的误差。这些误差主要通过系统的校准来检测，并根据检测到的误差大小和符号加以补偿改正。在消除和补偿了粗差及系统误差后，剩余的随机误差采用统计方法来分析。这里简要分析几个主要的测深误差源和它们对测深的影响，以及常用的质量控制方法。

1）地形倾斜引起的误差

该误差与水下地形的倾斜和测深仪采用的波束宽度有关。可分为两种情况：①地形倾斜角 α 小于半波束宽度，即 $\alpha < \frac{\varphi}{2}$，$\varphi$ 表示波束宽度，见图 3.11(a)；②地形倾斜角 α 大于半波束宽度，即 $\alpha > \frac{\varphi}{2}$，见图 3.11(b)。则地形倾斜引起的测深误差为

$$\delta z = \begin{cases} z_m(\sec\alpha - 1) & 当\ \alpha < \frac{\varphi}{2} \\ z_m\left(\sec\frac{\varphi}{2} - 1\right) & 当\ \alpha > \frac{\varphi}{2} \end{cases} \tag{3.9}$$

式中，z_m 为测量水深，实际的深度值应为 z。此外，地形倾斜还会引起测深点位置偏移 x。

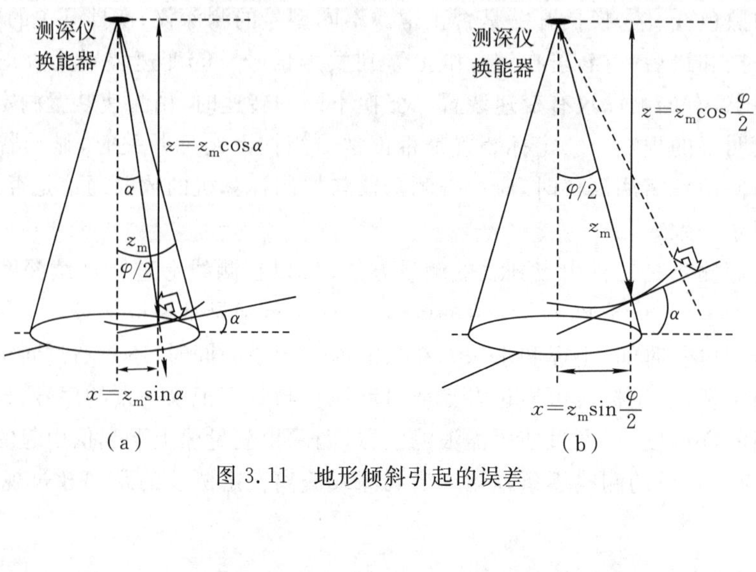

图 3.11 地形倾斜引起的误差

2)声速引起的误差

在单波束测量中,声速会随时间和空间而变化,其变化是产生测深误差的一个主要的外部误差源。由声速引起的测深误差 δz_c,与声速误差 δc,以及水深 z 成正比,即

$$\delta z_c = \frac{1}{2} \times t \times \delta c \tag{3.10}$$

或

$$\delta z_c = z \times \frac{\delta c}{c} \tag{3.11}$$

声速误差的大小主要和以下因素有关:①声速测量的精度;②声速随时间的变化;③声速随空间的变化。若声速测量值的方差为 σ_{cm}^2,声速随时间和空间变化产生的方差为 σ_c^2,则深度测量的方差可表示为

$$\sigma_{\mathrm{zc}}^2 = \left(\frac{z}{c}\right)^2 (\sigma_{\mathrm{cm}}^2 + \sigma_c^2) \tag{3.12}$$

由于声速随时间和空间而变化,声速变化难以监测和处理。因此,在测深数据采集时,应根据测区情况,以适当的时间和空间间隔布设声速剖面测量点,以减少由于声速变化产生的测深误差。尤其是水温变化较快的测区,应增加声速剖面的测量。

3)时间测量引起的误差

回声测深仪是通过转换测量声波在水中传播的时间获得深度值的,因此,测深误差 δz_t 与时间测量误差 δt 直接相关,可表示为

$$\delta z_t = \frac{1}{2} c \times \delta t \tag{3.13}$$

由于时间测量的误差,方差 σ_{tm}^2 产生的测深值的方差 σ_{zt}^2 可表示为

$$\sigma_{\mathrm{zt}}^2 = \left(\frac{1}{2} c\right)^2 \times \sigma_{\mathrm{tm}}^2 \tag{3.14}$$

现代测深仪,时间测量误差一般比较小。

4)测量船的姿态测量引起的误差

测量船的姿态测量包括船的横摇(roll)、纵倾(pitch)和起伏(heave)。当船的横摇角和纵倾角大于半波束宽度 $\frac{\varphi}{2}$ 时,不仅产生深度误差,同时还会产生测深点的位置误差。如图 3.12 所示为横摇 θ_R 产生的深度测量和位置测量误差,通常此图也很容易理解纵倾 θ_P 对深度和位置的影响。可以看出,船的横摇和纵倾对波束较宽的测深仪影响小。

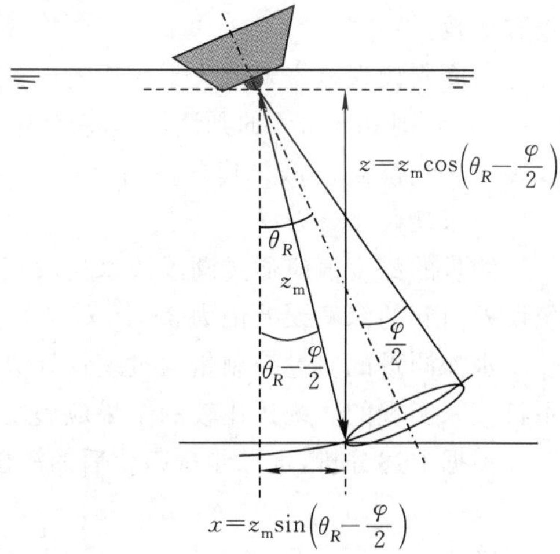

图 3.12　横摇和波束宽度对深度测量和测深点位置的影响

由于涌浪的作用使船起伏,对深度测量产生直接影响,而船的横摇和纵倾也会使测量船产生起伏,称为诱导起伏(induced heave)或感生起伏。现在,一种专门的涌浪滤波器被用于水深测量的起伏补偿。总的起伏方差对应的测深值的方差 σ_h^2 可表示为

$$\sigma_h^2=\sigma_{hm}^2+\sigma_{hi}^2 \tag{3.15}$$

式中，σ_{hm}^2 为起伏值的方差，σ_{hi}^2 为诱导起伏的方差。相对于起伏的方差，诱导起伏的方差一般可以忽略。

当没有使用涌浪滤波器一类的起伏补偿设备时，可以采用人工方式对测深仪的模拟记录进行平滑处理，尽可能地消除涌浪的影响，这可以根据经验来判断水深记录的变化是船的摇晃起伏，还是实际的地形特征。

5)换能器相对位置变化产生的深度误差

这一误差主要包括三部分：

(1)换能器吃水(draft)变化。精确测量换能器的吃水是保证水深测量精度的基础，但是，由于船载燃料和水的消耗，船的吃水会在测量期间发生变化，换能器的吃水也会随着改变。吃水误差会直接影响测深误差，记为 δz_{dr}。

(2)船航行时的沉降(settlement)。船在航行时的吃水面，要比静止时吃水面低，在浅水测量时，由此产生的误差比较明显，其对深度误差的影响记为 δz_{set}。

(3)船运动时的蹲伏(squat)。当测量船航行时，船头和船尾会抬起和下沉，船速越快这种现象越明显。可以制作一个船速与蹲伏的对照表来改正这一影响。蹲伏引起的深度误差记为 δz_{sq}。

则换能器水线位置变化引起的深度误差 δz_i 为

$$\delta z_i=\sqrt{\delta z_{dr}^2+\delta z_{set}^2+\delta z_{sq}^2} \tag{3.16}$$

对应的总的深度方差为

$$\sigma_i^2=\sigma_{dr}^2+\sigma_{set}^2+\sigma_{sq}^2 \tag{3.17}$$

式中，σ_{dr}^2 为吃水方差，σ_{set}^2 为沉降方差，σ_{sq}^2 为蹲伏方差。

6)对测深记录的判读和分辨误差

测深记录的判读和分辨率主要和测深仪的工作原理有关。当采用模拟记录时，操作者应选择设置适当的参数，如信号增益和记录的垂直比例尺，使测深仪的模拟记录既快又清楚，具有足够的分辨率。即使采用数字记录，也应尽可能地保留模拟记录，以便对测量的结果进行检查和比较。

深度判读误差主要取决于操作者的经验。假设测深记录纸的宽度是 20 cm，记录比例为 0～200 m，则 0.5 mm 的判读误差将产生 0.5 m 的深度误差，浅水测量时，不能满足测深的精度要求。判读误差 δz_r，其方差记为 σ_r^2。

7)深度归化误差

测量的深度值应通过潮汐或水位改正归化到相应的深度基准面上的水深。由于潮汐或水位误差引起的深度误差记为 δz_{tide}，对应的方差为 σ_{tide}^2。

水深测量的质量控制是通过统计计算，比较主测线和检测线(也称联络线)的交叉点深度不符值来实现的。统计比较的结果应满足表 3.3 的要求。

根据上述分析，水深测量归化后的深度值方差估算公式为

$$\sigma_z^2=\sigma_{zc}^2+\sigma_{zt}^2+\sigma_h^2+\sigma_i^2+\sigma_r^2+\sigma_{tide}^2 \tag{3.18}$$

3.3.3　多波束测深仪测量

传统的单波束测深仪只能测量船正下方的水深，为了获得符合要求的水下地形，通常需要

设置一些平行的测线，测线的数量和测线的间距取决于多种因素，包括测图的比例尺和测量的目的。即使布设很密的测线仍不能保证对水下的全覆盖，测线之间的水下地形，特别是一些孤立的特征地形很容易被漏测。多波束测深仪，也称为多波束测深声呐系统（multibeam echo sounding sonar），能以条带测量方式，对测量区域进行全覆盖、高精度的测量，克服了单波束测深仪线状测量的缺点。

1. 测深原理和系统组成

多波束测深仪和传统的单波束回声测深仪的测深原理从根本上讲都是测量声波在水中的传播时间。单波束测深仪一般采用较宽的发射波束，因为是向船底垂直发射，因此，声波传播路径不会发生弯曲，来回的路径最短，能量衰减很小，通过对回声信号的幅度检测确定信号往返传播的时间，再根据声波在水介质中的平均传播速度计算测量水深。在多波束系统中，换能器配置有一个或多个换能器单元的阵列，通过控制不同单元的相位，形成多个具有不同指向角的波束，通常只发射一个波束而在接收时形成多个波束。这里以波束角 1.5°×1.5°的单平面换能器多波束系统的 16 个中央波束为例来说明(图 3.13)。系统声信号的发射和接收由两个方向互相垂直的激发阵和水听器阵组成。激发阵平行船轴向排列，向垂直船轴的对称向两侧正下方发射 1.5°(沿船轴向)×12°(垂直船轴向)的脉冲声波。水听器阵垂直船轴向排列，在脉冲声波发射垂面上接收来自海底的回声，在窄波束控制方向上接收方式与发射方式正好相反，以 20°(沿船轴向)×1.5°(垂直船轴向的发射扇形区内)10 个接收波束角接收来自海底照射面积为 1.5°×12°的回波。接收方式和发射方式叠加后，形成垂直船轴，沿船下方两侧对称的 16 个 1.5°×1.5°波束。

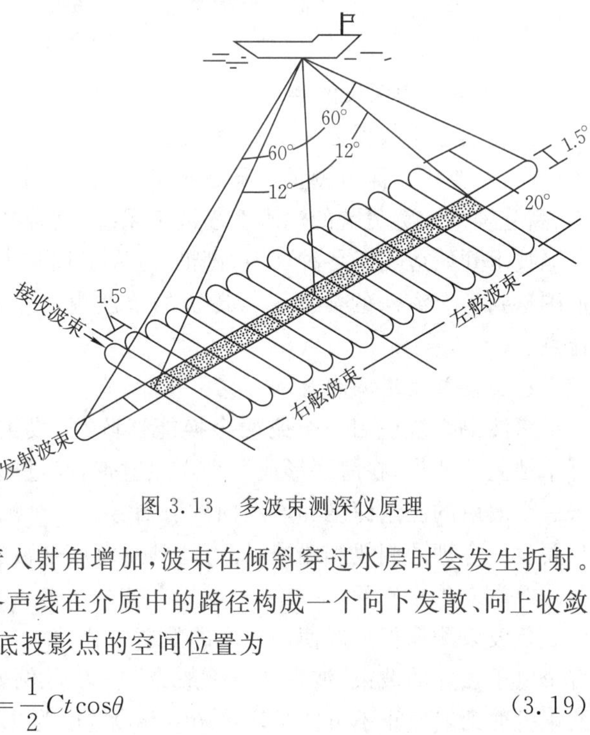

图 3.13　多波束测深仪原理

除换能器正下方波束外，外缘波束随着入射角增加，波束在倾斜穿过水层时会发生折射。由于对应各波束的声线入射角不同，因此各声线在介质中的路径构成一个向下发散、向上收敛于换能器中心的辐射状扇形区。各声线海底投影点的空间位置为

$$D=\frac{1}{2}Ct\cos\theta \tag{3.19}$$

$$X=\frac{1}{2}Ct\sin\theta \tag{3.20}$$

式中，C 为均匀介质声速，t 为波束单程传播时间，θ 为波束到达角，D 为测点的水深，X 为测点距换能器垂直中心轴的水平距离。

由于多波束沿航迹方向采用较窄的波束角，而在垂直航迹方向采用较宽的覆盖角，要获得整个测幅上精确的水深和位置，必须要精确地知道测量区域水体各层的声速分布，以补偿声线弯曲的影响。同时，还要精确测量波束在发射和接收时船的姿态和船首向。因此，多波束测深

仪在系统组成和测量时比单波束测深仪要复杂得多，图3.14为一个典型的多波束测深系统的组成。

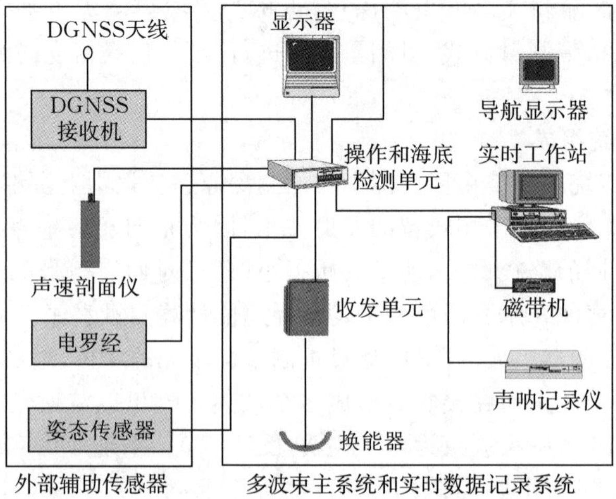

图3.14　典型的多波束测深系统的基本组成

2. 多波束测深仪的特点

由美国通用仪器公司1976年生产的SeaBeam多波束系统，被认为是世界上第一套成熟的产品，主要用于深海测量。随着技术的发展，到20世纪90年代初，许多厂家开始推出高精度、高分辨率和宽覆盖的浅水型多波束系统，结合高精度的实时差分GPS定位技术，使多波束勘测技术开始应用于各种江河、湖泊、近岸工程和大陆架测量。目前，多波束系统的勘测应用范围达到了全海深的覆盖。与传统的单波束测量相比，多波束勘测技术具有以下一些主要特点。

1）全覆盖无遗漏测量

多波束系统使用一个或两个换能器阵列，发射和接收垂直于船龙骨方向的几十个至上百个独立的波束，在海底形成一个声照射带，经过船姿运动补偿和水体的声速变化改正，获得每一个波束的测量深度和声反向散射信号。一个测幅(swath)的宽度可达到水深的1～12倍，只要设计合理的测线和船速，即可达到对海底全覆盖测量的目的。

2）高分辨率测量

单波束测深仪一般使用较宽的发射波束(30°～60°)，而多波束系统通常采用几十个或上百个电子独立的波束，波束宽度一般为1°～3°。例如，当水深为50 m时，一个波束宽度为2°的波束投射到船底正下方的足印(footprint)宽度为1.75 m，同样宽度的波束指向角与垂直方向的夹角(入射角)为60°时，足印宽度为7.43 m。

3）高精度和高效率测量

多波束系统都配置有高精度的船姿运动传感器。船的纵倾、横摇、起伏和船首向测量精度可达±0.1°或更高，加上高精度的DGNSS定位技术，使多波束测量精度可以满足国际海道测量组织的测深标准要求。同时，多波束系统不断提高发射和接收的更新率，每秒可达30多次，即使在较浅的水域也能使用高船速进行测量。一些多波束系统采用120°～150°宽覆盖角和双换能器配置来增加浅水区的覆盖宽度，测幅宽深比可达水深的8～12倍，极大地提高了测量的效率。

4)多用途、多信息测量

多波束系统不仅可以获得高精度的、详细的水深地形数据,还可同时接收和处理声反向散射数据,获得类似侧扫声呐的水底声像图。利用这些水深和反向散射数据可进行水底地质分类,使得多波束系统成为测量水下地形、地貌和地质类型的综合性手段。

3. 多波束测深仪的安装与校准

多波束测深仪的安装比单波束测深仪要复杂得多。由于多波束换能器通常不能与测量船姿态的运动传感器、测量船方位的电罗经,以及用于定位的GNSS天线安装在同一个位置,因此,需要准确测量它们的相对位置,并归算到定义的船坐标系中。多波束的换能器安装要求发射波束指向与船龙骨平行,而接收波束应与船龙骨垂直,且中央波束应垂直于水平面。这些安装与测量尽可能在码头或船坞里进行,借助全站仪、水准仪等仪器完成。即使安装的过程十分严格,也会存在安装误差,尤其是在临时性的小船上安装时。因此,必须在开始正式测量前,对多波束系统进行校准测量。多波束系统的校准测量主要包括横摇校准、纵倾校准、时间延迟校准和船首方位校准。

1)横摇校准

选择一个平坦水底区域,测量一对或几对方向相反的重合测线。对平坦海底,罗经(船首向方位测量)产生的误差不敏感,而且趋向于抵消,对纵倾和时间延迟产生的误差也不敏感。而在平坦水底的相对方向的测量,会使横摇误差显示出2倍的影响。图3.15显示的是一个横摇校准试验实例,该试验测得的横摇补偿角为+0.05°。

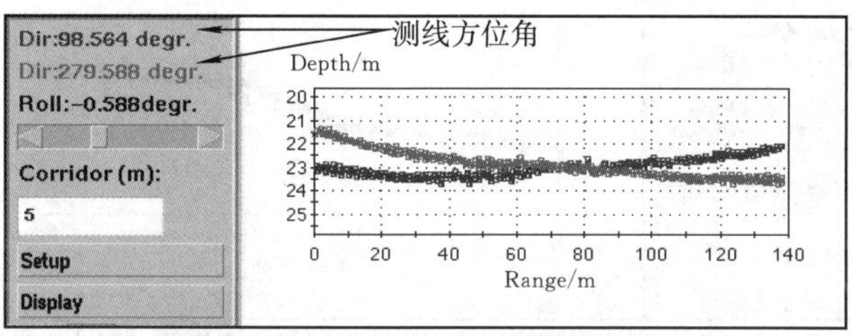

(a) 横摇参数不正确时,往返测线的水深不重合

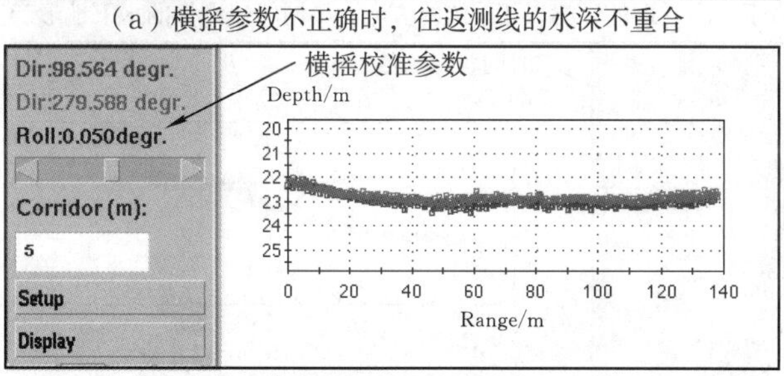

(b) 调整横摇参数,使往返测线的水深重合,此时显示的横摇值即为横摇偏差(补偿)值

图3.15　横摇校准试验实例

2)纵倾和时间延迟校准

纵倾和时间延迟校准试验可以同时进行,选择一个斜坡或者凹形水下地形区域,测量两对以上的重合测线,一对测线用慢速测量,如航速5 kn,另一对测线用高速测量,如航速10 kn,以便将纵倾和时间延迟分离开。为评估纵倾偏差,用方向相反、相同速度测量的两条测线数据做分析,图3.16是一个纵倾校准试验实例,结果显示纵倾补偿角为+1.228°。为评估时间延迟,

用相同方向不同速度测量的一对测线数据做分析处理，图 3.17 是时间延迟校准试验的一个实例，结果显示该系统存在 0.098 s 的时间延迟。

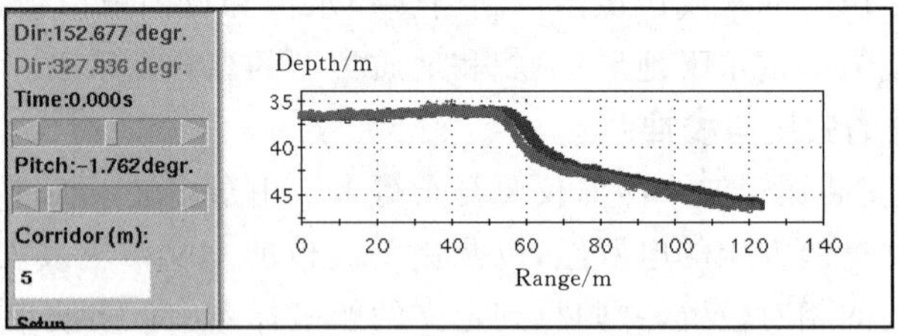

(a) 存在纵倾误差时，影响到测量的水深和位置精度

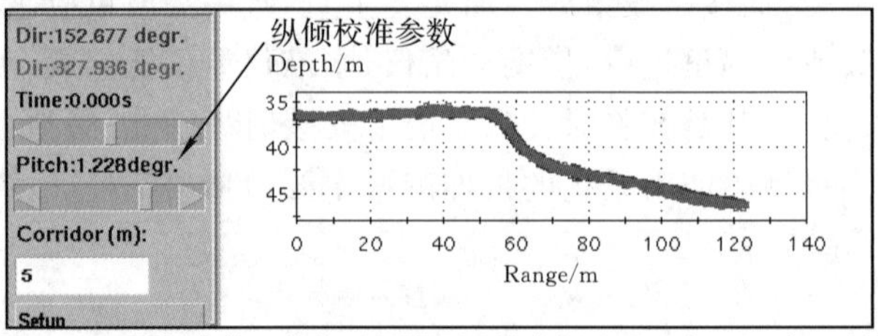

(b) 调整纵倾参数，使往返测线测量的水深地形重合，此时显示的纵倾参数即为纵倾偏差值

图 3.16　纵倾校准试验实例

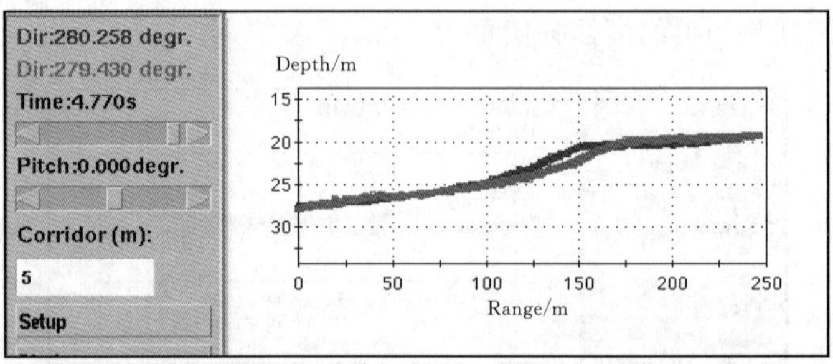

(a) 由于时间延迟的影响，相同测线方向、不同船速测量的水下地形产生位移

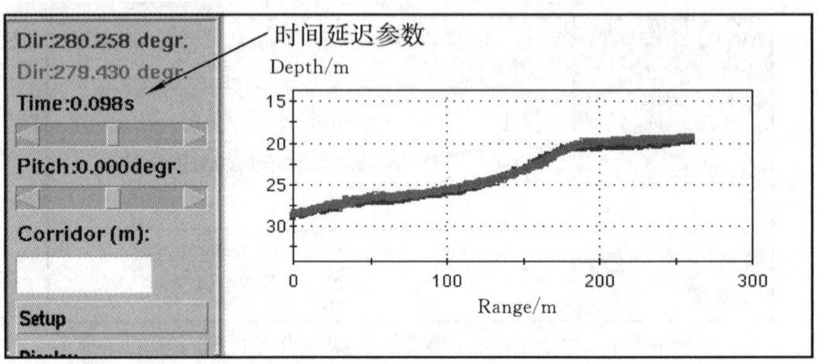

(b) 调整时间延迟参数，使相同测线方向、不同船速测量的水下地形重合，此时显示的时间参数即为时间延迟（补偿）值

图 3.17　时间延迟校准试验实例

3)船首方位校准

将船平行固定在码头上，用全站仪或 GNSS 测量出码头的方位角，也可直接测量出船的方位角，要求测量精度优于±0.1°，然后连续记录 1～2 h 罗经测量的船首方位，将该记录数据取平均值，与船方位角比较确定罗经测量船首方位补偿角。

4. **声速剖面测量**

海水是一种非均匀流体，其内部各层的盐度、温度和压力是不同的。随着时间和地理位置的变化，海水的这种非均质性也有明显变化，因此声波在不同水体中的传播速度和路径也就明显不同。多波束测深仪与单波束测深仪不同，它除了中心波束是垂直入射外，其余波束均具有一定的波束入射角，而这种角度越是靠边缘的波束越大。由于不同水层中声速的差异，导致了波束传播路径的弯曲，而这种弯曲的程度和形态直接受声速剖面的影响和制约。因此，在使用多波束测深仪测量水下地形时，需要在测区内现场采集适当数量的声速剖面，对多波束系统的测量水深数据进行实时校正。声速剖面的精度和有效性是影响多波束测深精度的主要误差来源之一。声速剖面站位布设的指导原则是，在满足多波束系统声速改正精度要求的前提下，均匀合理地布设声速剖面实测站位，以最少的站位实现声速剖面对勘测区域的有效控制。

5. **数据采集与质量控制**

安装校准多波束测深仪后即可开始水深测量工作。一般多波束测深仪厂家都提供自己开发的或第三方的软件，用于多波束外业数据采集，这些软件都提供一些测量时的实时质量控制工具，通过用多个窗口的图形、图像和数字信息显示多波束测深仪的工作状态。为了获得高质量的测深结果，测量时应经常检查如下信息：

(1)测幅的覆盖宽度是否与相邻测幅拼接。根据测幅覆盖宽度的变化调整测线间距，并根据需要对未覆盖的部分进行补测，以达到全覆盖的目的。

(2)接收到的波束数是否达到80%以上，仪器信号是否正常。

(3)通过比较中央波束和边缘波束的水深变化，检查声速剖面的有效性。如果在海底地形较平坦的海区，边缘波束出现对称性的下弯或上翘，则一般可以确定声速剖面已失效。

(4)测幅的水深图和同时输出的声呐图像是否一致；结合(5)可以判断船姿传感器工作是否正常。

(5)每个声脉冲内各波束的信号强度和质量是否正常，结合(2)判断系统的工作状况。

3.4 水位改正和水位观测

3.4.1 水位改正

在进行水深测量时，测深仪测得的深度是由瞬时水面起算的，由于水面受水位或潮位的影响不断变化，同一地点在不同水位时测得的水深是不一致的。必须对测得的水深做水位改正，将测量水深值改正到从规定的深度基准面起算的深度。因此，在水深测量的同时进行潮汐或水位观测。在水位观测中，可根据测量目的和要求选择深度基准面。当内河非感潮河段用于船舶航行、航道维护和航道开发时，深度基准面采用航行基准面。我国海图所载水深的起算面，又称海图基准面或理论深度基准面，海图基准面既要保证舰船航行安全，又要考虑航道利用率。深度基准面(L)通常取当地多年平均海面作为起算面，可通过潮汐调和分析计算获得。由于各国求深度基准面(L)值的方法有别，因此采用的深度基准面也不相同，我国在1956年以后采用理论深度基准面。通过对验潮站或水位观测站的水准连测可建立1985国家高程基准与深度基准关系。

如图3.18所示，H代表测深仪测得的瞬时水深，ΔH表示水位改正值，它是从深度基准面起算的水位高度，H_1表示经水位改正后、归算到深度基准面上的水深。由此可见，当瞬时水面高于深度基准面时，所测瞬时水深要减去水位改正值；当瞬时水面低于深度基准面时，所测瞬时水深要加上水位改正值。则从深度基准面起算的水深值H_1应为

$$H_1 = H - \Delta H \tag{3.21}$$

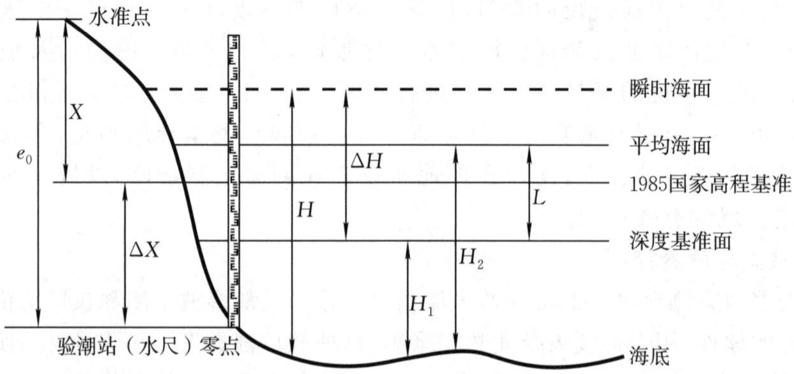

图3.18　深度基准面与1985高程基准面等的关系

3.4.2　水位观测站

为了在水深测量时进行水位改正，必须在水深测量时同步进行水位观测工作。为此，需要在测区布设足够的水位观测站。在海洋测量时，水位观测站也称为潮位观测站或验潮站。水位观测站的类型有以下几种：

(1)长期站。主要用于计算平均水(潮)位面，一般应有两年以上连续观测的水位资料。

(2)短期站。用于补充长期站的不足，与长期站共同推算确定测区的深度基准面，一般应有30天以上连续观测的水位资料。

(3)临时站。在水深测量时设置，用于测量项目的水位改正。

(4)海上定点站。至少应在大潮期间(良好海况下)与相关长期站或短期站同步观测1次或3次24 h或连续观测15天水位资料，用于推算平均海面、深度基准面以及预报瞬时水位，用于深度测量时的水位改正。

水位观测站布设的密度应能控制全测区的水位变化。相邻观测站之间的距离应满足最大水位高差不大于0.4 m、最大水位时差不大于2 h。对于水位时差和水位变化较大的测区，除布设长期站或短期站外，也可在湾顶、河口外、水道口和无潮点处增加临时水位观测站。

3.4.3　水位观测

水位观测一般采用水尺、自动验潮(水位观测)仪或水位计进行。在用水尺观测水位时，水尺最好固定在直立的码头壁或牢固的桩柱上。设立水尺时，尽量选在避风和便于观测的地方。水尺设立要求牢固、垂直于水面，高水位不淹没，低水位不干出。当岸滩坡度较缓或因潮差太大，一根水尺不能满足水位观测要求时，可以设立两根或两根以上的水尺(图3.19)，相邻两根水尺应有0.3 m的重叠。水尺中至少有一根水尺零点与工作水准点之间的高差是用等外水准测定，其他各水尺零点之间的高差可在海面平静时，用水面水准或等外水准方法测定。水面水

准法要求各水尺每隔 10 min 同时进行一次读数，连续读数三次，其高差不超过 3 cm 时，取中数使用，超限者应重测。

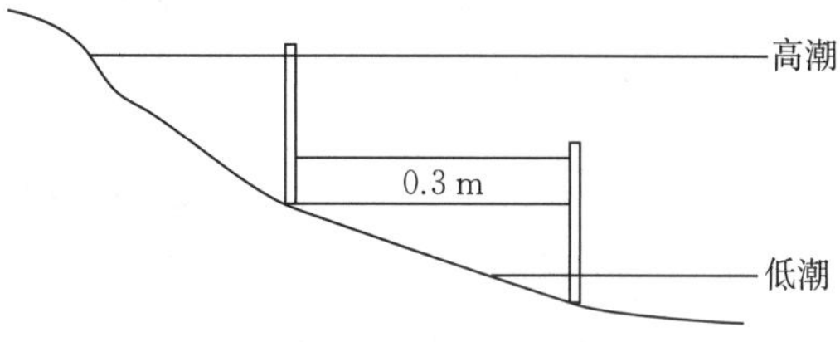

图 3.19　在缓坡或潮差大的地区设立的一组水尺

用水尺观测水位时，观测时间间隔视测区水位变化而定。在水位差变化较慢地区，每隔 30 min 观测一次即可，整点时必须观测，读到厘米。当水位差较大、水位涨落比较剧烈时，每隔 5 min 或 10 min 观测一次。在大风浪、水面波动不稳定时，可取波峰和波谷的平均值作为水位读数。当水尺损坏水位观测无法进行时，应立即重新设立水尺和及时记录水位数据，并重新测定水尺零点和记录水尺零点的变动情况。水位观测所使用的钟表，必须经常与北京时间进行校对，其表差不应超过±1 min。

自动验潮仪观测水位时，需预先进行设置采样时间间隔，可安装在固定的桩柱或码头边。以码头安装为例，验潮仪的传感器（探头）从码头边沿垂直放下，记录从码头边沿至潮位仪探头的长度，即可根据码头边沿的高程确定验潮仪的水位零点。因电缆和探头的重量较轻，在风浪和海流的作用下，可能会发生晃动，因此，最好在探头上拴挂类似重锤的重物，以保持探头的稳定。打开仪器便可自行记录，指示灯闪烁，表示工作是否正常。自动验潮仪不但使用方便，资料可靠，精度高，而且大大减轻了劳动强度。

用水位计观测水位的主要要求：①使用前，首先检查设备是否有损坏和腐蚀现象；②检查取样时间间隔选择开关是否与要求的相一致；③检查完毕后，根据海区实际情况选择合适的布放方式，将仪器布放到水下；④记录周期结束后，在磁盘上注明所用的仪器编号、观测时间和地点等；⑤依据水位计提供的转换公式，将水位计的磁带读数转换为各时刻的水位。

水位观测站附近应埋设工作水准点或水准点标志。工作水准点应设在水尺附近，以便经常检查水尺零点的变动情况。工作水准点应设在高水（潮）位线以上、地质比较坚固稳定、易于进行水准连测的地方。工作水准点与国家水准点之间的高差，按四等水准测量要求，工作前后各测一次，也可用 GNSS 高程测量方法测定工作水准点的高程。水位观测站的零点与工作水准点之间的高差可用等外水准测定。水位观测过程中，应经常检查工作水准点与水尺零点、自动潮位仪零点之间的相互高差有无变化，如发现或怀疑零点有变化（如大风浪或水尺受碰撞后）应及时进行高程连测，当零点变动超过 3 cm 时，应重新确定相互关系。海上定点验潮站的水尺零点无法进行水准连测时，可利用平均海面特性进行海面水准连测传递高程，采用回归分析法计算海上未知验潮站水尺零点高程。

3.4.4　河流断面测量观测水位的要求

在河流断面测量中，当测区有显著的水面比降时，应分段设立水尺进行水位观测，按上下游两个水尺读得的水位与距离成正比内插测深时的工作水位。水位观测的时间间隔，一般按测区水位变化的大小而定，当水位的日变化小于 10 cm 时，每次测深前后各观测一次，取平均值作为测深时的工作水位，在受潮汐影响的河段，每隔 10～30 min 观测水位一次。

在编制河流纵断面图和计算水面比降时，需要河流在同一时间的各点水面高程，这些高程通常称为同时水位（或瞬时水位、假定水位）。为了获得同时水位，若施测河段不长时，可以在拟测水位处，于规定的瞬时，同时打下与水面齐平的木桩，桩顶的高程即代表该处特定时刻的水面高程，以后将桩顶与水准点进行高程连测，即能获得水面各点的同时水位。当河段较长时，则需将不同时间的观测水位换算成所需时刻的同时水位。

3.5　水深数据处理和成图

首先，在数据处理开始前，需要对外业资料进行检查，检查内容主要包括：测区范围是否合适；记录是否完整；外业要做的相应校准和各项改正，如深度比对、吃水改正、声速改正等，是否已按照相关要求进行等。其次，水位改正对于水下地形测量的测深精度有着极大的影响，根据测区的位置和测量时间整理相应的水位资料在水深测量后的处理中是必需的。要保证水位能够满足规范要求的精度，注意测区的范围及验潮点能否满足测区的需要，设立多个验潮站的要进行水位分带改正，以保证水深的测量精度。

3.5.1　单波束数据处理

1. 定位数据处理

定位数据处理的主要依据是航迹图(图 3.20)。根据作业范围以及航迹状态，将外业资料对照航迹图进行全面检查，把卫星状态不好、定位误差大、明显偏离测区的点删除。

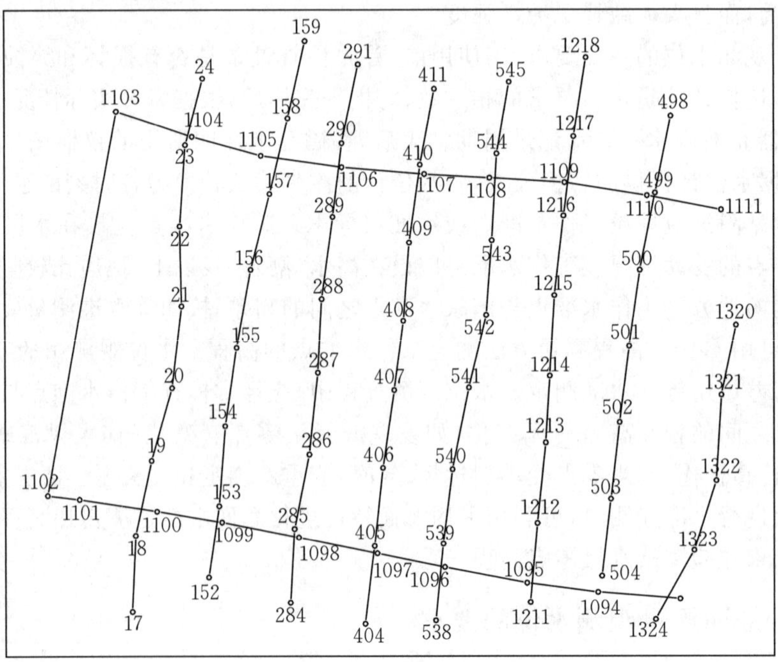

图 3.20　航迹图

2. 水深数据处理

先根据点号，将数据文件中的记录按记录点号、坐标和原始水深，与模拟记录纸(图 3.21)进行对照检查，对不匹配的点进行认真核实，对个别点之间的特殊水深值量取内插；然后利用测得的水位值进行水位改正，制作水深图(图 3.22)。对水深图上的交叉点进行比对，如果水深差超过技术标准要求，查找原因并进行改正。在没有交叉点的位置，从图上直观地检查是否有不合适的水深值，这种不合适的水深值一般指与周围水深相差太大的水深值，需要检查记录纸，是真实地形还是错误水深。

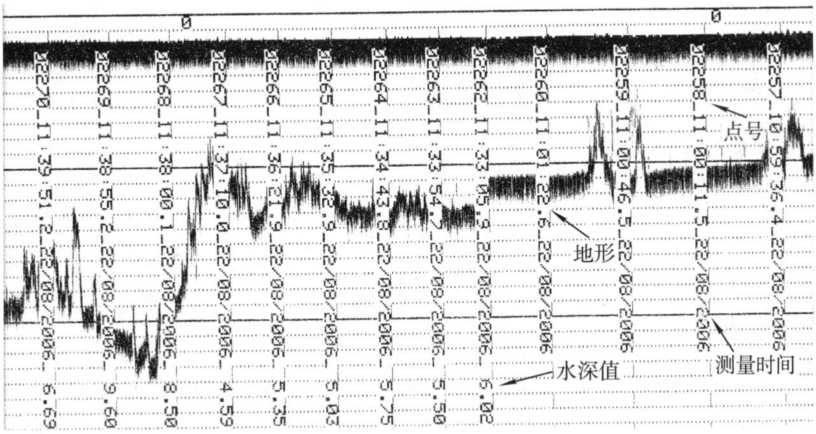

图 3.21　水深模拟记录

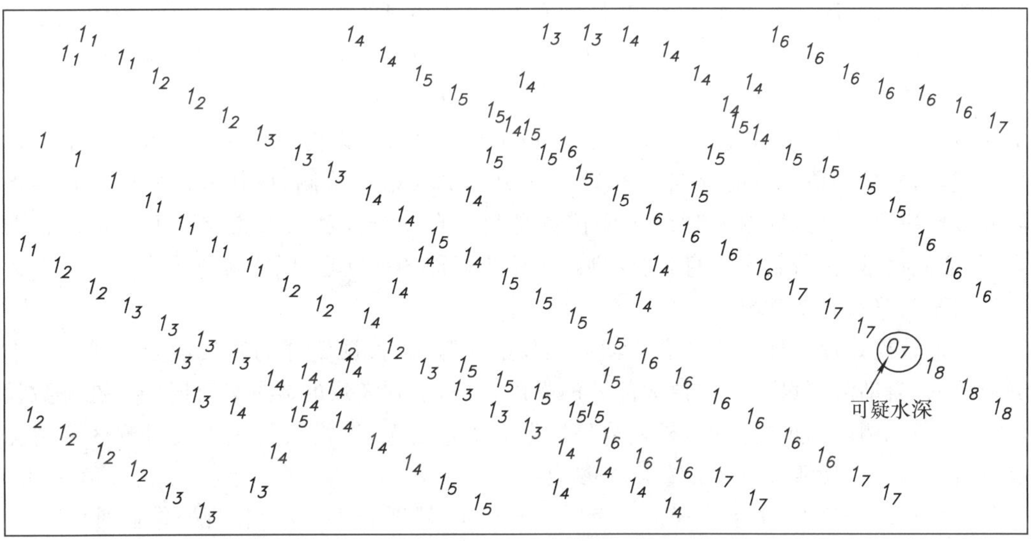

图 3.22　水深图

3.5.2　多波束数据处理

多波束测深数据量与单波束测深数据量相比非常庞大，一般要利用专业的数据处理工作站和数据处理软件进行。其处理过程较单波束也复杂得多，对操作者的要求也较高。在多波束测量过程中，由于仪器噪声、海况因素或者多波束系统参数设置不合理，都可能导致测量资料不可避免地存在假信号和不合理的水深，造成虚假地形。为了提高水下地形测量的精度，必须消除假信号，改正不合理水深，因此必须对实时采集的多波束资料进行数据清理，剔除假信息，恢复、保留真实信息，得到高精度的水深值。

1. 数据预处理

数据预处理是对水深数据编辑与清理前做的必要改正，包括水位改正、吃水改正、声速改正、横摇改正、纵倾改正及时间延迟改正等。在外业已经改正过的参数，如声速、横摇、纵倾及时间延迟改正等，在内业处理时不必再改正，如果改正不充分的可以在内业重新改正。数据处理软件对数据预处理中的各项改正都有格式要求，把测量好的改正参数按照软件格式要求输入，进行自动改正或人工改正。

2. 定位数据的编辑与处理

影响定位数据精度的因素很多，如卫星信号质量、信标台信息传送质量、信号盲区等，甚至天气、海况等都能够对其造成影响，使定位资料不可避免地出现错误。其中，主要是偏离真实位置的"飞点"，它们是瞬时地、突发性地出现的，属于偶然误差。

多波束数据处理软件都有自动处理导航数据的成熟算法可以对可疑的导航数据进行剔除，只是需要数据处理者根据测量的实际情况进行参数设置。例如，根据偶然误差出现的规律，实际工作中将外符合绝对误差确定为2～3倍中误差。当其误差绝对值超过2～3倍中误差时，往往视其为可疑数据，予以剔除。当可疑数据占全部定位数据的比例较低时（如5%以内），可予以剔除；若异常数据占全部定位数据的比例较大时，则应认真分析原因，慎重处理。

3. 水深数据处理

由于多波束的测深数据密度大、测幅间有重叠、水下地形特征复杂等因素，测深数据的处理工作量大而复杂。一般由经验丰富并对测区地形有所了解的专业人员来完成。

在测深数据处理中常用到的一个概念是数据清理（data cleaning），它指测量或数据处理人员对多波束产生的水底检测数据选择接受或拒绝的处理。多波束测量的水底检测必须由计算机来做，由于各种原因可能存在许多误差、界外值和失败的检测，操作者需要检查这些水底检测并做出决定。水深数据处理的主要任务是利用自动清理和人机交互的方式清理错误水深，剔除虚假信息，保留真实信息，主要剔除一些不可能的孤立点、跃点和噪声点。

1）测深数据的自动清理

多波束数据处理软件都有一套自动清理数据的算法，根据软件的算法设定一些参数来清理噪声数据，自动清理可以清理掉大部分的噪声数据，节省大量的数据处理时间。在参数设置时，要综合考虑测区的地形情况，外业采集数据的质量情况，这需要处理人员对测区的情况预先有概略了解。自动清理主要设置以下参数：

（1）削减边缘波束。由于边缘波束有时不太稳定，跳跃较大，以及在野外作业时已有10%以上的重复覆盖率，因此后处理时在保证全覆盖的条件下，剔除位于外侧的边缘波束，通常占总波束数的10%左右。

（2）水深范围限制。根据测区的大概水深情况和数据直观地显示把不可能的水深通过该范围限制掉，这一过程可以删除许多"坏点"。

（3）残差范围。网格单元内所有水深点至拟合平面的距离为该点的残差。位于拟合平面之上的水深点的残差为正值，反之为负值。

（4）标准差阈值。网格单元内所有的残差都用于计算标准差，标准差是最普通、最常用的滤波参数。

（5）噪声阈值。噪声百分比＝（标准差/平均水深值）×100，噪声百分比是一个动态的滤波参数，其滤波限值随水深的变化而改变，相当于一个相对误差滤波。

2）测深数据的人工编辑

采用了自动化的数据清理后，数据的质量会有很大改善，由于各种方法都具有的一些固有缺陷，只靠自动化的数据清理并不一定能获得满意的结果。因此，多波束数据后处理软件都提供了一些工具，用于辅助操作者进行人机交互式的数据编辑，对部分有疑问的数据做进一步的“精细”处理。不管采用哪种软件，在进行水深数据编辑时都要遵循一些原则，主要有：

(1)水深变化区间原则。了解编辑区的水深变化区间，剔除区间外的水深数据点，可以剔除一些杂乱的“飞点”。

(2)地形变化趋势原则。水下地形都是连续变化的，多波束是全覆盖测量，测量数据基本能反映水下地形的全貌。如果确有特殊地形，也应该是一片连续变化的水深，而不是少数几个数据或孤立点。研判地形变化连续的趋势对数据编辑很有必要，特别是在地形复杂的测区，很难区分真实地形和噪声，如果根据地形趋势变化来研判，就可以判断哪些是噪声，哪些是真实信息。

(3)相邻测幅对比原则。有时对单条线编辑时，很难确定被编辑的数据哪些是噪声，哪些是真实地形，如果把它和相邻测线放在一起，可以了解地形全貌，分析地形趋势来区分噪声和真实地形数据。

(4)中央波束标准原则。多波束系统采集的数据中央波束区域数据质量好，边缘区域相对较差，在平坦区域这种质量差异表现得尤为明显。在这种情况下，可以考虑在不影响覆盖的条件下尽量多删除边缘数据点，提高数据质量，同时注意实时引入足够的声速剖面以提高边缘数据的质量。

(5)与测深记录相结合原则。对一些数据确实无法判别是真实地形还是噪声时，有必要和外业采集人员沟通或者查阅外业数据采集时的记录。在外业数据采集时，要求采集人员实时观察地形变化并记录下特殊情况。例如，在码头或海上采油平台附近测量时，由于水下有建筑物，波束发射到建筑物上，而没有到达海底就返回或者经多次反射后再返回，测量出的数据就不是真实地形。但是这种数据的数据量往往很大，根据地形变化趋势原则也无法判断它的真实性，只有通过采集人员或现场记录来辅助判别。

4. 成果图绘制

水深测量的成果图主要包含水深地形图、彩色立体图、影像图等，可根据项目需要来绘制。利用单波束数据成图，一般是水深地形图，图上主要包含坐标网格、水深值、等深线、图名、图例以及成图参数说明。多波束数据成图相对复杂，多波束数据量大，而成果图图载信息有限，需要对多波束的原始数据进行处理后，把能反映地形特征的信息表达在成果图上。

在水下地形测量中，水深地形图是主要的成果图(图3.23)。目前，普遍采用计算机成图，各种专业的水深测量数据处理软件和GIS软件都具有很好的绘图功能。对一些特殊的工程项目需求，需要开发和编制相应的处理和绘图程序，以使成果图的格式能满足规范、图式及工程项目的要求。

多波束数据量大，不可能把所有测量的水深点都绘制到成果图上，需要按照工程需要和成图比例尺对数据做压缩处理，从原始数据中挑出能表现测量区域地形特征的特征点来进行成图。对多波束数据进行网格化处理，生成DTM，是从海量数据中提取地形特征点的有效方法。经过网格化生成DTM后，可以生成多种形式的成果图，如用等深线表示的水下地形图、立体图、影像图等(图3.24、图3.25)。由于多波束对海底无遗漏的测量，这些图对海底特征的表达细致、精确而且直观，对工程应用有很大的价值。

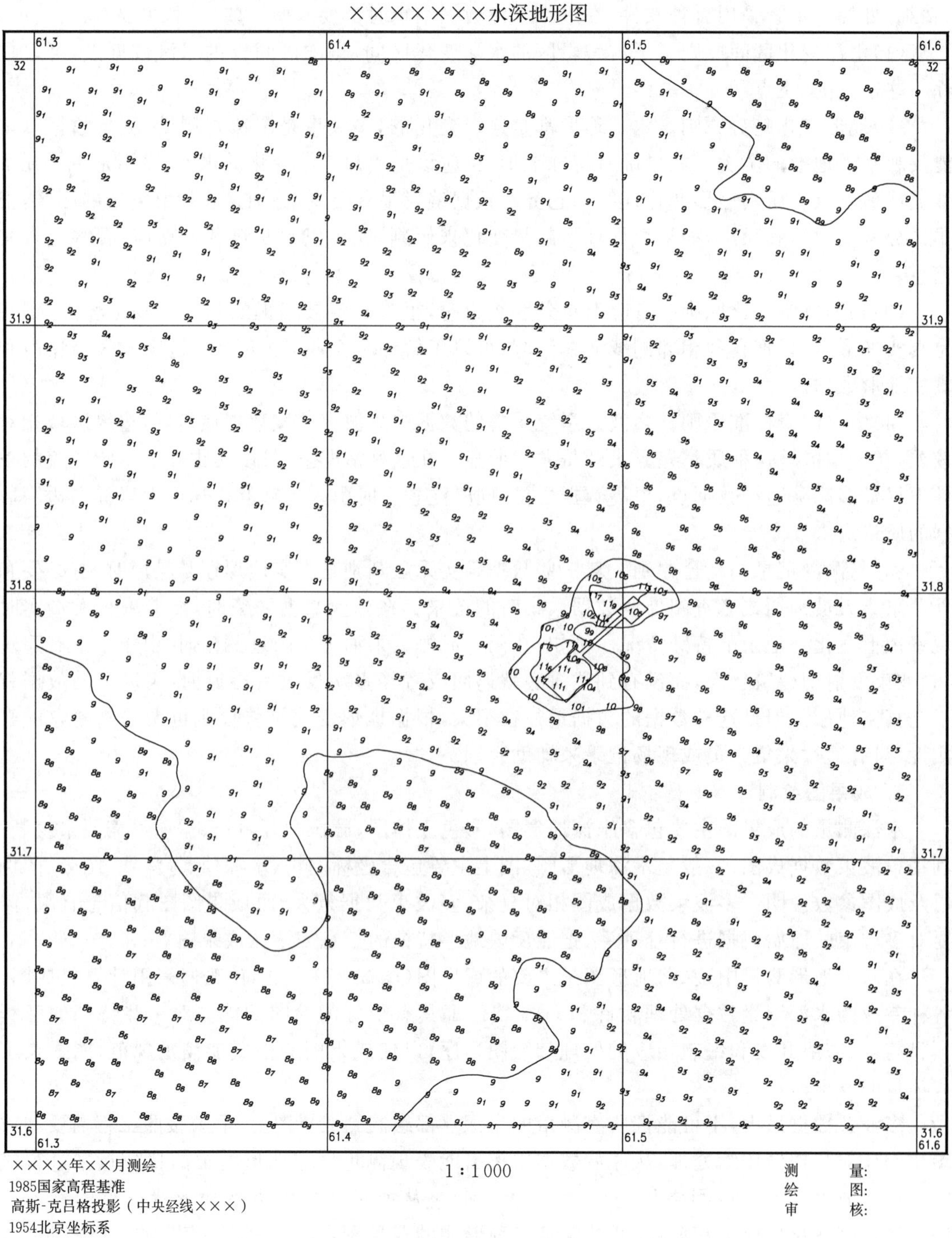

图 3.23　水深地形图(单波束数据)

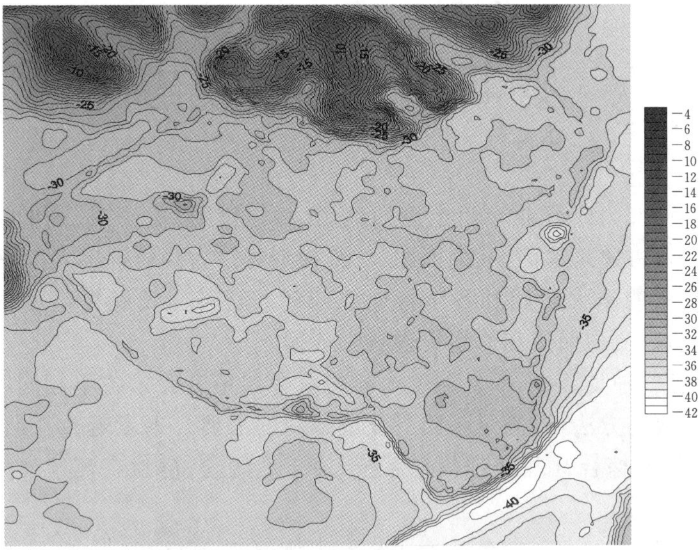

（a）等深线和灰度填充表示的水下地形图

（b）立体阴影图

图 3.24　EM3000 多波束测深仪测量的水下古城

图 3.25　水深地形阴影图

第4章　专题图测绘

专题图指为某一部门或行业专门定制的地图，如地籍图、房产图、城市管网图、社区分布图、作战训练图，以及古建筑平面图、剖面图、三维模型等。为政府解决人口、资源、环境和灾害等社会可持续发展中的重大问题和各个行业或部门的建设与发展提供可靠的基础数据（或图纸）资料，为古建筑、文物保护和修缮提供科学依据。

专题图涉及面广、种类繁多，而且测绘内容的取舍和精度要求各不相同，应根据具体情况选择合理的测绘和成图方法，以满足不同行业或部门的需要。本章着重介绍地下管线探测与管线图测绘、地下管网综合管理地理信息系统、竣工图测绘、房地产测绘、建筑测绘等方面的内容。

4.1　地下管线探测与管线图测绘

地下管线是隐蔽工程，是埋设于地下（或水下）的各种管（沟、巷）道和电缆的总称，是城市基础设施的重要组成部分，它担负着城市工业与民用上下水、电、暖、气和通信信息等的供配与传输，是城市赖以生存和发展的生命线。它主要包括给水、排水、燃气、热力、电力、电信、工业、人防、预埋、综合管沟等管道（沟）或电缆以及其他隐蔽管线。一般城市都有悠久的历史，各种地下管线纵横交错，缺乏统一的领导和规划，在使用、管理和维护方面存在许多问题，如地下管线严重老化，地下管线资料残缺不全，大部分城市没有统一完整的地下管网图，行业条块分割、重复开挖现象严重，有的资料精度不高或与现状不符等，从而导致地下管线事故不断发生，给国家造成巨大损失，同时也给人民生活带来诸多不便。

减少并从根本上杜绝地下管线事故，提高经济效益和城市管理水平，查明城市中现有地下管线的分布，规划好未来地下管线的布局，加大对城市地下管线的管理力度已成为我国城市建设和国民经济发展中的一项重要工作，国家已经给予了高度重视。目前，全国许多城市已完成地下管线普查工作，更多的城市正在或将要全面开展地下管线普查与测量工作。

地下管线的种类较多，根据性能和用途的不同，大体可以分为以下几类：

(1)电力线路。高压输电、生产用电、电车用电等线路。

(2)电信线路。市内电话、长途电话、电视、广播和网络等线路。

(3)给水管道。工业给水、生活给水、消防给水等管道。

(4)排水沟管。工业污水（废水）、生活污水、雨水等管道和沟道。

(5)热力管道。蒸汽、热水、暖气等管道。

(6)气体管道。燃气、乙炔、氧气等管道。

(7)空气管道。新鲜空气、压缩空气等管道。

(8)燃料管道。石油、酒精等管道。

(9)灰渣管道。排泥、排灰、排渣、排尾矿等管道。

(10)其他管道。工业生产上用的管道，如氯气管道，以及化工用的管道等。

地下管线根据覆土深度不同又可分为深埋和浅埋两类。划分深埋和浅埋的主要依据如下：

(1)有水的管道和含有水分的管道在寒冷的情况下是否怕冰冻。

(2)土壤冰冻的深度。深埋的覆土厚度大于 1.5 m，北方土壤冰冻线较深，一般给水、排水、燃气等管道宜采取深埋；热力、电信、电力、电缆等不受冰冻的影响，可浅埋。南方土壤不冰冻，给水管道、排水管道不一定深埋。

另外，根据输送方式不同，管道又可分为压力管道和重力自流管道。如给水、燃气、热力、灰渣等通常采用压力管道，而排水管道一般采用重力自流管道。

4.1.1　地下管线探测的目的和任务

目前，地下管线探测的对象主要是地下管道和地下电缆两个方面，主要是查明地下管线的现状(管线和附属设施的空间位置及其属性特征)，包括管线探查、管线测量和沿地下管线的带状地形图测绘。地下管线探测的目的是为了获取准确、可靠、完整的地下管线信息资料，为建立地下管网信息系统提供准确的空间位置数据和属性特征信息，实现城市地下管线的信息化管理，为城市的规划、设计、施工和管理服务。现阶段地下管线探测的主要任务分为以下几类：

(1)查明地下管线的平面位置、埋深(或高程)、走向、性质、规格、材质、埋设时间和产权单位，测绘地下管线图。地下管线图包括综合地下管线图、专业地下管线图、地下管线断面图和局部放大图。

(2)对地下各种性质的专业管线进行质量评价，尤其是对管线故障、缺陷的检测和定位等。例如，对给水、煤气、输油、天然气、电缆，以及其他工业管线的漏点检测。

(3)检漏探测。由于一些城市和地区的地下管线已严重老化，被载流体泄漏现象较为突出，因此检漏探测的任务也相当繁重。在检漏理论、方法、技术以及仪器设备方面还有许多工作要做。

(4)建立动态的地下管线信息管理系统。作为城市规划、建设和管理的基础资料，城市的地下管线探测成果必须采用该城市的平面坐标系统和高程系统，必须建立地下管线数据库，实现地下管线信息管理系统的现代化动态管理，以保证地下管线探测成果的现势性和动态性。

4.1.2　地下管线探查的内容与要求

地下管线探查指在现场对明显地下管线进行调查和隐蔽地下管线的探测，关键在于确定管线的平面位置和埋深。进行探查工作之前，应尽量收集探查范围内地下管线的设计图、施工图、竣工图，报批的红线图，技术说明及成果表，探查范围内的 1∶500 或 1∶1 000 地形图等相关的设计、施工、竣工过程中的文字、数据和图纸资料。分类整理，将管线竣工图、竣工测量成果及成果表按规定的颜色和图式转绘到 1∶500 或 1∶1 000 地形图上，组成地下管线现况调绘资料。现况调绘图必须注明管线(包括废弃管线)的权属单位、管径、规格、材质、性质、埋设年代等属性。如无竣工图及竣工测量成果的管线，可根据其施工图及有关资料，按管线与邻近的建(构)筑物、明显地物点、现有路边线或道路中心线等的相互关系展绘。为了保证实地调查的质量和提高工作效率，应尽可能请管线权属单位或熟悉管线铺设情况的人员协助调查。根据地下管线现况调绘资料和相关人员的现场指认，实地对管线位置、走向、连接关系进行核查落实，重点对明显管线点如接线箱、变压器、消防栓、人孔井、阀门井、窨井、仪表井等附属设施做详细调查、记录和量测，同时确定需用仪器探查的管线段。

地下管线探查一般应满足以下规定：

(1)地下管线探查应查明各种地下管线的铺设状况及在地面上的投影位置和埋深，同时，应查明管线种类、连接关系、管径、材质、规格、载体特征、电缆条数、管块孔数、权属单位及附属设施等。其中，埋设在同一管块(沟)中的不同权属的电力或电信等电缆要分别查明，并在成果表的备注栏内注明。绘制探查草图，并在地面上设置管线点标志。

(2)管线点分为明显管线点和隐蔽管线点。在明显管线点上进行实地调查和量测，在隐蔽管线点上应用仪器探测管线的地面投影位置和埋深。

(3)管线点宜设置在管线的特征点和附属物中心上，并在地面投影位置上标注。管线特征点包括交叉点、分支点(汇聚点)、多通点、转折点、变深点、变径点、变材点、上杆、下杆、起讫点等；附属物点包括接线箱、变压器、人孔井、手孔井、阀门井、消防栓、各种窨井、仪表井等中心点。在没有特征点的管线段上，管线点间距不应超过 75 m。

(4)管线点的地面标志，应保证在管线探测成果验收前不毁失、不移位，并易于识别。标志的设置可刻注记号“⊕”，或用铁钉、木桩打入地面至平，并在管线点附近的明显地物上用红色油漆标注位置和物探点号，便于实地寻找。

(5)物探点号采用“管类代码”+“管线点顺序号”两部分组成的符号表示。管线代号按规定的二级代码表示，管线点顺序号用阿拉伯数字表示。物探点号在各测区内应具有唯一性。

(6)对于有两个以上入口(多盖)或多阀门的地下管线检修井，要实测出检修井地下空间的实际范围，井内的特征点和附属物均要按实际位置探测，点的属性要据实填写；电信管线在进出检修井的实际位置定管线点，管线图上井内不连线，但提交的数据文件均要按实际编制连接关系。

(7)当地下管线的附属物偏离地下管线中心线的距离大于 20 cm 时，按管线实际位置实测管线点，偏离地下管线的附属物实测其点位和高程。

(8)宽度≥1.0 m，以沟道形式埋设的其他地下管线，要实测沟道的平面位置和埋深、平面位置测沟道的几何中心、埋深测至沟道内顶、排水暗渠埋深测至内底；若管沟内有多种地下管线应分别探测。

(9)当地下管线弯曲时，应在圆弧起讫点和中点上设置管线点，当圆弧较大或是不规则弯曲时，适当增加管线点，以反映其弯曲特征。

对明显管线点的调查一般采用直接开井量测法，按照《城市地下管线探测技术规程》(CJJ61—2003)应查明每条管线的性质和类型，量测其埋深。实地调查项目按表 4.1 进行选择或按照委托方的要求确定。

表 4.1　各种地下管线实地调查项目

管线类别		埋深		断面		根数	材质	构筑物	附属物	载体特征			埋设年代	权属单位
		内底	外顶	管径	宽×高					压力	流向	电压		
给水			△	△			△	△	△				△	△
排水	管道	△		△			△	△	△		△		△	△
排水	方沟	△			△		△	△	△		△		△	△
燃气			△	△			△	△	△	△			△	△
工业	自流	△		△			△	△	△		△		△	△
工业	压力		△	△			△	△	△	△			△	△

续表

管线类别		埋深		断面		根数	材质	构筑物	附属物	载体特征			埋设年代	权属单位
		内底	外顶	管径	宽×高					压力	流向	电压		
热力	有沟道	△			△		△	△	△		△		△	△
	无沟道		△	△			△	△	△		△		△	△
电力	管块		△		△	△	△	△	△			△	△	△
	沟道	△			△	△	△	△	△			△	△	△
	直埋		△	△		△	△	△	△			△	△	△
电信	管块		△		△	△	△	△	△				△	△
	沟道	△			△	△	△	△	△				△	△
	直埋		△	△		△	△	△	△				△	△

注：△表示需实地调查的项目。

对隐蔽的地下管线点，应在现场调绘和实地调查的基础上，针对工作区内不同的地球物理条件，选用不同的物探仪器和方法，探测其水平位置，在地面设置管线点标志，并测定埋深数据。无论采用何种方法和技术，其探测精度都必须满足《城市地下管线探测技术规程》规定的精度要求，同时应有一定数量的开挖验证记录。根据规程的规定，地下管线探测的取舍标准宜按表 4.2 执行（在实际工作中，还应根据城市的具体情况、管线的疏密程度和委托方的具体要求做适当调整）。

表 4.2　地下管线普查取舍标准

管线类别	需探测的管线
给水	管径大于 50 mm 或大于 100 mm
排水	管径大于 200 mm 或方沟大于 400 mm×400 mm
燃气	管径大于 50 mm 或大于 75 mm
工业	全测
热力	全测
电力	全测
电信	全测

根据该取舍标准，需要探测的管线，应在现场查清各种地下管线的铺设状况与连接关系，确定管线在地面上的投影位置和埋深，并在投影点处设置地面标志作为连测的管线点。同时还应查明管线种类、性质、规格、材质、载体特征、电缆根数和附属设施等。

城市地下管线探测所使用的地下管线探测仪器，是以地下管线与周围介质的导电性及导磁性间的差异为基础，管线埋设越深，管线平面定位和定深的误差就越大。因此，部分城市（如广州、上海、大连等）制定的地下管线普查技术规程中探查精度要求根据埋设深度来规定，如表 4.3 所示。

表 4.3　地下管线探查精度

地下管线中心埋深/m	水平位置限差/cm	埋深限差/cm
$h \leqslant 1$	±10	±15
$1 < h \leqslant 2$	±15	$\pm(5+0.1h)$
$h \geqslant 2$	±20	—

按照《城市地下管线探测技术规程》，地下管线探测基本地形图比例尺为 1∶500 至 1∶5 000，探测的精度应符合表 4.4 的要求。

表 4.4　城市地下管线探测的精度要求

类别	平面位置	埋深
1	$\pm 0.10h$	$\pm 0.15h$
2	±5 cm	±3 cm
3	图上±0.5 mm	—

注：类别 1 指地下管线隐蔽管线点的探查精度要求，为限差；类别 2 指地下管线点的测量精度要求，为中误差；类别 3 指地下管线图测绘精度要求，为中误差；h 为地下管线的中心埋深，单位为 m。

要保证管线探测的精度，要求采取相应的检验方法对管线探查结果进行质量检验。管线点探查质量检验方法主要有两种，即开挖验证法和仪器重复探查法。开挖验证法是评价地下管线探查工作质量的主要方法，开挖验证点应遵循“均匀分布、随机抽取”的原则，随机抽取不少于隐蔽管线点总数的 1%，且不少于 3 个点进行开挖验证。仪器重复探查是针对隐蔽管线点，是用同类仪器、同一方法对同一管线点在不同时间进行重复探查，重复探查量不少于隐蔽点总数的 5%。根据同一管线点的检验数据和探查数据的差值，统计计算隐蔽管线点点位中误差、埋深中误差和明显点埋深中误差。要求隐蔽管线点点位中误差、埋深中误差不超过表 4.4 对应限差的 0.5 倍，明显点埋深中误差不超过±2.5 cm。

4.1.3　地下管线探查方法简介

地下管线的探测是使用仪器，通过测量各种物理场的分布特征来确定管线的位置。地下管线的材质、埋深和地球物理条件不同，采用的探测方法也不同。探测地下管线的物探技术方法主要有：电磁法（包括频率域电磁法和时间域电磁法、探地雷达法）、磁法、地震波法（包括反射波法和瑞利波法）、直流电法（包括电阻率剖面法和高密度电阻率法）、红外辐射法等。其中频率域电磁法和探地雷达法是地下管线定位定深的主要技术方法。一般而言，探查金属管线主要采用频率域电磁法；探查非金属管线主要采用探地雷达法或示踪电磁法，还可采用地震波法和直流电法等其他探查方法；探查电力电缆管线可采用被动源法；探查磁性材质管道可以采用磁法。

1. 电磁法

电磁法探测是利用各种专用管线探测仪进行的。目前国内使用的管线探测仪品牌、型号较多，使用最多的主要是进口的 RD 系列、PL 系列（如 PL-960、RD4000 等，见图 4.1）。仪器一般都是由电磁波发射机和接收机两部分组成，其探测的基本原理主要以地下管线与周围介质的导电性及导磁性差异为基础，利用金属管线和电缆在一次电磁场的作用下产生感应电流，通过接收机测量在管线周围产生的二次电磁场的强度和分布来探测确定地下金属管线和电缆的平面位置和埋深。

电磁法工作原理如图 4.2 所示。电磁法可分为频率域电磁法和时间域电磁法，前者是利用多种频率的谐变电磁场，后者是利用不同形式的周期性脉冲电磁场。频率域电磁法探查地下管线的定位、定深具有较高的精度，在地下金属管线和电缆的探测中得到了广泛应用，对有出入口的非金属管道，配上可置入管道内的示踪器，也可以进行探查。

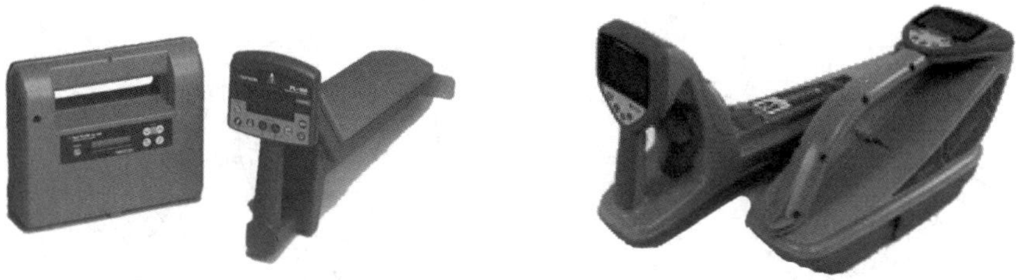

（a）PL-960管线仪　　（b）RD 4000管线仪

图 4.1　管线探测仪

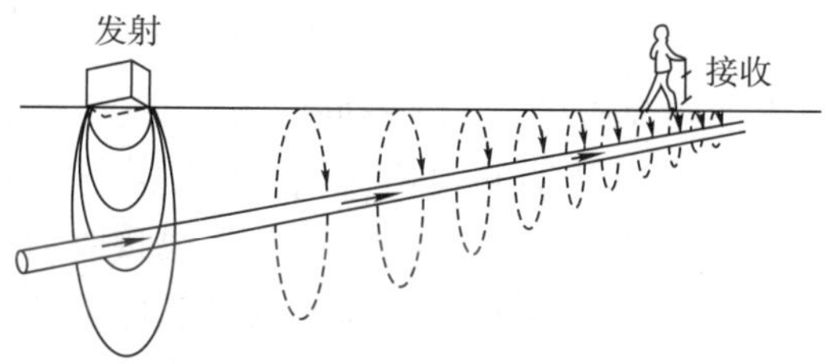

图 4.2　电磁法工作原理

根据场源性质，频率域电磁法可分为被动源法和主动源法。被动源法不需要人工建立场源，直接利用工频（50～60 Hz）及空间存在的电磁波信号探测，除对载流（50～60 Hz）电缆进行追踪定位外，不能作为精确定位方法，一般只能对存在管线的区域进行盲探。主动源法是通过发射机向被探查的管线发射足够强的某一频率的交变电磁场，使地下管线被激发产生交变的电磁场，被接收机所接收，根据接收机所测得的电磁场分量变化特征，对被探查的地下管线进行定位、定深。根据给地下管线施加交变电磁场的方式不同，主动源法又可分为直接法、夹钳法、感应法、示踪法和探地雷达法。

（1）直接法是将发射机的输出端直接接到被测金属管线的出漏点上（如消防水龙头、检查井内的各种管线的出漏点等），发射机的另一端接地，把电磁信号直接加到被测金属管线上；在地面上用管线探测仪的接收机观测这种磁场，对管线进行追踪、定位（图 4.3），达到管线探测的目的。直接法探测时产生的二次电磁场强度大，不受邻近管线干扰，定位、定深精度高，易分辨邻近管线，但金属管线必须有出露点，且需良好的接地条件。

（2）夹钳法是利用管线仪配备的夹钳（耦合环），夹在金属管线上，通过夹钳把信号加到金属管线上，原理与直接法相同。

（3）感应法探测是将发射机信号输到发射线圈中，利用发射线圈产生的谐变电磁场激发地下金属管线产生二次电磁场，通过接收机在地面接收管线所形成的电磁场，从而对地下金属管线进行搜索、定位。当被探的目标管线出露少，不具备直接法和夹钳法条件时，可采用感应法（图 4.4）。感应法探测的发射和接收均不需要接地，操作灵活方便，探测定位较为准确可靠，是城市地下管线探查中常用的方法。

（4）示踪法是对非金属管道探测时，在管道中放入一个小的能发射电磁信号的信号发生器（跟踪探头），沿着管道走向移动发射，在地面上用接收机探测发出的电磁信号，根据信号变化探测到非金属管道的位置和深度。该法探测非金属管道，信号强，效果好，但管道必须有放置跟踪探头的出入口。

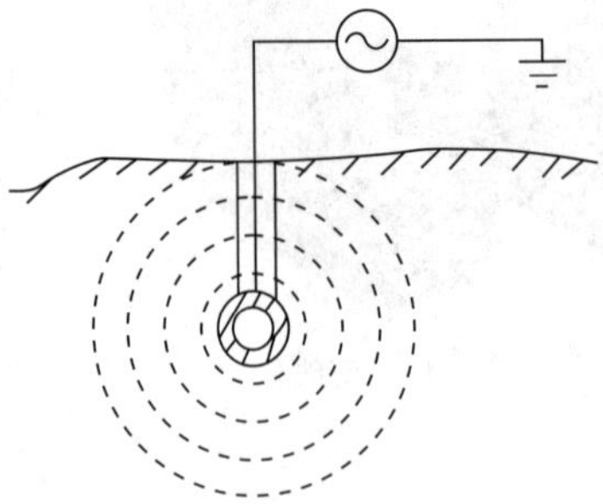

图 4.3 直接法探测

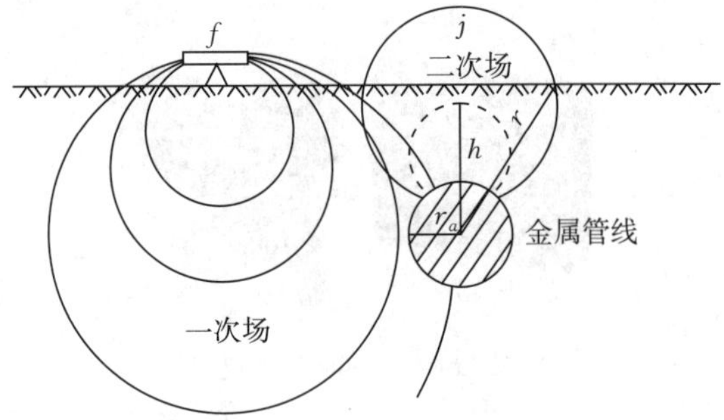

图 4.4 感应法探测

注：f 为发射线圈；j 为接收线圈。

(5)探地雷达法。地下不同的介质往往具有不同的物理特性，探地雷达法主要利用介质间的介电性、导电性、导磁性差异，借助于高频电磁波以宽频带短脉冲形式，由发射天线送入地下，经地下不同的地层或目标物反射回地面，被信号接收天线接收而送入信号采集系统，从而记录下各目标物对脉冲波的反射特征。反射回地面的电磁波脉冲的传播路径、电磁场强度与波形随所通过介质的电性质及几何形态而变化，因此，从接收到的雷达反射回波走时、幅度及波形资料，可以推断地下介质的结构，从而定性和定量地测定地下不同的探测对象，如图 4.5 所示。

探地雷达所记录的是目标体反射的脉冲波，其显示或输出可以是正负峰值分别为黑白色的图像，也可是彩色图像。脉冲图像的同相轴或等色线即描述了地下不同目标的反射图。由于地下管线及沟渠与周围介质存在明显的电性差异，故雷达图像能较为明显地显示出来。其图像特征是：波的振幅加大，两侧同相轴错断，并存在明显的边界效应，即绕射现象、波形为拱形，其顶部即管线中心位置(图 4.6)。

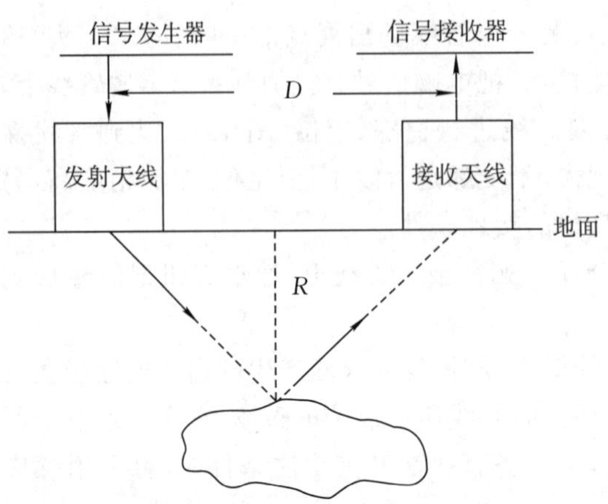

图 4.5 探地雷达工作原理

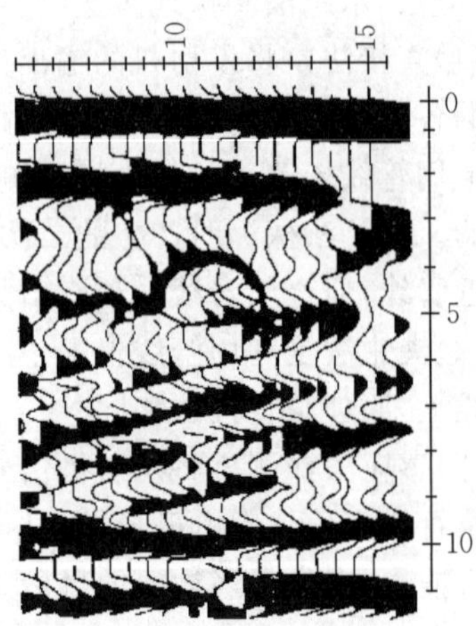

图 4.6 地下管线探测图像特征

探地雷达法是利用超高频电磁波探查地下介质分布的一种地球物理探查方法，可以探查地下的金属和非金属目标，由于其探测深度一般可达 10 m 以上，探测精度可达 10%埋深或更高，而且操作简单，工作效率高，常用于探查电磁感应类管线仪难以奏效的地下非金属管道、沟、渠(如地下人防巷道、排水管道)等。

目前主要采用的地质雷达有加拿大探头与软件公司的 EKKO 系列地质雷达(Ⅳ型、100 型和

1000型)、美国GSSI公司的SIR系列地质雷达(SIR-2、SIR-10A和SIR-10H型等),以及微波联合公司的TerrascanMK系列、瑞典MALA公司的RAMAC系列、日本应用地质株式会社的GEORADAR系列等地质雷达。

2. 磁法

地下铺设的金属管线,一般具有较强的磁性。磁法就是利用金属管线与周围介质之间的磁性差异,测量磁场的垂直分布强度,判别出由地下管线引起的磁异常,探测出地下管线并大致确定其走向和埋深。通过定量计算,得到地下管线在地表投影的确切位置和埋深。该法探测深度大,但易受附近磁性物体干扰,能较准确确定频率域电磁法探查难以奏效的铸铁管道位置,埋深为10 m的管道深度误差可达到±20 cm。

3. 地震波法

地震波法是以地下各种介质的弹性差异为基础,研究由人工震源(如机械敲击、空气枪、电火花等)产生的地震波的传播规律,利用地下管道与其周围介质之间的波阻抗差异,确定管线的地面投影位置和埋深。根据利用的地震波的不同,地震波法又具体分为直达波法、折射波法、反射波法和瑞利波(面波)法等多种。在地下管线探查中比较常用的是反射波法和瑞利波法。

4. 直流电法

直流电法是利用地下管线与周围介质之间的电阻抗差异,对地下管线进行定位和定深。直流电法使用的仪器实际上就是高输入阻抗的毫伏表。直流电法又分为电阻率法和充电法,实际工作中,主要采用电阻率剖面法探查地下管线。其中,高密度电法实现了野外测量数据的快速、自动和智能化采集。

5. 红外辐射法

物体内部或物体之间的温度不一致时,就会出现热的交换。一般情况下,地下管线,尤其是供水管线中水温相对周围泥土偏低,由于热交换作用,管线周围的泥土,以及地面的温度会略低于管线两侧的地面,因而管线向外放出电磁辐射(红外辐射)的能量要大于周围的泥土。红外辐射法就是利用地下管线与周围介质之间热的红外辐射差异,对地下管线进行探测。地下管线探查时的天气、日照等气象环境都会对测量结果产生较大影响,故寒冷季节、阴雨天气都不宜进行红外测量。

4.1.4　已有地下管线测量

已有地下管线测量是在地下管线实地调查和探测的基础上进行的,通过地下管线的实地调查和物理探测,清晰地确定地下管线的平面位置、埋深和其他属性特征,并在地面做好地下管线点的标志后,就可以进行已有地下管线的测量工作。探查和测量是城市地下管线普查外业工作的两个联系密切的工序,在保证管线探查质量的前提下,地下管线测量是地下管线普查最后取得成果和反映成果水平以及保证信息系统构建质量和水平的关键,只有处理好管线探查与测绘两大工序的衔接,才能保证图件编绘、普查成果的编制及建库的顺利进行。探查作业结束后,要向测绘工序提交一份工作底图(比例尺一般为1∶500),上面标注有管线点、管线走向、位置及连接关系的探查草图及探查手簿,作为测绘工序测绘地下管线图和编制地下管线成果资料的依据。

地下管线测量指对地下管线以及相关的地形、地物进行测量,测量内容主要包括明显和隐蔽的地下管线点平面和高程位置连测以及管线两侧与邻近第一排建(构)筑物轮廓线之间的地形图测量(称地下管线带状地形图)。地下管线测量和其他工程测量一样,应遵循“从整体到局部”“先控制后碎部”的原则。首先建立平面和高程控制,以控制全局,提供测绘基准并控制测量误差的积累,在此基础上进行管线的细部测量。

1. **控制测量**

地下管线控制测量分为平面控制测量和高程控制测量,是地下管线点和相关的地形、地物点测量的依据,要求必须采用与城市坐标系统相一致的平面和高程系统。

1)平面控制测量

应根据实际情况并考虑管线的线状特点按《城市测量规范》的有关规定布设地下管线平面控制网。当城市平面控制网的等级、控制点数量符合要求、相应的检核不超限时,可直接利用城市控制网作为地下管线测量的控制基础;否则,应在城市平面控制网的基础上加密等级控制点或建立专门的地下管线平面控制。随着数字化测绘仪器的普及,利用全球定位系统布设GNSS控制网和利用全站仪布设电磁波测距导线网是目前建立平面控制的主要方法,而城市GNSS综合应用服务系统(虚拟参考站)的建立和完善,集GNSS和全站仪于一体的“超站仪”的应用,可直接得到测站点坐标并随即进行细部测量的作业模式成为可见的发展趋势,那时平面控制测量将仅仅是一个过去式的概念。

2)高程控制测量

地下管线高程控制网以城市等级水准点为起算数据,主要采用水准测量和电磁波测距三角高程测量的方法建立。平面控制点可兼作高程控制点,水准测量路线布设形式主要是附合路线、结点网和闭合环。电磁波测距三角高程导线,采用对向观测或中间设站观测,与导线测量同时进行,但线路长度不宜超过4 km。

控制测量的原理和方法在大地测量学中已有详细的叙述,在此不做过多的介绍。

2. **已有管线测量**

通过管线调查和探测,隐蔽的管线点在地面设立了标志,与明显管线点一样,进行了编号。管线测量时,就是测量明显和隐蔽管线点标志的平面位置和高程并计算其平面坐标和高程,以及相关的地形地物测量。

相关的地形地物测量可参照《城市测量规范》选择特征点和取舍测绘内容。管线测量的关键是管线特征点的选择。明显管线点一般是地面上的管线附属设施的几何中心,如窨井(包括检查井、检修井、闸门井、阀门井、仪表井、人孔井和手孔井等)的井盖中心、管线起止点(包括电力和电信电缆入地、出地的电杆),管线的转折点、分支点、交叉点、变径点、边坡点,电信接线箱,消防栓栓顶等。隐蔽管线点一般是地下管线或地下附属设施在地面上的投影位置,如变径点、变坡点、变深点、变材点、三通点、直线段端点,以及曲线段加点等。特征点位置应根据管线的形状和结构确定,一般可分为以下几种类型:

(1)叉型管。分叉管线,取各叉管轴线的交点。

(2)弯型管。取圆弧中轴线上起、中、终三点,如圆弧长度较长,应适当增加点数,以便能够准确表示弧形。

(3)井室。用符号表示的各类井状(方形、圆形)管线设施。应取井面中心,用实地形状表示的井应取井的轮廓。

(4)变径。有两个管径的管道,两端各取一点。

(5)管道(沟)。应分依比例尺和不依比例尺两种情况。当依比例尺时,应在管沟(道)两侧各取一点;当不依比例尺时,应在管沟(道)主轴线上各取一点。

(6)对直线段中没有特征点的点位确定,应按照《城市地下管线探测技术规程》的规定原则,在管线主轴线上定位。

测量管线点平面位置主要有全站仪极坐标法、GNSS 法、导线串连法和支导线法等。全站仪极坐标法能同时测得管线点的平面坐标和高程,是目前普遍采用的方法;GNSS 测量可采用快速静态法或 RTK 法,在建有 GNSS 虚拟参考站的城市,GNSS 直接测量三维坐标会成为管线测量的主流方法;导线串连法通常用于图根点比较稀少或需重新布设图根点时,可将全部或部分管线特征点纳入图根导线,并在施测导线的同时采用极坐标法等方法测定未纳入导线的管线特征点的坐标;支导线法是以已有的控制点为基础,把管线特征点作为支导线点,按支导线的测量方法施测,一般不应超过 3 个支点,该法应用较少。不管采用哪种方法施测,都应注意记录的数据与实地的管线特征点的编号严格一致,每一测站对相邻测站测过的点要进行不少于两点的检核测量,管线点测量平面位置中误差不应超过±5 cm。

管线点高程测量一般采用直接图根水准测量,也可采用全站仪电磁波测距三角高程法或虚拟参考站支持下的 GNSS 测量。按规程的相应要求施测,高程中误差不应超过±3 cm。

地下管线与邻近的地上建(构)筑物、相邻管线以及规划道路中心线的间距中误差不应超过图上 0.5 mm。

细部测量时,应根据调查和探测的结果,把测量数据与管线的属性一一核查、对应,以便成图时输入相应的属性数据。

采用全站仪或 GNSS 测量实现地下管线的数字化测绘,在野外数据采集时,应绘制清楚准确的工作草图,并和自动记录的数据一一对应;在利用电子平板法测图时,应在现场按实际情况进行碎部点连线、输入图形信息码并生成图形。数据采集生成的数据文件应便于检索、修改、增删、通信与输出,以便输入相应的成图软件,绘制管线图。

4.1.5　地下管线图的绘制

地下管线图的编绘,是采用外业测量采集的数据,结合外业管线调查和物理探测的成果资料,经过数据处理、图形生成、注记编辑、整饰等工序在计算机上利用成熟的成图软件数字化成图;生成的管线图有相应的管线元数据文件、管线探查数据文件、管线测量数据文件、管线属性数据文件、管线图形文件等,能通过数据转换被地下管网综合管理地理信息系统调用。

城市地下管线图一般包括以下几种。

(1)专业管线图。只表示一种专业管线及其附属设施和沿管线两侧的地形、地物。管线注记要注明管线点的编号、材质、管径或断面尺寸、总孔数、电压、压力值等;不同权属单位共用电信管块,测绘时表示一条管线,但要分别编写物探点号,分管类填在线表和点表库中,并分别提交专业地下管线图;预埋的电信管块、电力管沟(均未穿铺电缆),实测明显点和特征点,并以虚线连接,注明“空管”。

(2)综合管线图。表示全部专业管线及其附属设施和沿管线两侧的地形、地物。综合地下管线图的编绘必须以测区完整的地下管线数据文件为依据,采用成图软件在计算机上自动生成管线图,然后和数字带状地形图叠加,以保证地下管线图的真实性、完整性和准确性。控制点应单独分层,在图上标注高程。雨水、污水要标注流向符号,其颜色与相应管线相同。各种管线应注明管类代码、管径(或断面尺寸);跨图幅的文字应分别注记在两幅图内;如果管径(断面尺寸)无变化或跨图幅后无变化,则各种管线在其图幅两端按要求各标注一处;综合管线图上管线密集时,适当扯旗标注注明各种管道的管类、材质、规格、埋深等。

(3)局部放大图。因综合图的图画限制,当管线分布复杂、图载量过多、图面无法全部表示或标注其图面要素时,需做局部放大来表示其局部相对关系。数字化成图时,由于现有的数字化成图或GIS软件可以实现对图形的任意放大和缩小,同时有一些管线不需要放大示意图,则无须绘制专门的放大示意图。

(4)断面图。地下管线断面图包括纵断面图和横断面图。纵断面图主要表示管线的纵向坡度,水平比例尺应与管线图一致,垂直比例尺取水平比例尺的10倍,绘制出地面线、管线、窨井、与断面相交的地上地下建(构)筑物等,标出各个测点里程桩号、地面高、管顶或管底高、管线点间距、转折角的交角等。横断面是表示地下管线在同一截面上的分布、竖向关系以及管线与地面建筑物间的相互关系的辅助用图。横断面的水平比例尺应与垂直比例尺一致,绘制出地面线、管线、与断面相交的地上地下建(构)筑物等,标出测点间的水平距离、地面高、管顶或管底高、管道断面尺寸、管径等。

地下管线图的测图比例尺一般为1∶500或1∶1 000,大中城市的城区一般为1∶500,郊区为1∶1 000,城镇一般为1∶1 000。

地下管线图的图式必须与国家标准图式一致,管线及其附属设施的符号、代号与颜色、注记与图廓整饰等均应符合《城市地下管线探测技术规程》的规定。

4.1.6 新建地下管线测量与地下管线动态管理

在城市建设与发展过程中,会不断进行新的地下管线建设,废弃、改建和扩建不适应城市发展需要的部分管线。对城市规划区范围内新建、改建和扩建的地下管线工程,在管线覆土前,须按规定进行竣工测量,提供测绘成果,并建立地下管线动态管理机制,对已建立的城市地下管线数据库及时更新,保证地下管线信息的延续性、准确性和现势性。

新建管线竣工测量前应收集经批准的线路设计施工图等管线设计资料和定线阶段布设的控制点、定线测量成果等定线资料,作为竣工测量和竣工图绘制的参考资料。

管线竣工测量工作内容主要包括管线调查、测量、资料整理与竣工图绘制。主要是调查记录地下管线的性质、材质、埋设时间和权属单位等相关属性数据;量测地下管线的埋深、规格;测定地下管线的平面位置、高程;绘制管线竣工平面图,按要求整理各种原始记录和成果表并归档。

新建地下管线竣工测量应尽量在覆土前进行。当管线因急需覆土来不及施测时,可采用两条细绳拉出尽量垂直交叉的十字线,让其交点的位置与管线点一致,在每条细绳的两端分别设立两对固定标志点,测出管线点与十字线交点的高差,竣工后用这两对固定标志点拉出交点恢复管线点;或用固定地物或邻近控制点采用距离交会法准确拴住点位,测出管线点与固定地物点的高差,在实地做出标志和填写点位明细表,待以后还原点位再进行连测。

在覆土前首先应现场查明各种地下管线的铺设状况,即管线在地面上的投影位置和埋深,同时应查明管线种类、材质、规格、载体特征、电缆根数、孔数及附属设施等,绘制探查草图并在地面上设置管线点标志,填写探查记录表。管线点宜设置在管线的特征点在地面的投影位置上。在没有特征点的管线段上,城市地下管线宜按相应比例尺设置管线点,管线点在地形图上的间距宜小于或等于 15 cm，厂区或住宅小区地下管线点在地形图上的间距宜小于或等于 10 cm；当管线弯曲时，管线点的设置应以能反映管线弯曲特征为原则。

管线竣工测量利用定线测量阶段布设的控制点，主要采用 CORS 系统下的 GNSS RTK 或全站仪三维坐标测量等解析方法进行。新建管线点坐标的平面位置中误差不应超过 ±5 cm，高程中误差不应超过 ±3 cm。具体的测量方法、资料整理和管线图绘制与已有管线测量基本相同。

管线竣工测量验收合格后，提供地下管线测量原始记录、地下管线工程竣工平面图、地下管线更新成果表等相关的纸质和电子成果资料，按地下管线的数据处理流程及有关规定和技术要求进行管线数据库的更新并合并到已有的城市地下管线数据库中。为保证数据的完整性及图形与属性连接的一致性，需要对现状管线库进行修改、编辑，并重点考虑：当一条管线截断成多条管线，应分别对管线图形和属性进行修改；当竣工测量数据与现状数据重复时需要进行管线的删除，同时点和线重新编码以保证管线编码的连贯性；对管线进行追加处理，包括点号唯一性处理、新旧管线的连接点处理等问题。完成数据合并后，应输出变更图幅的样张进行检查核对，再将正确数据更新进入现行管线数据库。

4.2　地下管网综合管理地理信息系统

4.2.1　概述

随着社会经济建设的高速发展，现代城市对供电、电信、自来水、燃气、排污等公用事业产业的运作效率和服务水平提出了越来越高的要求。要求供电、燃气等部门能够通过信息共享以自动化生产手段提高供电供气质量，降低服务费用，提高决策的准确性；要求电信等部门能够提高资料管理水平，提高服务质量。

面对城市日新月异的发展，传统的人工档案管理已有相当大的局限性，主要表现在以下几个方面：

(1)城市历经数十年建设，绝大多数管道经过多次改建、扩建，管线档案规模庞大，同一条管道、设施存在多份档案，甚至一类管线资料分属不同部门保管，交互性差，查询费时费力。

(2)由于地下管线具有不可见性和立体交叉分布等特点，传统管理模式下无法准确掌握管线的走向、间距、埋深等重要数据，从而影响规划、设计和建设。

(3)传统档案管理方式采用纸质图档，容易造成资料缺失、损坏。在进行设计前，现状管线分布走向必须由人工使用计算机描绘到比例尺 1∶500 的地形图上，极易产生误差。

(4)管线日新月异的变化，再加上日常的维修，往往造成普通平面图和断面图无法全面反映地下管线的状况。

城市地下管线具有隐蔽(埋设在地下)、复杂(种类多，纵横交错，密如蛛网)、动态(城市建设不断扩大，新管线不断增加，旧管线也不断在更换或废弃)、信息量大等特点，如何更好地使用和管理好长期积累及收集的大量的地下管线信息，其最有效的方法是建设管网信息系统。

城市地下管线网信息系统作为 GIS 领域的一项专门应用系统，已经引起社会各界重视，也为城市的各管网部门的专用系统提供了必不可少的基础数据源，更为城市的规划建设提供了一种全新的技术手段。

从国内外的发展来看，在计算机构建综合管网信息系统时经历了以下几个过程：

第一阶段，走管理信息系统的路子，运用数据库管理信息系统，对综合管网资料进行整理，录入到数据库系统中，具有常规的属性数据管理功能，如录入、修改、查询等，这种方式可有效地管理综合管网属性数据和资料，便于查询分类，但不具备管理图形能力，不能对空间数据进行检索和分析。

第二阶段，将管理信息系统与图形相结合，但仍使用数据库管理信息系统来存放和处理属性数据，图形则另外通过图形系统来录入，以文件形式单独存储。这种方式把数据库管理信息系统的思路简单扩展到图形数据上，图形数据与属性数据分离，图形本身所蕴含的丰富信息不能被系统自动识别、提取和利用。

第三阶段，图形和数据库挂接，建立管网拓扑数据结构。该方式将图形与对应的属性记录关联起来，实现了图形与属性的互查。借助管网拓扑数据结构，可实现对管网的空间分析。

建立地下管网信息系统的意义可概括为以下几个方面：

(1)有利于借助空间信息技术全面反映地下管网的现状，包括各类管线的空间位置、分布及其相互关系。

(2)有利于紧急事故的处理，如水管破裂、燃气泄漏、电线发生火灾等。为城市生命线应急方案制订提供信息支持，提高地下管线管理工作效率。

(3)可以为道路、管网规划审批和综合管理提供科学依据。

(4)有利于管网信息的有序化管理。可快速、准确地进行管网信息的检索和查询，进行各种统计分析和空间分析。

(5)有利于管网数据的统一管理以及信息的维护与更新。

由此可见，地下管网信息系统的建立，可从根本上改变低效率的人工管理方式，节省大量的人力、物力；为规划、设计、管理、决策快速准确地提供各种所需的图文声像并茂的资料，保证城市生命线工程的有序化运行。

4.2.2　综合管网地理信息系统总体结构

首先，系统从数据内容上覆盖地形和管网两大部分，同时综合多源地下管网信息。地形资料和管网资料的内容差别较大，各自的功能要求、业务机构、应用范围都存在差异，但是二者并不是完全割裂开来的两个系统；管网资料需要叠加在地形资料上，这就形成了数据上的引用关系和依存关系，而且这两类数据可以使用相似的体系结构，并且能够共用一部分程序和资源。

其次，系统从功能上要覆盖基础地理空间信息的基本生命周期，即数据采集、数据管理、数据发布、数据应用、数据更新，其中数据更新又和其他几个过程结合在一起。

地下管网信息系统的总体结构应包括基本地形图数据库、地下管线信息数据库、地下管线属性信息数据库、数据库管理子系统和管线信息分析处理子系统。结构图如图4.7所示。

4.2.3　综合管网数据模型与数据结构

管网由管线段和附属设施(建筑物、构筑物以及附属设施)组成，呈树状、网状、环状或辐射状。弧段大多是单向弧段，方向取决于起始管线点的高程值，如排水管网就属于这类管网。弧段与部件之间又存在连接、包含等关系，因此管网数据模型适宜采用网络拓扑模型。

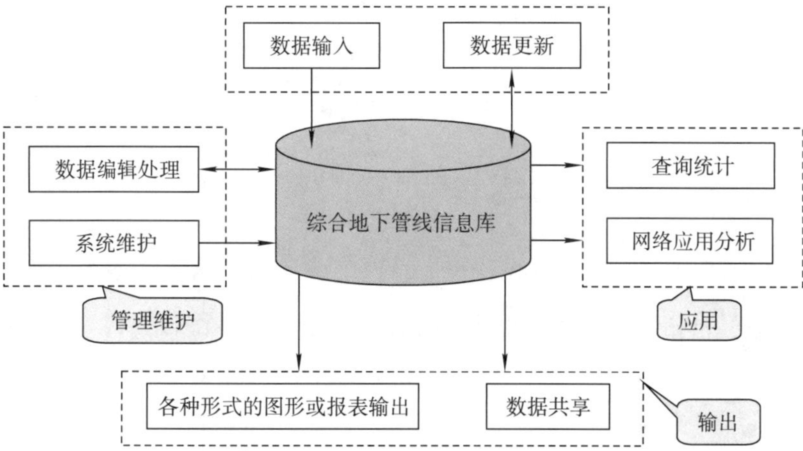

图 4.7　地下管网信息系统总体结构图

1. **数据模型**

(1)点状分布。管网中的管线点包括三类特征点和点状实体,即管径变化点、埋深变化点和管网交叉点。点状实体包括管线上的各种建(构)筑物,以及附属设施,各层的点状实体如表 4.5 所示。

表 4.5　管线上的建(构)筑物和附属设施

管线类型	建(构)筑物	附属设施
给水管线	水源井、给水泵站、水塔、水池、净化池	阀门、水表、消火栓、排气、排泥、预留接头、阀门井
排水管线	排水泵站、沉淀池、化粪池、净化构筑物、暗沟地面出口	检查井、跌水井、水封井、冲洗井、泥井、排污装置、进出水口、污水箅
燃气、热力	调压房、煤气站、锅炉居、动力站、储气柜、冷却塔	涨缩器、排气(排水、排污)装置、凝水井、各种窨井、阀门
电力管线	变电所(站)、配电室、电缆检修井、各种塔(杆)	变压器、接线箱
电信管线	电缆检修井、控制室、变换站、各种塔(杆)、增音站	交接箱、分线箱、各种窨井、检修井

(2)线状分布。相邻管线点间的管线段,它们反映的是离散的点对象之间的连通关系,一般以折线对象来表达。

(3)面状分布。由于地下管网各个管网层中均不包含面状实体,在考虑空间数据拓扑关系时可以忽略点与面、线与面的拓扑关系,但是在城市基本框架图层中是存在面状实体的,用于指明地下管网在城市中的大体位置,不要求具有很高的精度。

在管网中主要的拓扑关系是点与点之间、点与线之间以及线与线之间的关系。例如,两泵站间的关系是点与点关系,泵站与管线的位置是点与线关系,主干线与支线是线与线关系。管网中的拓扑关系具体可表现为以下几种:

(1)关联邻接关系。关联存在于不同类型的拓扑元素之间,例如,结点与相会于该处的所有弧的关联关系。邻接存在于同类拓扑元素之间,例如,每条弧的两个结点的偶对集合形成结点的邻接关系。邻接关系需要借助不同类型的拓扑元素来描述,弧通过结点而邻接,结点通过弧邻接。图4.8表示了结点与弧之间的这两种关系。

(2)相交关系。指弧与弧之间相交的关系,如图4.9所示。

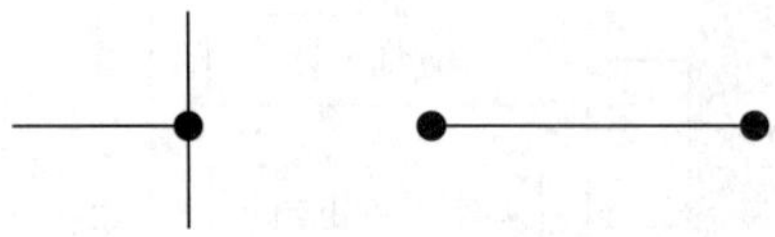

图4.8　点与弧之间的关联与邻接

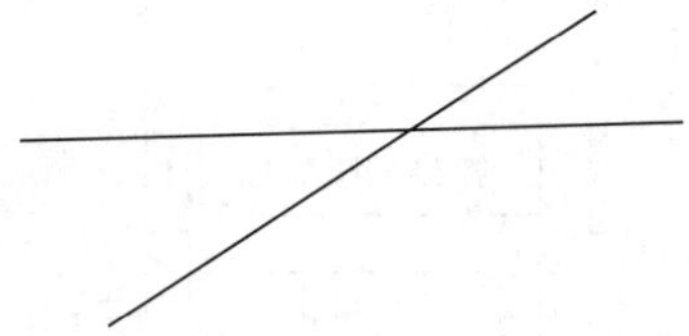

图4.9　弧段相交

(3)相离关系。指拓扑元素之间相互分离的关系,如图4.10所示。

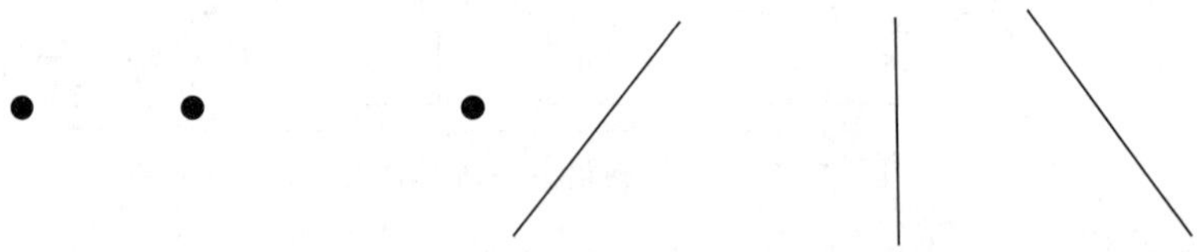

(a)点与点分离　　(b)点与线分离　　(c)线与线分离

图4.10　元素相离

对于管网信息系统来说,管点必须位于管线之上,即点要素必须在线要素之上,不满足规则的要素被标记为拓扑错误,如图4.11所示。对管网综合管理信息系统而言,无论选择什么样的系统平台,必须要有较强的网络拓扑功能。

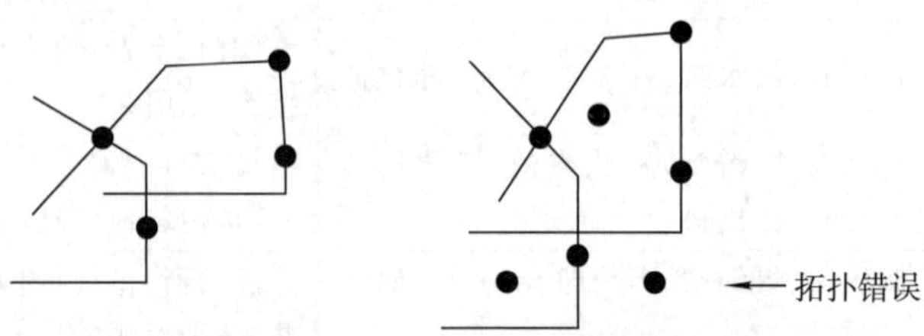

(a)满足拓扑规则　　(b)不满足拓扑规则

图4.11　点与线之间的拓扑规则

2. 数据存储

管网空间信息根据具体情况和用户需求采用分层的办法存放,分层有利于数据管理和对数据的多途径快速检索与分析。数据分层的原则为:对于管线信息,将按不同的专业管线进行分层,如分成给水、排水、燃气、电力、通信等;同一类别数据放在同一层,管线点和管线段数据分别设层,管线注记单独设层。为显示或控制图的辅助点、线、面的数据应放在辅助层。对于地形信息,按地形数据的要求进行分层。道路信息和规划道路信息需单独的层表示。另外,还需要单独存储由拓扑操作产生的拓扑数据层。

分层数据的编码规则。对基本地形图要素,分类编码应按《1∶500、1∶1000、1∶2000地形图要素分类与代码》(GB 14804—1993)实施。对地下管线的分类编码结构见图4.12,分类编码的目的是为了识别各种类型的管线。编码最左边的一位代表管线的最大类别,例如1代表电力管线、2代表电信管线。分类编码能识别出每一类管线,要识别出每一根管线则需要在分类编码后附加要素标识码。表4.6为某城市管线编码,表4.7为管线数据属性数据结构表。

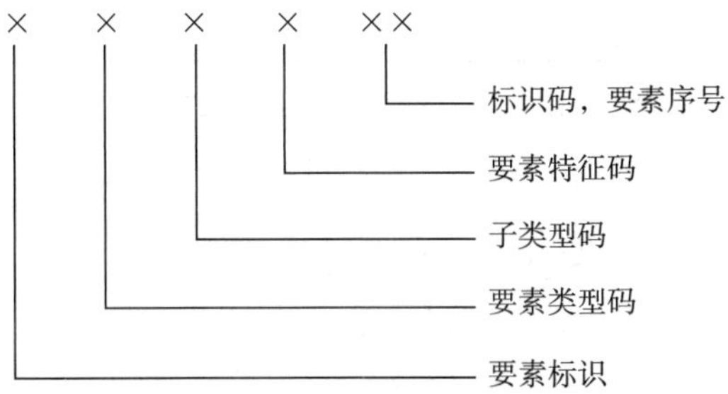

图 4.12　管线分类编码结构

表 4.6　某城市管线编码

类型	位					
	1	2	3		4	5+6
	要素标识	要素类型码	子类型码		要素特征码	要素序号
给水	P	1	1		1—中心线； 2—特征点； 3—中心点； 4—辅助要素； 5—注记	00～19 特征点； 20～39 附属设施； 40 其他
排水		2	雨水	1		
			污水	2		
			雨污合流	3		
燃气		3	煤气	1		
			天然气	2		
电力		4	路灯	1		
			交警信号	2		
			供电	3		
电信		5	光缆	1		
			同轴电缆	2		
			全塑市话电缆	3		
热力		6	1			
人防		7	1			
工业		8	1			

表 4.7　管线数据属性数据结构表

字段名	类型	长度	小数点	备注
管线 ID	N	8	0	自动生成内部 ID
管线代码	C	8	0	类型代码
编号	C	10	0	用户 ID
起点编号	C	10	0	
起点代码	C	4	0	点分类代码(符号代码)
起点纵坐标	N	12	2	单位为 m
起点横坐标	N	12	2	单位为 m
起点地面高程	N	8	2	单位为 m
起点埋深	N	8	2	单位为 m
起点埋设类型	C	1	0	
终点编号	C	10	0	
终点代码	N	4	0	
终点纵坐标	N	12	2	

续表

字段名	类型	长度	小数点	备注
终点横坐标	N	12	2	
终点地面高程	N	8	2	
终点埋深	N	8	2	
终点埋设类型	C	1	0	
管径	C	12	0	单位为 m
长度	N	12	3	
管材	C	20	0	
建设年代	D			日期型
权属单位	C	20		
路名代码	C	10		
勘测单位	C	50		
勘测日期	D			日期型

注:表中N表示数值型,C表示字符型。

4.2.4 综合管网地理信息系统功能

地下管线管理系统具有数据检验入库功能、数据管理功能、地图管理功能、信息查询功能、数据统计功能、空间分析功能、空间三维分析、辅助设计功能、工程工具功能、系统管理功能和元数据管理功能。

1. 数据录入

该模块主要是将各种形式的管线数据包括表示空间位置的数据以及属性数据输入综合管网地理信息系统中,数据的来源一般有以下几种:

(1)原来已经存在的以图纸和成果表形式保存的资料数据。

(2)通过外业勘测采集的数据。

(3)已经存在于其他管线信息系统中的数据。

(4)其他形式的数据。

对于第一种形式的数据,成果表中包含了各个管线点的位置和部分属性,而图纸上的管线图则表明了管线点间的连接关系;可编制一个专门的软件来供录入员录入这些资料并存放在数据库或一定格式的文件中,该程序提供录入一致性控制和检查功能;最后再利用定制的入库程序将这些数据送入综合管网地理信息系统中。

对于第二种形式的数据,为了提高采集效率,应考虑在采集前就统一规划,以保证最大限度地提高数据采集和入库的效率。可考虑在外业采集数据时利用电子手簿定制的程序来记录数据,数据结果为特定格式的文件,在做内业时将电子手簿中的数据文件导入计算机,再利用特定的程序进行检查处理,最后利用相应的程序将该数据入库。

其他系统的管线数据(如 MapInfo、AutoCAD、ArcInfo),要根据其系统的特点利用已有的程序或自己编制的程序进行转换;其他形式的数据则根据实际情况采用特定的方法进行转换入库。

2. 数据编辑处理

数据入库后,需要在 GIS 图形环境下对图形或属性进行编辑处理,也可能需要单独来处理数据库中的属性数据。基本的编辑处理包括：

(1)图形的增、删、改，这时不涉及任何与图形相关的属性处理，可利用 GIS 强大的图形功能来处理。

(2)修改图形及与其相关联的属性数据。

(3)点号自动标注。

(4)扯旗注记。

(5)对于经常用到的特殊的编辑功能，需要定制特殊的程序进行处理。

3. 管线数据检查

系统的管线数据检查功能应包括：点号和线号重号检查、管线点特征值正确性检查、管线属性内容合理性和规范性检查、测点超限检查、自流管线的管底埋深和高程正确性检查、管线交叉检查和管线拓扑关系检查等。

4. 信息查询

信息查询功能包括：

(1)基本查询功能。由图形到属性的查询方式，使查询到的图形处于选中状态，高亮显示，并对查询到的多个图形能依次浏览闪烁定位，显示其属性信息和图形信息，也可分别进行多种报表的显示和输出。

(2)条件查询功能。由属性到图形的查询方式，条件查询方式也称 SQL(structured query language)查询方式，通过确定查询条件查询地图中符合条件的管线，使查询到的管线处于选中状态，高亮显示，并对查询到的多类、多条管线能依次浏览闪烁定位，显示其属性信息和图形信息，也可分别进行多种报表的显示和输出。

5. 数据统计

数据统计功能包括：

(1)管线长度统计。系统能快速统计当前地图中的某一类或某几类管线的总长度，能根据管线的某个属性值进行分类和汇总，并能将统计结果以图形和报表的形式显示。

(2)管点数量统计。系统能快速统计当前地图中的某一类或某几类管点的数量，能根据管点的某个属性值进行分类和汇总，并能将统计结果以图形和报表的形式显示。

(3)分类统计。系统能按管线或管点属性值的分类进行快速统计，并能将统计结果以图形和报表的形式显示。

(4)范围统计。对于用户划定的范围，系统能快速统计出位于其中的所有管线的长度和管点的数量，能根据各管线和管点的某个属性值进行分类和汇总，并能将统计结果以图形和报表的形式显示。

(5)条件统计。条件统计方式也称 SQL 统计方式，通过确定统计条件统计地图中符合条件的管线或管点，能根据各管线和管点的某个属性值进行分类和汇总，并能将统计结果以图形和报表的形式显示。

(6)区域内条件统计。系统能快速统计出某区域内的某一类或某几类管线的长度和管点的数量，能根据管线的某个属性值进行分类和汇总，并能将统计结果以图形和报表的形式显示。

6. 分析决策

分析决策功能包括：

(1)横剖面分析,如图4.13所示。对当前地图中的任意管线做横断面剖切,系统自动生成该管线该处的横切剖面图,直观地反映出各管线间的相互位置及在地下埋深的情况。

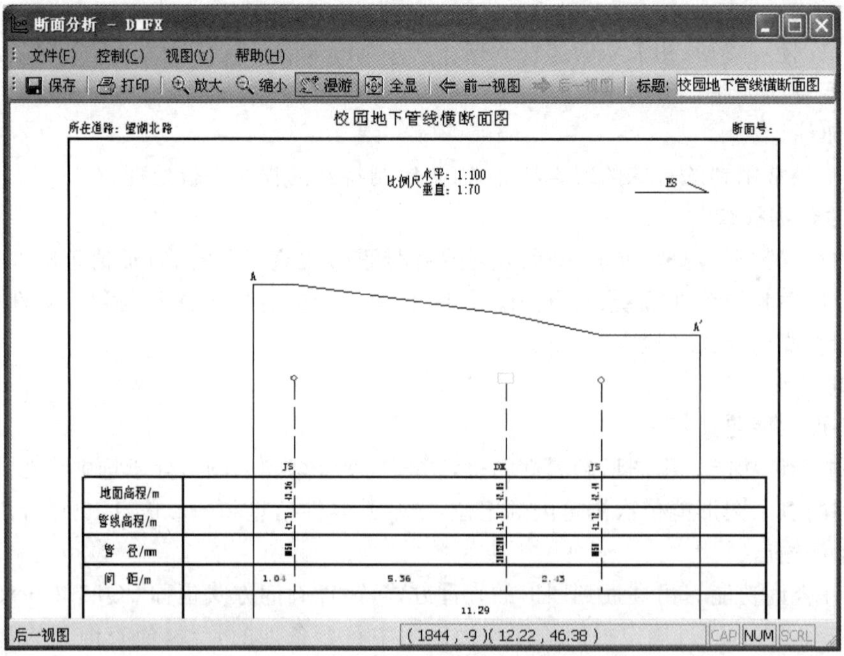

图4.13　校园地下管线横断面图

(2)纵剖面分析。对当前地图中任意管线或连续管线做纵断面剖切,系统自动生成该管线或连续管线的纵切剖面图,直观地反映出该段管线在地下相对于地面的走向及埋深情况。

(3)垂直净距分析。对在地图平面上相交的管线,分析其在地下空间上是否相交,并根据计算出的垂直净距和管线类型判断其是否符合管线埋设规程。

(4)覆土深度分析。计算某条管线上某个点的覆土深度,并分析该深度是否符合管线埋设规程。

(5)爆管事故分析。对于给水、燃气等压力管线,当发生漏水或漏气事故时,通过确定漏点,查询影响到的阀门,确定关阀方案。

(6)火灾抢险分析。当某地发生火灾事故时,系统能快速搜索到距离起火点任意范围内的所有消防栓,确定抢险方案。

(7)管线三维分析。以空间立体坐标,三维模拟显示选中范围内的所有管线,对三维管线进行信息查询及垂直净距分析。在三维分析图上能直观地反映出管线中穿管的情况。

(8)改造分析。当对城市中某条道路进行扩建时,系统会自动确定因扩建或改建道路而影响到的管线、需要拆迁的建筑物、毁坏的绿地以及影响的控制点等信息,并能给出合理的改造建议。

(9)拆迁范围分析。当对城市中某个区域进行拆迁时,系统会自动确定因扩建道路而影响到的管线、需要拆迁的建筑物、毁坏的绿地以及受影响的控制点等信息。

(10)最短路径分析。当需要确定两个管线点之间的最短的路径时,系统可以自动计算并在图上用彩色最短路径显示。

7. 图形输出

图形输出功能主要有专业及综合管线图的打印输出、各种管线属性专题图的生成和打印输出、各种比例尺地图和标准比例尺地图的打印输出、各种工程专业图的打印输出、各种报表的打印输出、各种图表的打印输出。

4.3　竣工图测绘

根据国家有关部门的要求，各项新建、扩建或改建的建设工程，特别是工程基础、地下建筑、管线、结构、井巷、硐室、桥梁、隧道、港口、水坝，以及设备安装等隐蔽部位，都要编绘竣工图(也称为竣工总平面图或竣工现状图)。竣工图是设计总平面图在施工后实际情况的全面反映，是真实地记录各种地上地下的建筑物、构筑物、道路和管线等位置的工程实际状况的技术档案资料，是对工程进行交工验收和工程交付使用后进行维护、改建或扩建的重要依据。

编绘竣工图的目的在于：①在施工过程中可能由于设计时没有考虑到的问题而使设计有所变更，这种临时变更设计的情况必须通过测量反映到竣工图上，以竣工图作为检验设计的正确性、阐明工程竣工最终成果的技术资料；②为改建、扩建提供原有各项建筑物、构筑物、地上和地下各种管线及交通线路的坐标、高程等资料，作为改建、扩建设计的依据；③便于工程交付使用后进行生产管理和各种设施的维护检修工作，特别是地下管线等隐蔽工程的检查和维修工作。

与一般地形图测绘相比，竣工图的测绘有其自身的特点。首先，竣工图的图面内容相当复杂，除了要绘制一般地形图上应有的地形、地物和一般的注记之外，还要把地上、地下管线位置，所测细部特征点的坐标、高程，管线、道路等设施的材料、管径、方向等各种特征元素在竣工图中进行详细的表示和注记。其次，一般地形图测绘的精度随地形图的比例尺大小而不同，比例尺越大，反映在图上的地形地物越详细，表示的地形地物的精度也越高，而竣工图上所有建(构)筑物、管线等重要地物的细部特征点的坐标和高程是采用解析法测定并在图上注记或附有《细部坐标与细部高程表》，它的精度取决于细部特征点的坐标和高程的测量精度，而不取决于测图比例尺。竣工图测图比例尺的大小主要考虑图纸负荷和设计使用方便问题，不作为测图精度的依据。另外，竣工总图的比例尺一般应为 1∶500，其坐标系统、图幅大小、注记、图例符号及线条，应与原设计图一致，原设计图没有的图例符号，可使用新的图例符号，并应符合现行总平面图设计的有关规定。但对较复杂的工程可能会使图面线条太密集，图纸负荷过大，不便识图，这时可分类编图，如建筑竣工总平面图、道路及管网竣工总平面图等，或者绘制 1∶100 或 1∶200 更大比例尺的辅助图、剖面图、专业分图(上、下水管道图，工业管网图，输电线路图，运输线路图等)，作为竣工总图的附件。随着数字化测图技术和工程测量信息系统的发展与成熟，现在的竣工图一般均以数字化的形式出现，在成图时按属性分层绘制、分层管理，因而上面提到的各种分类竣工图和作为竣工总图附件的辅助图、专业分图均可在竣工总图中分离出来，根据需要单独输出，也可以分幅或局部输出、比例尺放大或缩小输出、多幅合并输出等，达到一测多用、一图多用的目的，还可以作为各种专题地理信息系统或工程信息系统的基础几何数据信息、属性数据信息和关系数据信息，分别输出到不同的信息系统中，实现竣工图上测绘信息的共享。

竣工图的测绘一般包括新建工程竣工图的编绘和满足改建、扩建工程规划设计或日常维护管理的需要而对原有的工业与民用工程现状图的补(重)测与编绘。

4.3.1 新建工程竣工图测绘

新建工程竣工图的测绘，应随着工程的阶段性竣工及时进行相应的竣工测量与竣工图编绘。工程施工期间，测量人员要根据工程的建设进度，利用设计图纸和设计数据计算出所设计的各种建(构)筑物、管线等的特征点、线的放样数据，进行实地测设，而在工程竣工(或阶段性竣工)时，又要测定其实际位置，作为检核。因而，随着工程的建设与竣工，利用设计图纸和设计数据以及竣工实测数据及时编绘施工现状总图，如果实测位置与设计不符，可及时到现场核对，确定后修改原设计的位置，这样，随着施工的进展，逐步改变设计总平面图，进而成为竣工总图，真实地反映实际情况。这种边竣工边编绘的优点是：当工程全部竣工时，竣工图也大部分编制完成，既可作为交工验收的资料，又可大大减少实测工作量，从而节约了人力和物力，而且因是竣工后的实测数据，经过校核精度高且可靠，测量的内容比较详细，不易出现遗漏现象。

竣工总图的编绘，包括室外实测和室内资料编绘两方面的内容。

1. 竣工测量

竣工测量主要是对施工过程中设计有所更改的部分、直接在现场指定施工的部分，以及资料不完整无法查对的部分，根据施工控制网进行现场实测，或加以补测。在每一个单项工程完成后，必须由施工单位进行竣工测量，提交工程的竣工测量成果。竣工测量的实测方法可参照地形图测绘方法，测量内容应按《城市测量规范》(CJJ/T8—2011)相应条款进行地形图测绘。竣工总平面图的内容主要应包括测量控制点、厂房辅助设施、生活福利设施、架空及地下管线、道路的转向点等建筑物或构筑物的坐标(或尺寸)和高程，以及留置空地区域的地形。

根据《工程测量规范》，竣工测量时建筑物、构筑物测量的取舍，应根据建(构)筑物的疏密程度、测图比例尺，与委托方共同商定，应测出的建(构)筑物的坐标(或尺寸)和高程的细部特征点的名称如表4.8所示。其中，建筑物和构筑物指永久性的、正规的生产车间、生活间、仓库、办公楼、水塔、烟囱、油罐、水处理装置等。除测定坐标、高程及主要尺寸外，还需附有其房屋编号、结构层数、面积和竣工时间等资料。细部特征点坐标及标高成果取值，均应精确至1 cm，两相邻细部坐标点间反算距离与实地丈量距离的较差，不应大于表4.9的规定。对地下管网，应附注管道及管井的编号、名称、管径、管材、间距、坡度和流向。

表4.8 细部点选取的技术要求

类别		坐标	标高	其他技术要求
建(构)筑物	矩形	主要墙角	主要墙外角、室内地坪	—
	圆形	圆心	地面	注明半径、高度或深度
地下管(沟)道		检修井、转折点、起终点和三通等特征点	井旁地面、井盖、井底、沟槽、井内敷设物和管顶等处	经委托单位开挖后施测
架空管道		起、终、转、交叉点，均测支架中心	施测细部坐标的点和变坡点，均测基座面或地面	注明通过铁路、公路的净空高
架空电力、电信线		杆(塔)的起、终、转、交叉点，均测杆(塔)中心	杆(塔)的基座面或地面	注明通过铁路、公路的净空高
地下电缆		起、终、转、交叉点(电缆或沟道中心)，入地、出地	施测细部坐标的点和变坡处，皆测地面和电缆面	经委托单位开挖后施测

续表

类别	坐标	标高	其他技术要求
铁路	车挡、岔心、交点、进厂房处，直线部分每 50 m 测一点	车挡、岔心、变坡处，直线段每 50 m、曲线内轨每 20 m 测一点	—
公路	干线的交叉点，均测道路中心	变坡处、交叉处、直线段每 30～40 m 测一点	—
桥梁、涵洞	大型的测四角，中型的测中心线两端，小型的只测中心点	施测过细部坐标的点、涵洞需测进出口底部高	—

注：①当建(构)筑物凹凸部分大于 0.5 m 时，应丈量细部尺寸。

②厂房门宽度大于 2.5 m 或能通行汽车时，应实测位置。

③对排列整齐的宿舍，可只测其外围的四角细部坐标。

表 4.9　反算距离与实地丈量距离的较差

项目	较差/cm
主要建(构)筑物	$7+\frac{S}{2000}$
一般建(构)筑物	$10+\frac{S}{2000}$

注：S 为两相邻细部点间的距离，单位为 cm。

竣工图的实测和对已有资料的实地检测，应在已有的施工控制点上进行。当控制点被破坏时，应进行恢复，恢复后的控制点点位，应保证所施测细部点的精度。测量的精度要求应满足工程建设和生产管理的需要，而不取决于测图比例尺，是以细部点坐标和高程测量精度来衡量的。按平面及竖向的整体布置要求，从各设计对象相对位置的标定精度、改扩建时新旧建(构)筑物的相互位置关系对施工精度要求、各种管线改线和连接的定点精度、生产管理上维修和改建工程精度来分析。竣工测量时细部点坐标与高程位置中误差不应大于表 4.10 的规定，室内地坪、室外地坪(或散水)高程与±0 的绝对高程的测量应按附合图根水准测量方法施测，线路总长不得大于 8 km，视线长度不宜超过 100 m，线路闭合差不大于$\pm10\sqrt{n}$ mm(n 为站数)。

表 4.10　细部点坐标与高程位置中误差　　单位：cm

名称	细部点坐标中误差	细部点高程中误差
主要建(构)筑物	5	2
一般建(构)筑物	7	3

竣工测量完成后，应提交完整的资料，包括工程的名称、施工依据、施工成果，作为编绘竣工总平面图的依据。

2. 竣工图的编绘

新建工程竣工图编绘通常是根据设计资料、施工资料和竣工测量资料，在数字化的设计总平面图的基础上进行的，保留设计总平面图中在施工中未更改的内容，把竣工测量获得的竣工资料补充到图上去，即获得竣工总平面图。

编绘各种竣工图，必须在施工过程中(不能在竣工后)及时做好隐蔽工程检验记录，整理好建设变更文件，确保竣工图质量。编绘竣工图的形式和深度，应根据不同情况，区别对待。

(1)凡按图施工没有变动的，则由施工单位在原施工图上加盖“竣工图”标志后，即作为竣工图。

(2)凡在施工中,虽有一般性设计变更,但能将原施工图加以修改补充作为竣工图的,可不重新绘制,由施工单位负责在原施工图(必须是新蓝图)上注明修改的部分,并附以设计变更通知单和施工说明,加盖“竣工图”标志后,即作为竣工图。

(3)凡结构形式改变、工艺改变、平面布置改变、项目改变以及有其他重大改变的,不宜再在原施工图上修改、补充,应重新绘制改变后的竣工图。施工单位负责在新图上加盖“竣工图”标志并附以有关记录说明,作为竣工图。重大的改建、扩建工程涉及原有工程项目变更时,应将相关项目的竣工图资料统一整理归档,并在原图案卷内增补必要的说明。

(4)竣工图一定要与实际情况相符,要保证图纸质量,做到规格统一、图面整洁、字迹清楚,不得用圆珠笔或其他易于褪色的墨水绘制。竣工图要经承担施工的技术负责人审核签认。

编绘工业与民用建筑竣工总图时,应符合下列规定:

(1)总平面及交通运输竣工图。

——应绘出地面的建(构)筑物、公路、铁路、地面排水沟(渠)、树木绿化等设施。

——矩形建(构)筑物在对角线两端外墙轴线交点,应注记两点以上坐标。

——圆形建筑物、构筑物,应注记中心坐标及接地外半径。

——所有建筑物都应注记室内地坪标高。

——公路中心的起终点、交叉点,应注记坐标及标高,弯道应注记交角、半径及交点坐标,路面应注记材料及宽度。

——铁路中心线的起终点、曲线交点,应注记坐标,在曲线上应注明曲线的半径、切线长、曲线长、外矢矩、偏角诸元素;铁路的起终点,变坡点及曲线的内轨轨面应注记标高。

(2)给排水管道竣工图。

——给水管道。应绘出地面给水建筑物、构筑物及各种水处理设施。在管道的结点处,当图上按比例绘制有困难时,可用放大详图表示。管道的起终点、交叉点、分支点,应注明坐标;变坡处应注记标高;变径处应注明管径及材料;不同型号的检查井应绘制详图。

——排水管道。应绘出污水处理构筑物、水泵站、检查井、跌水井、水封井、各种排水管道、雨水口、排出水口、化粪池,以及明渠、暗渠等。检查井应注明中心坐标、出入口管底标高、井底标高、井台标高。管道应注记管径、材料、坡度。对不同类型检查井应绘出详图。此外,还应绘出有关建筑物及铁路、公路。

(3)动力、工艺管道竣工图。

——应绘出管道及有关的建筑物、构筑物,管道的交叉点、起终点,应注明坐标及标高、管径及材料。

——对于地沟埋设的管道,应在适当地方绘出地沟断面,表示出沟的尺寸及沟内各种管道的位置。此外,还应绘出有关的建筑物、构筑物及铁路、公路。

(4)输电及通信线路竣工图。

——应绘出总变电所、配电站、车间降压变电所、室外变电装置、柱上变压器、铁塔、电杆、地下电缆检查井等。

——通信线路应绘出中继站、交接箱、分线盒(箱)、电杆、地下通信电缆、人孔井等。

——各种线路的起终点、分支点、交叉点的电杆应注明坐标,线路与道路交叉处应注明净空高。

——地下电缆应注明深度或电缆沟的沟底标高。

——各种线路应注明线径、导线数、电压等数据，各种输变电设备应注明型号、容量。

——应绘出有关的建筑物、构筑物及铁路、公路。

(5)综合管线竣工图。

——应绘出所有的地上、地下管道，主要建筑物、构筑物及铁路、道路。

——在管道密集处及交叉处，应用剖面图表示其相互关系。

工程建设区域内，地上和地下所有建(构)筑物绘在一张竣工总平面图上时，如果线条过于密集而不醒目，则可采用分类编图，如综合竣工总平面图、交通运输竣工总平面图和管线竣工总平面图等。

4.3.2　已建工程竣工图测绘

如果施工的单位较多，多次转手，造成竣工测量资料不全，图面不完整或与现场情况不符时，只好进行实地施测；大型工程竣工后，提交的竣工图不能满足需要时，或者由于缺乏工程从施工到竣工的测量检查和竣工验收测量成果资料的积累，或者由于年长日久，工业与民用建筑区面貌发生了较大变化，为满足工业与民用建筑区改、扩建工程和管理上的需要，可直接对旧有工业与民用建筑区进行实测，取得现有各建(构)筑物的细部点坐标和高程，以及工程的有关元素，绘出工业与民用建筑区现状图，这样绘出的平面图，称为实测竣工总平面图。

由于各种原因，需要绘制实测竣工总平面图时，应尽可能收集原有的测量、设计、施工测量和竣工测量的图纸和数据资料，作为重新编绘实测竣工总平面图的基础资料。

已建工程竣工图测绘也包括室外实测和室内资料编绘两个方面，方法和内容基本相同，只是与新建工程竣工图测绘相比，有以下几个应该注意的问题：

(1)控制测量系统应尽可能与原有坐标系统一致，最好能直接利用原有的系统，或者恢复原有的控制系统，以便在施测竣工图时，对收集到的已有资料经过分析、检核后得到充分利用，保证图纸资料能前后衔接使用。若无法利用原有控制系统时，需重新建立新的控制网，新建控制网的精度应能保证细部点测量的精度满足表 4.10 的规定，并在此基础上，重测全部竣工图。

(2)由于工程已全部完工，很多隐蔽工程无法根据收集的资料现场检核或直接实测，为确保竣工图质量，应根据实际情况，采取相应的措施。如对地下管线可采用以下措施：①尽可能详尽地收集已有图纸资料，如设计图纸、竣工图、维修时的记录、生产管理部门所用的各种专业图纸等；②请熟悉情况的人员(如施工人员、检修人员等)到现场指认，辅以特征点处的开挖等；③用探测仪寻找地下金属管道和电缆。

4.4　房地产测绘

房地产是土地和房屋财产的合称，故房地产又称为不动产。“房地产”一词有狭义和广义两种解释。狭义的房地产指土地、建筑物及其他地上定着物，包括物质实体和依托于物质实体的权益；广义的房地产指除上述内容外，还包括诸如水、矿藏、森林等自然资源。这里，我们所指的房地产仅指狭义上的房地产。

房地产测绘就其本质来说，就是确定物质实体的权益以保护产权人的合法利益，具体来说，房地产测绘就是运用测绘仪器、测绘技术、测量手段等来测定房屋、土地及其房地产的自然状况、权属状况、位置、数量、质量，以及利用状况的专业测绘，为城镇规划建设、土地管理、房产管理,以及保护产权人的合法权益提供准确、可靠的测量数据和资料。

4.4.1 房地产测绘的任务和目的

房地产测绘的任务就是对房屋本身以及与房屋相关的建(构)筑物进行测量、调查和绘图工作;对土地以及土地上人为的、天然的荷载物进行测量、调查和绘图工作;对房地产的权属、位置、质量、数量、利用状况等进行测定、调查和绘制成图的工作。

房地产测绘是一项专业测绘,是房地产测绘单位受政府或房屋权利、相关当事人的委托从事的房地产测绘活动,主要为委托人提供所需的图件、数据、资料等相关信息。房地产测绘的目的主要有以下几点:

(1)为房地产管理服务,包括产权产籍管理、开发管理、交易管理和拆迁管理。

(2)为评估、征税、收费、仲裁、鉴定等活动提供基础图、表、数据、资料和相关信息。

(3)为城市规划、城市建设(如基础设施、地下管线、通信线路、环境保护等)提供基础数据和资料。

(4)为保护产权人的合法权益提供基础数据和资料。

4.4.2 房产测绘的内容和特点

1. 房产测绘内容

从根本上说,房屋是土地上的附着物,土地是房屋的载体,因此房产和地产是密不可分的。合理的房地产测绘应是房屋和土地的同时测绘,这样会更加有利于房地产的利用和管理。但是由于我们国家长期延续下来的管理体制造成了目前的房产、土地的分离管理局面,随之理论和实践上也将房地产测绘分为房产测绘和地籍测量两部分,测量依据是国家技术质量监督局颁布的《房产测量规范》(GB/T 17986.1—2000)和国家测绘局发布的《地籍测绘规范》(CH 5002—1994),本节中我们将重点讨论房产测绘。

根据《房产测量规范》,房产测绘的主要内容包括房产平面控制测量、房产调查、房产要素测量、房产图绘制、房产面积测算、变更测量、成果资料的检查与验收等。

2. 房产测绘与地形图测绘、地籍测量的区别与联系

地形图测绘是使用测量仪器和工具,将测区内的地物和地貌测绘成地形图,供规划建设、工程建设和国防建设使用;地籍测量是测定和调查土地及其地上附着物的权属、位置、数量、质量和利用现状的测绘工作。三者既有共性,又有重大的差别。其共同点是房产测绘最终形成的房产分幅图,其内容与地形测量形成的地形图及地籍测量形成的地籍图均要表述如下内容:它们都需要根据城市控制网来进行细部测量,而且最大比例尺都是1∶500,图面上都要表示出城市地面上的主要地物——房屋建筑、道路、河流、桥梁及市政工程设施等。因此,最合理与最经济的施测方法是在城市有关职能部门(如城市规划局、房产管理局、土地管理局等单位)的共同协作下,采用三图并出的测绘方法。

在用途上三种图又有所区别:地形图是一种多用途的基本图;地籍图突出土地的权属关系,主要用于土地管理;房产图突出房产的权属关系,主要用于房产管理。具体的区别我们将在下面说明。

3. 房产测绘的特点

(1)测图比例尺较大。作为我国最大比例尺系列的图纸一般是1∶500或1∶1 000,房产图上表述的内容较多，尤其是房产要素要详细注记，因此房产分幅图的比例尺一般都比较大。城市建成区的分幅一般采用的比例尺为1∶500，远离城镇建成区的工矿企事业等单位及其相毗邻的居民点可采用的比例尺为1∶1 000。根据丘面积大小和需要，房产分丘图可选用的比例尺为1∶100～1∶1 000，分户图的比例尺一般为1∶200；当房屋图形过大或过小时，比例尺可以适当放大或缩小。

(2)测绘内容与地形图测绘的差别。地形图测绘的主要对象是地物和地貌，而房产测绘的主要对象是房屋和房屋用地的位置、权属、质量、数量、用途等状况，以及与房地产权属有关的地形要素，因此房产测绘的突出特点就是突出房屋产权性质，并测定其范围及界线，测算其面积，地形图测绘则没有此项任务。房产图为平面图，一般不标注高程，而地形图标注高程，还要用等高线表示地貌。

(3)测绘成果差别较大。房产测绘的主要成果有房产图(分幅图、分丘图、分户图)、房屋及用地调查表、界址点坐标成果表、面积测算表、控制测量成果资料等，而地形图只有分幅图。在一般情况下房产图只是单色图，一般不大量印刷；地形图则用多色，可以大量出版印刷。

(4)测绘内容上与地籍测量的差别。最大的差别在于房产测绘偏重于房屋，地籍测量偏重于土地；图上的荷载也是这样，一个是房屋要素多，一个是土地要素多。其他技术、方法、手段、目的、内容等大同小异。

(5)测绘成果具有法律效力。房产测绘成果如果被房地产管理机构确认，便具有法律效力，成为确认产权、保护产权、处理产权纠纷的依据，而一般测量成果不具备法律作用。

(6)精度要求不同。地形图上的要素成果，用者一般可从图上提取，其点位中误差在±0.5～0.6 mm以内，这个精度可以满足城市规划对地物精度的要求。但房地产测绘不能如此，诸如界址点的坐标、房屋建筑面积的量算等，由于精度要求比较高，因而不能直接从图上量取，而必须实测、实算。

(7)各类房产图的修测、补测、变更测量应及时。城市基本地形图的复测周期一般为5～10年，而房产测绘的复测周期不能按几年来测算，城市的扩大要求及时对房屋、土地进行补测，房屋和用地权属、范围等发生变化时应及时修测、补测、变更测量，以保持房产测绘成果的现势性以及图、卡、表册与实地情况的一致性。

4.4.3　房产图测绘

房产图测绘是以房产调查和控制测量为基础的，因而首先应进行房产调查和控制测量工作，然后进行房产要素测量，绘制房产图。

1. 房产调查

房产调查分房屋调查和房屋用地调查，以权属单元为单位进行，包括对每个权属单元的位置、权界、权属、数量和利用状况等基本情况，以及地理名称和行政境界的调查。房产调查应利用已有的地形图、地籍图、航摄像片，以及有关产籍等资料，按《房产测量规范》附录中的《房产调查表》和《房屋用地调查表》以丘和幢为单位逐项实地进行调查。

1)房屋用地的调查

房屋用地调查以丘为单元分户进行划分和编号。丘指地表上一块有界空间的地块，分为独立丘(一个用地单元的地块)和组合丘(几个权属单元的地块)。一个地块只属于一个产权单元时称独立丘，一个地块属于几个产权单元时称组合丘。一般以一个单位、一个门牌号或一处院落划分为独立丘，当用地单元混杂或用地单元面积过小时划分为组合丘。

房屋用地调查的内容包括用地坐落、产权性质、等级、税费、用地人、用地单位所有制性质、使用权来源、四至、界标、用途分类、用地面积和用地纠纷等基本情况，以及绘制用地范围略图。

根据《房产测量规范》，丘的编号按市、市辖区（县）、房产区、房产分区、丘五级编号。市、市辖区（县）的代码采用《中华人民共和国行政区划代码》（GB/T 2260—2007）规定的代码；房产区是以市行政建制区的街道办事处或镇（乡）的行政辖区，或房地产管理划分的区域为基础划定，根据实际情况和需要，可以将房产区再划分为若干房产分区，房产区和房产分区均以两位自然数字从01至99依序编列；当未划分房产分区时，相应的房产分区编号用“01”表示；丘以房产分区为单元划分，丘的编号以房产分区为编号区，采用4位自然数字从0001至9999编列；以后新增丘接原编号顺序连续编立。丘的编号从北至南，从西至东以反“S”形顺序编列，编号格式如下：

市代码＋市辖区（县）代码＋房产区代码＋房产分区代码＋丘号

（2位）　（2位）　　　　（2位）　　　（2位）　　　（4位）

由于国内大部分城市缺乏完整的房产基础测绘图纸，所以编号方法不完全统一，例如，有的城市直接把一幢房屋编为一丘，有多少幢房屋就有多少个丘。

2）*房屋的调查*

房屋调查与测绘以幢为单元分户进行。所谓“幢”指一座独立的、包括不同结构和不同层次的房屋。房屋调查内容包括房屋坐落（指房屋用地所在行政区、街路名称及门牌号、小区名称、房屋幢号及建筑物名称等）、产权人、产别、层数、所在层次、建筑结构、建成年份、开发单位名称、房屋基本单元、各基本单元户（室）号、用途、墙体归属、权源、产权纠纷和他项权利等基本情况，以及绘制房屋权界线示意图。

编立幢号时以丘为单位，自进大门起，从左到右，从前到后，用数字1、2、3……顺序按“S”形编号，幢号标注在房屋轮廓线内的左下角，并加括号。

一幢房屋为同一权利人的，整幢房屋可划分为一户；多产权房屋可按“层、套、间”等固定界限的部分划分户，户号一般由“单元号、层号、户序号”或“层号、户序号”组成。

2. 房产平面控制测量

房产测量应采用1980西安坐标系或地方坐标系，采用地方坐标系时应和国家坐标系连测，并统一采用高斯投影。一般情况下，房产测量一般不测高程，需要进行高程测量时，由设计书另行规定，高程测量采用1985国家高程基准。因此，本节主要讨论房产平面控制测量。

房产平面控制点布设，应遵循从整体到局部、从高级到低级、分级布网的原则，也可越级布网。

房产平面控制测量包括二、三、四等平面控制点的布设与测量及一、二、三级平面控制点的布设与测量。控制测量前，应充分收集测区内已有的控制资料和成果，并尽量利用已有的控制点，房产平面控制点均应埋设固定标志，一般情况下平面控制点的密度应满足建筑物密集区的控制点平均间距在100 m左右，建筑物稀疏区的控制点平均间距在200 m左右。

现阶段房产平面控制测量主要采用导线（网）测量、GNSS测量（包括GNSS静态测量和GNSS RTK测量）方法，建立了CORS系统的城市，网络RTK在平面控制测量中得到了广泛应用。无论采用何种测量方法，房产平面控制测量都要达到末级相邻基本控制点的相对点位中误差不超过±0.025 m的基本精度要求。实际作业过程中，各等级测距导线技术指标如

表 4.11 所示(《房产测量规范》),各等级 GNSS 相对定位测量技术指标如表 4.12 所示(《房产测量规范》),各等级 GNSS RTK 平面测量技术要求(济南市房产测绘实施细则 2014)如表 4.13 所示。

表 4.11　各等级测距导线的技术指标

等级	平均边长/km	附合导线长度/km	每边测距中误差/mm	测角中误差/(″)	导线全长相对闭合差	水平角观测的测回数			方位角闭合差/(″)
						DJ1	DJ2	DJ6	
三等	3.0	15	±18	±1.5	1/60 000	8	12		$\pm 3\sqrt{n}$
四等	1.6	10	±18	±2.5	1/40 000	4	6		$\pm 5\sqrt{n}$
一级	0.3	3.6	±15	±5.0	1/14 000	—	2	6	$\pm 10\sqrt{n}$
二级	0.2	2.4	±12	±8.0	1/10 000	—	1	3	$\pm 16\sqrt{n}$
三级	0.1	1.5	±12	±12.0	1/6 000	—	1	3	$\pm 24\sqrt{n}$

注:n 为导线转折角的个数。

表 4.12　各等级 GNSS 相对定位测量的技术指标

等级	卫星高度角/(°)	有效观测卫星总数	时段中任一卫星有效观测时间/min	观测时段数	观测时段长度/min	数据采样间隔/s	点位几何图形强度因子
二等	≥15	≥6	≥20	≥2	≥90	15～60	≤6
三等	≥15	≥4	≥5	≥2	≥10	15～60	≤6
四等	≥15	≥4	≥5	≥2	≥10	15～60	≤8
一级	≥15	≥4	—	≥1	—	15～60	≤8
二级	≥15	≥4	—	≥1	—	15～60	≤8
三级	≥15	≥4	—	≥1	—	15～60	≤8

表 4.13　各等级 GNSS RTK 平面测量技术要求

等级	相邻点间距离/m	点位中误差/cm	边长相对闭合差	起算点等级	流动站到单基准站间距离/km	测回数
一级	≥500	±5	≤1/20 000	—	—	≥4
二级	≥300	±5	≤1/10 000	四等及以上	≤6	≥3
三级	≥200	±5	≤1/6 000	四等及以上	≤6	≥3
				二级及以上	≤3	
图根	≥100	±5	≤1/4 000	四等及以上	≤6	≥2
				三级及以上	≤3	

注:①一级 GNSS 控制点布设应采用网络 RTK 测量技术。
②网络 RTK 测量可不受起算点等级、流动站到单基准站间距离的限制。
③困难地区相邻点间距离缩短至表中的 2/3,边长较差不应大于 2 cm。

3. 房产要素测量

通过房产调查确定相关的房产信息后,就可依据房产平面控制测量成果,进行房产要素测量。房产要素测量的主要内容包括界址测量、境界测量、房屋及其附属设施测量,陆地交通、水域测量和其他相关地物测量。

1)界址测量

界址测量指测量房产界址点坐标的工作。界址点坐标是房地产地理位置的数字表达,是房产面积测算的基础数据,实地的界址点具有法律上的作用。

按《房产测量规范》的规定,界址点的编号是以高斯投影的一个整千米格网为编号区,每个编号区的代码以该千米格网西南角的横纵坐标千米值表示。点的编号在一个编号区内以1~99999连续顺编。点的完整编号由编号区代码、点的类别代码、点号三部分组成,编号形式如下:

编号区代码　类别代码　点的编号
(9位)　　(1位)　　(5位)

编号区代码由9位数组成,第1、2位数为高斯坐标投影带的带号或代号,第3位数为横坐标的百千米数,第4、5位数为纵坐标的千千米和百千米数,第6、7位和第8、9位数分别为横坐标和纵坐标的十千米和整千米数。类别用1位数(如3为界址点代码)表示。点的编号用5位数表示,以1~99999连续顺编。但在实际房产测量工作中极少进行城市完整的房产基础图纸测绘,局部区域甚至某一企事业单位或住宅(商业)小区的房产测绘成为生产单位房产测量的主要(甚至全部)工作,在这种情况下,界址点的编号通常是以丘为基本编号单元,以字母"J"加阿拉伯数字表示,编号次序原则上从丘的西北角开始按顺时针方向顺序编号。

界址点测量从邻近基本控制点或高级界址点起算,以极坐标法、支导线法或正交法等野外解析法测定,也可在全野外数据采集时和其他房地产要素同时测定。丘界线测量需要测定丘界线边长时,用预检过的钢尺丈量其边长,丘界线丈量精度应符合规范规定,也可由相邻界址点的解析坐标计算丘界线长度。对不规则的弧形丘界线,可按折线分段丈量。测量结果应标示在分丘图上。供计算丘面积及复丈检测之依据。界标地物测量,应根据设立的界标类别、权属界址位置(内、中、外)选用各种测量方法测定,其测量精度应符合规范规定,测量结果应标示在分丘图上。界标与邻近较永久性的地物宜进行连测。

无论采用何种测量方法,界址点测量的精度应满足委托方根据《房产测量规范》和当地的实际情况(如当地城市房产测绘实施细则的要求等)确定的精度要求。《房产测量规范》规定,房产界址点(以下简称界址点)的精度分三级,各级界址点相对于邻近控制点的点位误差和间距超过50 m的相邻界址点的间距误差不超过表4.14的规定;间距未超过50 m的界址点间的间距误差限差不应超过按式(4.1)计算的结果。

表4.14　房产界址点的精度要求　　单位:m

界址点等级	界址点相对于邻近控制点的点位误差和相邻界址点的间距误差	
	限差	中误差
一	±0.04	±0.02
二	±0.10	±0.05
三	±0.20	±0.10

$$\Delta D = \pm(m_j + 0.02 m_j D) \tag{4.1}$$

式中,m_j为相应等级界址点的点位中误差,单位为m;D为相邻界址点间的距离,单位为m;ΔD为界址点坐标计算的边长与实量边长较差的限差,单位为m。不同城市确定房产界址点测量精度要求时,主要考虑测区房地产经济价值和界址点的重要性、隐蔽性,如《济南市房产测绘实施细则》规定,城镇街坊外围界址点和街坊内明显界址点相对于邻近控制点的点位中误差不超过±5 cm，城镇街坊内隐蔽界址点及村庄内部界址点相对于邻近控制点的点位中误差不超过±10 cm。

2)境界测量

行政境界测量包括国界线以及国内各级行政区划界。测绘国界时应根据边界条约或有关边界的正式文件精确测定，国界线上的界桩点应按坐标值展绘，注出编号，并尽量注出高程。国内各级行政区划界应根据勘界协议、有关文件准确测绘，各级行政区划界上的界桩、界碑按其坐标值展绘。

3)房屋及其附属设施测量

房屋应逐幢测绘，不同产别、不同建筑结构、不同层数的房屋应分别测量，独立成幢房屋，以房屋四面墙体外侧为界测量；毗连房屋四面墙体，在房屋所在人指界下，区分自有、共有或借墙，以墙体所有权范围为界测量。每幢房屋除按规范要求的精度测定其平面位置外，应分幢分户丈量作图。丈量房屋以勒脚以上墙角为准，测绘房屋以外墙水平投影为准。

房屋附属设施测量，柱廊以柱外围为准，檐廊以外轮廓投影、架空通廊以外轮廓水平投影为准；门廊以柱或围护物外围为准，独立柱的门廊以顶盖投影为准；门墩以墩外围为准；门顶以顶盖投影为准；室外楼梯和台阶以外围水平投影为准。

房角点测量指对建筑物角点测量，其点的编号方法除点的类别代码为 4 外，其余均与界址点相同。房角点测量不要求在墙角上都设置标志，可以房屋外墙勒脚以上(100±20)cm 处墙角为测点。

其他建(构)筑物测量指不属于房屋、不计算房屋建筑面积的独立地物以及工矿专用或公用的贮水池、油库、地下人防干支线等。独立地物的测量，应根据地物的几何图形测定其定位点，亭以柱外围为准，塔、烟囱、罐以底部外围轮廓为准，水井以中心为准；构筑物按需要测量。共有部位测量前，须对共有部位认定，认定时可参照购房协议、房屋买卖合同中设定的共有部位，经实地调查后予以确认。

4) 陆地交通、水域测量

陆地交通测量指铁路、道路、桥梁测量。铁路以轨距外缘为准，道路以路缘为准，桥梁以桥头和桥身外围为准测量。

水域测量指河流、湖泊、水库、沟渠、水塘测量。河流、湖泊、水库等水域以岸边线为准，沟渠、池塘以坡顶为准测量。

5)其他相关地物测量

其他相关地物指天桥、站台、阶梯路、游泳池、消火栓、检阅台、碑以及地下构筑物等。消火栓、碑不测其外围轮廓，以符合中心定位；天桥、阶梯路均依比例绘出，取其水平投影位置；站台、游泳池均依边线测绘，内加简注；地下铁道、过街地道等不测出其地下物的位置，只表示出入口位置。

模拟方法测绘的房产分幅平面图上的地物点，相对于邻近控制点的点位中误差不超过图上±0.5 mm；利用已有的地籍图、地形图编绘房产分幅图时，地物点相对于邻近控制点的点位中误差不超过图上±0.6 mm；对全野外采集数据或野外解析测量等方法所测的房地产要素点和地物点，相对于邻近控制点的点位中误差不超过±0.05m。

4. 房产图测绘

房产测绘最重要的成果是房产图(房产平面图的简称)，分为房产分幅平面图(分幅图)、房产分丘平面图(分丘图)、房屋分层分户平面图(分户图)。房产图是房地产产权、产籍管理的基本资料,是房产管理的图件依据,它与房产产权档案、房产卡片、房产簿册构成房产产籍的完整内容,是房产产权管理的依据和手段,必须严格按规范要求认真测绘房产图。下面我们简单介绍三种房产图的测绘。

1)房产分幅图测绘

(1)房产分幅图的内容。

房产分幅图是全面反映房屋、土地的位置、形状、面积和权属状况的基本图,是测绘分丘图、分户图的基础资料。分幅图的测绘范围包括城市、县城、建制镇的建成区和建成区以外的工矿企事业等单位及其毗连居民点。分幅图上表示的主要内容包括控制点、行政境界、丘界、房屋、房屋附属设施和房屋围护物,以及与房地产有关的地籍地形要素和注记。

分幅图绘制时各要素取舍与表示方法按《房产测量规范》执行,行政境界一般只表示区、县和镇的境界线,街道办事处或乡的境界根据需要表示;明确无争议的丘界线用丘界线表示,有争议或无明显界线又提不出凭证的丘界线用未定丘界线表示;房屋包括一般房屋、架空房屋和窑洞等;房屋附属设施包括柱廊、檐廊、架空通廊、底层阳台、门廊、门楼、门、门墩和室外楼梯,以及和房屋相连的台阶等;分幅图上应表示的房地产要素和房产编号包括丘号、房产区号、房产分区号、丘支号、幢号、房产权号、门牌号、房屋产别、结构、层数、房屋用途和用地分类等,根据调查资料以相应的数字、文字和符号表示;当注记过密容纳不下时,除丘号、丘支号、幢号和房产权号必须注记,门牌号可首末两端注记、中间跳号注记外,其他注记按上述顺序从后往前省略;与房产管理有关的地形要素包括铁道、道路、桥梁、水系和城墙等地物均应表示;亭、塔、烟囱以及水井、停车场、球场、花圃、草地等可根据需要表示;分幅图上注记地理名称时,地名的总名与分名应用不同的字级分别注记;单位名称只注记区、县级以上和使用面积大于图上 100 m^2 的单位。

(2)房产分幅图测绘。

房产分幅图的测绘方法与一般地形图测绘和地籍图测绘并无本质的不同,主要是为了满足房产管理的需要。以房产调查为依据,突出房产要素和权属关系,以确定房屋所有权和土地使用权的权属界线为重点,准确地反映房屋和土地的利用现状,精确地测算房屋建筑面积和土地使用面积。测绘分幅图应按《房产测量规范》的有关技术规定进行。

房产分幅图的测绘方法,可根据测区的情况和条件而定。当测区已有现势性较强的城市大比例尺地形图或地籍图时,可采用增测编绘法,否则应采用实测法。

——实测法。若测区内无现势性较强的地形图或地籍图时,为了满足房地产的管理需要,必须实测房产分幅图。方法是在房产调查和平面控制测量的基础上,测量界址点坐标(一、二级界址点)、界址点平面位置(三级界址点)和房屋等地物的平面位置。测图方法与地形图和地籍图的测绘方法本质上是相同的,目前主要采用 GNSS RTK、全站仪等设备进行野外数据的采集,或者利用正交法、交会法等野外解析测量方法采集测图数据,利用成图软件在计算机上生成图形数据文件,并绘出所需规格的房产图,只是测绘房产图的重点是房屋及所占用土地的权属界限和房屋细部,并需要注记房产要素。

——利用地形图增测编绘法。利用城市 1∶500 或 1∶1 000 大比例尺地形图编绘成房产分幅图时,方法是在房地产调查的基础上,以门牌、院落、地块为单位,实测用地界线,构成完整封闭的用地单元——丘。丘界线的转折点——界址点,如果不是明显的地物点则应补测,并实量界址边长；逐幢房屋实量外墙边长和附属设施的长宽，丈量房屋与房屋或其他地物之间的距离关系，经检查无误后方可展绘在图上；对原地形图上已不符合现状部分应进行修测或补测；最后注记房产要素。

——利用地籍图增测编绘法。利用地籍图增补测绘成图是房产分幅图成图的方向。进行地籍调查和地籍测量时，需要确定土地的权属、位置、面积等，而其利用状况、用途分类、分等定级和土地估价等又与土地上的房产有密切的关系，因此在地籍图测绘中也需要测绘宗地内的主要房屋。房产调查和房产测量是对该地产范围内的房屋作更细致的调查和测绘。

——城市地形图、地籍图、房产分幅图的三图并测法。三图并测是最经济、最合理的施测方法。首先建立统一的城市基本控制网和图根控制网，施测三图的共同部分，作为基础图，并进行复制。在此基础上分别测绘地形图、地籍图和房产分幅图的特殊部分。对于地形图，增测高程注记（或等高线）和地形要素，如电力线、通信线、各种管道、消防龙头、路灯等；对于地籍图，在地籍调查的基础上，增测界址点和各种地籍要素；对于房产分幅图，在房产调查的基础上，增测丘界点和各种房产要素，而且仍然是在地籍图的基础上来完成分幅图的测绘是最合理的。图 4.14 为房产分幅图（局部）示例。

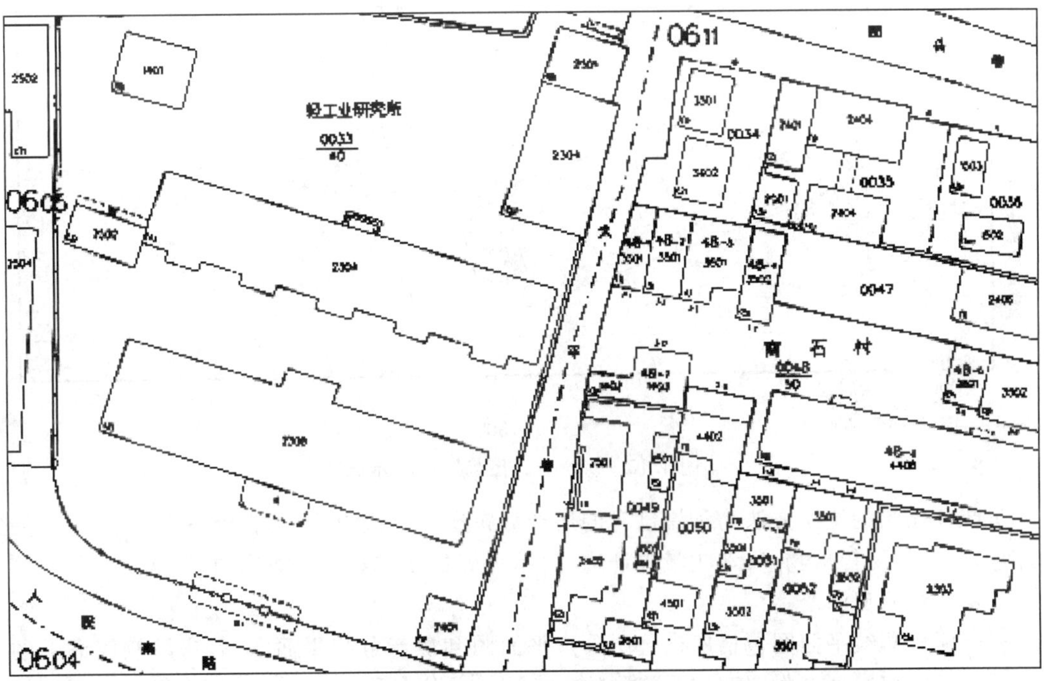

图 4.14　房产分幅图示例

2）房产分丘图测绘

房产分丘图是房产分幅图的局部明细图，是根据核发房屋所有权证和土地使用权证的需要，以门牌、户院、产别及其所占用土地的范围，分丘绘制而成。每丘为单独一张，它是作为权属依据的产权图，即作为产权证上的附图，具有法律效力，是保护房地产产权人合法权益的凭证。

房产分丘图的内容除了分幅图上的内容以外，还应按要求表示（标注）房屋权界线、界址点与点号、界址点间距、用地面积、窑洞使用范围、房屋建筑的细节（挑廊、阳台等）、房屋边长、建筑面积、建成年份、墙体归属和四至关系等各项房地产要素，并分别注明所有周邻产权所有单位(或人)的名称。图 4.15 为房产分丘图(独立丘)示例，图 4.16 为房产分丘图(组合丘)示例。

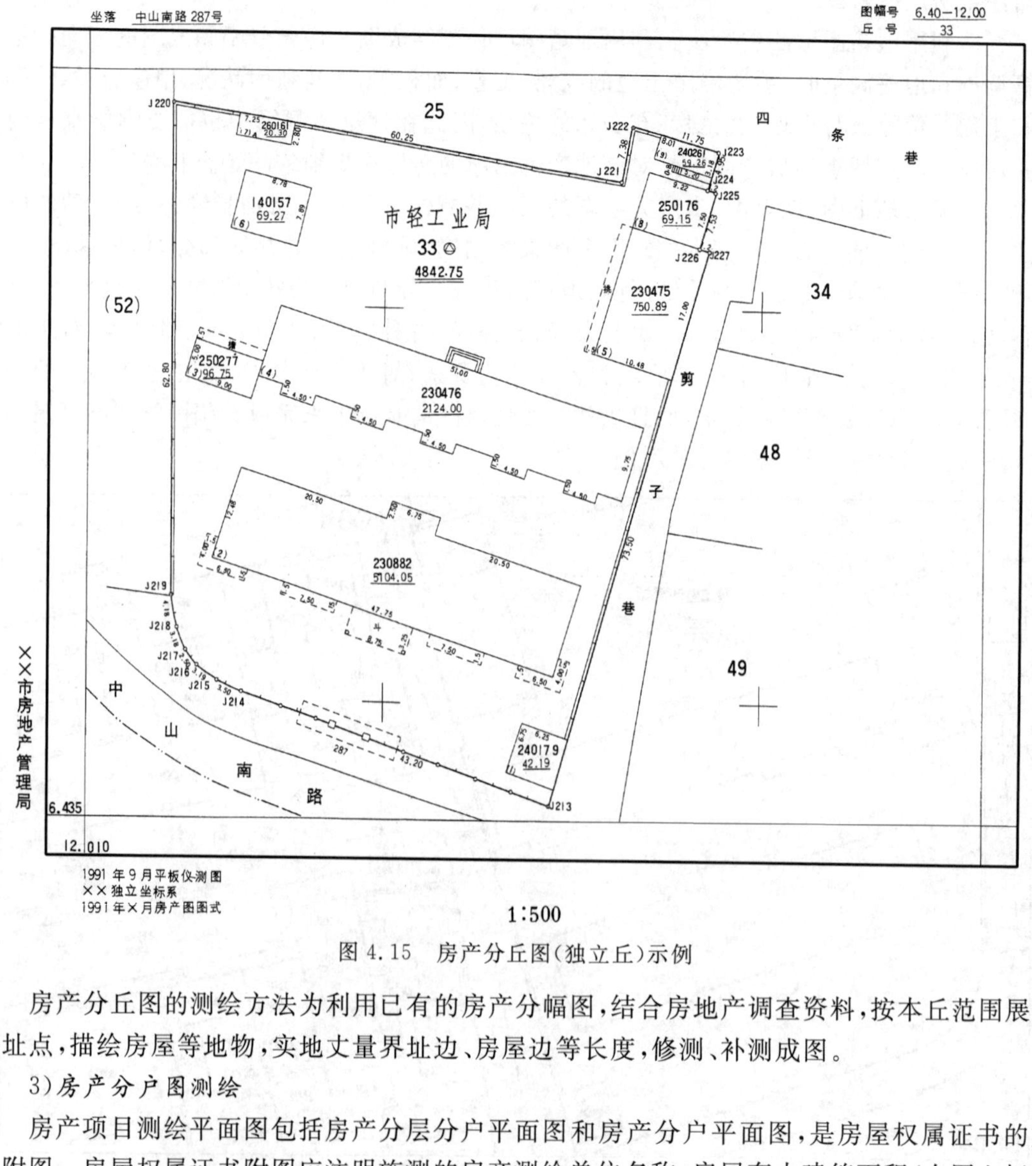

图 4.15　房产分丘图(独立丘)示例

房产分丘图的测绘方法为利用已有的房产分幅图，结合房地产调查资料，按本丘范围展绘界址点，描绘房屋等地物，实地丈量界址边、房屋边等长度，修测、补测成图。

3)*房产分户图测绘*

房产项目测绘平面图包括房产分层分户平面图和房产分户平面图，是房屋权属证书的重要附图。房屋权属证书附图应注明施测的房产测绘单位名称、房屋套内建筑面积(在图上标注尺寸)和房屋分摊的共有建筑面积。

两层及两层以上的房屋均应绘制房产分层分户平面图，分层图用来标识房屋每层的分户(或分间)及尺寸情况，是计算房屋建筑面积的重要依据。房产分户图以一户产权人为单元，表示各房屋基本单元(户室)的权属范围，是房屋基本单元权属证书的重要附图。

分层图表示的内容主要包括房屋主体、房屋附属设施、房屋基本单元权界线、房屋坐落、产别、结构、总层数、单元数、建成年份、总建筑面积等。房屋主体指房屋四至外墙以内部分，附属设施指位于四至外墙以外并与外墙相连的柱廊、檐廊、挑廊、阳台、室外楼梯等房屋附属建筑设施。

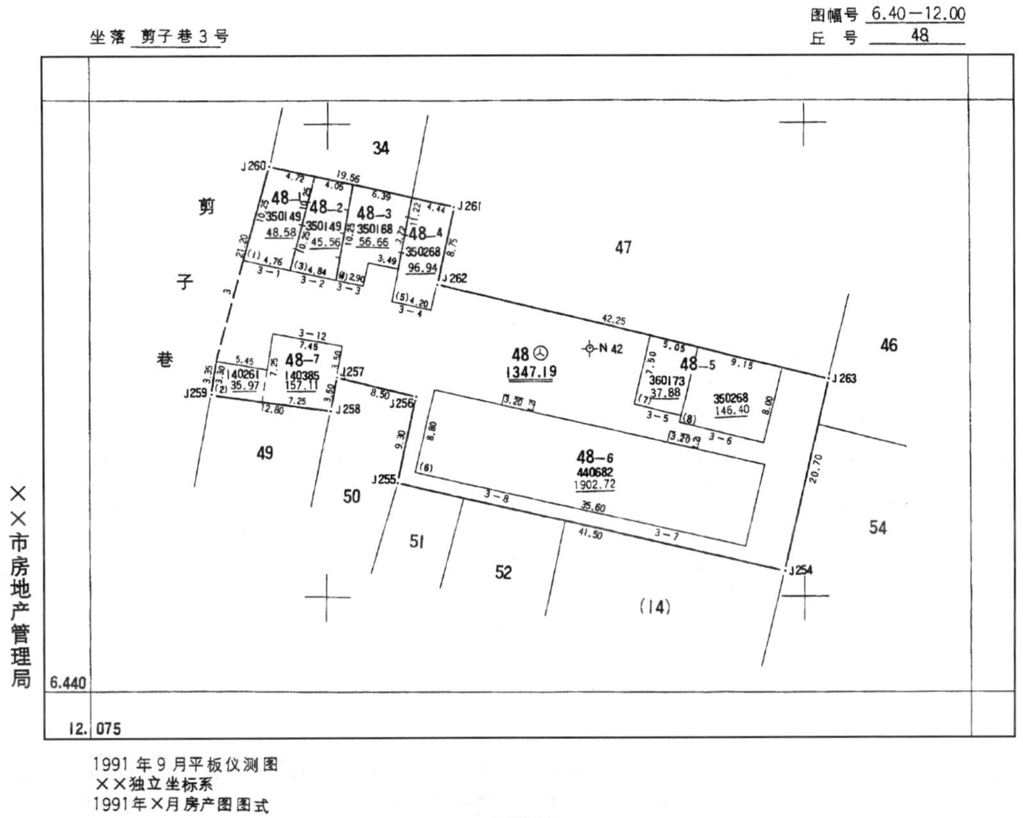

1∶500

图 4.16 房产分丘图(组合丘)示例

实地测绘前应收集土地使用证及其附件、规划审批的建筑设计施工图纸、建筑工程竣工验收备案单等房产测绘工作中需要的相关资料作为参考资料。

测绘数据采集时应遵循先整体后局部、先外后内的原则。根据权界线分层逐户测量，采集各户和共有建筑空间的边长数据及相关信息，并在测量草图上注记实测边长、墙体厚度等信息；量距应使用经检定合格的钢卷尺或手持测距仪等能达到相应精度的仪器和工具；房屋边长数据现场采集，应至少独立测量两次，并满足限差要求，房屋边长数据经实地测量后，必须进行配赋，满足相应几何条件的要求，方可用于面积计算。

绘制分层图时，房屋应按比例分层绘制，其中房屋主体按结构墙体中线绘制，附属设施按外围绘制；房屋的外框线与图纸的外框线应平行，并根据房屋朝向横放或竖放于图纸中；各层平面图应标出各基本单元的权界线和分户门的位置、共有部位的范围及其分布情况；封闭阳台用实线绘制，未封闭阳台用虚线绘制；坡屋顶房屋 2.20 m 分界线及小于 2.20 m 部分，用虚线绘制；成套房屋应绘制套内分隔线(套内分间线)，套内分隔线采用与权界线不同的线型标识。图上标注时，各基本单元的权界线和共有部位的范围均应标注尺寸，套内分隔线不标注尺寸，坡屋顶房屋层高小于 2.20 m 部位不标注尺寸；各基本单元应标注户室编号和入户门，共有部位应标注名称(如楼道、走道、楼梯、电梯、前室、廊道、设备间、管井、风井等)；具有多个单元的楼房，在单元入口处应注记单元名称。各层平面图下方居中位置应以“第×层”格式标注楼层名称。图 4.17 为房产分层分户图示例。

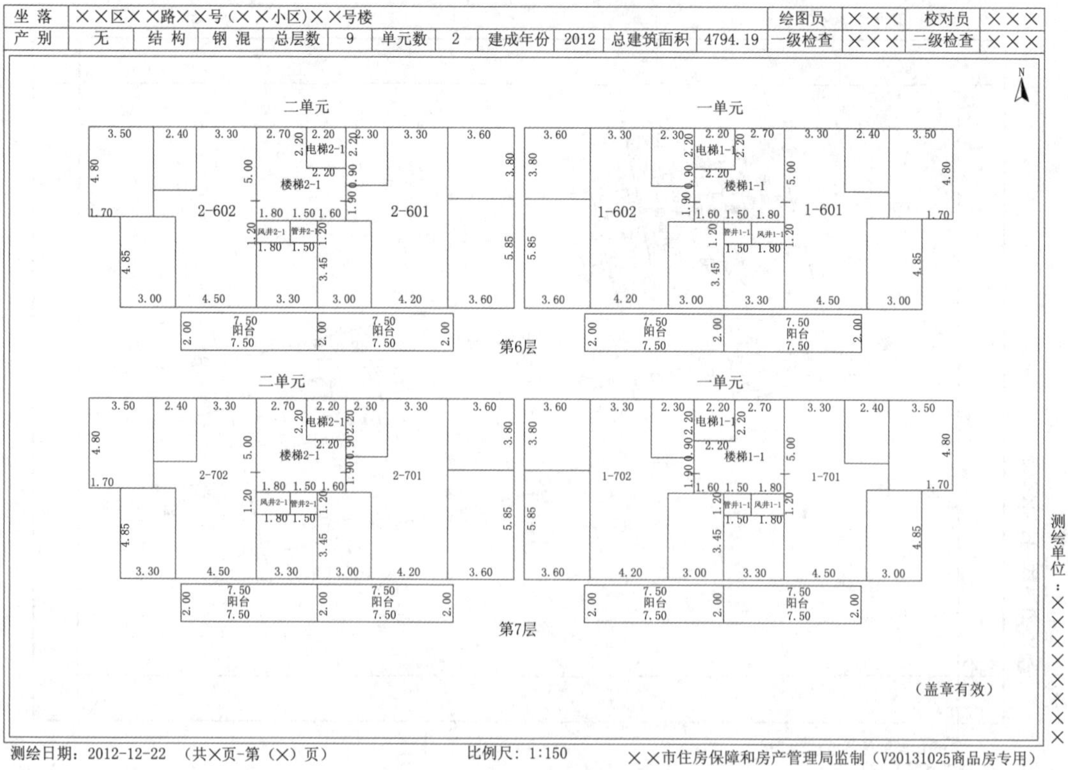

图4.17　房产分层分户图示例

分户图表示的主要内容包括房屋坐落、用途、幢号、户室号、结构、单元数、所在单元、建成年份、总层数、所在层次、套内面积、分摊面积、建筑面积等。

分户图可根据原发房产证附图或分层图绘制成图，但应实地测量、核实房屋的分户情况、各户及共有部位的尺寸和用途，发现有变化应按实际情况予以更正。无图纸的房屋按照房屋的实际情况，经现场实地测量、核实，绘制成图。

分户图是在房屋分层分户平面图中标出相应户室(房屋基本单元)的权属范围，并绘制套内分隔线(套内分间线)。分户图中户室的套内分隔线应采用与权界线不同的线型标识，房屋的外框线应与图纸的外框线平行，根据房屋朝向横放或竖放于图纸中，并在适当位置加绘指北方向符号。图上标注时，只标注本户的权界线尺寸，户室套内分隔线不标注尺寸；各基本单元应标注户室编号和入户门，共有部位应标注名称(如楼道、走道、楼梯、电梯、前室、廊道、设备间、管井、风井等)；房屋毗连关系注记在图纸下方(下边框之上左对齐)。注明“户与户之间的隔墙、楼板及共用建筑之间的隔墙、外墙(山墙)均为共有”。图4.18为房产分户平面图示例。

4.4.4　房产面积测算

房产面积测算指水平面积测算，分为房屋面积和用地面积测算两类，各类面积测算必须独立测算两次，其较差应在规定的限差以内，取中数作为最后结果。房产面积的精度分为三级，各级面积的限差和中误差不超过表4.15计算的结果，其精度等级的使用范围由各城市的房地产行政主管部门根据当地的实际情况决定。

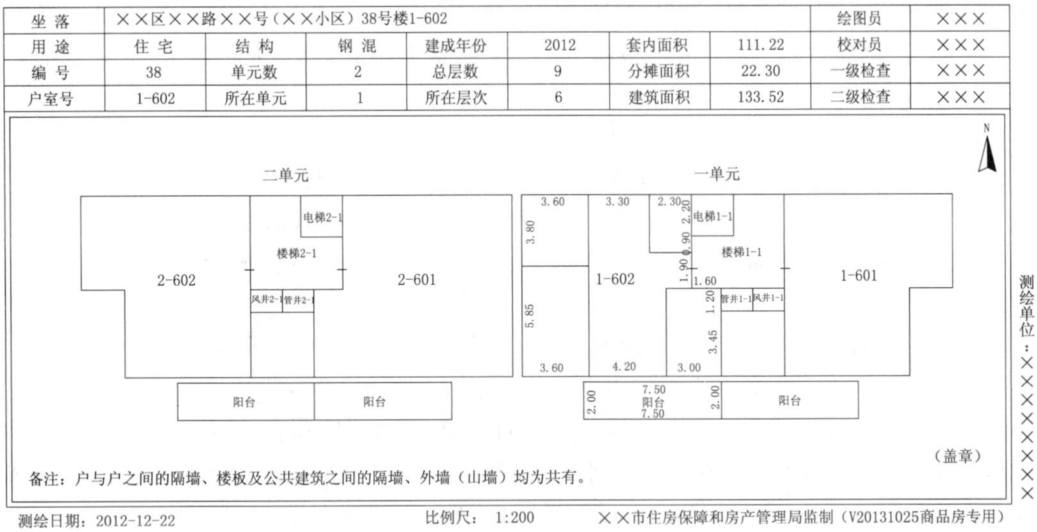

图 4.18　房产分户平面图示例

表 4.15　房产面积的精度要求

房产面积的精度等级	限差/m^2	中误差/m^2
一级	$0.02\sqrt{s} \pm 0.0006s$	$0.01\sqrt{s} \pm 0.0003s$
二级	$0.04\sqrt{s} \pm 0.002s$	$0.02\sqrt{s} \pm 0.001s$
三级	$0.08\sqrt{s} \pm 0.006s$	$0.04\sqrt{s} \pm 0.003s$

注：s 为房产面积，单位为 m^2。

1. 房屋面积测算

房屋面积测算的内容主要包括房屋建筑面积、套建筑面积、使用面积、产权面积、共有建筑面积等测算。房屋建筑面积指房屋外墙(柱)勒脚以上各层的外围水平投影面积，包括阳台、挑廊、地下室、室外楼梯等，且具有顶盖，结构牢固，层高 2.20 m 以上(含 2.20 m)的永久性建筑。套建筑面积指成套房屋的建筑面积，由套内建筑面积与分摊建筑面积构成。房屋使用面积指房屋户内全部可供使用的空间面积，按房屋的内墙面水平投影计算。房屋产权面积指产权人依法拥有房屋所有权的房屋建筑面积，房屋产权面积由房地产行政主管部门登记确权认定。房屋产权面积与房屋建筑面积有可能相等，也可能不相等。房屋的共有建筑面积指各产权人共同占有或共同使用的建筑面积。

1)*房屋建筑面积的测算范围*

房屋建筑面积按量算规则可将其测算范围分为全计算、半计算和不计算三种。全计算指计算全部建筑面积的范围，如永久性结构的单层房屋，按一层计算建筑面积；多层房屋按各层建筑面积的总和计算；房屋内的夹层、插层、技术层及其楼梯间、电梯间等，其高度在 2.20 m 以上(含 2.20 m，以下同)部位计算建筑面积。半计算指计算一半建筑面积的范围，如与房屋相连有顶盖无柱且未封闭的走廊、檐廊，按其围护结构外围水平投影面积的一半计算；独立柱、单排柱的门廊、车棚、货棚等属永久性建筑的，按其顶盖水平投影面积的一半计算；未封闭的阳台、挑廊，按其围护结构外围水平投影面积的一半计算。不计算指不计算建筑面积的范围，如层高小于 2.20 m 的夹层、插层、技术层，以及层高小于 2.20 m 的地下室、半地下室等，房屋之间无顶盖的架空通廊，骑楼、过街楼、临街楼房、挑廊下的底层用作公共道路街巷通行的部分等。具体的房屋建筑面积测算范围应参照《房产测量规范》和当地的房产测绘实施细则来确定。

2）*房屋套建筑面积的测算*

成套房屋的建筑面积由套内建筑面积和共有分摊建筑面积两部分组成，即

套建筑面积＝套内建筑面积＋共有分摊建筑面积

成套房屋的套内建筑面积由套内使用面积、套内墙体面积和套内阳台建筑面积三部分组成，即

套内建筑面积＝套内使用面积＋套内墙体面积＋套内阳台建筑面积

套内房屋使用面积为套内房屋使用空间的水平投影面积；套内墙体面积是套内使用空间周围的维护或承重墙体或其他承重支撑体所占的面积，有共用墙和非共用墙两种；套内阳台建筑面积均按阳台外围与房屋外墙之间的水平投影面积计算。各部分面积的测算原则和特殊墙体及特殊部位的处理原则参照《房产测量规范》和当地的房产测绘实施细则执行。

3）*共有建筑面积分摊*

共有建筑面积主要包括电梯井、管道井、楼梯间、垃圾道、变电室、设备间、公共门厅、过道、地下室、值班警卫室等，以及为整幢服务的公共用房和管理用房的建筑面积，以水平投影面积计算。共有建筑面积还包括套与公共建筑之间的分隔墙，以及外墙（包括山墙）水平投影面积一半的建筑面积。独立使用的地下室、车棚、车库、为多幢服务的警卫室、管理用房、作为人防工程的地下室都不计入共有建筑面积。

共有建筑面积按分摊范围的不同主要分为幢共有建筑面积（为整幢服务的共有建筑面积）、层共有建筑面积、功能区间共有建筑面积（为两个或两个以上功能区服务的共有建筑面积）、功能区内共有建筑面积（专为某一功能区所有分摊区服务的共有建筑面积）、功能区内局部分摊区专用的共有建筑面积（专为某一功能区局部分摊区服务的共有建筑面积）等几类。

共有建筑面积分摊应遵循"产权各方有合法权属分割文件或协议的，按文件或协议规定执行"和"无产权分割文件或协议的，可按相关房屋的建筑面积按比例进行分摊"两个基本原则。共有建筑面积按比例分摊计算公式为

$$\delta S_i = K \times S_i \tag{4.2}$$

式中，$K=\Sigma\delta S_i/\Sigma S_i$，其中 K 为面积的分摊系数；S_i 为参加分摊的各单元的面积，单位为 m^2；δS_i 为各单元参加分摊所得的分摊面积，单位为 m^2；$\Sigma\delta S_i$ 为需要分摊的分摊面积和，单位为 m^2；ΣS_i 为参加分摊的各单元建筑面积总和，单位为 m^2。

一幢房屋内各房屋基本单元共有的建筑面积一致、分摊系数相等时，可按基本单元分摊的共有建筑面积＝基本单元套内建筑面积×共有建筑面积分摊系数（共有建筑面积分摊系数＝整幢应分摊的共有建筑面积之和÷各基本单元套内建筑面积）的整体分摊方法进行计算；否则应遵循从整体到局部、从大到小逐级分摊的原则按多级分摊方法进行分摊计算，如一级分摊的共有建筑面积按一级参加摊算区域的自有建筑面积按比例分摊，一级参加摊算区域分摊的共有建筑面积＝一级参加摊算区域的自有建筑面积×第一级分摊系数，第一级分摊系数＝一级分摊的共有建筑面积之和÷一级参加摊算区域的自有建筑面积之和。

住宅楼共有建筑面积分摊时，以幢为单元，参照《房产测量规范》和当地的房产测绘实施细则确定的方法和计算公式，根据各套房屋的套内建筑面积，求得各套房屋分摊所得的共有建筑

分摊面积。

商住楼共有建筑面积分摊时，首先根据住宅和商业等的不同使用功能按各自的建筑面积将全幢的共有建筑面积分摊成住宅和商业两部分，即住宅部分分摊得到的全幢共有建筑面积和商业部分分摊得到的全幢共有建筑面积。然后住宅和商业部分将所得的分摊面积再各自进行分摊。住宅部分，将分摊得到的幢共有建筑面积，加上住宅部分本身的共有建筑面积，按各套的建筑面积分摊计算各套房屋的分摊面积；商业部分，将分摊得到的幢共有建筑面积，加上本身的共有建筑面积，按各层套内的建筑面积依比例分摊至各层，作为各层共有建筑面积的一部分，加至各层的共有建筑面积中，得到各层总的共有建筑面积，然后再根据层内各套房屋的套内建筑面积按比例分摊至各套，求出各套房屋分摊得到的共有建筑面积。

多功能综合楼共有建筑面积按照各自的功能，参照商住楼的分摊计算方法进行分摊。

目前，房产测绘一般采用指定的房地产测绘管理系统（软件）完成房地产测绘业务管理、勘测定界、地籍变更、房产面积分摊等房地产测绘功能，并且提供成果管理软件的接口，可以单机运行，也可以网络运行，实现野外测绘采集数据和房产调查信息的数据录入（导入）、编辑、查询、修改、成图、面积测算、入库、生成测绘报告以及提交成果所要求的格式文件、成果输出等功能。房产图绘制、房产面积分摊计算一般必须采用房产测绘软件系统进行自动作业处理，不得采用手工或半手工作业方式。

2. 用地面积测算

用地面积以丘为单位进行测算，包括房屋占地面积、院落面积、分摊共用院落面积、室外楼梯占地面积以及各项地类面积。房屋占地面积指房屋底层外墙（柱）外围水平面积，一般与底层房屋建筑面积相同。

丘地总面积可按界址点坐标，用坐标解析法计算；其他地块面积可按实量距离用简单几何图形量算法，或在图纸上用求积仪法量算。

共有共用面积的分摊计算包括共有共用建筑面积、房屋占地面积、共用院落面积的分摊计算。以上面积如果有权属分割文件或协议的，应按其文件或协议规定计算。无权属分割文件或协议的，可按相关面积比例进行分摊计算。如某户分摊面积为 ΔP_i，其计算公式为

$$\Delta P_i = K \times P_i \tag{4.3}$$

$$K = \frac{\sum \Delta P_i}{\sum P_i}$$

式中，P_i 为某户参加摊算的面积，$\sum P_i$ 为参加摊算各户的面积总和，$\sum \Delta P_i$ 为需要分摊的面积，K 为分摊系数。

房产用地面积测算与分摊，通常按要求采用相应的房产测绘软件系统进行自动作业处理。

4.4.5　变更测量

变更测量指房屋发生买卖、交换、继承、分割、改（扩）建、拆除等涉及权属调整、权界与面积变化，为保证房地产资料与现状的一致性而进行的测量工作，包括现状变更测量和权属变更测量。

现状变更测量的内容包括房屋的新建、拆迁、改（扩）建、房屋建筑结构、层数的变化；房屋的损坏与灭失，包括全部拆除或部分拆除、倒塌和烧毁；围墙、栅栏、篱笆、铁丝网等围护物以及

房屋附属设施的变化;道路、广场、河流的拓宽、改造,河、湖、沟、渠、水塘等边界的变化;地名、门牌号的更改;房屋及其用地分类面积增减变化等。

权属变更测量的内容包括房屋买卖、交换、继承、分割、赠予、兼并等引起的权属的转移;土地使用权界的调整,包括合并、分割、塌没和截弯取直;征拨、出让、转让土地而引起的土地权属界线的变化;他项权利范围的变化和注销等。

变更测量应根据现状变更或权属变更资料,先进行房地产要素调查,后进行权界和权属面积的测定,及时调整丘号和界址点号等有关的房地产编码,并进行房地产资料的修正。

4.5 建筑测绘

五千年的文明历史,在中华大地上保留了丰富的以木结构为主体、世界上独树一帜的古建筑和具有民族风情或地域特色的古城镇、古村落。它们的保护、修缮是继承、弘扬中华传统建筑文化的基础,已经越来越受到国家和地方政府的重视。古建筑(群)、古城镇、古村落的保护、维修、重建,首先需要对它们进行测绘工作,提供所需比例尺的建筑群总平面图、单体建筑的各层平面图、立面图、剖面图、建筑局部细图、等值线图或三维立体模型等代表建筑现状的图纸和数据资料,作为各项工作可靠的基础资料和技术档案。

随着现代建筑艺术的发展和城市美化工程的开展,各地修建了大量富有艺术性、标志性的建筑物。为满足这类建筑物日后的管理、维护和修缮,同样需要进行测绘工作,提供必要的图纸和数据资料,作为重要的技术档案长久保存。

空间信息的数据采集、管理和更新是"数字城市""数字街区""三维景观(城市、街区、企事业单位等)建模"的基础工作,而建筑物三维数据的采集以建立三维模型为这项工作的重要内容,也是建筑测绘工作所必需的。

可见,对现存的古建筑和现代建筑进行测量工作是工程测量的重要组成部分。现有建筑测绘应综合考虑建筑物的价值、构件类型、结构的繁简程度、测绘目的等因素确定测量的精度和测量方法。各种测绘方法的详细内容在《数字测图原理与方法》《数字摄影测量学》等教材中都有详细的介绍,本节简要介绍目前采用的几种主要的建筑测量方法。

4.5.1 全站仪数据采集法

智能型、高精度全站仪的普及和推广,使其在工程测量的各个领域得到了广泛应用,全站仪的无棱镜测量技术,使不规则建筑物和不易到达目标点的测量变得更加简单,在现有建筑物的测绘工作中可以发挥一定的作用。

利用全站仪进行现有建筑物测绘,首先应根据具体情况和委托单位的要求,分析确定细部点的测量精度要求,在此基础上推求控制网的必要精度,通过优化设计,在满足精度要求的前提下选择经济、可行的控制网布设方案,进行控制测量和建筑物细部测量;然后把数据输入相应的测图软件建立建筑物的三维立体线划图,据此再衍生出所需要的建筑物的平面图、立面图、剖面图和三维立体模型。

在布设控制网、进行控制测量时,应根据建筑物的特点尽量选择主轴线上的2~3个点作为控制点,以便于建立独立的建筑坐标系;将各控制点的大地坐标通过坐标变换转化为建筑坐标系的坐标,而且在加密控制点时布设足以利用全站仪测绘各个建筑物细部的若干控制点。

建筑坐标系的高程通常以建筑物底层主地坪的高程作为零标高(±0.000)。

建筑物细部测量前制订的细部测绘方案中应详细规定各类特征点与编码的对应关系;在进行三维坐标数据采集时,按细部点的特征输入对应的编码以区分点的类别、连线信息等;根据细部测量的精度要求和具体情况,选择棱镜、反射片或免棱镜方式进行观测,观测的数据自动记录到建立的文件中;观测工作结束后,把全站仪记录的数据文件传输到计算机,通过数据转换把所有信息变为成图软件能够接受利用的数据,对照测量草图展点、连线、分层管理、编辑成建筑物的三维立体线划图;在此基础上绘制建筑物的平面图、立面图、剖面图。多层建筑物平面图是分层绘制的,需对立体线划图做水平剖切,投影到每一层的地坪面,根据测绘的建筑物的墙体和柱列位置拟合出建筑物的轴线,形成该层的平面图。根据建筑物三维立体线划图的侧视图(主视图、背视图、左视图、右视图)绘制建筑物的各个立面图。根据建筑物三维立体线划图在给定方向的侧视图绘制建筑物指定位置的各剖面图。当平面图、立面图、剖面图不足以对建筑物的整体外形和建筑细部做全面、详尽和直观的表达时,可以在建筑物三维立体线划图的基础上,利用 CAD 绘图中的“消隐”“渲染”等功能生成建筑物三维立体模型。

4.5.2 近景摄影测量方法

近景摄影测量方法是通过摄影(摄像)和随后的图像处理、摄影测量处理获取被摄目标的形状、大小和运动状态的一门技术,在工业、生物医学、建筑学等众多领域有着广泛应用。

近景摄影测量的作业过程大体可分为获取被摄物体的照片(或影像)的摄影(或摄像)阶段和对照片(或影像)进行处理以获取被摄物体上点群三维空间数据的摄影测量处理阶段两个阶段。

摄影(或摄像)阶段采用的设备包括摄影设备和摄像设备。按摄影测量的功能,摄影设备可分为量测摄影机(量测摄影机、格网量测摄影机、半量测摄影机)和非量测摄影机两大类,前者是为测量目的而设计制造的,后者则不是专为测量目的设计制造的。借助于摄影机(包括量测摄影机和非量测摄影机)获得被摄物体的底片、正片等(称为“硬拷贝”),利用模拟立体测图仪或解析立体测图仪对摄影相片按空间前方交会或解析空中三角测量原理进行模拟摄影测量或解析摄影测量,以获得被摄物体上目标点的空间位置、建立立体模型并绘制线划图或影像图;也可以把“硬拷贝”经过数字化,再进行数字化形式的近景摄影测量。近景摄影测量的主要摄像设备是各种类型的固态摄像机(CCD 摄像机、数字照相机等),借助于它可以直接获取被摄目标的数字影像(称为“软拷贝”),在计算机上利用数字摄影测量系统对数字影像的影像处理、特征提取、影像匹配、自动识别相应像点及坐标、运用解析摄影测量的方法确定所摄物体的三维坐标,并输出数字高程模型和正射数字影像,或图解线划等高线图和带等高线的正射影像图等,并能利用三维建模软件建立被摄物体的三维立体模型。

近景摄影测量采用的基本摄影方式有正直摄影方式和交向摄影方式两种,当采用正直摄影方式摄影时,像片对两像片的主光轴彼此平行,且垂直于摄影基线;当采用交向摄影方式摄影时,像片对两像片的主光轴大体位于同一平面但彼此不平行,不垂直于摄影基线,两主光轴相交,产生交会角。正直摄影方式多适用于模拟近景摄影测量或解析摄影测量,交向摄影方式多用于解析摄影测量或数字摄影测量。

摄影测量的信息容量大、非接触、精度高、表达细微和速度快等特点使其在建筑物,特别是古建筑物测绘方面具有悠久的历史。在某些国家,对于重要的古建筑,均利用摄影测量加以记录，作为技术档案长期保存，如法国、德国、意大利、苏联等国不少大教堂及其宏伟门楼、雕梁弯拱均用摄影测量方法测绘一定比例尺的立面图、剖面图。图4.19为用摄影测量测绘的苏联重点保护文物——基辅彼契尔斯基大寺院的钟楼图，图4.20为江苏省建筑设计院用摄影测量方法对建于公元959年的云岩寺塔（俗称虎丘塔）测绘的1∶50立面线划图，塔的结构、细节、裂缝等均表示得十分详尽真切。目前基于数字信息、数字影像技术、图形图像处理技术以及自控技术的数字近景摄影测量能够快速、高精度地测绘建筑物的平面图、立面图、剖面图、等值线图、三维立体模型等，而且适用于各种特殊环境，是快速采集建筑物各种信息的最有效手段之一，更成为建筑物，特别是复杂建筑物测绘的理想方法。临潼秦始皇陵现状图、影像图、俑坑军阵位置图、各类兵马俑、兵器立面图、等值线图等均采用了近景摄影测量技术；洛阳龙门石窟崖面测绘则采用了数字近景摄影测量方法，获得等值线图、崖面数字高程模型、数字正射影像图等高精度、多尺度、多模型空间地理信息数据（图4.21）。国内外近景摄影测量方法在建筑物，特别是复杂古建筑物测绘方面的研究、应用不胜枚举，发展前景十分广阔。

图4.19　基辅彼契尔斯基大寺院的钟楼图

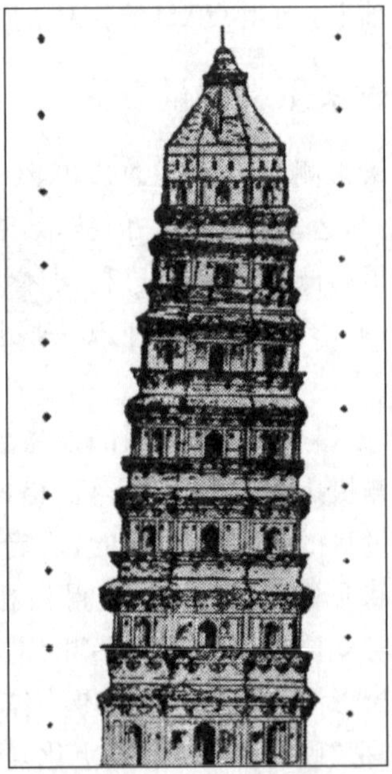

图4.20　云岩寺塔图

图4.21　龙门石窟崖面数字立面正射影像图

摄影（或摄像）采用的摄影（摄像）设备品牌、型号非常多，摄影测量的工作环境、对成果的要求也各不相同。近景摄影测量方法进行建筑物测绘时，应根据已有的设备条件、精度要求、摄影环境等具体情况，制订切实可行的摄影和数据处理技术方案，保证建筑物测绘的产品质量。

4.5.3　三维激光扫描测量方法

三维激光扫描技术的出现和发展为空间三维信息的获取提供了全新的技术手段。激光测量技术出现于 20 世纪 80 年代，由于激光具有单色性、方向性、相干性和高亮度等特性，克服了传统测量技术的局限性。该技术采用非接触主动测量的方式直接获取高精度的三维数据，能够对任意物体进行扫描，且没有白天和黑夜的限制，它的出现引发了现代测量技术的一场革命。激光扫描技术在工业模具设计和制造方面，特别是在逆向工程中，已经有了广泛的应用。随着激光扫描设备和测量技术的不断发展，激光扫描测量技术开始应用于测绘领域。特别是近年来，随着三维激光扫描测量技术在测量精度、空间解析度等方面的进步和价格的降低，以及计算机三维数据处理技术、计算机图形学、空间三维可视化等相关技术的发展和对空间三维场景模型的迫切需求，三维激光扫描测量技术以其扫描速度快、数据采集效率高、信息提取的自动化程度高、表达对象细节信息能力强、主动性强、受环境条件影响小、能部分穿透水体等特点，成为实时、快速、高精度、大容量获取全数字特征的空间数据的重要手段，越来越多地用于获取被测物体表面的空间三维信息，其应用领域日益广泛。

作为非接触式的主动测量系统，三维激光扫描仪与传统的高精度的点测量方式不同，它采用形测量方式，可以深入到复杂的环境和现场进行扫描操作，并直接将被测物体的三维数据完整地采集到计算机中，使其能在不损伤建筑物的条件下，快速采集建筑物外部表面的精确数据，成为高精度进行建筑物测绘、建立建筑物三维模型，并根据需要在三维模型的基础上绘制建筑物立面图、投影图、等值线图等的理想方法。

1. 三维激光扫描仪的工作原理

三维激光扫描仪利用激光作为光源，对三维目标按照一定的分辨率进行扫描，采用某种与物体表面发生相互作用的物理现象来获取其表面三维信息。原理是利用激光探测技术获取被测目标与扫描中心的距离 S，由精密时钟控制编码器同步测量每个激光脉冲横向扫描角度观测值 α 和竖向扫描角度观测值 θ，则被测点的空间三维几何关系通过一个线元素和两个角元素计算空间点位坐标，空间点位的计算模型为

$$\left.\begin{aligned} X &= S\cos\theta\cos\alpha \\ Y &= S\cos\theta\sin\alpha \\ Z &= S\sin\theta \end{aligned}\right\} \tag{4.4}$$

地面三维激光扫描系统采集到的物体表面点的空间信息是以其自身的坐标系统为基准的，这种坐标系统叫作仪器坐标系统。系统以激光束发射处为坐标原点；Z 轴位于仪器的竖向扫描面内，向上为正；X 轴位于仪器的横向扫描面内；Y 轴位于仪器的横向扫描面内且与 X 轴垂直，如图 4.22 所示。

三维激光扫描仪在采集数据时，内部伺服马达系统精密控制多面反射棱镜的转动，使脉冲激光束沿 X、Y 两个方向快速扫描，实现高精度的小角度扫描间隔、大范围扫描幅度。

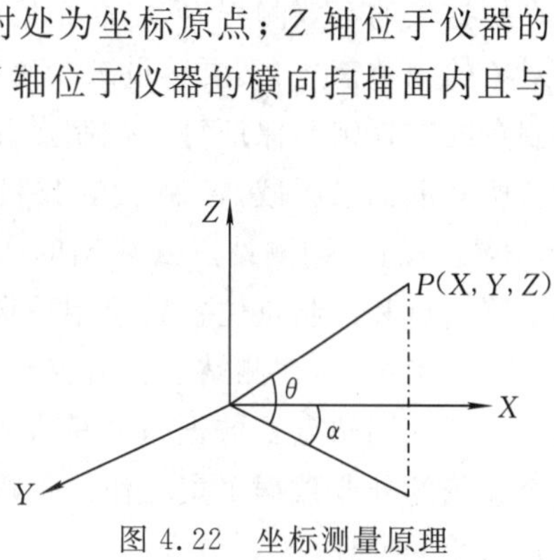

图 4.22　坐标测量原理

三维激光扫描仪经过近几年的发展，在定位精度、测距范围、采样密度和安全性等方面有了较大的改进，相应的测量数据处理软件也越来越完善。表 4.16 列出

了几种国内常用的地面三维激光扫描仪的型号和相应的主要技术指标。

表 4.16　几种国内常用的地面三维激光扫描仪

产品型号	Trimble TX8	VZ6000	ScanStation P20	ILRIS-HD-ER	Imager5010
生产厂家	Trimble(美国)	Riegl(奥地利)	Leica(瑞士)	Optech(加拿大)	Z+F(德国)
扫描类型	脉冲式	脉冲式	脉冲式	脉冲式	相位式
测量范围	0.6～120 m，可扩展至 340 m	5～6 000 m	0.4～120 m	3～1 700 m	0.3～187.3 m
测距精度	<2 mm@100 m	10 mm@150 m	3 mm@50 m 6 mm@100 m	3～4 mm@100 m	1 mm@50m
数据处理软件	Realworks	Riscan Pro	Cyclone	Polyworks	Laser control & light formmodeller
激光等级	1 级	1 级	2 级	1M 级	1 级

2. 数据采集

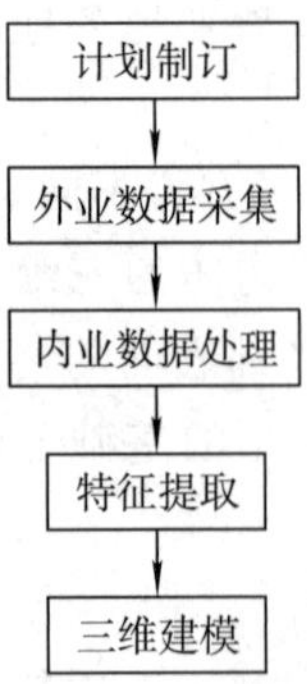

图 4.23　工作流程

地面三维激光扫描系统进行建筑物测绘工作过程大致可以分为计划制订、外业数据采集和内业数据处理等工序(图 4.23)。在具体工作展开之前首先需要制订详细的工作计划，做一些准备工作，主要包括：根据建筑物的形状、高度、所处环境的不同以及精度的具体要求设计一条合适的扫描路线、确定恰当的采样密度、大致确定扫描仪至建筑物的距离、设站数、设站位置等；外业工作主要是采集数据，主要包括：数据采集、现场分析采集到的数据是否大致符合要求、进行初步的质量分析和控制等；内业数据处理是最重要也是劳动强度最大的环节，主要包括外业采集到的激光扫描原始数据的显示，数据的规则网格化，数据滤波、分类、分割，数据的压缩，图像处理与三维建模等。

首先到现场进行踏勘，并根据测区地形特征和测量对象的形态、空间分布，确定扫描测站点和控制点位置的布设方案。一般观测区域体积较大且由于遮挡的原因，一个测站不能获取完整场景的三维信息，往往需要分多测站对目标进行扫描，这就需要将多个测站的扫描数据拼接起来构成完整的模型。因此，在外业扫描过程中要合理安排测站点、控制点的位置和数量。例如，Trimble GX200 与标准目标球和目标板的测量距离一般在 80 m 以内，在恶劣测量环境下，测量距离一般为 30～50 m。对于测站点位置的选择，要根据扫描对象的特点，保证扫描距离在扫描仪的有效测程内，对高精度要求的任务应相对适量减少测程，既要使测量数据包含测量对象的完整信息，又要尽量减少测站数目，以达到减少不同测站数据拼接误差的目的。对于控制点的选择则要保证每一控制点和至少两个其他控制点通视，且控制点通视区域应尽可能包含所有欲扫描区域，控制点的数目一般为 3～5 个，以保证数据拼接的精度。控制点少于 3 个不能进行不同测站点云数据的拼接，多于 5 个，则会延长测量时间，降低工作效率。确定扫描测站点和控制点位置后绘制现场草图，对主要扫描对象进行拍照。

方案确定后，在测站上安置仪器，对选定的扫描区域进行数据采集，具体流程如图 4.24 所示。当某一测站点云数据采集完毕后，将仪器搬到另一测站，继续采集点云数据，直至完成整个场景的外业数据采集工作。最后将扫描的地形点云数据和标靶数据导入数据处理软件，进行后续的处理。

3. **影像数据采集**

影像数据分为辅助影像资料和用于制作正射影像的照片，前者可以根据需要任意拍摄；后者对拍摄角度、图幅大小以及图像分辨率等都有要求，在进行实地拍摄之前必须对建筑物立面做一个整体的划分。

4. **点云数据处理**

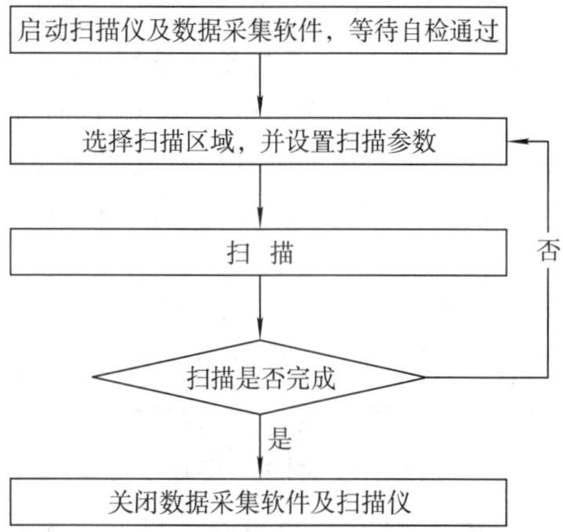

图 4.24　三维激光扫描系统数据采集流程

利用三维激光扫描仪获取的点云数据构建建筑物三维几何模型时，不同的应用对象、不同点云数据的特性，三维激光扫描数据处理的过程和方法也不尽相同。概括地讲，整个数据处理过程包括数据采集、数据预处理、几何模型重建和模型可视化。数据采集是模型重建的前提，数据预处理为模型重建提供可靠精确的点云数据，降低模型重建的复杂度，提高模型重构的精确度和速度。数据预处理阶段涉及的内容有点云数据的滤波、点云数据的平滑、点云数据的缩减、点云数据的分割、不同站点扫描数据的配准等；模型重建阶段涉及的内容有三维模型的重建、模型重建后的平滑、残缺数据的处理、模型简化和纹理映射等。这里着重介绍点云数据平滑去噪、点云数据分割、点云数据精简、点云数据配准。

1)点云数据去噪

对于比较明显的噪声数据如突起点(spikes)或孤立点(isolated points)，这些点一般都是孤立点云数据之外，可采取手工删除的方法剔除孤立点，可利用矩形框选或任意多边形选择工具剔除这些点。

由于三维激光扫描仪获取的点云数据量比较大，手动删除噪声点，劳动强度大，也难免有所遗漏，可利用系统自动判断的方法进行处理。目前自动消除噪声数据的常用方法是曲率法、选高法和距离值法等。

点云数据在采集时可能产生少量的随机误差，可采用平滑方法对随机误差进行平均，得到比较光滑分布的点云。由于平滑算法对原始扫描点做变动，如果控制不当会使某些模型的重构产生失真现象。此类平滑算法主要有平均值法、投影法、高斯算法等。

2)点云数据分割

对于大面积的地表，往往无法用一张数学曲面对其进行表达，因此在基于点云数据的曲面重建中，一个完整的模型通常需要由多张曲面拼接而成，这就要求点云数据曲面重建之前进行分割处理。针对不同的建模对象，数据分割按某种规则将整片数据分割成可以用一张曲面实现表达的子数据，以便在后续的曲面重建中直接对子数据拟合单个曲面片，最终将所有子曲面“缝合”成一个完整的曲面。

数据分割方法主要有基于测量的分割和自动分割两种。前者由操作人员根据测量对象的外形特征，首先将该曲面分成不同的子曲面，然后对曲面上的特征点和特征线进行标记，在此基础上进行测量路径规划，使得不同的子曲面保存在不同的文件中。这种方法比较适合曲面特征明显的对象，而且操作者的水平和经验将对结果影响较大。自动分割有基于边界和基于曲面两种基本方法。基于边界分割首先通过曲面的特征点和特征线来确定相同类型曲面的边界，判断点集处于边界的内外来实现数据分割；基于曲面分割首先将曲面性质相同的点推断出来，然后根据这些点确定其所属的曲面，最后由相邻的曲面决定曲面边界，这种方法往往和曲面的拟合结合在一起，是一种较好的分割方法。

然而在实际应用中，具体的曲面分割方法往往要根据曲面重建的方法来决定，对于像地表这种自由曲面的分割通常按照地表曲率变化情况将其分割成四边形或三边形的曲面片，使得曲面片内部的曲率变化较小，有利于后续的曲面重建。

3)点云数据精简

随着现在测量技术的发展，使用三维激光扫描获取点云数据，可以很容易得到数百万的数据点。大量的点云数据，对数据的处理，如传输、储存、显示等提出了很大的挑战。同时，由于扫描仪的扫描范围有限和扫描目标的复杂性，单站的扫描数据很难得到完整的三维点云模型，必须在不同角度对同一实物进行扫描。这些在不同角度下得到的点云经过配准转换到统一的坐标系后，存在大量重复的点云数据。冗余的数据点会导致计算机运行、存储和操作的低效率，进而影响到后期进行的曲面重构效率和质量，以及对数据进行分析处理的准确性，并且过于密集的点云会影响重构曲面的光滑性，而光滑性在产品外形设计中是非常重要的。因此对点云数据精简问题的研究是非常有意义的，数据精简主要包括数据去冗和数据简化。

4)点云数据配准

原始点云数据是位于多个不同坐标系统下的点云数据的集合，为了得到被测目标的整体空间数据信息，需要对不同测站获取的点云数据进行拼接。点云数据的拼接就是将两个或两个以上坐标系统中的三维点云数据转换到同一个坐标系统中的数学计算过程。目前很多学者在点云数据拼接方面有研究。贝斯尔(Besl)等提出的迭代最邻近点(iterative closest point，ICP)算法是基于刚性配准的经典算法，适用于旋转角度不大情况下的点云数据拼接。Thomas M 详细推导和分析了曲面配准方法中的最邻近点迭代算法。在逆向工程应用中，J-Y Lai 等提出了三个点到三个点、三个球心到三个球心、三个平面到三个平面的配准方法。迭代最邻近点算法要求不同测站的点云数据之间有重叠区域，同时拼接前需要粗校准点云数据；当旋转角度较大时，通过最邻近点算法找到的对应关系存在局限性，导致最后拼接的结果不理想。鉴于迭代最邻近点算法的局限性，对于大场景测量作业，采用三点到三点的拼接方法，在扫描区域中设置控制点，使相邻测站点云数据中至少有三个同名控制点。通过控制点的强制附合，可以将相邻的点云数据统一到同一个坐标系下。对多个测站点云数据进行拼接时，需要将多个点云数据中的控制点组成一个闭合环，可以有效地防止拼接过程中坐标转换误差的积累。

5. 三维建模

完成上述的点云数据处理后，就可以根据提取的有效数据进行建筑物的三维模型重建。复杂建筑物一般采用三角网模型和 NURBS(non-uniform rational b-splines)曲面模型的构建方式。

1)三角网模型

以点云数据为基础，通过将设定距离值内每相邻三点构成一个平面的方式，软件能够自动建立起被测物体的三角网模型。图 4.25 为太和殿北立面的三角网模型。三角网模型可以精确表达不规则物体，但数据量较大。

2)NURBS 曲面模型

由于中国古建筑的结构复杂多样，大木构件并不是完全规则的几何形体，而是存在一定程度的扭曲变形。NURBS 曲面模型的构建过程采用分解组合方式，先将古建筑分解为柱、梁、枋等多种构件，按照每种构件的特点分别进行曲面建模，再把各木构件的单体模型组合在一起，即可得到古建筑大木构架的整体模型。

3)三角网模型的纹理映射

纹理映射是指确定三维立体模型表面与二维纹理图像之间的对应关系，并按照一定算法将二维纹理图像映射到三维立体模型上的技术。纹理映射主要分为两种，即简单映射和严格按照摄影测量投影方式的映射。图4.26为敦煌莫高窟崖壁处理结果。

图4.25　太和殿北立面三角网模型

图4.26　敦煌莫高窟崖壁处理结果

6. 车载式移动测量技术简介

智慧城市、智慧社区是城市发展与建设的重要趋势，有利于提高政府决策的科学性、规范化和民主化水平，使城市规划具有更高的效率、更高的分析能力，更具有准确性、前瞻性、科学性和及时性。城市、社区等空间信息的获取、管理和更新是“智慧城市”的基础，并且空间数据必须具有一定的位置精度、时间精度以及完整的空间坐标和描述形式，其中建筑物三维数据的采集与三维模型的建立是一项主要内容。采用有效手段，实现较大范围内(城市、社区、企事业单位等)满足一定精度要求的建筑物三维空间数据快速采集与三维景观的建模，是智慧城市、智慧社区的迫切需要。移动测图系统——“车载式三维测量系统”，能够有效地解决大范围建筑物三维数据的快速、高精度采集。

车载式三维测量系统将激光扫描仪、DGNSS、CCD相机集成于一体，并研制开发了多源信息复合处理的数据处理软件包，可以实时地完成载体的GNSS定位数据、建筑物的激光扫描数据，以及CCD影像数据的采集。系统中GNSS用来提供基础地理坐标框架数据，激光扫描仪用于获取建筑物立面点云数据，CCD相机用来摄取建筑物立面纹理影像数据，利用后处理软件和三维建模软件对各种数据进行融合处理，从而构建出建筑物真实三维模型，实现建筑物的三维重建。该系统硬件结构如图4.27所示，建筑物数据采集与建模的作业流程如图4.28所示。

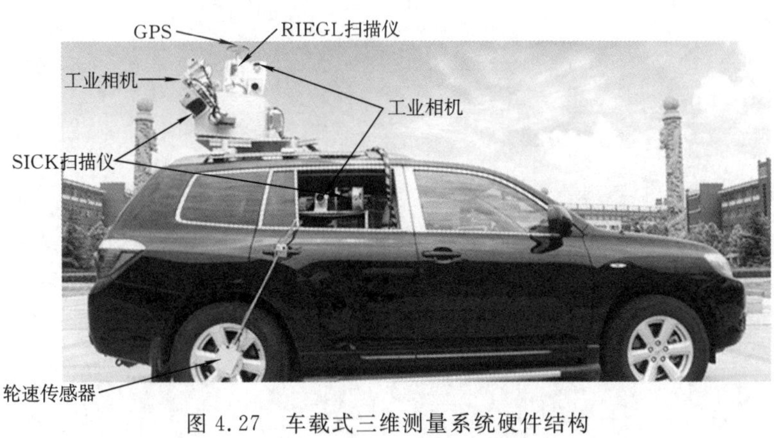

图4.27　车载式三维测量系统硬件结构

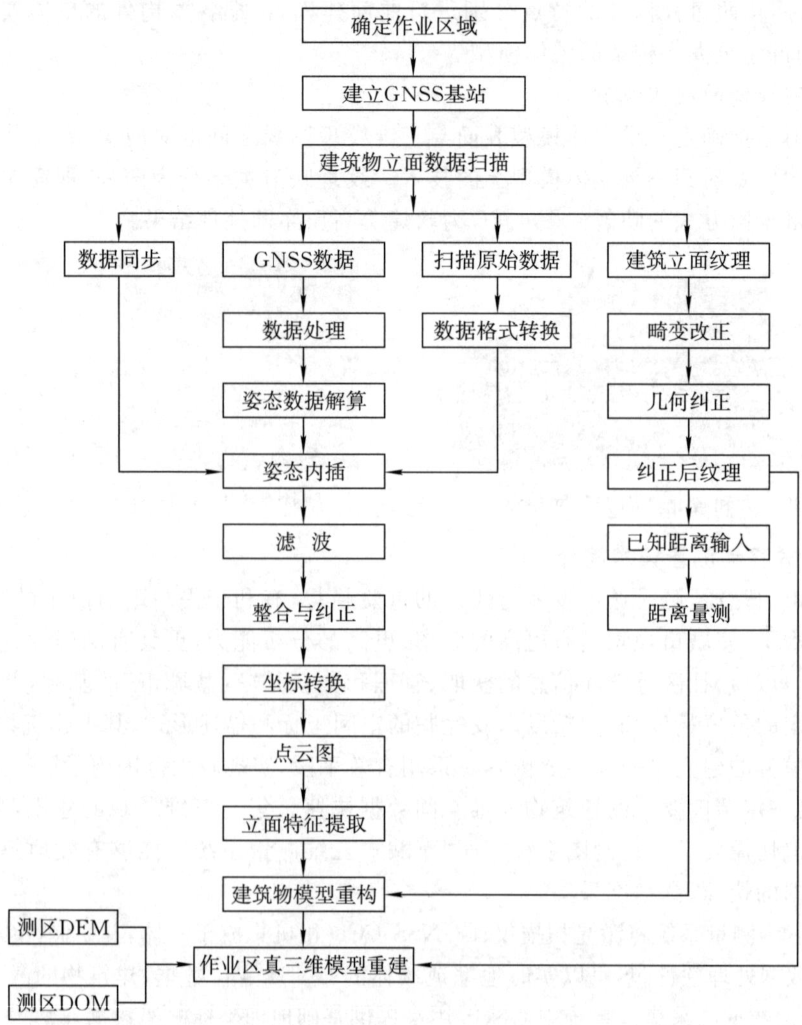

图4.28　车载式三维测量系统作业流程

第2篇

工程建设中的施工测量

第5章 施工控制网的建立

控制网按其用途不同分为两大类，即国家基本控制网和工程控制网。

国家基本控制网的主要作用是提供全国范围内的统一坐标框架。其特点是控制面积大、控制点间距离长，点位的选择主要考虑布网是否有利，不侧重具体工程施工利用时是否有利。它一般分级布设，在我国分为四等。

工程控制网是针对某项工程而布设的专用控制网，它分为测图控制网、施工控制网和变形监测控制网等。

测图控制网是在工程施工前勘测设计阶段建立的，其目的主要是为测绘地形图服务。点位的选择是根据地形条件来确定，并不考虑工程建筑物的总体布置，因而在点位分布和密度上都满足不了后续工程施工的需要。

施工控制网是为工程建筑物的施工放样提供控制，其点位、密度以及精度取决于建设的性质，施工控制网点的精度一般要高于测图控制网，它具有控制范围小、控制点的密度大、精度要求高、受施工干扰大等特点。施工控制网与国家或城市控制网相比，其最大的不同是：在精度上不一定遵循“由高级到低级”的原则。例如，厂区施工控制网主要是为工业厂区各工程建筑物的布局放样而建立的，而对于车间或厂房，其细部放样的精度要求更高，这样就存在厂房矩形控制网比厂区控制网要求更高的精度。

变形监测控制网是在施工及运营期间为监测建筑工程的变形状况而建立的控制网。

由于平面坐标是相对于几何参考面，而高程是相对于物理参考面，因而，控制网点位的表述通常是分解为平面坐标和高程坐标两个方面，故工程控制网应包括平面控制网和高程控制网。本章将从施工控制网精度确定的一般方法、投影变形和坐标系的选择、施工控制网的设计，以及典型工程施工控制网布设等方面进行阐述。

5.1 控制网精度确定的一般方法

工程建筑物的放样是工程测量的重要组成部分。它的目的是把图纸上已设计好的各种工程建筑物、构筑物，按照设计的要求测设到相应的地面上，并设置各种标志，作为施工的依据，以衔接和指挥各工序的施工，保证建筑工程符合设计要求。

在建筑施工中，测量工作将贯穿整个施工过程的各个阶段。从准备工作开始，就需要进行场地平整、建立施工控制网；根据施工控制网进行建筑物放样；为了解基础沉降情况，在施工过程中及建筑物使用期间，还要进行沉降观测；为了便于建筑物使用过程中的管理、维修、扩建等，建筑工程完工时，应做竣工测量。由此可见，建筑施工的全过程是离不开测量的，它对保证工程质量和施工的规范化都起着重要作用。

现代工业建设规模一般都很大，各种建(构)筑物种类繁多，分布很广，因而建筑场地的占地面积较大，有时可达到几平方千米，甚至几十平方千米，工程测量的任务十分繁重。工程施工中的测量工作与其他的一般测量工作不同，它要求与施工进度配合及时，满足施工的需要。

我们知道，原有的测图控制网在布点和施测精度方面主要考虑满足测绘大比例尺地形图的需要，不可能考虑将来建筑物的分布及施工放样对点位的布设要求。因此，在施工期间这些测量控制点大部分会遭到破坏，即使被保留下来的，也往往不能通视，无法满足施工测量的需要。因此，工业企业建筑物在施工之前都要在原有测图控制网的基础上建立施工控制网。我国的许多大型钢铁联合企业和石化企业，如武汉钢铁公司、包头钢铁公司、马鞍山钢铁公司、宝山钢铁总公司和上海石化总厂等，在工程施工之前都建立了施工控制网。实践经验说明，建立施工控制网，为工程建筑物的放样提供了一个合理的测量控制基础，对工程建筑物的施工十分有利。

工程建筑物放样的程序，应遵守"由总体到局部"的原则，即首先在现场定出建筑物的轴线，然后再定出建筑物的各个部分。采用这样一种放样的程序，可以免除因建筑物众多而引起放样工作的紊乱，并且能严格保持所放样各元素之间存在的几何关系。如放样工业建筑物，首先放出厂房主轴线，再确定机械设备轴线，然后根据机械设备轴线，确定设备安装的位置。又如放样大坝，首先放出大坝的主轴线，然后再放样各坝段轴线，根据坝段轴线再放出坝段每层的形状、尺寸等。

工程建筑物主轴线放样的精度要求，主要根据建筑物的性质、与已有建筑物的关系，以及建筑区的地形（主要决定工程量的大小）和地质（主要决定建筑物的稳固性）情况来决定。如扩建的工业场地上建筑物的主轴线，要考虑与现有建筑物的联系，而大坝主轴线的放样，主要是考虑地形与地质情况。

当施工控制网仅用于放样建筑物的主要轴线位置时，由于主要轴线位置的放样精度要求并不太高（相对细部放样而言），例如，工业场地上厂房主轴线放样精度为±2 cm。因此，对厂区施工控制网的精度要求也不太高。但是当施工控制网除了用于放样主轴线外，尚需直接用来放样辅助轴线和个别细部结构时，则对施工控制网的精度要求就大大提高。如桥梁的施工控制网，除了用以精密测定桥梁长度外，还要用它来放样各个桥墩的位置，保证其上部结构的正确连接，因此其精度要求就比较高。

施工控制网建立以后，即可进行建筑物轴线的放样。在实际工作中，并不是一次就将场地中所有的建筑物轴线都放样出来，而是按照施工的需要，依次地把它们标定出来。这是因为在施工过程中，设计常有修改，而且也不是所有的建筑物同时施工，过早地放样出来，标桩也不容易保护。

为了使放样工作正确无误，必须要了解设计的内容、性质及其对测量工作的精度要求，认真阅读图纸，了解施工的全过程，并掌握施工现场的变动情况，使测量工作能够与施工密切配合。

在施工阶段，测量工作的任务是直接为施工服务，测量工作的精度主要体现在相邻点位的相对位置上。对于各种不同的建筑物，或对于同一建筑物中各个不同的部分，这些精度要求并不一致，而且往往相差非常悬殊。施工控制网精度的确定，应从保证各种建筑物放样的精度要求来考虑。

正确制订工程建筑物放样的精度要求，是一项极为重要的工作。如果制订得过宽，就可能造成质量事故；反之，若制订得过严，则给放样工作带来不少困难，从而增加放样工作量，延长放样的时间，也就无法满足现代化高速度施工的需要。

建筑物放样时的精度要求，是根据建筑物竣工时对于设计尺寸的允许偏差（即建筑限差）

来确定的。建筑物竣工时的实际误差是由施工误差(包括构件制造误差、施工安装误差等)和测量放样误差所引起的,测量误差只是其中的一部分。为了根据验收限差正确地制订建筑物放样的精度要求,除了具备一定的测量知识外,还必须具备一定的工程知识。

各种建筑物或同一建筑物中不同的建筑部分,对放样精度的要求是不同的。因此,首先遇到的问题是根据哪一个精度要求来考虑控制网的精度。在选择时,应该考虑到施工现场条件与施工程序和方法,分析这些建筑物是否必须直接从控制点进行放样。对于某些建筑物元素,虽然它们之间相对位置的精度要求很高,但在放样时,可以利用它们之间的几何联系直接进行,因而在考虑控制网的精度时,可以不考虑它们。如水利工程中闸门槽位置的放样,其精度要求很高(±0.5 mm),但它不是直接根据控制点进行,而是根据闸门主轴线来放样,所以在考虑控制网的精度时,就可以不考虑这一精度要求。

在确定了建筑物放样的精度要求以后,就可以用它作为起算数据来推算施工控制网的必要精度。此时,要根据控制网的布设情况和放样工作的条件来考虑控制网误差与细部放样误差的比例关系,以便合理地确定施工控制网的精度。

对一般工程,混凝土柱、梁、墙的施工总误差允许为 10～30 mm;对高层建筑物轴线的倾斜度要求高于 1/2 000～1/1 000;钢结构施工的总误差随施工方法不同,允许误差为 1～8 mm;土石方的施工误差允许达 10 cm;对特殊要求的工程项目,其设计图纸都有明确的限差要求。

对于相当多的工程,施工规范中没有具体的测量精度的规定。这时先要在测量、施工、加工制造几方面之间进行误差分配,然后才可知测量工作应达到怎样的精度。

假设设计允许的总误差为 Δ(由极限误差可以导出其中误差 m),而测量的中误差为 m_1,施工的中误差为 m_2,加工制造的中误差为 m_3(如果还有其他重要的误差因素,则应再增加项数)。

若假定各工种产生的中误差相互独立,则可写出

$$m^2 = m_1^2 + m_2^2 + m_3^2 \tag{5.1}$$

式中,只有 m 是已知的,m_1、m_2、m_3 都是待定量。在精度分配处理中,一般先采用“等影响原则”“忽略不计原则”处理,然后把计算结果与实际作业条件对照。或凭经验做些调整(即不等影响)后再计算。如此反复直到误差分配比较合理为止。

根据等影响原则,假定 $m_1 = m_2 = m_3$,则

$$m_1 = m_2 = m_3 = \frac{m}{\sqrt{3}} \tag{5.2}$$

由此求得的 m_1 是分配给测量工作的最大允许偏差,通常把它当作测量的极限误差来处理,从而根据它来制订测量方案。

由“等影响原则”配赋给各方面的允许误差是相同的。这种等量配赋,在实际工作中有时显得不太合理,可能对某一方面说来显得太松了,而对另一方面却显得太紧了。因此常需结合具体条件或凭经验做些调整,以求配赋合理,但要求最终各方面误差的联合影响不超限。

以上我们讨论了“等影响原则”,而另一种误差分析时采用的方法是“忽略不计原则”。如对于桥梁和水利枢纽地区,放样的点位一般离控制点较远,放样不太方便,因而放样误差较大。同时考虑到放样工作要及时配合施工,经常在有施工干扰的情况下高速进行,不大可能用增加测量次数的方法来提高精度。而在建立施工控制网时,则有足够的时间和各种有利条件来提

高控制网的精度。因此在设计施工控制网时，应使控制点误差所引起的放样点位的误差，相对于施工放样的误差来说，小到可以忽略不计，以便为今后的放样工作创造有利条件，这就是我们通常应该遵循的“忽略不计原则”。根据这个原则，对施工控制网的精度要求分析如下：

设 M 为放样后所得点位的总误差，m_1 为控制点误差所引起的误差，m_2 为放样过程中所产生的点位误差，则

$$M=\sqrt{m_1^2+m_2^2}$$

设 $m_1=\frac{m_2}{k}$，则有

$$M=m_2\sqrt{1+\frac{1}{k^2}}\approx m_2\left(1+\frac{1}{2k^2}\right)$$

若令 $\frac{M-m_2}{M}\leqslant 5\%$，可认为 $M\approx m_2$，则有 $\frac{1}{2k^2}\leqslant 0.05$，即 $k\geqslant\sqrt{10}$。因此，在实际工作中通常把

$$m_1=\frac{1}{\sqrt{10}}m_2\approx\frac{1}{3}m_2 \tag{5.3}$$

作为确定控制网的点位精度。

5.2　投影变形与坐标系的选择

目前，我国国家大地测量控制网依高斯投影方法按6°带或3°带进行分带和计算。对工程测量，一般也采用高斯投影方法，这样既与国际惯例一致，也便于利用国家高精度控制点的现有成果。本节将对投影带与投影面的选择、工程平面坐标系的选择，以及不同平面坐标系的转换等问题进行讨论。

5.2.1　投影带与投影面的选择

1. 投影变形分析

控制测量中的投影带和投影面的选择，主要是解决长度变形问题，这种变形主要由两种因素引起。

(1)实测边长归算到参考椭球面上的变形影响，其值 ΔS_1 为

$$\Delta S_1=-\frac{S\times H_m}{R} \tag{5.4}$$

式中，H_m 为归算边高出参考椭球面的平均值，S 为归算边的长度，R 为归算边方向参考椭球法截弧的曲率半径。归算边长的相对变形为

$$\frac{\Delta S_1}{S}=-\frac{H_m}{R} \tag{5.5}$$

由式(5.4)和式(5.5)可计算每千米的长度投影变形值如表5.1所示。

表 5.1　每千米长度投影变形 ΔS_1 与相对投影变形值 $\Delta S_1/S$

H_m/m	10	20	30	40	50	80	100
ΔS_1/mm	−1.6	−3.1	−4.7	−6.3	−7.8	−12.6	−15.7
$\Delta S_1/S$	1/637 000	1/318 500	1/212 000	1/159 000	1/127 400	1/79 000	1/6 370

从表 5.1 可以看出，ΔS_1 值是负值，表明将地面实量长度归算到参考椭球面上时总是缩短的。

(2)将参考椭球面上的边长归算到高斯投影面上的变形影响，其值 ΔS_2 为

$$\Delta S_2 = \frac{1}{2}\left(\frac{y_m}{R_m}\right)^2 \times S_0 \tag{5.6}$$

式中，$S_0 = S + \Delta S_1$，即 S_0 为投影归算边长，y_m 为归算边两端点横坐标平均值，R_m 为参考椭球面平均曲率半径。投影边的相对投影变形为

$$\frac{\Delta S_2}{S_0} = \frac{1}{2}\left(\frac{y_m}{R_m}\right)^2 \tag{5.7}$$

根据式(5.6)、式(5.7)可计算出每千米长度投影变形以及相对投影变形值如表 5.2 所示。

表 5.2　每千米长度投影变形 ΔS_2 与相对投影变形值 $\Delta S_2/S_0$

y_m /km	10	20	30	40	50	80	100
ΔS_2 /mm	1.2	4.9	11.1	19.7	30.7	78.7	133.0
$\Delta S_2/S_0$	1/810 000	1/200 000	1/90 000	1/50 000	1/32 000	1/12 700	1/8 000

从表 5.2 可知，ΔS_2 值总是正值，表明将椭球面上长度投影到高斯面上时总是增大的，且 ΔS_2 值随着 y_m 平方正比而增大，离中央子午线越远，其变形越大。

2. 工程测量投影面和投影带的选择

工程测量控制网不但作为测绘大比例尺地形图的控制基础，更主要是为工程各施工阶段的放样提供依据，这就需要满足施工所需要的精度要求。一般情况下，为了满足测量结果的一测多用，在满足工程精度的前提下，工程中应采用国家统一 3°带高斯平面直角坐标系。

当边长的两次归算投影改正还不能满足工程所需要求时，为保证工程测量结果直接利用的计算方便，可以采用任意带的独立高斯投影平面直角坐标系，归算测量结果的参考面可以自己选定。一般可采用以下三种方法来实现：

(1)通过改变 H_m 从而选择合适的高程参考面，将抵偿分带投影变形，这种方法通常称为抵偿投影面的高斯正形投影。

(2)通过改变 y_m 从而对中央子午线做适当移动，以抵偿有高程面的边长归算到参考椭球面上的投影改正。

(3)通过既改变 H_m 又改变 y_m，以共同抵偿两项归算改正变形。

5.2.2　工程平面坐标系统的选择

在工程控制测量时，根据施工所在的位置、施工范围及施工各阶段对投影误差的要求，可采用以下几种平面直角坐标系。

1. 国家 3°带高斯正形投影平面直角坐标系

由表 5.1 和表 5.2 可知，当测区平均高程在 50 m 以下，且 y_m 值不大于 20 km 时，其投影

变形值 ΔS_1 和 ΔS_2 均小于1.0 cm，这个精度基本可以满足绝大部分线型工程的测图和工程放样的精度要求。因此，在偏离中央子午线不远和地面高程不大的区域，无须考虑投影变形问题，直接采用国家统一的3°带高斯正形投影平面直角坐标系作为工程测量的坐标系，使二者相一致。

2. 抵偿投影面的3°带高斯正形投影平面直角坐标系

在这种坐标系中，仍采用国家3°带高斯投影，但投影的高程面不是参考椭球面而是依据高斯投影长度变形而选择的高程参考面，在这个参考面上，长度变形为零。当采用第一种坐标系时，$\Delta S_1 + \Delta S_2 = \Delta S$，当 ΔS 超过允许的精度要求时，可令 $\Delta S = 0$，即

$$S\left(\frac{y_m^2}{2R_m^2} - \frac{H_m}{R}\right) = \Delta S_1 + \Delta S_2 = \Delta S = 0$$

当 y_m 一定时，由上式可求得

$$H_m = \frac{y_m^2}{2R} \tag{5.8}$$

3. 任意带高斯正形投影平面直角坐标系

在这种坐标系中，仍把地面观测结果归算到参考椭球面上，但投影带的中央子午线不按国家3°带的划分方法，而是依据补偿高程面归算长度变形而选择的某一条子午线作为中央子午线。即保持 H_m 不变，可求得

$$y = \sqrt{2RH_m} \tag{5.9}$$

例如某测区相对参考椭球面的高程 $H_m = 500$ m，为抵偿地面观测值向参考椭球面上归算的改正值，可得 $y = 80$ km，即选择与测区相距80 km的子午线为中央子午线。

4. 具有高程抵偿面的任意带高斯正形投影平面直角坐标系

在这种坐标系中，往往是指投影的中央子午线选在测区的中央，地面观测值归算到测区平均高程面上，按高斯正形投影计算平面直角坐标。这种方法是综合上述2、3两种坐标系长处的一种任意高斯正形投影计算平面直角坐标，因而能更有效地实现两种长度变形改正的补偿。

在上海市磁浮工程和芦洋跨海大桥工程中，由于工程区域内绝对高程和平均高差较小(一般均在20 m以下)，且整个工程线路长度在30 km左右，故均采用了具有高程抵偿面的任意带高斯正形投影平面直角坐标系。

5. 独立平面直角坐标系

当测区控制范围较小时，可不进行方向和距离改正，直接把局部地球表面看作平面，建立独立的平面直角坐标系。这时，起算点坐标及起算方位角最好能与国家网或城市网连测，若连测困难，可自行测定边长和方位角，而起始点坐标可假设。

5.2.3 不同平面坐标系的转换

为了使工程方便地利用现有的资料，使设计得以具体实施，应将施工坐标系统与城市坐标系统或国家坐标系统建立一定的衔接和换算关系。在上海市磁浮工程中，磁浮线路坐标系是采用任意带高斯正形投影平面直角坐标系，选择过磁浮工程线路中间位置的子午线为中央子午线进行高斯投影，投影面为平均高程面，保持 X 坐标轴与上海平面坐标系的 X 坐标轴平行，Y 轴与上海平面坐标系的 Y 坐标轴重合。再经平移，使原点的坐标值保持原上海平面坐标系统坐标值。通过这样的相互转换，使得设计单位在上海平面坐标系中所设计的各项设计坐标

可直接在磁浮铁路坐标系中实施放样。

当大型工程的起点和终点横向距离超过了具有高程抵偿面的任意带高斯正形投影平面直角坐标系所能补偿的范围时，此时应分段建立若干施工坐标系区段。一般来说，在工程设计完成后，根据设计所要求的精度，计算最大投影带区的范围，用图解法在地图上确定每一个施工坐标系区段的位置，根据国家平面直角坐标值，确定其投影带中心位置的大地坐标。在工程坐标系区段衔接处，必须包含足够的重叠部分，这样才能保证整个工程控制点的衔接。在线型工程中，根据分级布网的原则，其首级网点间距大约为 3 km，在重叠部分，应至少各包含首级控制点 3 个（约 6 km 的范围）。对采取区段建立的工程坐标系，其纵坐标和横坐标应以线路的前进方向和垂直其前进方向来确定。在不同的坐标系区段，也应建立相互的坐标转换关系。

在不同坐标系统转换时，必须建立双向转换关系，使每个点在不同坐标系中可自由转换。如在东海跨海大桥工程中，由于在水上、岛上及陆地间建设的不同，设计时采用的坐标系统也不一样，这就更需要在不同的坐标系统间进行数据的转换。

放样要用到控制点，这些控制点或许已具有国家或城市系统的测量坐标。为了放样就必须把所有待放样点的施工坐标（建筑设计坐标）换算成测量坐标或者把控制点的测量坐标换算为施工坐标。总之，在工程测量中经常会遇到坐标转换工作。

如图 5.1 所示，设 i 点的施工坐标为 (A_i, B_i)，测量坐标为 (X_i, Y_i)，则两者间的换算公式为

$$\begin{bmatrix} X_i \\ Y_i \end{bmatrix} = \begin{bmatrix} X_0 \\ Y_0 \end{bmatrix} + \begin{bmatrix} \cos\alpha & -\sin\alpha \\ \sin\alpha & \cos\alpha \end{bmatrix} \begin{bmatrix} A_i \\ B_i \end{bmatrix} \tag{5.10}$$

或

$$\begin{bmatrix} A_i \\ B_i \end{bmatrix} = \begin{bmatrix} \cos\alpha & \sin\alpha \\ -\sin\alpha & \cos\alpha \end{bmatrix} \begin{bmatrix} X_i - X_0 \\ Y_i - Y_0 \end{bmatrix} \tag{5.11}$$

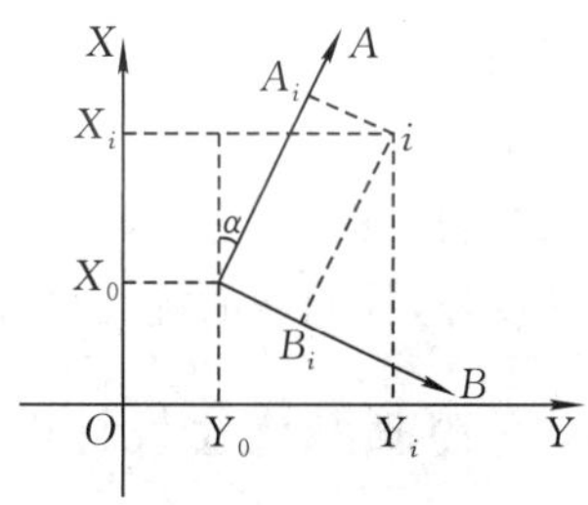

图 5.1　施工坐标与测量坐标的换算

5.3　施工控制网的设计

5.3.1　施工平面控制网的网形

工程施工平面控制网是专门为工程施工放样服务的，根据工程的特点，平面控制网一般有以下几种网形。

1. 导线网

在工程施工控制测量中，导线网形是比较常用的，它包括单一导线和具有一个或多个结点的导线网。网中的观测值是角度（或方向）和边长，其特点是网中各点上的观测方向较少，除结点外只有两个方向，因而受通视要求的限制较小，易于选点和降低觇标高度，甚至不需要造标；它的图形非常灵活，选点时可根据具体情况随时变化；网中的边长都是直接测定的，因此边长的精度较均匀。但导线网中的多余观测数较少，有时不易发现观测值中的粗差，因此可靠性不高，比较适用于障碍物较多的平坦地区或隐蔽地区。

2. 边角网

边角网形指既测边又测角的以三角形为基本图形的平面控制网。目前随着全站仪的发展，测角及测距的精度不断提高，边角网的应用也越来越广泛。其特点是图形简单，网的精度

较高，有较多的检核条件，易于发现观测中的粗差。但在障碍物较多的平坦地区或隐蔽地区布设较困难。

3. GNSS 网

近年来随着 GNSS 定位技术的发展，GNSS 相对定位精度在几十千米的范围内可达到 1/1 000 000～1/100 000，完全可以满足城市二、三等网的精度要求。GNSS 网的网形在很大程度上与使用接收机的数量和作业方式有关。目前，在地铁及公路的建设过程中，首级网的布设大多采用 GNSS 网。

除了以上三种常用的施工控制网形外，目前还有个别工程采用建筑方格网的控制形式。

5.3.2 控制网建立的过程

施工控制网的设计一般经过下列过程：根据建立控制网的目的、要求和控制范围，经过图上规划和野外选点，确定控制网的图形和决定参考基准(起始点)；根据测量仪器条件拟定观测纲要(观测方法和观测值的预期精度)；根据观测所需的人力、物力进行成本预算；根据控制网图形和观测精度进行目标成果的精度估算与分析，并与预定的要求相比较，做必要的方案修正。以上称为控制网的设计工作。然后是付诸实施，埋设标志，建立观测墩(台)和观测标志，按预定纲要进行观测，按观测数据评定观测精度。最后进行成果处理、平差计算及目标成果的精度评定。

在控制网的建立过程中，除了外业测量和内业计算的仪器设备和人员的技术素质作为必要条件以外，控制网的优化设计也起着十分重要的作用。

5.3.3 控制网优化设计的质量标准

控制网的质量是控制网设计的核心和宗旨。用什么标准来衡量控制网的质量好坏，不仅取决于工程的性质和要求，而且取决于标准制定得合理与否。因此，标准的制定对控制网的设计非常重要。而这个标准就是控制网优化设计的质量标准，又称为质量指标或质量准则。

通常，我们用一些数值指标来描述控制网质量的好坏。根据对控制网的要求不同，一般有下列四个方面的质量指标：

——精度。描述误差分布离散程度的一种度量。

——可靠性。发现和抵抗模型误差的能力大小的一种度量。

——灵敏度。监测网发现某一变形的能力大小的一种度量。

——经济。建网费用。

下面将分别对其质量指标做系统的讨论，并对各指标之间的关系及综合指标的制订原则和方法做初步介绍。

1. **精度指标**

精度指标是描述误差分布离散度的一种度量，常用方差或均方根差来描述。

对于一般控制网，均可以用高斯-马尔可夫模型来描述。

$$\left.\begin{aligned} E(\boldsymbol{L}) &= \underset{n\times t}{\boldsymbol{A}}\boldsymbol{X} \\ D(\boldsymbol{L}) &= \sigma_0^2\boldsymbol{Q} = \sigma_0^2\boldsymbol{P}^{-1} \end{aligned}\right\} \tag{5.12}$$

式中，$\boldsymbol{L}$ 是 n 维观测向量；$\boldsymbol{X}$ 为 t 维未知参数向量(通常选择控制网中待定点的高程或坐标作为未知参数）；$\boldsymbol{A}$ 为系数矩阵或设计矩阵；$\boldsymbol{Q}^{-1}=\boldsymbol{P}$，为权矩阵；$\sigma_0^2$ 为单位权方差；$D(\boldsymbol{L})$ 和 $E(\boldsymbol{L})$ 分别为 $\boldsymbol{L}$ 的方差和数学期望。

根据最小二乘原理，式(5.12)的平差结果为

$$\left.\begin{aligned}\hat{\boldsymbol{X}}&=(\boldsymbol{A}^{\mathrm{T}}\boldsymbol{PA})^{-1}\boldsymbol{A}^{\mathrm{T}}\boldsymbol{PL}\\\boldsymbol{D}_{XX}&=\sigma_0^2\boldsymbol{D}_{XX}=\sigma_0^2(\boldsymbol{A}^{\mathrm{T}}\boldsymbol{PA})^{-1}\end{aligned}\right\}\tag{5.13}$$

未知参数的方差矩阵 $\boldsymbol{D}_{XX}$ 或协因数矩阵$\boldsymbol{Q}_{XX}$ 在控制网的精度评定中起着非常重要的作用，所需的各种精度指标都可以由它导出来。因此，可以认为$\boldsymbol{D}_{XX}$ 或$\boldsymbol{Q}_{XX}$ 包含了控制网的全部精度信息，我们称它为控制网的精度矩阵。

显然，用精度矩阵就可以完整地描述控制网的精度情况。但是，就实际应用来说，这样做会带来一些不便。因为我们很难直接地将两个不同的精度矩阵进行比较，判别出哪一个精度高，哪一个精度低。因此，我们总是抽取精度矩阵的一部分信息，定义一些数值指标，以此来作为比较精度高低的标准。

1）整体精度

整体（总体）精度用于评价网的总体质量。因为精度矩阵 $\boldsymbol{D}_{XX}$（或$\boldsymbol{Q}_{XX}$）是一非负定矩阵，其特征值 $\lambda_i(i=1,2,\cdots,t)$ 也必非负，设按大小排列为

$$\lambda_1\geqslant\lambda_2\geqslant\cdots\geqslant\lambda_t\geqslant0$$

常用的标准有

$$\left.\begin{aligned}A_{\text{最优}}:&\quad \mathrm{tr}(\boldsymbol{D}_{XX})=\lambda_1+\lambda_2+\cdots+\lambda_t=\min\\D_{\text{最优}}:&\quad \det(\boldsymbol{D}_{XX})=\lambda_1\times\lambda_2\times\cdots\times\lambda_t=\min\\E_{\text{最优}}:&\quad \lambda_{\max}(\boldsymbol{D}_{XX})=\min\\S_{\text{最优}}:&\quad \lambda_{\max}(\boldsymbol{D}_{XX})-\lambda_{\min}(\boldsymbol{D}_{XX})=\min\end{aligned}\right\}\tag{5.14}$$

2）局部精度

控制网中某一个元素的精度称为网的局部精度，如某一条边长、某一个方向和一个点位等的精度。局部精度均可以看成是未知参数的某个线性函数（即权函数式）

$$\varphi=\boldsymbol{f}^{\mathrm{T}}\hat{\boldsymbol{X}}$$

的精度，即 φ 的方差

$$\sigma_\varphi^2=\boldsymbol{f}^{\mathrm{T}}\boldsymbol{D}_{XX}f\tag{5.15}$$

2. 可靠性指标

可靠性概念是 1968 年荷兰巴尔达（Baarda）针对观测值数据中的粗差提出来的。测量控制网的可靠性指控制网探测观测值粗差和抵抗残存粗差对平差成果影响的能力，它分为内部可靠性和外部可靠性。

1）内部可靠性

内部可靠性指某一观测值中至少必须出现多大的粗差 $\nabla_0 l_i$（下界值），才能以所给定的检验功效 β_0 在显著水平为 α 的统计检验中被发现，这时观测值 l_i 上可发现粗差的下界值为

$$\nabla_0 l_i=\frac{\sigma_{l_i}\delta_0}{\sqrt{r_i}}\tag{5.16}$$

式中，σ_{l_i} 为观测值 l_i 的中误差，δ_0 为非中心参数，r_i 为观测值的多余观测分量。

为了直接进行不同类型观测值的可靠性比较，采用

$$\delta_{0_i}=\frac{\delta_0}{\sqrt{r_i}} \tag{5.17}$$

式中，δ_{0_i} 即为度量观测值内部可靠性的指标。

2）外部可靠性

外部可靠性指无法探测出（小于 $\nabla_0 l_i$），而保留在观测数据中的残存粗差对平差结果的影响，即没有发现的粗差对待估参数的影响。这时，最大残存粗差 $\nabla_0 l_i$ 对平差参数的影响为

$$\nabla_0 \boldsymbol{X}_i=\boldsymbol{Q}_{XX}\boldsymbol{A}^{\mathrm{T}}\boldsymbol{P}\begin{bmatrix}0\\ \vdots\\ \nabla_0 l_i\\ \vdots\\ 0\end{bmatrix} \tag{5.18}$$

由于式（5.18）与基准有关，且使用不便，为此，定义影响因子 $\delta'^2_{0_i}=(\nabla_0 \boldsymbol{X}_i)^{\mathrm{T}}\boldsymbol{Q}_{XX}^{-1}(\nabla_0 \boldsymbol{X}_i)$。

可以证明，$\delta'^2_{0_i}$ 与平差基准无关。由此可以得到

$$\delta'_{0_i}=\delta_0\sqrt{\frac{1-r_i}{r_i}} \tag{5.19}$$

式中，δ'_{0_i} 即为描述不同观测值的外部可靠性指标。

3）多余观测分量

由于内、外可靠性均与 r_i 有关，当显著水平 α 和检验功效 β_0 一定时，它们完全随 r_i 的变化而变化。因此，r_i 可以作为评价内、外部可靠性的公共指标。

$$r_i=(\boldsymbol{Q}_{VV}\boldsymbol{P})_{ii} \tag{5.20}$$

即 r_i 为矩阵（$\boldsymbol{Q}_{VV}\boldsymbol{P}$）主对角线上的元素，称为控制网的多余观测分量。多余观测分量与多余观测数有下列关系

$$r=\sum r_i \tag{5.21}$$

比较式（5.17）和式（5.19），不难发现，多余观测分量值较大的，其内、外部可靠性也一定较好；反之亦然。因此，多余观测分量不仅代表了该观测值在总的多余观测数中所占地位，而且也可以作为可靠性评价中的一个重要量度——局部可靠性。同时，多余观测数 r 越大，表明对发现粗差越有利。因此，我们也可以用多余观测的平均值作为另一可靠性度量——整体可靠性指标，即

$$\bar{r}=\frac{\mathrm{tr}(\boldsymbol{Q}_{VV}\boldsymbol{P})}{n}=\frac{r}{n} \tag{5.22}$$

在控制网设计阶段，根据网的类型，能够对观测值起良好控制的网的多余观测分量应该满足

$$r_i\geqslant 0.2\sim 0.5$$

$$r_i\rightarrow \bar{r}=\frac{r}{n}$$

3. 灵敏度指标

变形观测控制网以灵敏度指标作为其特殊的质量指标，是由变形观测控制网的性质、特点和用途所决定的。我们知道，变形观测控制网的目的就是要证明监测对象是否存在显著变形，

和一般控制网相比较，监测网最主要的特点就是具有周期性和方向性，即通过多期观测来发现建筑物在某一特定方向上的变形。例如，重力坝主要是发现垂直于坝体方向的变形等。而变形观测网的灵敏度则正是用来描述监测网发现变形体在某特定方向上变形的能力。因此，灵敏度应作为变形观测网的主要质量指标，在重复观测中预期可能监测到的最小变形值应满足需要。

4. 经济性指标

用较少的人力、物力实现对控制网的精确性与可靠性要求。

在控制网的设计中，每个基本要求都可以分别作为目标函数。控制网的优化设计是在限定一些其他基本要求的情况下来寻求某一目标函数的极值，如在一定的测量费用(成本)的约束下要求目标成果具有最高的精度，或在精度与可靠性的约束下寻求最低的成本等。

5.3.4　控制网优化设计的分类

控制网优化设计一般分为四类：零类设计(基准问题)，一类设计(图形问题)，二类设计(权比问题)，三类设计(加密问题)。这四类的设计内容可以用参数法平差的函数模型与随机模型来解释，设

$$\left.\begin{aligned}&\text{观测值方程式：}\boldsymbol{V}=\boldsymbol{AX}+\boldsymbol{L},\ \boldsymbol{P}\\&\text{法方程式：}\boldsymbol{A}^{\mathrm{T}}\boldsymbol{PAX}+\boldsymbol{A}^{\mathrm{T}}\boldsymbol{PL}=0\\&\text{协因数矩阵：}\boldsymbol{Q}_{XX}=(\boldsymbol{A}^{\mathrm{T}}\boldsymbol{PA})^{-1}\end{aligned}\right\}\tag{5.23}$$

零类设计为基准(起始数据)的设计，固定参数为 $\boldsymbol{A}$(控制网的图形)和 $\boldsymbol{P}$(观测值的先验精度)，待定参数为 $\boldsymbol{X}$(未知参数，是平面网点的坐标或高程网点的高程)及 $\boldsymbol{Q}_{XX}$(未知参数的协因数矩阵)。本类设计是在控制网图形和观测值的先验精度已定的情况下，选择起始数据使网的精度达到最高。一般方法是按既定的网形和观测精度进行自由网平差，以判断控制网本身的精度，然后在不同参考系之间进行相似变换，以选择一个最优的参考基准，使 $\boldsymbol{Q}_{XX}$ 达到式(5.14)的精度标准。

一类设计为控制网图形的设计，固定参数为 $\boldsymbol{P}$ 和 $\boldsymbol{Q}_{XX}$，待定参数为 $\boldsymbol{A}$。$\boldsymbol{Q}_{XX}$ 能完整地表达控制网成果所能达到的精度，在此作为固定参数即代表对控制网成果精度的全面要求，因此作为固定参数的 $\boldsymbol{Q}_{XX}$ 称为准则矩阵。本类设计为控制网成果的精度要求及观测手段可能达到的精度已定的情况下，优化控制网图形设计，即确定点位的最佳布设和采用最佳的观测方案。

二类设计为观测值权的设计，固定参数为 $\boldsymbol{A}$(控制网图形)和 $\boldsymbol{Q}_{XX}$(准则矩阵)，待定参数为 $\boldsymbol{P}$。本类设计为控制网的图形和网的精度要求已定的情况下，设计观测值的精度，此时应受到观测值权的总和(代表测量费用)的约束、最大权(代表不能超过的最高精度)的约束和可靠性(多余观测的分量不能小于某一定值)的约束。因此观测值权的设计也是最适当的权分配问题，其中包括仪器设备的最佳利用以及各种观测手段的合理组合。

三类设计为控制网改进的设计(加密设计)，固定参数为 $\boldsymbol{Q}_{XX}$ 和部分 $\boldsymbol{A}$、$\boldsymbol{P}$，待定参数为另一部分 $\boldsymbol{A}$、$\boldsymbol{P}$。本类设计用增删部分观测值和改变部分观测值的权，以及增删及移动点位来改善控制网成果的精度。

各类设计划分的简单表示方法如表 5.3 所示。

表5.3 控制网优化设计的分类

分类	固定参数	待定参数
零类设计	$\boldsymbol{A}$、$\boldsymbol{P}$	$\boldsymbol{X}$、$\boldsymbol{Q_{XX}}$
一类设计	$\boldsymbol{P}$、$\boldsymbol{Q_{XX}}$	$\boldsymbol{A}$
二类设计	$\boldsymbol{A}$、$\boldsymbol{Q_{XX}}$	$\boldsymbol{P}$
三类设计	$\boldsymbol{Q_{XX}}$、部分 $\boldsymbol{A}$、$\boldsymbol{P}$	另一部分 $\boldsymbol{A}$、$\boldsymbol{P}$

5.3.5 误差椭圆与相对误差椭圆的理论及应用

设控制网采用参数平差的模型公式(5.23)，从 $\boldsymbol{Q_{XX}}$ 矩阵中取出相应点的元素(Q_{xx}，Q_{xy}，Q_{yy})即可计算该点的误差椭圆三参数为

$$\left.\begin{aligned} e^2 &= \frac{\sigma^2}{2}\left(Q_{xx}+Q_{yy}+\sqrt{(Q_{xx}-Q_{yy})^2+4Q_{xy}^2}\right) \\ f^2 &= \frac{\sigma^2}{2}\left(Q_{xx}+Q_{yy}-\sqrt{(Q_{xx}-Q_{yy})^2+4Q_{xy}^2}\right) \\ \tan 2\theta_0 &= \frac{2Q_{xy}}{Q_{xx}-Q_{yy}} \end{aligned}\right\} \tag{5.24}$$

式中，e 为误差椭圆长半轴；f 为短半轴；θ_0 为长半轴与 x 轴的夹角；σ^2 为单位权方差，实际计算时，由于子样的容量有限，所以只能求其估值 $\hat{\sigma}^2=m_0^2$，单位权中误差的平方 m_0^2 可根据观测时所用的仪器和方法确定。

求得误差椭圆的长半轴 e、短半轴 f 和长半轴与 x 轴的夹角 θ_0 后，即可画出误差椭圆。由误差椭圆用切线垂足法(若要求 φ 方向的误差 m_φ，可垂直于该方向做椭圆的切线，则垂足与原点的连线长度即为 φ 方向的中误差)可求得点位在任意方向的误差大小，以判断要求的精度是否满足。

当我们不需要点位相对于起始点的精度，而需要网中任意两点 I、J 相对位置的精度时，可以绘出其相对误差椭圆来进行分析。

由式(5.23) $\boldsymbol{Q_{XX}}$ 矩阵中 I、J 两点的有关元素可计算 I、J 两点相对误差椭圆的三参数：相对误差椭圆长半轴 E，短半轴 F，以及长半轴与 x 轴的夹角 φ_0。

$$\left.\begin{aligned} E^2 &= \frac{\sigma^2}{2}\left(Q_{\Delta x\Delta x}+Q_{\Delta y\Delta y}+\sqrt{(Q_{\Delta x\Delta x}-Q_{\Delta y\Delta y})^2+4Q_{\Delta x\Delta y}^2}\right) \\ F^2 &= \frac{\sigma^2}{2}\left(Q_{\Delta x\Delta x}+Q_{\Delta y\Delta y}-\sqrt{(Q_{\Delta x\Delta x}-Q_{\Delta y\Delta y})^2+4Q_{\Delta x\Delta y}^2}\right) \\ \tan 2\varphi_0 &= \frac{2Q_{\Delta x\Delta y}}{Q_{\Delta x\Delta x}-Q_{\Delta y\Delta y}} \end{aligned}\right\} \tag{5.25}$$

式中

$$\left.\begin{aligned} Q_{\Delta x\Delta x} &= Q_{x_Jx_J}-2Q_{x_Ix_J}+Q_{x_Ix_I} \\ Q_{\Delta y\Delta y} &= Q_{y_Jy_J}-2Q_{y_Iy_J}+Q_{y_Iy_I} \\ Q_{\Delta x\Delta y} &= Q_{x_Jy_J}-Q_{x_Jy_I}-Q_{x_Iy_J}+Q_{x_Iy_I} \end{aligned}\right\} \tag{5.26}$$

求得 I、J 两点相对误差椭圆的三参数，即可在 I、J 两点中间绘出其相对误差椭圆，它全面反映了 I、J 两点的相对位置精度。用切线垂足法即可求得相对点位在任意方向上的误差大小。

相对误差椭圆在施工测量中应用较广，如可用于隧道贯通误差预计，由零距离两贯通点的相对误差椭圆在贯通面上的投影长度之半即为隧道横向贯通误差。据此可对隧道施工控制网进行设计。

5.3.6　控制网优化设计方法

控制网优化设计有许多不同的方法，其中最常用的是模拟法。

模拟法设计又称试验修正法，对于初步确定的网形与观测精度，模拟一组起始数据与观测值，输入计算机，按间接平差原理与计算方法，组成观测值方程式、法方程式，求逆而得到未知参数的协因数矩阵 $\boldsymbol{Q}_{XX}$，并计算点位误差椭圆和相对误差椭圆的参数，与要求的精度相比较，若结果太好或不满足要求，可以修改设计：① 增加或删去某些观测值；② 改变某些观测值的权。每当设计者输入修改信息后，计算机按序贯公式算出实时矩阵$\boldsymbol{Q}_{XX}$，并显示新的误差椭圆。重复这个过程，直至获得符合各项设计要求的满意设计方案。其工作流程如图 5.2 所示。

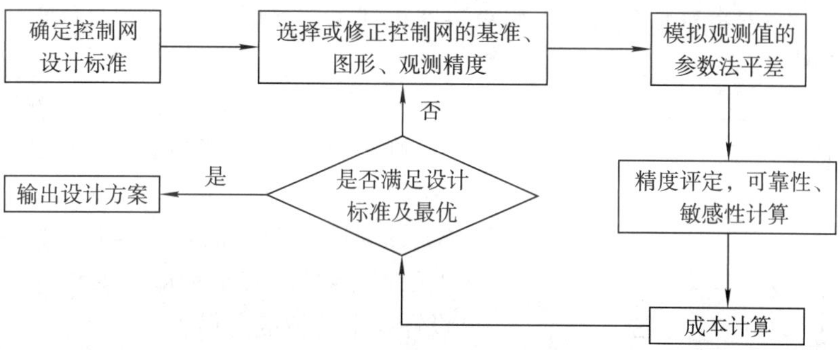

图 5.2　试验修正法设计工作流程

由于控制网设计工作是一个试验修正的反复过程，故采用序贯算法计算实时的坐标协因数矩阵 $\boldsymbol{Q}_{XX}$。

设 $\boldsymbol{A}$ 为初始网形的设计矩阵，$\boldsymbol{P}$ 为观测值权矩阵，则坐标协因数矩阵为

$$\boldsymbol{Q}_{XX}=(\boldsymbol{A}^{\mathrm{T}}\boldsymbol{P}\boldsymbol{A})^{-1}$$

(1)增加或删去某些观测值 $\boldsymbol{l}_t$ 后的坐标协因数矩阵$\boldsymbol{Q}'_{XX}$。

若在原设计网形上增加某组观测值 $\boldsymbol{l}_t$，此时有

$$\boldsymbol{A}'=\begin{bmatrix}\boldsymbol{A}\\ \boldsymbol{A}_t\end{bmatrix},\ \boldsymbol{P}'=\begin{bmatrix}\boldsymbol{P} & 0\\ 0 & \boldsymbol{P}_t\end{bmatrix}$$

式中，$\boldsymbol{A}_t$ 为与$\boldsymbol{l}_t$ 对应的误差方程系数矩阵，$\boldsymbol{P}_t$ 为$\boldsymbol{l}_t$ 的观测值权矩阵，则

$$\boldsymbol{A}'^{\mathrm{T}}\boldsymbol{P}'\boldsymbol{A}'=\boldsymbol{A}^{\mathrm{T}}\boldsymbol{P}\boldsymbol{A}+\boldsymbol{A}_t^{\mathrm{T}}\boldsymbol{P}_t\boldsymbol{A}_t$$

因此，增加 $\boldsymbol{l}_t$ 后的坐标协因数矩阵为

$$\boldsymbol{Q}'_{XX}=(\boldsymbol{A}^{\mathrm{T}}\boldsymbol{P}\boldsymbol{A}+\boldsymbol{A}_t^{\mathrm{T}}\boldsymbol{P}_t\boldsymbol{A}_t)^{-1} \tag{5.27}$$

根据矩阵求逆引理，由式(5.27)得

$$\boldsymbol{Q}'_{XX}=\boldsymbol{Q}_{XX}-\boldsymbol{Q}_{XX}\boldsymbol{A}_t^{\mathrm{T}}(\boldsymbol{P}_t^{-1}+\boldsymbol{A}_t\boldsymbol{Q}_{XX}\boldsymbol{A}_t^{\mathrm{T}})^{-1}\boldsymbol{A}_t\boldsymbol{Q}_{XX} \tag{5.28}$$

同理，删去某组观测值 $\boldsymbol{l}_t$ 后的坐标协因数矩阵为

$$\boldsymbol{Q}'_{XX}=\boldsymbol{Q}_{XX}+\boldsymbol{Q}_{XX}\boldsymbol{A}_t^{\mathrm{T}}(\boldsymbol{P}_t^{-1}-\boldsymbol{A}_t\boldsymbol{Q}_{XX}\boldsymbol{A}_t^{\mathrm{T}})^{-1}\boldsymbol{A}_t\boldsymbol{Q}_{XX} \tag{5.29}$$

(2)改变某些观测值的权后的坐标协因数矩阵 $\boldsymbol{Q}'_{XX}$。

设控制网的原有观测值中有一组观测值（m 个）需要改变权 $\Delta\boldsymbol{P}$，则对于修正后法方程式

系数的组成，可以作为新增加 m 个观测值，其权为 $\Delta \boldsymbol{P}$，其观测值方程式为

$$\boldsymbol{V}=\boldsymbol{AX}+\boldsymbol{l},\ \Delta \boldsymbol{P}$$

则改变观测权后的坐标协因数矩阵为

$$\boldsymbol{Q}'_{XX}=(\boldsymbol{A}^{\mathrm{T}}\boldsymbol{PA}+\boldsymbol{A}^{\mathrm{T}}\Delta \boldsymbol{PA})^{-1} \tag{5.30}$$

根据矩阵求逆引理，由式(5.30)得

$$\boldsymbol{Q}'_{XX}=\boldsymbol{Q}_{XX}-\boldsymbol{Q}_{XX}\boldsymbol{A}^{\mathrm{T}}(\Delta \boldsymbol{P}^{-1}+\boldsymbol{A}\boldsymbol{Q}_{XX}\boldsymbol{A}^{\mathrm{T}})^{-1}\boldsymbol{A}\boldsymbol{Q}_{XX} \tag{5.31}$$

观测值的权改变后的坐标协因数矩阵 $\boldsymbol{Q}'_{XX}$，相当于增加某些权为 $\Delta \boldsymbol{P}$ 的观测值后的坐标协因数矩阵。当增大观测权时，$\Delta \boldsymbol{P}$ 为正；当减小观测权时，$\Delta \boldsymbol{P}$ 为负。

由式(5.27)与式(5.28)或式(5.30)与式(5.31)对比可见，利用序贯公式计算实时的坐标协因数矩阵，可将原来的高阶矩阵求逆化为低阶矩阵求逆，明显提高了设计的计算效率。

为说明施工控制网设计的过程，举例如下：某大桥施工控制网主网由桥轴线12两侧的一个大地四边形和一个三角形所组成，如图5.3所示，其中1点为起始点，α_{12} 为起始方向。主桥桥长为1 340 m，要求桥轴线的边长相对精度达到1/15万(即 $m_{S_{12}}=\pm 8.9$ mm)。拟采用边角网方案建网。

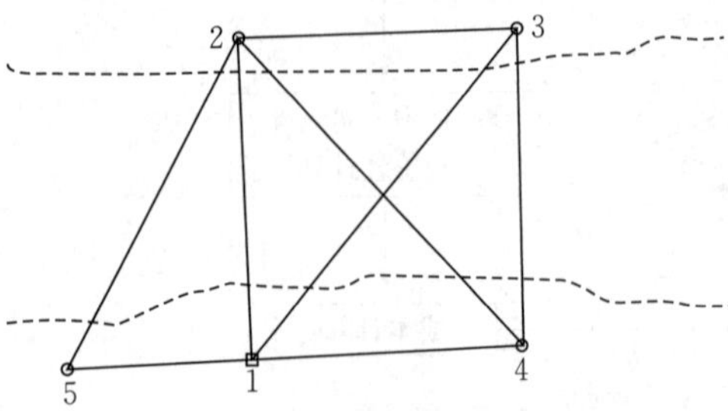

图5.3　某大桥施工控制网主网

初始方案：以2″级经纬仪6测回观测全部方向，测距仪测量全部边长，其中方向观测中误差 $m_0=\pm 1.5''$，测边精度 $m_s=\pm(5\ \mathrm{mm}+5\times 10^{-6}\times S)$，结果1、2两点的相对误差椭圆化为1、2方向上的误差线段，其半长即为 $m_{S_{12}}=\pm 6.2$ mm，比设计要求的精度高得多。

修改设计：降低方向观测精度，以2″级经纬仪4测回观测全部方向，$m_0=\pm 1.8''$，测量全部边长且精度不变，结果 $m_{S_{12}}=\pm 6.6$ mm，仍比设计要求的精度高。

再次修改设计：减少测量 S_{13}、S_{14}、S_{23}、S_{25} 和 S_{34} 五条边长，也即测距仪只测 S_{12}、S_{15} 和 S_{24} 三条边长，方向全测，精度仍为 $m_0=\pm 1.8''$，结果 $m_{S_{12}}=\pm 8.7$ mm，正好满足桥轴线上边长精度±8.9 mm的设计要求。此设计方案即为大桥施工控制网的优化设计方案。当然，如果为了增加保险系数，可继续优化。

由于模拟法设计的计算简单，易于编制设计程序，修改是通过设计人员的分析判断来进行的，因此具有灵活性与可行性。模拟计算结果除了数据以外，还可以利用计算机屏幕或绘图仪的图形(如控制网的图形和点位误差椭圆)显示，有利于设计者的分析判断，设计可以利用“人机对话”的形式进行。

模拟法的缺点是需要较多的计算时间，优化设计方案需要设计多种方案比较或逐步趋近而获得，并且也有可能“漏掉”最优的设计方案。

5.4　典型工程施工控制网布设

施工控制网分为高程和平面控制网。高程控制网为用各种等级的水准测量测定施工场地上的一系列水准点和其他高程控制点的高程，其密度要求安放一站水准仪即能放样所需要放样点的高程。平面控制网的布置形式随工程建筑物的种类而有所不同，本节主要介绍大型桥

梁施工控制网、隧道施工控制网、水利枢纽中的大坝施工控制网、大型工厂企业施工控制网等。而高速铁路控制网的布网方法和精度要求，将在 7.8 节介绍。

5.4.1　桥梁施工控制网的布设

某大型斜拉桥索塔采用 H 型塔，索塔总高为 119.629 m，桥梁总宽度为 36.6 m，施工设计要求：塔柱的倾斜度误差不大于 1/3 000，且塔柱轴线偏差不大于 20 mm，塔柱断面尺寸偏差不大于 20 mm，塔顶高程偏差不大于 10 mm，斜拉索锚具轴线偏差不大于 5 mm，承台处塔柱轴线偏差不大于 10 mm。为确保索塔的施工质量，结合实际情况特制订下述施工控制测量方案。图 5.4 为控制网的基本图形。

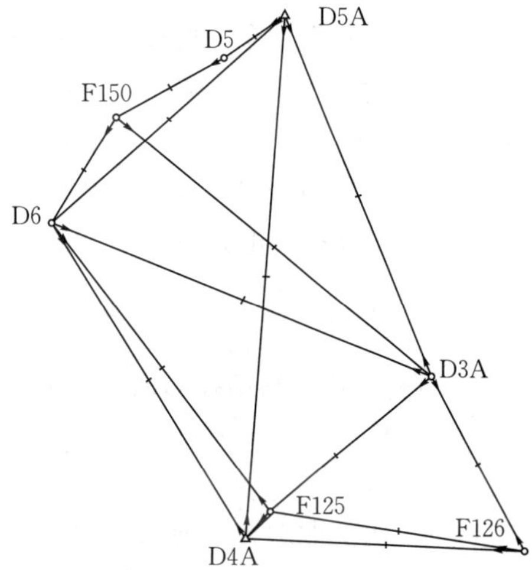

图 5.4　某斜拉桥施工控制网

1. 平面控制点的精度要求

对斜拉桥施工而言，位置精度要求最高的是塔上或梁上斜拉索索导管后锚点的几何位置，因此应从放样这些几何位置中心的允许误差来分析桥梁施工控制网的精度。

根据极坐标法的原理可知

$$m^2 = m_{控}^2 + m_{\alpha}^2 + m_S^2 + m_{标}^2 + m_{对}^2$$

式中，$m_{控}$ 为平面专用控制点的点位误差导致的放样点位的误差，由于控制点位的均匀分布，处于其网形内部的放样点放样距离比控制点间距短，可以认为 $m_{控}$ 即为平面专用控制点的点位误差；$m_{对}$ 为在控制点上架设仪器和棱镜的对中误差，由于使用强制对中装置，可取 $m_{对} \leqslant 0.2$ mm；$m_{标}$ 为放样点的标定误差，为了减弱标定误差，采用专门加工的对中设备，即在机械加工车间内将对中杆底部尖端磨尖，调整并精确测定对中误差，可使 $m_{标} \leqslant 0.5$ mm；m_{α}、m_S 分别为测设极角和极距的误差，且

$$m_{\alpha} = \frac{m_{\beta}}{\rho} \times S$$

$$m_S^2 = a^2 + (b \times S)^2$$

由于专用控制网的施测采用高精度 TCA2003 全站仪，根据其标称精度，取 $m_{\beta} = 0.8''$，$a = 1$ mm、$b = 1 \times 10^{-6}$，$\rho = 206\ 265''$；若在下横梁处建立控制点，则距离 $S \leqslant 300$ m。若要求 $m \leqslant 5$ mm，则

$$m_{控} = \pm 1.56 \text{ mm}$$

因此，索导管平面专用控制网点需满足 ±1.60 mm 的点位精度要求。

2. 投影面的选择和距离归算

1954 北京坐标系采用的是克拉索夫斯基椭球作为参考椭球，该椭球与大地水准面在我国的大部分地区都有较大差异，越往东差异越大，在此施工区域差异约为 57 m。

实测边长首先要归算到克拉索夫斯基参考椭球面上，再投影到高斯平面上，最后得到 1954 北京坐标系中的边长。

(1)归算到参考椭球面上的测距边长度计算公式为

$$D_1 = D'_0\left(1 - \frac{H_m + h_m}{R_A + H_m + h_m}\right)$$

式中，D_1 为归算到参考椭球面上的测距边长度，单位为 m；h_m 为测区高程异常，单位为 m，当 $h_m > 3$ m 时，二等三角网的起算边和三边网的测距边应归算到参考椭球面上；H_m 为测距两端的平均高程，单位为 m；R_A 为参考椭球体在测距边方向法截弧的曲率半径，单位为 m。

取 $H_m \approx 3$ m，$R_A \approx 6\,370$ km，h_m 为该地区大地水准面高出参考椭球面的高差，约为 57 m。此项投影改正为

$$-\frac{3 + 57}{6\,370\,000 + 3 + 57} = -9.4(\text{mm/km})$$

(2)测距边在高斯投影面上长度的计算公式为

$$D_2 = D'_1\left(1 + \frac{y_m^2}{2R_m^2} + \frac{\Delta y^2}{24R_m^2}\right)$$

式中，D_2 为测距边在高斯投影面上的长度，单位为 m；y_m 为测距边两端点横坐标的平均值，单位为 m；R_m 为测距边中点的参考椭球平均曲率半径，单位为 m；Δy 为测距边两端点近似横坐标的增量，单位为 m。

由于该大桥处 1954 北京坐标系中平均 y 坐标约为 500－487＝13 km，Δy 可忽略不计。则此项投影改正为

$$\frac{13\,000^2}{6\,370\,000^2 \times 2} = +2.1(\text{mm/km})$$

由以上两项计算可看出：平均高程约等于 3 m 的地面边长，每千米归算到克拉索夫斯基参考椭球面上，再投影到高斯平面上要改正：－9.4＋2.1＝－7.3(mm)，即由 1954 北京坐标系中控制点的坐标反算的边长比实测平均高程约为 3 m 的高程面上的边长每千米要短 7.3 mm。

(3)归算到特定高程面上的测距边长度的计算公式为

$$D = D'_0\left(1 + \frac{H_p - H_m}{R_A}\right)$$

式中，D 为测区平均高程面上的测距边长度，单位为 m；D'_0 为测距两端点的平均高程面的水平距离，单位为 m；H_p 为特定投影高程，单位为 m；H_m 为测距两端的平均高程，单位为 m；R_A 为参考椭球体在测距边方向法截弧的曲率半径，单位为 m。

取 $H_m \approx 3$ m，$R_A \approx 6\,370$ km，H_p 取主桥桥面平均高程面，即取 25.0 m 为本桥投影高程面，则此项投影改正为

$$\frac{25 - 3}{6\,370\,000} = +3.4(\text{mm/km})$$

综合以上各项改正，1954 北京坐标系中的边长要比 25.0 m 主桥桥面高程面的边长短 10.7 mm/km。

而一般工程平面控制网的坐标系统，在满足测区内投影长度变形值不大于 2.5 cm/km 的要求下，基本能保证各施工构件的顺利安装。本桥采用 1954 北京坐标系实际投影变形为 10.7 mm/km，小于规范要求，以 1954 北京坐标系作为全桥控制坐标系统可以满足要求。

3. 1954 北京坐标系与工程独立坐标系的转换

为方便施工放样，使坐标与里程保持明确的对应关系，使墩位坐标看起来直观明了，减少出错概率，保证施工质量，应将桥梁段 1954 北京坐标系通过坐标旋转、平移转换至以桥轴线为 X 轴，X 值与里程保持一致的桥轴线主桥施工坐标系。同时为保证主桥与整个线路相对位置关系的正确性，应保留本桥在 1954 北京坐标系中的坐标。采用坐标变换的方式，依据设计的墩中心坐标和里程值求出 1954 北京坐标系与独立施工桥轴线坐标系的转换参数，得到两套相对关系固定的坐标系统，主桥施工放样时采用独立施工桥轴线坐标系，需要时可通过转换提供 1954 北京坐标系的坐标。

4. 斜拉桥高程控制网建立

高程控制网为三等水准测量，本桥主要是跨河水准测量难度较大，主要是按下述方法进行连测。

水准点的选点与埋设工作与平面控制网的选点、埋设工作同时进行，主桥每岸选设三个以上水准点（引桥导线点即为水准点），选择在隐蔽、位置稳定和测量方便处，避免车辆及施工影响造成位移变化，保证其使用的长久性、稳定性，做到桥梁施工完毕交付运营后仍能长期作为桥梁沉降观测基准点。

由于跨河的前视、后视的视线长度不能相等且相差较大，同时过河视线又很长，造成仪器 i 角误差及地球曲率和大气折光误差对高差的影响将很大。为消除或减弱上述误差的影响，跨河水准测量将仪器与水准尺在两岸的安置点位布设成平行四边形、等腰梯形或“Z”字形，如图 5.5 所示。当使用两台仪器同时观测时，采用如图 5.5(a)或图 5.5(b)所示的形式。当使用一台仪器观测时，采用如图 5.5(c)所示的形式，图中岸上视线 I_1b_1 与 I_2b_2 的长度相等，且不得短于 10 m。

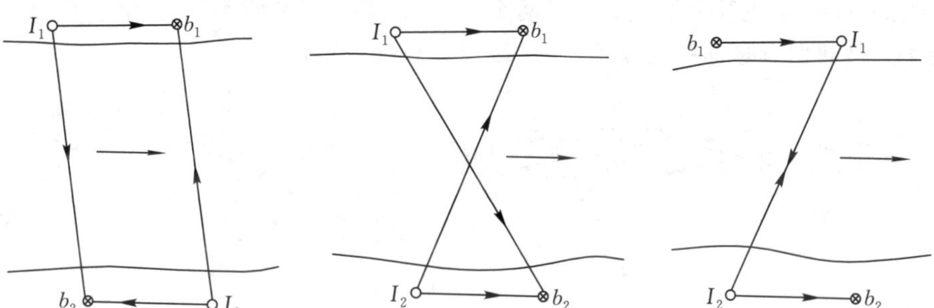

图 5.5　跨河水准测量布设形式

本桥使用尼康 AS-2 水准仪（加测微器精度±0.4 mm/km）采用普通跨河水准测量方法进行测量，双线跨河水准连测，用第三条线路进行复核，将整个水准网构成闭合水准环，并使用徕卡 TCA1800 全站仪 EDM 三角高程对整个高程控制网进行复测，均达到了相应规范精度要求。两种测量方法平差后高程控制网、导线点间误差均小于 3 mm。

5.4.2　隧道施工控制网的布设

隧道施工至少要从两个相对的洞口同时开挖。长隧道的施工需要通过竖向或侧向的通道（竖井、斜井、平硐）增加工作面，加快施工进度。很多工作面同时施工时，测量人员应保证隧道最后正确贯通。隧道施工控制网分为地面网和洞内网两部分。

1. **隧道地面控制网**

隧道施工控制网的地面部分用以确定洞口点、竖井的近井点和方向照准点之间的相对位置，作为洞内控制网的起始数据。网的图形向隧道轴线方向延伸，布网形式常采用狭长的三角网、边角混合网(图 5.6)或环形导线网，目前一般采用 GNSS 控制网。若采用 GNSS 控制网，除了在隧道线路上布设进、出口点以外，还要在每个洞口附近各布设三个及以上定向点，以便于在洞口用全站仪设站时定向。

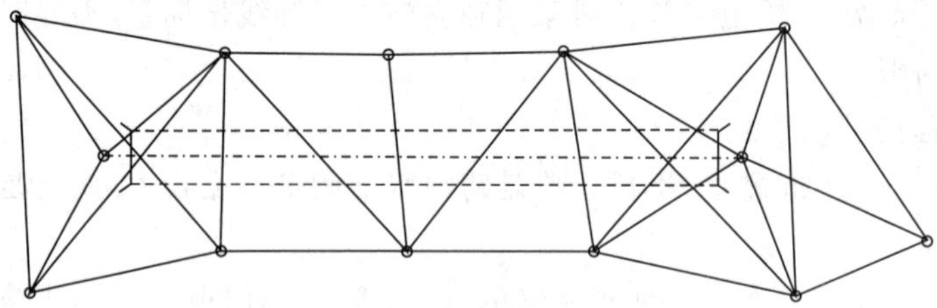

图 5.6 隧道地面控制网

2. **隧道洞内控制网**

隧道洞内狭长形状的空间使洞内控制网的设计没有选择的余地，而只能采用支导线的形式。为了进行检核，一般布设两个等级的导线。在掘进的同时首先布设施工导线，为掘进指明方向，为其他施工提供依据；当隧道掘进至 1～2 km 时，布设边长较长的、具有较高精度的主导线，用于检核及修正施工导线。

在城市地铁工程中，地下导线也常采用如图 5.7 所示的交叉导线，在每设置一个新的导线点时，均由两条交叉导线测得其坐标，当检核无误后，取其平均值作为新点的测量数据。

隧道在曲线部分时，可以跳站(隔一个或几个测站)观测，构成跳点导线，如图 5.8 所示；当隧道在直线部分时，应在每个吊篮上安置两个观测台，形成左右两条导线，最后在新点处交会，它不但能使测量数据有足够的可靠性，还可以提高导线的精度。

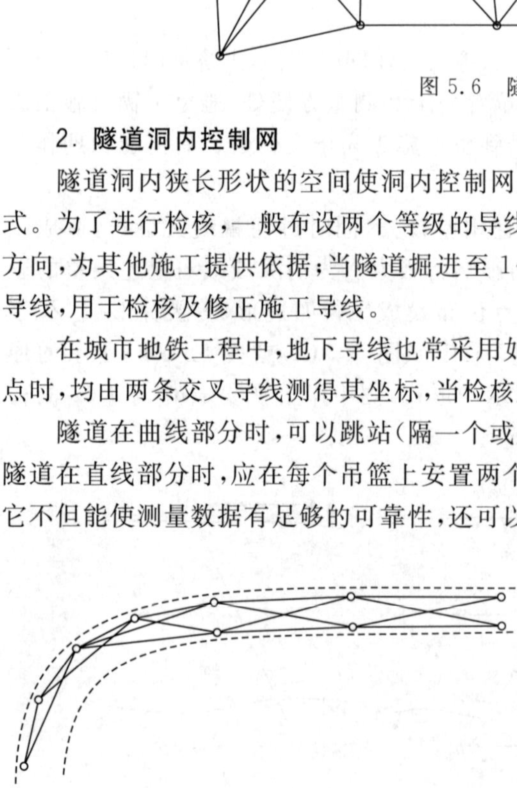

图 5.7 交叉导线

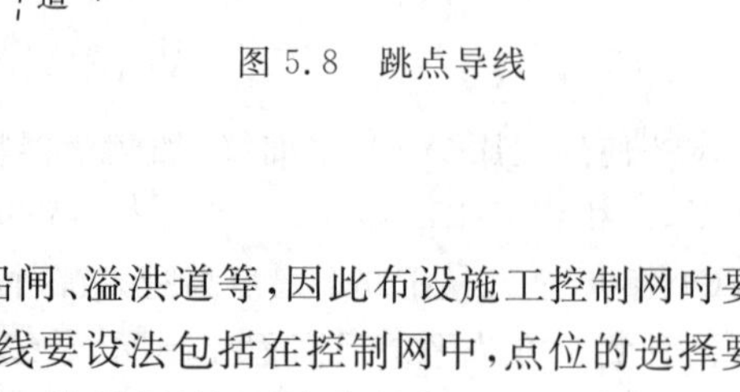

图 5.8 跳点导线

5.4.3 水利枢纽施工控制网的布设

水利枢纽工程除大坝外，还包括发电站机房、船闸、溢洪道等，因此布设施工控制网时要参照设计总平面图统一考虑。大坝轴线是主轴线，轴线要设法包括在控制网中，点位的选择要考虑土质良好、点位能长期保存、便于施工放样的地方，并尽量顾及图形强度。一次布网有困难时，可采用分级布网。首级控制网布得稀疏些，控制范围大些，较多考虑图形强度和点位稳定。在首级控制网下再插网、插点，使点位靠近待建物，便于放样。加密控制网直接为施工放样服务。

由于水利枢纽工程多建在山区，地形复杂，起伏较大，因此宜用边角测量法来建立控制网。

大坝的施工控制网布设在河谷两岸。由于点位分布在不同高度上，有时与近点不通视，而只能与远点通视。因此，控制网的图形往往很不规则又很复杂。

某水电站设计水位 630 m，坝顶高程 640.5 m，最大坝高 232.5 m，水库总库容 64.65 亿 m^3，电站装机容量 3 000 MW，多年平均发电量 96.67 kW · h。枢纽主要建筑物由大坝、水电站厂房、通航建筑物和坝基防渗工程组成。坝址区河谷狭窄，岸坡陡峻，高差在 400 m 左右。

1. 平面施工控制网

平面控制网建立的要求：控制网必须覆盖建筑物施工范围，能满足建筑物的施工要求；控制点尽量避开施工的影响，且通视良好；便于在首级控制网的基础上加密低等级控制点，方便施工放样；控制网点在被毁坏后，能方便恢复；保证控制点的精度能满足要求。

根据建网要求和工程范围、规模以及现场勘查点位选定情况，通过优化设计计算，该施工控制网确定为边角网，由 11 个点组成(图 5.9)，标石类型为普通钢筋混凝土观测墩。在选定的点位上，挖尽覆盖层，去掉强风化层，待观测墩基坑挖好后，在基岩中嵌入 4 根∅12 的钢筋，扎成骨架，使观测墩与基础牢固结合。

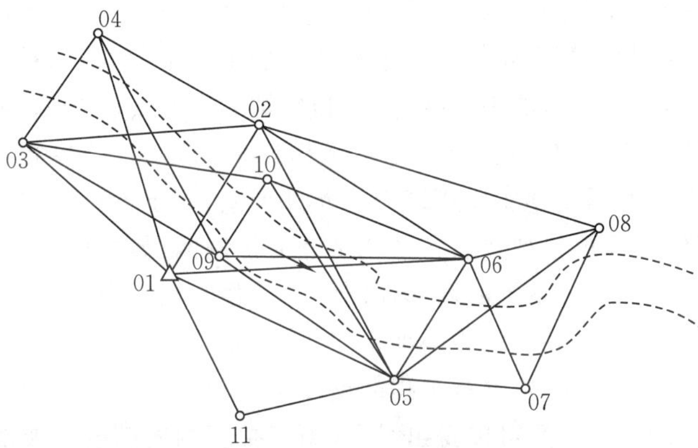

图 5.9 某水电站首级施工控制网

在控制网的施测过程中，严格按照操作规程进行测量工作。为了减少旁折光和地面折光的影响，选择在成像清晰、目标稳定的有利时间进行观测；采用 T3 光学经纬仪按全圆观测法观测 12 测回，分别在上午和下午两个时间段完成。

该控制网共组成 23 个三角形，三角形闭合差全部在规范规定的限差范围内，最大为 ±3.09″，最小为 ±0.24″，按菲列罗公式计算测角中误差 $m = \pm 0.89''$。边长测量采用 WILD DI2002 电磁波测距仪进行测量，采用往返测的方法进行观测，该网共测 25 条边，边长最大相对中误差为 1/372 000，最小为 1/1 017 000，平均边长相对中误差为 1/610 000。

平差计算前，先对所有观测数据进行预处理，外业观测的距离经过仪器加乘常数、气象及球气差改正，边长投影到 640 m 高程面上，以 01 为起算点，坝轴线 01 至 02 的方向为起算方向进行平差计算，从而计算出各点的平面坐标成果。该控制网经平差后的测角中误差为 ±0.77″，最弱点位中误差为 ±3.67 mm，满足设计 ±5 mm 的精度要求。

2. 高程施工控制网

根据工程建筑物分布的范围和高程控制网的特点及施工区交通情况，高程控制网设计为精密水准网，由 10 个点组成，分布在江河两岸，其中 4 点为水准基点，其余 6 点(01、02、06、08、09、10)全部设置在平面控制网观测墩上。根据《水利水电工程施工测量规范》(DL/T 5173—2012)要求，对于混凝土建筑物，高程控制设计必须满足最末级高程控制点相对首级高程控制点的高程中误差，不超过 ±10 mm。

水准测量采用徕卡 NA2+GPM3 水准仪进行观测，在施测过程中，严格按照操作规程进行测量工作，水准观测在标尺成像清晰、稳定时进行，每一测段往返测，测站数均为偶数，水准路线由一个闭合环组成，路线长度为 23 km，闭合差为 4.11 mm。平差后的每千米中误差

$m_0=\pm0.87$ mm，最弱点的高程中误差为±2.05 mm，满足高程误差小于±10 mm的精度要求。

5.4.4　工业厂区施工控制网的布设

对于工业建设来说，由于建筑场地上工程建筑物的种类很多，施工的精度要求也各不相同，有的要求很低，有的则很高。例如，连续生产设备的中心线横向偏差要求不超过1 mm，钢结构的工业厂房钢柱中心线间的距离偏差要求不超过2 mm，管线道路的施工限差相对而言要求较低。建筑施工控制网的精度究竟应该如何确定呢？如果按照工程建筑物的局部精度来确定施工控制网的精度，势必将整个施工控制网的精度提得很高，这就会给测量工作造成很大困难，花费大量的人力和物力。我国的工程测量工作者在总结实践经验的基础上提出，厂区施工控制网的主要任务是用来放样各系统工程的中心线和各系统工程之间的连接建筑物的，例如，放样厂房的中心线、高炉和焦炉的中心线、皮带通廊、铁路和管道等。通过对这些工程中心线的放样，就将这些工程进行了整体定位。厂区控制网的精度应能保证这些工程之间相对位置误差不超过连接建筑物的允许限差，至于各系统工程内部精度要求很高的大量中心线的放样工作，可单独建立各系统工程的控制网，如厂房控制网、高炉和焦炉控制网、设备安装专用控制网等。各系统的局部控制网不是强制地附合在厂区施工控制网上按所谓的"由高级到低级、高级控制低级"的原则加密得到的，而是根据厂区施工控制网放样各系统工程的主要中心线（又称主轴线），进行工程的整体定位，然后以放样的主轴线为基础再建立工程的控制网。由以上的控制关系可以得出，厂区施工控制网的精度主要取决于各系统工程间连接建筑物施工的精度要求。因此，工程施工控制网间不存在一般测量控制网的精度梯度关系。对此，在布设建筑工地施工控制网时，采用分级布网的方案是比较合适的。也即首先建立布满整个工地的厂区控制网，目的是放样各个建筑物的主要轴线。然后，为了进行厂房或主要生产设备的细部放样，再由厂区控制网所定出的各主轴线的基础上，建立厂房矩形控制网或设备安装控制网。

在大型工业厂区建筑工程中，通常采用的厂区控制网的形式有建筑方格网、导线网、边角网和GNSS网等。

建筑方格网是在20世纪50年代作为先进经验从苏联引进我国的，其最大优点是可采用直角坐标法进行细部点放样。在当时由于经纬仪和钢尺是主要的测量工具，在大型厂区建立建筑方格网放样，计算简单，不易出错，确实为施工放样提供了很大的方便，起到了不可替代的作用。

到了全站仪和GNSS接收机已十分普及的今天，建筑方格网由于其图形比较死板，点位不便于长期保存，已逐渐淘汰。相比之下，导线网、边角网特别是GNSS网有很大的灵活性，在选点时，完全可以根据场地情况和需要设定点位。有了全站仪，在一定范围内只要通视都能很容易地放样出各细部点。

1. 平面施工控制网

布置成正方形或矩形格网形式的施工控制网称为建筑方格网。在大型工业厂区如武汉钢铁公司、马鞍山钢铁公司，以及上海宝山钢铁公司，其施工控制网就是采用了建筑方格网的形式。

建筑方格网的布置一般根据建筑设计总平面图并结合现场情况来拟定。布网时应首先选定方格网的主轴线，图5.10为某钢铁公司方格网布设的实例。首级控制网是一个由沿纬Ⅲ路布设的横向长轴线以及与它互相垂直的7条纵向短轴线及一个闭合多边形组成。纵向短轴线与横向长轴线的交点自西向东依次为 $J_{Ⅰ}$、$J_{Ⅱ}$、$J_{Ⅲ}$、甲、$J_{Ⅳ}$、乙、$J_{Ⅴ}$ 等点，闭合多边形处在 $J_{Ⅴ}$ 线以东。本例中的横向长轴线的设计坐标值为 $A=2\ 990$ m（纬Ⅲ路中心线的坐标值为 $A=3\ 000$ m）。纵向轴线 $J_{Ⅳ}$ 的坐标值为 $B=5\ 991$ m，这两条轴线分别被称为主横轴和主纵轴，它们的交点 O_2 的坐标值为 $A=2\ 990$ m、$B=5\ 991$ m。O_2 点定为矩形控制网的坐标起算点，称为原点。其他纵向轴线 $J_{Ⅰ}$、$J_{Ⅱ}$、$J_{Ⅲ}$、甲、乙、$J_{Ⅴ}$ 与横向轴线交点的坐标值分别为 2 600 m、3 430 m、5 050 m、6 990 m、7 910 m。为了能够长期保存横向轴线的两个端点，设计中又将它们向两端延伸。最终横向主轴线的西端点为Ⅰ号点，东端点为Ⅱ号点。主纵轴线的南、北两端点分别为Ⅲ号点和Ⅳ号点。

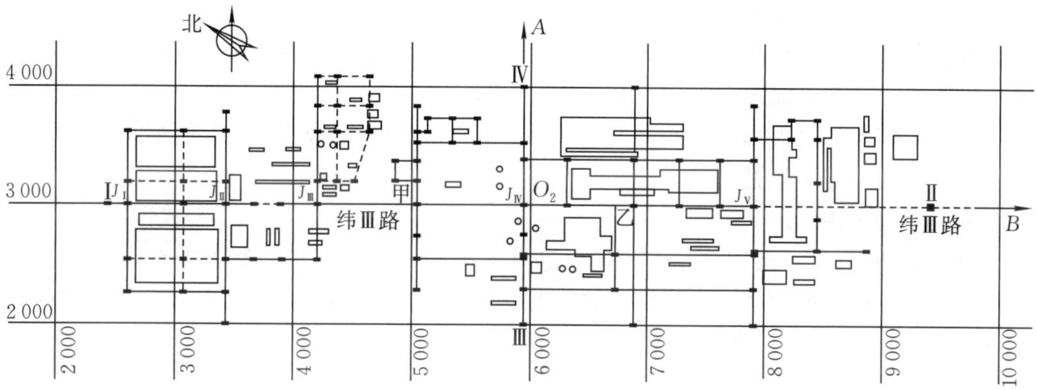

图 5.10　某钢铁公司建筑方格网的布设

由图 5.10 可见，细部方格网是在一级建筑方格网的基础上根据各系统工程建筑物施工放样的需要分期加密布设的，其形状和规格均不一样，主要以各系统工程建筑物施工放样应用方便为原则。一般首级为基本网，可采用“＋”字形、“口”字形或“田”字形，然后再加密或扩展方格网。

如图 5.11 所示，建筑方格网主轴线 AOB 三点采用极坐标法测设出其概略位置，以 A'、O'、B' 表示（图 5.12）。由于误差的存在，A'、O'、B' 一般不在一条直线上，因此要在 O' 点上安置经纬仪，测出 $\angle A'O'B'$，计算归化值 ε，使其调整到一直线上，计算公式为

$$\varepsilon=\frac{S_1S_2}{2(S_1+S_2)}\times\frac{(180-\beta)}{\rho} \tag{5.32}$$

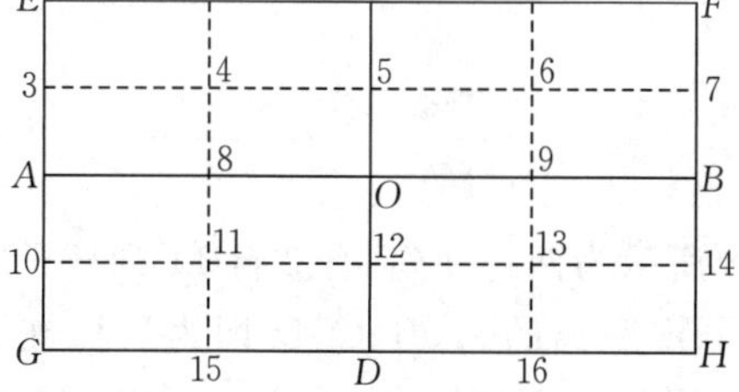

图 5.11　建筑方格网

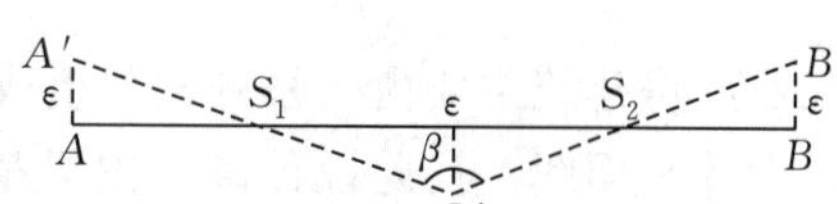

图 5.12　主轴线调整

如图 5.11 所示，在放样了主轴线 AOB 后，仪器架于 O 点并转 90° 即可定出 C、D。主轴线 AOB、COD 经调整后，便可加密 E、F、G、H 各点。在 A、C 两点架设经纬仪，后视 O 点，分别测设 90° 角，两方向线之交点即为 E 点。实测 AE、CE 边长进行检核。用同样方法可以交会

F、H、G 点。在建立了"田"字形方格网后，还需以此加密 1～16 各点。可在 C 点架设经纬仪照准 E 点，按设计要求沿视线精密量距，即可定出点 1。图中细部格网点，如 1、2、3、5、7、8、9、10、12、14、15、16 各点，均可用直线内分法标定，而 4、6、11、13 各点又可用方向线交会法根据已定点加密。当测区范围较大时，也可直接采用 GNSS RTK 法放样方格点。

如果建筑区对施工控制网的精度要求较高，则必须用归化法来建立方格网。首先按以上方法放样各方格点。为了求得一大批方格点的精确坐标，可以采用任何一种控制测量方法，如静态 GNSS、三角、导线、交会等法，也可以联合应用几种方法来测量，然后通过严密平差精确计算出各点的实际坐标。最后将各点的实际坐标和设计坐标比较，求得各方格点的归化量，从而把各方格点归化到设计位置。

首级控制网不一定要具有方格的形状，完全可以用导线、导线网、边角网和 GNSS 网等灵活的形式建立。这样首级控制网中点数不多，点位可以较自由地选择在便于保存并便于使用的地点。随着施工的进展用首级控制网逐步放样出车间的主要轴线，然后从车间主轴线出发建立所需精度的厂房矩形控制网。

2. 高程施工控制网

工程施工期间，对于高程控制点的建立也有明确的要求。高程控制点在精度上应能满足工程施工中高程放样的要求，以及施工期间建筑物基础下沉的监测要求；在高程控制点的密度上，则应以保证施工方便为准。因此，工业建设施工之前除应建立施工控制网以外，还应建立高程控制网。

《工程测量规范》规定，建筑场地上的高程控制网一般分两级布设。首级为三等水准网，控制整个建筑场地。除原有可利用的三等水准点以外，还必须增设新点。在厂区一般相距 400 m 左右应埋设一点。点位应选在距离厂房或高大建筑物(如烟囱、水塔等)25 m 以外，距离震动影响范围不小于 5 m，距离回填土边界线不小于 15 m；第二级高程控制是在三等水准网的基础上加密四等水准网。四等水准点一般不需单独埋设，而与矩形控制网点合二为一。往往是在矩形控制网点的标桩顶面上预先焊上半圆形水准标志，这样做既节约材料，又方便使用。三等水准的标石规格可参见有关规范。

建筑场地的高程控制网应与国家二等水准点进行连测，作为高程起算的依据。三等水准网应整体建立，四等水准网可根据施工放样的需要分区加密，所有高程控制网点应定期进行检查，以监视其是否变动。为此，在建筑场地上还应建立深埋式的水准基准点组，其点数不应少于 3 个。点间的距离宜为 100～200 m，其间的高差应以二等水准测定，并进行复测和稳定性检验。

5.4.5 厂房矩形控制网的布设

工业厂房建筑主要由一系列柱列组成，如图 5.13 所示为两跨并列、有 3 行 11 列柱子的厂房柱列设计平面图。据此设计离外围纵横柱列轴线一定距离的 A、B、C、D 即为厂房施工控制点，组成一个矩形施工控制网。首先，根据厂区控制网的平面控制点，放样出厂房的主要轴线 $M'M$—NN' 和 $Q'Q$—PP'，并要求轴线点在一直线上和相互正交，否则按式(5.32)进行调整；然后根据调整后的轴线点 N、M、Q、P 分别放样出四个角点 A、B、C、D；再根据设计厂房的纵横柱距，放样出各个柱列控制桩(图中用黑圆点表示)。

在厂房施工中，由于待放样的高程点十分密集，为了应用方便，通常在施工区内建立专用的水准零点，水准零点的高程就是厂房地坪的设计高度，这样的水准点称为±0 水准点。由于厂房内设备高程、厂房各部分高程都是以±0 为起始的，故应用±0 水准点进行高程放样十分方便。

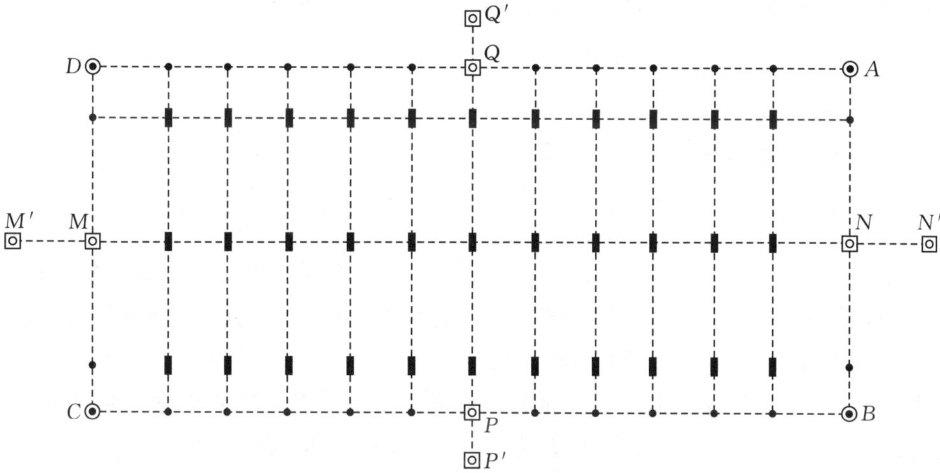

图 5.13　厂房矩形施工控制网

5.5　特殊工程施工控制网的布设

在一些特殊工程中有时要布设形状特殊的控制网，这主要是由工程对控制点的要求所决定的。例如，为了把导轨高精度地安装成一直线，要在导轨旁边设置一系列控制点，这些控制点近似在一直线上。由这些控制点组成的三角网形状就很特殊，即直伸形三角网。对环形加速器工程，要求控制点靠近待放样的磁块，因此众多控制点就构成环形控制网。通常，我们把平面与高程观测数据是分开处理的，而有时需要将空间三维观测数据统一处理，这样的控制网即成为三维网。下面分别介绍它们的布设情况。

5.5.1　直伸形三角网的布设

某工程导轨要求：上下及左右偏离直线之差在 500 m 全长上不超过 0.5 mm，在 1 m 区间内任意三点之间的不直线度误差应小于 0.1 mm（注：每隔 0.5 m 有调节装置，可使导轨做微小的上下、左右调节）。

在 MN 之间增设一些分点，在这些分点之间引张短钢丝。钢丝越短，下垂量越小，抗外界干扰的性能也越好。在 MN 点之间先设置 7 点（A、B、C、D、E、F、G）形成直伸形三角网，如图 5.14 所示，然后进行角度测量并计算它们偏离基准线 MN 的值 y_i，再归化这些点到基准线上去。归化采用微调螺丝进行，误差约为±0.03 mm，所以测定 A、B、C、D、E、F、G 点的精度主要取决于测量这些点 y_i 的精度。

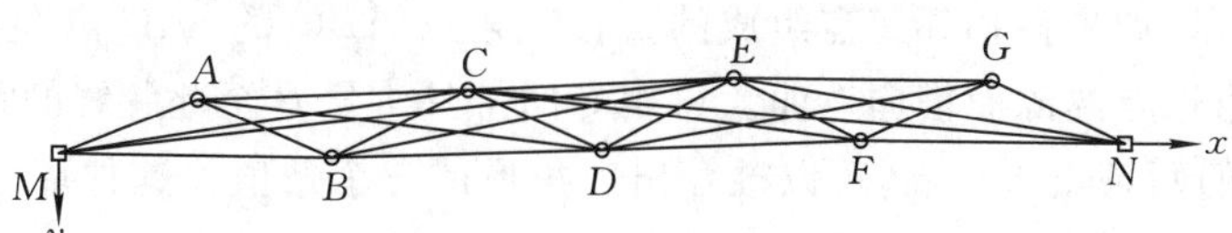

图 5.14　直伸形三角网

初看起来，这是一个附合在两个起始点上的三角网，似乎可以按一般三角网进行平差。但用常规三角网平差程序去计算得不到正常的结果，如果做高斯-牛顿迭代法会发散。因为各点近似在一直线上，传距角接近0°或180°，若按条件平差，则有极条件

$$\sum(\cot A_i \mathrm{d}A_i) - \sum(\cot B_i \mathrm{d}B_i) + w = 0$$

式中，各系数 $\cot A_i$ 或 $\cot B_i$ 接近 $\pm\infty$，因此计算无法进行下去。

若按间接平差，则观测方向的误差方程式为

$$v_{ij} = -\xi_i + \frac{\sin\alpha_{ij}}{S_{ij}}\mathrm{d}x_i - \frac{\cos\alpha_{ij}}{S_{ij}}\mathrm{d}y_i - \frac{\sin\alpha_{ij}}{S_{ij}}\mathrm{d}x_j + \frac{\cos\alpha_{ij}}{S_{ij}}\mathrm{d}y_j + l_{ij} \tag{5.33}$$

当 x 轴与 MN 方向重合时，$\sin\alpha_{ij} \approx 0$，从而会使组成的法方程矩阵是病态的。这时，与观测值有关的常数项微小变化，会引起未知数 $\mathrm{d}x_i$ 的很大变化。也就是说，在这种三角网中无法准确地求得改正数 $\mathrm{d}x_i$，这与几何上的解释相同。

根据分析，再考虑到我们希望用直伸形三角网仅仅求解各待定点的横向偏值 y_i，所以可以把各点经实量求得的 x_i 值当作真值看待。这样式(5.33)即可简化为

$$v_{ij} = -\xi_i - \frac{\cos\alpha_{ij}}{S_{ij}}\mathrm{d}y_i + \frac{\cos\alpha_{ij}}{S_{ij}}\mathrm{d}y_j + l_{ij} \tag{5.34}$$

考虑到 $\cos\alpha_{ij} \approx +1$ 或 -1，所以，式(5.34)实际上还可以简化。

由式(5.34)组成的法方程矩阵性能良好，用它可以可靠地解得各点的 $\mathrm{d}y_i$ 值。由于未知数大大减少了，所以计算也更为方便。实际上二维网化简为一维网了。

实践及理论分析证明，当 $m_\beta = \pm 1''$ 时，用直伸形三角网求得各点横向值的精度将小于全长的 10^{-6}，而且相邻三点之间的直线性的精度很高。

这种直伸形三角网可以有效地用在各种准直工作中，例如，大桥、大坝的横向变形监测、自动化流水线的长轴线或导轨的准直测量等。

5.5.2　环形控制网的布设

通常在高能粒子加速器工程施工中，需要布设环形施工控制网来精确放样贮能环上的磁块等设备并在运行期间观测其变形，一般布设成测高、量边环形三角网或量边环形四边形网。

1. 测高、量边环形三角网

如图5.15所示的环形施工控制网，除了测量相邻点间距外，还测量隔一点的距离。当环的半径较大，n 数值也较大时，在隧道里隔一点后仍可能通视。增加了这么多观测值以后会增加很多校核条件，但后面的分析将证明这么多长度观测值并不能弥补导线的主要缺点——方位角传递误差积累快。如果不仅增加隔点的边长观测，还增加隔点的方向观测，则可望显著改善方位角传递的精度，只是要注意隔点间的连线很可能离隧道壁很近，如果靠近视线有热源，则旁折光会明显降低测角的精度。

如图5.16所示，如果在相邻三点组成的狭长三角形 ABC 的 A、C 点间引张一根弦线，显然这弦线不会因附近有热源而横向弯曲。再用专门工具丈量 B 至此弦线的距离，即 $\triangle ABC$ 之高 h，根据三角形的两条短边和高，可以推算出三角形的三个角值。这种环形三角网实质上是以测边、测高达到高精度测角，控制点的坐标可按导线形式计算。

如图5.16所示，已知 $S_1 = \overline{AB}$，$S_2 = \overline{BC}$，以及高 h，推算 $\triangle ABC$ 中三个角值，计算公式为

$$\left.\begin{aligned}\sin A&=\frac{h}{S_1}\\ \sin C&=\frac{h}{S_2}\\ B&=180^\circ-A-C\end{aligned}\right\}\tag{5.35}$$

微分式(5.35)中第一、二式可得

$$\left.\begin{aligned}\cot A\,\mathrm{d}A&=\frac{\mathrm{d}h}{h}-\frac{\mathrm{d}S_1}{S_1}\\ \cot C\,\mathrm{d}C&=\frac{\mathrm{d}h}{h}-\frac{\mathrm{d}S_2}{S_2}\end{aligned}\right\}\tag{5.36}$$

顾及 $\tan A\approx\frac{h}{S_1}$、$\tan C\approx\frac{h}{S_2}$，代入式(5.36)后可得

$$\begin{aligned}\mathrm{d}A&=\frac{\mathrm{d}h}{S_1}-\frac{\mathrm{d}S_1}{S_1}\times\frac{h}{S_1}\\ \mathrm{d}C&=\frac{\mathrm{d}h}{S_2}-\frac{\mathrm{d}S_2}{S_2}\times\frac{h}{S_2}\\ \mathrm{d}B&=-\mathrm{d}A-\mathrm{d}C\\ &=-\left(\frac{1}{S_1}+\frac{1}{S_2}\right)\mathrm{d}h+\frac{\mathrm{d}S_1}{S_1}\frac{h}{S_1}+\frac{\mathrm{d}S_2}{S_2}\frac{h}{S_2}\end{aligned}$$

由此可得中误差关系式

$$\left.\begin{aligned}m_A&=\rho\sqrt{\left(\frac{m_h}{S_1}\right)^2+\left(\frac{h}{S_1}\right)^2\left(\frac{m_{S_1}}{S_1}\right)^2}\\ m_C&=\rho\sqrt{\left(\frac{m_h}{S_2}\right)^2+\left(\frac{h}{S_2}\right)^2\left(\frac{m_{S_2}}{S_2}\right)^2}\\ m_B&=\rho\sqrt{\left(\frac{1}{S_1}+\frac{1}{S_2}\right)^2m_h^2+\left(\frac{h}{S_1}\right)^2\left(\frac{m_{S_1}}{S_1}\right)^2+\left(\frac{h}{S_2}\right)^2\left(\frac{m_{S_2}}{S_2}\right)^2}\end{aligned}\right\}\tag{5.37}$$

现在可以清楚地看到，在其他条件相同时，h 越小，m_A 也随之变小。

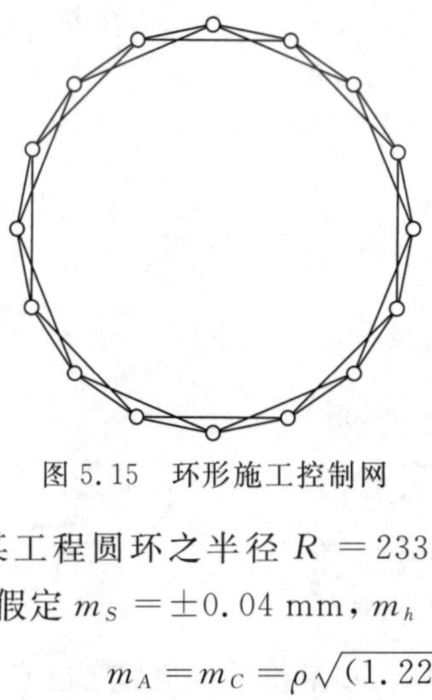

图 5.15　环形施工控制网

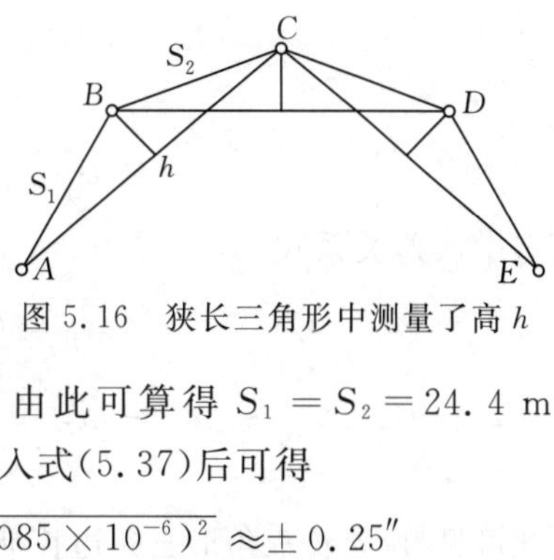

图 5.16　狭长三角形中测量了高 h

设某工程圆环之半径 $R=233.45$ m，$n=60$。由此可算得 $S_1=S_2=24.4$ m，$h=1.28$ m，假定 $m_S=\pm0.04$ mm，$m_h=\pm0.03$ mm，代入式(5.37)后可得

$$\begin{aligned}m_A&=m_C=\rho\sqrt{(1.229\times10^{-6})^2+(0.085\times10^{-6})^2}\approx\pm0.25''\\ m_B&=\pm0.51''\end{aligned}$$

从该例中可见，与 m_h 相比，m_S 对 m_A、m_C 和 m_B 的影响非常小，并顾及 $S=S_1=S_2$，因此实用上完全可以把式(5.37)再简化为

$$\left.\begin{aligned} m_A &\approx \frac{m_h}{S}\times\rho \\ m_C &\approx \frac{m_h}{S}\times\rho \\ m_B &\approx 2\frac{m_h}{S}\times\rho \end{aligned}\right\} \tag{5.38}$$

由上面的分析可得结论：对狭长的三角形，当边长有一定长度，测高的误差很小时，用测高来间接求角值是十分有利的。

下面再分析一下测量狭长三边形底边的作用，设 $D=\overline{AC}$，测量了三边 S_1、S_2 和 D 以后可以推算三角值，即

$$\cos B=\frac{S_1^2+S_2^2-D^2}{2S_1S_2} \tag{5.39}$$

微分式(5.39)可得

$$\begin{aligned} -\sin B\mathrm{d}B &= \frac{S_1\mathrm{d}S_1+S_2\mathrm{d}S_2-D\mathrm{d}D}{S_1S_2}-\frac{(S_1^2+S_2^2-D^2)(S_1\mathrm{d}S_2+S_2\mathrm{d}S_1)}{2S_1^2S_2^2} \\ &= \frac{S_1\mathrm{d}S_1+S_2\mathrm{d}S_2-D\mathrm{d}D}{S_1S_2}-\frac{2S_1S_2\cos B(S_1\mathrm{d}S_2+S_2\mathrm{d}S_1)}{2S_1^2S_2^2} \\ &= \frac{(S_1-S_2\cos B)\mathrm{d}S_1+(S_2-S_1\cos B)\mathrm{d}S_2-D\mathrm{d}D}{S_1S_2} \end{aligned} \tag{5.40}$$

因为

$$\left.\begin{aligned} S_1-S_2\cos B &= D\cos A \\ S_2-S_1\cos B &= D\cos C \end{aligned}\right\} \tag{5.41}$$

又根据三角形面积计算公式直接得到

$$S_1S_2\sin B=Dh \tag{5.42}$$

将式(5.41)和式(5.42)代入式(5.40)并整理后得

$$\mathrm{d}B=(\mathrm{d}D-\cos A\mathrm{d}S_1-\cos C\mathrm{d}S_2)/h$$

对于狭长三角形有

$$\cos A\approx 1$$
$$\cos C\approx 1$$

则

$$\mathrm{d}B=(\mathrm{d}D-\mathrm{d}S_1-\mathrm{d}S_2)/h \tag{5.43}$$

由此可得中误差关系式

$$m_B=\frac{\rho}{h}\sqrt{m_D^2+m_{S_1}^2+m_{S_2}^2} \tag{5.44}$$

设 $h=1.28\text{m}$，$m_{S_1}=m_{S_2}=m_D=\pm 0.04\text{ mm}$，则可得

$$m_B=\pm 11.2''$$

由此可见，用狭长三角形三条边长推求角度的精度不高。丈量狭长三角形底边或者说丈量隔点的距离可提供校核，也有助于减少相邻点的相对点位误差，但不能提高传递方位角的精度。

下面来讨论三边形高的误差方程式。

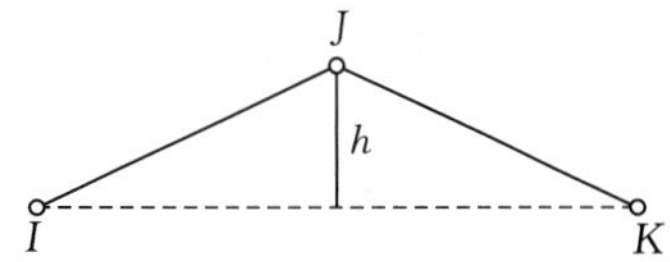

图 5.17　狭长三角形

设有相邻三点 I、J、K 组成一个狭长三角形，如图 5.17 所示。自 J 点量了到 IK 的垂距 h。

按解析几何有 IK 的直线方程式为

$$(x_K-x_I)y-(y_K-y_I)x+(y_K-y_I)x_I-(x_K-x_I)y_I=0$$

J 点到该直线的距离为

$$h=\frac{(x_K-x_I)(y_J-y_I)-(y_K-y_I)(x_J-x_I)}{\sqrt{(x_K-x_I)^2+(y_K-y_I)^2}} \tag{5.45}$$

由此可导得误差方程式

$$\mathrm{d}h=a_1\mathrm{d}x_I+b_1\mathrm{d}y_I+a_2\mathrm{d}x_J+b_2\mathrm{d}y_J+a_3\mathrm{d}x_K+b_3\mathrm{d}y_K+l_h \tag{5.46}$$

式中，$a_1=k\sin\alpha$，$b_1=-k\cos\alpha$，$a_2=-\sin\alpha$，$b_2=\cos\alpha$，$a_3=a_1+a_2$，$b_3=-(b_1+b_2)$；$k=\frac{S_{JK}}{S_{IK}}$；α 为直线 IK 的方位角；$l_h=h_{算}-h_{测}$，$h_{算}$ 为由 I、J、K 三点近似坐标按式(5.45)算得的 h 值，$h_{测}$ 为实测的高。

对 a_1 的推导如下：

已知

$$h=\frac{(x_K-x_I)(y_J-y_I)-(y_K-y_I)(x_J-x_I)}{S_{IK}}$$

式中

$$s_{IK}=\sqrt{(x_K-x_I)^2+(y_K-y_I)^2} \tag{5.47}$$

$$a_1=\frac{\partial h}{\partial x_I}=\frac{-(y_J-y_I)+(y_K-y_I)}{S_{IJ}}-\frac{1}{S_{IK}^2}((x_K-x_I)(y_J-y_I)-(y_K-y_I)(x_J-x_I))\frac{\partial S_{IK}}{\partial x_I} \tag{5.48}$$

由式(5.47)可知 $\frac{\partial S_{IK}}{\partial x_I}=-\frac{x_K-x_I}{S_{IK}}$，代入式(5.48)得

$$a_1=\frac{1}{S_{IK}^3}((y_K-y_J)S_{IK}^2+(x_K-x_I)^2(y_J-y_I)-(y_K-y_I)(x_J-x_I)(x_K-x_I))$$

式中，$S_{IK}^2=(x_K-x_I)^2+(y_K-y_I)^2$，所以

$$\begin{aligned}a_1&=\frac{1}{S_{IK}^3}((x_K-x_I)^2((y_K-y_J)+(y_J-y_I))+(y_K-y_J)(y_K-y_I)^2-\\&\quad(y_K-y_I)(x_J-x_I)(x_K-x_I))\\&=\frac{1}{S_{IK}^3}((x_K-x_I)(y_K-y_I)((x_K-x_I)-(x_J-x_I))+(y_K-y_J)(y_K-y_I)^2)\\&=\frac{S_{JK}}{S_{IK}^2}(y_K-y_I)\frac{(x_K-x_I)(x_K-x_j)+(y_K-y_J)(y_K-y_I)}{S_{IK}S_{JK}}\\&=\frac{S_{JK}}{S_{IK}}\sin\alpha_{IK}(\cos\alpha_{IK}\cos\alpha_{JK}+\sin\alpha_{JK}\sin\alpha_{IK})\\&=\frac{S_{JK}}{S_{IK}}\sin\alpha_{IK}\cos(\alpha_{IK}-\alpha_{JK})\end{aligned} \tag{5.49}$$

如果 $\alpha_{IK}-\alpha_{JK}$ 是小角，则 $\cos(\alpha_{IK}-\alpha_{JK})\approx 1$，所以

$$a_1=k\sin\alpha_{IK}$$

式中，$k=\dfrac{S_{JK}}{S_{IK}}$。

仿此可以推导得出 a_2、a_3、b_1、b_2、b_3 诸多表达式。

对于环形控制网可归纳出下列结论：

(1)在环形隧道控制网中，如能在导线的基础上，高精度测量狭长三角形的高，则可望显著改善方位角的传递精度。这实质上是起到间接高精度测角的作用(h 仍按长度观测值参与平差)。

图 5.18　量边环形四边形网

(2)增加多余观测值，例如，加测隔点的距离及观测隔点的方向，有助于提高相邻点的相对精度。

2. 量边环形四边形网

量边环形四边形网布设如图 5.18 所示，在每个四边形中测量全部边的长度，而不观测角度。四边形网的图形结构比较坚强，也是一种较好的布设方案。但量边的工作量大，需要具备四种不同长度的因瓦线尺。

5.5.3　三维工程控制网

在高山地区或很深的河谷地带，地形引起的垂线偏差可能相当显著。而水平距离、高差、水平方向和竖直角都与测站上的垂线方向有关。由于垂线偏差不精确或被略去，使得它的影响在山区远远大于测角、测距误差的影响。为此，在这种地区布设高精度的工程控制网时，把实测成果按三维网处理可以有效解决这个问题。

对于工程控制网，一般范围较小，因此可以建立局部的三维坐标系。取网中某一点的垂线作为坐标系的 z 轴，与之垂直的平面为 xy 平面。x 轴的方向可以任意选取，或指向北方向，或平行于建筑物的主轴线。在图 5.19 中，$Oxyz$ 是一个左手系，P_i 点为测站点，其垂线的负方向 z' 与坐标轴 z 的交角为 δ，P_k 点为照准点。在 P_i 点上测量了到 P_k 点的斜距 D，天顶距 ξ 和水平方向 α。以 P_i 点为原点，P_i 点的垂线负方向为 z' 轴建立坐标系 $x'y'z'$，其中 x'、y' 轴在 xy 平面上的投影分别平行于 x 轴和 y 轴。在该坐标系中，P_k 点相对于 P_i 点的坐标差为

$$\begin{bmatrix}\Delta x'\\ \Delta y'\\ \Delta z'\end{bmatrix}=D\begin{bmatrix}\sin\xi\cos\alpha\\ \sin\xi\sin\alpha\\ \cos\xi\end{bmatrix}\tag{5.50}$$

式中，α 是 P_i 点到 P_k 点的坐标方位角，$\alpha=\gamma+\omega$，其中 ω 是定向角未知数，γ 是方向观测值。通过坐标旋转，可以把式(5.50)转换到 xyz 坐标系中。

δ 角一般较小，P_i 点与坐标原点的距离每增加 1 km，其值约增大 30″。把 δ 角分解成 x 方向和 y 方向两个分量 δ_x 和 δ_y，如图 5.19 所示。从图上可以看出，$x'y'z'$ 坐标系绕 y' 轴逆时针方向转动 δ_x 和绕 x' 顺时针方向转动 δ_y 就得到一个新的坐标系，它的坐标轴分别平行于 x、y、z。在新坐标系中，P_k 点相对于 P_i 点的坐标差为

$$\begin{bmatrix}\Delta x\\ \Delta y\\ \Delta z\end{bmatrix}=\boldsymbol{R}_2(-\delta_x)\boldsymbol{R}_1(\delta_y)\begin{bmatrix}\Delta x'\\ \Delta y'\\ \Delta z'\end{bmatrix}\tag{5.51}$$

式中，$\boldsymbol{R}_i(\cdot)$ 为绕 i 轴旋转一个角度的旋转矩阵。

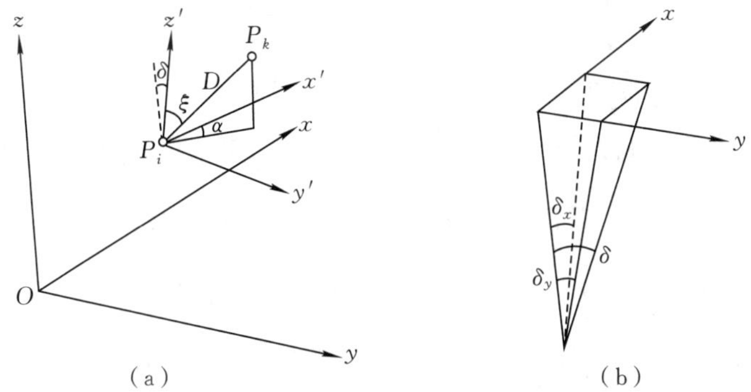

图 5.19　局部三维坐标系

考虑到

$$\boldsymbol{R}_2(-\delta_x)\boldsymbol{R}_1(\delta_y)=\begin{bmatrix}\cos\delta_x & 0 & \sin\delta_x\\ 0 & 1 & 0\\ -\sin\delta_x & 0 & \cos\delta_x\end{bmatrix}\begin{bmatrix}1 & 0 & 0\\ 0 & \cos\delta_y & \sin\delta_y\\ 0 & -\sin\delta_y & \cos\delta_y\end{bmatrix}$$

$$=\begin{bmatrix}\cos\delta_x & -\sin\delta_x\sin\delta_y & \sin\delta_x\cos\delta_y\\ 0 & \cos\delta_y & \sin\delta_y\\ -\sin\delta_x & -\sin\delta_y\cos\delta_x & \cos\delta_x\cos\delta_y\end{bmatrix}\tag{5.52}$$

由于 δ 角很小，式(5.52)可以近似为

$$\boldsymbol{R}_2(-\delta_x)\boldsymbol{R}_1(\delta_y)\approx\begin{bmatrix}1 & 0 & \delta_x\\ 0 & 1 & \delta_y\\ -\delta_x & -\delta_y & 1\end{bmatrix}\tag{5.53}$$

把式(5.53)代入式(5.51)，得到

$$\begin{bmatrix}\Delta x\\ \Delta y\\ \Delta z\end{bmatrix}=D\begin{bmatrix}\sin\xi\cos\alpha+\delta_x\cos\xi\\ \sin\xi\sin\alpha+\delta_y\cos\xi\\ \cos\xi-\delta_x\sin\xi\cos\alpha-\delta_y\sin\xi\sin\alpha\end{bmatrix}\tag{5.54}$$

由式(5.54)出发可以列出以下观测误差方程式：

(1)距离观测。

$$\hat{D}^2=\Delta\hat{x}^2+\Delta\hat{y}^2+\Delta\hat{z}^2\tag{5.55}$$

式中，“ˆ”表示平差值。对式(5.55)进行线性化，有

$$v_i=\frac{\Delta x}{D}(\mathrm{d}x_k-\mathrm{d}x_i)+\frac{\Delta y}{D}(\mathrm{d}y_k-\mathrm{d}y_i)+\frac{\Delta z}{D}(\mathrm{d}z_k-\mathrm{d}z_i)-D\times m-(D-D^0)\tag{5.56}$$

式中，D^0 为近似值；$D\times m$ 项是考虑到测距仪可能存在着比例误差而引入的一项改正数，这里 m 是比例因子，如果需要，可以在平差中作为未知数处理。

(2)天顶距观测。

由式(5.54)的第三个方程得

$$\cos\hat{\xi}=\frac{\Delta\hat{z}+\Delta x\times\delta_x+\Delta y\times\delta_y}{\sqrt{\Delta\hat{x}^2+\Delta\hat{y}^2+\Delta\hat{z}^2}} \tag{5.57}$$

线性化得

$$\begin{aligned}v_\xi=&\frac{\Delta x\Delta z}{D^2S}(\mathrm{d}x_k-\mathrm{d}x_i)+\frac{\Delta y\Delta z}{D^2S}(\mathrm{d}y_k-\mathrm{d}y_i)-\frac{S}{D^2}(\mathrm{d}z_k-\mathrm{d}z_i)-\\&\frac{\Delta x}{S}\delta'_x-\frac{\Delta y}{S}\delta'_y-\rho\frac{D\sin\xi}{2R}k-(\xi-\xi^0)\end{aligned} \tag{5.58}$$

式中，ξ^0 是把坐标和垂线偏差 δ_x、δ_y 的近似值代入式(5.57)计算得到的 ξ 的近似值；$S=\sqrt{\Delta x^2+\Delta y^2}$；$\delta'_x$、$\delta'_y$ 为相应于近似值的改正数，在平差中可以作为未知数；$\frac{D\sin\xi}{2R}k$ 为折光系数，可以作为未知数加入平差。

(3)方向观测。

由式(5.54)的第一、第二方程得到

$$\tan(\hat{\alpha})=\frac{\Delta\hat{y}-\Delta z\times\delta_y}{\Delta\hat{x}-\Delta z\times\delta_x} \tag{5.59}$$

线性化后可得到误差方程式

$$v_\alpha=-\frac{\Delta y}{S^2}(\mathrm{d}x_k-\mathrm{d}x_i)+\frac{\Delta x}{S^2}(\mathrm{d}y_k-\mathrm{d}y_i)+\frac{\Delta y\Delta z}{S^2}\delta'_x-\frac{\Delta x\Delta z}{S^2}\delta'_y-(\alpha-\alpha^0) \tag{5.60}$$

式中，$\alpha^0=\arctan\left(\frac{\Delta y^0-\Delta z^0\times\delta_y^0}{\Delta x^0-\Delta z^0\times\delta_x^0}\right)$，上标“0”表示近似值。对于方向观测 γ，式(5.60)中 $\alpha=\gamma+\omega$，误差方程式中还要引入定向角未知数的改正数 $\mathrm{d}\omega$。因此，由式(5.60)可以写出方向观测的误差方程式

$$v_\gamma=-\frac{\Delta y}{S^2}(\mathrm{d}x_k-\mathrm{d}x_i)+\frac{\Delta x}{S^2}(\mathrm{d}y_k-\mathrm{d}y_i)+\frac{\Delta y\times\Delta z}{S^2}\delta'_x-\frac{\Delta x\times\Delta z}{S^2}\delta'_y-\mathrm{d}\omega-(\gamma+\omega^0-\alpha^0) \tag{5.61}$$

对于水平角观测，其误差方程式表示为两个相应方向的误差方程式之差。

有了误差方程式后，按常规方法进行平差计算。一个三维控制网的平差程序也可以用于处理平面控制网和三角高程控制网。对于平面网，设误差方程式的 z 坐标改正数 $\mathrm{d}z=0$；对于高程网，设平面坐标改正数为0。

模拟折光的影响可以根据需要选择不同的方式，一种是整测区用一个未知的 k，另一种是每一个测站有一个 k_i 值。垂线偏差也可以作为未知数处理。当然，引入多少未知数还要取决于观测量的数目，保证可解。

第6章 施工放样的方法和精度分析

施工放样的任务是把图纸上已设计好的各种工程建筑物、构筑物，按照设计的要求测设到相应的地面上，并设置各种标志，作为施工的依据，以衔接和指挥各工序的施工，保证建筑工程符合设计要求。

放样的结果最后是得到实地上的标桩，标桩定在哪里，庞大的施工队伍就在哪里进行打桩、挖土、浇捣混凝土、吊装构件等一系列工作。如果放样出错且没有及时纠正，将会造成极大的损失。如果工地上有好几个工作面同时施工时，正确的放样是确保它们衔接成整体的重要条件。由此可见，工程测量工作者责任重大，应该采取有效措施杜绝工作中的一切错误，并保证施工所需的精度。

在放样前，测量人员首先要熟悉建筑物的总体布置图和细部结构设计图，找出主要轴线和主要点的设计位置，以及各部件之间的几何关系，再结合现场条件、控制点的分布和现有的仪器设备，确定合适的放样方法。

工程建筑物的建筑限差指建筑物竣工之后实际位置相对于设计位置的极限偏差。通常对其偏差的规定是随建筑材料、施工方法等因素而改变。按精度要求的高低排列为：钢结构、钢筋混凝土结构、毛石混凝土结构、土石方工程。按施工方法分，预制件装配式的方法较现场浇灌式的精度要求高，钢结构用高强度螺栓连接的比用电焊连接的精度要求高。

建筑限差按不同的建筑结构和用途，应遵循我国现行标准执行。而特殊要求的工程项目，应根据设计对限差的要求，确定其放样精度。

6.1 坐标法放样

设计图纸所表示的建筑物轮廓或特征点往往是以角点坐标的形式表达的，测量放样就是要在待建的场地上确定设计坐标相对应的位置，并用标桩表示出来。

目前，坐标法放样主要采用两种方式：一种是常用的极坐标法，也就是采用经纬仪＋测距仪或全站仪来放样；另一种是直接采用RTK法放样。

极坐标放样的基本元素为角度和距离。下面先分别介绍一下角度和距离的放样，然后再介绍坐标法点位放样。

6.1.1 角度放样

放样角度实际上是从一个已知方向出发放样出另一个方向，使它与已知方向间的夹角等于预定角值的工作。

设地面上有两个已知点的桩位 A 与 B，待放样的角度为 β，要求在地面上设置一个点 P，使 $\angle BAP=\beta$，如图6.1所示。

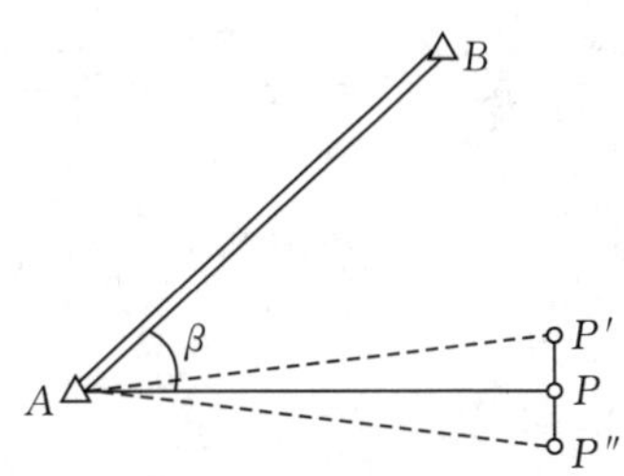

图6.1 角度放样

将经纬仪安置在 A 点，用盘左瞄准 B 点，读取度盘读数；松开照准部向右旋转，当度盘读数增加 β 角值后，在视线方向

上定出 P' 点，然后倒转望远镜（盘右），再用上述步骤在视线方向上定出另一点 P''，取 P'、P'' 的中点 P，则 $\angle BAP$ 就是要放样的 β 角。

6.1.2　距离放样

距离放样是将图上设计的已知距离在实地上标定出来，即按给定的一个起点和方向标定出另一个端点。当用钢尺放样时，则必须先对设计长度进行尺长 Δl、温度 Δt、倾斜 Δh 这三项改正，然后再用改正后的长度 S' 在现场标定。其改正过程正好与距离测量时相反，即

$$S' = S - \Delta l - \Delta t - \Delta h \tag{6.1}$$

6.1.3　点位放样

工程建筑物的形状和大小，常通过其特征点在实地表示出来，如矩形建筑的四个角点、线形建筑的转折点等。因此，点位放样是建筑物放样的基础。放样点位时应有两个以上的控制点，且已知待定点坐标，通过距离和角度来放样待定点。

极坐标放样在操作上可采用经纬仪＋钢尺（或测距仪）法，也可采用全站仪直接坐标放样法。

1. 经纬仪＋钢尺（或测距仪）法

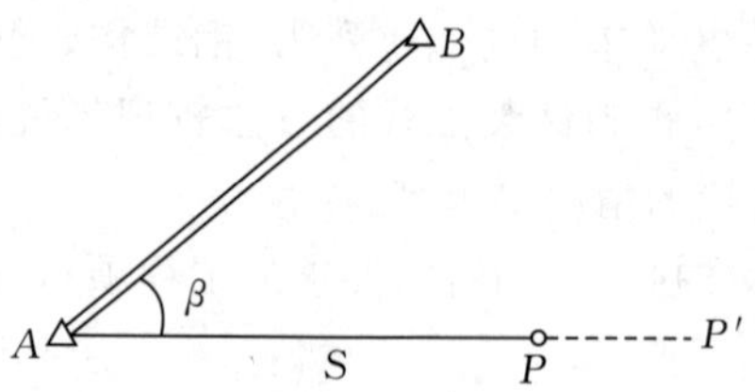

图 6.2　极坐标放样

如图 6.2 所示，设 A、B 为已知点，P 为待放样点，其设计坐标为已知。在 A 点上架设经纬仪，放样一个角 β，在放样出的方向上标定一个 P' 点，再从 A 点出发沿 AP' 方向放样距离 S，即得待定点 P 的位置。用某种标志在实地表示出 P 点的位置。

极坐标法的两个放样元素 β 和 S 由 A、B、P 三点的坐标反算求得，即

$$\beta = \alpha_{AP} - \alpha_{AB} = \arctan\left(\frac{y_P - y_A}{x_P - x_A}\right) - \arctan\left(\frac{y_B - y_A}{x_B - x_A}\right) \tag{6.2}$$

$$S = \sqrt{(x_P - x_A)^2 + (y_P - y_A)^2} \tag{6.3}$$

例　根据已知导线点 A、B，在地面放样设计点 P 的平面位置，如图 6.2 所示。已知点 A、B 和设计点 P 的坐标如下：

$$\left.\begin{matrix} x_A = 2048.600\text{m} \\ y_A = 2086.300\text{m} \end{matrix}\right\}, \quad \left.\begin{matrix} x_B = 2220.000\text{m} \\ y_B = 2100.000\text{m} \end{matrix}\right\}, \quad \left.\begin{matrix} x_P = 2110.500\text{m} \\ y_P = 2332.400\text{m} \end{matrix}\right\}$$

试计算在测站 A，用"极坐标法" 放样 P 点的数据 β 和 S。

解：$\alpha_{AB} = \arctan\dfrac{y_B - y_A}{x_B - x_A} = 4°34'12''$

$$\alpha_{AP} = \arctan\frac{y_P - y_A}{x_P - x_A} = 75°52'54''$$

所以

$$\beta = \alpha_{AP} - \alpha_{AB} = 71°18'42''$$

$$S = \sqrt{(x_P - x_A)^2 + (y_P - y_A)^2} = 253.765\ \text{m}$$

下面分析放样点位的精度。

工程测量工作中常常要做误差分析，而误差椭圆是分析点位误差的好工具。以观测值中误差为基础做出的误差椭圆称为基本误差椭圆，以 k 倍中误差为基础做出的误差椭圆称为 k 倍误差椭圆。点位误差落在不同误差椭圆中的概率 P 与 k 的关系见表 6.1。

表 6.1　k 倍误差椭圆及其相应的概率

k	概率 P	k	概率 P
1.0	0.393 5	3.0	0.988 9
2.0	0.864 7	3.5	0.997 8
2.5	0.956 1	4.0	0.999 7

利用误差椭圆可以方便地求出点位在任意方向上的误差大小，它等于误差椭圆在该方向上投影长度的一半；误差椭圆在坐标轴上投影，可得到 m_x、m_y。根据解析几何定理"椭圆的任一对共轭半径平方之和是常数"，则点位精度可写为

$$M = \sqrt{m_x^2 + m_y^2} = \sqrt{a^2 + b^2} \tag{6.4}$$

式中，a、b 分别为椭圆的长半轴和短半轴。

由图 6.3 的误差椭圆可以看出共轭半径：$a = \dfrac{\Delta_1}{\sin\theta}$，$b = \dfrac{\Delta_2}{\sin\theta}$，所以点位误差为

$$M = \sqrt{a^2 + b^2} = \frac{\sqrt{\Delta_1^2 + \Delta_2^2}}{\sin\theta} \tag{6.5}$$

式中，θ 为共轭半径间的夹角。

对于极坐标法放样，由图 6.4 可得 $\Delta_1 = \dfrac{m_\beta}{\rho}S$，$\Delta_2 = m_S$，$\theta = 90°$，则点位 P 的精度为

$$M_P = \sqrt{\left(\frac{m_\beta}{\rho}S\right)^2 + m_S^2} \tag{6.6}$$

式中，m_S 为距离放样精度，m_β 为角度放样精度。

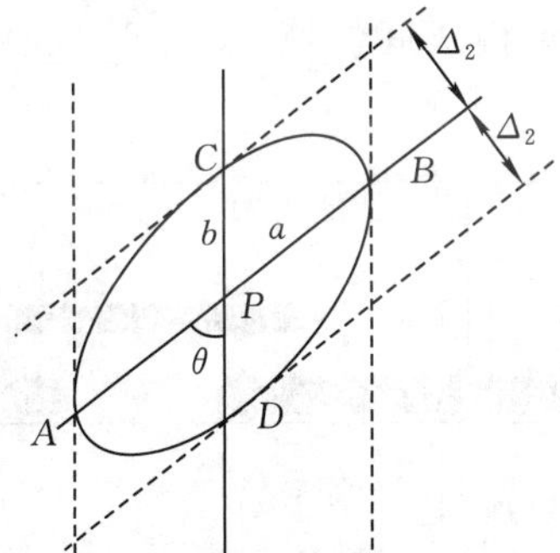

图 6.3　误差椭圆

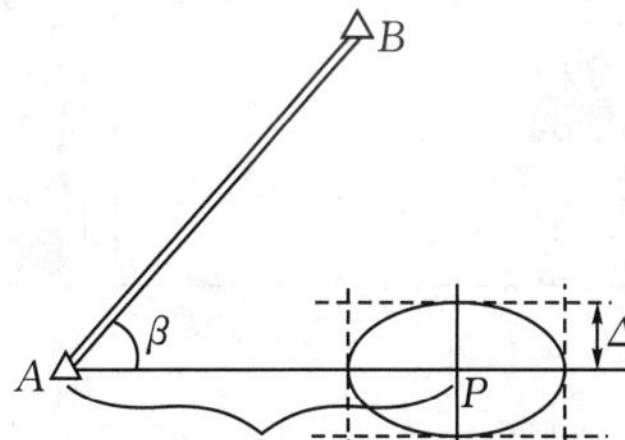

图 6.4　极坐标法定点时的误差椭圆

2. 全站仪坐标放样法

以上极坐标法放样，需要事先根据坐标计算放样元素，而放样元素的计算是要根据仪器架设位置而定的，有时现场仪器的架设位置发生变化，就要重新计算放样元素。而用全站仪坐标放样法，就不需要事先计算放样元素，只要提供坐标就行，而且操作十分方便。

全站仪架设在已知点 A 上，只要输入测站点 A、后视点 B 以及待放样点 P 的三点坐标，瞄准后视点定向，按下反算方位角的定向键，则仪器自动将测站与后视的方位角设置在该方向上。然后按下放样键，仪器自动在屏幕上用左右箭头提示，应该将仪器往左或往右旋转，这样就可使仪器到达设计的方向线上。接着通过测距离，仪器自动提示棱镜前后移动，直到放样出设计的距离，完成点位的放样。

若需要放样下一个点位，只要重新输入或调用待放样点的坐标即可，按下放样键后，仪器会自动提示旋转的角度和移动的距离。

用全站仪放样点位，可事先输入气象元素即现场的温度和气压，仪器会自动进行气象改正。因此，用全站仪放样点位既能保证精度，同时操作又十分方便，无须任何手工计算。

下面以索佳 CX102 全站仪为例，介绍其具体操作。

全站仪放样点位的功能是：根据输入的已知点数据和照准目标时的观测数据，自动计算并显示出照准点和待放样点的方位角差和距离差，如图 6.5 所示，同时也可显示其高差。据此移动目标棱镜，使三项差值为零或在允许范围之内。

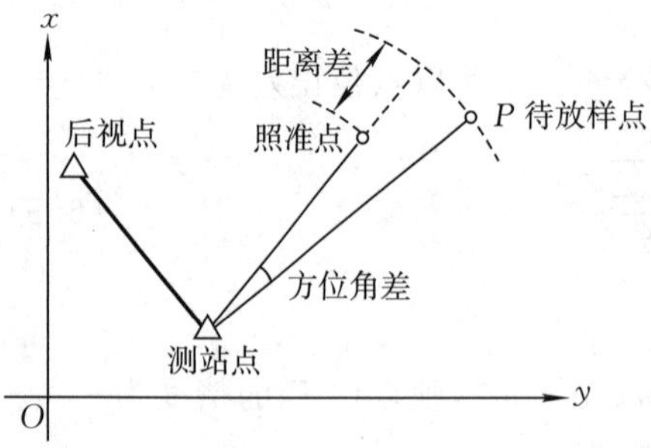

图 6.5　坐标放样测量

在测量模式下，按【放样】键，进入放样测量模式，选取“测站定向”后输入测站数据进入测站数据设置屏幕，输入测站点的三维坐标。按【后视角】键进入方位角定向输入界面，输入后视方位角并照准后视方向，按【OK】键完成后视定向；若按【后视点】键则进入坐标定向输入界面，输入后视点坐标后，按【OK】键照准后视点，按【YES】键完成后视定向。这两种后视定向取决于已知的参数，完成后返回放样测量模式，如图 6.6(a)所示。

选取“放样数据”选项，按回车键进入放样数据输入界面，如图 6.6(b)所示。按【调取】键可调用内存中的已知坐标作为放样数据；按【模式】键可将输入的坐标放样值换算成平距和水平角放样值，并可在坐标、平距、斜距、高差、高度放样测量模式间切换，如图 6.6(c)所示；按【OK】键确认输入的放样数据。

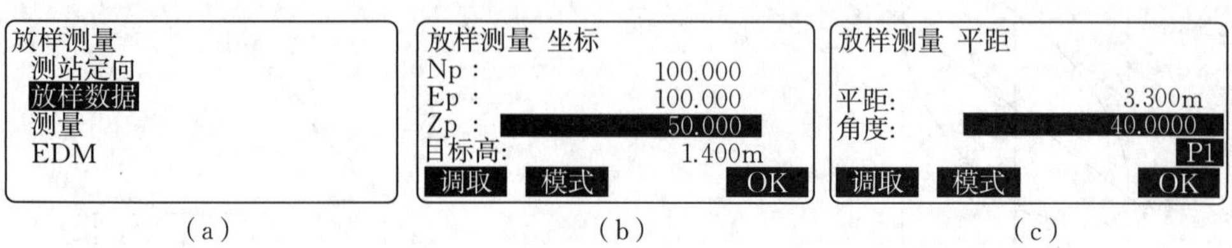

(a)　　(b)　　(c)

图 6.6　坐标放样数据设置屏幕

转动仪器照准部使其显示的“水平角差”值为“0”，确定出放样方向，然后在该方向上设立棱镜。照准棱镜，按【测量】键进行距离测量，如图 6.7(a)所示。屏幕显示棱镜点与放样点间的距离偏差值，如图 6.7(b)所示。根据显示的距离偏差值前后移动棱镜，测量使其距离偏差值为“0”，即为放样点位。距离偏差值为“+”时将棱镜移向测站，距离偏差值为“−”时将棱镜移离测站。

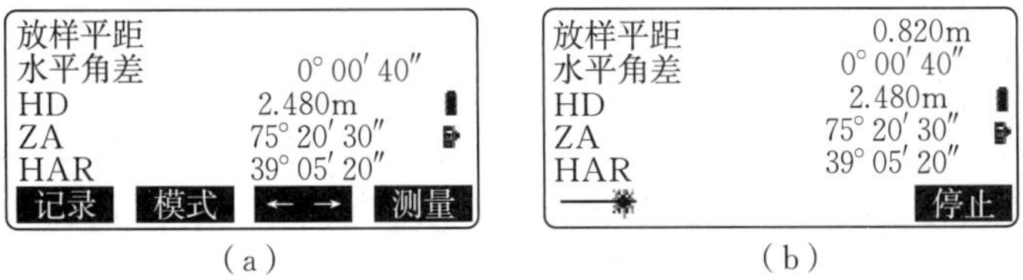

图 6.7　坐标放样观测屏幕

按【← →】键可以箭头符号形式直观显示棱镜应移动的方向，如图 6.8(a)所示：←为向左移动棱镜，→为向右移动棱镜，↑为向外移动棱镜，↓为向内移动棱镜。

当棱镜位置与放样点位置的偏差小于一定范围时，四个箭头符号同时显示在屏幕上，此时的棱镜位置即为待放样点的平面位置，如图 6.8(b)所示。

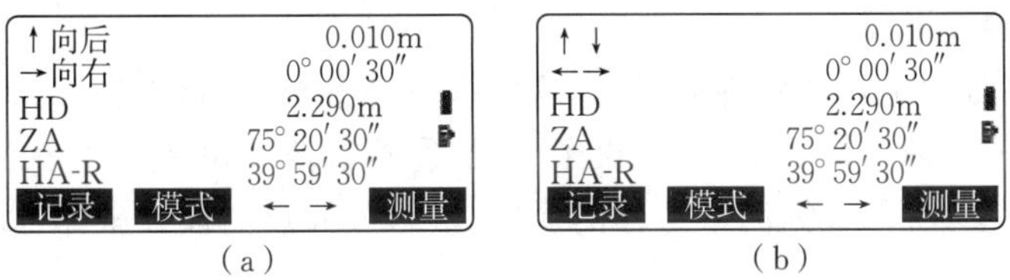

图 6.8　坐标放样引导屏幕

全站仪坐标放样法实际上就是极坐标法放样，放样点位 P 的精度，同样可采用式(6.6)进行计算。

3. RTK 放样法

GNSS RTK 是一种全天候、全方位的测量系统，具有其他测量仪器所不具备的优点。采用一般仪器，如全站仪测量等，既要求通视，又费工费时，而且精度不均匀。RTK 测量拥有在彼此不通视条件下远距离传递三维坐标的优势，并且不会产生误差累积。应用 RTK 直接坐标法能快速、高效率地完成测量放样任务。RTK 测量需要一台基准站接收机和一台或多台流动站接收机，以及用于数据传输的电台。

RTK 定位技术，是将基准站的相位观测数据及坐标信息通过数据链方式及时传送给流动站，流动站将收到的数据链连同自采集的相位观测数据进行实时差分处理，从而获得流动站的实时三维位置。流动站再将实时位置与设计值相比较，进而指导放样。

RTK 的作业方法和作业流程如下：

(1)收集测区的控制点资料。

任何测量工程进入测区，首先一定要收集测区的控制点坐标资料，包括控制点的坐标、等级、中央子午线、坐标系等。

(2)求定测区转换参数。

RTK 测量是在 WGS-84 坐标系中进行的，而各种工程测量和定位主要是在地方坐标或 1954 北京坐标系坐标上进行的，这之间存在坐标转换的问题。GNSS 静态测量中，坐标转换是在事后处理时进行的，而 GNSS RTK 则是用于实时测量的，要求当场给出实地的坐标。因此，坐标转换工作更显重要。

坐标转换的必要条件是：至少 3 个以上的控制点分别有 WGS-84 地心坐标，1954 北京坐标系坐标或地方坐标。当两个坐标系间的旋转角较小时，可利用布尔莎模型求解 7 个转换参数，即

$$\begin{bmatrix} X_i \\ Y_i \\ Z_i \end{bmatrix}_{地方} = \begin{bmatrix} X_0 \\ Y_0 \\ Z_0 \end{bmatrix} + (1+\delta_\mu) \begin{bmatrix} X_i \\ Y_i \\ Z_i \end{bmatrix}_{WGS\text{-}84} + \begin{bmatrix} 0 & \varepsilon_Z & -\varepsilon_Y \\ -\varepsilon_Z & 0 & \varepsilon_X \\ \varepsilon_Y & -\varepsilon_X & 0 \end{bmatrix} \begin{bmatrix} X_i \\ Y_i \\ Z_i \end{bmatrix}_{WGS\text{-}84} \tag{6.7}$$

式中，X_0、Y_0、Z_0 是两个坐标系的平移参数，ε_X、ε_Y、ε_Z 是两个坐标系的旋转参数，δ_μ 是两个坐标系的尺度参数。

在计算转换参数时，要注意两点：①已知点最好选在测区四周及中心，均匀分布，能有效地控制测区。如果选在测区的一端，应计算出满足给定的精度和控制的范围，切忌从一端无限制地向另一端外推；②为了提高精度，可利用最小二乘法选3个以上的点求解转换参数。为了检验转换参数的精度和正确性，还可以选用几个点不参加计算，而代入公式起检验作用，经过检验满足要求的转换参数是可靠的。

(3)工程项目参数设置。

根据GNSS实时动态差分软件的要求，应输入下列参数：①地方坐标系(如1954北京坐标系)的椭球参数——长轴和偏心率；②中央子午线；③测区西南角和东北角的大致经纬度；④测区坐标系间的转换参数；⑤根据测量工程的要求，输入放样点的设计坐标，以便野外实时放样。

(4)野外作业。

将基准站GNSS接收机安置在参考点上，打开接收机，除了将设置的参数输入GNSS接收机外，还要输入参考点的施工坐标和天线高，基准站GNSS接收机通过转换参数将参考点的施工坐标转换为WGS-84坐标，同时连续接收所有可视GNSS卫星信号，并通过数据发射电台将其测站坐标、观测值、卫星跟踪状态及接收机工作状态发送出去。流动站接收机在跟踪GNSS卫星信号的同时，接收来自基准站的数据，进行处理后获得流动站的三维WGS-84坐标，再通过与基准站相同的坐标转换参数将WGS-84转换为当地施工坐标，并在流动站的手簿上实时显示，再与设计值相比较，指导放样。

需要指出的是，GNSS测出的高程是以参考椭球面作为高程起算面的大地高，而工程测量采用的高程系统是以大地水准面为起算面的正高，两者存在较大差异。目前，我国有的城市或地区，已建立精化大地水准面模型，因而可以用GNSS取代传统的水准测量方法测定正高，真正实现GNSS的三维定位功能。但对有的城市或地区用GNSS只能测定平面位置，而高程仍采用传统的水准测量方法测定。

下面以一个实例工程介绍RTK放样法。

某跨海大桥工程连接岸上深水港航运中心与30 km外的近海小岛，为满足航运的要求，中部主跨宽430 m，设大型双塔双索斜拉桥。为确保施工速度与施工质量，采用了变水上施工为陆上施工的方案，在两个主桥墩位置需各沉放一个预制钢施工平台，每个预制钢施工平台由12个导管架组成，导管架为ϕ1 000钢管桁架，通过测量指挥导管架沉放到位后，在导管中打入钢管固定导管架，拼装作业平台。导管架沉放位置与主桥墩设计灌注桩位空间纵横交错，其沉放位置直接影响到灌注桩的施工。设计方对导管架沉放定位提出了平面及高程±10 cm的精度要求。

该工程在岸上与小岛上已设施工控制点各3个，并已提供WGS-84坐标、1954北京坐标系坐标及其转换七参数，工程位置离控制点距离分别约14 km及16 km。如果利用多个基准站观测数据对电离层、对流层以及观测误差的误差模型进行优化，从而降低载波相位测量改正后的残余误差及接收机钟差和卫星改正后的残余误差等因素的影响，使流动站的精度控制在厘米级，这样网络RTK技术代替单基站RTK技术成了导管架沉放定位的必然选择。工程使用了多台徕卡 SR530 双频动态 GPS 接收机，标称精度为$\pm(10\ \text{mm}+1\times10^{-6}\times D)$。

每个海上施工平台均由 12 个导管架组成(图 6.9)，设计单位提供了施工平台的设计坐标(1954 北京坐标系、1985 国家高程基准)，利用 RTK 随机软件可方便解算出 WGS-84 坐标系与工程区域设计坐标系的转换参数，从而设置 GNSS 接收机，实测出沉放过程中必需的设计坐标系中的坐标。

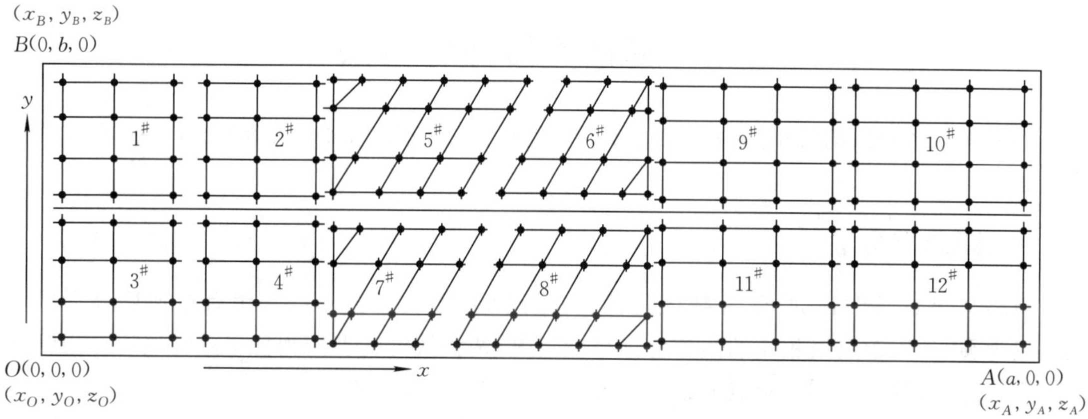

图 6.9　导管架定位示意图及施工平台坐标系

为排水需要施工平台面存在一定倾角，且平台轴线与设计坐标间存在夹角，为了方便施工过程操作，建立施工平台坐标系(图 6.9)，平台面内 x 轴、y 轴分别平行、垂直于平台轴线，定义垂直于 xOy 平面向上为 z 轴正向，则每个导管架空间位置在平台坐标系中唯一确定。

导管架在造船厂进行加工，每个导管架加工完成后均用全站仪进行公差要求检测，公差符合要求方可沉放。加工时在 CR1、CR2、CR3 三个位置设置仪器基座，用于沉放时安置 GNSS 天线。加工完后用全站仪标定出 3 个仪器基座与加工轴线的关系(图 6.10)，换算出其在平台坐标系中的空间坐标，作为沉放施工时的理论坐标。

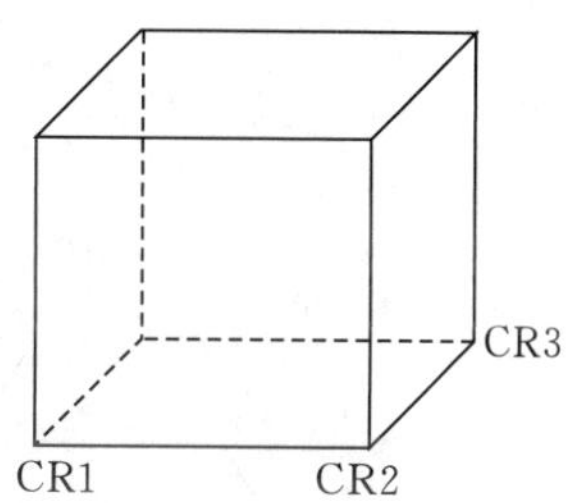

图 6.10　仪器基座与加工轴线的关系

导管架沉放时在 CR1、CR2、CR3 各安置 1 个 RTK 流动站，实时测得其设计坐标系中的坐标。由于沉放过程中的导管架倾斜、旋转，海上又无法实地标定出施工平台轴线的位置，因此很难直观地计算沉放过程中的调整量。将测得的 1954 北京坐标系转换到平台坐标系后，可方便计算导管架纵向(CR1—CR2 向)、横向(CR2—CR3 向)方位的旋转量及整个导管架与设计位置的较差，指挥沉放作业，直至符合精度要求。操作中，通过编制程序进行坐标转换和偏差计算，并用掌上电脑(personal digital assistant，PDA)现场计算指挥作业。

为了验证 RTK 作业精度，在作业过程中，采取了两种检验方法：

(1)CR1、CR2、CR3 三点实测坐标计算的空间距离与全站仪标定的空间距离的比较，通过对 200 多组实测数据统计，空间距离较差超过 10 cm 的仅有两组，具体较差分布见表 6.2。

表 6.2　较差分布情况

较差范围/cm	<5	5～7	7～10	>10
占比例数/(%)	58.4	33.0	7.9	0.7

(2)经用 GNSS 静态相对定位方法对沉放的导管架进行三点检测,平面坐标差约为 4 cm,高程差不超过 7 cm。

操作中,为了消除流动站接收信号强弱的影响,对空间距离较差超过 7 cm 的观测数据进行重测。实践证明,对跨海大桥这样的特殊工程采用网络 RTK 技术进行施工平台定位,可满足定位要求。

6.2　其他直接放样方法

除了 6.1 节介绍的常用的坐标法放样点位以外,还有距离交会法、角度交会法、自由设站定位法。

6.2.1　距离交会法

距离交会如图 6.11 所示,需要先根据坐标计算放样元素 S_1、S_2。然后在现场分别以两已知点为圆心,用钢尺以相应的距离为半径做圆弧,两弧线的交点即为待定点的位置。当距离用钢尺丈量时,待定点到已知点的距离一般不宜超过一尺段之长。

对于距离交会法,误差椭圆如图 6.12 所示,由图可得 $\Delta_1 = m_a$, $\Delta_2 = m_b$, $\theta = \gamma$,顾及式(6.5),可得其放样点的点位精度为

$$M = \frac{\sqrt{m_a^2 + m_b^2}}{\sin\gamma} \tag{6.8}$$

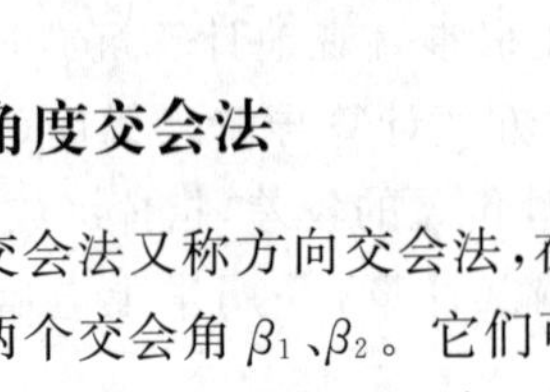

图 6.11　距离交会法

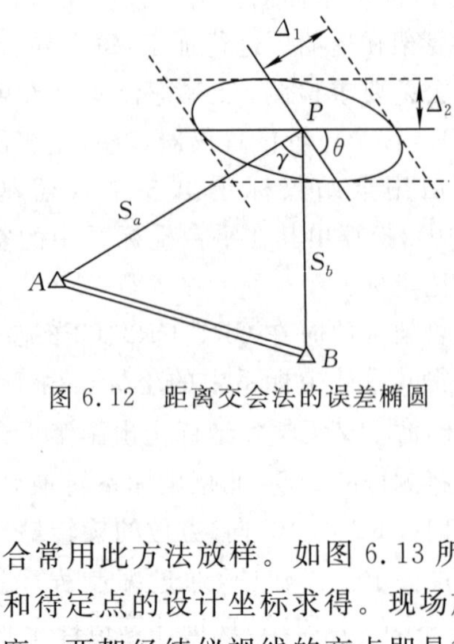

图 6.12　距离交会法的误差椭圆

6.2.2　角度交会法

角度交会法又称方向交会法,在量距不方便的场合常用此方法放样。如图 6.13 所示,放样元素是两个交会角 β_1、β_2。它们可按已知点的坐标和待定点的设计坐标求得。现场放样时在两个已知点上架设两架经纬仪,分别放样相应的角度。两架经纬仪视线的交点即是待定点 P 的平面位置。

设两角度的放样精度相同,均为 m_β。对于交会法,误差椭圆如图 6.14 所示,由图可得 $\Delta_1 = \frac{m_\beta}{\rho} S_a$, $\Delta_2 = \frac{m_\beta}{\rho} S_b$, $\theta = \gamma$。顾及式(6.5),可得其放样点的点位精度为

$$M = \frac{m_\beta}{\rho} \frac{\sqrt{S_a^2 + S_b^2}}{\sin\gamma} \tag{6.9}$$

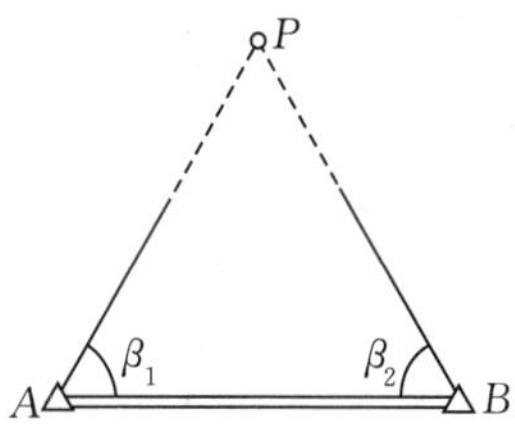

图 6.13　角度交会法

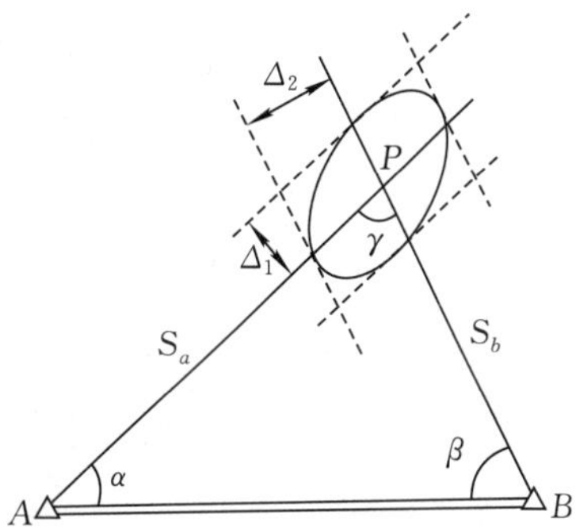

图 6.14　角度交会法的误差椭圆

6.2.3　自由设站定位法

在周围有控制点的条件下，可自由地选择便于设站的位置安置仪器，用全站仪通过对两个或两个以上控制点的测角、测边可方便地确定设站点的平面坐标，这可在测站上快速完成。确定了测站点坐标后即可放样其他点的坐标了。目前，所有的全站仪均有这样的功能。

其基本原理如图 6.15 所示，xOy 为施工坐标系，I 为控制点，P 为自由设站时的测站点，$x'Py'$ 是以 P 为原点、以仪器度盘零方向为 x' 轴的局部坐标系，α_0 为 x 与 x' 方向的夹角。当在 P 点上观测了到 I 点的距离和水平方向之后，即可得出其在 $x'Py'$ 坐标系中的局部坐标

$$\left.\begin{aligned} x'_I &= S_I\cos\alpha_I \\ y'_I &= S_I\sin\alpha_I \end{aligned}\right\} \tag{6.10}$$

式中，S_I 为 PI 的水平距离，α_I 为水平方向读数。利用坐标转换原理得

$$\left.\begin{aligned} x_I &= x_P + k\times\cos\alpha_0\times x'_I - k\times\sin\alpha_0\times y'_I \\ y_I &= y_P + k\times\sin\alpha_0\times x'_I + k\times\cos\alpha_0\times y'_I \end{aligned}\right\} \tag{6.11}$$

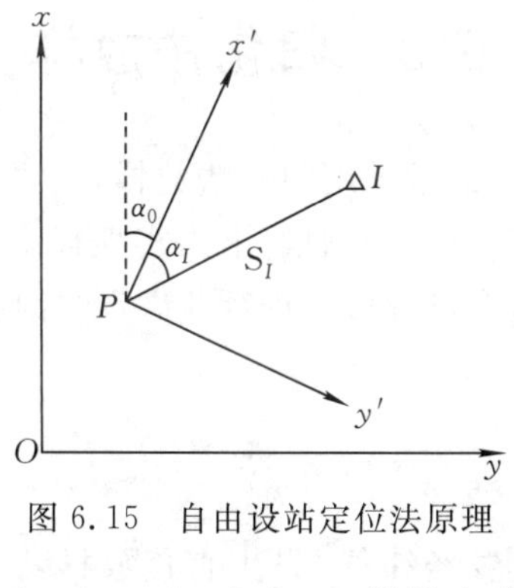

图 6.15　自由设站定位法原理

式中，k 为边长比例系数，令 $c=k\cos\alpha_0$，$d=k\sin\alpha_0$，并代入式(6.11)，得

$$\left.\begin{aligned} x_I &= x_P + cx'_I - dy'_I \\ y_I &= y_P + dx'_I + cy'_I \end{aligned}\right\} \tag{6.12}$$

式中，x_I、y_I、x'_I、y'_I 均为已知，而 x_P、y_P、c、d 均为未知数。为了求出上述 4 个未知数，必须有 4 个上述方程式，即必须观测该点到两个控制点的距离和方向。当观测了两个以上的控制点时，便存在多余观测。这时，可按间接观测平差原理，在 $\boldsymbol{V}^{\mathrm{T}}\boldsymbol{PV}=\min$ 的条件下，解出 x_P、y_P、c、d，即

$$\left.\begin{aligned}
c &= \frac{[xx']+[yy']-\frac{1}{n}([x]\cdot[x']+[y]\cdot[y'])}{[x'x']+[y'y']-\frac{1}{n}([x']\cdot[x']+[y']\cdot[y'])}\\
d &= \frac{[x'y]-[y'x]-\frac{1}{n}([x']\cdot[y]-[y']\cdot[x])}{[x'x']+[y'y']-\frac{1}{n}([x']\cdot[x']+[y']\cdot[y'])}\\
x_P &= \frac{[x]}{n}-c\cdot\frac{[x']}{n}+d\cdot\frac{[y']}{n}\\
y_P &= \frac{[y]}{n}-c\cdot\frac{[y']}{n}-d\cdot\frac{[x']}{n}
\end{aligned}\right\} \tag{6.13}$$

上述计算工作均由全站仪中的机载程序完成。

由上述原理看出：利用该法测定测站点 P 的坐标时，为提高测站点的精度，必须观测两个或两个以上的控制点。在操作中全站仪是通过交互式提示输入控制点的坐标并进行观测的。利用自由设站定位法进行放样时，确定测站点的坐标仅仅是放样的第一步，为放样其余点位，通常将设计坐标输入到全站仪中，再用坐标法放样。

为评定 P 点精度，自由设站法可求出控制点原始坐标与坐标变换后的坐标之间的差值，并根据它们来评定测站 P 点的点位精度，即

$$M_P=\sqrt{\frac{\sum_{i=1}^{n}((x'_i-x_i)^2+(y'_i-y_i)^2)}{n-2}} \tag{6.14}$$

式中，x'_i、y'_i为坐标变换后的坐标，x_i、y_i 为原始坐标，n 为控制点数。

6.3 归化法放样

对一些需要精密放样的工程，通常采用归化法放样，其思路是：先采用直接放样法确定实地标志，再对放样出的实地标志进行精确测量，求出实地标志位置与设计位置的偏差，然后根据偏差将其归化到设计位置。这个过程可以进行几次，配合精密量具和微调装置，就能高精度地将实地标志放样到设计位置。

6.3.1 归化法放样角度

如图6.16所示，在 A 点安置经纬仪，先用直接放样法放样 β 角后，定出 P' 点，再用适当的测回数较精密地测出 $\angle BAP'=\beta'$，并量 AP' 的距离 S，然后将 β' 与设计值的比较求得差数 $\Delta\beta=\beta-\beta'$，计算归化量

$$PP'=\frac{\Delta\beta}{\rho}S \tag{6.15}$$

最后从 P' 点出发在 AP' 的垂直方向上归化 PP'，即可求得待定点 P。

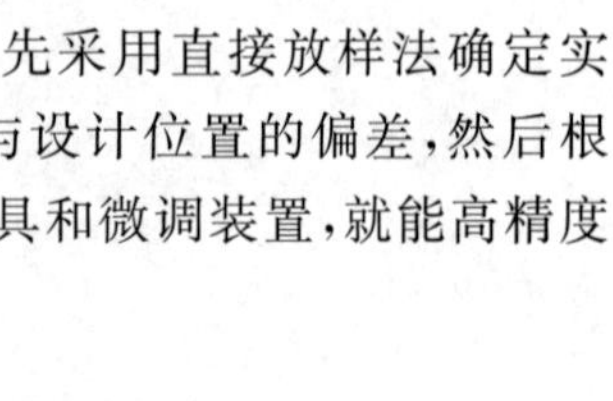

图6.16 归化法放样角度

6.3.2　归化法放样点位

1. 距离交会归化法

如图 6.17 所示，A、B 为已知点，P 为待放样点。先用直接放样法放样 P' 点，然后用距离交会法精确测得 P' 点到 A、B 的距离 S'_a、S'_b。用距离差 $\Delta S_a = S_a - S'_a$、$\Delta S_b = S_b - S'_b$，经归化求得 P 点的位置。式中 S_a、S_b 根据 A、B、P 三点坐标求得，规定 ΔS_a、ΔS_b 向外为正，向内为负。当 ΔS 较小时，可绘制归化图纸。其方法是在图纸上适当位置绘制一个过渡点 P'，画夹角为 α 的两条直线，并在 $P'A$ 线上距 P' 点 ΔS_a 的地方做 $P'A$ 的垂线。在 $P'B$ 线上距 P' 点 ΔS_b 的地方做 $P'B$ 的垂线。两垂线的交点就是待定点 P，利用此归化图纸可在实地找到 P 的点位。

2. 角度交会归化法

设 A、B 为已知点，待定点 P 的设计坐标也已知。在放样时，应计算放样元素 β_a、β_b 及辅助量 S_a、S_b。在图 6.18 中，先放样过渡点 P'，然后观测 $\angle P'AB = \beta'_a$、$\angle ABP' = \beta'_b$，并计算角差 $\Delta\beta_a = \beta_a - \beta'_a$、$\Delta\beta_b = \beta_b - \beta'_b$。当 $\Delta\beta$ 较小时，可用图解法由 P' 点求 P 点位置。其方法是在白纸上刺出 P'，画夹角为 α 的两条直线，用箭头指明 $P'A$ 及 $P'B$ 方向，并按 $\varepsilon_a = \dfrac{\Delta\beta_a}{\rho}S_a$、$\varepsilon_b = \dfrac{\Delta\beta_b}{\rho}S_b$ 计算位移量 ε_a 及 ε_b。然后做 $P'A$ 、$P'B$ 的平行线，其间距为 ε_a 与 ε_b，其符号由 $\Delta\beta_a$ 与 $\Delta\beta_b$ 决定，它们的交点即为 P 点的位置。将图纸上的 P' 点与实地过渡点重合，并使图纸上 $P'A$ 方向与实地方向重合，用 $P'B$ 方向作为校核，这时的图纸上 P 点的位置就是实地 P 的设计位置。

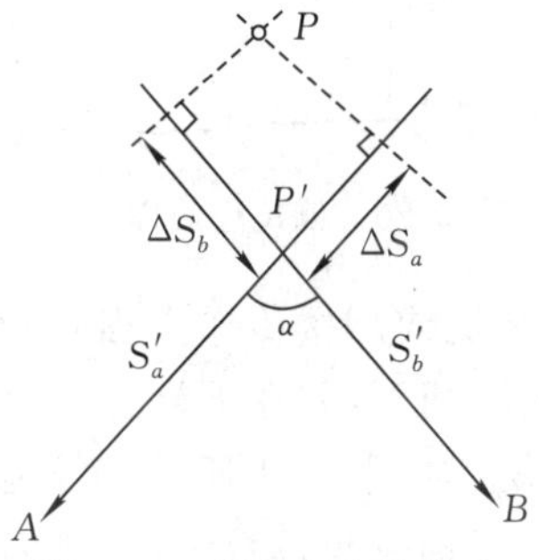

图 6.17　距离交会归化法

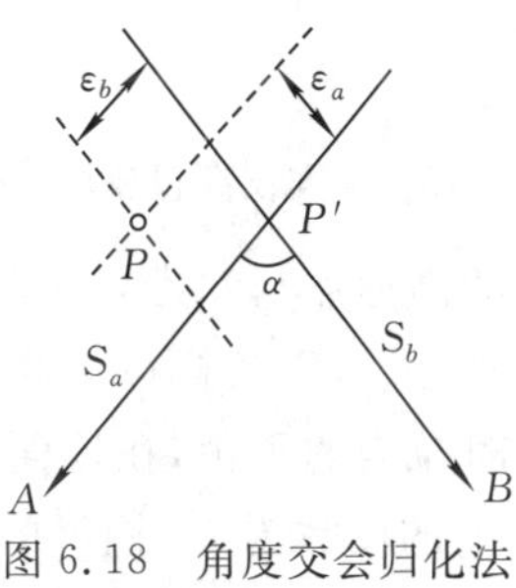

图 6.18　角度交会归化法

6.3.3　构网连测归化法放样

施工控制网的作用在于限制施工放样时测量误差的累积，使整个建筑区的建筑物在平面及竖向方面正确衔接，以便对工程总体布置和施工定位起到宏观控制作用，也便于在不同作业区同时施工。

在施工放样中，控制网的精度不像测图控制网那样要求均匀，而要求保证某一方向或某几个点相对位置的高精度。因此，在施工现场的控制网不一定要具有方格的形状，完全可以用导线、导线网、三角网、边角网等灵活的形式建立。点位可以较自由地选择在便于保存和便于使用的地方。

在高精度的施工放样中，控制点通常采用带有强制对中盘的观测墩。通过构网连测平差后，求出各控制点与设计位置的偏差，再将控制点归化到某一特定的方向或几个特定位置，便于架设仪器直接放样。同样也可以将控制点与直接放样点一起构网连测，经平差后，求得各直接放样点的归化量，再将放样点归化到设计位置。

6.4 高程放样方法

6.4.1 水准仪法放样

在工程建筑施工中，需要放样由设计所指定的高程。如挖基坑时要求放样坑底高程；平整场地需按设计的要求放样一系列点的高程；为了控制房屋基础面的标高、各层楼板的高度及平整度，需随着施工的进展做大量高程放样工作。

高程放样一般用水准仪。高程放样时，地面有水准点 A，其高程已知，设为 H_A；待定点 B 的设计高程为 H_B；要求在实地定出与该设计高程相应的水平线或待定点顶面。如图 6.19 所示，a 为水准点上水准尺的读数。待放样点上水准尺的读数 b 可由式(6.16)算得，即

$$b=(H_A+a)-H_B \tag{6.16}$$

当待放样的高程 H_B 高于仪器视线时(如放样地铁隧道管顶标高时)，可以把尺底向上，即用"倒尺"法放样，如图 6.20 所示，这时，$b=H_B-(H_A+a)$。

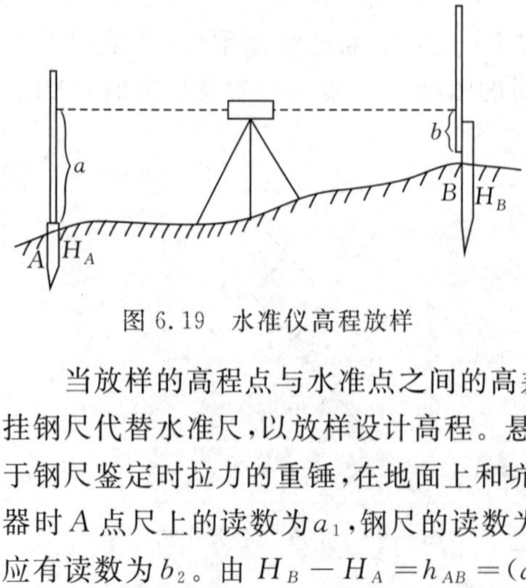

图 6.19 水准仪高程放样

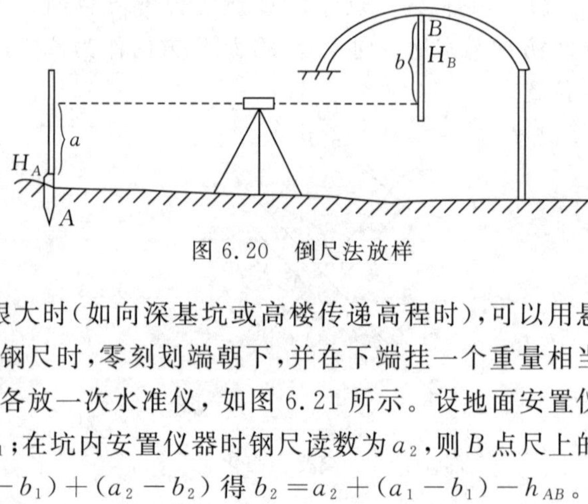

图 6.20 倒尺法放样

当放样的高程点与水准点之间的高差很大时(如向深基坑或高楼传递高程时)，可以用悬挂钢尺代替水准尺，以放样设计高程。悬挂钢尺时，零刻划端朝下，并在下端挂一个重量相当于钢尺鉴定时拉力的重锤，在地面上和坑内各放一次水准仪，如图 6.21 所示。设地面安置仪器时 A 点尺上的读数为 a_1，钢尺的读数为 b_1；在坑内安置仪器时钢尺读数为 a_2，则 B 点尺上的应有读数为 b_2。由 $H_B-H_A=h_{AB}=(a_1-b_1)+(a_2-b_2)$ 得 $b_2=a_2+(a_1-b_1)-h_{AB}$。

用逐渐打入木桩或在木桩上画线的方法，使立在 B 点的水准尺上读数为 b_2，这样就可以使 B 点的高程符合设计要求。

当对高程放样精度要求较高时，宜在待放样高程处埋设高度可调整的标志(图 6.22)。放样时调节螺杆可使标志顶端精确地升降，一直到标志顶面高程达到设计标高时为止，然后旋紧螺母以限制螺杆的升降；为了更加牢固，往往还需采用点焊等方法使螺杆不再升降。

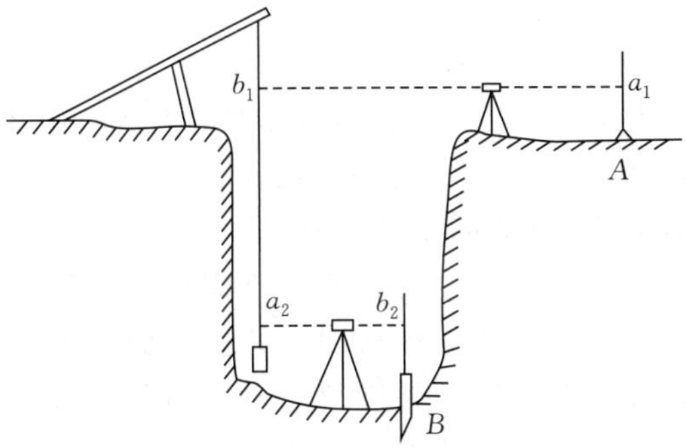

图 6.21　基坑高程传递

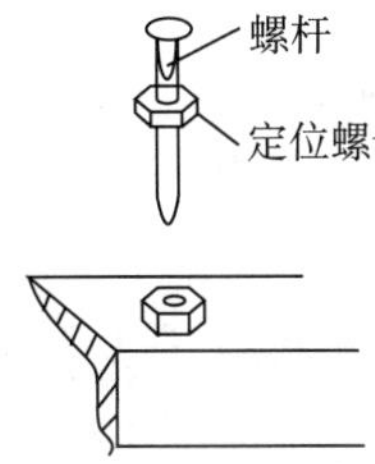

图 6.22　高度可调标志

6.4.2　全站仪无仪器高作业法放样

对一些高低起伏较大的工程放样，如大型体育馆的网架、桥梁构件、厂房及机场屋架等，用水准仪放样就比较困难，这时可用全站仪无仪器高作业法直接放样高程。

如图 6.23 所示，为了放样 B 目标点的高程，在 O 处架设全站仪，后视已知点 A（设目标高为 l，当目标采用反射片时，$l=0$），测得 OA 的距离 S_1 和垂直角 α_1，从而计算 O 点全站仪中心的高程为

$$H_O = H_A + l - \Delta h_1 \tag{6.17}$$

然后测得 OB 的距离 S_2 和垂直角 α_2，并顾及式(6.17)，从而计算 B 点的高程为

$$H_B = H_O + \Delta h_2 - l = H_A - \Delta h_1 + \Delta h_2 \tag{6.18}$$

将测得的 H_B 与设计值比较，指挥并放样出 B 点高程。从式(6.18)可以看出：此方法不需要测定仪器高，因而用无仪器高作业法同样具有很高的放样精度。

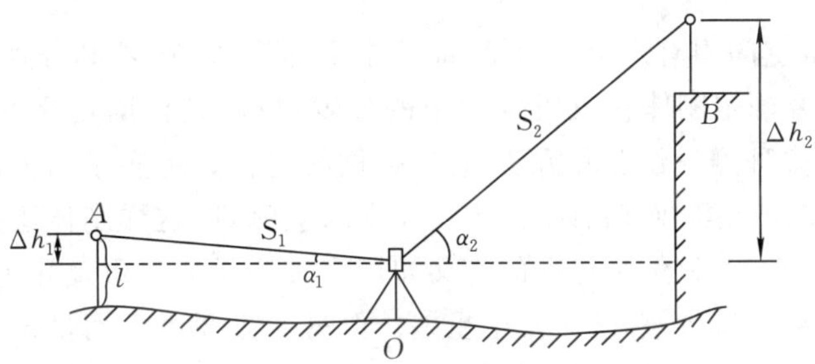

图 6.23　全站仪无仪器高作业法

必须指出：当测站与目标点之间的距离超过 150 m 时，以上高差就应该考虑大气折光和地球曲率的影响，即

$$\Delta h = D\tan\alpha + (1-k)\frac{D^2}{2R}$$

式中，D 为水平距离；α 为垂直角；k 为大气垂直折光系数，$k=0.14$；R 为地球曲率半径 $R\approx 6\ 370$ km。

6.4.3　GNSS RTK 法放样

GNSS RTK 法测量可以直接得到以参考椭球面为起算面的大地高，而我国所采用的高程是相对于(似)大地水准面的正高或正常高。在工程应用中，三者的关系如图 6.24 所示，并

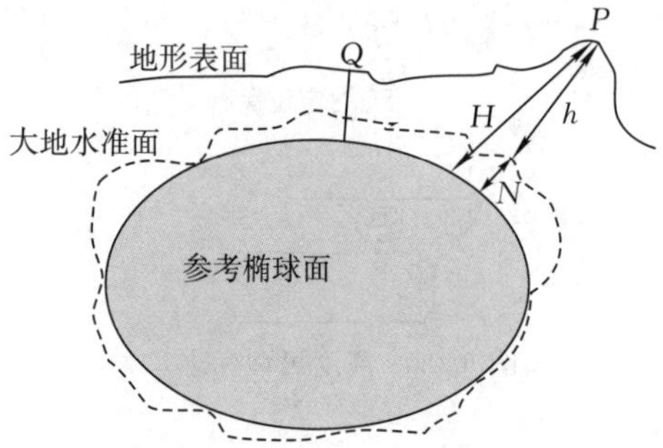

图 6.24 大地水准面示意图

表示为

$$H = h + N \tag{6.19}$$

式中，H 是以参考椭球面为起算面的大地高，h 是以(似)大地水准面为起算面的正高或正常高，N 为大地水准面差距或高程异常。

随着GNSS定位技术的广泛应用，人们已经能够简捷而精确地获得所测点位的平面位置，但却一直未能以相应的精度解求点的高程，原因是虽然GNSS能给出高精度的大地高，但却由于没有一个具有相应精度高分辨率的似大地水准面模型，致使GNSS大地高到GNSS海拔高的转换中精度严重降低。为此通过精化该地区具有厘米级精度的似大地水准面，使GNSS所测大地高通过数学模型直接转换为具有厘米级精度的正常高，从而代替传统水准作业模式，以提高工作效率。

GNSS技术结合高精度高分辨率大地水准面模型，可以取代传统的水准测量方法测定正高或正常高，真正实现GNSS技术对几何和物理意义上的三维定位功能。

由于大地水准面模型的精度还难以满足工程测量应用的需要，其适用范围仍然受到限制。目前比较通行的做法，是在GNSS网中用水准测量或三角高程测量的方法施测一定数量的高程控制点，然后利用高程控制点的大地高和正常高求得高程异常值，并据此拟合出局部似大地水准面，进而推算出测区内其他GNSS点的高程异常和正常高。

6.5 刚体的放样定位

一个刚体在三维空间中有六个自由度，即三个平移量 X、Y、Z 和分别绕 x、y、z 轴旋转的三个量 α_x、α_y、α_z。要确定刚体在三维空间中的位置，也就是要固定这六个自由度。假如有一个方案，计划采用多种测量仪器和方法，它们提供的定位数量多于六个，但是如果有些方法只是重复测定某些定位元素，而仍有某个定位元素未被测定，这样刚体还具有自由度，仍可移动或转动，则这个测量方案显然是错误的。又如用多种测量方法重复测定某个定位元素。一方面，这些重复测定可提供校核，防止发生粗差。但另一方面由于测量误差的存在，不同方法测定的结果之间必然会产生矛盾。如何处理这些矛盾？我们可将六个定位元素作为目标函数对诸测量方法做误差分析，然后对同一定位元素的诸方法进行比较，选出精度最好的那一种方法作为基本的放样方法，其他方法作为校核。

下面介绍一些刚体放样定位的常用方法：

(1)如果刚体有一个水平的底面，则可以利用图6.25所示的可调节螺杆放样三个高程点，这三个点的平面位置是任意的，只要位于刚体底面范围内就行。把刚体吊装就位，底面搁在这三个点上，该刚体的 z、α_x、α_y 三个定位元素就达到设计要求了。为了能承受物体的重压，必须采取适当措施来保护这三个放样出来的高程点，不致在吊装就位时改变其高度。简言之，三个高程点可决定三个元素 z、α_x、α_y。

(2)如果刚体有一个光滑的水平的顶面。则可以用水准器决定 α_x、α_y 两元素。一般采用机械安装上常用的方框水准器。按精度要求可选择不同格值的水准器，如6″、10″、20″、30″、1′等。首先把水准管轴调整到与其底面平行，然后把这水准器放在物体的顶面上，按气泡指示调整物体，一直到顶面水平为止。顶面达到设计所规定的水平状态表示物体的 α_x、α_y 元素已正确安置。

(3)如果刚体很高，且能标出其竖轴，例如，在上下两处用标志指出竖轴位置，则可用两架经纬仪投影，使竖轴放到铅垂位置。这意味着刚体的 α_x、α_y 元素已正确安置。

(4)采用定位销。设在叠在一起的两块钢板上钻了一个孔，另备一个定位销。当这两块钢板分离后重新叠在一起时，只要把销钉同时插入两板上的定位孔内，两板就精确地恢复原先的状态即定点叠在一起，如图 6.26 所示。通常板平放，用一个定位销就可以实现 x、y 的精确定位。用两个定位销可以决定 x、y 和 α_z 三个元素。从数学的角度看两个点可以决定四个元素。在这里，它除了能决定上述三个元素外，尚能决定两点之间的长度。刚体上两孔的间距和底板上两孔的间距总是一致的，所以用两个定位点只能固定三个自由度。

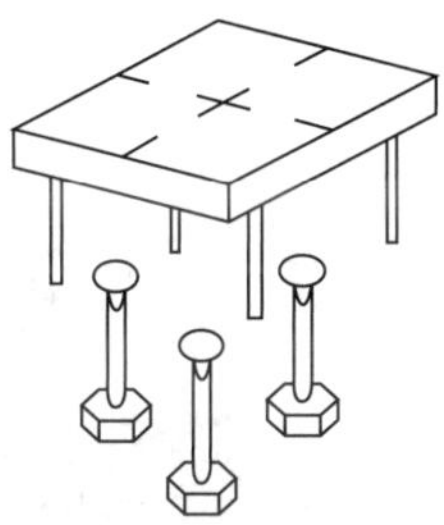

图 6.25　三个高程点及方向线法定位

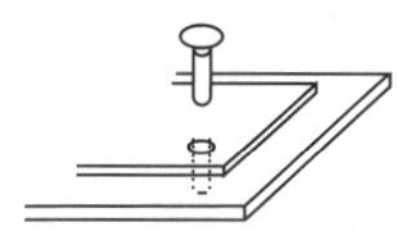

图 6.26　定位销法定位

如果能够把底板上的孔预先固定在设计的 x、y、z 上(即不仅平面位置，而且高度也在设计位置上)，则两个孔可以决定五个定位元素，x、y、z 及两个转角。还存在一个自由度就是刚体还可以绕两点的连线转动。

(5)方向线法定位。如图 6.25 所示的刚体，在其表面刻划中心及方向线，就可以方便地用方向线法决定其中心点位置及轴线方向，从而可以把三个定位元素 x、y、α_z 固定下来。如果先用方法(1)中所述的方法在底板上预先放样好三个高程点(可决定 z、α_x、α_y 三个元素)，再加上用方向线法定位，则刚体就定位到设计的空间位置上了。

以上是一些常用的空间物体放样定位的方法。实际工作中可以从实际条件出发灵活地加以处理。但不管采用哪些方法，最终都必须把六个自由度完全确定。

6.6　高耸建筑物的铅垂线放样

6.6.1　铅垂线放样

建造高层建筑、铁塔、烟囱、电梯井、地下铁道竖井等高耸建筑物或深入地下的建筑物时，需要保证建筑物的垂直度，因而就需要放样铅垂线。目前大多采用以下三种方式来放样铅垂线。

1. 经纬仪加弯管目镜法

该方法是将通常所用的经纬仪(全站仪或激光经纬仪)卸下目镜，装上弯管目镜，如图 6.27 所示。望远镜的视线就可以指向天顶，实际操作时，通常使照准部每旋转 90°向上投一点，这样就可得到四个对称点，取其中点为最终结果，就可提高投点精度。

这种方法由于可利用现有仪器，只需配一个弯管目镜即可实现，因而目前在高层建筑的施工中用得最多。

2. 光学铅垂仪法

光学铅垂仪是专门用于放样铅垂线的仪器，如图 6.28 所示为日本索佳公司的 PD3 型铅垂仪，它有两个相互垂直的水准管用于整平仪器，仪器可以向上或向下作垂直投影，因此有上下两个目镜和两个物镜，垂直精度为 1/40 000。光学铅垂仪还有瑞士徕卡公司的 WILD NZL、WILD ZL 等型号，垂直精度达到 1/200 000～1/30 000。

3. 激光铅垂仪

除了以上光学铅垂仪以外，目前还有高精度激光铅垂仪。如图 6.29 所示为日本索佳公司的 LV1 型激光铅垂仪，仪器可以同时向上和向下发射垂直激光，因此用户可以很直观地找到它的垂直投影点，其垂直精度为 1/30 000。

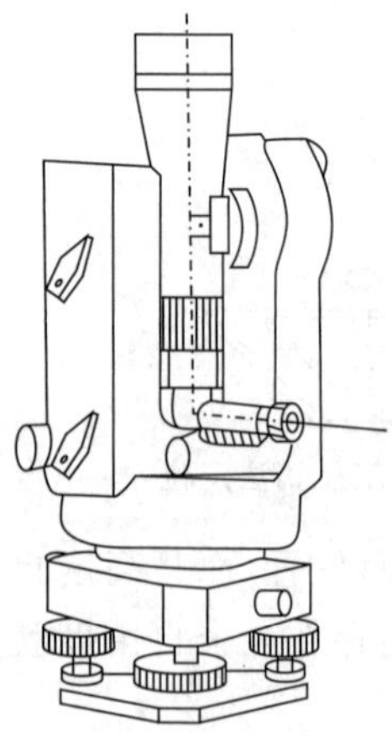

图 6.27 经纬仪加弯管目镜法放样铅垂线

图 6.28 PD3 型光学铅垂仪

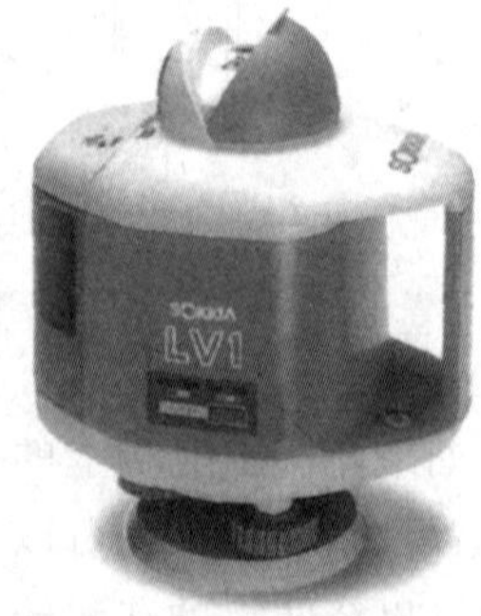

图 6.29 LV1 型激光铅垂仪

6.6.2 高耸建筑物的施工放样

随着现代化城市的发展，高层和高耸建筑物日益增多。所谓高层和高耸建筑物一般指比较高大的建筑物，如高层建筑物、烟囱、电视塔等。其特点在于：高度大、受场地限制、不便用通常的施工方法进行中心控制。高层和高耸建筑结构多为框架式，施工常用滑模工艺。这对施工测量的精度提出了更高的要求，尤其要求严格控制垂直度偏差。

1. 高层建筑的施工测量

高层建筑在我国一般是这样划分的：4 层以下为一般建筑，5～9 层为多层建筑，10～16 层为小高层，17～40 层为高层建筑，40 层以上为超高层建筑。

高层建筑施工测量中的主要问题是控制竖向偏差，也就是各层轴线如何精确地向上引测的问题。中华人民共和国住房和城乡建设部 2011 年 10 月 1 日开始实施的《高层建筑混凝土结构技术规程》(JGJ3—2010)中对高层竖向轴线传递和高程传递的允许偏差均有规定，见表 6.3。

表 6.3 高层竖向轴线传递和高程传递的允许偏差规定

	竖向轴线传递和高程传递允许偏差						
H/m	每层	$H \leqslant 30$	$30 < H \leqslant 60$	$60 < H \leqslant 90$	$90 < H \leqslant 120$	$120 < H \leqslant 150$	$H > 150$
允许偏差/mm	3	5	10	15	20	25	30

高层建筑的施工过程复杂，高层作业的难度大，施工空间有限，且多工种交叉，施工测量的各阶段测量工作必须与施工同步且要服从整个施工的计划和进程。高层建筑的施工测量除了进行垂直度控制以外，还要进行各层面的细部放样、倾斜度确定、高程控制和变形监测。

1）垂直度控制

为了保证高层建筑竖直度、几何形状和截面尺寸达到设计要求，必须根据工程实际情况建立较高精度的施工测量控制网。目前，适应我国国情被采纳的控制形式主要是内控制。所谓内控制就是在建筑物的±00 面内建立控制网，在控制点竖向相应位置预留竖向传递孔，用仪器在±00 面控制点上，通过传递孔将控制点传递到不同高度的楼层。

为了提高工效，防止误差积累，顾及仪器性能并减少外界的影响，应实施分段投测和分段控制。也就是将建筑物按高度分为若干投测段，一般以 15 层左右约 50 m 为一个投测段，第一段±00 控制点投测；第二段将第一段±00 的控制点投测至第二段的起始楼层，经检测调整后重新建点，相当于将第一段控制网升至第二段起始楼层锁定，作为第二段楼层的控制；依此类推。图 6.30 为某大厦内控制的竖向剖面图与分段投测示意图。

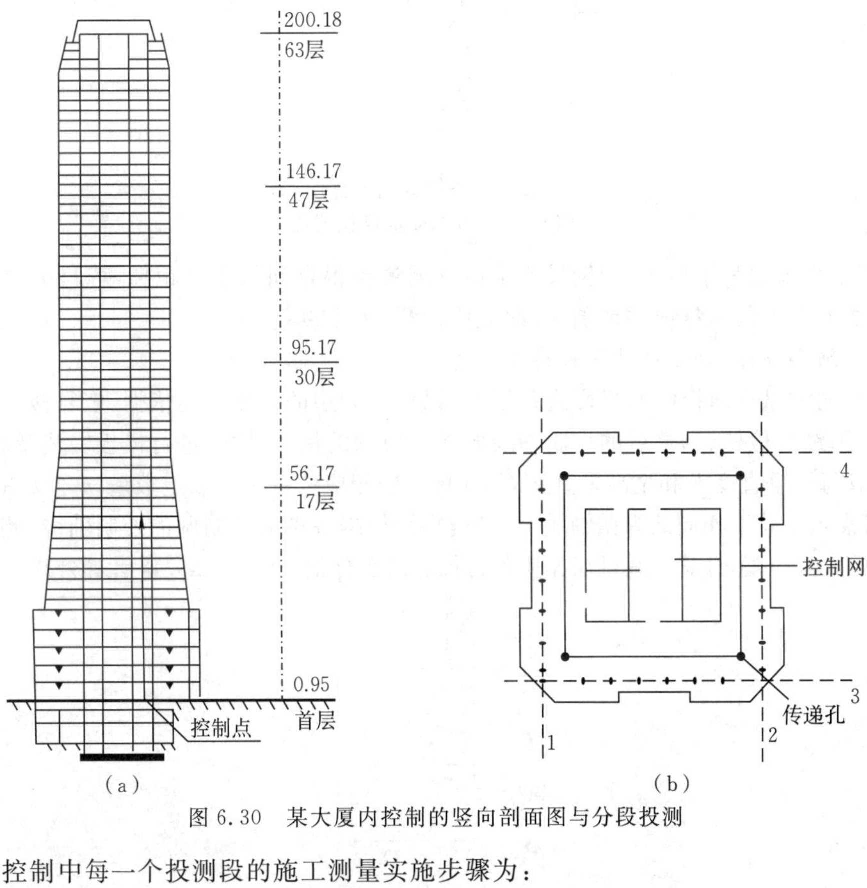

图 6.30　某大厦内控制的竖向剖面图与分段投测

在内控制中每一个投测段的施工测量实施步骤为：

(1)顾及建筑物的形状，在底层布置矩形或“＋”字控制网，并转测至建筑物的±0.00 层，经复测检核后，作为建筑物垂直度控制和施工测量的依据。

(2)用铅垂仪或经纬仪(全站仪)加弯管目镜或激光投点仪在±0.00 层控制网点做竖向传递，将控制点随施工进程传递至相应楼层(控制点铅垂方向每层楼板预留有相应的传递孔，尺寸约为 30 cm×30 cm)。

(3)接收靶通常采用透明的刻有"+"字线的有机玻璃,这种接收靶对激光铅垂仪和光学经纬仪都适用,这可使在接收位置的人透过接收靶看到激光铅垂仪投上去的激光斑点,并做记号;也能使光学铅垂仪或经纬仪的操作人员通过调焦看到接收靶上的"+"字线的交点位置。

(4)为消除仪器的轴系误差,可以用照准部 0°、90°、180°、270°四个位置分别向上投测,在接收靶上分别得到如图 6.31 所示的 A_1'、A_2'、A_3'、A_4'四个投测点,将 $A_1'A_3'$连线与 $A_2'A_4'$连线相交,即得到投测点位 A'。一般再重复一次,若两次相差在限差以内,取其中点作为最后结果。

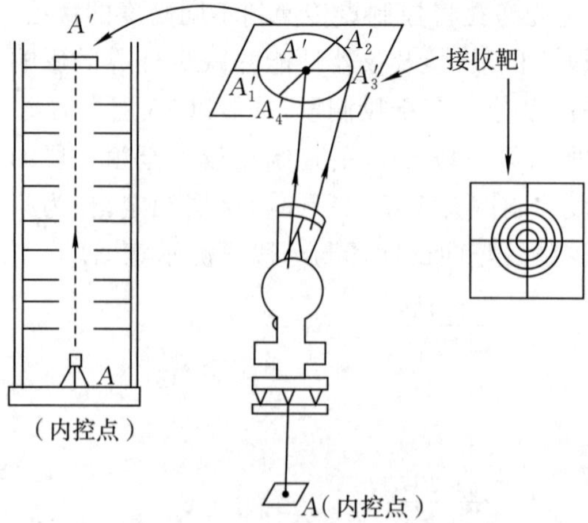

图 6.31　激光准垂仪投测法

(5)当全部投测完毕后,再用钢尺或全站仪测量投得点间的水平距离,若与被投层相应点间的距离之差在极限测量误差范围内,即完成投测,否则重新投测。

2)层面细部放样、垂直度计算及精度分析

经过竖向测量将内控制网投影到各层上,以传至某层的控制点为依据,恢复楼层控制网的控制轴线,用经过检核、调整后的控制轴线放样建筑物的楼层轴线,进行模板安装及施工。

为计算每层垂直度 k 和全高垂直度 K,在楼层的相应位置选择一定数量(n 个)有代表性的特征点,各点最好位于相同的纵横轴线上。拆模后,根据各楼层控制网的控制轴线,测量施工后各特征点的实际位置,计算与基础层相应各特征点的坐标偏差(Δx_i,Δy_i),计算公式为

$$\left.\begin{aligned} \Delta x &= \frac{\sum_{i=1}^{n} \Delta x_i}{n} \\ \Delta y &= \frac{\sum_{i=1}^{n} \Delta y_i}{n} \\ f &= \sqrt{\Delta x^2 + \Delta y^2} \end{aligned}\right\} \tag{6.20}$$

$$\left.\begin{aligned} k &= \frac{f}{h} \\ K &= \frac{f}{H} \end{aligned}\right\} \tag{6.21}$$

式中,h 为层高,H 为相对于±0.00 层的高度。建筑物层间垂直度和该层相对于±0.00 层的

全高垂直度，是评价和衡量高层建筑工程质量的重要指标。

对于各层特征点测量的精度分析如下：

(1)±0.00 层的特征点坐标的测量误差主要来源于全站仪的对中误差、定向误差，以及极坐标测量的测角误差和测距固定误差(因边长较短，测距比例误差可忽略)。全站仪的对中误差、定向误差一般在±1 mm 以内，极坐标测量误差可估算在±2 mm 以内，因此，±0.00 层的特征点坐标测量的误差不会超过±2.5 mm。

(2)第 i 层特征点坐标的测量误差除了上述误差外，还有使用激光铅垂仪进行竖向投测的误差，其投测点的点位误差主要来源于仪器光学对中误差、铅垂仪自身误差，以及投测点位标定误差。一般认为仪器光学对中误差可控制在±1 mm 以内(即 $m_1=\pm 1$ mm)；投测点位标定误差 m_2 可取±0.5 mm；对使用激光铅垂仪标称垂准精度为 1/30 000、楼高 $H=96$ m 进行估算，铅垂仪自身误差 $m_3=\pm 3.2$ mm，则投测本身的点位中误差 M_1 为

$$M_1=\sqrt{m_1^2+m_2^2+m_3^2}=\pm 3.39\ \text{mm}$$

若顾及极坐标测量中误差 $M_2=\pm 2.5$ mm，则 i 层特征点坐标的测量中误差 M 为

$$M=\sqrt{M_1^2+M_2^2}=\pm 4.21\ \text{mm}$$

3)高程传递

高层建筑的高程传递通常可采用悬挂钢尺法和全站仪天顶测距法两种。

(1)悬挂钢尺法。如图 6.32 所示，将钢尺零端朝下悬挂于大楼侧面，用水准仪架设在底层，后视底层 1 m 线，前视钢尺；然后水准仪搬至楼上某层，后视钢尺，前视水准尺，并根据该层的设计标高就可计算和放样出该层的 1 m 线。

(2)全站仪天顶测距法。如图 6.33 所示，将全站仪架于底层轴线控制点上，使望远镜水平(竖直角为 0°)，向水准尺读得仪器相对底层 1 m 线的高度，然后使望远镜朝上(竖直角为 90°)，通过各层轴线传递孔直接向上测距，再用水准仪放样该层的 1 m 线。

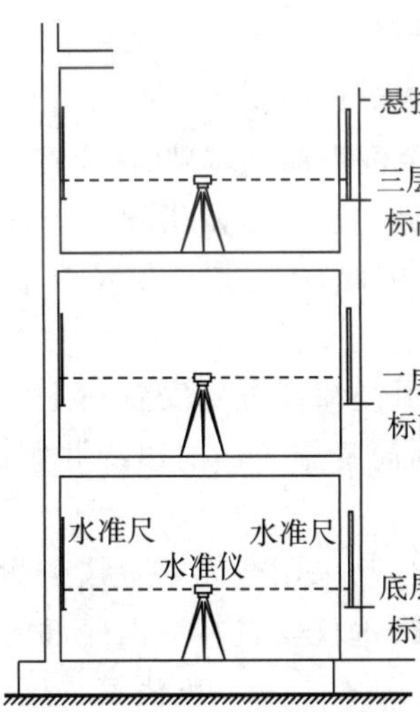

图 6.32　悬挂钢尺法

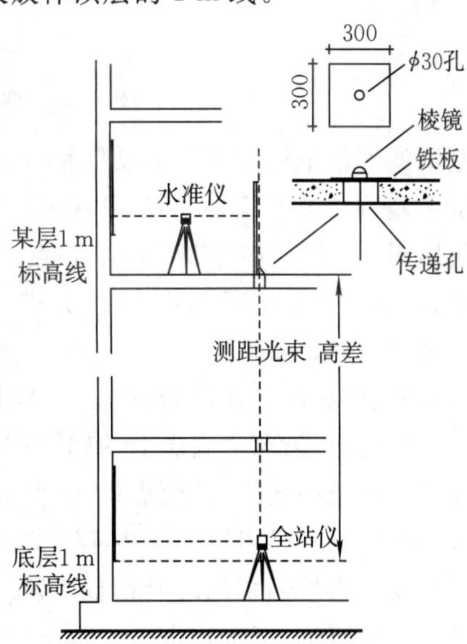

图 6.33　全站仪天顶测距法

2. 烟囱的施工测量

烟囱是工业场地上的一种特殊建筑物,其特点是基础面积小、主体高、地基负荷大、垂直度要求高。为保证工程质量,现多采用滑模施工法进行。按《烟囱工程施工及验收规范》(GB 50078—2008)要求,当烟囱高 $H \leqslant 100$ m 时,筒身中心线的垂直偏差不得大于 $0.0015H$;当 $H > 100$ m 时,中心线的垂直偏差不得大于 $0.001H$。

烟囱施工测量的主要任务是严格控制烟囱的中心位置,确保主体的垂直度。在滑模施工中,多采用激光铅垂仪来控制主体的垂直度。

1)基础定位和施工

施工前,首先放样出烟囱的中心点 O,然后过中心点 O 选择两条相互垂直的定位轴线 AB、CD,如图 6.34 所示。各控制桩至轴线 O 的最近距离,视烟囱的高度而定,一般至少为烟囱高度的 1.5 倍。

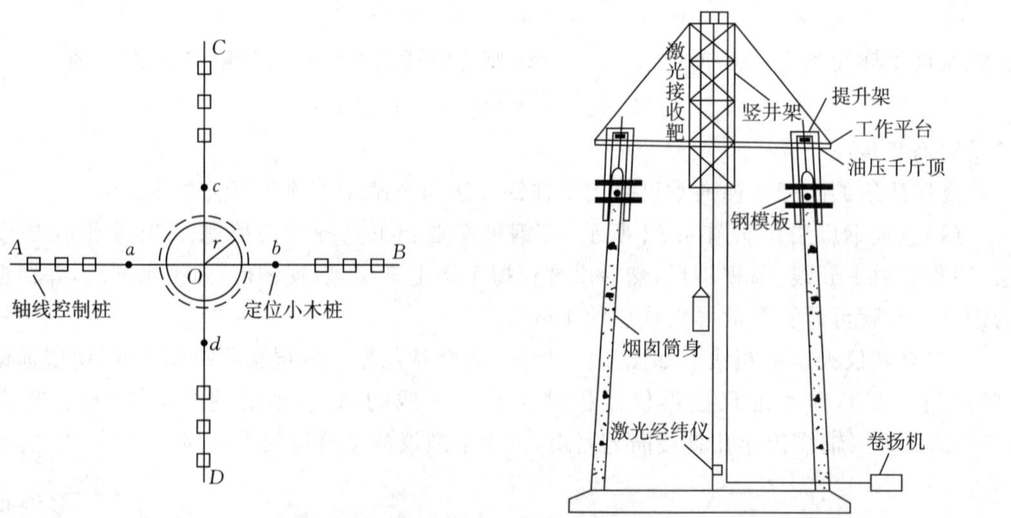

图 6.34　烟囱基础定位及垂直度控制

基坑的开挖依施工现场的实际情况而定,通常开挖的范围为以烟囱中心点为圆心,底部半径 r 加上基坑放坡宽度为半径,并撒灰线标明开挖范围。在浇灌混凝土基础时,应在基础面上埋设金属板,并由定位控制桩将中心点 O 投至金属板上标定。该中心是指导施工的主要依据,用来控制烟囱的半径和垂直度,并进行沉降和倾斜观测。因此,中心点必须妥善保护。

2)筒身施工测量

(1)轴线外控法。在筒身的施工中,其垂直度控制可采用经纬仪分别安置在定位轴线桩 A、B、C、D 点上,瞄准基础面上的轴线点,将轴线向上投测到筒身施工面的边缘并做标记,然后按标记拉两根小线绳,其交点即为烟囱中心点。

(2)轴线内控法。目前,国内不少高大的钢筋混凝土烟囱,已采用激光铅垂仪引测中心点以保证精度。当烟囱采用滑升模板工艺进行施工时,将激光铅垂仪安置在烟囱底部的中心点上,如图 6.34 所示,在工作平台中央安置接收靶,烟囱每滑升 25～30 cm,就浇筑一层混凝土,在每次滑升前后各进行一次观测。操作时,先打开激光电源,使激光光束向上射出,调节望远镜调焦螺旋,直至在工作台中央接收靶上得到明显的红色光斑。然后整置仪器,使竖轴垂直,即当仪器绕竖轴旋转时,光斑中心始终在同一点位,这样就得到一条竖直的可见的红线。观测人员在接收靶上可直接读出滑模中心对铅垂线的偏离值，提供施工人员调整滑模位置。仪器在施工过程中要经常地进行激光束垂直度的检验和校正，以保证施工质量。

3. 电视塔的施工测量

电视塔是高耸构筑物和超高建筑物的结合体，它的施工测量主要是平面测量和垂直测量两部分。以上海东方明珠广播电视塔为例，高度为 468 m，由地下室、塔座、塔身、下球、上球、太空舱和天线等七个部分组成，共 30 层。施工前，先进行主塔轴线及桩位的放样测量。在施工过程中，以主塔中心放样出六根每隔 60°的轴线以及在相应轴线上的三个斜筒和三个直筒底部的中心位置。

施工测量采用了徕卡 WILD ZL 光学铅垂仪，在塔筒中建立四根垂准线，同时设置一定数量的测量平台，随施工进程，中心点自下而上从下一个测量平台投测到上一个测量平台，再从测量平台投测到提升位的施工平台面上，从标定在施工平台面上的四个垂直轴中心，测设施工轴线，按设计半径控制和放样横板的圆心和圆弧，从而保证塔身轴线的垂直。竣工后塔身垂直度偏差小于 50 mm，塔筒中心点的偏差小于 2 mm。

6.7 施工放样新技术

6.7.1 测量机器人在顶管施工放样自动化中的应用

下面将以顶管自动引导测量系统作为工程实例，介绍顶管自动引导测量系统的原理、结构及其应用的情况。同时它也是解决曲线长距离顶管施工测量技术的有效方法。

1. 顶管施工测量方法

顶管施工测量的目的在于测量出顶管机头当前的位置，并与设计管道轴线进行比较，求出机头当前位置的左右偏差(水平偏差)和上下偏差(垂直偏差)，以引导机头纠偏。为保证顶管施工质量，机头位置偏差必须加以限制，因此纠偏要及时，做到"随测随纠"。

国内顶管大都为直线顶管，又由于距离近，在工作井内，能与机头直接通视，因此测量机头的位置比较简单。在工作井内安置经纬仪和水准仪，或激光指向仪，并在机头内安置测量标志，就可以随时测量机头的位置及其偏差。

在特殊情况下，采用曲线顶管，又由于距离远，这时在工作井内不能与机头通视，井下安置的仪器无法直接测量机头的位置，必须用导线测量的方法在管道内逐站测量至机头，以求出机头的位置偏差，见图 6.35。

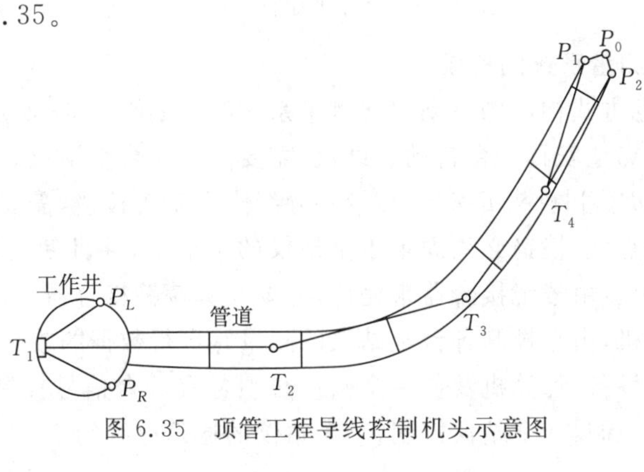

图 6.35　顶管工程导线控制机头示意图

2. 曲线顶管施工测量解决方案

在管道中进行人工导线测量，作业条件差、操作困难，测量时顶管施工必须停止，占用时间多，进行四站的管道测量，一般用时 2～3 h。由于管道内的导线点随顶管一起移动，所以每次测量都必须由井下开始全程进行，要做到“随测随纠”，相当困难。曲线顶管，尤其是小半径的曲线顶管，机头的控制更加困难，更要求及时纠偏，因此测量频率更要提高，难以满足。解决曲线顶管施工测量存在的问题必须改变人工测量的落后方法，采用自动测量的技术。为此，必须采用顶管自动引导测量系统指导施工。

3. 顶管自动引导测量系统的测量原理

自动引导测量系统的测量原理就是传统的支导线测量。如图 6.35 所示，T_1、P_L、P_R 为已知点，T_2、T_3、T_4 为过渡的导线点，P_1、P_2 为导线支点(设置于顶管机头内)。与传统导线测量不同的是，自动引导测量系统在 T_1、T_2、T_3、T_4 各点同时架设有全站仪和圆棱镜，并且每台全站仪都通过电缆与计算机连接。在计算机的指挥下，各站点上的全站仪相互配合，按导线测量的测量程序，自动有序地测量导线各点的转折角、垂直角，以及导线各点之间的边长，并把角度和边长测量数据自动传回给计算机，由计算机进行数据处理。由于机头中心 P_0 无法安置测量棱镜，其坐标须由 P_1、P_2 点归算。计算结果自动和设计轴线比较，并在计算机屏幕上显示机头中心 P_0 相对于设计轴线的左右偏差、上下偏差、机头旋转角、10 m 内机头中心轨迹的图形和数值，以及测量时的里程和时间(图 6.36)。系统整个测量过程在计算机的控制下自动运行，无须人工干预。

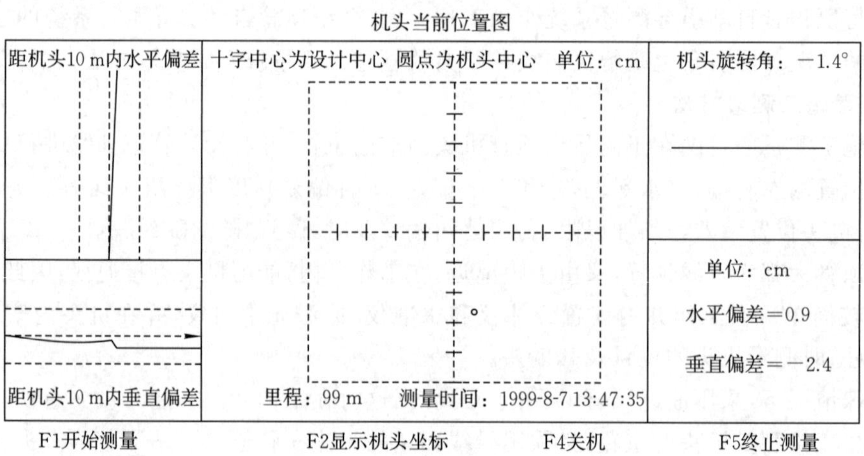

图 6.36　计算机控制顶管界面

4. 顶管自动引导测量系统的构成

按四站导线测量的方式构成的自动引导测量系统配置如图 6.37 所示。

(1)在每一个导线点上安置一台自动全站仪，需要配置 4 台全站仪。

(2)在后视点 P_L、P_R 和机头 P_1、P_2 点及各导线点上安置棱镜，需要 8 个棱镜。

(3)在每一个导线点上，棱镜必须固定于全站仪的手柄上，并且使棱镜中心和全站仪的旋转中心位于同一垂线上。由棱镜接合器来完成，需要 4 套棱镜接合器。

(4)要有一台计算机，由它控制各台全站仪的测量并进行数据的收集和处理。

(5)要有系统通信设备，计算机及各台全站仪必须各有一台信号控制箱(共需要 5 台)，以及连接计算机、计算机控制箱、全站仪控制箱、全站仪的通信电缆约 1 000 m。控制箱同时供给全站仪及自动整平基座 12 V 直流电。

(6)在管道内的导线点(测站)上必须安置自动整平基座,共需要 3 台。

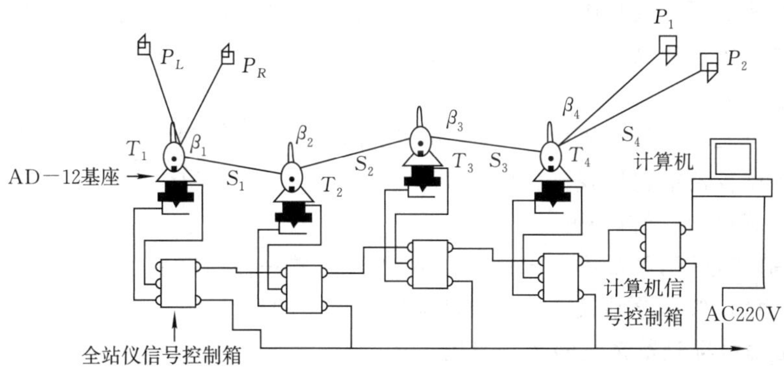

图 6.37　自动引导测量系统构成

5. 顶管自动引导测量系统的测量精度分析

在顶管施工中,要求横向(左右)贯通误差必须小于等于 10 cm,高程(上下)误差容易控制,因此这里仅分析自动测量成果横向误差的大小。

横向误差主要由角度测量引起,距离测量主要影响纵向误差,在贯通测量中可以不必考虑。

系统中使用的 TCA1800 全站仪一方向测回中误差为 $m_{方}=\pm1''$,则一测回角度测量中误差为 $\sqrt{2}m_{方}$,自动测量系统以半测回进行角度测量,则半测回角度测量中误差为 $m_{\beta}=\sqrt{2}\sqrt{2}m_{方}=\pm2''$。所以按直伸支导线方式,求得自动引导测量系统导线端点(机头)的横向误差为

$$m_{u_1}=\sqrt{\frac{n+1.5}{3}}\times\frac{m_{\beta}S}{\rho}=\pm1.31\ \text{cm}$$

式中,S 为支导线长度,这里将其设定为 1 000 m;n 为导线点个数,这里为 4。

考虑到机头中心位置是由测量机头两个棱镜归心计算求得,归心元素的测定误差影响到归心的精度,此项影响的误差为 m_{u_2},有把握控制 $m_{u_2}\leqslant\pm1$ cm。这样本系统测量机头位置的横向误差为 $m_1=\pm\sqrt{m_{u_1}^2+m_{u_2}^2}=\pm1.65$ cm。

顶管贯通误差由三部分测量误差引起:①地下导线测量误差是影响贯通的主要误差,这里为自动引导测量系统的横向误差 m_1;② 由地面控制点引测到井下导线点的定向测量误差 m_2,由于井下定向边很短,此项误差也是影响贯通精度的关键因素;③ 连接两井口的地面控制测量误差 m_3,地面测量比较容易控制。

根据经验,取这三项测量误差对贯通的影响比为 $m_1:m_2:m_3=3:2:1$,顶管测量总的横向贯通误差为 $m=\pm\sqrt{m_1^2+m_2^2+m_3^2}$,现以 $m_1=\pm1.65$ cm 代入,求得 $m_2=\pm1.10$ cm,$m_3=\pm0.55$ cm,则 $m=\pm\sqrt{1.65^2+1.10^2+0.55^2}=\pm2.06$(cm);若以两倍中误差为极限误差计算,则使用自动引导系统时顶管贯通测量的最大横向误差为±4.12 cm。

考虑到施工误差,按"等影响原则",则顶管施工最大贯通误差为 $\pm4.12\ \text{cm}\times\sqrt{2}=\pm5.83\ \text{cm}<\pm10\ \text{cm}$,完全满足施工规程要求。

6. 顶管自动引导测量系统的操作及初始化

顶管自动引导测量系统安装后，必须进行以下初始化：

(1)在计算机的程序文件中输入井下导线起始点 T_1 坐标，$T_1—P_L$、$T_1—P_R$ 方位角。

(2)在计算机的程序文件中输入管道轴线的设计元素：起、终点坐标，曲线主要点坐标、曲线元素、管道坡度等。

(3)把各台全站仪进行大概度盘定向，并把定向值输入计算机文件。这是为了进行第一次自动测量时，各站仪器能很快找到目标。

(4)启动计算机，进行自动测量。

根据顶管施工情况，系统可退出自动测量程序，暂停一段时间后，重新进入自动测量状态，也可以关闭计算机，各台全站仪会相继自动关闭。

7. 顶管自动引导测量系统的生产应用

在上海市河流污水工程穿越黄浦江底的长距离曲线顶管施工中采用了自动引导系统。管径 2.7 m，管线长 610 m。首先为 165 m 直线段，中间为 365 m 圆曲线(半径为 1 600 m)，最后又为 100 m 直线。

自动引导测量系统在长距离曲线顶管中长时间连续运行，完成“自动测量”的使命。系统在 3 个多月的试验期间引导顶管 490 m，其中 365 m 为圆曲线。

系统从一台机(全站仪)，逐步增加为 2 台机、3 台机，最后为 4 台机。在 3 个月零 7 天的自动测量记录中可以看出系统的运行是正常的，记录了 4 000 多次自动测量成果。

自动引导测量系统由于能连续不断地对机头进行跟踪测量，每顶进几厘米、十几厘米便能显示一次机头当前的偏差值，这时的偏差值变化是很小的，纠偏很容易做到，因此自动测量能做到“随顶随测随纠”，这就大大提高和保证了顶管的施工质量。

6.7.2 地铁隧道施工放样中的盾构姿态自动测量

在隧道挖掘过程中，获取盾构的姿态参数非常重要，因为它不仅对盾构前进的方向给出指导，而且是后续调整盾构姿态的基础。因此，正确、及时地获取盾构当前姿态对指导施工来说非常重要。

隧道掘进机(tunnel boring machine, TBM)引导系统，是盾构工程施工的关键部件。TBM 自动引导系统利用先进的测量、电子传感器和计算机技术，计算 TBM 的位置、姿态和趋势信息，并与设计隧道轴线(designed tunnel alignment, DTA)进行比较，以直观的方式图文并茂地给盾构机操控人员实时地提供信息。

盾构自动导向系统有 ZED 系统、SLS-T 方向引导系统、TMG-32B(陀螺仪)方向检测装置等，这些系统采用的方法主要有激光方法和直接观测棱镜的棱镜法两种。激光法和棱镜法是按照观测目标的不同进行导向系统的分类。激光方法主要以 ZED 和 SLS-T 为代表，两种产品在英法隧道、上海地铁、天津地铁、黄河隧道的建设中得到应用。棱镜方法以 PPS 为代表，其产品应用在广州地铁、西班牙巴塞罗那地铁，以及美国、澳大利亚、苏黎世等数十个地下工程施工中。

1. 激光方法原理

1)总体结构

以 SLS-T 为例，激光方法总体结构如图 6.38 所示。主要由以下四部分组成：①激光经纬仪，主要用于测量(水平和垂直的)角度和距离、发射激光束。②电子激光系统(ELS)，也称为激光靶，如图 6.39 所示。它是一台智能型传感器，ELS 接收激光经纬仪发出的激光束，测定水平方向和垂直方向的入射点。侧滚角和俯仰角也由该系统内的电子双轴倾斜仪测量，偏角由 ELS 上激光器的入射角确认。ELS 固定在盾构机的机身内，在安装时就确定其位置，它相对于盾构机轴线的关系和参数都可知道。③计算机及隧道掘进软件。SLS-T 软件是自动导向系统的核心，它从激光经纬仪和 ELS 等通信设备接收数据，盾构机的位置在该软件中计算，并以数字和图形的形式显示在计算机的屏幕上。④黄色盒子。它主要给激光经纬仪供电，保证计算机和激光经纬仪之间的通信和数据传输。

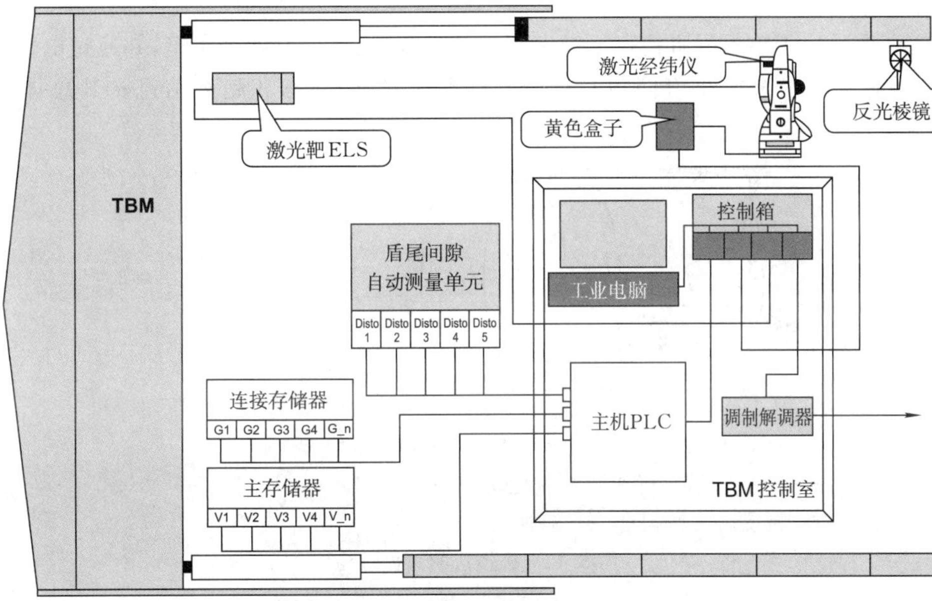

图 6.38　激光方法总体结构

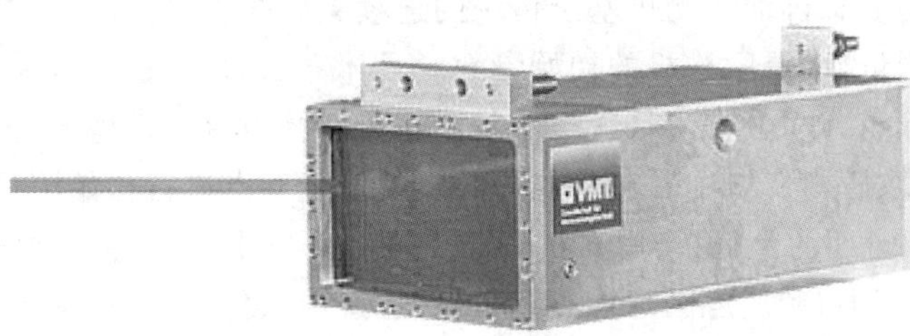

图 6.39　激光靶 ELS

2）测量原理

盾构机自动导向系统的姿态定位主要是依据地下控制导线点来精确确定盾构机掘进的方向和位置。激光经纬仪的测站和后视反射棱镜的位置由常规测量方法确定。安置仪器并通过照准后视反射棱镜定向，利用测出测站与 ELS 棱镜之间的距离和方位角，就可以知道 ELS 棱镜的平面坐标（X，Y），再由三角高程测出 ELS 棱镜的高程值（即 Z）。激光束射向 ELS，ELS 就可以测定激光相对于 ELS 平面的偏角。在 ELS 入射点测得的折射角及入射角可用于确定盾构机激光点相对于设计隧道轴线的偏角。侧滚角和俯仰角可直接用安装在 ELS 内的电子双轴倾斜仪测量。通过激光经纬仪测出的与 ELS 之间的距离可以提供沿着设计隧道轴线掘进的盾构机的里程。所有测量数据由通信电缆传输至计算机，通过软件组合起来，用于计算盾构机轴线上前后两个参考点的精确空间位置，并与设计隧道轴线比较，得出的偏差值显示在屏幕上，这就是盾构机的姿态。在推进时只要控制好姿态，盾构机就能精确地沿着设计隧道轴线掘进，保证隧道能顺利准确地贯通。

2. **棱镜法原理**

棱镜法的出现是随着徕卡带有自动目标识别的全站仪而兴起的 TBM 引导方法。早期的仪器无法识别在小视场角内的两个棱镜，而目前采用棱镜框同步控制棱镜的遮挡与关闭，为有效区分和识别小视场角内的不同棱镜提供了可能。

1）总体结构

棱镜法是通过直接观测盾构机上的三个棱镜位置（也可以是两个棱镜，并通过电子双轴倾斜仪测量 TBM 的侧滚角和俯仰角），计算 TBM 的方位、姿态和趋势信息。其总体结构如图 6.40 所示。

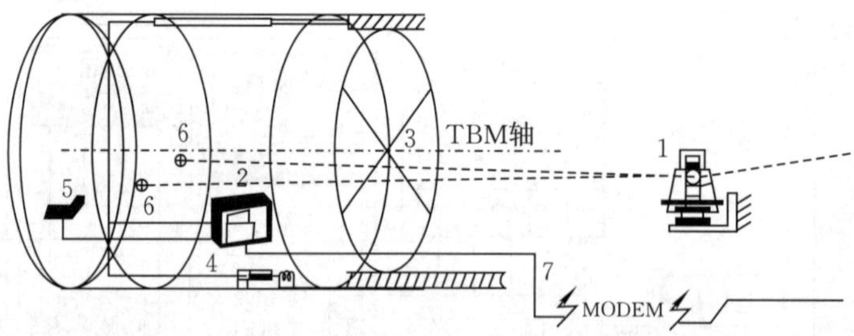

1—自动全站仪；2—工业计算机；3—防护空间(可选)；
4—液压传感器(可选)；5—双轴电子倾斜仪；
6—棱镜；7—数据链；8—后视棱镜

图 6.40 棱镜法的总体结构

2）测量原理

棱镜法实现盾构姿态自动监测仍基于传统的连续支导线测量方法。在盾构推进之前必须对盾构机进行初始测量，取得盾构机的初始参数。具体方法为：工程测量人员在盾构机体内预先设定三个固定目标点，此三点必须保证牢固（不得松动），并在同一坐标系中；然后确定盾构机特征点坐标，一般取盾构切口中心和盾尾中心。对上述五点进行初始测量，必须高度精确并保留测量结果。需要说明的是，由于盾构机切口中心和盾尾中心是刚性物体上的虚点，要测定其坐标，可先对盾构机切口和盾尾圆环设点测量，然后运用软件计算，求得盾构机切口中心和盾尾中心在初始姿态下的坐标值。当盾构初始测量完毕进入推进后，运用程控测量技术，在工程坐标系中对三个预设固定目标点进行连续跟踪测量，取得三个固定目标点坐标的实时测量值。根据实时测量值，采用刚性空间特征点定位计算技术，求得盾构机盾构切口中心和盾尾中心的实际坐标，并采用设计线型空间微分直线变换的计算方法，得出盾构推进过程中的姿态偏差数据。

理论上，在三维空间中 TBM 的位置可由其上的两点再加侧滚角、俯仰角来唯一确定。所以，棱镜法也可通过直接观测两个棱镜点，并通过电子双轴倾斜仪测量 TBM 的侧滚角和俯仰角，来确定 TBM 的位置和趋向。在 TBM 安装时，可以确定两个棱镜距离 TBM 轴和在 TBM 坐标系中的位置。棱镜的位置通过自动全站仪实时地进行跟踪测量，可以计算出 TBM 上任一点的 X、Y、Z 坐标。同样，由于 DTA 已经预先输入系统，也就可以计算 TBM 与 DTA 的偏差值以及 TBM 趋势。

第 7 章　线路工程放样

线路工程放样的主要任务就是把图纸上设计的线路的位置、形状、宽度和高低在施工现场标定出来，作为线路施工的依据。当然，随线路工程类型的不同其放样工作也有所不同。公路、铁路工程放样工作主要包括线路中线放样、路基施工放样、路面施工测量等内容。线路中线是由直线与曲线组成的，直线放样在前面已介绍，本章主要介绍线路曲线测设和路基施工放样及输电线路施工测量等内容。

7.1　概　述

曲线测设是工程建筑物放样的组成部分之一。就线路而言，由于受地形、地物及社会经济发展的要求限制，线路总是不断从一个方向转到另一个方向。这时，为了使车辆平稳、安全地运行，必须用曲线连接。这种在平面内连接不同线路方向的曲线，称为平面曲线，简称平曲线。平面曲线按其半径的不同分为圆曲线和缓和曲线。圆曲线上任意一点的曲率半径处处相等；缓和曲线是在直线与圆曲线、圆曲线与圆曲线之间设置的曲率半径连续渐变的一段过渡曲线。缓和曲线上任意一点的曲率半径处处在变化。其半径变化范围自无穷大至圆曲线半径 R；若用以连接半径为 R_1 和 R_2 的圆曲线时，缓和曲线的半径便自 R_1 向 R_2 过渡，见图 7.1。

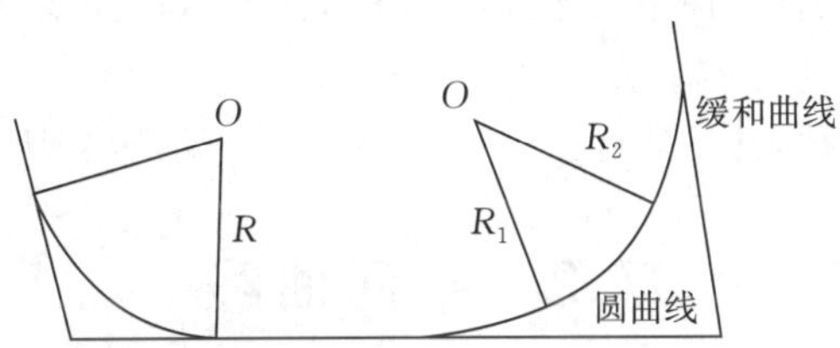

图 7.1　平面曲线

按曲线的连接形式不同，可分为：

——单圆曲线，也称为单曲线，即具有单一半径的曲线，见图 7.1。

——复曲线，由两个或两个以上同向的单曲线连接而成的曲线，见图 7.2。

——反向曲线，由两个方向不同的曲线连接而成的曲线，见图 7.3。

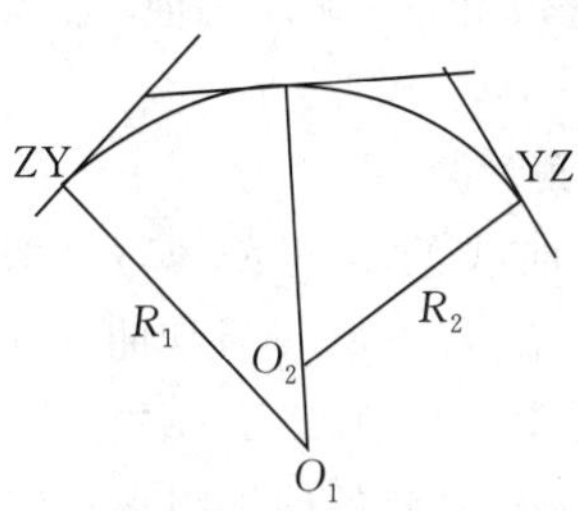

图 7.2　复曲线

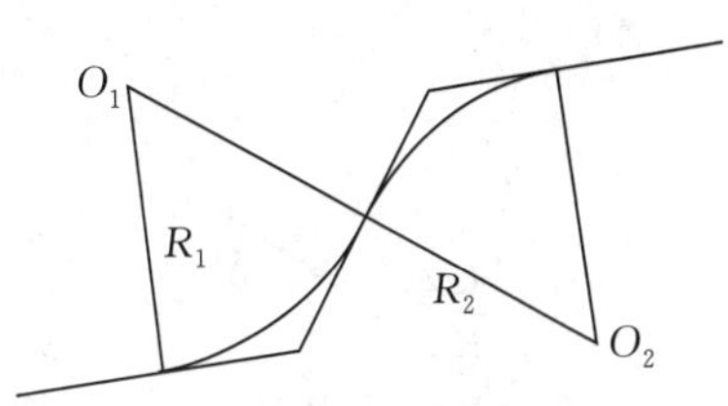

图 7.3　反向曲线

——回头曲线,满足山区线路工程展线的需要,其转向角接近或超过180°的曲线,见图7.4。

——螺旋线,线路转向角达360°的曲线,见图7.5。

线路的纵断面是由不同的坡度连接的。当两相邻的坡度值的代数差超过一定值时,在变坡点处,必须用曲线连接。这种连接不同坡度的曲线,称为竖曲线。竖曲线有凸形与凹形两种。顶点在曲线之上的称为凸形竖曲线,反之称为凹形竖曲线,见图7.6。

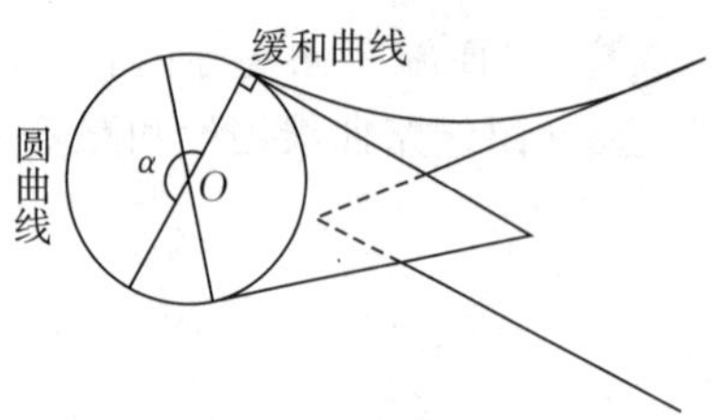

图7.4 回头曲线

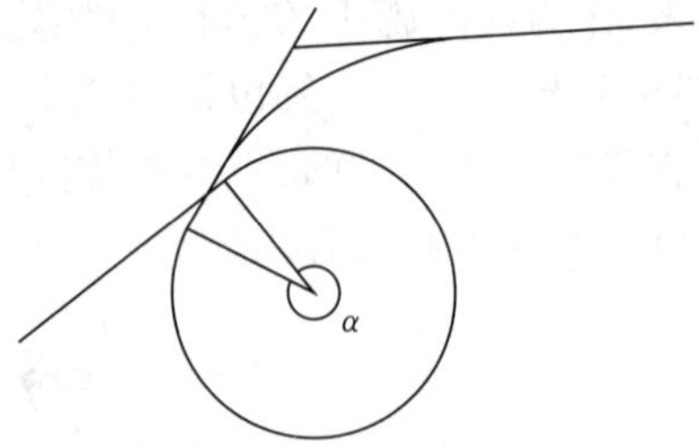

图7.5 螺旋线

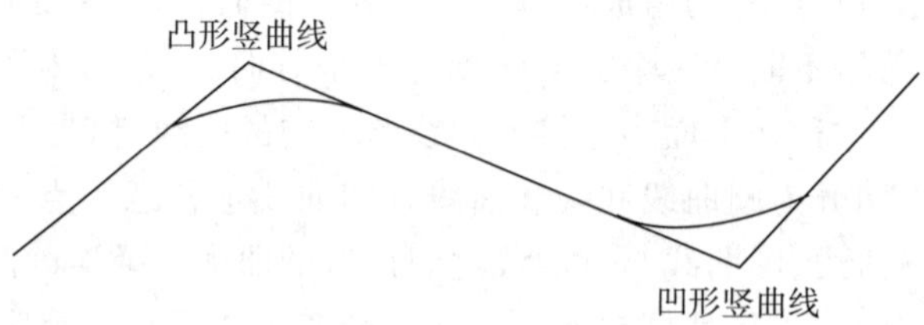

图7.6 竖曲线

在公路曲线测设中,还有一种用以连接不同平面上直线的曲线,称为立交曲线。该曲线由高度为 h_1 的平面上升到高度为 h_2 的平面。

曲线测设的方法有多种,常见的有极坐标法、坐标法、偏角法、切线支距法等。

7.2 平面曲线

一般平面曲线是按"直线+缓和曲线+圆曲线+缓和曲线+直线"的顺序连接,组成完整的线形。平面曲线最基本的元素是圆曲线和缓和曲线,其他曲线是由其派生而成的。

7.2.1 圆曲线

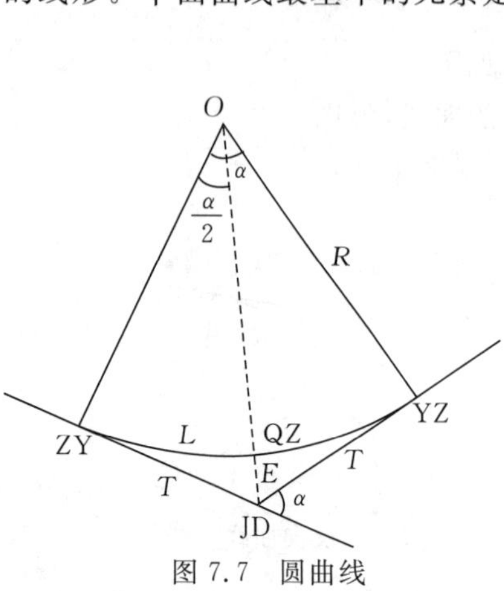

图7.7 圆曲线

单圆曲线简称圆曲线,是最简单的一种曲线,其测设和资料计算都比较容易。但在测设之前,必须进行曲线要素及主要点的里程计算。

1. 圆曲线要素及其计算

如图7.7所示,圆曲线的半径 R、偏角(即线路转向角)α、切线长 T、曲线长 L、外矢矩 E 及切曲差 q(又叫校正数或超距),称为曲线要素。其中,R 及 α 均为已知数据。R 是在设计中按线路等级及地形条件等因素选定的,α 是线路定测时测出的。其余要素可按下列关系式计算得出

$$\left.\begin{aligned} T &= R\tan\frac{\alpha}{2} \\ L &= \frac{\pi}{180^\circ}\alpha R \\ E &= R\left(\sec\frac{\alpha}{2}-1\right) \\ q &= 2T-L \end{aligned}\right\} \tag{7.1}$$

式中，切曲差 q 除了用来校核切线长 T 及曲线长 L 外，还用以验算主要点里程的计算。

例 1　已知 $\alpha=10^\circ25'10''$，$R=800$ m，求曲线各要素。由式(7.1)计算可得

$$T=R\tan\frac{\alpha}{2}=72.94\ \text{m}$$

$$L=\frac{\pi}{180^\circ}\alpha R=145.48\ \text{m}$$

$$E=R\left(\sec\frac{\alpha}{2}-1\right)=3.32\ \text{m}$$

$$q=2T-L=0.40\ \text{m}$$

2. 圆曲线主要点里程的计算

从图 7.7 可以看出，圆曲线的主要点包括：

——ZY 点(直圆点)，直线与圆曲线的连接点。

——QZ 点(曲中点)，圆曲线的中点。

——YZ 点(圆直点)，圆曲线与直线的连接点。

其主要点的里程，可自交点 JD 的里程算得。

接前面的例子，设已知 JD 的里程为 DK11+295.78，求 ZY、QZ、YZ 点的里程。

JD	DK11+295.78
$-)T$	72.94
ZY	DK11+222.84
$+)\frac{L}{2}$	72.74
QZ	DK11+295.58
$+)\frac{L}{2}$	72.74
YZ	DK11+368.32

检核：

JD	DK11+295.78
$+)T$	72.94
	DK11+368.72
$-)q$	0.40
YZ	DK11+368.32

7.2.2　有缓和曲线的圆曲线

1. 缓和曲线

列车在曲线上行驶会产生离心力，所以在曲线上要用外轨超高的方法来克服离心力。如图 7.8 所示，列车在曲线上行驶时，作用在火车上的力有两个，一个是火车的自重 P，另一个是轨道对火车的托力 Q。它们的合力 F 便是火车得到的平衡离心力的向心力。

为了使列车预期倾斜，可以通过升高外轨来达到目的，称为超高 (h_0)。从图中不难看出，由相似三角形的关系，有

$$\frac{h_0}{F}=\frac{b}{P}$$

式中，b 为轨距，取值 1.5 m。

从力学知识可知，$F=mv^2/R$，$P=mg$。故

$$h_0=\frac{Fb}{P}=11.8\frac{v^2}{R} \tag{7.2}$$

式中，R 为圆曲线半径，单位为 m；v 为通过曲线的列车平均速度，单位为 km/h；g 为重力加速度，$g=9.8\ \text{m/s}^2$。

一般认为平均速度为最高速度的 80%，所以式(7.2)也可表示为

$$h_0=7.6\frac{v_{max}^2}{R} \tag{7.3}$$

当列车平均速度 $v=120$ km/h，曲线半径 $R=1\ 200$ m 时，则以式(7.2)算得外轨超高值为 142 mm。这对铁路的运营是个不容忽视的数字。

直线的曲率半径为无穷大，故列车在直线上行驶，两轨面等高。当列车进入半径为 R 的曲线轨道时，外轨必须突然抬高 h_0，见图 7.9(a)。这种台阶状的轨面将给火车的安全运行及铁道的使用寿命带来不良的影响。这时，如果在直线与圆曲线之间插入一条半径由无穷大渐变至圆曲线半径 R 的过渡曲线(称为缓和曲线)，则超高即由 0 递增到 h_0，见图 7.9(b)，以便减缓车轮对外轨的冲击，达到安全、平顺行驶的目的。当半径很大，车速较低，超高 h_0 不会很大时，对非国家等级的铁路线，就不一定要增设过渡曲线。如工矿企业中的生产专用线，当 $h_0<10$ mm 时，便可不考虑。

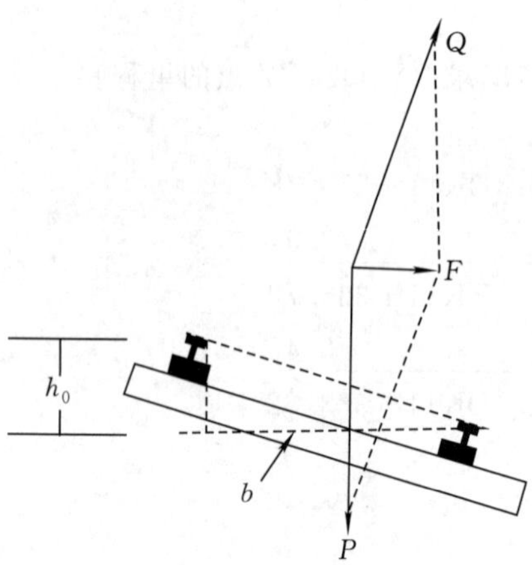

图 7.8　离心力引起的外轨超高

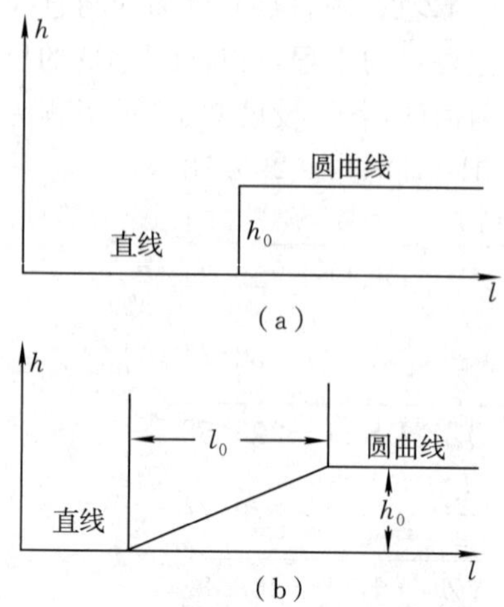

图 7.9　直线与圆曲线之间插入缓和曲线后外轨超高渐变示意图

缓和曲线可用螺旋线、三次抛物线等空间曲线来设置。我国铁路上采用螺旋线作为缓和曲线。当在直线与圆曲线之间嵌入缓和曲线后，其曲率半径由无穷大(与直线连接处)逐渐变化到圆曲线的半径 R(与圆曲线连接处)。螺旋线具有的特性是：曲线上任意一点的曲率半径 R' 与该点至起点的曲线长 l 成反比，即

$$R'\propto\frac{1}{l}\quad 或\quad R'=\frac{c}{l}$$

式中，c 为常数，称为曲线半径变化率。当 l 等于所采用的缓和曲线长度 l_0 时，缓和曲线的半径 R' 等于圆曲线半径 R，故

$$c = R \times l_0 \tag{7.4}$$

缓和曲线除了用以连接直线和圆曲线外，还用于连接不同曲率半径的圆曲线。在复曲线测设中，当两相邻圆曲线的曲率半径差超过一定值时，这两个圆曲线必须通过缓和曲线来连接。此时，其曲线半径变化率 c 可以表示为

$$c = \frac{l_{0_{12}} \times R_1 \times R_2}{R_1 - R_2} \tag{7.5}$$

式中，R_1、R_2 为两相邻圆曲线的半径，设 $R_1 > R_2$；$l_{0_{12}}$ 为连接两圆曲线的缓和曲线长度。

2. 有缓和曲线的圆曲线要素及其计算

图7.10(a)为单圆曲线的情形。在直线与圆曲线间嵌入缓和曲线时，当圆曲线两端加入缓和曲线后，圆曲线应内移一段距离，方能使缓和曲线与直线衔接。而内移圆曲线，可采用移动圆心或缩短半径的办法实现。我国在铁路、公路的曲线测设中，一般采用内移圆心的方法。如图7.10(b)所示，若圆曲线的圆心 O_1 沿着圆心角的平分线内移至 O_2（此时 $O_1O_2 = p\sec\frac{\alpha}{2}$，$p$ 值的大小，按式(7.7)计算)，圆曲线的两端就可以插入缓和曲线，把圆曲线与直线平顺地连接起来。

具有缓和曲线的圆曲线，其主要点为：

——ZH(直缓点)，直线与缓和曲线的连接点。

——HY(缓圆点)，缓和曲线和圆曲线的连接点。

——QZ(曲中点)，曲线的中点。

——YH(圆缓点)，圆曲线和缓和曲线的连接点。

——HZ(缓直点)，缓和曲线与直线的连接点。

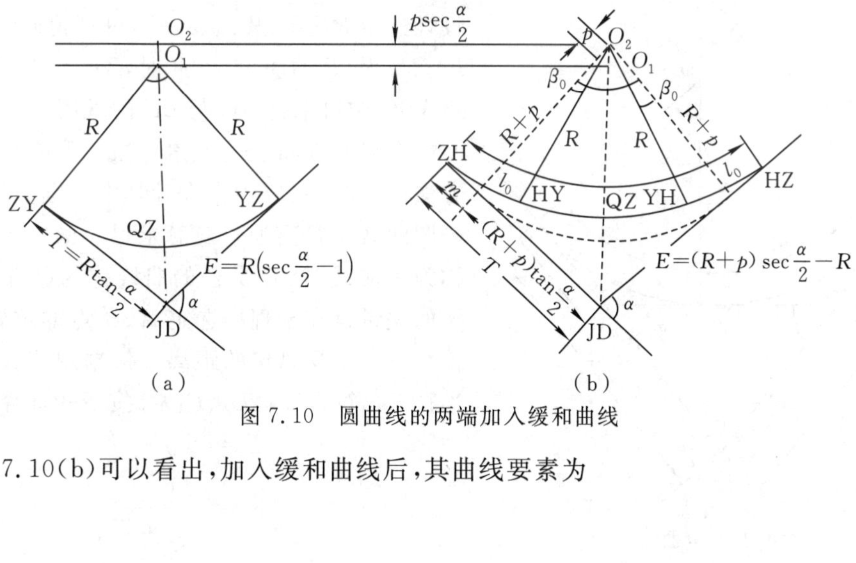

图7.10　圆曲线的两端加入缓和曲线

从图7.10(b)可以看出，加入缓和曲线后，其曲线要素为

$$\left.\begin{aligned} T &= m + (R + p)\tan\frac{\alpha}{2} \\ L &= \frac{\pi R(\alpha - 2\beta_0)}{180^\circ} + 2l_0 \\ E &= (R + p)\sec\frac{\alpha}{2} - R \\ q &= 2T - L \end{aligned}\right\} \tag{7.6}$$

式中，α 为偏角(线路转向角)，R 为圆曲线半径，l_0 为缓和曲线长度，m 为加设缓和曲线后使切线增长的距离，p 为加设缓和曲线后圆曲线相对于切线的内移量，β_0 为 HY 点(或 YH 点)的缓和曲线角度。其中，m、p、β_0 称为缓和曲线参数，计算公式为

$$\left.\begin{aligned} \beta_0 &= \frac{l_0}{2R}\rho \\ m &= \frac{l_0}{2} - \frac{l_0^3}{240R^2} \\ p &= \frac{l_0^2}{24R} \end{aligned}\right\} \tag{7.7}$$

从图 7.10 及式(7.7)可以看出，在圆曲线与直线之间插入长度为 l_0 的缓和曲线后，原圆曲线及直线的一部分，被缓和曲线代替，其数量为 l_0。

7.2.3　复曲线

由两个或两个以上同向的不同半径 R_1、R_2 圆曲线组成的曲线称为复曲线。两圆曲线之间，可以用缓和曲线连接，也可以直接连接。下面介绍直接连接的情况。

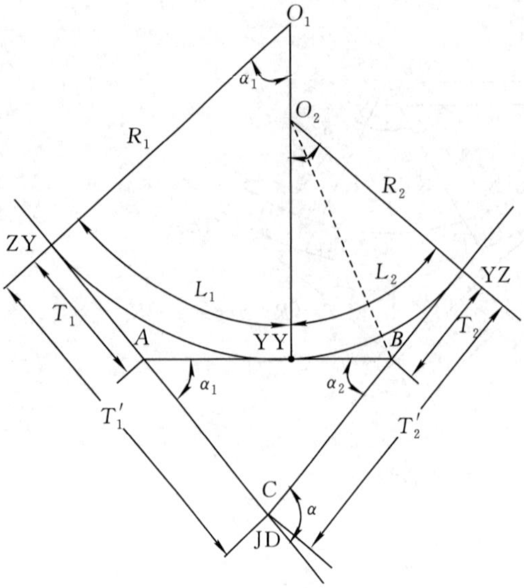

图 7.11　复曲线

如图 7.11 所示，半径为 R_1 与 R_2 的复曲线的交点为 JD、起点 ZY、终点 YZ 及公共切点 YY。在设计选定 R_1、R_2 及 α_1、α_2 后，可算得曲线要素 T_1、L_1、E_1 及 T_2、L_2、E_2。此时，$AB = T_1 + T_2$。从 $\triangle ABC$ 中可求得 AC 与 BC 的长度。

有时候复曲线的元素 α_1、α_2 采用实地测定的方法。这时，只要预先设计其中一圆曲线半径，另一圆曲线半径需通过解算求得。给定半径的曲线称为主曲线，待定半径的曲线称为副曲线。本方法的关键是在于现场选定 A、B 点的位置，并测定偏角 α_1、α_2 及 AB 的距离。依据观测数据与设计半径 R_1，算得 T_1、L_1、E_1，并按下式计算 T_2、R_2

$$\begin{aligned} T_2 &= S_{AB} - T_1 \\ R_2 &= \frac{T_2}{\tan\frac{\alpha_2}{2}} \end{aligned} \tag{7.8}$$

再按 α_2、R_2 可求得副曲线要素 T_2、L_2、E_2。

7.2.4　立交圆曲线

立体交叉线路在现代化城市建设中应用很广。立交曲线是一种用以连接不同平面上直线的曲线。立交曲线是空间曲线，其测设既有平面，又有高程，但通常是分别测设的，高程测设的方法在第 6 章中已讲述，故在此只介绍平面部分的测设。

立交圆曲线是一个半径为 R 的连接着立体交叉上、下两条直线段的圆曲线，它由高度为 h_1 均匀上升到高度为 h_2。

图 7.12 为一公路立交圆曲线。曲线的起点 ZY 与下线相连，曲线的终点 YZ 与上线连接。设计时应给定曲线半径 R，选线时实地钉出交点 JD′，并测定偏角 α'。根据 α' 及 R 即可求得相应的曲线（虚圆曲线）要素 T'、L' 及 E'，从而获得立交圆曲线（实圆曲线）的要素，即

$$\left.\begin{aligned}\alpha &= 360^\circ - \alpha' \\ L &= 2\pi R - L' \\ E &= 2R + E'\end{aligned}\right\} \tag{7.9}$$

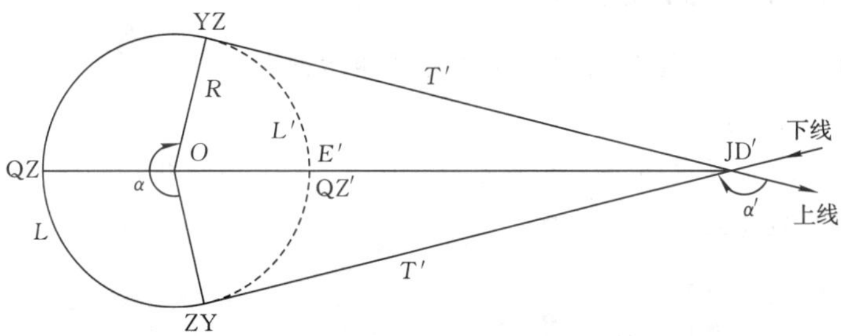

图 7.12　立交圆曲线

立交圆曲线的里程有两个：即下线的里程为 $JD'_{下}$，上线的里程为 $JD'_{上}$。如果以主要点的名称（如下交点 $JD'_{下}$）表示相应点的里程，则主要点的里程为

$$\left.\begin{aligned}ZY &= JD'_{下} + T' \\ QZ &= ZY + L/2 \\ YZ &= QZ + L/2 \\ JD'_{上} &= YZ + T'\end{aligned}\right\}$$

7.2.5　非对称设置缓和曲线的圆曲线要素及计算

由于地形条件的限制，或因线路改动的需要，在线路设计中往往在圆曲线的两端需要加设不等长的缓和曲线，称为非对称线形。在公路线形设计中，特别是在互通立交匝道和山区高速公路线形设计中，这种线形设计使用得较多。这种非对称线形的曲线测设的差别只在于主点曲线要素的计算公式有所变化。其曲线要素的计算如下：

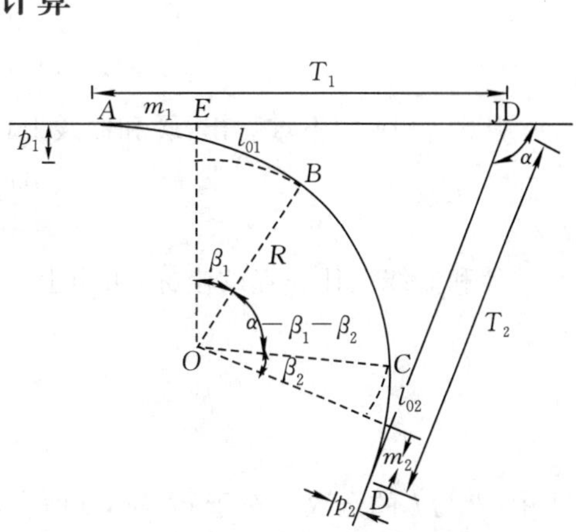

图 7.13　非对称设置缓和曲线的圆曲线

如图 7.13 所示，设圆曲线的半径为 R，线路转角为 α，缓和曲线的长度分别为 l_{01} 及 l_{02}。

按式(7.7)可求得 m_1、p_1、β_1 和 m_2、p_2、β_2，则切线长为

$$T_1=(R+p_1)\tan\frac{\alpha}{2}+m_1-\frac{p_1-p_2}{\sin\alpha} \tag{7.10}$$

$$T_2=(R+p_2)\tan\frac{\alpha}{2}+m_2+\frac{p_1-p_2}{\sin\alpha} \tag{7.11}$$

曲线长为

$$L=(\alpha-\beta_1-\beta_2)\times R\times\frac{\pi}{180^\circ}+l_{01}+l_{02} \tag{7.12}$$

曲线测设工作可按一般方法进行。

7.3 平面曲线放样数据的准备

平面曲线有各种不同的形式，不论何种形式的曲线，在放样曲线之前，都要准备放样数据。

7.3.1 有缓和曲线的圆曲线参数方程

有缓和曲线的圆曲线，一般分为缓和曲线及圆曲线两部分。

1. 缓和曲线参数方程

如图 7.14 所示，建立以直缓点 ZH 为原点，过 ZH 的缓和曲线切线为 x 轴，ZH 点上缓和曲线的半径为 y 轴的直角坐标系。

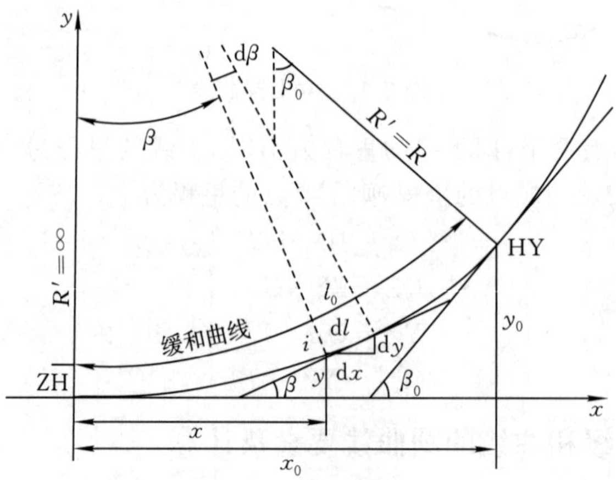

图 7.14 缓和曲线坐标

从图 7.14 中不难看出，缓和曲线上任一微分线段 dl 与对应的 dx、dy 之间的关系为

$$\left.\begin{aligned}\mathrm{d}x&=\mathrm{d}l\times\cos\beta\\ \mathrm{d}y&=\mathrm{d}l\times\sin\beta\end{aligned}\right\}$$

缓和曲线上任一点的坐标，可由上式取定积分求得，即

$$\left.\begin{aligned}x&=\int_0^l\cos\beta\mathrm{d}l\\ y&=\int_0^l\sin\beta\mathrm{d}l\end{aligned}\right\} \tag{7.13}$$

式中，β 为 l 的函数。对于 dl 与 dβ 而言，根据弧长与半径的关系有

$$d\beta=\frac{dl}{R'}$$

而

$$R'=\frac{c}{l}$$

故

$$d\beta=\frac{l\,dl}{c}$$

两边取定积分，即得

$$\beta=\frac{l^2}{2c} \tag{7.14}$$

将式(7.14)代入式(7.13)，则得

$$\left.\begin{aligned}x&=\int_0^l\cos\left(\frac{l^2}{2c}\right)dl\\y&=\int_0^l\sin\left(\frac{l^2}{2c}\right)dl\end{aligned}\right\} \tag{7.15}$$

将 $\cos\left(\frac{l^2}{2c}\right)$ 及 $\sin\left(\frac{l^2}{2c}\right)$ 用级数展开，即可得出

$$\cos\left(\frac{l^2}{2c}\right)=1-\frac{l^4}{8c^2}+\frac{l^8}{384c^4}-\cdots$$

$$\sin\left(\frac{l^2}{2c}\right)=\frac{l^2}{2c}-\frac{l^6}{48c^3}+\frac{l^{10}}{3840c^5}-\cdots$$

代入式(7.15)并进行定积分得

$$\left.\begin{aligned}x&=l-\frac{l^5}{40c^2}+\frac{l^9}{3456c^4}-\cdots\\y&=\frac{l^3}{6c}-\frac{l^7}{336c^3}+\frac{l^{11}}{42\,240c^5}-\cdots\end{aligned}\right\} \tag{7.16}$$

以 $c=Rl_0$ 代入式(7.16)，即得以曲线长 l_i 为参数的缓和曲线参数方程的最后形式为

$$\left.\begin{aligned}x_i&=l_i-\frac{l_i^5}{40R^2l_0^2}+\frac{l_i^9}{3456R^4l_0^4}-\cdots\\y_i&=\frac{l_i^3}{6Rl_0}-\frac{l_i^7}{336R^3l_0^3}+\frac{l_i^{11}}{42\,240R^5l_0^5}-\cdots\end{aligned}\right\} \tag{7.17}$$

实际上应用式(7.17)时，可只取前两项，即 $x_i=l_i-\frac{l_i^5}{40R^2l_0^2}$，$y_i=\frac{l_i^3}{6Rl_0}$。

2. 圆曲线参数方程

1)设置缓和曲线的圆曲线的参数方程

对于两端设置缓和曲线的圆曲线而言，如图 7.15 所示，仍用上述的直角坐标系，设 i 是圆曲线上的任意一点。从图中看出，i 点的坐标可表示为

$$\left.\begin{aligned}x_i&=R\sin\alpha_i+m\\y_i&=R(1-\cos\alpha_i)+p\end{aligned}\right\} \tag{7.18}$$

式中，$\alpha_i=\frac{180^\circ}{\pi R}(l_i-l_0)+\beta_0$，$\beta_0$、$m$、$p$ 为前述的缓和曲线参数。

若 α_i 以弧度表示，并顾及 $\beta_0=\frac{l_0}{2R}$，则有

$$\alpha_i=\frac{l_i-l_0}{R}+\frac{l_0}{2R}=\frac{l_i-0.5l_0}{R}$$

将上式代入式(7.18)有

$$\left.\begin{aligned}x_i&=R\sin\left(\frac{l_i-0.5l_0}{R}\right)+m\\y_i&=R\left(1-\cos\left(\frac{l_i-0.5l_0}{R}\right)\right)+p\end{aligned}\right\}\tag{7.19}$$

对式(7.19)中 $\sin\left(\frac{l_i-0.5l_0}{R}\right)$ 及 $\cos\left(\frac{l_i-0.5l_0}{R}\right)$ 进行泰勒级数展开，略去高次项，化简后即得圆曲线以 l_i 为参数的方程式为

$$\left.\begin{aligned}x_i&=l_i-0.5l_0-\frac{(l_i-0.5l_0)^3}{6R^2}+\cdots+m\\y_i&=\frac{(l_i-0.5l_0)^2}{2R}-\frac{(l_i-0.5l_0)^4}{24R^3}+\cdots+p\end{aligned}\right\}\tag{7.20}$$

2)单圆曲线的参数方程

如果是单圆曲线(图7.16)，以曲线起点ZY(或终点YZ)为坐标原点，其切线为 x 轴、过ZY(或YZ)的半径为 y 轴，建立直角坐标系。

由图7.16中可以看出，圆曲线上任一点 i 的坐标为

$$\left.\begin{aligned}x_i&=R\sin\alpha_i\\y_i&=R(1-\cos\alpha_i)\end{aligned}\right\}\tag{7.21}$$

以 $\alpha_i=\frac{l_i}{R}$ 代入式(7.21)并用级数展开，可得圆曲线以曲线长 l_i 为参数的参数方程式为

$$\left.\begin{aligned}x_i&=l_i-\frac{l_i^3}{6R^2}+\frac{l_i^5}{120R^4}\\y_i&=\frac{l_i^2}{2R}-\frac{l_i^4}{24R^3}+\frac{l_i^6}{720R^5}\end{aligned}\right\}\tag{7.22}$$

将曲线半径 R 与曲线上任意一点 i 的曲线长 l_i 代入式(7.22)即得 i 点坐标。

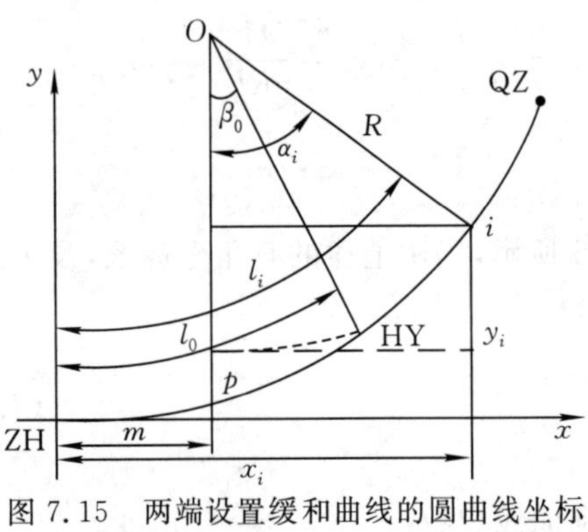

图7.15　两端设置缓和曲线的圆曲线坐标

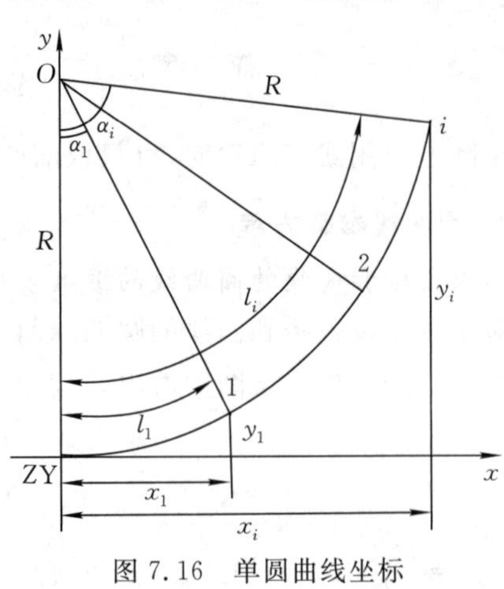

图7.16　单圆曲线坐标

3. 缓和曲线参数的证明

现在我们用缓和曲线方程式来证明式(7.7)。

(1)证明 $\beta_0 = \dfrac{l_0}{2R}$。

由式(7.14)可知，$\beta = \dfrac{l^2}{2c}$，当 $l = l_0$ 时，顾及 $c = Rl_0$ 即得

$$\beta_0 = \frac{l_0^2}{2Rl_0} = \frac{l_0}{2R}$$

(2)证明 $m = \dfrac{l_0}{2} - \dfrac{l_0^3}{240R^2}$。

由图 7.17 可知

$$m = x_0 - b = x_0 - R\sin\beta_0 \tag{7.23}$$

由式(7.17)第一式，当 $l = l_0$，且略去高次项时有

$$x_0 = l_0 - \frac{l_0^3}{40R^2}$$

代入式(7.23)则得

$$m = l_0 - \frac{l_0^3}{40R^2} - R\sin\beta_0$$

以 $\beta_0 = \dfrac{l_0}{2R}$ 代入，并对 $\sin\left(\dfrac{l_0}{2R}\right)$ 进行级数展开，取前两项整理后即得

$$m = \frac{l_0}{2} - \frac{l_0^3}{240R^2}$$

(3)证明 $p = \dfrac{l_0^2}{24R}$。

由图 7.17 可以看出

$$p = y_0 - a = y_0 - R(1 - \cos\beta_0) \tag{7.24}$$

与求证 m 时同法，利用式(7.17)第二式求得 y_0 的表达式以及 $\cos\beta_0 = \cos\left(\dfrac{l_0}{2R}\right)$ 的级数展开式一同代入式(7.24)，经整理即得

$$p = \frac{l_0^2}{24R}$$

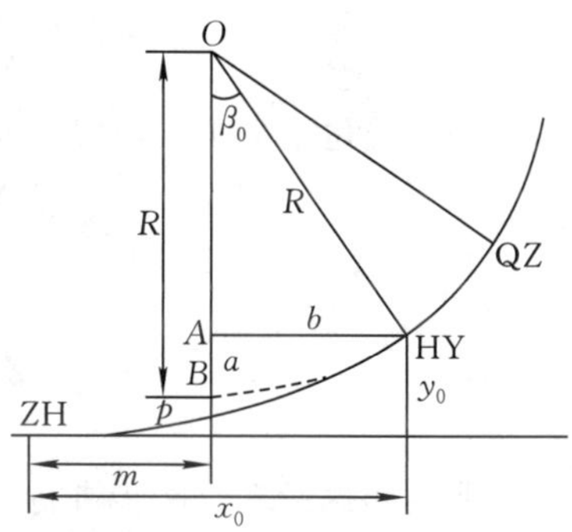

图 7.17　缓和曲线参数

7.3.2　曲线坐标的计算

1. 曲线在切线直角坐标系中的坐标计算

前面介绍了缓和曲线、圆曲线的参数方程，曲线上任意一点的坐标都可以曲线长 l_i 为参数计算得到。

当 $l_i < l_0$ 时，所计算的坐标为缓和曲线上点的坐标。

当 $l_i = l_0$ 时，即为缓圆点(HY)或圆缓点(YH)的坐标。

当 $l_i > l_0$ 时，所计算的坐标为圆曲线上点的坐标；l_i 为圆曲线上的任意一点到 ZH 点的曲线长。

同样建立以缓直点 HZ 为原点，过 HZ 点的缓和曲线切线为 x 轴，HZ 点上缓和曲线的半径为 y 轴的切线直角坐标系，计算另一半曲线任意一点的坐标 x'_i、y'_i。然后，通过坐标转换统一为以直缓点 ZH 为原点的切线直角坐标系中的坐标。如图 7.18 所示，HZ 点坐标为

$$x_{HZ} = T_1 + T_2\cos\alpha$$
$$y_{HZ} = T_2\sin\alpha$$

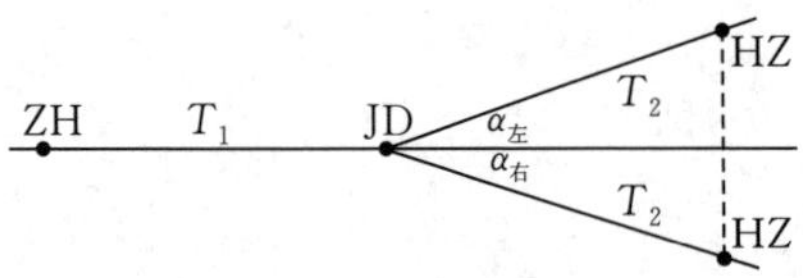

图 7.18 HZ 点在 ZH 切线直角坐标系中的坐标

过 HZ 点缓和曲线的切线 x 轴在以直缓点 ZH 为原点的切线直角坐标系中的方位角为 $180°+\alpha_右$ 或 $180°-\alpha_左$，并考虑到以缓直点 HZ 为原点的 y 轴方向与以直缓点 ZH 为原点的 y 轴方向相反；通过坐标转换，若 α 为右偏角，则另一半曲线任意一点的坐标为

$$\left.\begin{aligned} x_i &= x_{HZ} - x'_i\cos\alpha - y'_i\sin\alpha \\ y_i &= y_{HZ} - x'_i\sin\alpha + y'_i\cos\alpha \end{aligned}\right\} \tag{7.25}$$

若 α 为左偏角，则另一半曲线任意一点的坐标为

$$\left.\begin{aligned} x_i &= x_{HZ} - x'_i\cos\alpha + y'_i\sin\alpha \\ y_i &= y_{HZ} + x'_i\sin\alpha + y'_i\cos\alpha \end{aligned}\right\} \tag{7.26}$$

2. 曲线坐标转换到测量坐标系中的坐标计算

为了在已知坐标的测量控制点上进行曲线放样，必须将以 ZH 点为原点的切线直角坐标系中的曲线坐标转换到线路导线测量坐标系中去。根据 ZH 点切线所在直线线段两端端点的测量坐标计算该边的坐标方位角 A，ZH 点在测量坐标系中的坐标为 X_{ZH} 和 Y_{ZH}，若曲线位于 ZH 点切线的右侧，则曲线任意一点在测量坐标系中的坐标为

$$\left.\begin{aligned} X_i &= X_{ZH} + x_i\cos A - y_i\sin A \\ Y_i &= Y_{ZH} + x_i\sin A + y_i\cos A \end{aligned}\right\} \tag{7.27}$$

若曲线位于 ZH 点切线的左侧，则曲线任意一点在测量坐标系中的坐标为

$$\left.\begin{aligned} X_i &= X_{ZH} + x_i\cos A + y_i\sin A \\ Y_i &= Y_{ZH} + x_i\sin A - y_i\cos A \end{aligned}\right\} \tag{7.28}$$

7.4 平面曲线的放样方法

曲线测设通常分两步进行。首先测设曲线上起控制作用的点，称为主要点测设；然后根据主要点加密曲线上其他的点，称为曲线详细测设。

7.4.1 曲线上主要点测设

1. 圆曲线主要点的测设

圆曲线的主要点包括：ZY 点（直圆点）、QZ 点（曲中点）、YZ 点（圆直点）。在测设圆曲线主要点之前，应根据已知的圆曲线半径 R、线路偏角 α，按式(7.1)计算曲线要素 T、E、L、q。

圆曲线主要点的测设步骤如下：

(1)将仪器置于交点 JD_i 上，以线路方向定向。自 JD_i 起沿两切线方向分别量出切线长 T，即得曲线起点 ZY 及曲线终点 YZ。

(2)在交点 JD_i 上后视 ZY，拨 $\dfrac{180°-\alpha}{2}$ 角，得分角线方向，沿此方向自 JD_i 量出外矢矩 E，

即得曲线中点 QZ。

圆曲线主要点对整条曲线起着控制作用。其测设的正确性，直接影响曲线的详细测设。所以，在进行作业时应仔细检查。在主要点设置后，还可以用偏角对所测设的主要点进行检核。如图 7.19 所示，曲线的一端对另一端的偏角应为转向角 α 的一半；曲线的一端对曲线的中点 QZ 的偏角应为转向角 α 的四分之一。

2. 设置缓和曲线的圆曲线主要点测设

设置缓和曲线的圆曲线主要点有：ZH（直缓点）、HY（缓圆点）、QZ（曲中点）、YH（圆缓点）、HZ（缓直点），如图 7.20 所示。在测设有缓和曲线的圆曲线主要点之前，应根据圆曲线的半径 R、线路转向角 α 及缓和曲线的长度 l_0，确定曲线要素 T、E、L、q。曲线要素按式(7.6)进行计算。现以例说明。

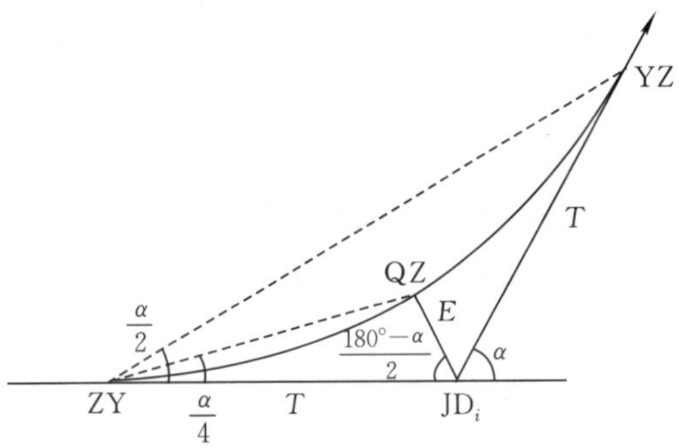

图 7.19　圆曲线的主要点测设

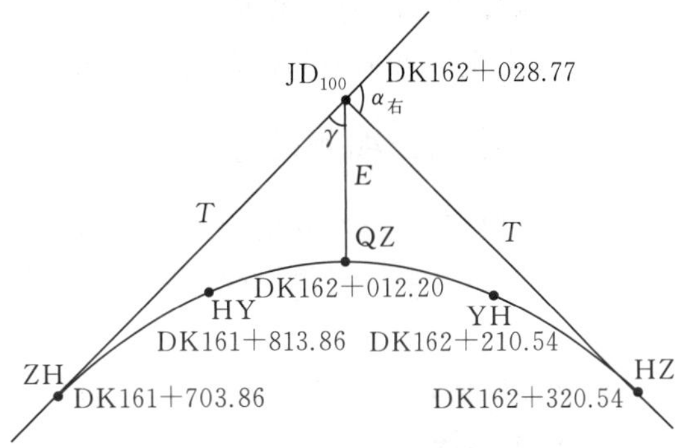

图 7.20　设置缓和曲线的圆曲线主要点

例 2　设圆曲线半径 $R=600$ m，偏角 $\alpha_{右}=48°23'$，缓和曲线长 $l_0=110$ m，交点 JD_{100} 的里程为 DK162+028.77，求曲线元素。

解：据 R、α 及 l_0 计算即得

$T=324.91$ m，$L=616.67$ m，$E=58.68$ m，$q=33.14$ m，检核 $q=2T-L=33.15$ m

在进行主要点 HY（或 YH）测设时，通常采用直角坐标法。可按式(7.17)计算，求得 HY（或 YH）的坐标值，就本例而言，HY 的坐标为

$$x_0=109.908 \text{ m},\ y_0=3.359 \text{ m}$$

由图 7.20 可知，上述曲线要素确定后，就可根据交点 JD_{100} 的里程推算出主要点的里程。现计算如下

JD_{100}	DK162+028.77
−) T	324.91
ZH	DK161+703.86
+) l_0	110.00
HY	DK161+813.86

ZH	DK161+703.86
+) $\frac{L}{2}$	308.34
QZ	DK162+012.20
+) $\frac{L}{2}$	308.34
HZ	DK162+320.54
−) l_0	110.00
YH	DK162+210.54

检核：

JD_{100}	DK162+028.77
+) T	324.91
	DK162+353.68
−) q	33.14
HZ	DK162+320.54

各主要点的里程计算出以后，就可以进行测设。其步骤如下：

(1)将仪器置于交点 JD_{100} 上定向，由 JD_{100} 沿两切线方向分别量出切线长 $T=324.91$ m，即得 ZH 及 HZ 点。

(2)在交点 JD_{100} 上，根据 $\gamma=\dfrac{180^\circ-\alpha}{2}$，设置 $(180^\circ-\alpha)$ 的角平分线。在此平分线上由 JD_{100} 量取外矢矩 $E=58.68$ m，即得曲线的中点 QZ。

(3)根据 x_0 及 y_0 设置 HY 及 YH。在两切线上，自 JD_{100} 起分别向曲线起点、终点量取 $T-x_0=215.00$ m(或自 ZH、HZ 点起分别向 JD_{100} 点量取 $x_0=109.91$ m)，然后沿其垂直方向量取 $y_0=3.36$ m，即得 HY、YH 点。

其他平面曲线的主要点测设与上述测设方法基本一致，在此不再赘述。

若在测设平面曲线时采用极坐标法或坐标法，也可按 7.3.2 小节中介绍的曲线坐标计算公式，计算出主要点和细部点在测量坐标系中的坐标，把主要点和细部点一并测设，不再细分。

7.4.2 曲线的详细测设方法

曲线主要点定出后，还要沿着曲线加密曲线桩，才能在地面上比较确切地反映曲线的形状。曲线的详细测设，指测设除主要点以外的一切曲线桩，包括一定距离的加密桩、百米桩及其他加桩。

曲线详细测设的方法有多种，常见的有极坐标法、坐标法等。

1. 极坐标法

极坐标法测设曲线的主要问题是曲线测设资料的计算，按式(7.25)至式(7.28)计算曲线的坐标，并把由直线段、圆曲线段、缓和曲线段组合而成的曲线坐标归算到统一的测量坐标系中，计算极坐标法放样的数据，其极坐标 (S_i,θ_i) 可由测站点与待放样点坐标反算获得。极坐标法是自测站点出发，后视另一已知点，拨出极角 θ_i，在此方向上量极距 S_i，即可确定待放样点 i 的位置。

极坐标法的优点是测量误差不积累，测设的点位精度高。尤其是利用测站设置在中线以外任意一点的自由设站极坐标法测设曲线，给现场的曲线测设工作带来极大的方便。

自由设站极坐标法是在测设曲线时，选择有利于放样的测站点位置而不是已知控制点，通过观测测站点到两个或两个以上已知点的方向和距离。利用后方交会法计算公式，即可现场获得测站点在测量坐标系中的坐标，从而计算极坐标法放样的数据 (S_i,θ_i)。

2. 坐标法

1)全站仪坐标法

极坐标法测设曲线是根据曲线的测量坐标计算放样数据，而放样数据的计算是要根据仪器架设的位置而定的，现场仪器架设的位置会时而变化，就要重新计算放样数据。而全站仪坐标法测设曲线就不需要事先计算放样数据，只提供曲线的测量坐标就可以了。

2)GNSS RTK 法

GNSS RTK 能够实时地提供在任意坐标系中的三维坐标数据，拥有彼此不通视条件下远距离传递三维坐标，且测量误差不积累的优势。在线路测量中，GNSS 不仅能用于线路控制测量，还能利用 GNSS RTK 坐标法快速、高效地完成测量放样任务，放样线路中线已很普遍。

坐标法(全站仪坐标法，GNSS RTK 法)放样的具体情况参见第 6 章。

7.5　竖曲线

线路纵断面是由许多不同坡度的坡段连接成的。坡度变化之点称为变坡点。在变坡点处，相邻两坡度的代数差称为变坡点的坡度代数差，它对列车的运行有很大的影响。列车通过变坡点时，由于坡度方向的改变，会产生附加的力和附加的加速度，而使列车车钩受损，甚至产生脱钩、断钩或列车出轨的现象。

为了缓和坡度在变坡点处的急剧变化，使列车能平稳通过，变坡点的坡度代数差 Δ_i 不应超过规定限值（国家Ⅰ、Ⅱ级铁路规定 $\Delta_i \leqslant 3‰$、Ⅲ级铁路 $\Delta_i \leqslant 4‰$）。若超过限值，则坡段间应以曲线连接。这种在道路纵坡的变换处竖向设置的曲线称为竖曲线。

连接两相邻坡度线的竖曲线，可以用圆曲线，也可以用抛物线。目前，我国铁路上多采用圆曲线连接。下面简要介绍竖曲线的测设。

如图 7.21 所示，竖曲线与平面曲线一样，首先要进行曲线要素的计算。

根据《铁路线路设计规范》(GB 50090—2006)规定，竖曲线半径 R，在Ⅰ、Ⅱ级铁路不小于 10 000 m、Ⅲ级铁路不小于 5 000 m。在工作量不过分加大的情况下，为了改进交通条件，竖曲线的半径应当尽可能地加大。

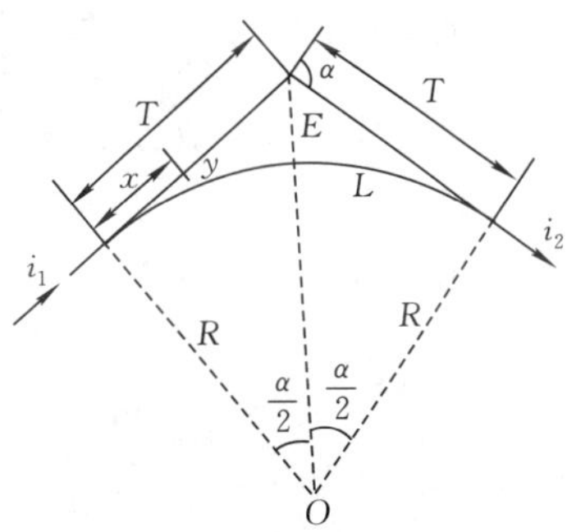

图 7.21　竖曲线

由于允许坡度的数值不大，纵断面上的曲折角 α 可以被认为

$$\alpha = \Delta_i = i_1 - i_2 \tag{7.29}$$

式中，i_1、i_2 为两相邻的纵向坡度值，Δ_i 为变坡点的坡度代数差。

曲线要素除了半径 R 及纵向转折角 α 外，尚有以下要素：

(1)竖曲线切线长度 T

$$T = R\tan\frac{\alpha}{2} \tag{7.30}$$

因为 α 很小，故 $\tan\frac{\alpha}{2} \approx \frac{\alpha}{2} = \frac{1}{2}(i_1 - i_2)$，所以

$$T = \frac{1}{2}R(i_1 - i_2) = \frac{R}{2}\Delta_i \tag{7.31}$$

在Ⅰ、Ⅱ级铁路上，取 $R = 10\,000$ m，则 $T = 5\,000\Delta_i$；在Ⅲ级铁路上，取 $R = 5\,000$ m，则 $T = 2\,500\Delta_i$。

(2)竖曲线长度 L。由于转折角 α 很小，所以竖曲线长度 $L \approx 2T$。

(3)竖曲线上各点高程及外矢矩。由于 α 很小，故可以认为曲线上各点的 y 坐标方向与半径方向一致，也认为它是切线上与曲线上的高程差。从而得

$$(R + y)^2 = R^2 + x^2$$

故

$$2Ry = x^2 - y^2$$

又 y^2 与 x^2 相比较其值甚微，可略去不计。故有

$$2Ry = x^2$$

所以

$$y=\frac{x^2}{2R} \tag{7.32}$$

得到高程差 y，即可按坡度线上各点高程，计算各曲线点的高程。

从图 7.21 上还可以看出，$y_{max}\approx E$，E 为外矢矩，故

$$E=\frac{T^2}{2R} \tag{7.33}$$

例 3　××铁路为Ⅰ级线路，某处相邻坡段的坡度分别为＋4‰及－6‰，变坡点的里程为 DK217＋240、变坡点的高程为 418.69 m，该坡段以凸形竖曲线连接，并在曲线上每相距 10 m 设置一曲线点，试计算其放样要素。

解：按铁路规范的要求及上述计算公式，该竖曲线的各项要素计算如下：

曲折角：$\alpha=\Delta_i=0.004-(-0.006)=0.010$；

切线长：$T=5000\times\Delta_i=50$ m；

曲线长：$L=2T=100$ m；

外矢矩：$E=\dfrac{T^2}{2R}=\dfrac{2\,500}{20\,000}=0.125$ m（其中 $R=10\,000$ m）。

竖曲线设计是纵断面设计的一部分。为了方便起见，在进行竖曲线设计时，变坡点应尽量放在整桩上（里程为 10 m 的整倍数的桩点）。本例的变坡点里程为 DK217＋240。根据变坡点的里程可计算曲线上其他各点的里程。

变坡点		DK217＋240
	－）T	50
竖曲线起点		DK217＋190
	＋）L	100
竖曲线终点		DK217＋290

坡度线上各点的高程 H'_i 可根据变坡点的高程 H'_0，坡段的坡度 i_1、i_2 及曲线点的间距求得。

竖曲线上的高程称为设计高程，$H_i=H'_i-y_i$，计算结果见表 7.1。

表 7.1　竖曲线上各点高程的计算

点　号	桩号	x/m	y/m	坡度线高程 H'_i/m	设计高程 H_i/m
起　点	DK217＋190	0	0.00	418.49	418.49
	＋200	10	0.00	418.53	418.53
	＋210	20	0.02	418.57	418.55
	＋220	30	0.04	418.61	418.57
	＋230	40	0.08	418.65	418.57
变坡点	DK217＋240	50	0.12	418.69	418.57
	＋250	40	0.08	418.63	418.55
	＋260	30	0.04	418.57	418.53
	＋270	20	0.02	418.51	418.49
	＋280	10	0.00	418.45	418.45
终　点	DK217＋290	0	0.00	418.39	418.39

注：① x 值取决于曲线点间距，y 值可由式(7.32)求得。

②在实际工作中，并不需要另列表计算，而是由设计人员顺序计算后，填于纵断面图上即可。

竖曲线上各点的放样，可根据纵断面图上标注的里程及高程，以附近已放样的整桩为依

据，向前或向后量取各点的 x 值（水平距离），并设置标桩。施工时，再根据附近已知的高程点进行各曲线点设计高程的放样。

7.6　线路施工与竣工测量

线路施工测量的主要任务是放样出作为施工依据的桩点的平面位置和高程。这些桩点指线路中心位置的中线桩和路基施工边线的边桩。线路中线桩在定测时已在地面标定，但由于施工与定测间相隔时间较长，往往桩点已丢失、损坏或移位，在施工之前必须进行中线的恢复工作和对定测资料进行可靠性和完整性检查，这项工作称为线路复测。修筑路堤之前，需要在地面上把路基工程界线标定出来，这项工作称为路基边坡放样。

7.6.1　线路复测

线路复测工作的内容和方法与定测时基本相同。施工复测前，施工单位应检核线路测量的有关图表资料，会同设计单位进行现场桩橛交接。主要桩橛有直线转点、交点、有关控制点、GNSS 点、导线点、水准点，以及直线和曲线上的控制点等。

线路复测内容包括全线 GNSS 点的坐标、导线点的右角、导线点间的距离、转向角测量、直线转点测量、曲线控制桩测量和线路水准测量等。其目的是恢复定测桩点和检查定测质量，而不是重新测设，所以要尽量按定测桩点进行。若桩点有丢失和损坏，则应予以恢复；若复测和定测成果的误差在允许范围之内，则以定测成果为准；若超出允许范围，应查找原因，确定证明定测资料错误或桩点移位时，方可采用复测资料。

线路复测与定测成果的不符值限差为：

(1)水平角：$\pm 30''$；

(2)距离：钢尺 1∶2 000，全站仪 1∶4 000；

(3)桩点点位横向差：每 100 m 不应超过 ±5 mm，当点位距离超过 400 m 时，也不应超过 ±20 mm；

(4)曲线横向闭合差：10 cm（施工时应调整）；

(5)水准点高程闭合差：$\pm 30\sqrt{L}$ mm；

(6)中桩高程：±10 cm。

中桩点在施工中将被填挖掉，因此在线路复测后，路基施工前，对中线的主要控制桩（如交点、直线转点及曲线五大桩）应设置护桩。护桩位置应选在施工范围以外不易被破坏的地方。一般设两根交叉的方向线，交角不小于 60°，每一方向上的护桩不少于 3 个。为便于寻找护桩，护桩的位置用草图及文字作详细说明。

7.6.2　路基边坡放样

路基横断面是根据中线桩的填挖高度和所用材料在横断面上画出的。路基的填方称为路堤；挖方称为路堑；在填挖高度为零时，称为路基施工零点。

路基施工填挖边界线的标定，称为路基边坡放样。它是用木桩标出路堤坡脚线或路堑坡顶线到线路中线的距离，作为修筑路基填挖方开始的范围。设计横断面与地面实测横断面线之间所围的面积就是待施工（填或挖）的面积。根据相邻两个横断面面积和断面的间距，就可计算施工土方量。路基施工前除了要标定出中线桩以外,还要标定出路基的边桩,即路堤坡脚线或路堑的坡顶线。修筑路基的土石方工程就从边桩开始填筑和开挖。测设边桩可用下列方法。

1. 从横断面图上求出边桩位置

当所测的横断面图有足够的精度时,可在横断面图上根据填挖高度绘出路基断面,则左右两侧边桩离中线桩的水平距离从图上可直接量出。根据图上所得距离,在实地放出边桩,这是测设边桩最简单的方法。

2. 平坦地面路基边桩位置的测设

在平坦地面,路基边桩到中线桩的水平距离可用公式计算。如图7.22所示,水平距离 D_1 和 D_2 可按式(7.34)计算。

$$D_1 = D_2 = \frac{b}{2} + mH \tag{7.34}$$

式中,路堤时 b 为路基顶面宽度,路堑时 b 为路基顶面宽加侧沟和平台的宽度;m 为边坡的坡度比例系数,填方通常为1.5或1.75,挖方依地质条件而定,通常为1.5、1、0.75或0.5;H 为中桩的填挖高度,可从纵断面图或填挖高度表上查得。

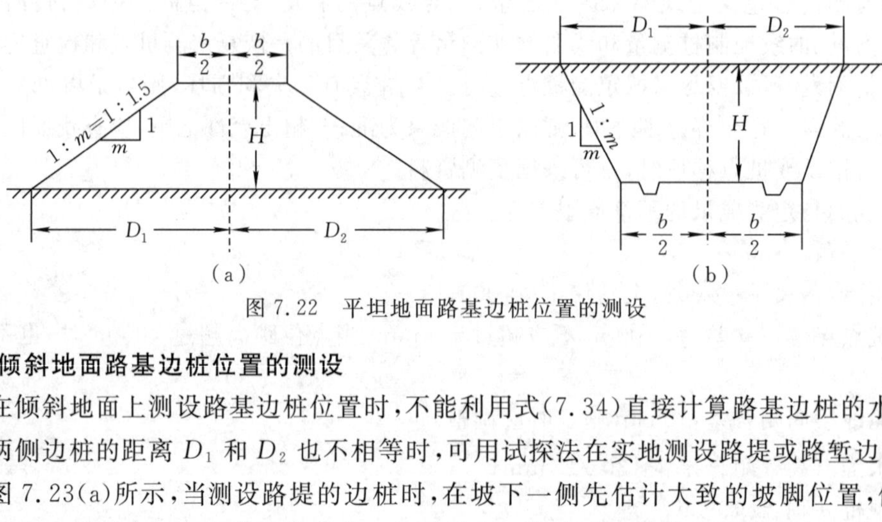

图7.22 平坦地面路基边桩位置的测设

3. 倾斜地面路基边桩位置的测设

当在倾斜地面上测设路基边桩位置时,不能利用式(7.34)直接计算路基边桩的水平距离,且路基两侧边桩的距离 D_1 和 D_2 也不相等时,可用试探法在实地测设路堤或路堑边桩。

如图7.23(a)所示,当测设路堤的边桩时,在坡下一侧先估计大致的坡脚位置,假定在点1;然后用水准仪测出1点与中桩的高差 h_1,再量出1点离中桩的水平距离 D'_1。当高差为 h_1 时,则坡脚位置到中桩的距离为

$$D_1 = \frac{b}{2} + m(H + h_1) \tag{7.35}$$

若计算所得的 $D_1 > D'_1$,说明坡脚应位于1点之外,如图7.23(a)所示;若 $D_1 < D'_1$,说明坡脚应在1点之内。按照差数 $\Delta D_1 = D_1 - D'_1$ 移动水准尺的位置(ΔD_1 为正时向外移,为负时向内移),再次进行测试,直至 $\Delta D_1 < 0.1$ m时,立尺点即可认为是坡脚的位置。从图7.23(a)上还可以看出:计算出的 D_1 是2点到中桩的距离,而实际坡脚在3点,为减少试测次数,在路堤的坡下一侧,移动尺子的距离应稍大于 $|\Delta D_1|$。这样,一般试测一两次即可找出所需的坡脚点。

在路堤的坡上一侧,D_2 的计算公式为

$$D_2=\frac{b}{2}+m(H-h_2) \tag{7.36}$$

而实际测得为 D'_2。根据 $\Delta D_2=D_2-D'_2$ 来移动尺子，但移动的距离应略小于 $|\Delta D_2|$。

如图 7.23(b)所示，当测设路堑的边桩时，在坡下一侧，D_1 的计算公式为

$$D_1=\frac{b}{2}+m(H-h_1) \tag{7.37}$$

实际量得为 D'_1。根据 $\Delta D_1=D_1-D'_1$ 来移动尺子，ΔD_1 为正时向外移，ΔD_1 为负时向里移。但移动的距离应略小于 $|\Delta D_1|$。

在路堑的坡上一侧，D_2 的计算公式为

$$D_2=\frac{b}{2}+m(H+h_2) \tag{7.38}$$

实际量得为 D'_2。根据 $\Delta D_2=D_2-D'_2$ 来移动尺子，但移动的距离应稍大于 $|\Delta D_2|$。

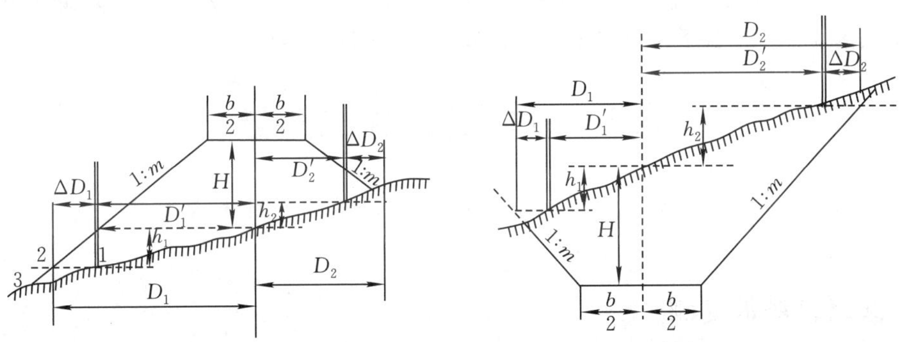

图 7.23　倾斜地面路基边桩位置的测设

7.6.3　路基高程的放样

路基高程的放样是通过中桩高程测量，在中桩和路肩边上竖立标杆，杆上画出标记，表示需要填筑的高度。如果填土高度较大，标杆长度不够时，可在桩上先画出一标记，再注明填土高度到标记以上若干米。挖土时，在标桩上画一记号，再注明需要下挖的尺寸。待土方接近设计标高时，再用水准仪精确标出最后应达到的标高。

通常给出的设计标高指路肩边的标高，可自纵断面图上查得。但是到路基最后整修时，所测设的是中桩路基面的标高。

7.6.4　线路竣工测量

在路基土石方工程完工以后，应进行线路竣工测量，其目的是最后确定中线位置，同时检查路基施工质量是否符合设计要求。它的内容包括中线测量、高程测量和横断面测量。

1. 中线测量

首先根据护桩将主要控制点恢复到路基上。在有桥梁、隧道的地段，进行线路中线贯通测量，应检查桥梁、隧道的中线是否与恢复的线路中线相符合。如果不相符合，应从桥梁、隧道的线路中线开始向两端引测。贯通测量后的中线位置应符合路基宽度和建筑物接近限界的要求，同时中线控制桩和交点桩应固桩。

对曲线地段，应交出交点，重新测量转向角。当新测角值与原来转向角值较差在允许范围内时，仍采用原来的资料。测角精度与复测时相同。曲线的控制桩点应进行检核，曲线的切线长、外矢矩等检查误差在1∶2 000以内时，仍用原桩点。曲线横向闭合差不应超过±5 cm。

在中线上，直线地段每50 m，曲线地段每20 m测设一桩。道岔中心、变坡点、桥涵中心等处需钉设加桩。全线里程自起点连续计算，消除由于局部改线或假设起始里程而造成的里程"断链"。

2. 高程测量

竣工时应将水准点引测到稳固建筑物上或埋设永久性混凝土水准点，其间距不应大于2 km，其精度与定测时要求应相同，全线高程必须统一，消除因采用不同高程基准而产生的"断高"。中桩高程按复测方法进行，路基高程与设计高程之差不应超过5 cm。

3. 横断面测量

主要检查路基宽度，侧沟、天沟的深度、宽度与设计值之差不得大于5 cm，路基护道宽度误差不得大于10 cm。若不符合要求且误差超限时，应进行整修。

7.7 输电线路施工测量

输电线路施工测量工作包括线路杆塔桩复测、杆塔基础坑测量、架空线弧垂观测及交叉跨越测量等。

7.7.1 线路杆塔桩复测

线路杆塔桩位置是根据线路断面图、架空线弧垂曲线模型板参照地物、地貌、地质及其他有关技术参数比较而设计的，经过现场实际校核和测定后确定。由于从设计、定桩到施工，相隔了一段较长的时间，可能发生桩位偏移或丢失等情况。因此，在线路施工前，应对杆塔中心桩的位置进行复核。

1. 直线杆塔桩位复测

直线杆塔桩位复测是以两相邻的直线桩为基准，检查杆塔中心桩位置是否在线路的中心线上。测量方法可采用正、倒镜法或测量水平角，若实测的水平角超过允许的误差值(180°±1′)时，须予以纠正。

2. 档距和标高的复测

线路上杆塔的高度是根据杆塔地面标高及档距间的最大弧垂曲线，利用断面图而确定的。在线路施工前，应复测两相邻杆塔中心桩间的平距，其偏差不应大于设计档距的1%；复测两杆塔间被跨越物及相邻两杆塔位的标高，其偏差不应大于0.5 m。

3. 转角杆塔桩复测

转角杆塔桩复测是用一测回法复测转角的水平角度值，其与设计值的偏差不应大于1′30″。

在复测中若发现杆塔桩丢失或移动，应及时进行补桩。

7.7.2 杆塔基础坑测量

一条线路上的杆塔类型很多，而杆塔基础的形式又取决于杆塔的类型。杆塔基础坑测量依据设计部门编制的线路杆塔明细表，明细表注明了杆塔基础的型号和洞深，这些数据是杆塔基础坑测量的主要依据。杆塔基础坑测量包括坑口放样数据计算和基础坑测量。

1. 坑口放样数据计算

图 7.24 所示是一个铁塔基础坑的剖视图，图中 D 和 H 是杆塔明细表中分别给出的基础设计宽度和高度，e 为施工的操作宽度，i 为基础坑的安全坡度，a 为坑口放样的宽度，计算公式为

$$a = D + 2e + 2iH$$

式中，安全坡度 i 与土壤的天然休止角有关，对于不同的土壤，其值也不一样，见表 7.2。

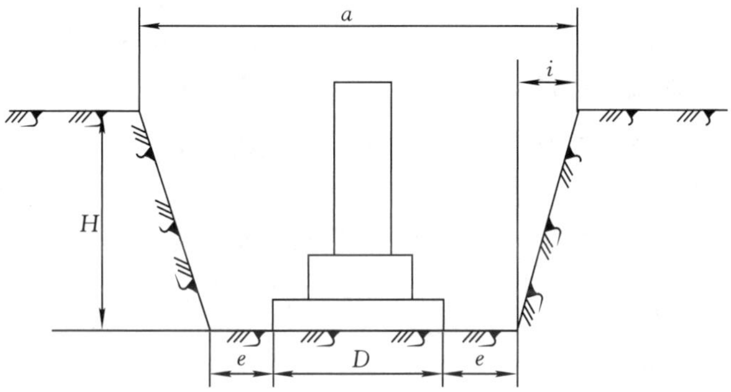

图 7.24　铁塔基础坑剖视图

表 7.2　一般基坑开挖的安全坡度

土壤分类	沙土、土、淤泥	沙质黏土	黏土、黄土	坚　土
安全坡度 i	0.75	0.5	0.3	0.15
宽度 e/m	0.3	0.2	0.1～0.2	0.1～0.2

2. 基础坑的测量

杆塔有铁塔与拉线杆两大类。因此，杆塔基础有主杆与拉线基础坑之分，现主要介绍主杆基础坑的测量方法。

1）单杆基础坑的测量

如图 7.25 所示，将仪器安置在杆位中心桩 O 点上，瞄准辅助桩 A（或 B），将水平度盘读数调到 0°00′00″位置；然后，使望远镜水平旋转至 45°，在视线方向量取 $\frac{\sqrt{2}}{2}a$ 的距离得点 1；再逐次顺时针旋转至 135°、225°及 315°，同样量取 $\frac{\sqrt{2}}{2}a$ 的距离，则分别可得 2、3、4 点，并钉立木桩，即为单杆基础坑的四角标志。

2）直线双杆基础坑的测量

双杆主基础坑的测量方法如图 7.26 所示，图中 x 为两基础中心间的距离，称为基础的根开。将仪器安置在杆位中心桩 O 点上，用望远镜瞄准横向辅助桩 C 点，在视线方向上，从杆位中心桩 O 点起分别量取 $\frac{1}{2}(x-a)$ 和 $\frac{1}{2}(x+a)$ 的长度，得 E、F 两点。然后用方向架定出 CE 的垂直方向，并分别量取 $\frac{a}{2}$ 的长度得 3、4 两点。用同样的方法可得 1、2 两点。最后分别在各点位置钉立木桩，则杆塔左侧基坑测量结束。重复上述方法，即可放出杆塔右侧

基坑的地面位置。

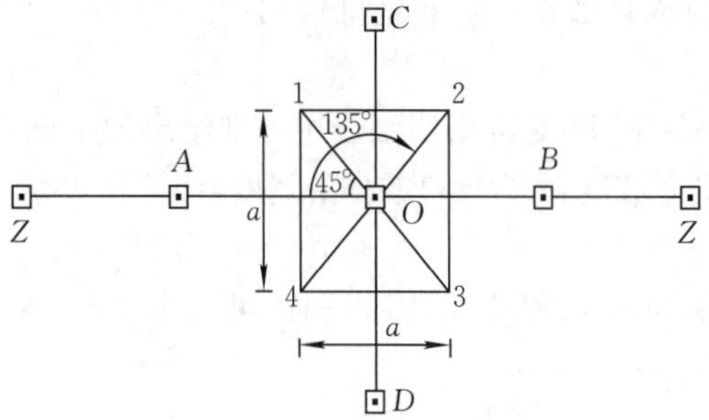

图 7.25 单杆基础坑的测量

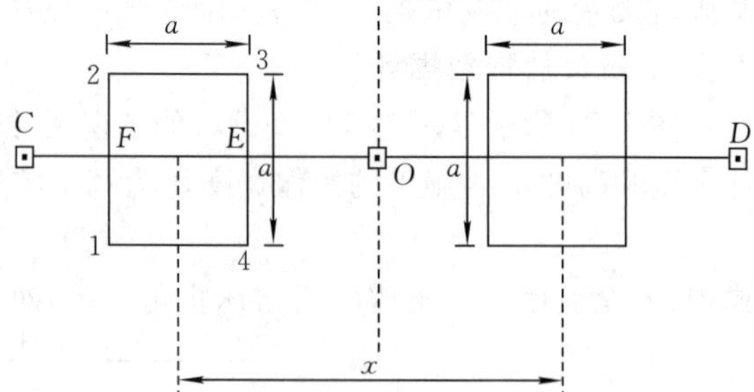

图 7.26 直线双杆基础坑的测量

杆塔基础坑的形式多样，其测量的具体步骤和公式略有不同，但基础坑测量的思路是一致的，在此不再一一表述。

对开挖的基础坑，应对基础坑方向、坑口、坑底尺寸及坑深进行检查，符合技术标准的基础坑，才能进行基础施工。

7.7.3 架空线弧垂观测

输电线路全线杆塔组立完毕，经检查合格之后，在杆塔上要架设导线和避雷线。在架线工程中包括放线、紧线、弧垂观测和附件安装等项工作。

1. 弧垂的概念

简单地说，弛度就是架线后架空线的松弛程度。考虑到热胀冷缩，架空线不可能是直线，而是呈现大小不同的弧形，这个弧形就是弛度的表现，因此，弛度也称弧垂。因此，设计部门应根据线路所在地区气象、架空线的比载、应力、弹性系数、档距，以及悬挂点高低等条件，通过科学计算，编制出架空线弧垂技术资料，施工单位根据这些设计资料对架空线的弧垂进行精确地观测，才能保证输电线路的安全运行。如图 7.27 所示，在架空线悬挂点 A、B 等高情况下，弧垂 f 恰好在档距中点；如图 7.28 所示，架空线不等高情况下，弧垂有两个，f_1 为最小弧垂，f_2 为最大弧垂。而通常所说的弧垂，指平行两悬挂点 A、B 所作架空线弧垂的切线 A_1B_1 与 AB 直线中点的垂直距离 f，f 也叫中点弧垂。

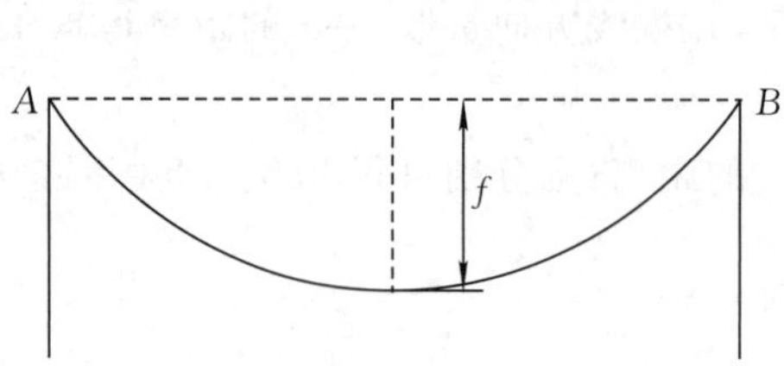

图 7.27 等高悬挂点弧垂

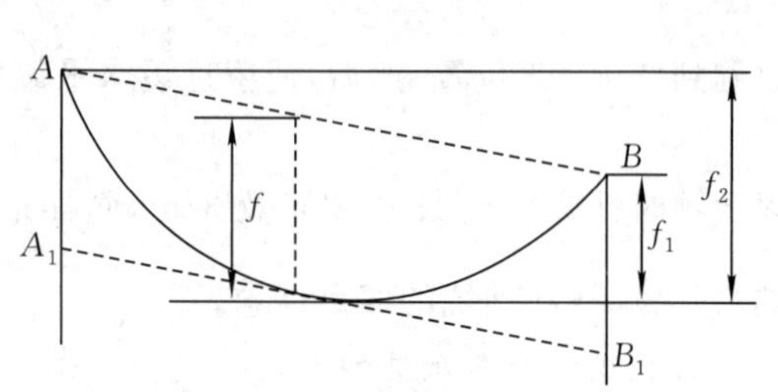

图 7.28 不等高悬挂点弧垂

2. 弧垂观测档的选择和弧垂计算

设计部门提出的线路塔位明细表中，将线路分成若干耐张段，给出每个耐张段的代表档距，在架空线弧垂曲线中，按不同温度给出代表档距弧垂。

1)弧垂观测档的选择

输电线路工程的每一个耐张段，可由一个档或多个档组成，只有一个档的耐张段称为孤立档；由多个档组成的耐张段，称为连续档。在连续档中，为了使整个耐张段内各个档的弧垂达到平衡，应根据连续档内的档数多少，决定弧垂观测的档数。对观测档的选择要求如下：

(1)耐张段的档数在5档以下时，需选择靠近中间的一档作为观测档。

(2)耐张段在6档至12档时，在靠近耐张段的两端各选一档作为观测档。

(3)耐张段在12档以上时，在靠近耐张段两端和中间各选一档作为观测档。观测档数可以增多，但不能减少。

2)观测档的弧垂计算

观测档的弧垂 f 值，是根据线路杆塔明细表中观测档所在耐张段的代表档距、对应弧垂曲线代表档距的弧垂，以及观测档的档距等因素而计算的。在计算时，还要考虑观测档内有无耐张绝缘子串、架空线悬挂点的高差大小，以及观测点选择的位置等项条件。

(1)连续档的弧垂观测计算。

如图7.28所示，观测档内未联耐张绝缘子串的弧垂计算分为以下几种情况：

——当观测档内架空线悬挂点高差 $h=f_2-f_1<10\%l$ 时

$$f=\frac{l^2g}{8\sigma}=\left(\frac{l}{l_{re}}\right)^2 f_{re}=f_0 \tag{7.39}$$

——当观测档内架空线悬挂点高差 $h=f_2-f_1\geqslant 10\%l$ 时

$$f_\varphi=\frac{l^2g}{8\cos\varphi}=\left(\frac{l}{l_{re}}\right)^2\frac{f_{re}}{\cos\varphi}=f_0\left(1+0.5\left(\frac{h}{l}\right)^2\right) \tag{7.40}$$

式中，$\varphi=\arctan\dfrac{h}{l}$，$f$ 为观测档的弧垂观测值，单位为m；f_0 为当悬挂点高差 $h=f_2-f_1<10\%l$ 时，观测档未联耐张绝缘子串的档距中点弧垂，单位为m；f_φ 为当悬挂点高差 $h=f_2-f_1\geqslant 10\%l$ 时，观测档未联耐张绝缘子串的档距中点弧垂，单位为m；l_{re} 为耐张段架空线的代表档距，单位为m；f_{re} 为对应于代表档距的架空线弧垂，单位为m；φ 为观测档内架空线悬挂点的高差角，单位为(°)；l 为观测档内架空线的档距，单位为m；h 为观测档内架空线悬挂点的高差，单位为m；σ 为架空线的水平应力，单位为N/mm²；g 为架空线的比载，单位为N/(m·mm²)。

如图7.29所示，观测档内架空线一侧联耐张绝缘子串的弧垂计算分为以下几种情况：

——当观测档内架空线悬挂点高差 $h=f_2-f_1<10\%l$ 时

$$f=\left(\frac{l}{l_{re}}\right)^2 f_{re}\left(1+\frac{\lambda^2}{l^2}\,\frac{g_0-g}{g}\right) \tag{7.41}$$

——当观测档内架空线悬挂点高差 $h=f_2-f_1\geqslant 10\%l$ 时

$$f_\varphi=\left(\frac{l}{l_{re}}\right)^2\frac{f_{re}}{\cos\varphi}\left(1+\frac{\lambda^2\cos^2\varphi}{l^2}\,\frac{g_0-g}{g}\right) \tag{7.42}$$

式中，g_0 为耐张绝缘子串的比载，单位为N/(m·mm²)，λ 为耐张绝缘子串的长度，单位为m。

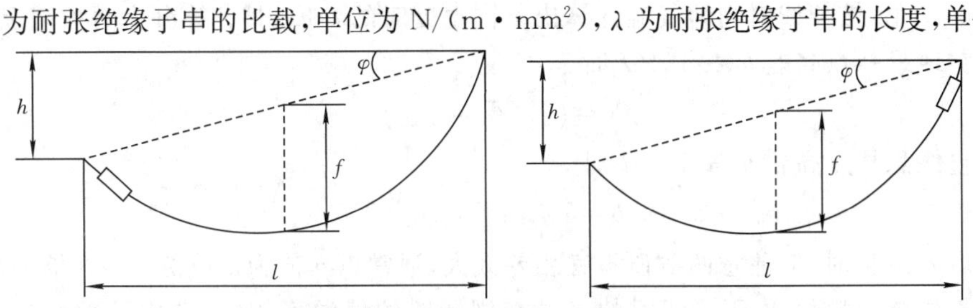

图7.29　观测档内一侧联有耐张绝缘子串

(2)孤立档弧垂观测值的计算。

孤立档的弧垂观测值在计算时,也分别按一侧或两侧联有耐张绝缘子串考虑。

——孤立档内一侧联耐张绝缘子串,在孤立档紧线时,架空线的固定端已联有耐张绝缘子串,其孤立档弧垂观测值 f 应根据架空线两端悬挂点的高差 h 的大小,分别按式(7.41)或式(7.42)进行计算。

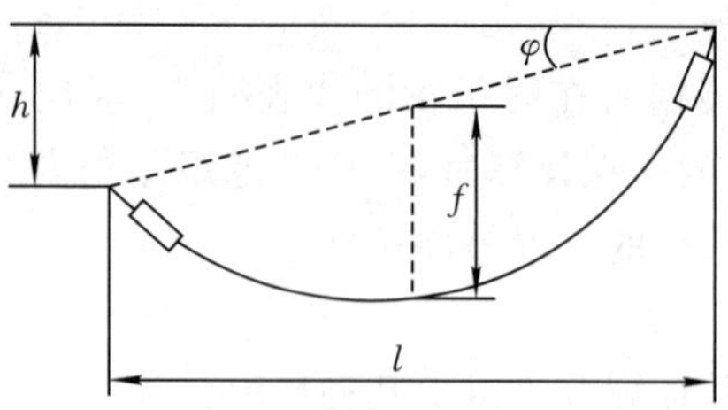

图 7.30 弧垂观测档两侧都联有耐张绝缘子串

——如图 7.30 所示,孤立档内两侧都有耐张绝缘子串,因孤立档的两端都联有耐张绝缘子串,即表示孤立档的架空线紧线工作完毕。因此,弧垂计算值指对挂线后的弧垂复测值,其值计算分为两种情况:

当架空线悬挂点高差 $h < 10\%l$ 时

$$f = f_0\left(1 + 4\frac{\lambda^2}{l^2}\frac{g_0 - g}{g}\right) \tag{7.43}$$

当架空线悬挂点高差 $h \geqslant 10\%l$ 时

$$f = f_\varphi\left(1 + 4\frac{\lambda^2\cos^2\varphi}{l^2}\frac{g_0 - g}{g}\right) \tag{7.44}$$

3. 弧垂观测

弧垂观测前,可以从输电线路平面图、断面图上了解地形、地物以及弧垂的大致情况。结合地形、地物的实际,选择适当的弧垂观测方法。弧垂的常用观测方法有异长法、平行四边形法、角度法和平视法。弧垂观测是在观测档内未联有耐张绝缘子串,一侧或两侧联有耐张绝缘子串的情况下进行的。选用某一种弧垂观测方法时,无论观测档内是否联有耐张绝缘子串,其观测方法和步骤都是相同的。因此,现只介绍观测档内未联有耐张绝缘子串情况下弧垂观测的异长法与角度法。

1)异长法

在观测档内两杆塔高度不等,而弧垂最低点不低于两杆塔基部连线时,可采用异长法。如图 7.31 所示,A、B 为架空线路悬挂点,A_1、B_1 为架空线的切线与杆塔之交点。a、b 分别为 A 至 A_1、B 至 B_1 间的垂直距离,f 为所要观测的弧垂。其计算公式为

$$f = \frac{1}{4}(\sqrt{a} + \sqrt{b})^2 \tag{7.45}$$

$$b = (2\sqrt{f} - \sqrt{a})^2 \tag{7.46}$$

在弧垂观测前,根据架空线悬挂点高差情况,按式(7.39)或式(7.40)算出 f 值或 f_φ 值,选定一适当的 a 值,按架线时当地气温计算出不同温度时的 b 值,其计算分为两种情况:

当架空线悬挂点高差 $h < 10\%l$ 时

$$b = (2\sqrt{f_0} - \sqrt{a})^2 \tag{7.47}$$

当架空线悬挂点高差 $h \geqslant 10\%l$ 时

$$b = (2\sqrt{f_\varphi} - \sqrt{a})^2 \tag{7.48}$$

在选取 a、b 值时,应注意两数值不宜相差太大,通常以 b 值为 a 值的 2～3 倍为最适宜。

用异长法观测弧垂,由于紧线时的气温与观测时的气温不相同,造成弧垂变化(Δf),如图 7.32 所示。为使要测定的弧垂及时调整到变化后的要求弧垂值,就要调整观测一侧的弧垂

板的垂直距离 Δa。Δa 可按下式计算

$$\Delta a=2\sqrt{\frac{a}{f}}\Delta f \tag{7.49}$$

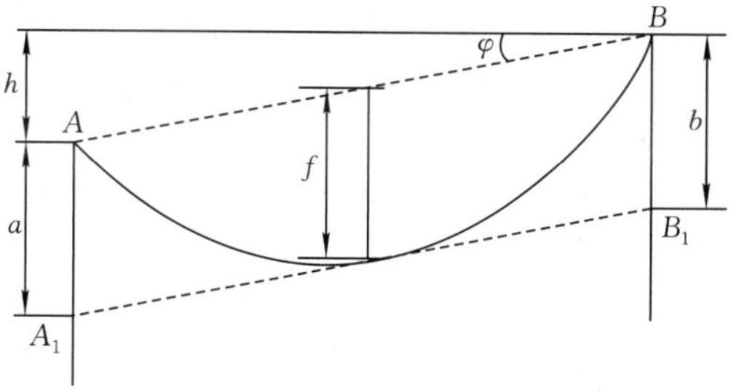

图 7.31　未联有耐张绝缘子串异长法观测弧垂

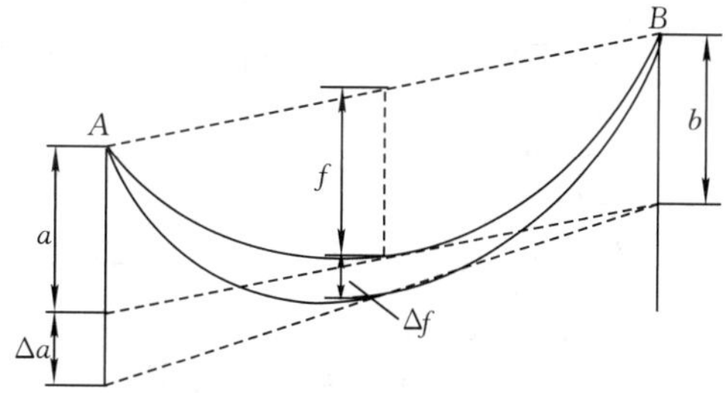

图 7.32　气温变化时的弧垂变化

2)角度法

角度法是用经纬仪竖直观测弧垂的一种方法。其方法有档端、档侧任一点、档内、档外等观测方法。选用哪一种方法要根据地形条件和实际情况而定,档端角度法使用的最多,故在此只介绍档端角度法。

如图 7.33 所示,经纬仪安置在架空线悬挂点的垂直下方,用竖直角 θ 测定架空线弧垂。为了满足误差的要求,一般 a 值应小于 $3f$。档端角度法观测步骤为:

(1)参考线路纵断面图,选定弧垂观测点,实测观测档内架空线悬挂点高差 h 和档距 l。

(2)实测仪器高 i,量出自架空线悬挂点至仪器中心的垂直距离 a。

(3)根据架空线悬挂点高差情况,按式(7.39)或式(7.40)计算出观测档的弧垂 f。

(4)计算弧垂观测角 θ。

仪器在高侧观测时,如图 7.33(a)所示,按三角关系可以得出

$$\theta=\arctan\frac{-h+a-b}{l}$$

仪器在低侧观测时,如图 7.33(b)所示,根据三角关系可得出

$$\theta=\arctan\frac{h+a-b}{l}$$

因此,弧垂观测角 θ 计算的一般公式为

$$\theta=\arctan\frac{\pm h+a-b}{l} \tag{7.50}$$

由异长法弧垂计算公式可得

$$b=(2\sqrt{f}-\sqrt{a})^{2}=4f-4\sqrt{fa}+a \tag{7.51}$$

将式(7.51)代入式(7.50)中,则

$$\theta=\arctan\frac{\pm h-4f+4\sqrt{fa}}{l} \tag{7.52}$$

当仪器在低侧时,h 为正;当仪器在高侧时,h 为负。

(5)观测弧垂时,仪器安放在架空线悬挂点垂直下方,整平仪器后量取仪器高 i,按当时气温计算弧垂观测角 θ,调整仪器竖直角等于 θ,待架空线弧垂稳定且与视线相切时,则弧垂 f 即已测定。

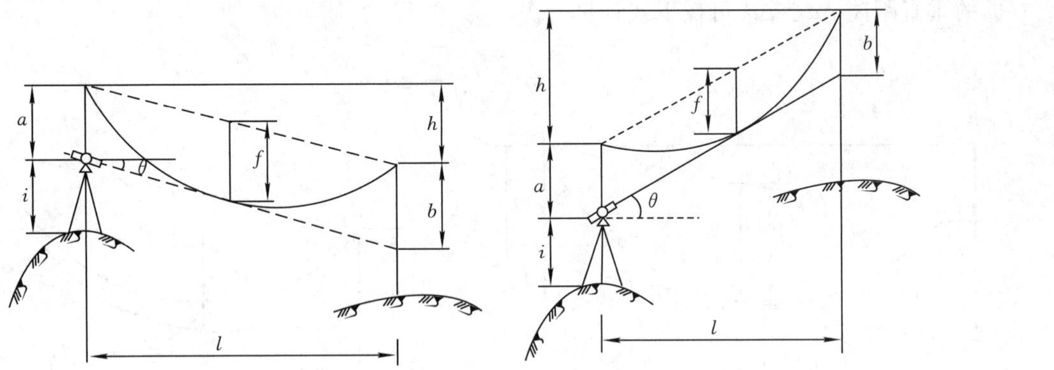

（a）仪器在高侧观测 （b）仪器在低侧观测

图 7.33 角度法测量弧垂

7.7.4 交叉跨越测量

线路与配电线、通信线、电话线、铁路、公路、架空索道、通航河流等交叉跨越时，必须进行交叉跨越测量，以供线路设计参考，以免相互影响。线路跨越任何被跨越物时，都要测量线路与跨越物的交叉角及被跨越物的标高。

1. 交叉跨越测量的技术要求

当架空输电线路导线弧垂最大时，对地面、建筑物以及各种工程设施的最小垂直距离，只有符合表 7.3 的规定，才能保证线路的安全运行。

表 7.3 线路与其他设施交叉跨越规定

项目		铁路	公路	电车道	通航河流	架空明线 弱电线路	电力线路	特殊管道
最小垂直距离/m	线路电压	至轨顶	至路面	至路面	至5年一遇洪水位	至被跨越物	至被跨越物	至管道任何部分
	35～110 kV	7.5	7.0	10.0	6.0	3.0	3.0	4.0

2. 交叉跨越测量的方法

交叉跨越测量方法可采用绝缘绳直接测量和经纬仪（或全站仪）测量，下面介绍线路跨越通信线用经纬仪（或全站仪）的测量方法。

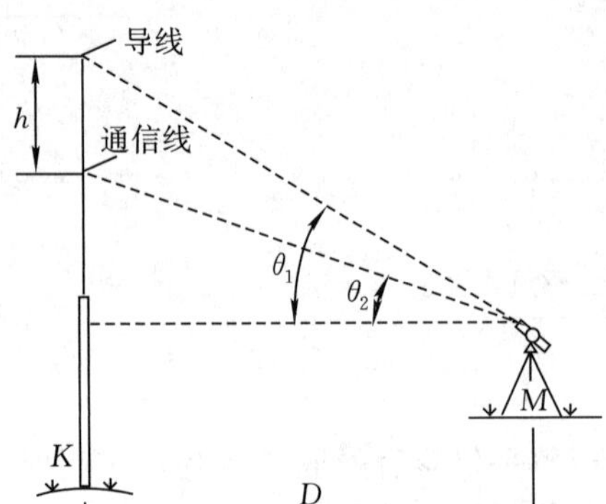

图 7.34 测量导线跨越通信线的垂直距离

导线跨越通信线、弱电线路、架空管、索道、配电线路垂直距离的测量方法基本相同，因为它们都是在空中交叉。

图 7.34 为测量导线跨越通信线的垂直距离示意图。将仪器安置在线路与通信线交叉角的二等分线 M 点上，标尺（或棱镜）立在两线交叉点的垂直下方 K 处，测出 M、K 间的水平距离 D；然后仰视通信线测出 θ_1，再瞄准导线测出 θ_2，则导线与通信线的垂直距离为

$$h = D(\tan\theta_2 - \tan\theta_1) \tag{7.53}$$

7.8 铁路轨道控制测量

7.8.1 概述

按设计标准，铁路分为普速铁路和高速铁路，高速铁路可分线下工程和轨道系统两部分。线下工程指铁路的路基、桥梁、隧道和涵洞等，线下工程的施工精度不高，通常为厘米级，施工测量方法与传统铁路并无本质区别。轨道系统是在线下工程完工，且各种变形趋于稳定后，以线下工程为依托，通过特殊精调装置和专用测量设备，将轨道构件如轨道板、轨枕、钢轨等精确测设到设计位置，形成高平顺的轨道系统。线下工程测量和轨道系统测量有本质区别，高速铁路实现列车高速行驶的前提条件是轨道系统的高稳定性和高平顺性。与普速铁路的主要区别是要一次性地建成稳固、可靠的线下工程和高平顺性的轨道系统。线下工程的高稳定性需依靠对变形和沉降的严格控制来实现，轨道系统的高平顺性则要依靠精密测量技术。因此，变形控制和精密测量技术是高速铁路建设中与测量相关的两大关键技术。

高速铁路轨道系统的施工测量属于精密工程测量范畴，其实质是精密的安装、定位测量，控制基准是轨道控制网。轨道控制网的精度要求是点位绝对精度 2 mm，相邻点间的相对精度 1 mm。轨道铺设精度(指两根轨枕间的轨道相对精度)为 0.3 mm。

本节主要介绍高速铁路控制网的布网方法和精度要求，轨道系统精密测设、定位等内容，兼顾普速铁路的需求。

7.8.2 高铁控制网的布设

1. 平面控制网

高速铁路平面控制网分四级布设：第一级为框架控制网，简称为 CP0 网；第二级为基础控制网，简称 CPⅠ网；第三级为线路控制网，简称 CPⅡ网；第四级为轨道控制网，简称 CPⅢ网。上一级网是下一级网的起算基准。CP0、CPⅠ、CPⅡ网采用卫星定位技术建立(在隧道洞内的 CPⅡ网采用导线法建立)，CPⅢ网采用自由设站边角交会法建立。各级网的主要技术要求如表 7.4 所示。

表 7.4 高速铁路各级控制网的主要技术要求

控制网	测量方法	测量等级	点间距	相邻点的相对中误差/mm	备注
CP0	GNSS	—	50 km	20	—
CPⅠ	GNSS	二等	≤4 000 m 一对点	10	点间距≥800 m
CPⅡ	GNSS	三等	600～800 m	8	—
	附合导线	三等	400～800 m	8	附合导线网
CPⅢ	自由测站边角交会	—	50～70 m 一对点	1	—
二等水准	二等水准测量	二等	约 2 000 m	高差中误差 2 mm/km	—

注：①CPⅡ采用 GNSS 测量时，CPⅠ可按每 4 km 一个点布设。
②相邻点的相对中误差指 X、Y 坐标分量中误差。
③相邻 CPⅢ点高程的相对中误差为±0.5 mm。

框架控制网(CP0)在线路初测前采用 GNSS 测量方法建立，全线一次性布网，统一测量，整体平差。CP0控制点应沿线路走向每50 km左右布设一个点，在线路起点、终点或与其他线路衔接地段，应至少有1个CP0控制点。CP0控制网应与IGS参考站或国家A、B级GNSS点进行连测。全线连测的已知站点数不应少于2个，且在网中均匀分布。每个CP0控制点与相邻的CP0连接数不得小于3，IGS参考站或国家A、B级GNSS点与其相邻的CP0连接数不得小于2。CP0控制网应以2000国家大地坐标系作为坐标基准，以IGS参考站或国家A、B级GNSS控制点作为约束点，进行控制网整体三维约束平差。

基础控制网(CPⅠ)在线路初测阶段建立，全线(段)应一次布网，统一测量，整体平差。CPⅠ控制网应沿线路走向布设，控制点每4 km左右布设一个点，宜设在距线路中心50～1 000 m范围内不易被施工破坏、稳定可靠、便于测量的地方。点位布设宜兼顾桥梁、隧道及其他大型构(建)筑物布设施工控制网的要求，CPⅠ网应构成由三角形、大地四边形组成的带状网，并附合在CP0网上。网的三维约束和无约束平差应在2000国家大地坐标系中进行，将网在2000国家大地坐标系中的空间直角坐标，分别投影到相应的投影带，得到控制点在各投影带中的工程独立坐标。

线路控制网(CPⅡ)在线路定测阶段建立，采用GNSS测量或导线测量方法施测。CPⅡ控制点宜选在距线路中线50～200 m范围内、稳定可靠、便于测量的地方，应构成由三角形、大地四边形组成的带状网，并附合在CPⅠ网上。全线应一次布网、测量和整体平差。CPⅡ网的三维约束和无约束平差在2000国家大地坐标系中进行，三维约束平差起算点是所连测的CPⅠ点。CPⅡ控制网的二维平面坐标是高速铁路线路工程独立坐标系中的坐标系统，CPⅡ控制网将2000国家大地坐标系中的空间直角坐标，分别投影到相应的平面坐标投影带中。

轨道控制网(CPⅢ)在线下工程施工结束和沉降变形趋于稳定以后建立，是平面和高程共点的三维控制网，平面上是以CPⅠ或CPⅡ点为已知点的一种全新的自由设站地面边角交会控制网，其主要作用是为轨道板铺设、钢轨铺设和检校提供基准。

2. 高程控制网

高速铁路的高程控制网采用二等水准网，沿线路每2 km左右埋设一点，并连测沿线的国家一、二等水准点；部分二等水准点与CPⅠ点共用标石；单独埋设的二等水准测量标石到线路中心线的距离不能大于500 m；在平原地区，一般采用精密水准仪施测二等水准。在复杂水网和山区，可采用精密三角高程测量施测。

由于高速铁路对线下工程的稳定性要求很高，兼顾线下工程沉降监测的需要，沿线二等水准点常作为沉降监测的基准点。因此，在软土和区域沉降地区，要求每隔10 km左右设置一个深埋水准点，每隔100 km左右设置一个基岩水准点。

7.8.3　轨道控制网的布设

CPⅢ控制网是在工程独立坐标系下的精密三维控制网，在路基、桥梁、隧道等线下工程施工完成，并且各种变形趋于稳定，通过沉降变形评估和具备轨道工程施工条件后，在线下工程的结构物上布设。

1. CPⅢ控制网布设

CPⅢ控制点成对且对称布置，一对点之间的间距为9～15 m，点对之间的间距约60 m，CPⅢ控制点要永久保存，或需建专用观测墩，或埋设在桥梁防护墙上，或埋设在隧道边墙上(隧道段)。CPⅢ网是一种狭长而规则的控制网，CPⅢ网为高速铁路轨道系统施工和线路运营维护带来了极大方便。

2. CPⅢ控制网的施测

CPⅢ平面网测量应采用自由测站边角交会测量法和导线测量法施测。

1)自由测站边角交会测量法

CPⅢ测量前应对全线的 CPⅠ、CPⅡ控制网进行复测，并采用复测合格的 CPⅠ、CPⅡ成果进行 CPⅢ控制网测设。CPⅢ平面网应附合于 CPⅠ、CPⅡ控制点，每 600 m 左右(400～800 m)应连测一个 CPⅠ或 CPⅡ控制点，自由测站至 CPⅠ、CPⅡ控制点的距离不宜大于 300 m。自由测站间距一般约为 120 m，自由测站到 CPⅢ点的最远观测距离不应大于 180 m；每个 CPⅢ点至少应保证有三个自由测站的方向和距离观测量，CPⅢ平面网水平方向应采用全圆方向观测法进行观测。测量时只需整平仪器，就可通过 4～8 个 CPⅢ点，根据边角后方交会原理，精确设置测站(利用 8 个 CPⅢ点设站，设站点三维坐标分量的精度通常优于 0.7 mm，定向精度优于 2″)，随时进行精密三维测量。CPⅢ网采用自由设站后方边角交会方式布设，用高精度智能型全站仪进行自动化测量。网形如图 7.35 所示。

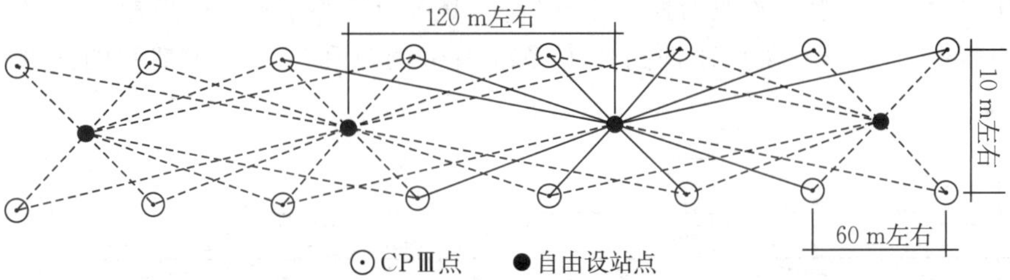

图 7.35　CPⅢ控制网网形

CPⅢ平面网与 CPⅠ、CPⅡ控制点连测时，应至少通过两个自由测站或三个以上 CPⅢ点进行连测，且连测点到测站的距离应小于 200 m，连测方法如图 7.36 所示。

2)导线测量法

对普速铁路，CPⅢ平面控制网可用导线法测量，CPⅢ控制点距线路中线的距离宜为 2.5～4 m，间距宜为 150～200 m，应附合于 CPⅠ或 CPⅡ控制点，采用固定数据平差。采用附合导线方式构网，每 400～800 m 连测一次高级 CPⅠ或 CPⅡ控制点，每 4 km 左右进行一次方向闭合，可根据施工需要分段测量，分段测量长度不宜小于 8 km，重叠区段不应小于两个 CPⅢ控制点。CPⅢ平面控制网按一级导线的精度要求施测。

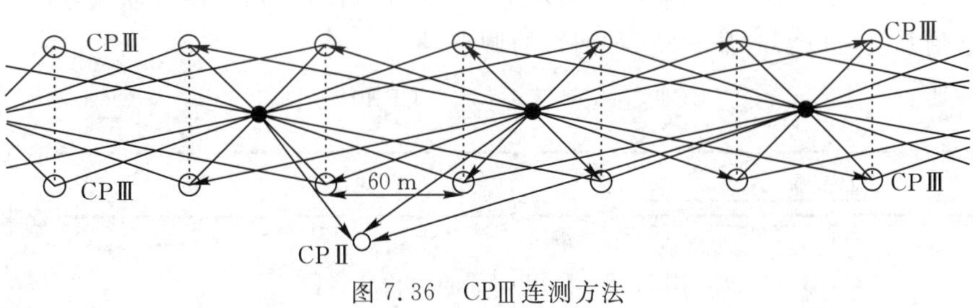

图 7.36　CPⅢ连测方法

全站仪的测量成果要在工程独立坐标系中，工程独立坐标系应确保轨面上的长度投影变形不大于 10 mm/km(普速铁路的长度投影变形不大于 25 mm/km)。利用连测的 CPⅡ点作为强制约束点，分段进行约束平差，分段长度不能小于 4 km，要求平差后点位绝对精度优于 2 mm，相邻点的相对精度优于 1 mm。

CPⅢ高程利用二等几何水准施测(普速铁路 CPⅢ高程利用四等几何水准施测),要求相邻 CPⅢ点高程的相对精度为 0.5 mm。就几何水准而言,这一精度要求并不是很高,实现起来也比较容易。

3. 三网合一技术

CPⅠ网在高速铁路的勘测和建设期间起重要作用,并能得到较好地保护,但很难在高速铁路的寿命期内完整保存。CPⅡ网点到线下工程完工时,一部分将因施工而被破坏,幸存的大部分 CPⅡ点,也将因通视条件或不满足连测要求(CPⅡ和 CPⅢ连测时,连测距离不能超过 200 m)等原因而失去作用。鉴于以上原因,在轨道工程施工前,应在高速铁路建筑红线以内,布设一个全新的 CPⅡ网。新布设的 CPⅡ点要求埋设在高速铁路线下工程的结构物上,采用不锈钢标志,以便长期保存。新布设的 CPⅡ网宜将全部 CPⅠ点纳入网中,形成整体网,并将 CPⅠ网的无约束平差坐标作为约束条件,在 WGS-84 系中进行整网三维约束平差。平差成果先转换至 2000 国家大地坐标系,再根据实际需要,分段转换至工程独立坐标系,为 CPⅢ网提供平面控制基准。这样,CPⅠ、CPⅡ、CPⅢ就形成一个三网合一的整体网,如图 7.37 所示。通过 CPⅠ网的联系作用,整体网具有两套坐标(一套是国家测绘基准下的坐标,另一套是工程独立基准下的精密坐标),为在高速铁路轨道系统精密测量和运营维护期间的测量提供测绘保障。

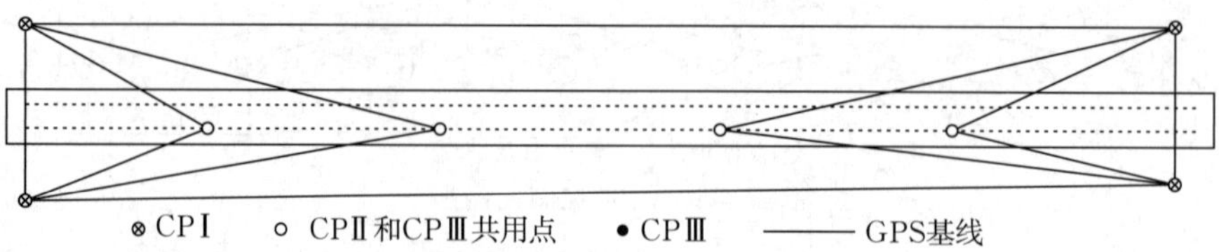

图 7.37 CPⅠ、CPⅡ、CPⅢ三网合一

7.8.4 轨道系统精密测量

轨道系统的测量工作是高速铁路建设的关键环节,涵盖内容较多,精度要求各异。轨道系统现浇混凝土施工(如路基支承层、桥上底座板等)的测量工作量很大,与常规测量虽有差别,但精度通常为 3~5 mm,本小节不做介绍。本小节主要介绍轨道系统精调的基本方法。

高速铁路无砟轨道调校分粗调和精调,采用全站仪自由设站法测量,配合轨检小车进行。首先按照图 7.38 所示方法,利用前后各两对 CPⅢ点自由设站,然后测量轨检小车上的棱镜,小车上的电脑系统可以实时显示左、右钢轨的调整量。

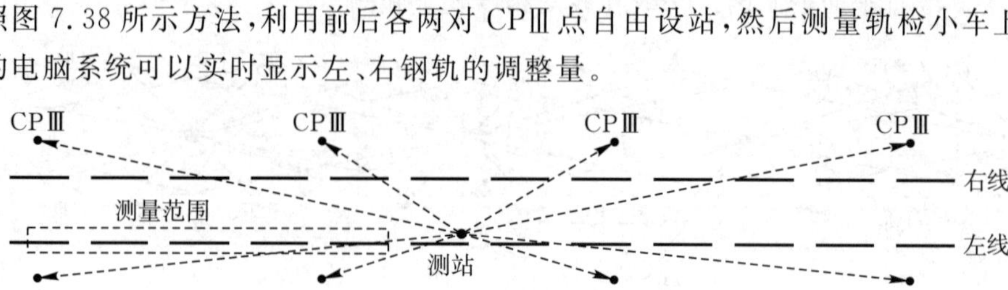

图 7.38 利用 CPⅢ自由设站测量

设站时仪器尽量架设在所测轨道的中间,且测站前后的 CPⅢ点大致对称,左右线分别设站和测量。粗调时,单站测距范围不超过 100 m,每隔 3~5 根轨枕(承轨台)测量一个点,通过多遍调整,将轨道大致调整到设计位置(与设计值偏差控制在 1~2 mm)。精调时,单站测距范围不超过 70 m,逐枕测量,通过多次反复调整,将轨道精确调整到设计位置。

有砟轨道可以对轨排进行整体调整，而无砟轨道需要通过更换不同尺寸的扣件来调整轨道。实际作业时，先将一根钢轨（称基本轨）调整到位，然后利用轨道尺以基本轨为基准，将另一根钢轨调整到位。直线地段基本轨可以自由选择，曲线地段轨道高程以内轨为准，外轨存在超高平面和高程的基本轨要分开，且平面选外轨，高程选内轨。

曲线外轨超高 h 通常小于 150 mm，轨距计算基长 L 为 1 500 mm，平距 d 和 h、L 的关系为

$$L=\sqrt{d^2+h^2} \tag{7.54}$$

当 L 固定时，d 和 h 的微分关系为

$$\delta d=\frac{h}{\sqrt{L^2-h^2}}\delta h\leqslant\frac{1}{10}\delta h \tag{7.55}$$

当 d 固定时，L 和 h 的微分关系为

$$\delta L=\frac{h}{L}\delta h\leqslant\frac{1}{10}\delta h \tag{7.56}$$

曲线地段无砟轨道应按如下过程进行精调：

(1)将外轨高程大致调整到位，平面位置精确调整到位。

(2)以外轨为平面基准，利用轨道尺固定轨距，通过高程测量，将内轨精确调整到设计位置。

(3)以内轨为基准，利用轨道尺控制超高，将外轨精确调整到设计位置。

第 8 章　地下工程施工测量

地下工程是工程建设的一个重要方面，它对社会经济的发展和人们的生活有着重要的作用。本章主要介绍地下工程施工测量的原理和方法。

8.1　概　述

8.1.1　地下工程的有关基本知识

按地下工程的用途和开挖地点的不同可分为：

(1)地下隧道工程。如铁路和公路的山岭隧道、城市地铁隧道、过江和过海隧道、水利工程的输水隧洞等。

(2)地下硐室工程。如地下厂房、地下仓库、地下商场、地下停车场、地下采矿场、人防工程，以及用于科学实验和国防建设的地下工程等。

(3)地下矿山井巷工程。它是供地下矿物资源开采、运输，以及通风排水用的一种综合工程。

上述工程统称为地下工程。地下工程一般通过平硐、斜井、竖井和地面相通，如图 8.1 所示。

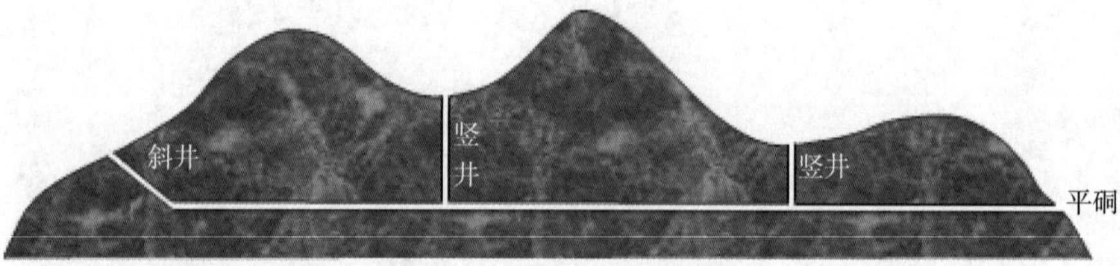

图 8.1　地下工程垂直剖面

由于地下工程的用途不同，开挖地点的地质条件和地层特性不同，距离地表面的深度不同，因此，它的施工方法也不相同。具体来说有以下几种施工方法：

(1)明挖法。从地表面向下按设计尺寸开挖，再修筑衬砌，然后再回填表土。这种方法适合于浅埋的隧道和硐室。

(2)凿岩爆破法。在岩体内开掘隧道(巷道)和硐室，由于岩体硬度大，一般离地表面较深，需采用凿岩打孔爆破的方式开掘毛断面，然后再按要求支护衬砌或喷浆。

(3)盾构法。该方法是采用盾构自动导向系统指导隧道掘进施工(见 6.8 节)，适合于深埋的、软土地层中的地下工程施工。该方法目前已广泛应用在城市地铁隧道和过江(河)隧道的施工中。

(4)顶管法。该方法应用在地表已有建(构)筑物下、水体下的软土层开掘地下通道，以供铺设各种地下管道(如给排水管道)和管线之用。

与地面工程施工相比，地下工程施工环境差、施工空间有限、受地下软土层和岩体的地质构造条件和水文条件影响大，因而施工难度增大。此外，地下工程施工还具有灰尘多、噪声大、水汽重、通视距离短、需要照明和采用人工通风措施等许多特点。因此，地下工程施工中，测量工作显得尤为重要，可以说测量是地下工程施工的“眼睛”，它对地下工程施工起着导向作用。

8.1.2　地下工程施工测量的内容和特点

地下工程施工测量的任务是标定出地下隧道、巷道等线型工程的开挖位置及设计中线的平面位置与高程（坡度），以指导隧道（巷道）按设计开挖施工；标定地下硐室的空间位置、形状和大小，放样隧道（巷道）、硐室衬砌的位置，保证按设计要求进行开挖和支护衬砌；此外，还要进行地下工程结构物基础放样，以及大型设备的安装和调校等测量工作。为了完成上述地下工程施工测量任务，在地下工程施工前要进行地面控制测量，在施工中进行地下控制测量和施工测量，施工完成后需要进行验收竣工测量。如果地下工程有通过竖井或斜井与地面相通时，还必须进行竖井、斜井联系测量。

地下工程测量同地面工程测量一样，同样要遵循“先控制后碎部、由高级控制低级”的测量程序。但是，由于地下工程施工环境和测量对象的不同，与地面工程测量相比，地下工程测量具有以下特点：

(1)由于地下工程的空间条件限制，地下平面控制测量形式只适合布设导线。

(2)地下工程的隧道（巷道）是随掘进施工逐渐延伸而成的，因此，地下的平面和高程控制测量不能预先一次全面布设，而是先布设低等级导线指示隧道（巷道）掘进，待隧道（巷道）掘进到一定距离后，再重新布设高等级导线作为控制，并以此作为指示后面隧道（巷道）继续掘进的低等级导线的测量起始数据。

(3)由于地下施工条件和环境的限制，地下测量的测点标志一般设在隧道（巷道）的顶板上，测量时需进行点下对中，观测时需要进行照明。遇到导线边长较短的情况时，测量相对精度难以提高。

(4)地下隧道（巷道）往往采用独头掘进施工，用布设支导线方法指示掘进方向，错误往往不能及时发现。并且在有的情况下，导线边长较短，随着隧道（巷道）的掘进延伸，点位误差积累会越来越大。

(5)地下工程施工照明暗、灰尘多、噪声大、地下潮湿、施工机械和运输车辆来往频繁，对地下测量工作干扰大，给测量工作和保证测量精度增加了难度。

8.1.3　贯通测量与贯通误差

贯通测量是地下线型工程（如隧道、巷道）建设中的一项非常重要的测量工作。它是为加快施工速度，改善工作条件，在不同地点以两个或两个以上的工作面分段掘进按设计彼此相通的同一井筒、巷道或隧道时所进行的各种测量工作。其主要任务是确定并给出井筒或隧道（巷道）在空间的位置和方向，并经常检查其正确性，以保证所掘井筒或隧道（巷道）符合设计要求。由此可见，贯通测量所担负的责任是重大的。如果贯通测量工作中发生差错，造成地下线型工程未能贯通或贯通时偏差值太大，将在人力、物力、财力和工期方面造成很大损失。因此，贯通测量中应特别注意防止测量和计算中的错误和粗差。为了保证贯通工程的质量，贯通工程应遵循以下两个原则：一是贯通测量的总体测量方案和各个环节的测量方法应保证隧道（巷道）贯通所必需的测量精度；二是对所完成的测量和计算工作都应有客观的检查，确保其正确无误。

地下工程贯通有以下三种情形：

(1)两个工作面间相向掘进贯通，称为相向贯通，如图8.2(a)所示。

(2)两个工作面同向掘进贯通，称为同向贯通，如图8.2(b)所示。

(3)由一个工作面向另一个指定的地点掘进贯通，叫作单向贯通，如图8.2(c)所示。

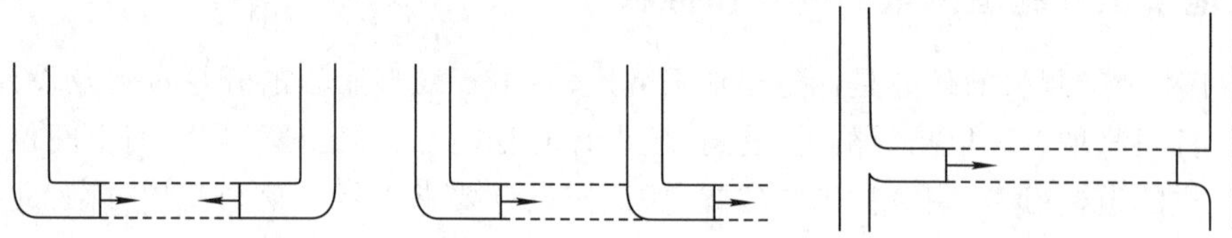

图8.2　地下工程贯通的类型

由于测量过程中不可避免地带有误差，因此隧道(巷道)贯通总会出现贯通偏差。如果将贯通偏差控制在某一限值内，使出现的贯通偏差不影响隧道(巷道)的正常使用，则该限值称为贯通允许偏差(限差)。贯通允许偏差的大小一般是根据地下工程的性质和用途确定。例如，对于铁路隧道的横向贯通误差和高程贯通误差的允许偏差，按《铁路工程测量规范》根据两开挖洞口间的长度确定，如表8.1所示；对地下矿山的井巷贯通误差允许偏差，在相关的矿山测量规范(规程)中也有规定，可以参考，如表8.2所示。

表8.1　铁路隧道贯通误差规定

项　目	横向贯通误差							高程贯通误差
相向开挖隧道长度/km	$L<4$	$4\leqslant L<7$	$7\leqslant L<10$	$10\leqslant L<13$	$13\leqslant L<16$	$16\leqslant L<19$	$19\leqslant L<20$	
洞外贯通中误差/mm	30	40	45	55	65	75	80	18
洞内贯通中误差/mm	40	50	65	80	105	135	160	17
洞内外综合贯通中误差/mm	50	65	80	100	125	160	180	25
贯通限差/mm	100	130	160	200	250	320	360	50

注：相向开挖长度大于20 km的隧道应做特殊设计；本表不适用于利用竖井贯通的隧道。

表8.2　矿山井巷贯通允许偏差

贯通巷道名称	在贯通面上的允许偏差/mm	
	两中线之间	两腰线之间
在同一矿井中开掘的倾斜巷道或水平巷道	300	200
在两矿井中开掘的倾斜巷道或水平巷道	500	200
用小断面开挖的竖井井筒	500	—

贯通偏差可能发生在空间的三个方向上，即沿隧道(巷道)中心线的长度偏差，水平面内垂直于隧道(巷道)中心线方向的左右偏差(横向贯通偏差)和垂直面内的高程偏差。第一种偏差只对贯通在距离上有影响，对隧道(巷道)质量没有影响，只要能满足铺轨要求即可，因而在表8.1、表8.2中没有规定。后两种方向上的偏差对隧道(巷道)质量有直接影响，所以又称为贯通重要方向的偏差。贯通允许偏差也是针对贯通重要方向规定的，将贯通重要方向偏差严格控制在允许偏差范围内是贯通测量中特别值得关注和最重要的问题，也是贯通测量方案设计的主要依据。

贯通测量一般包括地面控制测量、地下控制测量和施工放样测量。当通过竖井或斜井进行开挖时，还需要进行竖井或斜井联系测量。因此，影响隧道(巷道)贯通误差的主要因素有地面控制测量误差、地下控制测量误差，当通过竖井或斜井进行开挖掘进时，还需考虑竖井或斜井的联系测量误差。

8.2　地面控制测量

隧道(巷道)开挖的地面控制测量应在隧道(巷道)开挖以前完成。地面控制测量包括平面控制测量和高程控制测量,平面控制测量网应根据隧道的长度和平面形状以及线路通过地区的地形情况和施工方法进行设计布设。过去常用的方法是三角测量(边角测量)、导线测量,或两者联合使用,现在由于全站仪的应用普及和 GNSS 技术的应用,GNSS 测量控制网或 GNSS 网与全站仪导线结合已成为隧道平面控制测量的主要方式。它布网灵活,操作简便,工作效率高,并且能取得优于过去常用的平面控制测量方法的结果。高程控制测量通常仍采用水准测量方法,在斜井和地形陡峻的山区地段可考虑采用全站仪三角高程测量。

8.2.1　地面控制网的布设

隧道(巷道)工程控制测量的作用是保证隧道(巷道)按设计规定的精度能够正确贯通,并使地下各种建(构)筑物按设计位置定位安装(铺设)。而地面控制测量的作用是提供洞口点的三维坐标和进洞开挖的方向,或者说用以确定洞口点、竖井的近井点和方向照准点之间的相对位置,作为地下洞内控制测量的起始数据。为此,隧道线路上各洞口的进、出口点,竖井附近的近井点,以及各洞口和竖井附近布设的三个及以上的定向点都要纳入地面控制网中作为控制点布设,目的是使各洞口点、竖井的近井点和各定向点的坐标都在同一坐标系统内。

地面测量控制网的布设过程同其他地面测量控制网的布设一样,都要经过收集所需图纸资料和测区已有的测量控制点资料,现场踏勘,选点埋点等环节。值得指出的是,各洞口点、竖井的近井点要和定向点通视,以便于与洞外控制点连测及向洞内测设导线,洞口点的布设位置还应便于施工中线的放样。如果有桥隧紧密相连或隧道紧密相连的情况时,要布设统一的地面测量控制网。

8.2.2　地面导线测量

全站仪导线已成为隧道(巷道)贯通测量的地面平面控制测量的一种主要布网方式。它可以作为独立的地面控制,也可以用来进行 GNSS 网点的加密,是坐标和坐标方位角传递的一种好的方式。导线的布设形式有附合导线、闭合导线、直伸形多环导线锁和环形导线网等。

导线或导线网应尽量沿着隧道(巷道)的中线方向延伸布设,尽可能加大导线边长,减少导线转折角(即铺设成直伸形长边导线),以减小测角误差对横向贯通偏差的影响。如果地面有平硐、斜井和竖井与地下隧道相通时,在这些洞口处应设导线点作为洞口点;对于曲线隧道,曲线的起点、终点以及曲线切线方向上的定向点都应包括在导线或导线网中。图 8.3 为一个简单的隧道导线控制网,A、B 分别为隧道的进口点和出口点,1、2、3、4 点为导线点。图中地面导线和地下隧道的中心线构成一个闭合图

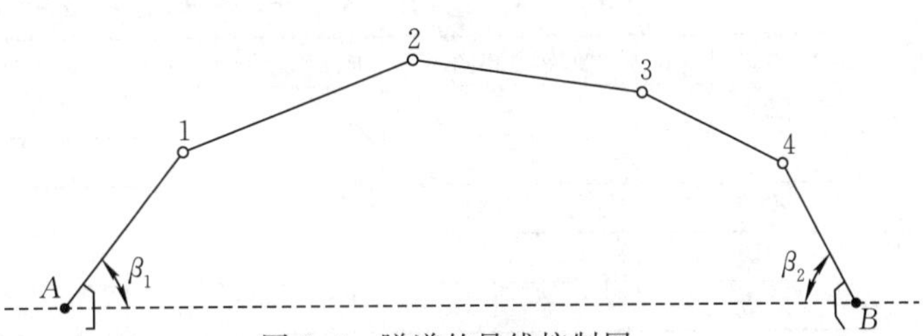

图 8.3　隧道的导线控制网

形，因此可确定隧道进口点 A 和出口点 B 之间的相对位置关系。

地面导线测量的技术要求在《工程测量规范》中做了如下规定，见表8.3。

表8.3 导线测量的主要技术要求

等级	导线长度/km	平均边长/km	测角中误差/(″)	测距中误差/mm	测距相对中误差	测回数			方位角闭合差/(″)	导线全长相对闭合差
						1″级仪器	2″级仪器	6″级仪器		
三等	14	3	1.8	20	1/150 000	6	10	—	$3.6\sqrt{n}$	≤1/55 000
四等	9	1.5	2.5	18	1/80 000	4	6	—	$5\sqrt{n}$	≤1/35 000
一级	4	0.5	5	15	1/30 000	—	2	4	$10\sqrt{n}$	≤1/15 000
二级	2.4	0.25	8	15	1/14 000	—	1	3	$16\sqrt{n}$	≤1/10 000
三级	1.2	0.1	12	15	1/7 000	—	1	2	$24\sqrt{n}$	≤1/5 000

注：①表中 n 为测站数。

②当测区测图的最大比例尺为1∶1 000时，一、二、三级导线的平均边长及总长可适当放长，但最大长度不应大于表中规定长度的2倍。

③测角的1″、2″、6″级仪器分别包括全站仪、电子经纬仪和光学经纬仪。

8.2.3 GNSS控制测量

应用GNSS定位技术建立隧道地面测量控制网，由于无须通视，不需要中间连接点，故不受地形限制，只需考虑选点环境适合于GNSS观测。因此，选点布网灵活，减少了工作量，提高了观测速度，降低了工程费用。

当将GNSS控制网作为隧道工程首级控制网，采用其他测量方法进行加密时，应每隔5 km设置一对相互通视的GNSS点；若将GNSS首级控制网直接作为施工控制网时，每个GNSS点至少应与一个相邻点通视。

GNSS控制网一般应采用网连式、边连式布网，即整个GNSS网由若干独立的异步环构成，网中不应出现自由基线，每个点上最少应有三条独立基线通过，每个点最少应独立设站观测两个时段。

GNSS控制网应同附近等级高的国家平面控制网连测，连测点数不应少于三个。隧道路线附近有高等级的GNSS点时，应予以连测。若同一隧道工程的GNSS控制网分为两个投影带时，在分带交界附近应与国家平面控制点连测。

《卫星定位城市测量技术规范》(CJJ/T 73—2010)中对GPS控制网的主要技术要求、闭合环或附合路线边数、接收机的选用和各级GPS测量作业的基本技术要求做了如下规定，见表8.4至表8.7。它适合于城市或工程的GPS测量。

表8.4 GPS控制网的主要技术要求

等级	平均距离/km	固定误差 a/mm	比例误差 $b/(1\times10^{-6})$	最弱边相对中误差
二等	9	≤5	≤2	1/120 000
三等	5	≤5	≤2	1/80 000
四等	2	≤10	≤5	1/45 000
一级	1	≤10	≤5	1/20 000
二级	<1	≤10	≤5	1/10 000

注：当边长小于200 m时，边长中误差不应超过±2 cm。

表 8.5　闭合环或附合路线边数的规定

等级	二等	三等	四等	一级	二级
闭合环或附合路线的边数	≤6	≤8	≤10	≤10	≤10

表 8.6　GPS 接收机的选用

等级	二等	三等	四等	一级	二级
接收机类型	双频	双频	双频或单频	双频或单频	双频或单频
标称精度	$\leqslant(5\ \text{mm}+2\times10^{-6}\times D)$	$\leqslant(5\ \text{mm}+2\times10^{-6}\times D)$	$\leqslant(10\ \text{mm}+2\times10^{-6}\times D)$	$\leqslant(10\ \text{mm}+5\times10^{-6}\times D)$	$\leqslant(10\ \text{mm}+5\times10^{-6}\times D)$
观测量	载波相位	载波相位	载波相位	载波相位	载波相位
同步观测接收机数	≥4	≥4	≥3	≥3	≥3

表 8.7　GPS 测量各等级作业的基本技术要求

项目	等级 观测方法	二等	三等	四等	一级	二级
卫星高度角/(°)	静　态 快速静态	≥15	≥15	≥15	≥15	≥15
有效观测卫星数	静　态 快速静态	≥4 —	≥4 ≥5	≥4 ≥5	≥4 ≥5	≥4 ≥5
平均重复设站数	静　态 快速静态	≥2 —	≥2 ≥2	≥1.6 ≥1.6	≥1.6 ≥1.6	≥1.6 ≥1.6
时段长度/min	静　态 快速静态	≥90 —	≥60 ≥20	≥45 ≥15	≥45 ≥15	≥45 ≥15
数据采样间隔/s	静　态 快速静态	10～60	10～60	10～60	10～60	10～60

注：当采用双频机进行快速静态观测时，时间长度可缩短为 10 min。

此外，《全球定位系统(GPS)测量规范》(GB/T 18314—2009)和各行业部门根据各自实际情况制定的其他 GPS 测量规程或细则也可供参考。

图 8.4 为只有一个贯通面的直线隧道 GNSS 控制网布网方案，图中两点间连线为独立基线，方案中每个点均有 3 条独立基线相连，其可靠性较好。假设该网采用 4 台接收机作业，只需观测 3 个时段：3 个时段有 3 个同步环，每个时段选 3 条独立基线，共 9 条独立基线构成 4 个独立的异步环(其中有 3 条复测基线)。

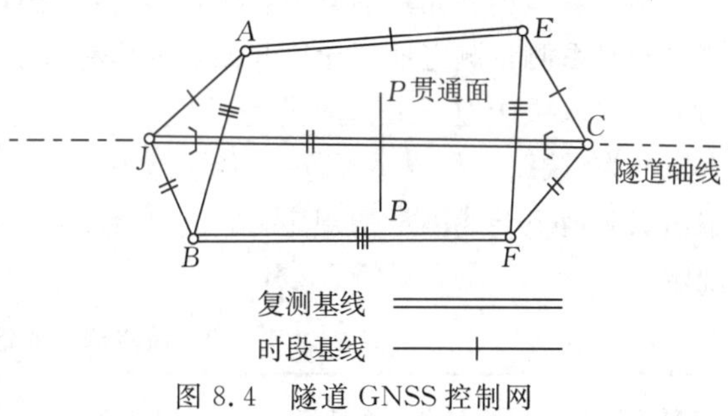

图 8.4　隧道 GNSS 控制网

8.2.4　地面高程控制测量

高程控制测量的任务是在各洞口(或井口)附近设立 2～3 个水准点，测量各开挖洞口(或井口)的进口点间的高差，由进口点向洞内或井下传递高程，建立洞内或地下统一的高程系统，以保证在贯通面上高程的正确贯通。高程控制测量的方法，一般在平坦地区及丘陵地区用等级水准测量，在山区采用全站仪三角高程测量。

对于矿山工程来讲，水准基点的精度应达到国家四等水准测量精度要求，但对于一些大型隧道工程而言，水准测量等级的确定，应根据隧道的长度和隧道所经地区地形起伏情况而定。表8.8为《铁路工程测量规范》对各等级水准测量的规定。

表8.8 地面水准测量等级及精度要求

测量部位	测量等级	两开挖洞口间高程线路长度/km	每千米高程测量偶然中误差/mm
洞外	二	>36	≤1.0
	三	13～36	≤3.0
	四	5～<13	≤5.0
	五	<5	≤7.5

进行地面水准测量时，利用线路定测水准点的高程作为起始高程，沿水准路线在每个洞口(井口)至少应埋设两个水准点，水准路线应形成闭合环线，或者铺设两条相互独立的水准路线，由已知的起始水准点从一端洞口测至另一端洞口。

在地形复杂地区采用全站仪三角高程测量代替三、四等水准测量，经大量研究和工程实践验证是完全可行的。

8.3 地下控制测量

地下控制测量包括地下平面控制测量和地下高程控制测量。地下平面控制测量是随着隧道(巷道)向前开挖掘进延伸而用逐步布设导线的方式进行测量，同地面导线测量一样，仍然遵循高级控制低级的原则。地下高程控制测量方法有水准测量和三角高程测量。

8.3.1 地下导线测量

地下导线测量的任务是以必要的精度，建立地下工程平面控制测量系统。根据地下导线点坐标可以放样出隧道(巷道)设计中线及其衬砌位置，从而指示隧道(巷道)的掘进方向及衬砌施工，地下构筑物施工放样和竣工测量。

地下导线的起始点通常设在平硐口(隧道洞口)、斜井口以及竖井的井底车场，通过地面控制测量和联系测量测定地下导线起始点的坐标和起始边的坐标方位角。地下导线布设等级和测量精度要求取决于地下工程的类型、用途、延伸的范围大小、施工方法和设计提出的限差要求等。表8.9为《铁路工程测量规范》对各级地下导线测量的规定，表8.10为《煤矿测量规程》(2010版)中对煤矿地下导线测量的规定，表8.11为《金属矿山测量手册》中对金属矿山地下导线测量的规定。

表8.9 铁路测量对地下导线测量的规定

测量部位	测量方法	测量等级	适用长度/km	洞口联系边方向中误差/(″)	测角中误差/(″)	边长相对中误差
洞内	导线测量	二	9～20		1.0	1/100 000
		隧道2等	6～9		1.3	1/100 000
		三	3～5		1.8	1/50 000
		四	1.5～4		2.5	1/50 000
		一级	<1.5		4.0	1/20 000

表 8.10　煤矿测量地下导线主要技术要求

导线类别	井田(采区)一翼长度/km	测角中误差/(″)	一般边长/m	导线全长相对闭合差	
				闭(附)合导线	复测支导线
基本控制导线	≥5	±7	60～200	1/8 000	1/6 000
	<5	±15	40～140	1/6 000	1/4 000
采区控制导线	≥1	±15	30～90	1/4 000	1/3 000
	<1	±30	—	1/3 000	1/2 000

表 8.11　金属矿测量地下导线主要技术要求

导线类别	矿井一翼长度/km	测角中误差/(″)	一般边长/m	导线全长相对闭合差	
				闭(附)合导线	复测支导线
基本控制导线	≥5	±7	40～140	1/8 000	1/6 000
	3～5	±15	30～90	1/6 000	1/4 000
采区控制导线	<1	±45	—	1/2 000	1/1 500

另外，还有的行业部门也制定有地下工程测量的规程(规范、细则)，可以参考使用。

地下导线的形状和布设形式取决于隧道(巷道)的形状，尽量沿着线路中线(或边线)布设，边长应大致相等。导线点应尽量布设在施工干扰小、通视良好且稳固的安全地段。矿山巷道导线点一般设在巷道顶板，需采用点下对中；在断面较大的隧道里，导线点也常布设在底板或侧壁上。

地下导线一般采用分级布设的方法，通常分施工导线、基本导线和主要导线三种。一般施工导线的边长为 20～50 m，基本导线边长为 50～100 m，而主要导线的边长为 150～800 m。当隧道或巷道开挖时，先布设边长较短、精度较低的施工导线指示隧道(巷道)掘进方向；当掘进 300～500 m 时，再布设基本导线检查校正已铺设的施工导线，为此应使基本导线起始边(点)和最终边(点)与施工导线相重合。隧道(巷道)继续向前掘进时，以基本导线最终边(点)为起始边(点)，向前布设施工导线和放样中线。不过有些情况下可舍去基本导线这一级，直接在施工导线的基础上布设长边导线(主要导线)；在不具备长边通视条件的情况下也可只布设基本导线，而不布设长边导线，如图 8.5 所示。

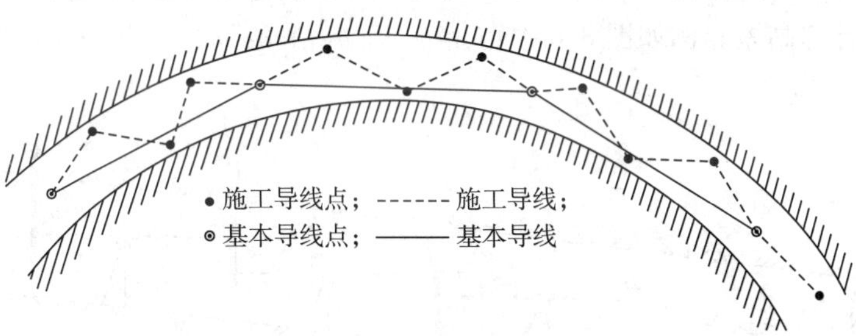

图 8.5　地下导线的分级布设

在城市地铁工程中，地下导线也常采用图 5.6 所示的交叉导线。对于大断面的长隧道，地下导线可布设成多边形闭合导线或主副导线环。

地下导线常采用测回法测量水平角。由于地下导线边长较短，因此，测角时应注意尽可能减小仪器对中和目标偏心误差的影响，遇到短边时在测回间仪器和觇标应重新对中。边长测量采用全站仪测距，对不具备全站仪测距条件的也可用钢尺量距。钢尺量距应悬空丈量，计算边长时应加入尺长、温度、倾斜、垂曲等项改正。

8.3.2 地下高程控制测量

地下高程控制测量的任务是测定地下隧道(巷道)中高程点的高程,建立一个与地面统一的地下高程控制系统,作为隧道(巷道)掘进中坡度的控制和竖直面内施工放样的依据。地下高程控制测量可分为地下水准测量和地下三角高程测量,其主要特点为:

(1)高程测量线路一般与地下导线测量的线路相同,通常利用地下导线点作为高程点。高程点可埋设在隧道(巷道)的顶板、底板或侧壁上。

(2)高程点(导线点)设在顶板观测时,水准尺应倒立在测点上。

(3)地下高程测量线路在贯通前均为支水准路线,因此需要进行往返观测或多次观测,以资检核,防止出现差错。

(4)在施工中为满足施工放样的需要,一般是先用低等级高程测量给出隧道(巷道)在竖直面内的掘进方向,然后再用高等级的高程测量进行检测,并建立永久高程点。每组永久高程点应设置三个,永久高程点间的间距以 300～500 m 为宜。

地下水准测量的等级和使用仪器,主要根据两开挖洞口间洞外水准路线的长度确定,表 8.12 为《铁路工程测量规范》的规定。

表 8.12 地下水准测量等级及精度要求

测量部位	测量等级	两开挖洞口间高程线路长度/km	每千米高程测量偶然中误差/mm
洞内	二	>32	≤1.0
	三	11～32	≤3.0
	四	5～<11	≤5.0
	五	<5	≤7.5

地下水准测量采用水准仪至两水准尺等距的中间法施测,仪器到水准标尺的距离不宜大于 50 m,测量操作方法与地面水准测量相同。由于地下高程点(水准点)有的设在顶板上,有的设在底板或侧壁上,无论是图 8.6 中的哪一种情况,高差 h_i 的计算公式都是 $h_i=b_i-a_i$(即水准标尺后视读数减前视读数)。只是当高程点(水准点)埋设在顶板上时,应在其水准标尺读数前加"－"号再计算高差。例如图 8.6 中:$h_{AB}=(-b_1)-a_1$,$h_{BC}=b_2-a_2$,$h_{CD}=b_3-(-a_3)$,$h_{DE}=(-b_4)-(-a_4)$。

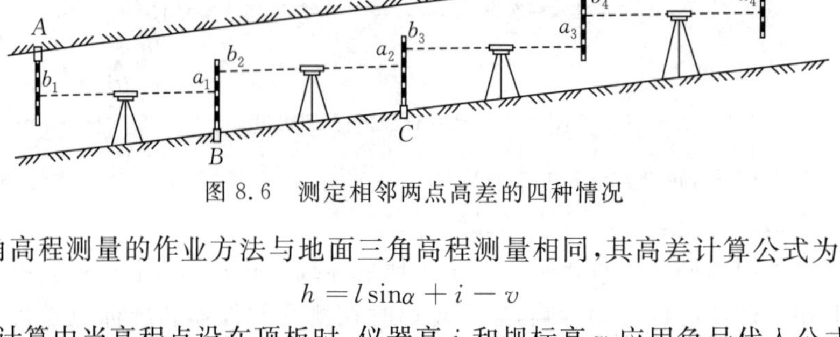

图 8.6 测定相邻两点高差的四种情况

地下三角高程测量的作业方法与地面三角高程测量相同,其高差计算公式为

$$h=l\sin\alpha+i-v \tag{8.1}$$

但应注意,在计算中当高程点设在顶板时,仪器高 i 和觇标高 v 应用负号代入公式进行计算。

8.4　联系测量

8.4.1　联系测量的任务和内容

在地下工程施工中，可以用开挖平硐、斜井、竖井的方式来增加工作面。为了保证地下工程按设计方向掘进，保证各相向掘进的工作面在预定地点能正确贯通，就必须将地面的平面坐标系统和高程系统通过平硐、斜井及竖井传递到地下，这些传递工作称为联系测量。通过联系测量使地下和地面测量有一个统一的平面坐标系统和高程系统，同时也为地下测量提供坐标、方位角和高程的起算数据。通过平硐、斜井的联系测量可由导线测量、水准测量、三角高程测量完成。本节只讲述竖井联系测量工作。竖井联系测量分为平面联系测量和高程联系测量，其中传递坐标和方位角的联系测量称为平面联系测量，也称为竖井定向测量；传递高程的联系测量称为高程联系测量。

从竖井定向误差对地下测量的影响来看，确定地下导线起算边的坐标方位角是很重要的环节。地下导线起算边的坐标方位角误差将使地下导线各边的方位角偏转同一个误差值，由此引起的导线各点的点位误差将随导线伸长而增大。设导线终点为 K，起算边的坐标方位角误差为 m_0，引起 K 点的位置中误差为

$$m_K = \frac{m_0}{\rho} R_1 \tag{8.2}$$

式中，$\rho = 206\ 265''$，为一弧度对应的秒值，R_1 为导线终点到起算点的直线距离。若设 $m_0 = \pm 3'$，$R_1 = 3\ 000$ m，则计算得 $m_K \approx \pm 2.6$ m。

由此可见，对沿隧道（巷道）布设的近似直伸形的导线，由竖井定向确定的导线起算边坐标方位角误差对导线终点位置的影响是很大的；竖井定向的坐标传递误差对导线各点位置的影响为一常数，它只使导线点位发生平移，其影响不随导线的伸长而累积，它相对于坐标方位角误差的影响而言就非常小了。因此说竖井联系测量确定地下导线起算边坐标方位角比确定起算点坐标更重要，精度要求更高，故通常将竖井平面联系测量简称为竖井定向。竖井定向方法可分为两类：一类是从几何原理出发的所谓几何定向（包括一井定向、两井定向）；另一类是以物理特性为基础的所谓陀螺经纬仪定向。本节阐述几何定向和高程联系测量，陀螺经纬仪定向将在本章后面几节中进行介绍。

8.4.2　一井定向

一井定向是在一个竖井内悬挂两根吊锤线，将地面点的坐标和地面边的坐标方位角传递到井下的测量工作。在地面由近井点和控制点测定两吊锤线的平面坐标 x 和 y，以及其连线的坐标方位角；在地下根据吊锤线投影点的坐标及其连线的坐标方位角确定地下导线起算点的坐标和起算边的坐标方位角。一井定向测量工作分为在井筒内下放吊锤线投点和连接测量两部分。

1. 投点和连接测量

通过竖井用吊锤线投点，通常用单重稳定投点法。投点工作的设备布置如图 8.7 所示，吊锤线选用细直径抗拉强度高的优质炭质弹性钢丝，吊锤的重量与钢丝的直径随井深而不同，例如，当井深为 100 m 时，锤重为 60 kg，钢丝直径为 0.7 mm。投点时，首先在钢丝上挂上小重锤

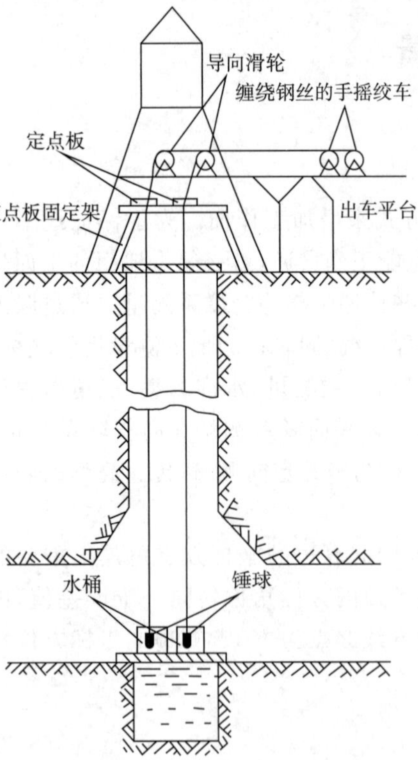

图8.7　投点工作的设备布置

(如2 kg),用绞车将钢丝放入井中,当小重锤到达定向水平后,在井底换上作业重锤,并将其放入盛有油类液体的桶中,重锤线不得与竖井中任何物体和桶壁(底)接触,还要检查重锤线是否为自由悬挂。由地面向地下定向水平投点时,由于井筒内气流、滴水等影响,致使井下锤球线偏离地面上的位置,该线量偏差e称为投点误差,由此而引起的锤球线连线的方向误差θ叫作投向误差,计算公式为

$$\theta = \pm \frac{e}{c}\rho \tag{8.3}$$

式中,c为两钢丝间距,$\rho = 206\ 265''$。当两钢丝间距$c = 3$ m、$e = 1$ mm时,$\theta = \pm 68.8''$。可见,投点误差对定向精度的影响是非常大的。因此,在投点时必须采取有效措施减小投点误差。

连接测量常采用连接三角形法,见图8.8。C与C'为井上下的连接点,A、B点为两锤球线点,从而在井上、井下形成了以AB为公共边的$\triangle ABC$和$\triangle ABC'$。在选择井上下连接点C和C'时应满足下列要求:

(1) CD和$C'D'$的长度应尽量大于20 m;

(2)应使C和C'点处的锐角γ和γ'小于2°,构成最有利的延伸三角形;

(3)点C和C'应尽量地靠近最近的锤球线,使a/c和b'/c'之值尽量小一些。

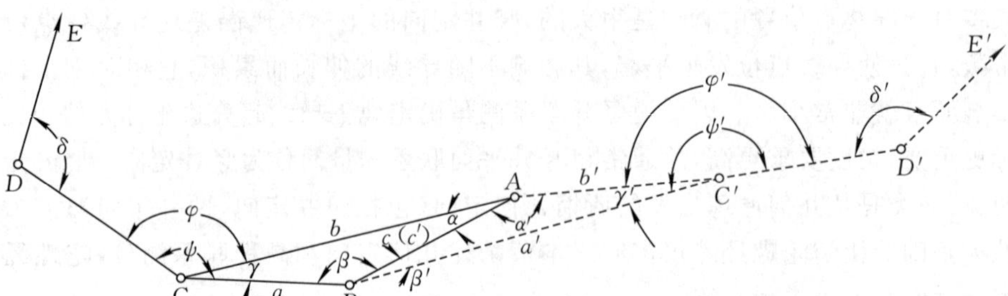

图8.8　用连接三角形法进行井上、井下连接测量

连接测量时,在连接点C和C'处用测回法测量角度γ、γ',φ、φ',ψ、ψ'。当CD和$C'D'$边长小于20 m时,在C点和C'点进行水平角观测,仪器必须对中3次,每次对中应将照准部(或基座)位置变换120°。同时丈量井上、井下连接三角形的6个边长a、a',b、b',c、c'。量边应用检验过的钢尺并施加比长时的拉力、测记温度。在锤球线稳定情况下,应用钢尺的不同起点丈量6次,读数估读到0.1 mm。同一边各次观测值的互差不得大于2 mm,取平均值作为丈量结果。在锤球摆动的情况下,应将钢尺沿所量三角形的各边方向固定,用摆动观测的方法至少连续读取6个读数,确定钢丝在钢尺上的稳定位置,以求得边长。每边均需用上述方法丈量2次,互差不得大于3 mm,取其平均值作为丈量结果。井上、井下量得两锤球线间距离的互差,一般不应超过2 mm。

2. 内业计算

内业计算时，首先应对全部记录进行检查，然后解算连接三角形各未知要素，计算公式为

$$\left.\begin{aligned}\sin\alpha &= \frac{a}{c}\sin\gamma \\ \sin\beta &= \frac{b}{c}\sin\gamma\end{aligned}\right\} \tag{8.4}$$

连接三角形三内角和 $\alpha+\beta+\gamma=180^\circ$，若尚有微小的残差时，则可将其平均分配给 α 和 β。计算时应对两锤球线间距进行检查。设 $c_{丈}$ 为两锤球线间距离的实际丈量值，$c_{计}$ 为其计算值，则

$$\left.\begin{aligned}c_{计}^2 &= a^2+b^2-2ab\cos\gamma \\ d &= c_{丈}-c_{计}\end{aligned}\right\} \tag{8.5}$$

当地面连接三角形中 $d<2$ mm，地下连接三角形中 $d<4$ mm 时，可在丈量的边长中分别加入下列改正数，以消除其差值

$$v_a=-\frac{d}{3},\ v_b=+\frac{d}{3},\ v_c=-\frac{d}{3}$$

然后按 $D—C—A—B—C'—D'$ 的顺序，用一般导线计算方法计算各边的坐标方位角和各点的坐标。

3. 一井定向误差分析

由图 8.8 可知 $C'D'$ 的坐标方位角 $\alpha_{C'D'}=\alpha_{DC}+\varphi-\alpha+\beta'+\psi'\pm n\times180^\circ$，根据误差传播定律可得地下定向连接边 $C'D'$ 的坐标方位角中误差为

$$m_{\alpha_{C'D'}}^2=m_{\alpha_{CD}}^2+m_\varphi^2+m_\alpha^2+m_{\beta'}^2+m_{\psi'}^2+\theta^2 \tag{8.6}$$

式中，θ 为投点误差，见式(8.3)。

因为角度 α 是用正弦公式计算得到的，即

$$\sin\alpha=\frac{a}{c}\sin\gamma$$

角度 α 为测量值 a、c 和 γ 的函数，故其误差公式为

$$m_\alpha^2=\left(\frac{\partial\alpha}{\partial a}\right)^2 m_a^2\rho^2+\left(\frac{\partial\alpha}{\partial c}\right)^2 m_c^2\rho^2+\left(\frac{\partial\alpha}{\partial\gamma}\right)^2 m_\gamma^2 \tag{8.7}$$

式中，各偏导数分别为

$$\frac{\partial\alpha}{\partial a}=\frac{\sin\gamma}{c\cos\alpha},\ \frac{\partial\alpha}{\partial c}=-\frac{a\sin\gamma}{c^2\cos\alpha},\ \frac{\partial\alpha}{\partial\gamma}=\frac{a\cos\gamma}{c\cos\alpha}$$

将各偏导数代入式(8.7)后，得

$$m_\alpha^2=\frac{\sin^2\gamma}{c^2\cos^2\alpha}m_a^2\rho^2+\frac{a^2\sin^2\gamma}{c^4\cos^2\alpha}m_c^2\rho^2+\frac{a^2\cos^2\gamma}{c^2\cos^2\alpha}m_\gamma^2$$

将 $\sin\gamma=\frac{c}{a}\sin\alpha$ 和 $\cos^2\gamma=1-\sin^2\gamma=1-\frac{c^2}{a^2}\sin^2\alpha$ 代入上式，得

$$m_\alpha^2=\frac{\tan^2\alpha}{a^2}m_a^2\rho^2+\frac{\tan^2\alpha}{c^2}m_c^2\rho^2+\frac{a^2}{c^2\cos^2\alpha}m_\gamma^2-\tan^2\alpha m_\gamma^2$$

$$m_\alpha=\pm\sqrt{\rho^2\tan^2\alpha\left(\frac{m_a^2}{a^2}+\frac{m_c^2}{c^2}-\frac{m_\gamma^2}{\rho^2}\right)+\frac{a^2}{c^2\cos^2\alpha}m_\gamma^2} \tag{8.8}$$

同理，可得计算角 β 的中误差为

$$m_\beta = \pm\sqrt{\rho^2\tan^2\beta\left(\frac{m_b^2}{b^2}+\frac{m_c^2}{c^2}-\frac{m_\gamma^2}{\rho^2}\right)+\frac{a^2}{c^2\cos^2\beta}m_\gamma^2} \tag{8.9}$$

对地下定向水平的连接 $\triangle ABC'$，也同样可得到 α'、β' 角的中误差 $m_{\alpha'}$ 和 $m_{\beta'}$。

在式(8.8)和式(8.9)中，如果 $\alpha\approx0°$，$\beta\approx180°$（或 $\alpha\approx180°$，$\beta\approx0°$）时，则 $\tan\alpha\approx0$，$\tan\beta\approx0$，$\cos\alpha\approx1$，$\cos\beta\approx-1$。此时各测量元素的误差对锤球线 A、B 处的计算角 α、β 和 α'、β' 的精度影响最小。式(8.8)和式(8.9)可简化为

$$\left.\begin{aligned} m_\alpha &= \pm\frac{a}{c}m_\gamma \\ m_\beta &= \pm\frac{b}{c}m_\gamma \end{aligned}\right\} \tag{8.10}$$

分析上述误差公式可得出如下结论：

(1)连接三角形最有利的形状为锐角不大于2°的延伸三角形。

(2)计算角 α（或 β）的误差，随 γ 角的误差增大而增大，随比值 a/c（或 b/c）的减小而减小。故在连接测量时，应尽量使连接点 C 和 C' 靠近最近的锤球线并精确地测量角度 γ。

(3)两锤球线间的距离 c 越大，则计算角的误差越小。

(4)在延伸三角形中，量边误差对定向精度的影响较小。

在点 C 处测连接角 φ 的误差对连接精度的影响 m_φ，其计算公式为

$$m_\varphi = \pm\sqrt{m_i^2+\left(\frac{e_C}{\sqrt{2}d}\right)^2\rho^2+\left(\frac{e_D}{\sqrt{2}d}\right)^2\rho^2} \tag{8.11}$$

式中，m_i 为测量方法误差，d 为连接边 CD 的边长，e_C、e_D 分别为经纬仪在连接点 C 上对中的线量误差和 D 点上觇标对中的线量误差。

由此可知，欲减少测量连接角的误差影响，主要应使连接边 d 尽可能长些，并提高仪器及觇标的对中精度。上述公式对估算井下连接测量连接角 φ' 的误差也同样适用。

8.4.3 两井定向

1. 两井定向测量方法

当两相邻竖井间开挖的隧道(巷道)在地下已贯通，就具备条件采用两井定向。两井定向是在两个竖井内各悬挂一根吊锤线，在地面和地下用导线将它们连接起来，从而把地面坐标系统中的平面坐标和方向传递到地下。

两井定向的外业测量也包括投点、地面和地下连接测量两部分工作。与一井定向相比，两井定向时每个竖井中只悬挂一根吊锤线，这就使投点工作更为方便且缩短了占用井筒的时间，有条件时吊锤线可挂在靠井壁的设备管道之间，使竖井能照常进行生产。由于两吊锤线间的距离大大增加了，从而使投向误差显著减少，有利于提高地下导线定向的精度。如图8.9所示为两井定向的地面、地下连接测量示意图。

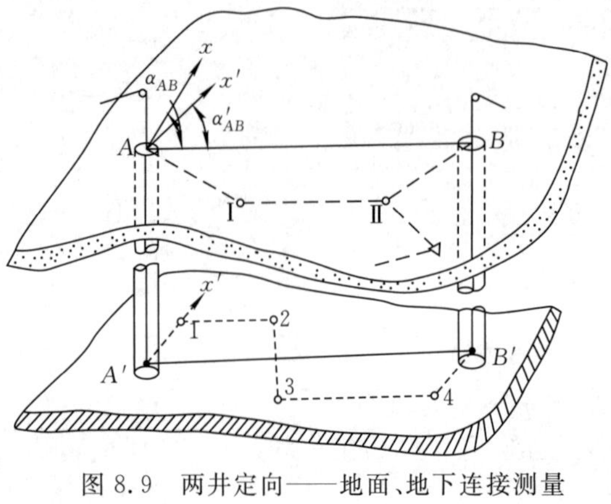

图8.9 两井定向——地面、地下连接测量

由于两井定向时，两根吊锤线间一般不能直接通视，而是在地面、地下通过导线连接起来的。因此，在连接测量时必须测出地面、地下连接导线各边的边长及其水平角。

2. **两井定向的内业计算**

(1)根据地面连接测量的成果，按照导线的计算方法，计算出地面两吊锤线的坐标（x_A，y_A）、(x_B，y_B)。

(2)计算两吊锤线 A、B 连线在地面坐标系统中的坐标方位角 α_{AB} 和长度 c_{AB}

$$\left.\begin{aligned}\alpha_{AB} &= \arctan\frac{y_B - y_A}{x_B - x_A}\\ c_{AB} &= \sqrt{\Delta x_{AB}^2 + \Delta y_{AB}^2}\end{aligned}\right\} \tag{8.12}$$

(3)因地下连接导线为无定向导线，为此，计算时先采用假定坐标系。如图 8.9 所示，设 A' 点为假定坐标系的原点，A' 1 边为假定坐标系纵轴 x' 方向，计算井下连接导线各点在此假定坐标系中的平面坐标。设 B 点的假定坐标为（x'_B，y'_B），则可计算出 A、B 连线在假定坐标系中的坐标方位角 α'_{AB} 和长度 c'_{AB}，计算公式为

$$\left.\begin{aligned}\alpha'_{AB} &= \arctan\frac{y'_B - y'_A}{x'_B - x'_A} = \arctan\frac{y'_B}{x'_B}\\ c'_{AB} &= \sqrt{(\Delta x'_{AB})^2 + (\Delta y'_{AB})^2} = \sqrt{(x'_B)^2 + (y'_B)^2}\end{aligned}\right\} \tag{8.13}$$

由式(8.12)和式(8.13)算得地面、地下两吊锤线间的距离 c_{AB} 和 c'_{AB}。当竖井较深时，要对 c'_{AB} 进行海平面投影改正，将其化算到地面 A、B 两点的平均高程面上，此时理论上

$$c'_{AB} + \frac{h}{R}c'_{AB} = c_{AB} \tag{8.14}$$

式中，h 为竖井的深度；R 为地球的平均曲率半径，取 6 371 km。但是由于测角量边误差的影响，实际上 c'_{AB} 加上海平面投影改正后并不等于 c_{AB}，设其差值为 Δc，则有

$$\Delta c = c_{AB} - \left(c'_{AB} + \frac{h}{R}c'_{AB}\right) \tag{8.15}$$

当式中 Δc 不超过规程或规则中规定的允许值时，才可以进行后续的坐标计算。如果 Δc 超限，则应检查测量数据和计算过程中是否有误，然后再考虑导线的设计方案。

(4)计算地下连接导线起始边在地面坐标系统中的坐标方位角，计算公式为

$$\alpha_{A1} = \alpha_{AB} - \alpha'_{AB} \tag{8.16}$$

(5)根据 A 点的坐标(x_A，y_A) 和计算出的 $A1$ 边的坐标方位角 α_{A1}，计算地下连接导线各点在地面坐标系统中的坐标和坐标方位角。由于测量误差的影响，地下求得的 B 点坐标与地面测出的 B 点坐标存在差值。如果其相对闭合差符合所采用的地下连接导线的精度要求，则认为地下连接导线的测量和计算是正确的，可将坐标增量闭合差按边长成比例反号分配到地下导线各坐标增量上，最后计算出地下各导线点的坐标。

上述方法是在竖井中悬挂吊锤线，如果竖井深或吊锤线不稳定时，垂准误差对地下定向边的方位角精度影响较大，且有时在竖井中挂吊锤线也不方便，甚至会影响施工。可用激光铅垂仪代替挂吊锤线来进行两井定向，称为铅垂仪与全站仪联合定向法。这种方法不仅应用方便，而且可以提高投点精度。该方法的基本原理和计算方法与在竖井中挂吊锤线的方法相同，在此不再重复。下面以某城市地铁 1 号线的某车站应用该方法进行定向测量为例，说明该方法的具体操作过程。如图 8.10 所示，利用车站电梯井与预留井孔进行两井定向，两井之间的连

接通道就是该车站的二层站台，两井间相距205 m。

图8.10中A_1和A_2为地面平面控制网的控制点，B、C为投测竖井(孔)上方内外式支架的内架中心，在B、C处焊有一边长为20 cm的正方形铜板，铜板上有一孔径稍大于经纬仪基座螺旋直径的孔洞。地下TD_1、TD_2、W_1和W_2等点处埋设具有强制对中装置的固定观测墩，埋设时应特别注意使B点与TD_1点、C点与TD_2点位于同一铅垂线上，以便于向上投测。

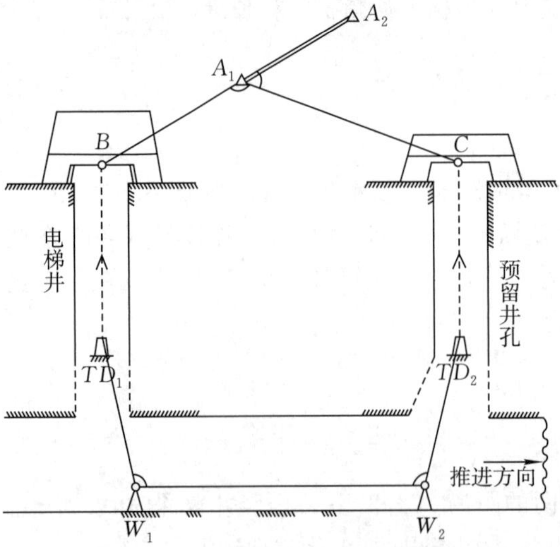

图8.10　铅垂仪和全站仪联合定向法

将2″级以上的激光铅垂仪，安置在TD_1、TD_2固定观测墩上，整平后按操作要求向上投测，在井口上方B、C点处安置基座，根据铅垂仪红光点的位置指挥井上微动基座，使基座中心刚好位于红光点处，固定基座，安上照准标牌(棱境)，使其朝向A_1方向。在地面控制点A_1处安置全站仪，瞄准B、C方向测角和测距。然后将全站仪分别安置在地下定向边的导线点W_1、W_2上测角和测距，用1″级全站仪观测角度4个测回(左、右角)，边长也往、返测4个测回。通过计算地下定向边的坐标方位角中误差达到±1.27″，地下起算点(定向点)的横向中误差为±1.23 mm。

该地铁车站使用这一定向测量成果指导盾构机单向推进，与另一车站洞口贯通，其横向贯通误差为9.5 mm(限差为±50 mm)，实践表明这种两井定向测量方法是实用可靠的。

3. 两井定向的误差分析

两井定向起始边的方位角误差来源于投点误差θ(计算公式与一井定向相同)、地面连接误差$m_{上}$及地下连接误差$m_{下}$。为研究方便，假定AB连线为y轴，垂直于AB方向的为x轴。首先分析地面连接误差，两井定向时，地面连接误差主要是由于连接导线的测量误差引起的。如图8.9所示，当由控制点向两锤线铺设连接导线时，地面连接误差为

$$m_{上}=\pm\sqrt{\frac{\rho^2}{c^2}(m_{x_A}^2+m_{x_B}^2)+nm_\beta^2} \tag{8.17}$$

式中，c为两锤球线A、B间的距离，m_{x_A}为由结点Ⅱ到锤球线A所测设的支导线终点在x轴方向上的位置误差，m_{x_B}为由结点Ⅱ到锤球线B所测设的支导线终点在x轴方向上的位置误差，n为由地面控制点到结点Ⅱ间的导线测量角数，m_β为由地面控制点到结点Ⅱ间的导线测角中误差。

地下连接误差主要是由地下测角误差和量边误差引起的，因此$m_{下}$可计算为

$$m_{下}^2=m_{\alpha_{\beta_i}}^2+m_{\alpha_{l_i}}^2=\sum_{i=1}^{n}\left(\frac{\partial\alpha}{\partial\beta_i}\right)^2m_{\beta_i}^2+\sum_{i=1}^{n}\left(\frac{\partial\alpha}{\partial l_i}\right)^2\rho^2m_{l_i}^2 \tag{8.18}$$

因地下连接导线边的方位角是按式$\alpha=\alpha_{AB}-\alpha'_{AB}+\alpha'_i$计算的，式中，$\alpha_{AB}$是由地面测量结果算出的$A$、$B$连接在地面坐标系中的坐标方位角，它与地下测角无关，故$\frac{\partial\alpha_{AB}}{\partial\beta}=0$，而$\alpha'_{AB}$是由地下测量结果算出的$A$、$B$连线在地下假定坐标系中的坐标方位角，与地下测角有关，α'_i为地下连接导线边在假定坐标系中的坐标方位角，是由地下导线所测角度推算出来的。因此

式(8.18)中的偏导数可计算为

$$\frac{\partial \alpha}{\partial \beta_i}=\frac{\partial \alpha'_i}{\partial \beta_i}-\frac{\partial \alpha'_{AB}}{\partial \beta_i},\ \frac{\partial \alpha}{\partial l_i}=-\frac{\partial \alpha'_{AB}}{\partial l_i}$$

将上述偏导数代入式(8.18)并进行整理简化后得

$$m_{\alpha_{\beta_i}}^2=\frac{m_\beta^2}{c^2}\left(\sum_1^{i-1}R'^2_{i-A}+\sum_i^n R'^2_{i-B}\right) \tag{8.19}$$

式中，c 为两锤球线 A、B 之间连线的距离；R'_{i-A} 为由导线点 $1,2,\cdots,i-1$ 到锤球线 A 的距离在 AB 连线上的投影长度；R'_{i-B} 为由导线点 $i,i+1,\cdots,n$ 到锤球线 B 的距离在 AB 连线上的投影长度。

$$m_{\alpha_{l_i}}^2=\frac{\rho^2}{c^2}\sum_{i=1}^n \sin^2\varphi_i\times m_{l_i}^2 \tag{8.20}$$

式中，φ_i 为地下连接导线各导线边与 AB 连线的夹角。

最后得到两井定向的地下连接导线边坐标方位角中误差的计算公式为

$$m_{\alpha_i}=\pm\sqrt{m_{上}^2+m_{\alpha_{\beta_i}}^2+m_{\alpha_{l_i}}^2+\theta^2} \tag{8.21}$$

关于式(8.19)和式(8.20)的简化推导过程可参阅相关参考文献，在此不再赘述。

上面推导的两井定向地下连接导线边坐标方位角中误差计算公式适用于任何形状的导线，若地下连接导线为等边直伸形导线时，因各导线边均与锤球线的连线 AB 重合，即 $\varphi_i=0$，也即 $m_{\alpha_{l_i}}=0$，表明井下量边误差对各导线边的坐标方位角没有影响，只剩下测角误差对各导线边坐标方位角的影响。而且可以通过分析得出：两井定向地下连接导线中间导线边的坐标方位角中误差最小，并依次逐渐向两端锤球线方向增大，坐标方位角中误差随着连接导线的边数增加而增大。因此，在两井定向中，地下连接导线要选择最短路线，导线边数应尽可能少，有条件时尽可能沿两锤球线连线方向布设。而且以两井定向的地下连接导线边作起始边布设地下导线时，要尽可能选在坐标方位角中误差最小的两井定向连接导线的中间边作起始边进行连测。

8.4.4　高程联系测量

为了使地面和地下建立统一的高程系统，应通过平硐、斜井和竖井将地面高程传递到地下隧道(巷道)中，作为地下高程测量的起始高程，这项工作称为高程联系测量，简称导入高程。通过平硐、斜井的高程联系测量可直接从地面用水准测量或三角高程测量直接导入，在此不再赘述。下面仅介绍通过竖井导入高程的方法。

通过竖井导入高程的方法有长钢尺法、长钢丝法和光电测距仪法等。

1. 长钢尺法导入高程

如图 8.11 所示，A 为地面水准点，B 为地下水准点，将一长钢尺通过井盖放入井下，使其自由悬挂在竖井中。在地面与井下分别安置水准仪，在 A、B 两点所立水准标尺上取读数 a、b，然后在钢尺上同时读取读数 m、n，此外还需要测定井上、井下温度 $t_{上}$、$t_{下}$。由此可求得 B 点高程为

$$H_B=H_A-((m-n)+(b-a)+\sum\Delta l) \tag{8.22}$$

式中，$\sum\Delta l$ 为钢尺改正数的总和，包括尺长改正、拉力改正、温度改正、钢尺自重伸长改正。

其中，温度改正计算用井上、井下实测温度的平均值；钢尺自重伸长改正数计算公式为

$$\Delta l_C=\frac{\gamma}{E}l\left(L-\frac{l}{2}\right) \tag{8.23}$$

式中，γ 为钢的密度，即为 7.8 g/cm^3；E 为钢尺的弹性模量，一般取为 2×10^6 kg/cm^2；L 为钢尺悬挂点至地下挂锤球处的自由悬挂长度；l 为井上、井下水准仪视线间的钢尺长度，即 $l=m-n$。

2. 长钢丝法导入高程

当竖井较深时可用钢丝代替钢尺导入高程。用长钢丝导入高程时，因为钢丝本身不像钢尺一样有刻划，所以不能直接量出长度 l，需要在钢丝上做出记号，然后在地面上选一平坦区域，加悬挂时的重量将钢丝拉开，再用钢尺或光电测距仪丈量记号间的长度，并加入各项改正。设水准仪视线在地面水准点 A 和地下水准点 B 处所立标尺上的读数为 a 和 b，丈量出水准仪视线在钢丝上两记号间的长度为 L，则地下水准点 B 的高程为

$$H_B=H_A-L+(a-b) \tag{8.24}$$

3. 光电测距仪导入高程

采用光电测距仪测量井深导入高程，不仅精度高，而且缩短了占用井筒的时间。如果在井筒较浅，具备光电测距条件的情况下，可以参考应用该方法。

如图 8.12 所示，光电测距仪导入高程的基本方法是：在井口附近的地面上安置光电测距仪，在井口和井底的中部，分别安置反射镜；井上的反射镜与水平面成 45°夹角，井下反射镜处于水平状态；通过光电测距仪分别测量出仪器中心至井上和井下反射镜的距离 l、s，从而计算出井上和井下反射镜中心间的铅垂距离 h 为

$$h=s-l+\Delta l$$

式中，Δl 为光电测距仪的总改正数。

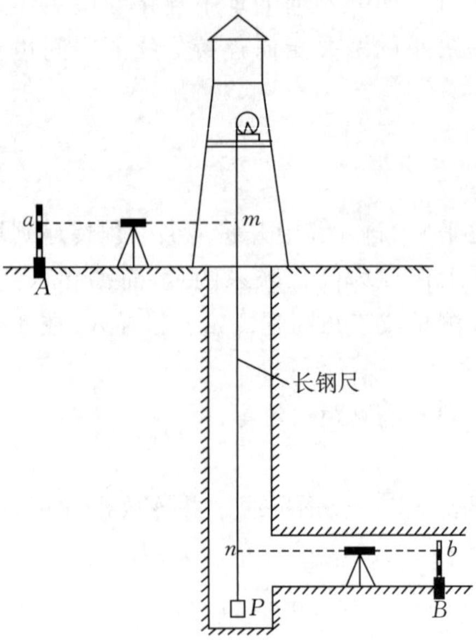

图 8.11　用长钢尺导入高程

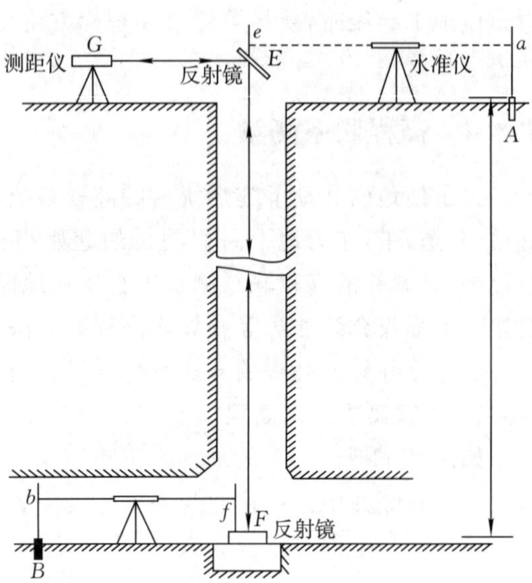

图 8.12　用光电测距仪导入高程

然后，分别在井上和井下安置水准仪，测量出井上反射镜中心与地面水准基点间的高差 h_{AE} 和井下反射镜中心与井下水准基点间的高差 h_{FB}。

$$\left.\begin{aligned} h_{AE} &= a - e \\ h_{FB} &= f - b \end{aligned}\right\} \tag{8.25}$$

式中，a、b、e、f 分别为井上、井下水准基点和井上、井下反射镜处水准尺的读数。

最后，可按式(8.26)计算出井下水准基点 B 的高程为

$$H_B = H_A + h_{AE} + h_{FB} - h \tag{8.26}$$

运用光电测距仪导入高程也要独立测量两次，其互差相对误差不应超过 h /8 000。

8.5　贯通测量误差预计

贯通测量与贯通误差在 8.1 节中已有论述，本节主要阐述贯通测量方案设计与贯通测量误差预计。贯通测量误差预计是在贯通测量工程施工前根据所选定的测量方案、测量精度和测量方法预先估算贯通相遇点的误差，如果估算出来的误差大于贯通工程设计所规定的允许偏差时，要对选定的贯通测量方案和精度进行调整，直到估算的贯通误差在设计规定的允许偏差范围内，再按最终确定的测量方案、方法和测量精度进行施测，以保证在预定地点准确贯通。

8.5.1　贯通测量方案设计

贯通测量包括平面测量和高程测量两个部分，这里首先讨论平面测量，然后再讨论高程测量。

当隧道(巷道)通过平硐由两个工作面相向开挖贯通时，平面测量有地面控制测量和地下控制测量。如前所述，地面控制测量过去曾采用三角锁(网)和边角混合网的形式布设控制网，而现在主要采用 GNSS 网、全站仪或两者结合的方式来进行测量；地下控制测量仍采用支导线形式，只是现在用全站仪测角、量距代替光学经纬仪测角、钢尺量距。如果由地面向地下开挖竖井，通过竖井在地下开拓新的工作面进行相向(或同向)贯通时，还必须进行竖井联系测量。

贯通测量方案设计中，主要考虑贯通重要方向，即水平面内垂直于贯通中心线的横向贯通误差在设计规定的允许范围内，以确保贯通质量。因此，贯通误差预计也是针对该横向贯通误差进行估算。

一般来说，考虑地面测量条件要优于地下，故对地面控制测量的精度要求可高一些，因此，将地面控制测量误差对贯通的影响作为一个独立因素，将地下两端相向掘进的隧道(巷道)中导线测量的误差对贯通的影响各作为一个独立因素。设隧道(巷道)设计的贯通横向误差允许值为 Δ，根据测量上的等影响原则，则各独立因素(环节)测量误差的允许值为

$$\Delta_q = \frac{\Delta}{\sqrt{3}} \tag{8.27}$$

如果隧道(巷道)两端都用竖井与地面连通，然后在地下相向贯通隧道(巷道)，此时，在两端竖井做联系测量的误差对贯通的影响也分别作为一个独立的因素来考虑，同样可得

$$\Delta_q = \frac{\Delta}{\sqrt{5}} \tag{8.28}$$

同理，假若是通过一个竖井和一个平硐口相向开挖贯通时，则

$$\Delta_q = \frac{\Delta}{\sqrt{4}} \tag{8.29}$$

式(8.27)至式(8.29)中,Δ_q为一个独立测量环节中的测量误差的允许值,简称"影响值",可作为贯通测量方案设计的参考依据。

对于直线隧道,量边误差对横向贯通误差的影响完全可以忽略不计。实际上,两个洞口间的隧道一般都是直线形或半径很大的曲线形,因此,地面、地下导线有条件时应尽量布设成等边直伸形长边导线,地下导线只要在洞内具有长边通视条件,就可在基本导线基础上布设由长边组成的主要控制导线来指示长距离隧道(如4 km以上)的掘进施工。长边直伸形导线的量边误差只对隧道的纵向贯通误差产生影响,而不影响横向贯通误差,同时由于长边导线减少了测站数,因此也减少了测角误差对横向贯通误差的影响。对地下导线还可采用加测一定数量导线边的陀螺方位角,以限制测角误差的累积,提高导线点位的横向测量精度。

贯通测量方案设计时,可根据隧道(巷道)的设计长度、走向、线路经过地段的地形和地质水文情况、设计的线路等级和用途、贯通点允许偏差以及测量误差预计的结果,参照针对铁路、交通、城市、矿山等制定的相关测量规程(规范、细则),选定所采用的测量等级、精度要求和有关技术指标,必要时还要通过优化设计,最终确定符合工程设计要求、保证贯通质量的贯通测量方案。

8.5.2 平面贯通测量误差预计方法

1. 地面平面控制测量对横向贯通误差影响值的估算方法

如前所述,目前隧道(巷道)贯通测量主要是采用GNSS网、全站仪导线或两者结合的方式来进行地面平面控制测量。而地面控制测量对横向贯通误差的影响主要是由进出口的洞口点坐标误差和定向边的坐标方位角误差引起的,因此,不论地面采用何种平面控制测量方式,误差估算就是计算两端洞口点的坐标误差和定向边的坐标方位角误差对横向贯通误差的影响值。

由于计算机和测量平差计算软件的普及应用,贯通测量误差估算大多已由计算机辅助设计来完成。它既可以严密地直接计算出各项测量误差对贯通点的影响值,而且还可在计算机上做平面控制测量网的优化设计,对贯通测量方案设计中初步确定的网形与观测精度进行试验修正和优化,计算出点位误差椭圆和相对误差椭圆参数,直到满足贯通工程对地面控制测量所要求的精度为止。另外,横向贯通误差的影响值还与贯通点的位置有关(贯通点应位于进出口点之间的中部),而且与洞外定向点的位置和精度也有关,选取不同的定向点计算出的影响值也不同。在测量方案设计时,可通过计算机优化设计,选用计算出的最小影响值所对应的定向点组,作为优先考虑向洞内引测导线的一组联系方向点(最佳定向点),而用其他定向点检核。地面控制测量优化设计的过程和方法可参考本书5.3节。

下面介绍按方向间接平差中,用求平差未知数函数精度的方法估算横向贯通误差的严密估算方法。设未知数的函数和其线性化的权函数式为

$$F = F(\hat{X}),\ \mathrm{d}F = \boldsymbol{f}^{\mathrm{T}}\mathrm{d}\hat{x}$$

由误差传播定律可知,贯通点的横向偏差的权倒数为

$$\frac{1}{P_F} = \boldsymbol{f}^{\mathrm{T}}\boldsymbol{Q}_{xx}\boldsymbol{f} \tag{8.30}$$

求得权倒数$\frac{1}{P_F}$后,可计算未知数函数的中误差为

$$m_q = \pm \frac{m'}{\rho}\sqrt{\frac{1}{P_F}} \tag{8.31}$$

式中，m' 为设计的方向观测中误差。

如图 8.13 所示的 GPS 控制网中，J、C 为隧道进出口的控制点（不一定要在中线上），A、B 为洞外定向点（可能有多个），G 为贯通点。设隧道施工坐标系的 x 坐标轴与贯通面垂直，在不考虑定向边与进洞方向的连接角 β_J、β_C 和地下导线测量误差的情况下，分别从进出口控制点 J 和 C 推算出贯通点 G 的横坐标差 ΔY_G，其中误差即为横向贯通误差影响值。因此，首先列出由洞口两端控制点 J、C 计算贯通点 G 的横坐标差 ΔY_G 的公式，即

$$\Delta Y_G = y_C + S_{CG}\sin(\alpha_{CB} + \beta_C) - y_J - S_{JG}\sin(\alpha_{JA} - \beta_J)$$

然后对横坐标差 ΔY_G 全微分，即有

$$\mathrm{d}(\Delta Y_G) = \mathrm{d}y_C - \mathrm{d}y_J + \Delta x_{CG}\mathrm{d}\alpha_{CB} - \Delta x_{JG}\mathrm{d}\alpha_{JA} \tag{8.32}$$

式中，α_{CB}、α_{JA} 分别为出口和进口点上的定向边的坐标方位角，其微分式为

$$\mathrm{d}\alpha_{CB} = a_{CB}\mathrm{d}x_C + b_{CB}\mathrm{d}y_C - a_{CB}\mathrm{d}x_B - b_{CB}\mathrm{d}y_B$$

$$\mathrm{d}\alpha_{JA} = a_{JA}\mathrm{d}x_J + b_{JA}\mathrm{d}y_J - a_{JA}\mathrm{d}x_A - b_{JA}\mathrm{d}y_A$$

将其代入式(8.32)，可得“影响值”权函数式的具体形式，即

$$\begin{aligned}\mathrm{d}(\Delta Y_G) = & -a_{JA}\Delta x_{JG}\mathrm{d}x_J - (1 + b_{JA}\Delta x_{JG})\mathrm{d}y_J + a_{JA}\Delta x_{JG}\mathrm{d}x_A + b_{JA}\Delta x_{JG}\mathrm{d}y_A - \\ & a_{CB}\Delta x_{CG}\mathrm{d}x_B - b_{CB}\Delta x_{CG}\mathrm{d}y_B + a_{CB}\Delta x_{CG}\mathrm{d}x_C + (1 + b_{CB}\Delta x_{CG})\mathrm{d}y_C\end{aligned} \tag{8.33}$$

式中，Δx_{JG} 是由 J 点推算出的贯通点 G 的 x 坐标与 J 点 x 坐标之差，即 $\Delta x_{JG} = x_G - x_J$；$\Delta x_{CG}$ 是由 C 点推算出的贯通点 G 的 x 坐标与 C 点 x 坐标之差，即 $\Delta x_{CG} = x_G - x_C$；系数 a_{JA}、b_{JA}、a_{CB}、b_{CB} 可由控制点 J、A、C、B 点的坐标计算得出。

最后，利用式(8.30)和式(8.31)可求得未知数函数中误差（横向贯通误差影响值）。

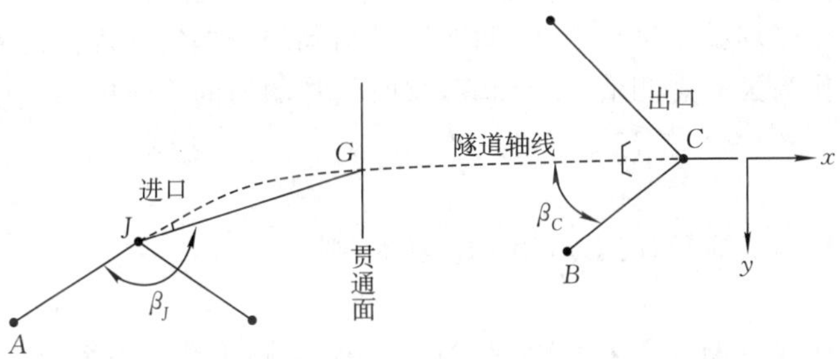

图 8.13　GPS 网的横向贯通误差影响值估算

由式(8.32)可以看出，横向贯通误差与洞口控制点和定向点的位置和精度有关，选择不同的定向点，其横向贯通误差则不同。正如前面提到的，在隧道控制网优化设计时，应考虑确定洞内导线进洞的最佳定向点。

上述公式既适合 GPS 网，也适合三角网、边角网、导线和混合网，只要在间接平差通用程序中加入计算横向贯通误差的子程序，即可方便地计算不同布网方案下的“影响值”。

采用间接平差时，还有一种更为简便的方法，即零点误差椭圆法。仍如图 8.13 所示，从控制网进出口点 J、C 通过连接角 β_J、β_C 和距离 S_{JG}、S_{CG} 可以分别得到贯通点 G_J、G_C。由于测量误差的影响，G_J 和 G_C 不重合，将 β_J、β_C 和 S_{JG}、S_{CG} 当作不含误差的观测值（权取无穷大），与地面控制网一起平差，则 G_J、G_C 两点的相对误差椭圆（理论上两点应为同一点，其间距离为零，故称零点误差椭圆）在贯通面上的投影长度之半即为横向贯通误差影响值。

2. 地下(洞内)控制测量误差对横向贯通误差影响的估算方法

地下平面控制测量一般采用铺设导线的方法进行。对于大断面、长距离贯通隧道,地下导线布设成多边形闭合导线或主副导线环,采用严密平差方法进行平差计算时,横向贯通误差估算同地面控制测量对横向贯通误差影响值的估算方法一样,用严密估算方法进行估算。对于短的隧道和矿山巷道(如2 km以内)的贯通,地下平面控制测量采用复测支导线形式(不进行平差)时,则可进行横向贯通误差近似估算,即

$$m_{q_下}=\pm\sqrt{m_{y_{\beta_下}}^2+m_{y_{l_下}}^2}=\pm\sqrt{\left(\frac{m_{\beta_下}}{\rho}\right)^2\sum R_{x_下}^2+\left(\frac{m_{l_下}}{l}\right)^2\sum d_{y_下}^2} \tag{8.34}$$

式中,$m_{y_{\beta_下}}$、$m_{y_{l_下}}$ 为地下测角、量边误差引起的横向贯通误差,$m_{\beta_下}$ 为地下导线的测角中误差,$\frac{m_{l_下}}{l}$ 为地下导线的量边相对中误差,$\sum R_{x_下}^2$ 为各导线点至贯通面的垂直距离的平方总和,$\sum d_{y_下}^2$ 为各导线边在贯通面上的投影长度平方的总和。

3. 竖井联系测量误差对横向贯通误差影响的估算方法

当通过竖井联系测量由地面向地下传递坐标方位角和坐标时,设坐标方位角传递误差(定向误差)为 m_{α_0},则坐标方位角传递误差引起的横向贯通误差可计算为

$$m_k=\frac{m_{\alpha_0}}{\rho}R_k \tag{8.35}$$

式中,R_k 为竖井至贯通面的垂直距离。至于坐标传递的误差,因为对贯通的影响很小,可以忽略不计。

综上所述,隧道总的横向贯通中误差为

$$m=\pm\sqrt{m_{q_上}^2+m_{q_下}^2+m_k^2} \tag{8.36}$$

如果各项测量工作均独立进行两次,两次测量结果的较差符合规范的限差要求,则取两次测量结果的平均值作为最终观测值进行计算,这时估算的横向贯通中误差应为

$$M=\frac{m}{\sqrt{2}} \tag{8.37}$$

一般用两倍中误差作为贯通预计误差,用 $M_预$ 表示,则

$$M_预=2M \tag{8.38}$$

贯通预计误差与贯通允许偏差 $M_允$ 比较,若 $M_预\leqslant M_允$,则所选用的平面贯通测量方法是可行的,能保证贯通质量。

这里需要指出的是,由于隧道控制网是独立网,其坐标原点可任意选定(一般选取进口点),选 x 坐标轴与设计的贯通面垂直。贯通测量的地面、地下测量工作都是在同一坐标系内进行的,而且用地面同一已知点和同一条已知边作为起始数据,向两端洞口做地面控制测量,并向洞内引测导线,传递坐标和坐标方位角;此时当隧道(巷道)贯通后地面、地下的测量线路形成一个闭合路线,贯通面的偏差是由闭合路线中角度和边长测量的误差引起,而测量起始点的坐标误差和起始边坐标方位角的误差对贯通误差没有影响,贯通测量误差预计时不予考虑。

8.5.3　高程贯通测量误差预计方法

地面和地下高程控制测量主要是采用水准测量方法。水准测量误差对隧道高程贯通误差

的影响，计算公式为

$$m_h = m_\Delta \sqrt{L} \tag{8.39}$$

式中，L 为洞内外高程线路总长，取单位为千米的数值；m_Δ 为每千米高差中数的偶然中误差，对于四等水准 $m_\Delta = \pm 5$ mm/km，对于三等水准 $m_\Delta = \pm 3$ mm/km。同平面控制测量一样，若高程测量工作独立进行两次，取平均值作为最终观测值进行计算，用 2 倍中误差作为贯通预计误差，那么预计的高程贯通误差为

$$M_{h_{预}} = \frac{2m_h}{\sqrt{2}} \tag{8.40}$$

而且要求 $M_{h_{预}} \leqslant M_{h_{允}}$。

需要指出的是，若采用全站仪三角高程测量时，L 取导线的长度。若洞内外高程控制测量精度不相同，则应分别进行计算。如果有通过竖井由地面往地下导入高程，还应考虑竖井导入高程误差对高程贯通误差的影响。

8.6　地下工程施工与竣工测量

地下工程施工测量的主要任务是洞口开挖位置及其附近地段施工中线放样，在施工过程中指示平面和竖直面内的开挖掘进方向，定期测量检查掘进工程进度及计算所完成的土石方量，及时将已掘成的隧道(巷道)、硐室位置测绘到平面图上。地下工程竣工后，还要进行竣工测量。

8.6.1　洞口开挖位置和进洞方向的标定

地下工程开始施工时，首先要在地面标定平硐口、斜井口、竖井口的开挖位置和进洞方向，以指导开挖施工。标定时先要检查和熟悉设计图纸，弄清地面控制测量布设的洞口点和附近控制点(定向点)与设计的中线点及中线方向的几何位置关系，同时核对地面平面控制点和水准点的测量坐标值和高程值，检查核对设计图上的设计数据，所用的测量数据和设计数据必须准确无误。然后根据地面控制测量所得的洞口点坐标及其与其他控制点的连线方向，以及设计的隧道(巷道)开挖点坐标和中线方向，用坐标反算公式计算出所需的标定(测设)数据，用全站仪极坐标法标定洞口开挖位置和进洞方向。同时根据洞口所设高程控制点的高程值，确定洞口开挖点在竖直面内的高程。

地面进洞有直线进洞和曲线进洞两种形式，对曲线进洞还需计算曲线上各主要点在施工坐标系中的坐标值和曲线细部放样所需的数据。有关曲线要素的计算和放样方法在第 7 章中已有详细论述。

对于竖井开挖掘进，测量人员用全站仪极坐标法标定出设计的竖井中心位置和竖井地面十字中心线方向。竖井地面十字中心线点在井筒每侧至少应布设三个(图 8.14)，以便竖井施工、设备安装和恢复十字中心线点。

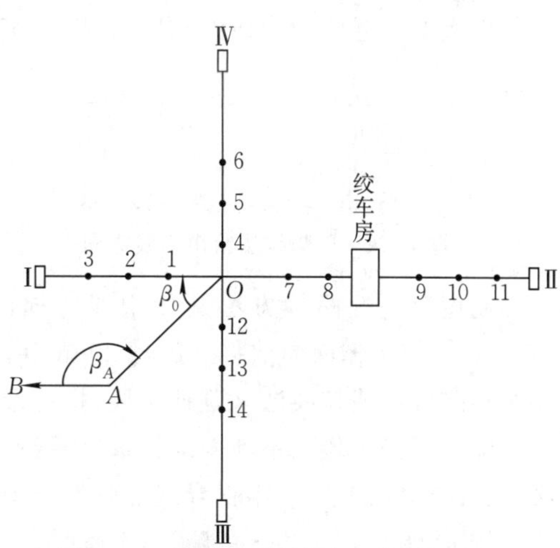

图 8.14　竖井地面十字中心线的标定

8.6.2　隧道(巷道)掘进时的测量工作

1. 平面掘进方向的标定

隧道(巷道)的掘进施工方法有全断面开挖法和开挖导坑法,根据施工方法和施工程序的不同,给定掘进方向的方法有中线法(或边线法)和瞄线法两种。

当隧道采用全断面开挖法进行施工时,通常采用中线法,也可采用边线法。如图8.15所示,P_1、P_2为导线点,A为隧道中线点,已知P_1、P_2的实测坐标及中线点A的设计坐标和隧道中线的设计方位角α_{AD}。采用坐标反算等有关公式计算出放样点A所需的放样数据β_2、β_A和L,然后用极坐标法放出A点,在A点埋设与导线点相同的标志,并且用全站仪重新测量出A点的坐标,以资检核。标定开挖方向是将仪器安置在A点,后视导线点P_2,拨角β_A,即得掘进的中线方向,在中线方向上埋设三个中线点作为一组中线点,用一组中线点可指示直线隧道(巷道)掘进30～40 m。随着开挖面向前推进,需将中线点向前延伸,设置一组新的中线点。在由一组中线点到下一组中线点的隧道(巷道)掘进过程中,可采用瞄线法或拉线法来指示隧道(巷道)的掘进方向。

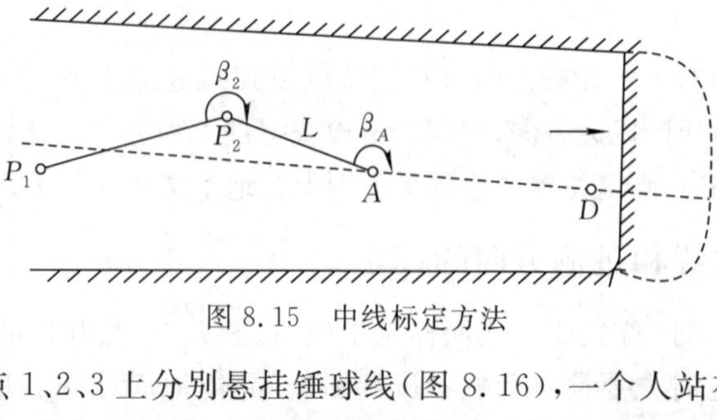

图8.15　中线标定方法

瞄线法是在中线点1、2、3上分别悬挂锤球线(图8.16),一个人站在中线点1后面,沿着中线方向瞄视,指挥另一个人在掘进工作面持手电筒移动位置,使其灯光正好位于中线点1、2、3的延长线上。此时,灯光的位置用红漆标出,即为中线的位置。

拉线法是在一组中线点1、2、3上分别悬挂锤球线后,将细绳的一端系在中线点1的锤球线上,另一端拉向掘进工作面,使细绳与中线点2、3的锤球线相切,这时细绳另一端点在掘进工作面上的位置即为中线的位置,如图8.17所示。

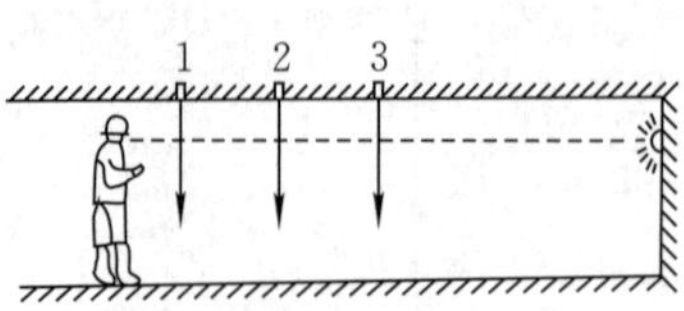

图8.16　用瞄线法给出中线方向

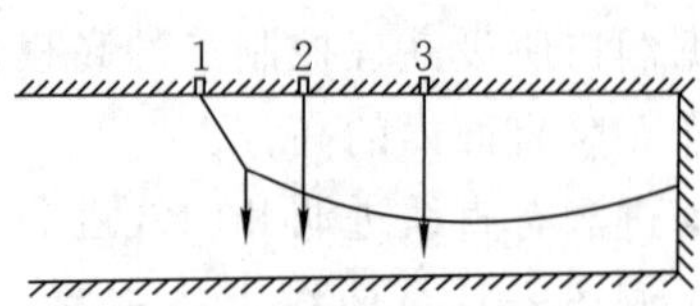

图8.17　用拉线法给出中线方向

利用上述这两种方法延伸中线方向时,误差较大,因此,其标定距离在直线段不宜超过30 m。当工作面向前掘进超过30 m后,须用经纬仪或全站仪再标定一组新的中线点,然后继续用瞄线法或拉线法来延伸中线,指示掘进方向。

随着开挖工作面不断向前推进,中线点也随之向前延伸,为保证开挖方向正确,地下导线必须紧跟着向前铺设,根据导线点来检查中线点的正确性,随时纠正开挖方向。

用上、下导坑法施工的隧道,上部导坑的中线每延伸一定的距离,都要和下部导坑的中线联测一次,用以纠正上部导坑中线点或向上部导坑引点。联测一般是通过靠近上部导坑掘进面的漏斗口、天井或联络通道，用长锤球线、竖直对点器或经纬仪的光学对点器将下部导坑的中线点引到上部导坑的顶板上。在有条件的情况下，也可直接由下部导坑向上部导坑引点，距离可用钢尺丈量。

在有的施工情况下，将线路中线平行侧移某一距离 s，用设置边线的方式来指示隧道（巷道）掘进施工，此时边线与线路设计中线在直线地段应严格平行，在圆曲线地段要与原设计路线的圆曲线为同心圆，其半径之差应为边线的平移距离 s，在缓和曲线地段近似平行，而在直缓点 ZH_1 和 ZH_2 处的切线应该平行，加设缓和曲线后圆曲线相对于切线的内移量应相等，即 $p_1=p_2$，如图 8.18 所示。平移后的缓和曲线要素按下面公式计算，即

$$R_2=R_1+s\text{（曲线向外平移）}$$

$$R_2=R_1-s\text{（曲线向内平移）}$$

两缓和曲线长度之比等于各自圆曲线半径平方根之比，即

$$\frac{L_1}{L_2}=\sqrt{\frac{R_1}{R_2}} \tag{8.41}$$

缓和曲线角与圆曲线半径的平方根成反比，即

$$\frac{\beta_1}{\beta_2}=\sqrt{\frac{R_2}{R_1}} \tag{8.42}$$

切线增长与圆曲线半径的平方根成正比，即

$$\frac{m_1}{m_2}=\sqrt{\frac{R_1}{R_2}} \tag{8.43}$$

上述三个公式中，L_1、β_1、m_1 分别为原设计线路缓和曲线长、缓和曲线角和切线增长，R_1 为原线路圆曲线半径；L_2、β_2、m_2 分别为平移后的缓和曲线长、缓和曲线角和切线增长，R_2 为平移后线路的圆曲线半径。

根据以上三个公式，则可由原设计线路中线的缓和曲线要素和设计半径、平移距离，推算出平行侧移中线的缓和曲线要素。再按照缓和曲线始点的纵移距之差 (m_2-m_1)，即可测设平行偏移的缓和曲线始点位置，然后用缓和曲线测设方法测设平行偏移的缓和曲线。

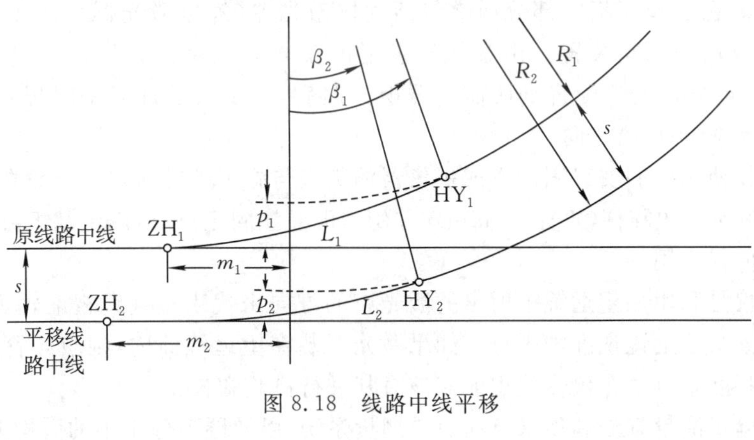

图 8.18　线路中线平移

列车在曲线隧道上行驶时受到离心力作用，因此在曲线上要采用外轨“超高”的方法来平衡离心力作用。由于超高的存在，列车在曲线隧道上行驶时，车辆实际上向曲线内侧倾斜，因而在曲线地段的隧道断面内侧尺寸会增大，出现断面内侧得到有效的利用，而断面外侧不能充

分利用的情况。因此,在曲线隧道施工中,将施工中线相对于线路设计中线向内侧偏移某一个量,便可节省曲线隧道开挖断面尺寸,有效地利用曲线隧道断面净空,从而也可降低隧道建造成本。但值得特别指出的是,施工中线相对于线路设计中线向内侧偏移某一个量后,隧道中线仍为线路设计中线。

曲线隧道施工中线相对于设计中线内侧的偏移量计算公式为

$$m_V = H\ \frac{h}{s} \tag{8.44}$$

式中,h 为外轨超高,s 为两股钢轨中心线间的距离,H 为车辆中心在轨顶线以上的高度。若取 $s=1\,500$ mm,$H=1\,860$ mm,则 $m_V=1.24\,h$。

在直线地段,施工中线和设计中线重合,在缓和曲线范围内,施工中线偏移量应平顺变化,即施工中线偏移量由零逐渐平顺变化到 m_V,而在圆曲线部分则保持所计算的偏移量 m_V。

偏移施工中线坐标可用以下方法计算。在缓和曲线部分任一点偏移量的大小与该点到ZH(或HZ点)的曲线长成正比,即 $m_i=m_V\ \dfrac{l_i}{l_0}$;在缓和曲线部分任一点偏移量的方向与该点的切线方向垂直,并指向曲线内侧,如图8.19所示。缓和曲线上任一点的切线的倾角 $\beta=\dfrac{l^2}{2Rl_0}$。计算得到偏移量的大小和方向后,即可由设计坐标计算偏移中线的施工坐标。在圆曲线部分,偏移量的大小都等于 m_V,方向指向圆曲线的圆心。由圆心坐标、方向及距离 $(R-m_V)$,即可计算圆曲线部分偏移的施工坐标。

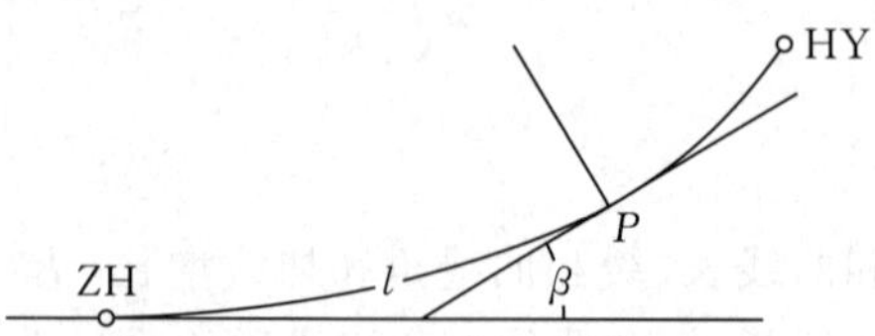

图8.19 缓和曲线任一点切线方向

在直线隧道(巷道)建设施工中,有的单位采用激光指向仪进行指向。由于激光束的方向性良好,发射角很小,能以大致恒定的光束直线传播相当长的距离,因此它成为地下工程施工中一种良好的指向工具。我国生产的激光指向仪,从结构上来说,一般都将指向部分和电源部分合装在一起。指向部分通常包括气体激光器(氦氖激光器)、聚焦系统、支架、整平和旋转指向仪用的调整装置。由激光器发射的激光束经聚焦系统后发出一束大致恒定的红光,测量人员将指向仪配置到所需的开挖方向后,施工人员即可随时根据指向需要,开启激光电源找到掘进开挖方向。

激光指向仪使用中的安置固定方式视仪器的类型与施工条件而定。一般在隧道(巷道)顶板打入4根500 mm的瞄杆(直径15 mm),并用水泥灌注固定,然后固定基板或两根角钢作为架设和固定指向仪之用。

激光指向仪是利用从望远镜中射出的激光束的方向来代表望远镜视准轴方向。因此,激光管的轴线应该与望远镜视准轴平行。如果激光管装在望远镜筒内,则激光管轴线与仪器其他各轴线应该相互垂直。在仪器使用前应该对其进行检验和校正。

关于顶管施工测量方法和顶管自动引导测量系统,以及隧道施工中的盾构姿态自动测量,参见本书第6章。

2. 竖直面内掘进方向的标定

为了指示隧道(巷道)在竖直面内的掘进坡度,而在隧道(巷道)壁上给出的一条基准线称为腰线。腰线点可成组设置，每组不得少于 3 个点，各相邻点的间距应大于 2 m；也可每隔 30～40 m 设置 1 个点，在隧道(巷道)两壁上用红油漆画出腰线，腰线距底板或轨面的高度应为固定值。

腰线可用水准仪或经纬仪来标定，在水平的隧道(巷道)中，一般常用水准仪来标定腰线，而在斜井中则用经纬仪标定腰线。用水准仪标定腰线的方法如下：

(1)如图 8.20 所示，根据已知腰线点 A 和设计坡度 i，计算下一个腰线点 B 与已知腰线点 A 之间的高差 h_{AB}，即

$$h_{AB}=L\times i \tag{8.45}$$

式中，L 为 A、B 间的水平距离，i 为隧道(巷道)的设计坡度。h_{AB} 的正负号与 i 的正负号相同，隧道上坡时为正，下坡时为负。

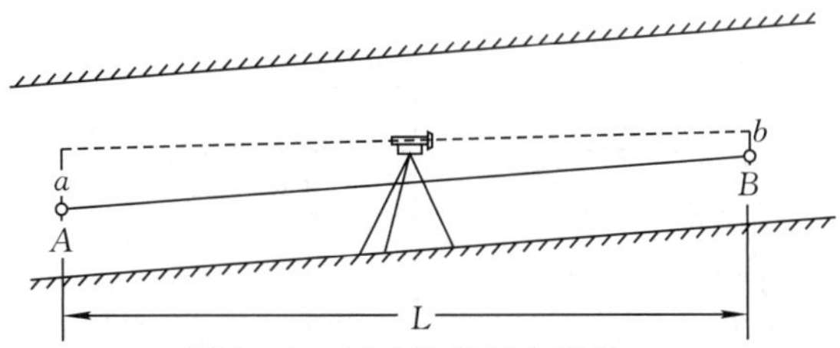

图 8.20　用水准仪标定腰线

(2)根据计算结果进行实地标定。在 A、B 中间安置水准仪，丈量出 A、B 间的水平距离，按式(8.45)计算出 h_{AB}。先后视水准点 A，得读数 a，再前视 B 点，得读数 b，并用小钢尺自读数 b 的零点处向上量取 Δ(Δ 为负时，向下量取 Δ)，即得腰线点 B 的位置。Δ 值的计算公式为

$$\Delta=h_{AB}-(a-b) \tag{8.46}$$

式中，A、B 点处的小钢尺(或水准尺)的零点在水准仪视线之下时，a、b 取正号，否则取负号。

3. 开挖断面测量

在隧道施工过程中，为了随时掌握所完成的土石方工程量并检查隧道开挖断面是否合乎设计要求，测量人员还需要随时测定隧道的断面(限界测量)，以便开挖人员及时对断面进行修补。常采用的断面测量方法有支距法、全站仪解析法、全站仪极坐标法、断面仪法、摄影测量法等，下面介绍支距法和断面仪法。

1)支距法

隧道开挖断面形状的测定，传统的方法是采用断面支距法。如图 8.21 所示，拱部断面用断面支距法控制，即从外拱顶点高程起，沿断面中线向下每隔 0.5 m 量出两侧外拱线的横向支距，各支距端点的连线即为断面开挖的轮廓线。直线隧道左右支距相等；曲线隧道内侧支距比外侧要大 $2d$，d 为线路中线至隧道中线的距离。

放样和净空断面检查采用支距法测量时，如图 8.22 所示，曲墙地段自起拱线高程起，沿中线向下每隔 0.5 m 向中线左右两侧按设计的尺寸量支距，直到轨顶高程为止；直墙地段自起拱线起，沿中线向下每隔 1.0 m 量支距，至轨顶高程为止。支距长度可在设计图上查得，同样，曲线隧道内侧支距比外侧支距要大 $2d$。

隧道底部设有仰拱时，仰拱断面的放样及检查则由中线起向左右每隔 0.5 m 由轨顶高程向下量出设计的开挖深度，见图 8.22。

2)断面仪法

将隧道断面仪用于各类隧道断面的精确检测，在施工监测、竣工验收、质量控制等工作中能快速便捷地获得断面数据。隧道断面仪能适应各类隧道潮湿、粉尘、烟雾及水雾等恶劣条件，断面测量数据处理可在室内进行。断面仪采用了专门设计的高精度的角度编码器和测距仪，使得仪器的基本性能有可靠保证。如由北京光电技术研究所生产的 BJSD 系列隧道断面

仪适用于公路、铁路、城市地铁的隧道，以及水利工程涵洞的断面(限界)测量，使用方便、快速，且测量精度高。

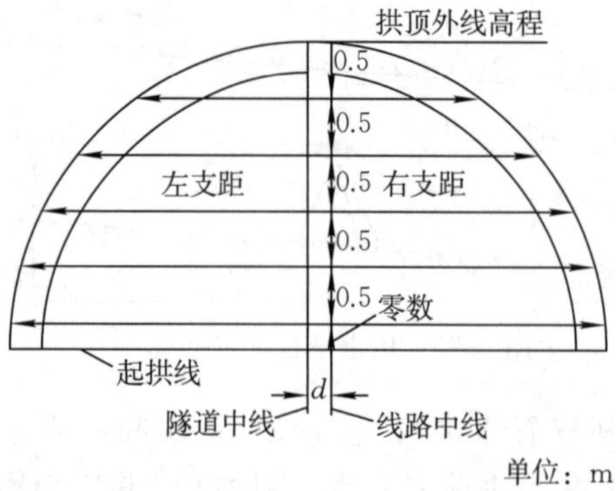

图 8.21　用断面支距法测量拱部断面

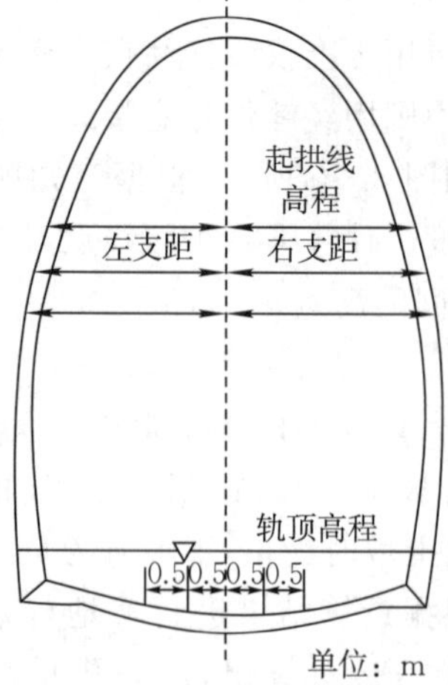

图 8.22　用支距法放样和检查净空断面

断面仪的工作原理是极坐标法，即以某物理方向(如水平方向)为起始方向，按一定间距(角度与距离)依次一一测定仪器旋转中心与实际开挖轮廓线的交点之间的矢径(距离)及该矢径与起始方向之间的夹角，将这些矢径端点依次相连即可得到实际开挖轮廓线。通过洞内的施工控制导线可以获得断面仪的定点定向数据，在计算软件的帮助下可自动完成实际开挖轮廓线与设计开挖轮廓线的空间三维匹配，并可输出各个测点与相应设计开挖轮廓线之间的超欠挖值(距离、面积)。如果沿隧道轴线按一定间隔测量数个断面，还可以算出实际开挖方量、超挖方量、欠挖方量。

断面仪测量方法比较简单，首先将断面仪放置于被测断面的位置，安装仪器，然后设置参数，输入设计断面形状、隧道轴线和平面、纵面设计参数，以及断面仪实测时的定向参数，接着测点设置并扫描断面，记录数据(此过程仪器可自动完成)，最后通过数据处理软件绘制断面图，获得实际开挖轮廓线与设计开挖轮廓线的三维匹配图形及断面上某点的超欠挖数值。

4. 隧道内各部位结构物的放样

隧道内各部位的衬砌和结构物施工，都是根据线路中线、起拱线和轨顶高程，按照断面的设计尺寸和各结构物的平面设计位置和高程进行的。因此在施工前，必须检查复核要利用的中线点的平面位置和高程，检查要用的水准点高程以及设立的轨顶高程标志，确认无误后才能用来进行施工放样。

5. 新施工方法的测量工作

盾构法是暗挖隧道的专用机械在地面以下建造隧道的一种施工方法。顶管法施工是继盾构法施工之后而发展起来的一种地下管道施工方法，它不需要开挖面层，并且能够穿越公路、铁道、河川、地面建筑物、地下构筑物，以及各种地下管线等。顶管法施工借助于主顶油缸及管道间、中继间等的推力，把工具管或掘进机从工作井内穿过土层一直推到接收井内吊起。与此同时，也就把紧随工具管或掘进机后的管道埋设在两井之间，以期实现非开挖铺设地下管道的施工方法。有关两种施工方法的测量工作见 6.7 节。

8.6.3　隧道竣工测量

隧道竣工后，为检查主要结构物及线路位置是否符合设计要求，并测绘竣工图，应进行竣工测量。该项工作包括隧道净空断面测量、永久中线点及水准点的测设。

隧道净空断面测量时，应在直线地段每 50 m、曲线地段每 20 m 或需要加测断面处测绘隧道的实际净空。测量时均以线路中线为准，包括测量隧道的拱顶高程、起拱线宽度、轨顶水平宽度、铺底或仰拱高程。过去，隧道净空断面测量多用人工方式进行，这种方式工作效率低、精度不高。近年来，施工单位多应用激光隧道断面仪进行隧道的净空断面测量。用该种仪器测量可获得断面面积、高度和宽度等测量结果，且测量速度快、精度高。更详细的方法描述参见 8.6.2 小节的开挖断面测量。

隧道竣工测量后，应对隧道的永久性中线点用混凝土包埋金属标志。在采用地下导线测量的隧道内，可利用原有中线点或根据调整后的线路中心点埋设。直线上的永久性中线点，每 200～250 m 埋设一个；曲线上应在缓和曲线的起点、终点各埋设一个，在曲线中部，可根据通视条件适当增加。在隧道边墙上要画出永久性中线点的标志。洞内水准点应每千米埋设一个，并在边墙上做出标记。

8.7　隧道(巷道)贯通后实际偏差的测定与调整

隧道(巷道)贯通后实际偏差的测定是一项重要的工作，贯通后要及时地测定实际的横向和竖向贯通偏差，以对贯通结果做出最后评定，验证贯通误差预计的正确程度，总结贯通测量方法和经验。若贯通偏差在设计允许范围之内，则认为贯通测量工作成功地达到了预期目的，若存在着贯通偏差，将影响隧道(巷道)断面的修整、扩大、衬砌和轨道铺设工作的进行。因此，应该采用适当方法对贯通后的偏差进行调整。

8.7.1　水平面内横向贯通偏差的测定

1. 中线法

隧道(巷道)贯通后，用经纬仪将两端隧道(巷道)的中线延伸到贯通面上，量出两中线间的距离 d，其大小即为贯通隧道(巷道)在水平面内垂直于中线方向的横向实际贯通偏差，见图 8.23(a)。应指出，这种方法虽然简便，但有时不能完全反映偏差的真实情况。如图 8.23(b)所示，K 点是贯通隧道(巷道)相遇点，不难看出，尽管隧道(巷道)两端在水平面内发生了偏斜，但两中线仍相交于一点 K，此时应将两中线方向的实际偏差角 $\Delta\beta$ 测出来。

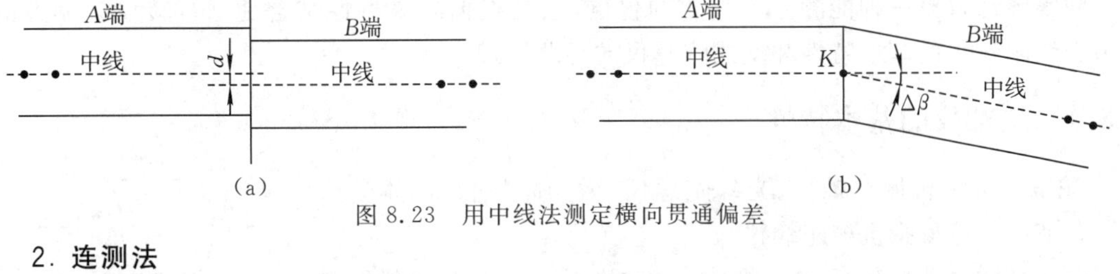

图 8.23　用中线法测定横向贯通偏差

2. 连测法

用经纬仪将贯通隧道(巷道)两端的中线点连测，使其闭合，同时丈量某一端中线点到贯通相遇点的距离 l，根据贯通中线方向的偏角 $\Delta\beta$，可计算出贯通点在垂直于隧道(巷道)中线方向的横向贯通偏差。如图8.24所示，偏差 $d=l\dfrac{\Delta\beta}{\rho}$，$a$、$a'$ 为巷道中线点。

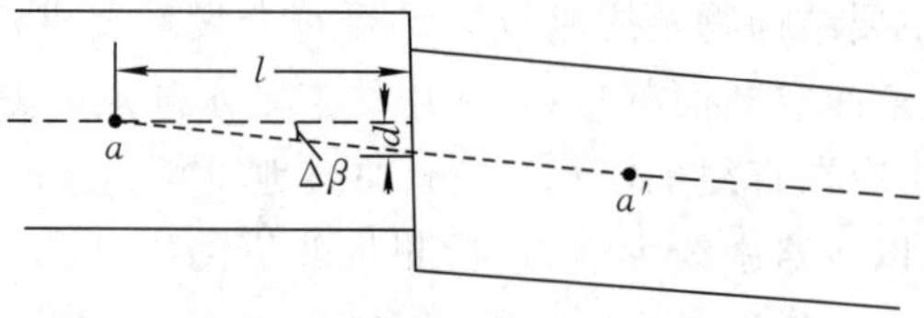

图8.24　用经纬仪连测法测定横向贯通偏差

8.7.2　竖直面内高程贯通偏差的测定

用水准仪测出或直接量出贯通接合面上两端腰线点的高差，即为竖直面内高程贯通实际偏差。

用水准仪连测两端隧道(巷道)中的已知高程点，其高程闭合差即为贯通点在竖直面内的贯通实际偏差。

8.7.3　贯通偏差的调整

测定贯通隧道(巷道)的实际偏差后，须对中线和腰线进行调整。

1. 中线的调整

隧道(巷道)贯通后，如果实际偏差在设计允许范围之内，可用贯通相遇点一端的中线点与另一端的中线点的连线代替原来的中线，作为衬砌和铺轨的依据，而且应该尽量在隧道(巷道)未衬砌地段内进行调整，不牵动已衬砌地段的中线。

当贯通面位于曲线上时，可将贯通面两端各一中线点和曲线的起点、终点用导线连测得出其坐标，用这些坐标计算交点坐标和转角 α，再在隧道内重新放样曲线。

2. 腰线的调整

实际测得隧道(巷道)两端腰线点的高差后，可按实测高差和距离算出坡度。在水平隧道(巷道)中，如果算出的坡度与原设计坡度相差在允许范围内，则按实际算出的坡度调整腰线；如果坡度相差超过规定的允许范围时，则应延长调整坡度的距离，直到调整后的坡度与设计坡度相差在允许范围内为止。

8.8　摆式陀螺仪的寻北原理

陀螺经纬仪是一种能测定方位角的仪器，它是根据陀螺特性结合地球自转设计制造的。本节介绍陀螺仪的基本特性和摆式陀螺仪的寻北原理。

8.8.1　陀螺仪的基本特性

陀螺仪分为机械陀螺仪、光纤陀螺仪、激光陀螺仪等，本节及以下各节的讨论仅指机械陀螺仪。

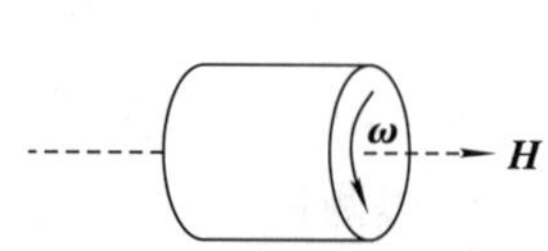

图8.25　$\boldsymbol{\omega}$ 与 $\boldsymbol{H}$ 的方向

绕自身轴高速旋转的匀质刚体，称为陀螺仪。设陀螺仪的自转角速度为 $\boldsymbol{\omega}$，如图8.25所示，定义动量矩为

$$\boldsymbol{H}=J\boldsymbol{\omega} \tag{8.47}$$

式中，J 为陀螺转子对自转轴的转动惯量，其定义式为

$$J=\int r^2\mathrm{d}m \tag{8.48}$$

式中，r 为质量微分元 $\mathrm{d}m$ 到自转轴的距离。

若对陀螺仪施加一外加力矩 $\boldsymbol{M}$，则 $\boldsymbol{M}$ 与 $\boldsymbol{H}$ 的关系可由动量矩定理给出，即有

$$\frac{\mathrm{d}\boldsymbol{H}}{\mathrm{d}t}=\boldsymbol{M} \tag{8.49}$$

对式(8.49)做如下讨论：

(1)当 $\boldsymbol{M}\ /\!/\ \boldsymbol{H}$ 时，二者的数量关系与式(8.49)类似，为

$$\frac{\mathrm{d}H}{\mathrm{d}t}=\pm M \tag{8.50}$$

其中正负号分别对应二者同向与反向两种情况。或者写成

$$J\ \frac{\mathrm{d}\omega}{\mathrm{d}t}=\pm M \tag{8.51}$$

式(8.51)称为刚体的转动规律。

(2)当 $\boldsymbol{M}\perp\boldsymbol{H}$ 时，$\boldsymbol{M}$ 将不影响 $\boldsymbol{H}$ 的数量大小，而仅改变其方向。设方向改变的角速度为 $\boldsymbol{\omega}_P$，则由图 8.26 可得

$$(\boldsymbol{\omega}_P\cdot\mathrm{d}t)\times\boldsymbol{H}=\mathrm{d}\boldsymbol{H} \tag{8.52}$$

或写成

$$\boldsymbol{\omega}_P\times\boldsymbol{H}=\frac{\mathrm{d}\boldsymbol{H}}{\mathrm{d}t} \tag{8.53}$$

结合式(8.49)，则有

$$\boldsymbol{\omega}_P\times\boldsymbol{H}=\boldsymbol{M} \tag{8.54}$$

因式中三者方向相互垂直，故数值关系也为

$$\left.\begin{aligned}M&=H\omega_P=J\cdot\omega\cdot\omega_P\\ \omega_P&=\frac{M}{H}=\frac{M}{J\cdot\omega}\end{aligned}\right\} \tag{8.55}$$

$\boldsymbol{H}$ 的方向变化，也就是陀螺仪自转轴的变化，实际上是一种转动，这种转动称为陀螺的进动，$\boldsymbol{\omega}_P$ 称为进动角速度。陀螺仪在外力矩作用下产生进动的性质，称为陀螺的进动性。式(8.54)完整地表达了陀螺轴进动角速度与外力矩的关系，其中的方向关系如图 8.27 所示。

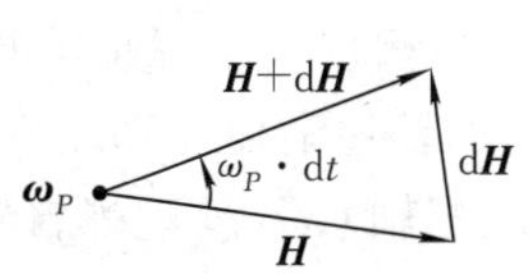

图 8.26　进动角速度 ω_P 定义

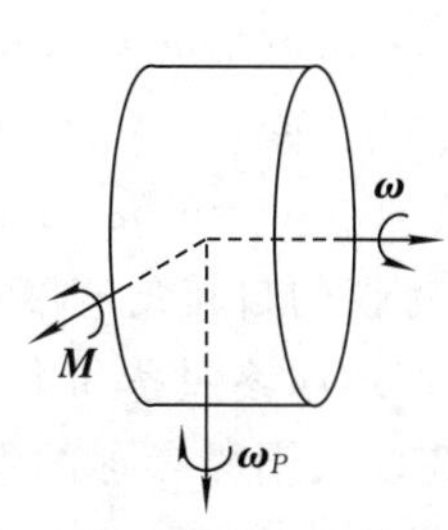

图 8.27　陀螺进动中各量之间的方向关系

在式(8.55)中，若 $M=0$，则显然有 $\omega_P=0$，即无横向外力矩作用时，陀螺仪的自转轴方向

保持不变,这一性质称为陀螺的定轴性。

(3)对于一般情况,显然可将外力矩 $\boldsymbol{M}$ 分解为两个分量,其中一个分量与 $\boldsymbol{H}$ 平行,另一个分量与 $\boldsymbol{H}$ 垂直,也就是说,这时 $\boldsymbol{M}$ 将对陀螺仪产生加速和进动两种影响。

8.8.2　陀螺仪转动的微分方程

将陀螺仪放置于如图8.28所示的惯性坐标系(如以地球为惯性参考系)中。将陀螺仪所受的外加力矩分解为 $\boldsymbol{M}_x$、$\boldsymbol{M}_y$、$\boldsymbol{M}_z$ 三个分量。现在考察 x 方向,存在外力矩 $\boldsymbol{M}_x$、惯性力矩 $-J_x\dfrac{d\omega_x}{dt}$、$-\omega_y\boldsymbol{H}_z$ 和 $\omega_z\boldsymbol{H}_y$。因此,根据达朗贝尔原理,按动静法在 x 方向列平衡方程有

$$\boldsymbol{M}_x-J_x\frac{d\omega_x}{dt}-\omega_y\boldsymbol{H}_z+\omega_z\boldsymbol{H}_y=0$$

或写成

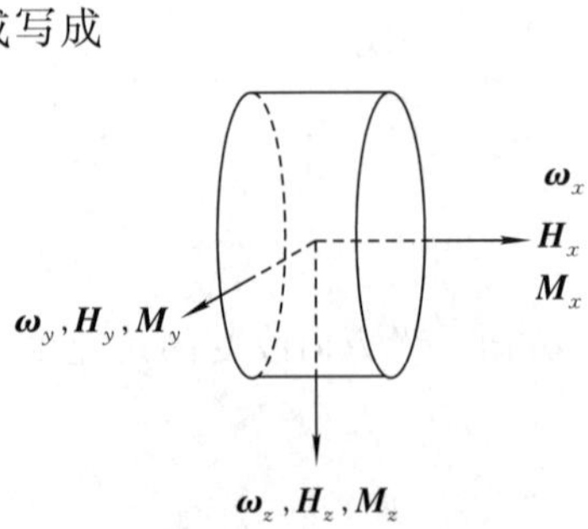

图8.28　陀螺仪转动的微分方程

$$\boldsymbol{M}_x=J_x\frac{d\omega_x}{dt}+\omega_y\boldsymbol{H}_z-\omega_z\boldsymbol{H}_y \tag{8.56}$$

同理可得

$$\boldsymbol{M}_y=J_y\frac{d\omega_y}{dt}+\omega_z\boldsymbol{H}_x-\omega_x\boldsymbol{H}_z \tag{8.57}$$

$$\boldsymbol{M}_z=J_z\frac{d\omega_z}{dt}+\omega_x\boldsymbol{H}_y-\omega_y\boldsymbol{H}_x \tag{8.58}$$

式(8.56)至式(8.58)即陀螺仪转动的微分方程。

8.8.3　地球自转对陀螺仪的影响

先分析地球自转对自由陀螺仪的影响。所谓自由陀螺仪指陀螺轴在空间三维方向均可自由转动的陀螺仪,或称为三自由度陀螺仪。陀螺仪的安置结构如图8.29所示,由内框架、外框架和支座三部分组成。三者之间由光滑的轴承连接,称为万向支架,三轴交点与陀螺仪的重心重合。将这样的陀螺装置放在纬度为 φ 的地方,初始状态是:自转轴水平、真北方位角为 α,以太阳或其他恒星作为惯性参考系,则陀螺轴不动(定轴性),地球在动。地球的自转角速度为

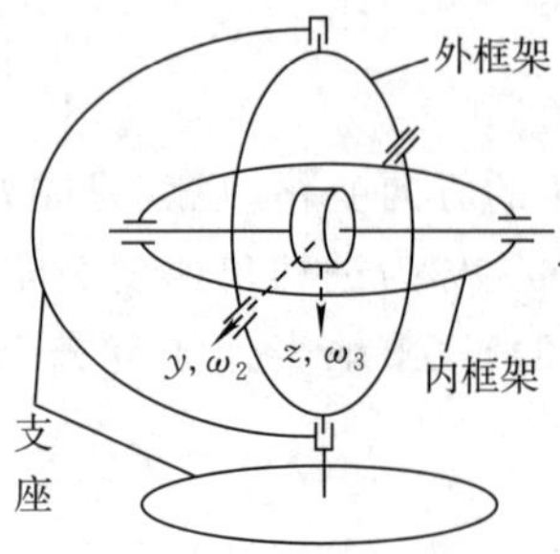

图8.29　三自由度陀螺装置

$$\omega_E=1r/d\approx7\times10^{-4}\,r/min\approx7\times10^{-5}\,rad/s$$

如图8.30所示,ω_E 在 x、y、z 方向上的分量为

$$\left.\begin{aligned}\omega_1&=\omega_E\cos\varphi\cos\alpha\\ \omega_2&=-\omega_E\cos\varphi\sin\alpha\\ \omega_3&=-\omega_E\sin\varphi\end{aligned}\right\} \tag{8.59}$$

式中,ω_1 使陀螺仪的自转角速度(相对于地球)增加到($\omega+\omega_1$),因 $\omega_1\ll\omega$,故 ω_1 可忽略,即陀螺自转角速度在地球参照系和太阳参照系中均为 ω;ω_3 使陀螺轴逐渐偏离真北方向(即 α 变大,实际上是在以太阳为参考的惯性系中,子午线向西远离陀螺轴);ω_2 使陀螺自转轴与地平面的夹角 ε 逐渐加大(实际上在太阳为参考系时,地平面向下倾斜)。自由陀螺仪不能用来寻北。

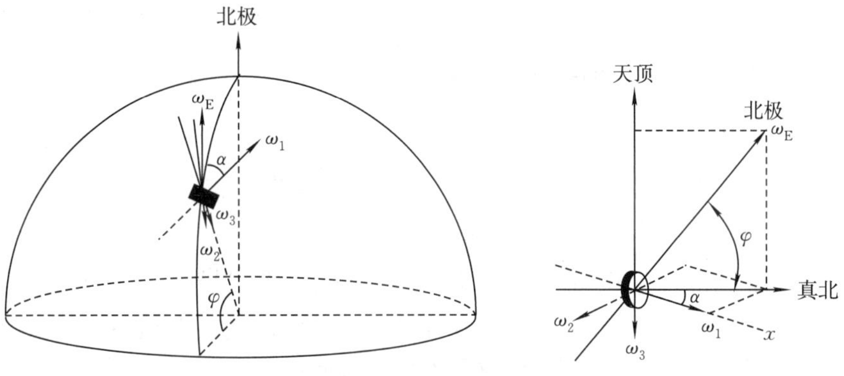

图 8.30　地球自转角速度的分解

如果在三自由度陀螺仪的自转轴上杆连一质量为 m 的刚体(杆与陀螺自转轴光滑连接)，如图 8.31 所示，称为摆式陀螺仪。将它水平放置于纬度为 φ 的地面点时，如图 8.32 所示，则由 ω_2 引起的 ε 将对陀螺仪产生一外力矩

$$\boldsymbol{M}_P = \boldsymbol{l} \times \boldsymbol{G} \tag{8.60}$$

其中，$\boldsymbol{l}$ 由陀螺仪重心指向刚体重心，$\boldsymbol{G}$ 为刚体的重力，即

$$\boldsymbol{G} = m\boldsymbol{g}$$

式中，$\boldsymbol{g}$ 为重力加速度，$\boldsymbol{G}$ 和 $\boldsymbol{g}$ 的方向指向地球重心，$\boldsymbol{l}$ 与 $\boldsymbol{G}$ 的夹角为 ε。当 ε 很小时，$\sin\varepsilon = \varepsilon$。令

$$M_G = mgl \tag{8.61}$$

则外力矩的大小为

$$M_P = M_G\varepsilon \tag{8.62}$$

经分析可知，该外加力矩 M_P 将使陀螺仪产生进动，陀螺轴向子午线方向摆动，即 α 减小。下面将证明摆式陀螺仪围绕真北往返摆动。

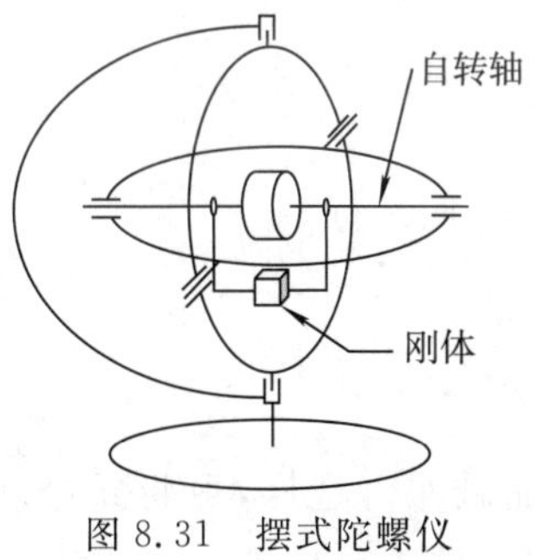

图 8.31　摆式陀螺仪

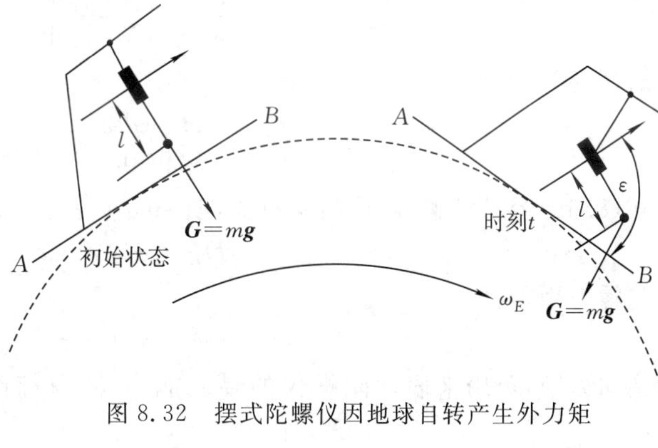

图 8.32　摆式陀螺仪因地球自转产生外力矩

8.8.4　摆式陀螺仪的运动方程

设某时刻摆式陀螺仪与真北方向的夹角为 α，与地平面的倾角为 ε，在此刻，以太阳为参考系；建立 xyz 坐标系，如图 8.33 所示。其中，x 轴与陀螺自转轴一致；z 轴位于 x 轴和重力线组

成的平面内，与 x 轴垂直，与铅垂线的夹角为 ε；y 轴与 x、z 轴构成右手坐标系。设此刻存在 $\frac{d\alpha}{dt}$、$\frac{d\varepsilon}{dt}$，则陀螺仪在惯性空间中的转动角速度为

$$\left.\begin{aligned}\omega_x &= \omega + \omega_1 = \omega \\ \omega_y &= \frac{d\varepsilon}{dt} + \omega_2 = \frac{d\varepsilon}{dt} - \omega_E\cos(\varphi-\varepsilon)\sin\alpha = \frac{d\varepsilon}{dt} - \omega_E\cos\varphi\sin\alpha \\ \omega_z &= \frac{d\alpha}{dt} + \omega_3 = \frac{d\alpha}{dt} - \omega_E\sin(\varphi-\varepsilon) = \frac{d\alpha}{dt} - \omega_E\sin\varphi\end{aligned}\right\} \tag{8.63}$$

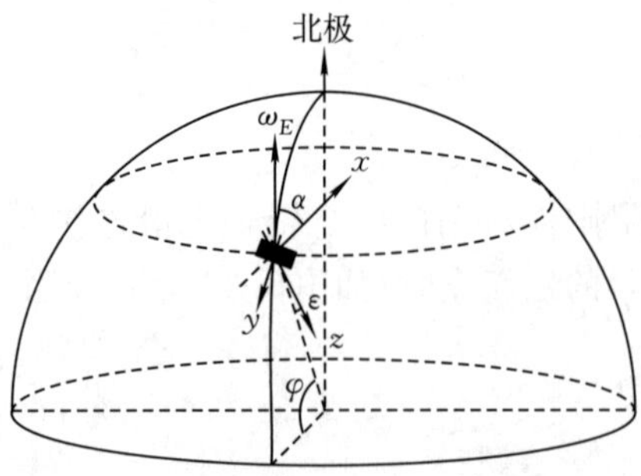

图8.33　临时惯性参考系

在等式 ω_y、ω_z 中，由于 ε 数值很小(仅几秒)，因此可以忽略不计。动量矩为

$$H_x = J_x\omega_x = J\omega = H$$

相对于 H_x 取 $H_y = H_z = 0$。外力矩为

$$M_x = 0,\ M_y = -M_G\varepsilon,\ M_z = 0$$

又

$$\left.\begin{aligned}\frac{d\omega_y}{dt} &= \frac{d^2\varepsilon}{dt^2} - \omega_E\cos\varphi\cos\alpha\ \frac{d\alpha}{dt} = \frac{d^2\varepsilon}{dt^2} \\ \frac{d\omega_z}{dt} &= \frac{d^2\alpha}{dt^2}\end{aligned}\right\} \tag{8.64}$$

将以上结果代入式(8.58)和式(8.59)，得

$$-M_G\varepsilon = J_y\frac{d^2\varepsilon}{dt^2} + \left(\frac{d\alpha}{dt} - \omega_E\sin\varphi\right)H \tag{8.65}$$

$$M_z = J_z\frac{d^2\alpha}{dt^2} - \left(\frac{d\varepsilon}{dt} - \omega_E\cos\varphi\sin\alpha\right)H \tag{8.66}$$

式(8.65)两边对 t 求导，并略去 $\frac{d^3\varepsilon}{dt^3}$，得

$$\frac{d\varepsilon}{dt} = -\frac{H}{M_G}\cdot\frac{d^2\alpha}{dt^2} \tag{8.67}$$

代入式(8.66)，则有

$$M_z = \left(J_z + \frac{H^2}{M_G}\right)\frac{d^2\alpha}{dt^2} + H\omega_E\cos\varphi\sin\alpha \tag{8.68}$$

为使式(8.68)容易求解，需控制 α 数值，使 $\sin\alpha = \alpha$ 成立。另外，人们又将

$$D_K = H\omega_E\cos\varphi \tag{8.69}$$

称为陀螺力矩。将

$$M_K = D_K\sin\alpha \tag{8.70}$$

称为指向力矩，可用来表示陀螺仪的寻北能力，随着纬度增大而减小。这样，可将式(8.68)写成

$$\left(J_z + \frac{H^2}{M_G}\right)\frac{d^2\alpha}{dt^2} + D_K\alpha = M_z \tag{8.71}$$

当 $M_z = 0$ 时，式(8.71)的一般解式为

$$\alpha = A\sin\frac{2\pi}{T_A}(t - t_0) \tag{8.72}$$

式中，A、t_0 为积分常数，实际意义为陀螺摆幅和初相时间，由具体过程的初始状态所决定。摆动周期 T_A 的表达式为

$$T_A = 2\pi\sqrt{\frac{J_z + \dfrac{H^2}{M_G}}{D_K}} = 2\pi\sqrt{\frac{H}{M_G\omega_E\cos\varphi}} \tag{8.73}$$

令

$$T_A^0 = 2\pi\sqrt{\frac{H}{M_G\omega_E}} \tag{8.74}$$

则

$$T_A = \frac{T_A^0}{\sqrt{\cos\varphi}} \tag{8.75}$$

摆动周期 T_A 随纬度的增大而增大，当陀螺仪位于赤道上时，摆动周期 T_A 最短，为 T_A^0；当陀螺仪位于地球两极时，摆动周期 T_A 最长，为无穷长。当然，摆动周期 T_A 越长，则其摆动中心越难确定，也即对定向越不利。

将式(8.72)代入式(8.65)并忽略 $\frac{d^2\varepsilon}{dt^2}$，整理得陀螺轴的倾角方程为

$$\varepsilon = \frac{H\omega_E\sin\varphi}{M_G} - A\sqrt{\frac{H\omega_E\cos\varphi}{M_G}}\cos\frac{2\pi}{T_A}(t - t_0) \tag{8.76}$$

令

$$\varepsilon_0 = \frac{H\omega_E\sin\varphi}{M_G} \tag{8.77}$$

$$\varepsilon_{max} = \varepsilon_0 + A\sqrt{\frac{H\omega_E\cos\varphi}{M_G}} \tag{8.78}$$

则式(8.76)成为

$$\varepsilon = \varepsilon_0 - (\varepsilon_{max} - \varepsilon_0)\cos\frac{2\pi}{T_A}(t - t_0) \tag{8.79}$$

将式(8.79)与式(8.72)合并消去 t，得

$$\left(\frac{\alpha}{A}\right)^2 + \left(\frac{\varepsilon - \varepsilon_0}{\varepsilon_{max} - \varepsilon_0}\right)^2 = 1 \tag{8.80}$$

该椭圆反映了陀螺轴在空间的运动轨迹，如图 8.34 所示，因为

$$(\varepsilon_{max} - \varepsilon_0) = A\sqrt{\frac{H\omega_E\cos\varphi}{M_G}} \ll A \tag{8.81}$$

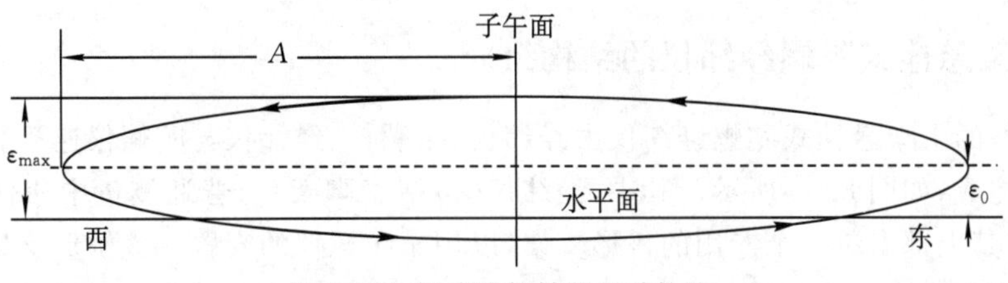

图 8.34　摆式陀螺轴的运动轨迹

故椭圆非常扁，可以认为陀螺轴在做单摆运动，摆动中心即真北方向。因此，通过对陀螺轴摆动轨迹的观测，可以确定真北方向。

最后还要指出的是，上面讨论的所有角度，如 α、ε 等，均以弧度计。

8.9　陀螺经纬仪

8.9.1　陀螺经纬仪的基本用途与类型划分

8.8 节讨论已经证明，将陀螺特性与地球自转有机结合构成的陀螺仪能够自动寻找真北方向，把这样的陀螺仪安置在经纬仪上，组成的陀螺经纬仪便可以测定真北方向在经纬仪水平度盘上的读数，从而可求出任一方向的真北方位角。这一工作称为陀螺经纬仪定向观测，或陀螺经纬仪定向测量，或简称陀螺经纬仪定向。

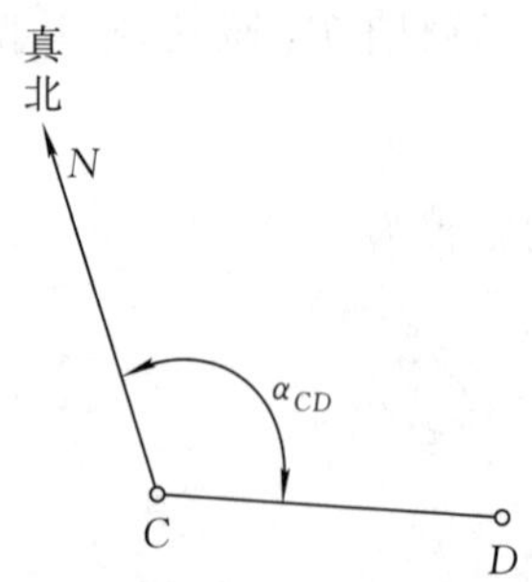

图 8.35　用陀螺经纬仪测量方位角

如图 8.35 所示，C、D 为地面上两点，在 C 点上安置陀螺经纬仪，测得真北方向在经纬仪水平度盘上的读数 N，D 方向在水平度盘上的读数 r_{CD}，则可求得真北方位角 α_{CD}

$$\alpha_{CD} = r_{CD} - N \tag{8.82}$$

陀螺特性的发现与应用始于我国西汉末年，将陀螺技术应用于测北定向则是由于近代采矿业发展的需要。1852 年法国傅科(Foucault)第一次提出了陀螺仪方案，并将陀螺仪称为 gyroscope；1904 年德国安许茨(Anschütz)制成第一台航海陀螺罗经；1920 年德国舒勒(Schuler)首次试制测量陀螺仪。此后的几十年间，世界各国先后开展了陀螺经纬仪的研制工作，相继生产出多种型号的产品。根据陀螺仪的支撑方式，陀螺经纬仪可分为液浮式、悬挂式、磁浮式等。液浮式是陀螺经纬仪的最初支撑形式，因其笨重没有得到进一步发展。磁浮式已有产品和应用，还需进一步改进。悬挂式是目前使用的常见形式，分为下架悬挂式和上架悬挂式。

下架悬挂式陀螺经纬仪是利用金属悬挂带把陀螺房悬挂在经纬仪空心轴下，悬挂带上端与经纬仪的壳体相固连，采用导流丝直接供电方式，附有携带式蓄电池组和晶体变流器。

上架悬挂式陀螺经纬仪的结构特征是用金属丝悬挂带把陀螺转子(装在陀螺房中)悬挂在陀螺仪内部的顶端，陀螺仪的底端可稳定地连接在经纬仪横轴顶端的金属桥形支架上(该支架需预先制作、安装)，不用时可取下，也就是说，陀螺仪实际上相当于经纬仪的一个附件。下面我们主要对上架悬挂式陀螺经纬仪进行讨论。

8.9.2　上架悬挂式陀螺经纬仪的结构组成

一套完整的上架悬挂式陀螺经纬仪由经纬仪、陀螺仪、经纬仪与陀螺仪连接装置以及电源箱等四部分构成，如图 8.36 所示。其中，经纬仪(包括三脚架)与普通测量中所使用的完全一样，只是需在其上部安装一个专用的桥形支架，以用于陀螺仪的安置。该桥形支架与陀螺仪底部的螺纹压环等构成连接装置，支架顶部的三个球形顶尖可插入陀螺仪底部的三条向心“V”形槽，形成强制归心，然后旋动螺纹压环即可实现陀螺仪与经纬仪的稳定连接。

陀螺仪与经纬仪应具有一定的复位精度，包括同轴度和相对方向保持。

本小节以徐州光学仪器厂(1980 年)制造的 JT-15 型陀螺经纬仪为例，介绍陀螺仪的结构组成以及与之相关的几个概念。

图 8.37 为 JT-15 陀螺仪的结构组成。一般来说，上架悬挂式陀螺仪的结构可划分为灵敏部、光学观测系统、锁紧限幅机构以及机体外壳等四部分。

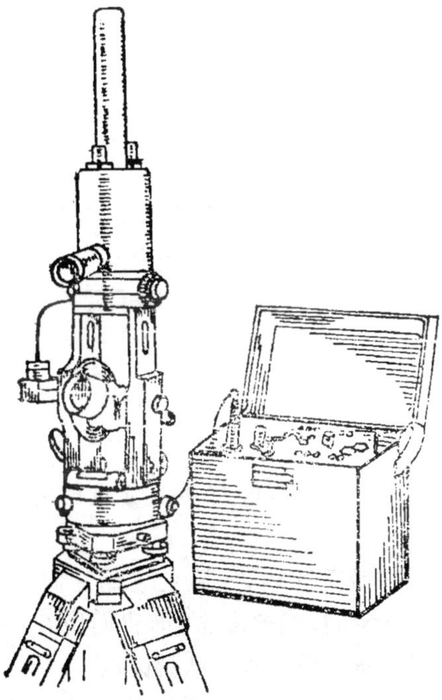

图 8.36　JT-15 型陀螺经纬仪的外貌

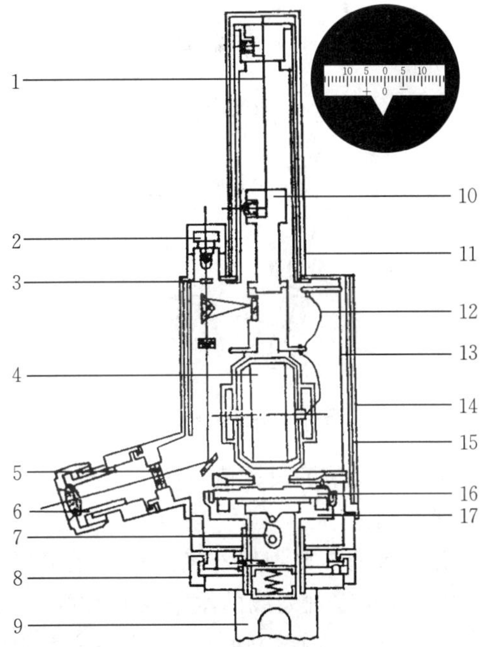

1—悬挂带；2—照明灯；3—光标；4—陀螺马达；5—分划板；6—目镜；7—凸轮；8—螺纹压环；9—桥形支架；10—悬挂柱；11—上部外罩；12—导流丝；13—支架；14—外壳；15—磁屏蔽罩；16—灵敏部底座；17—锁紧限幅机构

图 8.37　JT-15 型陀螺经纬仪结构

1. 灵敏部

灵敏部为陀螺仪的核心部分，它包括悬挂带、导流丝、陀螺马达、陀螺房及反光镜等部件。陀螺马达装在密封充有氢气的陀螺房中，陀螺房通过悬挂柱由悬挂带悬挂起来，用两根导流丝和悬挂带及旁路结构对其供电。在悬挂柱上装有反光镜。悬挂带是一根截面为 0.58 mm×0.03 mm 的银铜丝。它一方面要求有一定的抗拉强度，另一方面又要求具有稳定的扭力矩系数。

无论是陀螺转子的进动，还是陀螺转子的自由摆动，实际上是与陀螺房、悬挂柱连成一个整体进行的，所以在悬挂柱上安装一个反光镜，该反光镜的朝向变化即可反映陀螺轴的摆动情况。

2. 光学观测系统

将图 8.37 中陀螺仪的光学观测系统单独绘出如图 8.38 所示。在光源照射下，光标镜上的光标线经反光棱镜、反光镜反射后，通过物镜成像在目镜分划板上，供目镜进行观测。

在目镜看到的分划板影像如图 8.39 所示，其中的一根长线是光标线的影像。由于光标线的反射光路经过悬挂柱上的一块反光镜，故灵敏部摆动时，光标线的影像在分划板上来回移动，从而它也就反映了陀螺轴的摆动情况。由于光路的具体情况，我们在目镜看到的光标线影像的摆动方向与陀螺轴的实际摆动方向正好相反，所以，分划板的刻划为左"＋"右"－"。

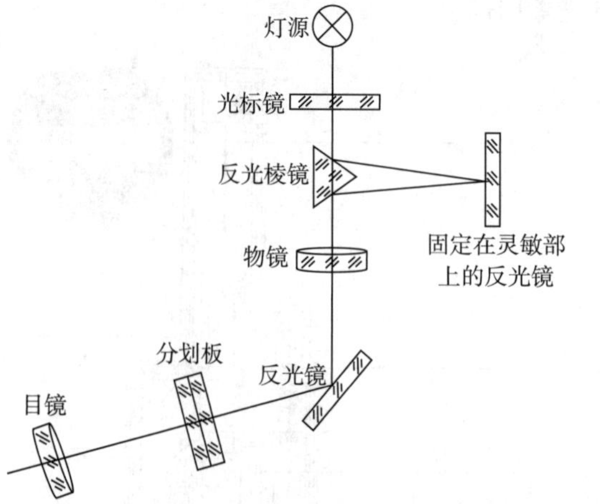

图 8.38　JT-15 型陀螺经纬仪的反射光学系统

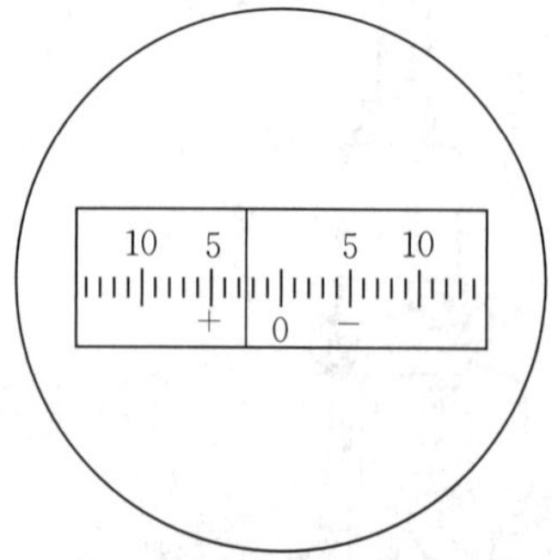

图 8.39　目镜分划板影像

分划板格值的设计值一般为 $\tau=10'$，但实际数值与此往往相差很大，精密定向时需对 τ 值进行实际测定。

分划板的零刻划线与经纬仪望远镜视准轴应在同一铅垂面内，实际上它们之间存在偏差，视准轴与零刻划线的水平夹角称为上架悬挂式陀螺经纬仪的仪器常数，我们用 C_g 表示

$$C_g = \text{视准轴对应的水平度盘读数} - \text{零刻划线所对应的水平度盘读数}$$

C_g 不影响定向精度，但为计算方便，一般使其控制在 $10'$ 以内。校正 C_g 的方法有多种，例如，JT-15 陀螺经纬仪是利用桥形支架上部的微调座进行调整的。

在陀螺马达未启动状态下，光标线的静止位置或自由摆动中心应与分划板零刻划线重合。实际上它们存在偏差，光标线自由摆动中心在分划板上的位置称为悬挂带零位，用 δ 表示，以格数计。一般在每次定向观测时，均需实际测定。当 δ 较大时，可用陀螺仪顶部悬挂架上面的两个螺丝进行校正。

3. 锁紧限幅机构

转动仪器外部的手轮，通过凸轮带动锁紧限幅机构的升降，可使陀螺灵敏部托起(锁紧)或下放(摆动)。如图 8.37 中的 7 和 17 所示。该机构的作用一个是托放，另一个是限幅。托起灵敏部的目的是保护悬挂带不受折损，因此要求陀螺经纬仪在搬运途中，或者在启动以及制动过程中，灵敏部必须处于托起状态。灵敏部下放的快慢直接影响着陀螺摆幅的大小，从而可实现限幅的功能。

另外，该部分还配有减震、阻尼装置。

4. 机体外壳

机体外壳由陀螺支柱、套筒、防磁层及电缆插头等组成。机体外壳要有一定的隔热、防磁作用。

8.10　陀螺经纬仪定向观测方程

8.8 节已经从理论上证明了下摆式陀螺仪的进动规律为以真北方向为中心的单摆运动，这里，我们将根据陀螺经纬仪的具体结构，给出陀螺轴摆动方程的实用形式，也即陀螺经纬仪的定向方程，用于实际定向观测。

另外，在 8.9 节中我们已经知道，陀螺经纬仪是以目镜中看到的光标线来反映陀螺轴的摆动情况的，所以，为了叙述方便，我们对"光标线"和"陀螺轴"不加区分，并且把目镜分划板表示成左"－"右"＋"的原理形式(与大多数仪器的实际结构形式相反，如图 8.37 和图 8.39 所示)。

在陀螺经纬仪中，悬挂柱、陀螺房与陀螺轴一起摆动，它们由悬挂带悬吊，因此陀螺轴的摆动又受悬挂带扭力矩的影响。下面先讨论陀螺未自转时该扭力矩的影响情况，其结果用于悬挂带零位的测定。

自本节起，我们将用 α 表示光标线在分划板上的位置读数，以格数计。

8.10.1　陀螺轴的自由摆动方程

当陀螺仪未自转时，陀螺轴也将产生单摆运动，是由悬挂带扭力矩引起的，所以称为扭摆运动，又因为无陀螺的进动参与，也称为自由摆动。

设陀螺轴自由摆动中心在分划板上的位置为 δ(即零位)，悬挂带产生指向 δ 位置的扭力矩 $D_B\dfrac{(\alpha-\delta)\tau}{\rho}$，其中 D_B 为悬挂带扭力矩系数，与悬挂带截面大小和形状有关，较窄的矩形截面具有较小的 D_B。由于扭力矩的存在，根据刚体的转动定律，可建立如下的微分方程

$$J_z\frac{\mathrm{d}^2}{\mathrm{d}t^2}\left(\frac{(\alpha-\delta)\tau}{\rho}\right)=-D_B\frac{(\alpha-\delta)\tau}{\rho}\tag{8.83}$$

其中的"－"号表明扭力矩转向与 α 的正向相反，J_z 为陀螺仪绕 z 轴的转动惯量，z 轴通过陀螺仪重心与自转轴 x 垂直，与悬挂带轴线重合。若进一步考虑摩擦力矩的影响，则式(8.83)应修改为

$$J_z\frac{\mathrm{d}^2}{\mathrm{d}t^2}\left(\frac{(\alpha-\delta)\tau}{\rho}\right)=-D_B\frac{(\alpha-\delta)\tau}{\rho}-h\frac{\mathrm{d}}{\mathrm{d}t}\left(\frac{(\alpha-\delta)\tau}{\rho}\right)\tag{8.84}$$

式中，h 为摩擦力矩系数。微分方程(8.84)的普通解式为

$$\alpha=\delta+D\mathrm{e}^{-k_D(t-t_0)}\sin\frac{2\pi}{T_D}(t-t_0)\tag{8.85}$$

其中

$$k_D=\frac{h}{2J_z}\tag{8.86}$$

$$T_D=\frac{2\pi}{\sqrt{\dfrac{D_B}{J_z}-k_D^2}}\approx 2\pi\sqrt{\frac{J_z}{D_B}}\tag{8.87}$$

摆幅衰减系数 k_D 一般为 10^{-6} 量级，摆动周期 T_D 为几十秒，初始摆幅 D 与初相时间 t_0 为积分常数，由具体的初始状态而定。

式(8.85)表明,在陀螺马达未启动时,陀螺轴的自由摆动是以零位 δ 为中心的阻尼简谐运动,摆动轨迹是一条摆幅衰减的正弦曲线,可记为 $\delta(t)$。

在自由摆动状态下,通过获取一组观测值 $(\alpha_i, t_i)(i=1,2,\cdots,n)$ 和式(8.85),可求出悬挂带零位 δ 及其他有关参数。

8.10.2　跟踪状态下陀螺轴的摆动方程

所谓跟踪状态,指操作员转动经纬仪照准部的微动螺旋,使陀螺目镜分划板的某一刻划 α_A(一般用零刻划线)始终与光标线重合。在此状态下,采集经纬仪水平度盘读数 θ 及时间观测值 t,以完成真北方向的确定。

当用分划板的 α_A 刻划(α_A 与对应的经纬仪水平度盘读数记为 θ^A)跟踪陀螺轴时,存在指向 δ 的扭力矩 $D_B\dfrac{(\alpha_A-\delta)\tau}{\rho}$ 和摩擦力矩 $h\dfrac{\mathrm{d}}{\mathrm{d}t}\left(\dfrac{\theta^A-N}{\rho}\right)$,二者方向相同,均与图 8.33 中的 z 轴相反,以

$$M_z=-D_B\frac{(\alpha_A-\delta)\tau}{\rho}-h\frac{\mathrm{d}}{\mathrm{d}t}\left(\frac{\theta^A-N}{\rho}\right) \tag{8.88}$$

代入式(8.71),得

$$\left(J_z+\frac{H^2}{M_G}\right)\frac{\mathrm{d}^2}{\mathrm{d}t^2}\left(\frac{\theta^A-N}{\rho}\right)+D_K\left(\frac{\theta^A-N}{\rho}\right)=-D_B\frac{(\alpha_A-\delta)\tau}{\rho}-h\frac{\mathrm{d}}{\mathrm{d}t}\left(\frac{\theta^A-N}{\rho}\right) \tag{8.89}$$

整理成

$$\begin{aligned}&\left(J_z+\frac{H^2}{M_G}\right)\frac{\mathrm{d}^2}{\mathrm{d}t^2}(\theta^A-N+\lambda(\alpha_A-\delta)\tau)+h\frac{\mathrm{d}}{\mathrm{d}t}(\theta^A-N+\lambda(\alpha_A-\delta)\tau)+\\&D_K(\theta^A-N+\lambda(\alpha_A-\delta)\tau)=0\end{aligned} \tag{8.90}$$

其解式为

$$\theta^A=N+A\mathrm{e}^{-k(t-t_0)}\sin\frac{2\pi}{T_A}(t-t_0)-\lambda(\alpha_A-\delta)\tau \tag{8.91}$$

其中

$$\lambda=\frac{D_B}{D_K}=\frac{D_B}{H\omega_E\cos\varphi} \tag{8.92}$$

称为零位改正系数,令

$$\lambda^0=\frac{D_B}{H\omega_E} \tag{8.93}$$

则

$$\lambda=\frac{\lambda^0}{\cos\varphi} \tag{8.94}$$

零位改正系数 λ 随纬度增大而增大,在赤道上最小,为 λ^0;在地球两极最大,为无穷。初始摆幅 A 与初相时间 t_0 为积分常数,由具体的初始状态而定。摆幅的衰减系数

$$k=\frac{h}{2\left(J_z+\dfrac{H^2}{M_G}\right)}\approx\frac{hM_G}{2H^2} \tag{8.95}$$

一般很小，为 $10^{-5} \sim 10^{-6}$ 量级；陀螺轴的摆动周期

$$T_A = \frac{2\pi}{\sqrt{\dfrac{D_k}{J_z + \dfrac{H^2}{M_G}} - k^2}} \tag{8.96}$$

简称陀螺跟踪周期，一般为几分钟。忽略 k 与 J_z，则式(8.96) 成为式(8.73) 至式(8.75)。

在式(8.88)至式(8.90)中，θ^A 为 α_A 对应的水平度盘读数，但实际能观测到的只能是 θ，如图 8.40 所示，将

$$\theta^A = \theta - C_g + \alpha_A \tau \tag{8.97}$$

代入式(8.91)，整理得

$$\theta = N + C_g + \lambda\delta\tau + A e^{-k(t-t_0)} \sin\frac{2\pi}{T_A}(t - t_0) - (1+\lambda)\alpha_A \tau \tag{8.98}$$

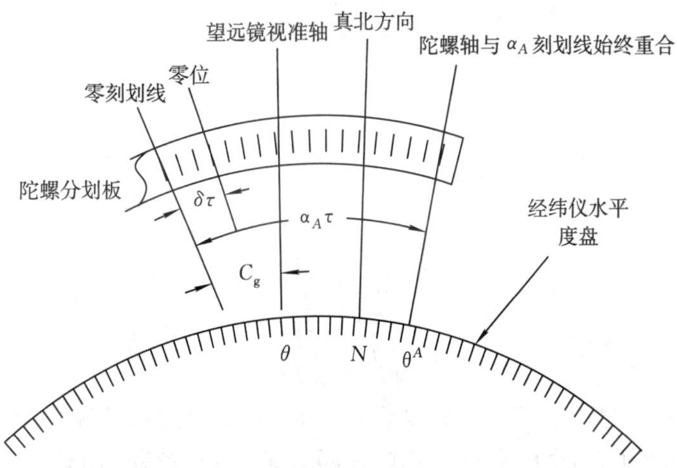

图 8.40　陀螺轴摆动的跟踪(从南向北看)

实践中一般总是用零刻划线跟踪，即 $\alpha_A = 0$，并且将式(8.98) 分写为

$$N = M - \Delta_\delta - C_g \tag{8.99}$$

$$\Delta_\delta = \lambda\delta\tau \tag{8.100}$$

$$\theta = M + A e^{-k(t-t_0)} \sin\frac{2\pi}{T_A}(t - t_0) \tag{8.101}$$

在式(8.99)至式(8.101)中，除已说明的符号意义外，Δ_δ 为零位改正，M 为陀螺摆动中心在经纬仪水平度盘上的读数，实践中称为陀螺北。式(8.101) 表明，在用零刻划线跟踪状态下，陀螺轴的摆动是以陀螺北 M 为中心的阻尼简谐运动，摆动轨迹也是一条摆幅衰减的正弦曲线，可记为 $\theta(t)$。$\theta(t)$ 与 $\delta(t)$ 为同一个数学方程。

在跟踪状态下，通过获取观测值 $(\theta_i, t_i)(i = 1, 2, \cdots, n)$ 和式(8.101)，可求出 M 及其他有关参数，进而可求出真北方向 N。

8.10.3　不跟踪状态下陀螺轴的摆动方程

如图 8.41 所示，当经纬仪照准部在近似北方向 N' 固定时，则陀螺轴的摆动完全反映在陀螺分划板上，陀螺轴摆动时，悬挂带的扭力矩也在改变。这时，称陀螺仪处于不跟踪状态。

设陀螺轴某时刻的位置对应于分划板上的 α,对应经纬仪水平度盘于 θ^{α},则扭力矩和摩擦力矩形成陀螺仪的外加力矩

$$M_z = -D_B \frac{(\alpha-\delta)\tau}{\rho} - h\frac{\mathrm{d}}{\mathrm{d}t}\left(\frac{\theta^{\alpha}-N}{\rho}\right) \tag{8.102}$$

代入式(8.71),得

$$\left(J_z+\frac{H^2}{M_G}\right)\frac{\mathrm{d}^2}{\mathrm{d}t^2}\left(\frac{\theta^{\alpha}-N}{\rho}\right)+D_K\left(\frac{\theta^{\alpha}-N}{\rho}\right) = -D_B\frac{(\alpha-\delta)\tau}{\rho}-h\frac{\mathrm{d}}{\mathrm{d}t}\left(\frac{\theta^{\alpha}-N}{\rho}\right) \tag{8.103}$$

再由图 8.41 知 α 与 θ^{α} 的关系为

$$\theta^{\alpha} = N' - C_g + \alpha\tau \tag{8.104}$$

将式(8.104)代入式(8.103),整理得

$$\left(J_z+\frac{H^2}{M_G}\right)\frac{\mathrm{d}^2}{\mathrm{d}t^2}\left(\alpha-\frac{N+C_g+\lambda\delta\tau-N'}{(1+\lambda)\tau}\right)+h\frac{\mathrm{d}}{\mathrm{d}t}\left(\alpha-\frac{N+C_g+\lambda\delta\tau-N'}{(1+\lambda)\tau}\right)+ (D_B+D_K)\left(\alpha-\frac{N+C_g+\lambda\delta\tau-N'}{(1+\lambda)\tau}\right)=0 \tag{8.105}$$

其解式为

$$\alpha = \frac{N+C_g+\lambda\delta\tau-N'}{(1+\lambda)\tau} + B\mathrm{e}^{-k(t-t_0)}\sin\frac{2\pi}{T_B}(t-t_0) \tag{8.106}$$

其中陀螺轴的摆动周期为

$$T_B = \frac{2\pi}{\sqrt{\dfrac{D_K+D_B}{J_z+\dfrac{H^2}{M_G}}-k^2}} \tag{8.107}$$

简称不跟踪周期,一般略小于 T_A;积分常数 B 和 t_0 的意义为初始摆幅和初相时间,由陀螺轴摆动的具体初始状态而定;摆幅衰减 k 同式(8.95);零位改正系数 λ 同式(8.92)至式(8.94)。

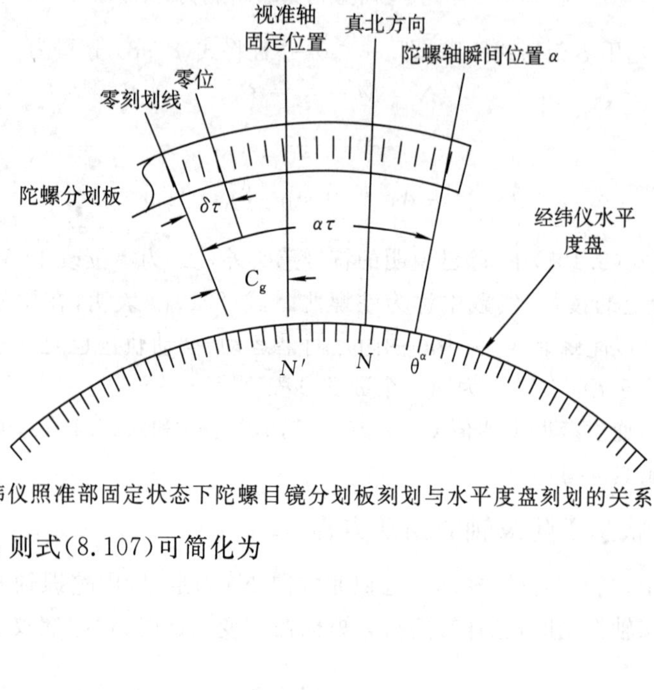

图 8.41 经纬仪照准部固定状态下陀螺目镜分划板刻划与水平度盘刻划的关系(从南向北看)

忽略 k 与 J_z,则式(8.107)可简化为

$$T_B = 2\pi\sqrt{\frac{H^2}{M_G(D_K + D_B)}} \tag{8.108}$$

或将式(8.73)至式(8.75)及式(8.92)至式(8.94)代入，成为

$$T_B = \frac{T_A}{\sqrt{1+\lambda}} = \frac{T_A^0}{\sqrt{\cos\varphi + \lambda^0}} \tag{8.109}$$

或

$$\lambda = \frac{T_A^2}{T_B^2} - 1 \tag{8.110}$$

T_A、T_B 可以通过观测得到，从而可由该式求出 λ。

实践中，一般将式(8.106)分写如下

$$N = M - \Delta_\delta - C_g \tag{8.111}$$

$$\Delta_\delta = \lambda\delta\tau \tag{8.112}$$

$$M = N' + (1+\lambda)\beta\tau \tag{8.113}$$

$$\alpha = \beta + Be^{-k(t-t_0)}\sin\frac{2\pi}{T_B}(t - t_0) \tag{8.114}$$

在式(8.111)至式(8.114)中，除已说明的符号意义外，N' 为陀螺观测时经纬仪水平度盘读数，也称近似北。式(8.114)表明，在不跟踪状态下，陀螺轴(实际是光标线)在分划板上的摆动是以 β 为中心的阻尼简谐运动，摆动轨迹也是一条摆幅衰减的正弦曲线，可记为 $\beta(t)$。$\beta(t)$ 与 $\theta(t)$、$\delta(t)$ 为同一个数学方程。

在不跟踪状态下，通过获取观测值 $(\alpha_i, t_i)(i=1,2,\cdots,n)$ 和式(8.114)，可求出 β 及其他参数，进而可求出陀螺北 M 和真北方向 N 等。

8.11　陀螺经纬仪的定向作业

应用陀螺经纬仪进行定向的操作过程可概括为以下几个步骤：

(1)在已知方位的边上测定仪器常数。

(2)在待定边上测定陀螺方位角：①观测测前测线方向值；②观测测前零位；③粗略定向，即使望远镜视准轴位于近似北方向；④精密定向，即测定陀螺摆动的平衡位置(即陀螺北方向)；⑤观测测后零位；⑥观测测后测线方向值。

(3)在已知边上重新测定仪器常数。

(4)计算测线的坐标方位角。

这里，首先明确几个在生产中使用的名词：①陀螺北指陀螺轴在跟踪状态下进动的平衡位置，对应的水平度盘读数 M 称为陀螺北方向值，显然 M 的确定是陀螺经纬仪定向的主要工作；②陀螺方位角 $\alpha_{陀}$ = 测线方向值 $-M+\lambda\delta\tau$；③真北方位角 $\alpha=\alpha_{陀}$ + 仪器常数 C_g；④寻北时间指陀螺马达从启动到制动的时间。

下面对定向作业中的若干问题进行讨论。

8.11.1　逆转点数据及其方程解算

在陀螺轴摆动中，陀螺轴摆动方向改变处称为逆转点，如图 8.42 所示，逆转点处的观测数

据简称为逆转点数据。

以式(8.101)为例,逆转点的数学特征是

$$\frac{\partial\vartheta}{\partial t}=-kA\,\mathrm{e}^{-k(t-t_0)}\sin\frac{2\pi}{T_A}(t-t_0)+\frac{2\pi}{T_A}A\,\mathrm{e}^{-k(t-t_0)}\cos\frac{2\pi}{T_A}(t-t_0)=0 \tag{8.115}$$

或整理成

$$\cot\frac{2\pi}{T_A}(t-t_0)=\frac{kT_A}{2\pi}=0\ (\text{取}\ k=0)$$

其解为

$$t_i=t_0+\frac{2i-1}{4}T_A\quad(i\ \text{为整数}) \tag{8.116}$$

把逆转点数据记为 r_i,并以式(8.116) 代入式(8.101) 得逆转点方程

$$r_i=M\pm(-1)^i\mathrm{e}^{-\frac{2i-1}{4}kT_A}A\quad(i\ \text{为整数}) \tag{8.117}$$

将式(8.116)右边的正负号合并到 A 中(也即 A 可正可负),则简化为

$$r_i=M+(-1)^i\mathrm{e}^{-\frac{2i-1}{4}kT_A}A\quad(i\ \text{为整数}) \tag{8.118}$$

当仅观测两个相邻的逆转点时,令 $k=0$,可得

$$M=\frac{1}{2}(r_1+r_2) \tag{8.119}$$

由于 k 值很小,如果我们取 $\mathrm{e}^{-\frac{2i-1}{4}kT_A}=1-\frac{2i-1}{4}kT_A$,代入式(8.118),则式(8.118) 成为

$$r_i=M+(-1)^iA+(-1)^{i+1}(2i-1)\frac{kT_AA}{4} \tag{8.120}$$

若仅取必要观测,即令 $n=3$,则由式(8.120) 可解得

$$M=\frac{1}{4}(r_1+2r_2+r_3) \tag{8.121}$$

此即著名的舒勒平均值(Schuler's mean)。

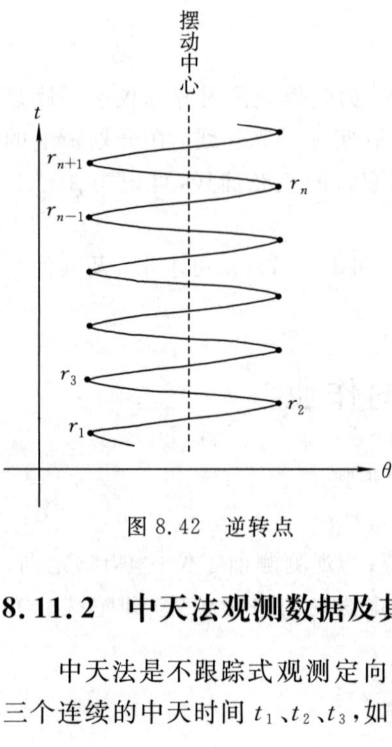

图 8.42　逆转点

8.11.2　中天法观测数据及其方程解算

中天法是不跟踪式观测定向方法之一,其基本观测数据是两个相邻的逆转点 a_1、a_2 和三个连续的中天时间 t_1、t_2、t_3,如图 8.43 所示。

在式(8.113)中,令 $k=0$,并将图 8.43 中的观测值$(t_1,0)$、$\left(t_0+\frac{T_A}{4}\text{或}\,t_0+\frac{3T_A}{4},a_1\right)$、$(t_2,0)$、$\left(t_0+\frac{3T_A}{4}\text{或}\,t_0+\frac{5T_A}{4},a_1\right)$、$(t_3,0)$ 代入,经过化简计算,可求得

$$\beta=\frac{\pi B}{2T_B}\Delta t \tag{8.122}$$

其中

$$\Delta t=-t_1+2t_2-t_3=(t_2-t_1)-(t_3-t_2)\quad(\text{对应图 8.43(a)})$$
$$\Delta t=+t_1-2t_2+t_3=-(t_2-t_1)+(t_3-t_2)\quad(\text{对应图 8.43(b)})$$

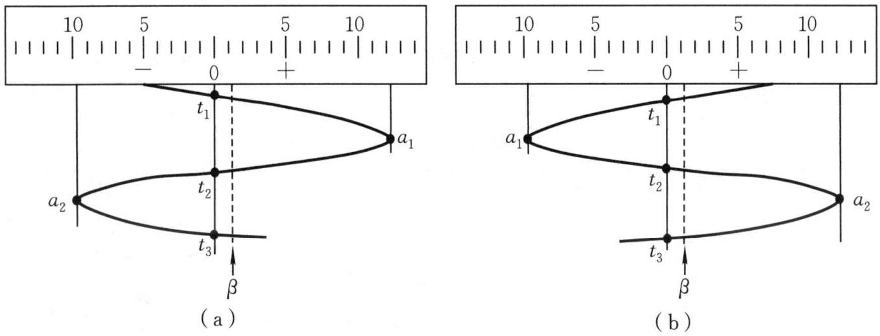

图 8.43　中天法观测方案

由此可以看出，陀螺轴经过正半周的时间为正，经过负半周的时间为负，其结果为时间差。当测取五个连续的中天时间时，则有两个正半周时间和两个负半周时间，依次取相邻两个正、负半周时间的代数和，得三个时间差，三者的平均值作为最后的 Δt。这是生产实践中的算法，虽然不严密，但容易记忆。

令

$$\Delta N=(1+\lambda)\beta\tau=(1+\lambda)\frac{\pi B}{2T_B}\Delta t\tau=c_{中}B\Delta t \tag{8.123}$$

其中，$c_{中}=(1+\lambda)\dfrac{\pi\tau}{2T_B}$ 称为中天法比例常数，可由陀螺摆动周期计算，即

$$c_{中}=(1+\lambda)\frac{\pi\tau}{2T_B}=\frac{\pi\tau T_A^2}{2T_B^3} \tag{8.124}$$

也可以表示成纬度 φ 的函数

$$c_{中}=\frac{\pi\tau(\lambda^0+\cos\varphi)^{\frac{3}{2}}}{2T_A^0\cos\varphi} \tag{8.125}$$

实践中，$c_{中}$一般根据实测求出。测定时，将陀螺经纬仪先后置于子午线以东和以西的两个近似北位置，偏离 $10'\sim15'$为宜。摆幅约 10 格，用中天法各观测一次。这样有

$$\left.\begin{aligned}N&=N_1'+c_{中}B_1\Delta t_1-\lambda\delta_1\tau-C_g\\N&=N_2'+c_{中}B_2\Delta t_2-\lambda\delta_2\tau-C_g\end{aligned}\right\}$$

解得

$$c_{中}=-\frac{(N_2'-N_1')+\lambda(\delta_2-\delta_1)\tau}{B_2\Delta t_2-B_1\Delta t_1} \tag{8.126}$$

或当 $\delta_1\approx\delta_2$ 时，变为

$$c_{中}=-\frac{(N_2'-N_1')}{B_2\Delta t_2-B_1\Delta t_1} \tag{8.127}$$

8.11.3　零位观测

在 8.10 节已指出，零位是陀螺马达未启动时灵敏部自由摆动的平衡位置。灵敏部自由摆动的规律也是衰减的单摆运动，其运动方程如式(8.85)。零位观测即对灵敏部自由摆动过程的观测，其目的是将观测值代入式(8.85)求出零位 δ，从而求出零位对真北方向的影响即零位改正 $\Delta_\delta=\lambda\delta\tau$。

零位观测的过程是，在陀螺转子不转动的状态下，首先松开锁紧装置，缓慢放下灵敏部，可利用限幅机构使光标线的运动在目镜视场范围内，然后观察目镜视场中光标线相对于分划板

的摆动情况。

在我国生产实践中，一般测取 3～5 个逆转点，使用舒勒平均值法求出零位 δ，如图 8.44 和图 8.45 示例中所示。

测线:04—01　仪器:JT-15,306201(T2)　观测者:×××　记录者:×××　日期:1988-04-12

	左方读数	摆动中值	右方读数	周期
测前零位		(格)		44.73 s
			−7.0	
	+7.3	+0.175	(−6.95)	
			−6.9	
跟踪逆转点读数	1°33′50″			513.79 s
	(1°31′45.5″)	359°56′46.8″	358°21′48″	
	1°29′41″	359°56′53.0″	(1°24′05.0″)	
	(1°27′34.5″)	359°56′58.2″	358°26′22″	
	1°25′28″			
	平均值:359°56′52.7″			
测后零位		(格)		44.65 s
	+10.5			
	(+10.40)	+0.30	−9.8	
	+10.3			
	测前测后平均值:+0.237 5			

其他情况
天气:晴 气温:+12℃ 风力:3～4 级
启动：21 时 25 分 观测：21 时 39 分 制动：21 时 59 分

计算项目	计算值
测线方向值	179°59′30.8″
陀螺北方向值	359°56′52.7″
零位改正	55.2″
陀螺方位角	180°03′33.3″
仪器常数	−4′07.2″
真北方位角	179°59′26.1″

零位改正计算

$\lambda = 0.380$；$\tau = 612''$

$\Delta_\delta = \lambda\delta\tau = 55.2''$

测线方向值	盘左	盘右	中值
测前	179°59′22″	359°59′39″	179°59′30.5″
测后	179°59′25″	359°59′37″	179°59′31.0″
平均	179°59′23.5″	359°59′38.0″	179°59′30.8″

图 8.44　陀螺经纬仪定向观测记录(逆转点法)

测线:04－01　仪器:JT-15,306201(T_2)　观测者:×××　记录者:×××　日期:1988-04-12

	左方读数	摆动中值	右方读数	周期
测前零位		(格)		45.46 s
			−5.5	
	+5.4	−0.05	(−5.5)	
			−5.5	

N' 度盘读数 $\Delta N = c_{中} \times a \times \Delta t$ $M = N' + \Delta N$	中天时间 t_i	摆动时间 左“+”右“−”	时间差 Δt	摆幅 (格)
359°57′30″	0 分 00.00 秒			+8.8
		+3 分 37.57 秒		
−57″	3 分 37.57 秒		−2.26 s	
		−3 分 39.83 秒		
359°56′33″	7 分 17.40 秒		−2.22 s	
		+3 分 37.61 秒		−8.9
	10 分 55.01 秒		−2.05 s	
		−3 分 39.66 秒		
	14 分 34.67 秒			+8.85
		平均	−2.18 s	

	(格)			
测后零位	+2.9			43.35 s
	(+2.9)	−0.05	−3.0	
	+2.9			
	测前测后平均值:−0.05			

其他情况
天气:晴
气温:+12℃
风力:3～4 级
启动：21 时 25 分
观测：21 时 39 分
制动：21 时 59 分

计算项目	计算值
测线方向值	180°00′00″
陀螺北方向值	359°56′33″
零位改正	−12″
陀螺方位角	180°03′15″
仪器常数	−4′07″
真北方位角	179°59′08″

零位改正计算

$\lambda = 0.380$；$\tau = 612''$

$\Delta_\delta = \lambda\delta\tau = -12''$

$c_{中} = 2.967''/(格 \cdot 秒)$

测线方向值	盘左	盘右	中值
测前	179°59′50″	0°00′10″	180°00′00″
测后	179°59′53″	0°00′08″	180°00′00″
平均	179°59′52″	0°00′09″	180°00′00″

图 8.45　陀螺经纬仪定向观测记录(中天法)

8.11.4　精密定向

精密定向的目的是得到真北方向 N，或陀螺北方向 M

$$N = M - \Delta_{\delta} - C_{g}$$

这是陀螺经纬仪定向观测的主要工作。

精密定向前需进行粗略定向，也就是使望远镜近似指北。

在灵敏部托起状态下，启动陀螺马达，当其达到额定转速后，缓慢而均匀地下放灵敏部。光标线开始晃动表明灵敏部处于半脱状态，稍停几秒，待光标线稳定，再慢慢下放，直至灵敏部全脱。若发现光标线晃动或摆动很快，则需使灵敏部返回半脱，重新慢慢下放，直至满足要求。此时，就可以通过对光标线的观测来研究陀螺轴的摆动规律。

（跟踪式）逆转点法和（不跟踪式）中天法是精密定向的两种经典方法，图 8.44 和图 8.45 是两个观测实例。

8.11.5　粗略定向

进行陀螺经纬仪精密定向的前提条件之一是望远镜近似指北，即粗略定向。粗略定向可利用罗盘仪，但一般用陀螺经纬仪。使用陀螺经纬仪进行粗略定向的原理同精密定向，只是方法简单一些。例如常用的两逆转点法是，用跟踪式观测，测取两个相邻逆转点读数 r_1、r_2，则由式(8.119)得到的陀螺北，可作为粗略定向的近似北方向值。

8.11.6　仪器常数测定

在已知方位角的边上进行陀螺经纬仪定向观测，即可反求出仪器常数 $C_g = \alpha - \alpha_{陀}$。

8.11.7　陀螺经纬仪检定

1. 精度划分和检定项目

陀螺经纬仪按精度划分为三级，如表 8.13 所示。陀螺经纬仪的检定分为首次检定、后续检定和使用中检查，其检定项目如表 8.14 所示。

表 8.13　陀螺经纬仪等级划分

等级	Ⅰ	Ⅱ	Ⅲ
真北方位角一次测定中误差 m_a /(″)	$m_a \leqslant 5.0$	$5.0 < m_a \leqslant 15.0$	$m_a > 15.0$
仪器常数测定中误差 m_{C_g} / (″)	$m_{C_g} \leqslant 2.5$	$2.5 < m_{C_g} \leqslant 7.5$	$m_{C_g} > 7.5$
寻北时间与标称值之差 $\Delta T/s$	$\Delta T \leqslant 60$		

表 8.14　陀螺经纬仪检定项目

序号	检定项目	检定类型		
		首次检定	后续检定	使用中检查
1	外观	必选	必选	必选
2	仪器常数中误差	必选	必选	必选
3	真北方位角一次测定中误差	必选	必选	可选
4	寻北时间与标称值之差	必选	必选	可选

2. 外观要求

(1)仪器表面不应有碰伤、划痕、脱漆和锈蚀,盖板和部件应结合整齐、密封良好。

(2)各种校正螺钉不应有松动情况,脚螺旋转动松紧适度,无晃动,水平、竖直制动及微动机构运转平稳可靠,无跳动现象。

3. 检定条件

陀螺经纬仪检定工作应在实验室内,且在常温下进行。实验室不应受强电场、磁场和震动的影响。在实验室内建一个稳定的观测墩,设两个目标,一个位于近似北方向,作为检定仪器使用;另一个位于方位角近似90°的方向,作为两个目标方位稳定性检查使用。观测墩标志中心到两个目标的真北方位角由天文大地测量得到,方位角中误差不超过±1.0″。计时器误差不应大于0.1 s。

4. 检定数据与指标计算

1)检定数据及其质量控制

检定数据为(跟踪式)逆转点法观测五六测回的数据,一测回的观测数据可参阅图8.45。

在图8.45中,测前测后零位之差,对于Ⅰ、Ⅱ、Ⅲ级仪器应分别不大于0.1格、0.2格、0.3格。

在图8.45中,5个逆转点可得3个舒勒平均值,相邻两个平均值之差,对于Ⅰ、Ⅱ、Ⅲ级仪器应分别不大于15″、20″、30″;间隔1个的两个平均值之差,对于Ⅰ、Ⅱ、Ⅲ级仪器应分别不大于20″、30″、35″。

2)检定指标计算

根据观测数据计算得到的陀螺方位角$\alpha_{陀_i}$与真北方位角已知值α^*进行比较,就可得若干仪器常数:$C_{g_i}=\alpha^*-\alpha_{陀_i}(i=1,2,\cdots,n)$,对此便可求出仪器常数$C_g$的平均值$\overline{C}_g$及其中误差$m_{C_g}$。

计算真北方位角观测值$\alpha_i=\alpha_{陀_i}+\overline{C}_g(i=1,2,\cdots,n)$,对此便可求出真北方位角$\alpha$的平均值$\overline{\alpha}$及其中误差$m_\alpha$。

计算寻北时间观测值T_i=制动时刻$_i$-启动时刻$_i(i=1,2,\cdots,n)$,对此便可求出寻北时间T的平均值$\overline{T}$及$\Delta T=\overline{T}-T_0$,$T_0$为寻北时间标称值。

5. 检定周期

陀螺经纬仪检定周期一般不超过一年。

8.12 自动陀螺经纬仪及其定向原理简介

为了提高陀螺经纬仪定向的精度与速度,有效的措施是增强陀螺仪的稳定性(包括使用激光陀螺仪等)和缩短陀螺仪的进动周期(通过减小陀螺仪动量矩、增加悬挂带扭力矩、使用单自由度陀螺仪等)。此外,就是实现定向观测过程的自动化,避免了人工观测之苦。实现自动化作业的陀螺经纬仪称为自动陀螺经纬仪,也有人称为数字式陀螺经纬仪。

陀螺经纬仪自动化的内容包括数据的获取与处理、自动寻找和指向近似北方向、灵敏部的自动托起和下放等,本节对此进行概述。

自动陀螺经纬仪多数是下架悬挂式,因此首先补充介绍下架悬挂式陀螺经纬仪的结构特点。

8.12.1　下架悬挂式陀螺经纬仪的结构特点

下架悬挂式陀螺经纬仪如图 8.46 所示。陀螺仪的结构组成与上架式使用的陀螺仪基本相同。但陀螺仪固连在经纬仪的下部，陀螺仪应能完成仪器的对中、整平，经纬仪应与陀螺仪有很好的同心度。

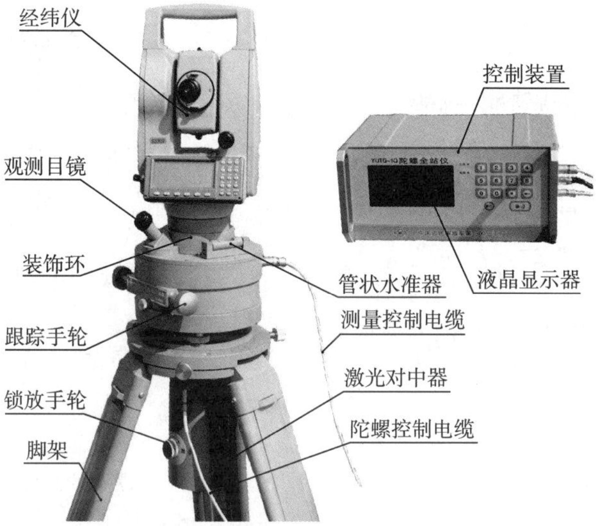

图 8.46　下架悬挂式陀螺经纬仪 Y/JYG-1 的主要部件

陀螺仪的寻北与经纬仪的测角联系在一起才能完成实际的定向，对下架悬挂式陀螺经纬仪来说，陀螺仪的分划板与经纬仪的水平度盘的几何关系应是已知的。

定义经纬仪水平度盘零刻划线与陀螺仪目镜分划板零刻划线的夹角为下架悬挂式陀螺经纬仪的仪器常数，用 C'_g 表示，即 $C'_g=0-n$，n 为分划板零刻划线所对应的水平度盘读数。

一般来说，下架悬挂式陀螺经纬仪只能用于不跟踪式观测。这时的粗略定向是使目镜分划板零刻划线指向近似北，经纬仪的水平度盘随之转动和固定。如图 8.47 所示，式(8.104)成为

$$\theta^{\alpha}=-C'_g+\alpha\tau$$

对照式(8.105)至式(8.114)的推导过程，容易得到

$$N=-C'_g+(1+\lambda)\beta\tau-\lambda\delta\tau \tag{8.128}$$

设目标方向值为 r，则目标方位角为

$$\alpha=r-N=r-(1+\lambda)\beta\tau+\lambda\delta\tau+C'_g \tag{8.129}$$

在式(8.129)中，若令陀螺北 $M'=(1+\lambda)\beta\tau$，陀螺方位角 $\alpha_{陀}=r-M'+\lambda\delta\tau$，则 $\alpha=\alpha_{陀}+C'_g$，仪器常数测定采用 $C'_g=\alpha-\alpha_{陀}$，公式形式同上架悬挂式仪器，不过，陀螺北 M'、陀螺方位角 $\alpha_{陀}$ 的概念已发生变化。

上架悬挂式陀螺经纬仪一般不能用于跟踪式观测，变通的方法是使用具有自动跟踪目标的电子经纬仪。在目标点上安装棱镜，照准读数 r，并启动跟踪功能将望远镜固定在目标方向；然后用陀螺仪的微动螺旋进行跟踪，并记录时刻值 t_i 和相应的水平度盘读数 θ_i。如图 8.48 所示，将水平度盘看作两个，一个与真北方向和照准方向（也是经纬仪照准部固定方

向）联系，是固定不动的，称定盘；另一个与陀螺目镜分划板一起转动，称动盘。当动盘使照准部读数为 θ_i 时，动盘的0分划线在定盘上的读数为 $(r-\theta_i)$，这时式(8.97)和式(8.98)变为

$$\theta^A = r - \theta_i - C'_g + \alpha_A \tau$$

$$r - \theta_i = N + C'_g + \lambda\delta\tau + A e^{-k(t-t_0)} \sin\frac{2\pi}{T_A}(t - t_0) - (1+\lambda)\alpha_A \tau$$

所以，这里 $(r-\theta_i)$ 成为观测值，其他计算同上架悬挂式陀螺经纬仪。

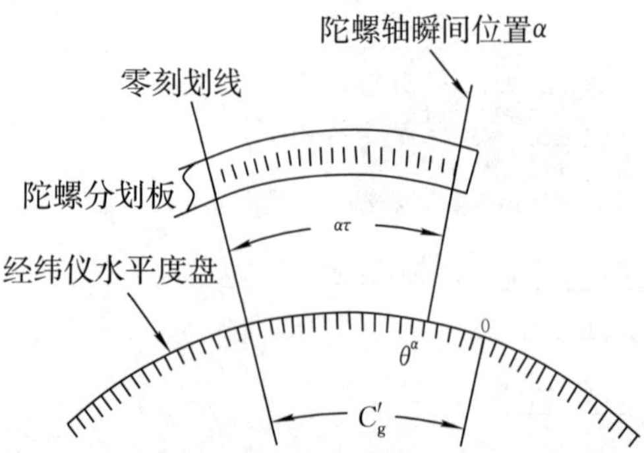

图8.47　下架悬挂式陀螺经纬仪分划板刻划与水平度盘刻划的关系

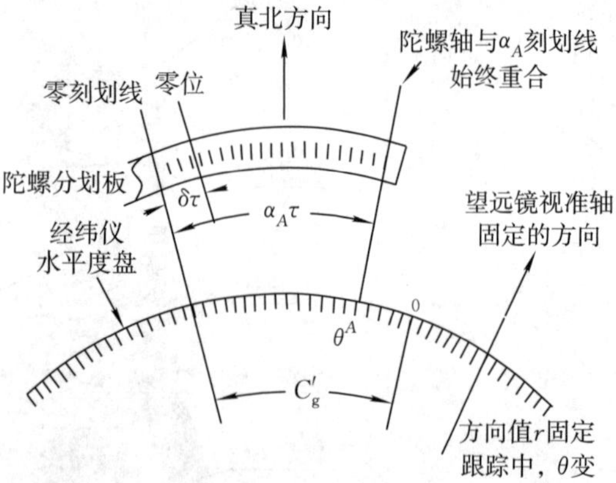

图8.48　下架悬挂式陀螺经纬仪的陀螺轴摆动的跟踪

8.12.2　光电观测方法

自动陀螺经纬仪采用光电观测方法，主要有两种：

(1)光电时差法。在摆式陀螺灵敏部上安装一反光镜，投射光束经反射后扫过一处狭缝；透过狭缝的光束由光电管接收并转换成电脉冲；计时器精确记录光束经过狭缝中心位置的时刻；若各狭缝之间对应的角距已经测定，则其作用相当于陀螺目镜分划板。因此，可获取相当数量的 $(\alpha_i, t_i)(i=1,2,\cdots,n)$，由此便可根据式(8.85)确定悬挂带零位 δ 或根据式(8.114)确定陀螺轴进动中心 β，并进一步确定真北方向值和测线方位角（当然计算过程也应由计算机程序自动完成）。光电时差法原理如图8.49所示。

(2)光电积分法。在灵敏部上安装一块反映陀螺运动状况的测量镜，在仪器基体上安装一参考基准镜；照明光束投向两块镜子，反射光供位置敏感探测器检测，陀螺主轴绕测站子午面运动的角位移量由该探测器转换为电模拟量；此量经处理变为脉冲频率，并以确定的周期积分计数；依次对基准位置、悬挂带零位和陀螺进动平衡位置进行检测积分后，由计算机程序算出真北方向值和测线方位角。光电积分法原理如图8.50所示。

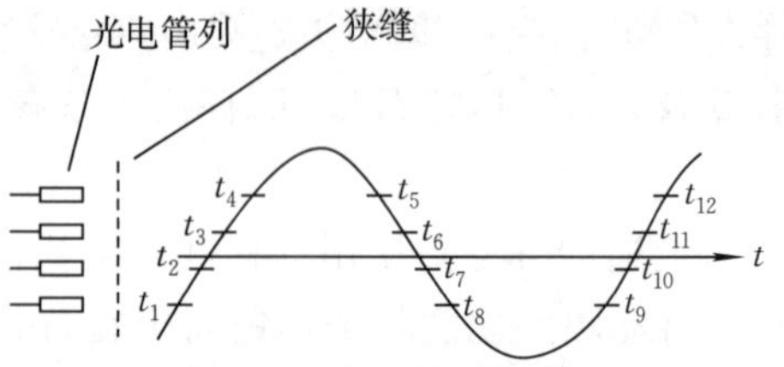

图8.49　光电时差法原理

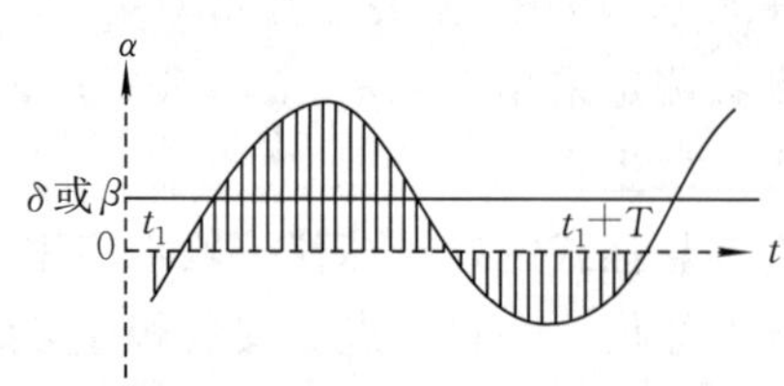

图8.50　光电积分法原理

8.12.3　积分测量原理

假如采用等时间间隔采样，时间间隔为 Δt，即 $t_2=t_1+\Delta t, t_3=t_1+2\Delta t, \cdots, t_i=t_1+(i-1)\Delta t, \cdots, t_n=t_1+T$，相应的陀螺轴位置记为 α_i，根据式(8.85)和式(8.114)，积分测量原理可表示为

$$\lim_{\substack{\Delta t\to 0\\ 或 n\to\infty}}\sum_{i=1}^{n}\alpha_i\Delta t=\int_{t_1}^{t_1+T_D}\Delta \mathrm{d}t+\int_{t_1}^{t_1+T_D}D\sin\frac{2\pi}{T_D}(t-t_0)\mathrm{d}t=\Delta T_D+0=\Delta T_D$$

$$\lim_{\substack{\Delta t\to 0\\ 或 n\to\infty}}\sum_{i=1}^{n}\alpha_i\Delta t=\int_{t_1}^{t_1+T_B}\beta \mathrm{d}t+\int_{t_1}^{t_1+T_B}B\sin\frac{2\pi}{T_B}(t-t_0)\mathrm{d}t=\beta T_B+0=\beta T_B$$

因此可求得

$$\delta=\frac{\lim\limits_{\substack{\Delta t\to 0\\ 或 n\to\infty}}\sum\limits_{i=1}^{n}\alpha_i\Delta t}{T_D} \tag{8.130}$$

$$\beta=\frac{\lim\limits_{\substack{\Delta t\to 0\\ 或 n\to\infty}}\sum\limits_{i=1}^{n}\alpha_i\Delta t}{T_B} \tag{8.131}$$

实际上，假如积分条件不满足，如采样间隔不够小、采样长度不是正好一个周期等，这时应将观测数据看成 $(\alpha_i, t_i)(i=1,2,\cdots,n)$，将其代入式(8.85)或式(8.114)进行最小二乘解算。

8.12.4　步进概略寻北原理

步进测量的目的是使陀螺在静态摆动下的摆幅减小，使摆动的信号处于光电检测元件的敏感区内，同时在陀螺启动状态下也使摆动平衡位置最终接近于北。它是利用悬挂带的反作用力矩，在某一时刻，悬挂带扭力零位与摆动的逆转点重合，这时悬挂带不受扭力矩作用，弹性位能为零，如果扭力零位偏北，陀螺受指北力矩作用，具有指向位能，当陀螺摆动半周期时，即达到另一逆转点，由于扭力零位还在前一逆转点位置，悬挂带受扭力矩作用，弹性位能最大而动能最小，此时快速一步步进，使悬挂带零位步进到这一逆转点上，则弹性位能又变为零，而这一新位置的指北位能的绝对值小于前一位置。经几次步进后，陀螺的摆幅减小，使扭力零位最终逼近于北，此时就可以进行自动积分测量了。

8.12.5　自动陀螺经纬仪的产品

自动陀螺经纬仪的代表性产品有，美国利尔西勒公司研制的主方位基准校准系统(MARCS)，其陀螺马达的轴承采用滚轴式，角动量约为 1 900 g·cm^2/s，灵敏部也采用悬挂摆式结构，一次定向精度为±5″，时间约为 30 min；匈牙利莫姆厂生产的 GI-B$_{21}$ 和 GI-B$_1$A，基于光电时差法，采用光敏二极管接收陀螺灵敏部发射的光信号，将其变为电信号加到石英稳频计数器上，并以±0.001 s 的精度自动记录穿过点的时间，最后以数字显示和打印，一次定向精度为±3″；德国威斯特发伦采矿公司(WBK)矿山测量研究所在 MW77 型陀螺经纬仪的基础上研制的 Gyromat 由计算机控制操作过程，采用积分测法并以数字显示，一次定向精度为±3.6″，时

间约为 30 min;我国西安测绘研究所研制的 TDJ-83 采用微功耗直流陀螺马达、步进概略寻北、光电积分和数字显示等技术,一次定向精度为±7″~10″,时间约为 20 min。

图 8.51 为 Gyromat 的新型号 Gyromat2000 与 T1800 电子经纬仪的组合,一次定向精度为±3.2″,时间约为 9 min。Gyromat2000 采用大截面悬挂带,把陀螺灵敏部悬挂于经纬仪照准部之下;灵敏部包括圆柱形陀螺房和在其中安放的直流陀螺马达、蓄电池组,以及传动和调节的电子设备,共重约 2 kg,陀螺马达转速 3 600 r/min,角动量 $2.41\times10^6\,g\cdot cm^2/s$。由于悬挂带加粗,又取消了导流丝,使悬挂带零位稳定;灵敏部加重相应地加大了动量矩,使摆动周期缩短;直流陀螺马达虽然转速低,但功耗仅 0.7 W,观测 2 h 升温仅 1℃,大大降低了由于升温造成的观测误差,同时延长了陀螺的使用寿命。

图 8.51 Gyromat2000+T1800

第3篇

工程建设中变形监测和工业设备形位检测

第9章　变形监测概述

在测量工程的实践和科学研究活动中，变形监测占有重要的位置。本章对变形监测特点、技术、方法和数据分析进行简要介绍。

9.1　变形监测的意义、目的和内容

工程建筑物的兴建，从施工开始到竣工，以及建成后整个运营期间都要不断地监测，以便掌握变形的情况，及时发现问题，保证工程建筑的安全。特别是近年来，人类建设了越来越多的变形敏感建筑物，如高层建筑、特大桥梁、特高大坝，它们的变形需要监测。另外，已有的建筑物随着使用时间的增长而老化，其运行状态需要监视。目前国际上引入了建筑物健康检测的概念，可见其重要性非同一般。人类开发自然资源的活动（如抽取地下水、采油、采矿等）会破坏地壳上部的平衡，造成地面变形。这种变形需要长期监测，以便采取措施控制其发展，保证人类正常的生产和生活。例如，在人口密集的地区大量抽取地下饮用水，造成地面沉陷，地面不均匀的沉陷会引起建筑物和工业设施的损坏。地下采矿引起矿体上方岩层的移动，严重的会造成地面滑坡和塌方，危及人民生命财产，需要监测。近年来，人们开始在城市下面、工业设施和交通干线下面、水体（河流、湖泊、海洋）下面采矿（称为“三下采矿”），这些对变形监测都提出了更高的要求。地壳中地应力的长期积累，造成地震，严重地危及人类的生存，监测地壳的变形是预报地震的重要手段。尽管地壳变形监测不是本书讨论的重点，但本篇讨论的观测技术，以及观测数据处理技术对地壳变形（也有书称“地壳形变”）监测仍有很好的参考价值。

变形监测具有实用上和科学上两方面的意义。实用上的意义主要是检查各种工程建筑物和地质构造的稳定性，及时发现问题，以便采取措施；科学上的意义包括更好地理解变形的机理，验证有关工程设计的理论，以及建立正确的预报变形的理论和方法。

首先，通过变形观测取得第一手的数据，可以监视工程建筑物的状态变化和工作情况，在发现不正常现象时，能及时分析原因，采取措施，防止事故发生，并改善运营方式，以保证安全。所以说，变形监测是工程管理工作的耳目。例如，1984年长江三峡地区发生了一次大滑坡，由于该地区进行了广泛的变形监测，对可能发生的滑动做了正确的预报，使滑坡体上上千居民在滑坡滑动前一周搬离，避免了一场灾难。又例如，我国某水电厂的混凝土大坝，根据观测的结果，说明坝体渗流量、坝基场压力以及坝体的水平位移都很大，按这些观测数据的计算分析，在发生百年一遇的洪水时，大坝将有倾覆的危险。因此，对大坝进行了紧急加固，从而提高了它的稳定性，保证了安全。

其次，通过在施工和运营期间对工程建筑物原体进行观测，分析研究，可以验证地基与基础的计算方法，工程结构的设计方法，对不同的地基与工程结构规定合理的允许沉陷与变形的数值，为工程建筑物的设计、施工、管理和科学研究工作提供数据。例如，某水库的土坝，由变形观测数据的分析表明，其变形量不大，而且日趋稳定，与设计相符，坝体浸润线的实测数据也与设计接近。这就是说，设计正确，施工质量良好，可以按照设计能力运营。

当然，上述的分析研究工作应该是工程地质、土力学、工程结构等专业的人员共同进行，其中测量人员要对变形数据提供几何解释，并尽可能参与变形物理机理的研究。

为了达到上述各项目的，通常在工程建筑物的设计阶段，在调查建筑物地基负载性能、研究自然因素对建筑物变形影响的同时，就应着手拟定变形监测的设计方案，并将其作为工程建筑物的一项设计内容，以便在施工时就将标志和设备埋置在设计位置上。从建筑物开始施工就进行监测，一直持续到建筑物的整个使用期。

总的说来，变形监测的目的是要获得变形体(大到整个地球，小到一个工程建筑物)变形的空间状态和时间特性，同时还要解释变形的原因。对于前一个目的，相应的变形监测数据处理任务称为变形的几何分析；对于后一个目的，相应的任务称为变形的物理解释。

变形监测按其研究的范围可分为三类：全球性的、区域性的和局部性的。全球性的变形监测主要是研究地极移动、地球旋转速度的变化以及地壳板块的运动。由于地球内部物质分布的变化，导致了转动惯性矩的变化，进而改变了地球自转的速度和地极的位置。这项研究主要是利用空间测量技术(如 VLBI、SLR、LLR、GNSS 等)来测定。区域性的变形测量用以研究地壳板块范围内变形状态和板块交界处地壳相对运动。前者一般从定期复测国家控制网的资料获得，后者要建立专用监测网，监测板块相对运动在其交界处造成的地壳变形。随着 GNSS 技术的发展，近年来很多国家和地区都建立了 GNSS 连续监测网，用于研究区域性变形。局部性的变形监测主要是研究工程建筑物的沉陷、水平位移、挠度和倾斜，滑坡体的滑动以及采矿、采油和抽取地下水等人为因素造成的局部地面变形，这是本篇主要研究的内容。近十几年来，工程测量已从传统的以工程建设为对象扩展到对工业产品和设施进行质量检验与监控，因此本书第 14 章特别介绍了工业设备形位检测。

变形按其时间特性来分，有运动式和动态式两种。运动式变形包括地壳应变的积累、地质构造断层两边相对错动、建筑物或地表下沉等。这种形式的变形，总趋势是朝一个方向。动态式是指高层建筑物的摆动、桥梁在动荷载作用下的振动等。这种形式的变形呈周期性，观测的结果获得变形的幅度和周期的信息。

变形观测的内容，应根据建筑物的性质与地基情况来定。要求有明确的针对性，既要有重点，又要做全面考虑，以便能正确反映出建筑物的变化情况，达到监视建筑物的安全运营、了解其变形规律的目的。例如：

(1)工业与民用建筑物。对于基础而言，主要观测内容是均匀沉陷与不均匀沉陷，从而计算绝对沉陷值、平均沉陷值、相对弯曲、相对倾斜、平均沉陷速度，以及绘制沉陷分布图。对于建筑物本身来说，主要是倾斜与裂缝观测；对于工业企业、科学试验设施与军事设施中的各种工艺设备、导轨等，其主要观测内容是水平位移和垂直位移；对于高大的塔式建筑物和高层房屋，应观测其瞬时变形、可逆变形和扭转。

(2)土工建筑物。这类建筑物有堤防、土石坝、基坑、路基、滑坡体等。以土坝为例，其观测项目主要为水平位移、垂直位移、渗透(浸润线)以及裂缝观测。

(3)水土建筑物。以混凝土重力坝为例，其主要观测项目为垂直位移(从而可以求得基础与坝体的转动)、水平位移(从而可以求得坝体的挠曲)，以及伸缩缝的观测。以上内容通常称为外部变形观测，也就是用测量的方法求出建筑物外形在空间位置方面的变化。此外，由于混凝土坝是一种大型水工建筑物，其安危影响很大，设计理论也比较复杂，除了观测其外形的变化外，还要了解其结构内部的情况。如混凝土应力、钢筋应力、温度等，这些内容通常称为内部观测。它一般是将电学仪器(或其他仪器)埋设在坝体内部,以电缆(管道)连至廊道内,定期进行观测。外部观测与内部观测之间有着密切的联系,应该同时进行,以便在资料分析时可以互相补充,互相验证。本篇所讨论的内容主要是外部变形观测。

(4)地表沉降。对于建在江河下游冲积层上的城市,由于工业和居民用水需要大量地抽取地下水,而影响地下土层的结构,将使地面发生沉降现象。例如,我国某城市地表沉降观测的成果表明地表有时沉降,有时回升,这与季节性地抽取地下水的情况有关。对于地下采矿地区,由于在地下大量的采掘,也会使地表发生沉降现象。这种沉降现象严重的城市地区,暴雨以后将发生大面积的积水,影响居民的生活,甚至造成地下管线的破坏,危及建筑物的安全。因此,必须定期地进行观测,掌握其沉降与回升的规律,以便采取防护措施。

(5)桥隧建筑物。长大型桥梁长隧道变形监测是近年来最活跃的内容,以隧道为例,变形内容有隧道水平位移、隆沉、收敛等。

为了更全面地了解影响工程建筑物变形的原因及其规律,以及某些特种工程建筑物的变形监测要求,在其勘测阶段就要进行地表形变观测,以研究地层的稳定性。

9.2　变形监测的特点

与工程测量前两个阶段(即工程建设规划设计阶段和工程建设施工阶段)的测量工作相比,变形监测有许多自身的特点,现综述如下。

9.2.1　精度要求高

与其他测量工作相比,变形观测要求的精度高,典型精度要求是1 mm或相对精度要求为10^{-6}。确定合理的测量精度是很重要的,过高的精度要求使测量工作复杂,费用和时间增加,而精度定得太低又会增加变形分析的困难,使所估计的变形参数误差加大,甚至会得出不正确的结论。确定变形监测的精度取决于变形的大小、速率、仪器和方法所能达到的实际精度,以及观测的目的等。一般来说,如果变形观测是为了使变形值不超过某一允许的数值,以确保建筑物的安全,则其观测的误差应小于允许变形值的1/10～1/20;如果是为了研究变形的过程,则其误差应比上面这个数值小得多,甚至应采用目前测量手段和仪器所能达到的最高精度。

工业与民用建筑物的变形观测的主要内容是基础沉陷和建筑物本身的倾斜,其观测精度应根据建筑物基础的允许沉陷值、允许倾斜度、允许相对弯矩等来决定,同时也应考虑其沉陷速度。例如,我国建筑设计部门在研究高层建筑物的倾斜时,根据前述的观点以允许倾斜值的1/20作为观测的精度指标。某单位在观测一幢大楼的变形时,根据设计人员提出的4‰允许倾斜度求得顶点的允许偏移值为120 mm,以其1/20作为观测中误差,即$m=6$ mm。在生产实践中,求得必要的误差以后,如果根据本单位的仪器设备和技术力量,能够比较容易地达到精度要求,而且在不必花费很大的精力、不增加很多工作量的情况下,还能达到更高的精度时,也可以将观测的精度指标提高。例如前述情况,在求得$m=6$ mm后,即按此思想将精度指标提高,取2 mm作为最后的观测中误差。对于根据沉陷速度确定观测精度,是指沉陷延续的时间很长而沉陷量又较少的基础,其观测的精度就应当高些。

一般来讲,从实用的目的出发,对于连续生产的大型车间(钢结构、钢筋混凝土结构的建筑物)通常要求观测工作能反映出1 mm的沉陷量;对于一般的厂房,没有很大的传动设备、连续性不大的车间，要求能反映出2 mm的沉陷量。因此，对于观测点高程的测定误差，应在1 mm以内。而为了科学研究的目的，往往则要求达到0.1 mm的精度。

对于水工建筑物，根据其结构、形状不同，观测内容和精度也有差异。即使对于同一建筑物（如拱坝）的不同部位，其观测精度也不相同，变形大的部位（如拱冠）的观测精度可稍低于变形小的部位（如拱座）。对于混凝土大坝，测定变形值的精度一般为1 mm；对于土工建物，测定其变形值的精度不低于2 mm。

9.2.2　定期观测

定期观测的频率取决于变形的大小、速度以及观测的目的。在工程建筑物建成初期，变形的速度比较快，因此观测频率也要大一些。经过一段时间后，建筑物趋于稳定，可以减少观测次数，但要坚持定期观测。下面以基础沉降的观测过程为例，说明确定观测频率的方法。

在荷载的影响下，基础下土层的压缩是逐渐实现的，因此，基础的沉降也是逐渐增加的。一般认为建筑在沙类土层上的建筑物，其沉降在施工期已大部分完成，而建筑在黏土类土层上的基础，其沉降在施工时期只完成了一部分。图9.1为不同类土层的沉降过程线，由图中可看出，对于沙类土层上基础的沉降过程可以分为四个阶段：第一阶段是在施工期间，随着基础上压力的增加，沉降速度很大，年沉降量达20～70 mm；第二阶段，沉降量就显著地变慢，年沉降量大约为20 mm；第三阶段为平稳下沉阶段，其速度大约为每年1～2 mm；第四阶段沉降曲线几乎是水平的，也就是说到了沉降停止的阶段。根据这种情况，在观测精度要求相同时，沉降观测的频率是变化的。在施工过程中，频率应大些，一般有三天、七天、半月三种周期，到了竣工投产以后，频率可小一些，一般有一个月、两个月、三个月、半年及一年等不同的周期。在施工期间也可以按荷载增加的过程进行观测，即从观测点埋设稳定后进行第一次观测，当荷载增加到25%时观测一次，以后每增加15%观测一次。竣工后，一般第一年观测四次，第二年两次，以后每年一次。在掌握了一定规律或变形稳定之后，可减少观测次数。这种根据日历计划（或荷载增加量）进行的变形观测称为正常情况下的系统观测。

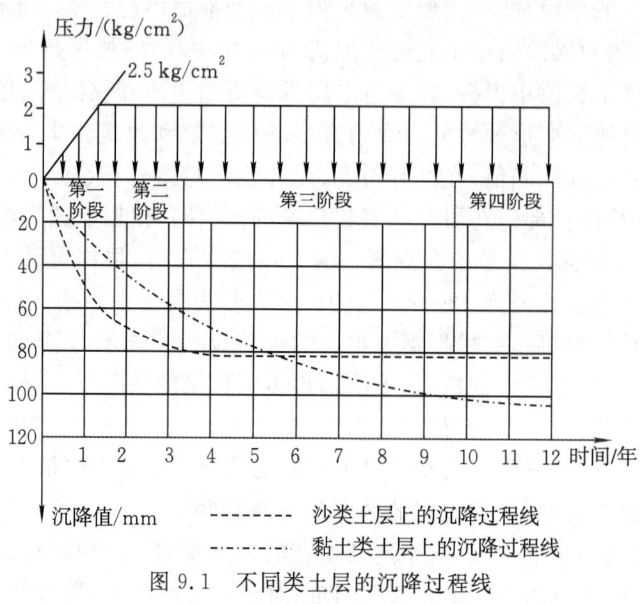

图9.1　不同类土层的沉降过程线

坚持定期观测这一点很重要，例如，瑞士有一拱坝正常运营 20 年后才出现异常。如果没有坚持定期观测，就无法发现，就会发生灾害。以大坝作为例子，变形监测的频率概括在表 9.1 中。

表 9.1　大坝变形监测周期

监测内容	监测周期/月			
	水库蓄水前	水库蓄水	水库蓄水后（2～3 年）	正常运营
混凝土坝：				
一沉降	1	1	3～6	6
一相对水平位移	0.5	0.25	0.5	1
一绝对水平位移	0.5～1	3	3	6～12
土石坝：				
一沉降，水平位移	3	1	3	6

近年来，由于工程的特殊要求，变形观测时效性要求也越来越强。为了保证施工安全，变形监测常常要求随着施工同步进行。例如，中央电视台新台址建筑造型很特异，塔楼高 324 m，塔楼主轴双向倾斜 6°，顶部超长悬挑，延伸的悬臂长度分别达 67 m 和 75 m，结构自重大。悬臂段高空正交合拢成一个类似不规则封闭门，是一种典型的“背叛”传统、对抗的复杂结构体系。施工过程中随着塔楼的逐层增高，结构构件的应力和变形在不停地变化，悬臂段合拢前随着结构施工的推进，两塔楼独自且相向变形，同时变形也越来越大，至合拢时两塔楼顶端的水平位移约 250 mm。因此，对变形监测要求很高，在悬臂合拢阶段要求在现场数小时连续观测，并且对监测成果处理要快速、及时，发现异常要及时上报，只有这样才能把隐患消灭在萌芽状态。再如，大坝、大桥在暴风雨季节要求 24 h 连续观测，以便及时发现问题并进行处理。滑坡监测在特殊时期也要实时观测、分析，并提交成果报告。

9.2.3　综合应用各种观测方法和技术

变形观测方法一般分为四类：①地面测量方法，包括几何水准测量、三角高程测量、角度测量、距离测量等；②空间测量技术，如 GNSS、InSAR；③摄影测量和地面激光扫描；④专门测量手段，这里主要是指各种准直测量、倾斜仪监测、应变计测量等。各种测量方法都有其优点和局限性。地面测量方法精度高，应用灵活，适用于各种不同的变形体和不同的监测环境，但野外工作量相对较大。目前也有采用自动测量系统，如自动全站仪 ATMS。空间技术可提供大范围的变形信息，但观测受环境影响大，例如有些地方，可见 GNSS 卫星的几何强度差，从而降低了定位精度；有的地方多路径影响大，用 InSAR 做地面变形监测，地面植被覆盖对精度影响大。与地面测量方法和空间测量技术相比，摄影测量外业工作量少，可以提供变形体表面上任意点的变形，但精度较低。近年来发展起来的地面激光扫描有类似于摄影测量的优点，精度也可达亚厘米级，在变形观测方面的应用也刚刚开始。专门测量手段容易实现连续、自动监测以及遥测遥控，而且相对精度较高，但它们提供的是局部的变形信息。以上技术中，有的可以提供空间上接近连续的变形信息（如 InSAR、摄影测量和地面激光扫描），而有的只提供离散点的变形信息（如地面测量方法、GNSS，以及专门测量手段），有的可以提供时间上连续的变形信息（如专门测量手段、ATMS，以及连续 GNSS 观测站）。设计监测方案时，一般都应综合考虑各种方法和技术的应用，取长补短，互相校核。近年来，发展趋势是多种监测技术和方法的集成，遥测遥控以及几何变形和物理参数同时监测，即除采集几何变形量外，也同时测量温度、应力、风速、风压和风振等物理参数。

变形监测网基本上分为两类：参考网（也称绝对网）和相对网。参考网是所有的网点都布置在变形体外，用作变形观测的参考点，以确定变形体上目标点的绝对位移。因此，参考网分析的目的是要确认其网点的稳定性。相对网的各个点都设置在变形体上，用于测定相对变形状态。此外，变形监测网和定位控制网是有区别的，控制网主要目的是测定点在所给的坐标系统中的位置，而监测网是用于测定位置的变化。因此变形监测网不一定构成完整的图形，图形秩亏也是允许的。

9.2.4 数据处理要求严密

变形量一般很小，有时甚至与观测精度处在同一量级，要从含有误差的观测值中分离出变形信息，需要严密的数据处理方法。此外，观测值中经常含有粗差和系统误差，在估计变形模型之前要进行观测数据筛选，以保证结果的正确性。另外，变形模型一般是预先不知道的，需要仔细地鉴别和检验。对于发生变形的原因还要进行解释，建立变形和变形原因之间的关系。此外，变形监测资料可能是由不同的方法在不同的时间采集的，需要综合地利用。再者，变形观测是重复进行的，多年观测积累了大量的资料，必须有效地管理和利用这些资料。

9.2.5 需要多学科知识的配合

在制订变形监测精度，优化设计变形监测方案，合理地分析变形监测成果，特别是进行变形的物理解释时，变形测量工作者要熟悉所研究的变形体。研究地壳变形，需要有地球物理的知识；研究工程建筑物的变形，需要土力学和土木工程的知识；研究变形的机理，需要力学方面的知识。可以说，变形测量是处于测绘学和地球物理、土木工程等科学的边缘。一个好的变形测量工作者需要具备其他学科的知识，才能与其他学科方面的专家有共同语言，紧密地协作。

9.3 变形监测技术和方法

变形监测技术和方法将在第10章和第11章中详细讨论。本节只简单地加以综述。

9.3.1 常规的大地测量方法

常规的大地测量方法指通过测角、量边、水准等技术来测定变形的方法，它具有以下一些优点：

(1)能够提供变形体整体的变形状态。

(2)观测量通过组成网的形式可以进行测量结果的校核和精度的评定。

(3)灵活性大，能够适应于不同的精度要求，不同形式的变形体和不同的外界条件。常规的大地测量包括以下一些典型的测量技术。

1. 精密高程测量

高程测量一般通过几何水准测量或者电磁波测距三角高程测量的方法获得。在变形监测中，多采用重复精密水准或者精密三角高程精确测定监测点之间的高差及其变化。

2．精密距离测量

精密测距可测定点在某个方向上的相对位移。早期的测距工具是因瓦基线尺。目前因瓦基线尺仍然是工业测量有效的精密测距工具，但它不适应于距离远、地表起伏不平或跨越深沟的区域。20 世纪 70 年代以来，各种型号的精密光电测距仪或全站仪广泛应用于变形监测，使得变形测量中的精密距离测量变得非常便利。测距精度由毫米提高到亚毫米。长距离测距需要解决大气折光问题。90 年代以后，由于 GNSS 的广泛应用，长距离测距仪已被 GNSS 所取代。

3．角度测量

角度测量又分为水平角测量和高度角测量。主要工具是经纬仪，包括光学经纬仪、电子经纬仪、全站仪等。全站仪已成为地面测量的主要工具，由伺服马达带动的全站仪可以实现自动测角、测距，也称测量机器人。

4．重力测量

地面高程的变化也可以间接地用重力测量测定。目前重力测量的精度约为 10 μGal（1 Gal$=10^{-2}$ m/s^2），相当于高程变化 30 mm。这样的精度虽然不够高，但是由于重力测量的成本比较低，因此可以在较大范围的地面变形监测中作为水准测量的补充。重力测量一般可以用于：①在地震预报时，测定和解释地面的垂直运动，监测和解释地震后地壳的垂直运动；②在火山地区结合水准测量和重力测量可以发现地下岩浆的运动；③研究用于采油、抽取地下水和利用地热蒸汽等造成的地表变形；④研究地壳的板块运动和变形。

9.3.2　专门测量手段和技术

1．液体静力水准测量

它是利用静止液面原理来传递高程的方法。利用连通管原理测量各点处容器内液面高程的变化以测定垂直位移的观测方法，可以测出两点或多点间的高差。适用于诸如混凝土坝基础廊道、土石坝表面，以及地铁隧道内垂直位移观测。一般将其中一个观测头安置在基准点，其他各观测头放置在垂直位移监测点上，通过它们之间的差值就可以得出监测点相对于基准点的高差变化。该方法精度高且无须点与点之间的通视，容易克服障碍物之间的阻挡，可以将液面的高程变化转换成电感输出，实现监测自动化。

2．准直测量

准直测量就是测量测点偏离基准线的距离的过程，它以观测某一方向上点位相对于基准线的变化为目的，包括水平准直和铅直两种。水平准直法为偏离水平基线的微距离测量，该水平基准线一般平行于被监测的物体，可以监测同一水平面上测点垂直于基准线方向上的位移。基准线一般可用光学法、光电法和机械法（如引张线）产生。铅直法为偏离垂直基准线的微距离测量，过基准点的铅垂线作为垂直基准线，可以监测不同高程面上测点在两个方向的位移。该基准线同样可以用光学法、光电法或机械法（如垂线）产生。

3．应变测量

应变是相对单位长度的变化。设两点之间的距离为 l，相对距离的变化为 Δl，那么 $\Delta l/l$ 为应变。应变可通过材料的物理参数与应力建立关系，因此它是变形观测中重要的观测量。

应变计有机械式和电子式两种。机械式是在两点间安装一根金属杆或金属丝，测量两点间距离的变化。电子式有多种形式，常用的为电阻应变片。电阻应变片的基本原理是基于导体的"应变效应",也就是利用导体的电阻随机械变形而变化的物理现象。这种测量方式成本比较高,对环境要求也比较高,而且误差比较大。

由于传统的应变测量方法具有诸多缺点,因而近年来发展了一些先进的方法,如下面介绍的光纤传感器。

4. 倾斜测量

倾斜测量有相对于水平面和相对于垂直面两类。前者主要有地面倾斜和建筑物基础倾斜监测,而后者主要有高层建筑物倾斜监测。相对于水平面倾斜可以用精密几何水准测定两点间相对沉陷方法来确定,也可以用倾斜仪测定。常用倾斜仪有水准管式倾斜仪,气泡式倾斜仪和电子倾斜仪。相对于垂直面倾斜测量的关键是测定建筑物不同高层面测点相对水平位移,从而计算出倾斜。根据建筑物高低和精度要求不同,垂直方向倾斜观测可采用悬挂锤球法和激光铅垂仪法等多种观测方法。悬吊锤球法测定偏差的方法比较简单,但是要求在建筑物顶端能够悬挂锤球线。激光铅垂仪法是在顶部适当位置安置接收靶,在其垂线下的地面或地板上安置激光铅垂仪,在接收靶上直接读取或量出顶部的水平位移量和位移方向。

5. 光纤传感器

传统的电子式倾斜仪和应变仪有其缺点和局限性,近年来发展的光纤传感器以其固有的优越性越来越广泛地应用在变形监测中。光纤传感器具有体积小、重量轻,不受电磁波干扰以及抗腐蚀、抗高温等特点,很适合建筑物的健康监测。光纤传感器可测量应变、温度、压力、倾斜、加速度等几何量和物理量。

有两种不同类型的光纤传感器:一种是光栅式光纤传感器,另一种是分布式光纤传感器。光栅式光纤传感器是点式,在光纤中刻上光栅,当光通过光纤时,如果光纤发生应变或温度发生变化,其频谱发生变化。光栅式的光纤传感器可以多点连在一起,只需一个读数装置。而分布式光纤传感器是连续式,可以测量沿着光纤上各点的变形信息。基本原理是当激光从光纤一端输入后,光纤中就会发生沿着光纤背向传播到入射端的散射光。在这些背向散射光中,根据其频率和强度,可分为瑞利散射光、拉曼散射光和布里渊散射光等。当激光脉冲由光源出发,经光纤传播时,在光纤中产生散射光,其后向散射光返回并由探测器监测到,就能测量变形信息。

目前,光栅式的光纤传感器可测量温度范围为20℃～250℃,分辨力为0.25℃;应变分辨力为0.1微应变。基于瑞利散射的分布式光纤传感器测温和测应变分辨力分别为0.1℃和0.1微应变,空间分辨力为1 cm,工作长度为100 m;基于布里渊散射的分布式光纤传感器测温和测应变分辨力分别为1℃和0.1微应变,空间分辨力为20 cm,工作长度为30 km;基于拉曼散射的分布式光纤传感器测温范围为－40℃～400℃,分辨力为0.01℃,空间分辨力为100 cm,工作长度为10 km。

光纤传感器具有测量精度高、动态范围大、频带宽并可实现绝对测量以及抗电磁干扰、耐腐蚀等优点,而且光纤体积小、柔软并可弯曲,能以任意形式复合于被测材料结构中而不影响材料的性能。因此,可将光纤传感器埋入混凝土结构中,用于各种建筑物的测量,如高大的楼房、桥梁,以及大坝等。

9.3.3 空间测量技术

1. GNSS 测量

相比于传统的测绘作业及方法,GNSS 测量有着显著的特点和优越性:它不受天气的干扰，定位精度高，点位间无须通视，容易实施长距离的精确三维定位，可以进行实时测量，具备良好的自动化和集成性能。GNSS 测量以其精度高、速度快和全天候等优点成为当今先进的变形观测手段。GNSS 用于变形观测有两种基本工作模式，一种是按一定周期重复测量监测网，得出各监测点的位移；另一种是 GNSS 接收机固定安置在测点上，连续观测点位坐标的变化。

当然，GNSS 定位技术也有其局限性，主要是测点所处的天空应具备良好的开阔度，以确保能接收到四颗以上图形强度较好的卫星信号。另外，多路径的影响是精密测量的主要误差来源。还有，目前精密测量型的接收机价格仍然偏高，限制了很多工程部门用于连续变形监测。为了解决以上障碍，国内研发了 GNSS 一机多天线技术，它是用一台 GNSS 接收机通过一个电子转换开关连接多个天线并保证 GNSS 信号完整可靠。8 个乃至 20 多个监测点共享一台 GNSS 接收机，整个监测系统的成本大幅度下降。GNSS 一机多天线系统已成功地用于国内多项变形观测工程中。对于城市高楼密集区的“城市峡谷”和位于深山峡谷中的水库大坝，由于 GNSS 信号受遮挡，使得接收到的 GNSS 卫星数较少、卫星几何图形分布不佳，导致 GNSS 定位精度大大降低，不能满足定位的要求。为了解决这个问题，研发了伪卫星定位技术。伪卫星，又称“地面卫星”，是从地面某特定地点发射类似于 GNSS 的导航信号，采用的导航电文格式与 GNSS 基本一致。由于伪卫星发射的是类似于 GNSS 的信号，并工作在相关的 GNSS 频率上，所以用户的 GNSS 接收机可以同时接收 GNSS 信号和伪卫星信号，而不必增设另一套伪卫星接收设备。伪卫星用于变形观测最普遍采用的模式是和 GNSS 构成组合系统，即在合适的地方安装伪卫星以增强定位的几何强度。近年来伪卫星增强 GNSS 定位技术用于精密测量受到广泛重视，如桥梁变形监测、大坝变形监测，以及矿山安全监测。

2. InSAR 技术

InSAR 技术是近年来迅速发展起来的一种微波遥感技术，它是利用合成孔径雷达的相位信息提取地表的三维信息和高程变化信息的一项技术。具体来说，InSAR 的基本原理是通过雷达卫星在相邻重复轨道上对同一地区进行两次成像，利用其所记录的相对相位进行干涉处理，解缠计算可获取地形高程数据。InSAR 可以测量地面点的高程变化，是目前空间遥感技术中获取高程信息精度最高的一项技术。由于它可以获得全球高精度、高可靠性（全天时、全天候）地表变化信息，因而能够有效地监测由自然和人为因素引起的地表形变。运用合成孔径雷达干涉及其差分技术进行地面位移观测，是近年来发展起来并得到日益重视的新方法。对不同地区地面形变的最新研究结果表明，合成孔径雷达干涉及其差分技术在地震形变、冰川运移、活动构造、地面沉降及滑坡等研究与监测中有广阔的应用前景，具有不可替代的优势。

与其他方法相比，用 InSAR 进行地面形变监测的主要优点在于：①覆盖范围大，方便迅速；②成本低，不需要建立监测网；③空间分辨率高，可以获得某一地区连续的地表形变信息；④可以监测或识别出潜在的或未知的地面形变信息；⑤全天候，不受云层及昼夜影响。

9.3.4　摄影测量和激光扫描技术

1. 摄影测量方法

用摄影测量方法测定各种工程建筑物、滑坡体等的变形，其方法就是在这些变形体的周围选择稳定的点，在这些目标点上安置照相机或者摄像机，对变形的物体进行拍摄，然后通过内业处理得到变形体上目标点的二维或三维的坐标，通过对不同时期相同目标点的坐标变化得到它们的变化情况，从而得到建筑物的变化。

摄影测量技术具有以下一些优点：

(1)不需要接触被监测的变形体。

(2)野外测量时间短，可以大量减少野外测量工作量并可快速获取变形过程。

(3)信息量大、利用率高。摄影测量方法可以同时测定变形体上任意点的变形信息，通过对变形前后的信息做各种处理可以获得变形体任一位置的状态。

由于摄影测量具有以上一些优点，因此也常应用于变形监测中。

2. 激光扫描技术

激光扫描技术也是非接触测量的重要手段，利用激光扫描获得的数据真实可靠，最直接地反映了客观事物实时的、变化的、真实的形态特性，所以人们将激光扫描技术作为快速获取空间数据的一种有效手段。国外一些发达国家已将这一先进技术用于对地观测系统和快速获取特定目标的立体模型。激光扫描仪的原理和工作过程已在第4章中介绍。

与传统的测量手段相比，激光扫描技术有其独特的优势：①能全天候工作；②数据量大、精度较高；③获取数据速度快，实时性强；④全数字特征，信息传输、加工和表达容易。激光扫描测量可以应用于建筑物特征的提取、监测滑坡、度量岩石等的裂缝，还可以记录和监测古建筑物。

9.4　变形观测数据分析

变形观测数据分析包括几何分析和物理解释两类。前者是分析变形体在空间中和时域中的变形特性，而后者是分析变形与变形原因之间的关系，用于预报变形，理解变形的机理。

监测变形体的变形有两种方式：一种是利用变形体外一些稳定基点来测定变形体上目标点的绝对位移(如大坝变形观测)；另一种是变形观测点都在变形体上，监测的是测点之间的相对变形(如矿山地面变形观测)。对于前者，为了确保基准点的稳定性，常将它们组成网，并定期观测以检查其稳定性。这类网通常称为参考网。变形分析的目的是要通过多期重复观测，检验参考网点的稳定性，有多种分析方法，这将在第12章中介绍。对于后者，通常称为相对网，因为所有观测点都在变形体上，测点的位移是相对的。相对网分析主要目的是鉴别变形模型，确定了变形模型后就可以计算变形参数(如相对移动、应变等)。

应当认识到，变形模型不是完全确定的，甚至完全不知道。为了避免把局部变形当成整体变形，应初步选择几种可能的模型，通过统计检验比较后选定仿真效果最好的模型。联系观测值和变形模型的方式有两种：坐标分析法和观测值分析法。前者要先进行相对网平差，计算点的坐标，两期坐标之差为位移。由于相对网没有固定基点(即不移动的点)，因此是自由网平差。在两期网平差时要选用同一基准，以便所计算的位移是相对于某一基准的。然后建立变形模型与位移的关系，从而估算变形模型。而观测值分析法是直接建立两期观测值的差值与变形模型的关系，进而估算变形模型。两种方法各有其优点和局限性。坐标分析法先进行参考网的平差，因此参考网不允许有图形秩亏。而观测值分析法则没有这个要求。但是通过参考网平差，可以提高精度，以及进行观测质量控制(如观差剔除)。

变形的物理解释一般可分为两种方法：统计分析法(或称回归分析法)和确定函数法。回归分析法是通过分析所观测的变形和变形成因之间的相关性来建立荷载与变形之间关系的数学模型。由于该法利用过去的观测数据，因此具有后验的性质。由于回归分析法在工程测量界中应用广泛，因此在第 12 章有详细介绍。确定函数法是利用荷载、变形体的几何性质和物理性质，以及应力与应变间的关系来建立模型，与前者相比，它有先验的性质。

在实际工作中，两种方法不应截然分开。事实上，每一种方法都包含统计和解析成分。对变形体行为的一般了解有助于在回归分析中建立荷载与变形的数学模型。而确定函数法所建立的模型还可以通过统计分析法来进一步改进，如校正变形体材料的某些物理参数。

动态变形观测得到一组以时间为坐标的观测数据，称为“时间系列”。对于动态变形分析也有几何分析和物理解释。动态变形观测几何分析主要是确定其变形的频率和振幅。一般采用傅里叶变换先对时间系列进行频谱分析，得出振动频率，然再用最小二乘原理估计其振幅。而物理解释是把建筑物描述为具有系统理论计算模型的动态系统，用动态响应分析的原理和方法建模。

第10章　垂直位移与水平位移观测

建(构)筑物垂直位移观测是测定基础和建(构)筑物本身在垂直方向上的位移。建筑物垂直位移观测应该在基坑开挖之前进行，并且贯穿于整个施工过程中，延续到建成后若干年，直至沉降现象基本停止为止。地面垂直位移观测也是要在地面开始移动之前进行首次观测，然后在移动过程中定期进行观测，直至地面移动基本停止，地面开始趋于稳定为止。

10.1　垂直位移监测网(点)布设及观测标志

10.1.1　垂直位移监测网(点)布设

垂直位移测量通常采用水准测量的方法，多次重复测定埋设在移动区或变形体上的观测点(监测点)相对于基准点的高差随时间的变化量。建(构)筑物的垂直位移测量包括基础的沉陷观测与建(构)筑物本身的变形观测。在拟订垂直位移测量观测点的布置方案时，通常由设计部门提出要求，由施工的组织者和测量人员一起提出布设方案，在施工期间进行埋设。观测点应有足够的数量，以便测出整个基础的沉陷、倾斜与弯曲，且能绘制出沉陷值曲线图。同时，还应根据建(构)筑物的形状大小、使用性质、结构特征，以及建(构)筑物场地的地质条件等情况，选择观测点的埋设形式和观测点标志。观测点应牢固地与建(构)筑物结合在一起，以便于观测，且尽量保证在整个沉陷变形观测期间不受损害。

对于工业与民用建筑物，通常在其四个角点、中点、转角处布置观测点，同时沿建筑物的周边每隔10～20 m布置一个观测点；对于设置有伸缩缝的建筑物，或者在新建与原有建筑物的连接处，在其两侧或伸缩缝的任意一侧布置观测点；对于宽度大于15 m的建筑物，在其内部有承重墙或支柱时，应在该部位尽可能布置观测点。为了查明建筑物基础的纵向和横向的弯曲和曲折，在其纵横轴线上也应埋设观测点。对于一般的工业建筑物来说，除了在立柱的基础上布设观测点之外，其主要设备基础的四周以及动荷载四周，地质条件不良处也应布置观测点。

高层或超高层建筑物具有建筑物高大、层数多、荷载大、重心高、基础深等特点，因此变形观测的作用也就显得特别重要。在变形测量工作中除进行基础沉陷观测之外，还要进行建筑物上部的倾斜与风振观测。为了观测基坑开挖过程中地基的回弹现象，在施工之前还应布设地基回弹观测点。回弹观测点的布置，应根据基坑形状及地质条件，以最少的点数能测出需要的地基纵横断面的回弹量为原则。一般是在建筑物的纵横轴线上布置观测点，当地质条件复杂时，应适当增加测点数。

垂直位移测量与一般水准测量相比，具有观测工作局限在某个固定的范围内、观测路线相对固定、观测工作重复进行、观测精度要求高、视距短、有时一次安置仪器可以观测多个前视点等特点。为了减少测量系统误差的影响，一般考虑采取以下措施：

(1)监测观测点垂直位移时，设置固定的仪器安置点和立尺点，保证往、返测量和复测是同一水准路线。

(2)监测工作中使用固定仪器和水准尺,有条件时最好固定人员进行观测。

水准基点、工作基点和观测点必须组成附合水准路线、闭合水准路线或者水准网进行观测,以便对观测成果有可靠的检核和平差计算。必要时每次观测需加标尺的长度改正,对钢管标志点还要加钢管的温度改正。进行水准监测网的平差计算,并计算出各观测点的高程最或是值,由同一观测点在不同时间测定的高程最或是值计算出该点在这一时间段内的垂直位移值。

10.1.2　水准基点标志的结构和埋设

为了测定地面和建(构)筑物的垂直位移,需要在远离移动变形区的稳固地点设置水准基点,在移动变形区范围内(或变形体上)设置观测点,以水准基点为依据测定移动变形区内的观测点的垂直位移。为了检查水准基点本身是否稳定不动,其本身高程是否变动,可将其成组埋设,通常每组设三个点,形成一个边长约 100 m 的等边三角形,见图 10.1。在三角形的中心与三点等距的地方设置固定测站 P,在此测站上可以经常观测三点间的高差,由此便可判断出水准基点的高程有无变动。

水准基点是沉陷观测的基准点,因此它的构造与埋设必须保证稳定不变和长久保存。根据建(构)筑物场地的地质情况、建(构)筑物使用的重要性和使用年限,水准基点可分为长期的和简单的两种。对于长期使用的水准基点,例如,大型水利枢纽中的大坝,水准基点应埋设在河流两岸的下游方向,而且在沉陷范围之外;工业建设场地大多位于平坦地区,由于覆盖土层较厚,往往采用深埋标志作为基点,水准基点应尽可能埋设在基岩上。

采用钻孔穿过土层和风化岩层达到基岩埋设钢管标志,这种钢管式基岩标如图 10.2 所示。对于冲积层地区,覆盖层深达几百米,这时钢管内部不充填水泥砂浆,为防止钢管弯曲,可用钢丝索导正(即钢管内穿入钢丝束,钢丝索下端固定在钢管底部的基岩上,上端高出地面,用平衡锤平衡,使钢丝索处于伸张状态,钢管处于被钢丝束导正的状态)。另外,为避免钢管受土层的影响,外面套比钢管直径稍大的保护管。

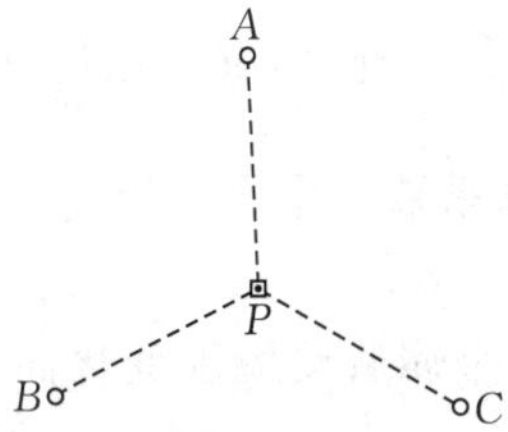

图 10.1　水准基点高程的检查

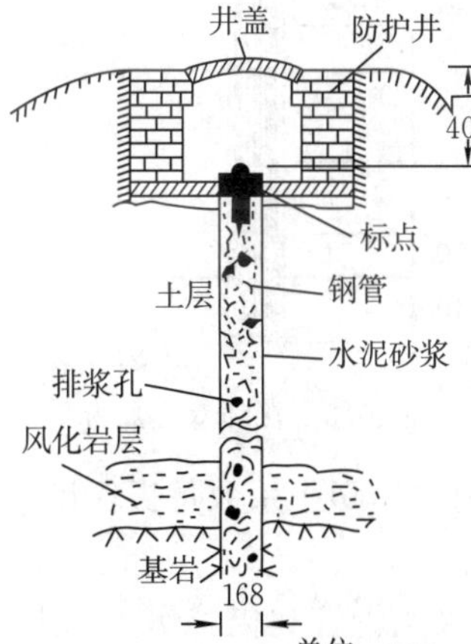

图 10.2　钢管式基岩标

在常年温度变化幅度很大的地方,当岩石上部土层较深时,为了避免由于温度变化大对标志高程的影响,可采用深埋双金属标。如图 10.3 所示,此种标志是由膨胀系数不同的两根金属管(如钢和铝)组成,在两根管的顶部装有读数设备,如图 10.4 所示。在此读数设备上,可以得出由于温度变化所引起的两管长度变化的差数 Δ,由 Δ 值便可计算出金属管本身长度的变化。其原理如下：

设以钢、铝制成的两根金属管，原长均为 L_0，两者的线膨胀系数分别为 $a_{钢}$、$a_{铝}$，则受热后各自伸长

$$L_{钢}=L_0+L_0a_{钢}\,t=L_0+\Delta L_{钢}$$

$$L_{铝}=L_0+L_0a_{铝}\,t=L_0+\Delta L_{铝}$$

式中，t 为标志各层高程处温度改变的平均值，其数值未知，而两金属管的长度差值 $\Delta=L_{钢}-L_{铝}=\Delta L_{钢}-\Delta L_{铝}=L_0t(a_{钢}-a_{铝})$，由此得

$$\frac{\Delta}{\Delta L_{钢}}=\frac{a_{钢}-a_{铝}}{a_{钢}},\ \frac{\Delta}{\Delta L_{铝}}=\frac{a_{钢}-a_{铝}}{a_{铝}}$$

移项后得

$$\Delta L_{钢}=\Delta\times\frac{a_{钢}}{a_{钢}-a_{铝}},\ \Delta L_{铝}=\Delta\times\frac{a_{铝}}{a_{钢}-a_{铝}}$$

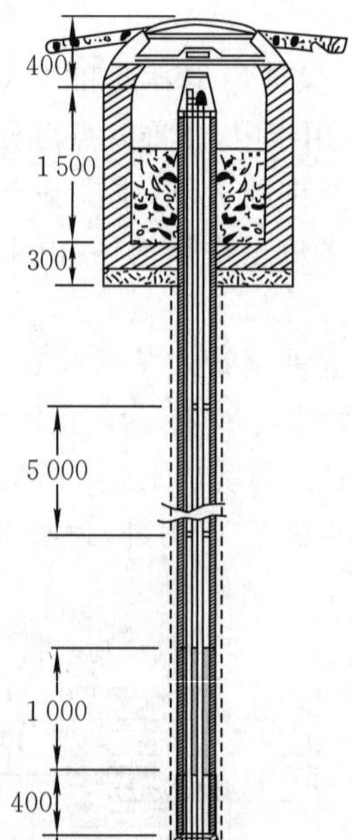

图 10.3　深埋双金属标

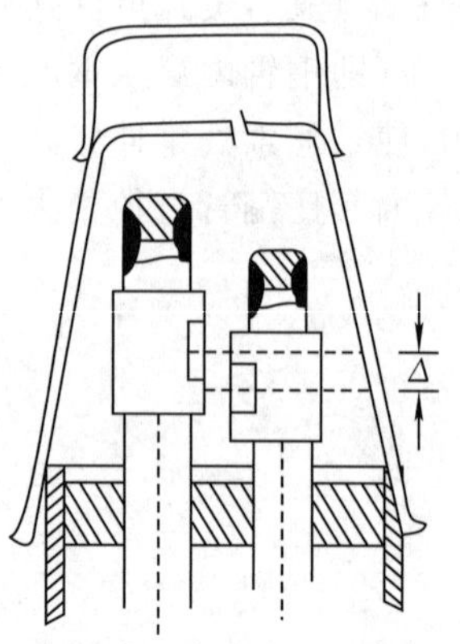

图 10.4　深埋双金属标顶的读数设备

已知钢的线膨胀系数每摄氏度为 0.000 012，铝的线膨胀系数每摄氏度为 0.000 024，则得

$$\Delta L_{钢}=-\Delta,\ \Delta L_{铝}=-2\Delta$$

可见，采用钢管和铝管作为标志，测得 Δ 值，即可知道各金属管受温度变化而引起的长度变化。

在矿山和城市建筑物区，进行地面和建筑物基础沉陷观测时，水准基点标志可以设成简单形式，如图 10.5 所示。这种标志结构简单，埋设方便，实用性好。有时还可利用稳固的永久建筑物设立墙脚水准基点标志，如图 10.6 所示。

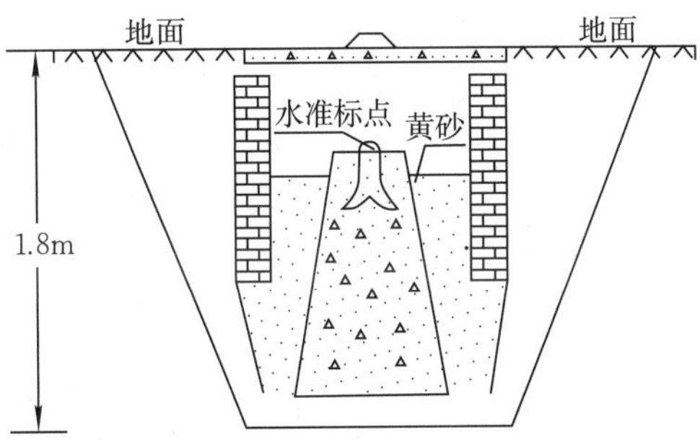

图 10.5　简单水准基点标志

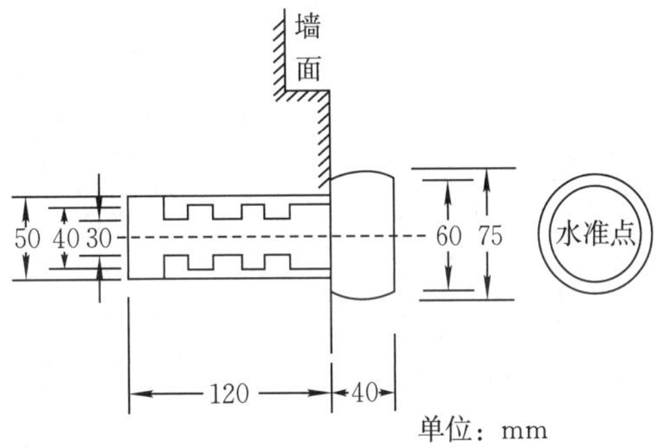

图 10.6　墙角水准基点标志

总之，水准基点的构造和埋设形式可根据观测对象的特点、地层结构和使用年限来确定，但为了保证水准基点本身的稳固可靠，应尽量使标志的底部埋到岩石上。因为埋设在土层中的标志，受土壤膨胀和收缩影响不易稳定。

如果布设的水准基点与沉陷观测点之间的距离较远，往往在水准基点和沉陷观测点之间布置联系点，称为工作基点。它与水准基点构成水准监测网，工作基点应尽可能靠近监测对象，只要保证在每次观测期间稳定即可，工作基点的标志采用浅埋混凝土标，标志结构如图 10.7 所示。工作基点与水准基点之间可采用闭合水准路线或复测水准路线的形式进行连测。

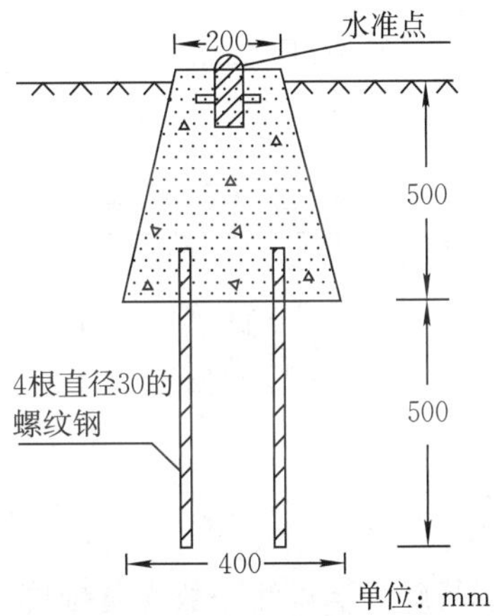

图 10.7　浅埋混凝土标志

10.1.3　沉陷观测点标志的结构和埋设

沉陷观测点应布设在监测对象上最有代表性的地方。对于建筑物沉陷观测点的布设，要考虑建筑物基础的地质条件、建筑结构、内部应力的分布情况，以及便于观测等。埋设时要注意观测点与建筑物的连接要牢靠，使得观测点的变化能真正反映建筑物的沉陷情况。而为了观测矿区地表沉陷，则应在采空区上方的地表沿矿体走向和倾斜方向布设观测点组成观测线，观测线应布设在沉陷量及其变化最大的地点。观测点埋设时要注意便于观测和保存，如果预计地表下沉后观测点可能被水淹没，则观测点的结构应便于接高（如在测点标志上考虑用螺丝连接加高）。总之，关于观测点的标志结构，应根据观测对象的特点和观测点埋设的位置来确定。

对于工业与民用建筑物的沉陷观测，观测点的设置形式如图 10.8 和图 10.9 所示。图 10.8(a)为设在墙上的观测点，图 10.8(b)为设在柱上的观测点，其标志一般设在高出室外地坪 0.5 m 处较为适宜；图 10.9 为设在基础面上的观测点。考虑到观测点的美观和长期保存，还有采用隐蔽式墙角标志，埋设在建筑物基础柱上，高出室内地坪 0.5 m，能反映建筑物垂直位移，便于观测的位置，这种观测点标志的结构形式如图 10.10(a)所示。这种标志的标身为螺旋结构，平时旋进螺盖以保护标志；使用时先旋出螺盖，再旋进标身，如图 10.10(b)所示。

对于混凝土坝，为了测定基础沉陷和混凝土坝体本身在垂直方向的伸缩，必须在基础岩石和坝体上埋设沉陷观测点。

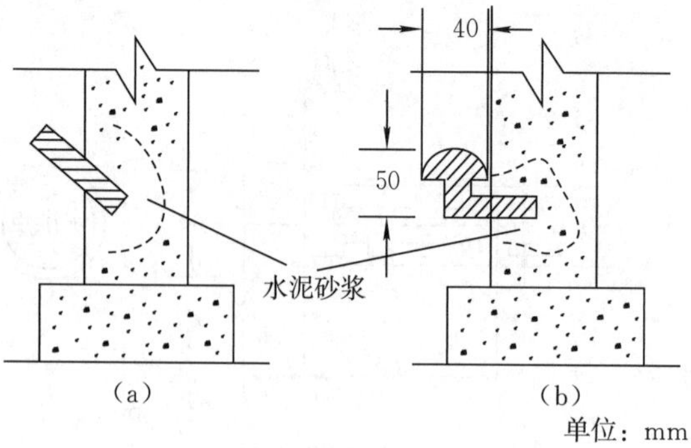

图 10.8　设在墙上或柱上的观测点

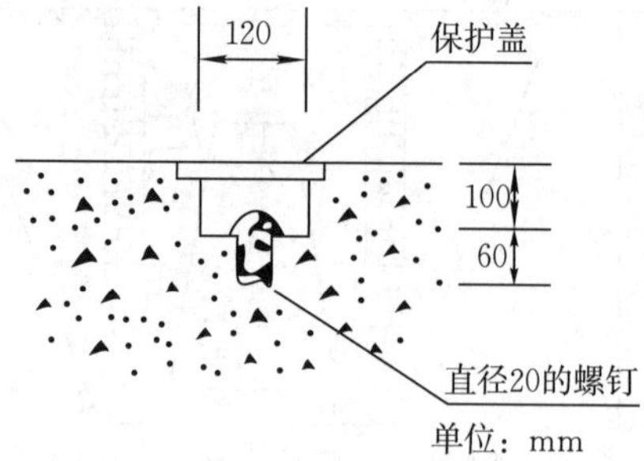

图 10.9　设在基础面上的观测点

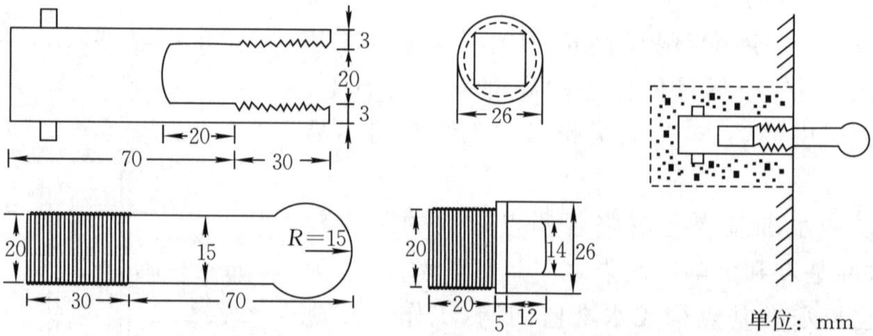

图 10.10　隐蔽式墙角沉陷观测点标志

基础沉陷观测一般在基础廊道内进行。根据廊道底面浇筑的混凝土板厚薄，以及廊道断面尺寸大小的不同，可选择不同标志的观测点。对于基础地质条件较差，廊道混凝土底板较厚的重点监测坝段，可埋设内外钢管标志，如图 10.11 所示。埋设时，先将内钢管埋于基础岩石下 1 m 处，随着混凝土浇筑上升，钢管接至基础廊道底板面时再焊接标心，并在内钢管上按一定间距安装电阻温度计，以便于测量钢管的温度变化和计算钢管长度改正数，内外钢管用橡皮圈隔开。当廊道底板很薄时，混凝土底面的沉陷即可代表基础沉陷，这时可在混凝土底板上埋设混凝土嵌心标志，如图 10.12 所示。若有的基础廊道底面不浇混凝土，也可将此种嵌心标志直接埋设在基础岩石上。当基础廊道内没有条件埋设水准标点或基础廊道的高度低于 3 m，无法竖立水准尺时，可在高出廊道底板 1.4 m 处的侧墙上埋设墙上标志，如图 10.13 所示。

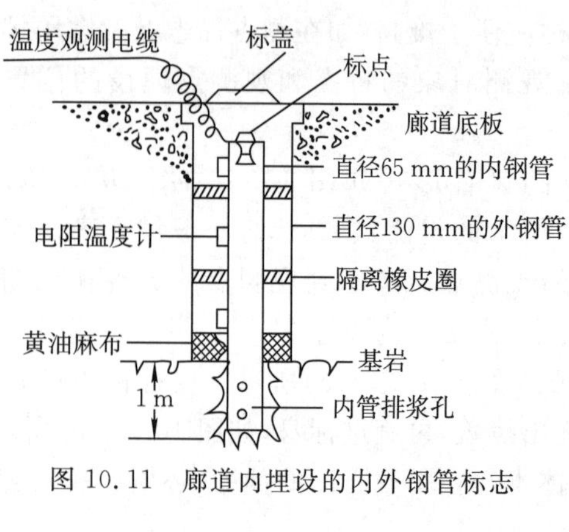

图 10.11　廊道内埋设的内外钢管标志

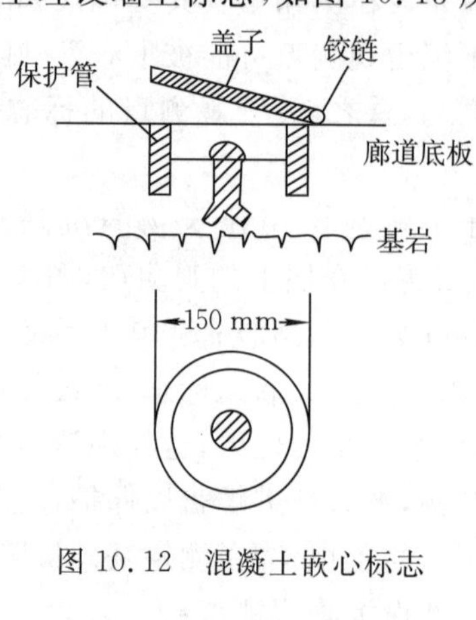

图 10.12　混凝土嵌心标志

大坝坝顶混凝土面上的垂直位移观测点及厂房水轮机平台等附属工程的观测点，均可采用类似图 10.12 所示的混凝土嵌心标志。

钢筋混凝土大坝、大型桥梁的桥墩和桥面，以及某些大型重要的建(构)筑物基础和结构体内，按设计要求有的还要埋设应力—应变仪、倾斜仪、电子水准器和长度变化测量仪等自动化的测量仪表和电子测量器件，自动监测局部的应力、应变量和沉降、倾斜、水平位移等位移量，并且还能进行动态变化监测。

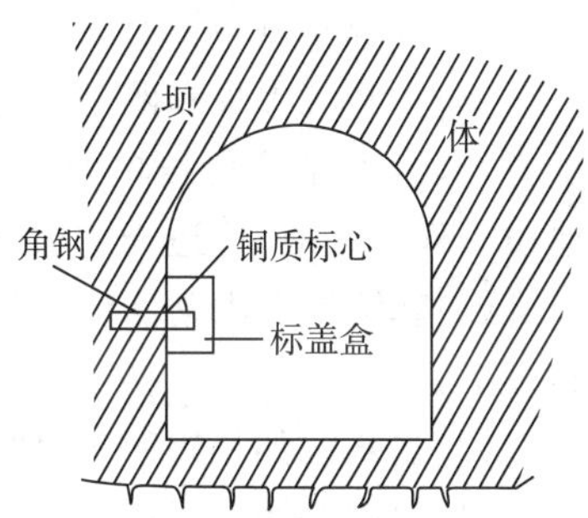

图 10.13　廊道内墙上标志

矿区地表沉陷的观测点可采用预制的混凝土桩或在现场挖坑浇筑的混凝土桩。观测点的标志可用直径 16～20 mm 的钢筋制成，顶面磨成半球形，底端制成燕尾形。观测点底面的埋设深度，在非冻土地区，应在地表以下 0.6 m；在冻土地区，应埋设在冻结线 0.5 m 以下。为了便于观测，观测点的顶端一般应高出地面 0.1～0.5 m。图 10.14 为预制混凝土观测点的构造与埋设方法示意图。

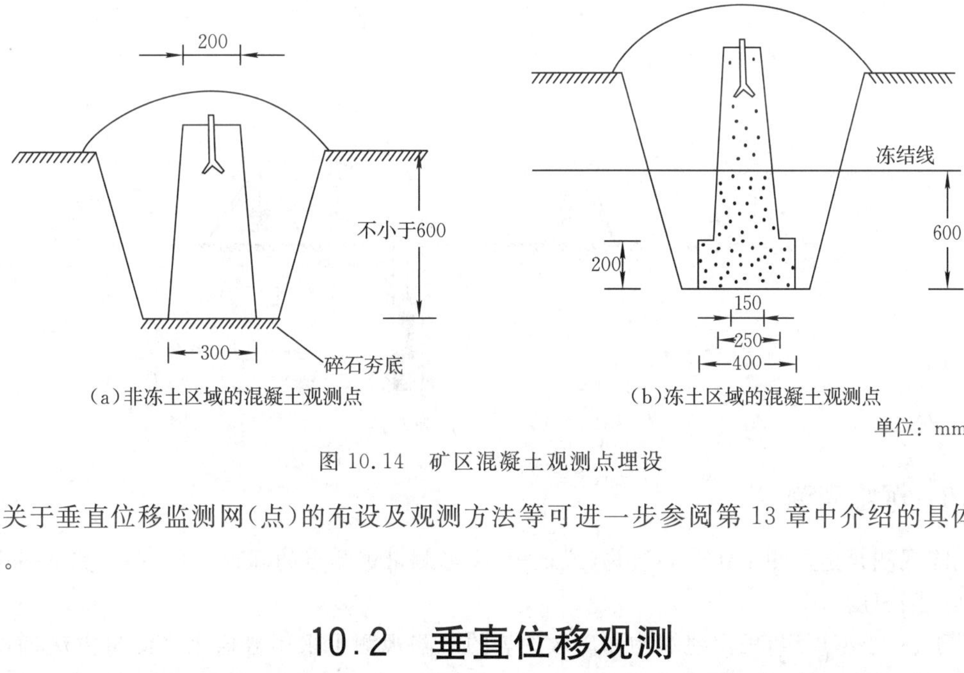

图 10.14　矿区混凝土观测点埋设

关于垂直位移监测网(点)的布设及观测方法等可进一步参阅第 13 章中介绍的具体工程实例。

10.2　垂直位移观测

垂直位移观测包括基坑回弹观测、地基土分层沉降观测、建(构)筑物基础及建(构)筑物本身的沉降观测、地表沉降观测等内容。目前垂直位移观测最常用的是水准测量方法，有时也用液体静力水准测量方法观测。

10.2.1　基坑回弹观测

深埋大型基础在基坑开挖后，卸除地基土自重会引起基坑内外影响范围内岩土层相对于开挖前回弹。为了观测基坑开挖过程中地基的回弹现象，在施工前应布设地基回弹观测的工作基点和观测点(监测点)。观测点位置的选择，应根据基坑形状及地质条件、周边地形地物情况来确定，观测点布设有以下要求：

(1)在基坑中央和距基坑底边缘约1/4坑底宽度处，以及其他变形特征位置设观测点。对于方形、圆形基坑可按单向对称布设，矩形基坑可按纵横向布设，复合矩形基坑可多向布设。地质条件复杂时，应适当增加观测点数。

(2)基坑外观测点，应在所选坑内方向线的延长线上距基坑深度1.5～2倍距离的范围内布设。

(3)在基坑外相对稳定、便于保存且不受施工影响的地点，布设工作基点。

(4)观测路线应组成起讫于工作基点的闭合或附合路线，以便对观测结果进行检核。

对于建造在深度为8 m以上的基坑中的基础，需要测定基坑的回弹。观测时所用的标志埋设在基础各部分预留的钻孔中，标志顶部高程应低于基坑底0.5 m左右。埋设时先将标志(一般为一节钢管，管顶焊一半圆形端头，管壁钻有孔眼)吊入钻孔底部，浇注水泥砂浆，使标志与土层(岩层)固结。钻孔内埋设的标志高程变化的观测一般是采用特制的钢尺(或钢线尺)悬吊重锤与标志顶接触的办法进行，如图10.15所示。测量时需要自制悬挂的重锤，钢管和重锤的直径不能相差过大，以便使重锤与测点标志很好地接触，测量时还需多次将重锤拉上放下进行检查。定期地测量观测点相对于基准点的高差，求得观测点的高程，比较同一观测点不同时期测得的高程，可得出基坑回弹情况。

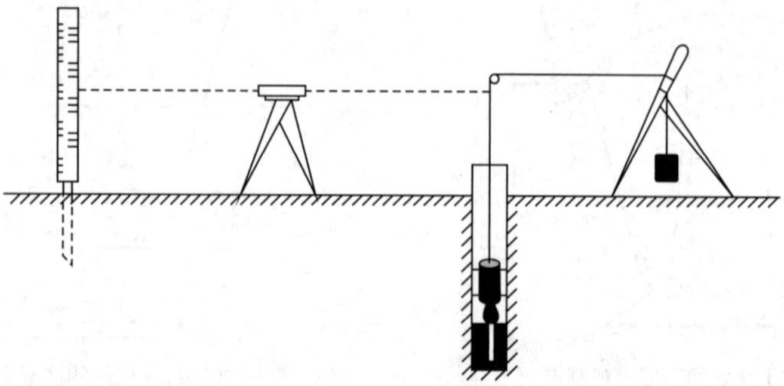

图10.15 基坑回弹观测

10.2.2 沉陷观测

沉陷观测是定期测量建(构)筑物(或地表)变形测量观测点的高程变化，得到其沉陷量，并计算其沉陷速度。

对于中、小型厂房，民用建筑物和矿区地表的沉陷观测可采用普通水准测量方法；而对于大型重要的混凝土建(构)筑物，如大型工业厂房、高层建筑物、大型桥梁、混凝土大坝以及城市地面的沉降等沉陷观测，则采用精密水准测量的方法。水准路线应从一水准点开始到另一水准点，形成闭合或附合路线。与一般的水准测量相比，所不同的是视线长度较短，一般不大于25 m，一次安置仪器可以测几个前视点。在不同周期的重复观测中，仪器应安置在同一位置上，以削弱系统误差的影响。

对于埋设在建筑物基础上的观测点，埋设之后就开始第一次观测，以后随着荷重的逐步增加(如砌筑墙壁或安装设备后，机器开始工作之前等)进行重复观测。在运行期间重复观测的周期可根据沉陷速度的快慢而定，每月、每季、每半年或每年观测1次，一直到沉陷完全停止为止。

由于工业与民用建筑物的范围不是很大，所以施测的水准路线往往不是很长，并且路线的高程闭合差一般不会超过 1～2 mm，因此闭合差可按测站平均分配。如果观测点之间的距离相差很大，则闭合差可以按距离成比例分配。

为了测定混凝土坝的基础沉陷和混凝土坝体本身在垂直方向的伸缩，在基础与坝顶面埋设了沉陷观测点。为了测定这些观测点的沉陷，在靠近坝的下游两岸设置工作基点。而工作基点是否稳定不动，要由离坝较远的水准基点来进行连测检验。水准基点与工作基点之间的观测称为工作基点观测，工作基点与观测点之间的观测称为观测点观测。下面分别叙述这两种观测在线路形状、精度要求、仪器设备、操作方法、观测周期以及成果的检查计算等方面的特点。

1. 工作基点观测

大坝下游工作基点与水准基点间所布设的水准环线（左、右岸水准路线连成一片，可使整个坝区的高程成果资料统一），一般要求每千米水准测量高差中数的中误差不大于 0.5 mm。采用精密水准仪 S0.5 和因瓦水准尺进行测量。

作业方法基本上按一等水准测量规定进行，由于工作条件的不同，操作方法上也有其特点。例如，沉陷观测的路线相对固定；为便于观测，消除一些系统误差的影响，通常在转点处埋设简便的金属标头作为立尺点。

由水准基点到工作基点的连测，每年进行 1 次（或 2 次），尽可能固定观测的月份，即选择外界条件相近的情况进行观测，以减小外界条件对观测成果的影响。

水准环线是分段（如每段 1 km 左右）进行观测，往返观测的高差加标尺长度改正后计算往返测高差较差，各段往返测高差较差不得超过 $d_{限}=4\mu_{km}\sqrt{R}=4\times0.5\ \text{mm}\sqrt{R}=2\ \text{mm}\sqrt{R}$（$R$ 为测段水准路线长度，取单位为千米的数值）。高差较差合格后，根据加标尺长度改正后的往返测高差计算高差中数，再由高差中数计算环线闭合差。将环线闭合差按各测段线路长度进行分配。然后，由水准基点的高程推算工作基点和沿线各水准点的高程，再与各点的首次观测高程比较，可得到工作基点和沿线各水准点高程的变化值。从这些水准点高程的变化，可以了解坝址下游地面的沉陷情况。

按照上述规定所施测的精密水准测量，根据经验，高程的传递精度可以达到 0.5 mm/km 的要求。每千米水准测量高差中数的中误差计算公式为

$$\mu_{km}=\sqrt{\frac{[p_i d_i d_i]}{4n}} \tag{10.1}$$

而

$$p_i=\frac{1}{R_i}\quad(i=1,2,\cdots,n)$$

式中，n 为水准环线的测段数；R_i 为各测段的线路长度，单位为 km；d_i 为各测段往返测高差的较差，单位为 mm，它们的权各为 $p_i/2$。

2. 观测点观测

混凝土坝观测点的沉陷是根据两岸的工作基点来测定的。对于建筑在基岩上的混凝土坝，其沉陷观测中误差要求不超过±1 mm。一般采用精密水准仪，按二等水准测量操作规定进行施测。由于沉陷观测在施工过程中就开始，因此受施工干扰大，而且大部分观测是在廊道内进行，有的廊道高度不够，有的廊道底面呈梯形等，使得立尺、架设仪器和观测都受到一定限制。尤其是基础廊道，高低不平，坡度起伏变化大，视线很短（有的短到 3 m），使得每千米的测

站数很多。因此，根据实测经验，对观测工作做如下补充规定：

(1)设置固定的安置仪器点与立尺点，使往返测或复测在同一路线上的固定点进行。

(2)每次观测使用固定的仪器和标尺。

(3)仪器至标尺的距离，最长不得超过40 m，每站的前后视距差不得大于0.3 m，前后视距累积差不得大于1 m，基辅差不得超过0.25 mm。

(4)每次观测进出廊道前后，仪器、标尺均需晾置半小时以后再进行观测。

(5)在廊道内观测采用手电筒照明。

测定观测点沉陷的水准路线大多铺设成两工作基点之间的附合路线。每次观测值均要加标尺长度改正。根据视线短、每千米线路测站数多的特点，将附合路线闭合差按测段的测站数多少进行分配。然后，根据工作基点的高程推算各沉陷观测点的高程，将本次计算的各观测点高程与各点首次观测的高程比较，即可求得各观测点相对于该点首次观测的沉陷量(其符号规定：下沉为正，上升为负)。还需指出，工作基点本身逐年也会有些下沉，但各次沉陷观测点高程仍以工作基点的首次高程作为起算高程，而将工作基点各年的下沉量视为一常数，在分析资料时一并考虑。

附合水准路线上一测站高差中数的中误差计算公式为

$$\mu_{站}=\sqrt{\frac{[pdd]}{4n}} \tag{10.2}$$

而

$$p_i=\frac{1}{N_i}(i=1,2,\cdots,n)$$

式中，n 为附合水准路线的测段数；N_i 为各测段的测站数；d_i 为各测段往返测高差较差，单位为mm，它们的权各为 $p_i/2$。

离工作基点最远的观测点，其高程的测定精度最低。最弱点相对于工作基点的高程中误差计算公式为

$$m_{弱}=\mu_{站}\sqrt{K} \tag{10.3}$$

而

$$K=\frac{K_1K_2}{K_1+K_2}$$

式中，K_1、K_2 为由两工作基点分别测到的最弱点的测站数。

沉陷量是两次观测高程之差。因此，最弱点沉陷量的测定中误差 $m_{沉}=\sqrt{2}m_{弱}$，应满足±1 mm的精度要求。

在矿区，地下矿物采出后，周围岩层向采空区移动，随着采空区面积的扩大，岩层的下沉，地表将产生向采空区方向的弯曲而形成凹地，一般叫移动盆地。为了观测矿区的地表沉陷，应在预计的地表沉陷区域内，沿矿层走向方向和倾向方向布设若干观测点。这些观测点最好布设在一直线上，形成一条观测线。观测线应尽量通过下沉量及其变化最大的地点，并贯穿整个沉陷范围。为了测定观测点的沉陷量，应在沉陷范围以外50～100 m处设立基点。一般在观测线的每端(沉陷范围以外)应布设不少于两个基点，其间距不应小于50 m。如因条件限制，也可只在一端设立基点，但数目不应少于3个。观测线上观测点间距与开采深度有关，可参考表10.1中的数据确定。观测线基点与观测点的标志构造与埋设分别见图10.5和图10.14。

观测线控制点的高程用三等水准测量方法，自矿区高程控制点起引测。开采前测定基点和观测点高程时，应组成水准网，按三等水准测量的要求进行。而沉陷期间和采后测定观测点高程时，以观测线基点为起点和终点，采用单程附合水准路线或往返测水准支线，按四等水准测量的要求进行。对于一条观测线上所有点的高程测量，应尽可能在一天内完成。观测线基点的高程应定期进行检查，其时间间隔可为一年左右。

观测点沉陷观测分全面观测和巡视测量两种，在采前、采后和地表沉陷活跃期应做全面观测。全面观测除由基点测出该观测线上各观测点的高程以外，还要测出各观测点间的水平距离和观测点偏离观测线的水平距离。全面观测的周期视回采工作速度而定，在沉陷活跃期一般每 1～2 个月观测一次。为了掌握开采后地表是否开始沉陷和停采后地表是否停止沉陷，需要做巡视测量。回采工作开始后，在采空区上方选择几个走向观测线的观测点进行定期水准测量，观测的时间间隔视回采速度而定，一般为 3～7 天，如果观测发现某一观测点有明显的下沉（大于 50 mm），可认为地表已开始移动，这时需进行全面观测。在回采工作结束后，地表移动逐渐转入衰退期，此时在停采线两侧选择若干观测点进行定期的水准测量，观测的间隔时间视开采深度和顶板岩性等具体条件而定，一般为 1～3 个月，直至地表各观测点在 6 个月内的下沉量都不大于 30 mm 为止，此时可进行采后的最后一次全面观测。

地面沉陷还可应用倾斜仪进行观测。例如，在矿区沿地形轮廓放置一系列倾斜仪，那么它可以取代水准测量来确定地表下沉，如图 10.16 所示，图中点 4 相对于点 1 下沉可由观测的倾斜角（以弧度为单位）计算出来，当地表下沉的倾角较小时，可计算这两点间的下沉值，即

$$h_4 = S_1\frac{\alpha_1+\alpha_2}{2} + S_2\frac{\alpha_2+\alpha_3}{2} + S_3\frac{\alpha_3+\alpha_4}{2} \tag{10.4}$$

表 10.1　观测点间距与开采深度

开采深度 /m	观测点间距 /m
<50	≤5
50～100	5～10
100～200	10～15
200～300	15～20
>300	20～25

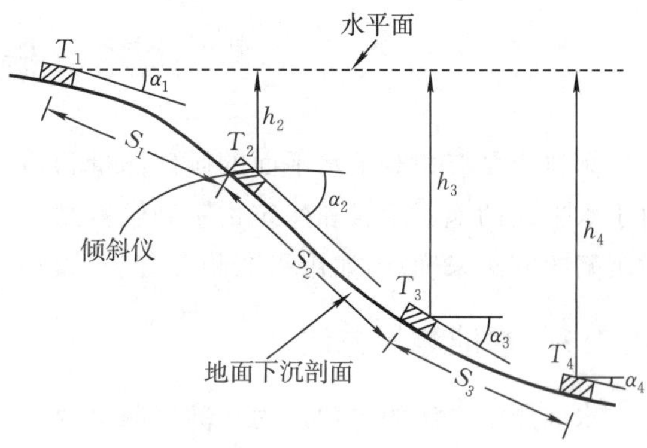

图 10.16　倾斜仪测定地面下沉量

以上介绍的是建（构）筑物的基础面和地表面的沉陷观测，有时还需要测定高层和大型建（构）筑物地基内部各分层土和公路、铁路路基内各分层的沉陷量、下沉速度，以及有效压缩层的厚度，以获取基础内部压实和沉陷情况的信息，这种观测称为分层沉陷观测。

分层沉陷观测点应设在需要观测的地点，例如建（构）筑物地基中心附近，公路、铁路路基中心线上大约 2 m^2 或各点间距不大于 50 cm 的较小范围内，在沿铅垂线方向上的各分层土内布设。观测点数量与深度，应根据分层土的堆筑情况和构成确定，原则上每一土层设 1 点，最浅的点位应设在基础底面不小于 50 cm 处，最深的点位应在超过压缩层理论厚度处，或设在压缩性低的砾石或岩石层上。

图 10.17(a)所示是在一海岛上挖填的地基基础各分层沉陷观测点布设示意图。图中 B、

C 为沉陷观测点位，用水准测量的方法进行观测，A 为深层沉降观测孔。深层沉降主要采用分层沉降仪进行观测，大多是采用电磁式沉降仪观测。该仪器是在探头或称探测器内安装电磁振荡线圈，在振荡线圈接近埋设于土体内的铁环时，由于铁环中产生涡流损耗，大量吸收振荡电路的磁场能量，使得振荡器减弱，直到停止振荡，此时晶体音响便发出声音。根据声音发出的一瞬间在测尺上读出所在的深度，确定铁环的位置。分层沉降仪基本结构如图 10.17(b) 所示。每次观测时用水准仪测出孔口高程，测得测点(铁环)在孔内的深度 L，即可计算出测点的高程。测点初设时的高程 H_0 减去 t 时刻的测点高程 H_t，就能得到不同深度在不同时期土体的分层压缩量或其沉陷信息。

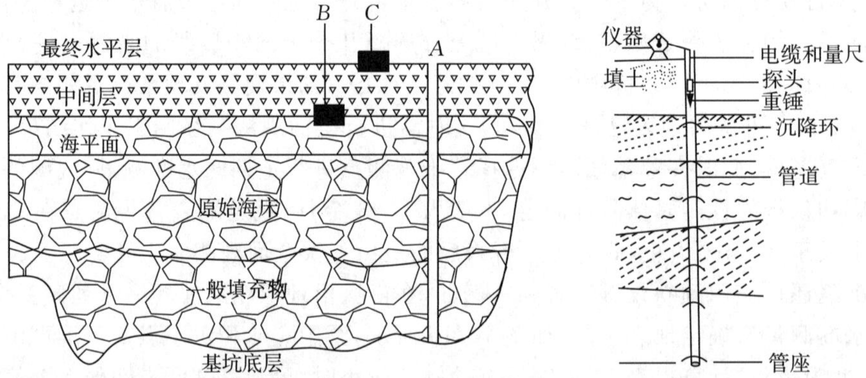

(a)分层沉陷观测点位布设　(b)分层沉降仪基本结构

图 10.17　分层沉陷观测

10.3　倾斜测量

倾斜测量有相对于水平面的倾斜测量和相对于垂直面的倾斜测量两类。本节主要介绍相对于水平面的地面倾斜和建筑物基础倾斜测量。相对于水平面的倾斜可通过测定两点间的相对沉陷的方法来确定，如用水准测量方法、倾斜仪测量方法和液体静力测量方法测定。

10.3.1　水准测量方法

水准测量方法的原理是用水准仪测出两个观测点之间的相对沉陷，由相对沉陷与两点间距离之比计算出两点间的平均倾斜值。例如，测出 A、B 两点的沉陷值为 W_A、W_B，以及 A、B 两点间的距离为 L_{AB}，则其平均倾斜值为

$$i_{AB} = \frac{W_B - W_A}{L_{AB}} \tag{10.5}$$

10.3.2　倾斜仪测量方法

倾斜仪的应用范围很广泛，如用倾斜仪监测地面和建(构)筑物基础的倾斜，还可在高层建(构)筑物结构的不同高度放置倾斜仪测定该建(构)筑物的倾斜情况。但倾斜仪最常用的应用是用于斜坡稳定性研究和水库大坝监测中。

常用的倾斜仪有气泡式倾斜仪、电子倾斜仪、垂直钟摆式倾斜仪等。

1. 气泡式倾斜仪

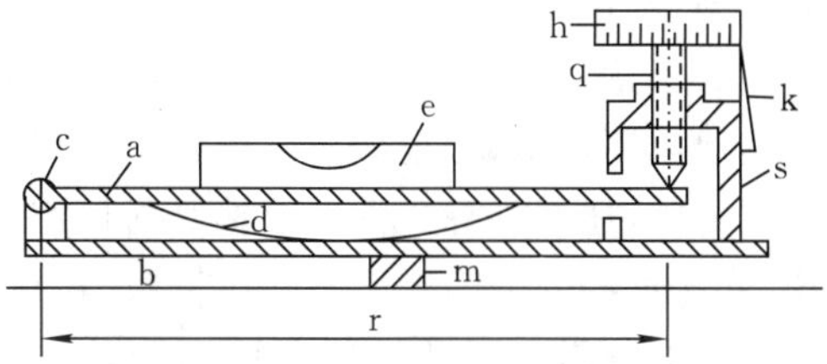

图 10.18　气泡式倾斜仪的结构

气泡式倾斜仪由一个高灵敏度的气泡水准管 e 和一套精密测微器组件构成。如图 10.18 所示，q 为测微杆，h 为读数盘，k 为指标；气泡式水准管 e 固定在支架上，支架 a 可绕 c 点转动，支架 a 下装有弹簧片 d，在底板 b 下装有置放装置 m；s 为测微杆连接器，s 与底板 b 紧固在一起。通过 m 将倾斜仪安置在需要测量的位置上以后，转动读数盘 h，使测微杆 q 上下移动，压动支架 a，使气泡水准管 e 的气泡居中。此时在读数盘上读出初始读数 x_0；若基础发生倾斜变形，仪器气泡会发生偏移；为求取倾斜值需重新转动读数盘 h 使气泡居中，读出读数 x_j（$j=1,2,3,\cdots,n$），n 为观测周期数；将初始读数 x_0 与周期读数 x_j 相减，即可求得倾斜值。

2. 电子倾斜仪

为了实现倾斜观测的自动化，可采用如图 10.19 所示的电子倾斜仪（又称电子水准器）来测定倾斜值。电子倾斜仪是在普通玻璃管水准器（内装酒精和乙醚的混合液，并留有空气泡）的上、下面装有 3 个电极 1、2、3，形成差动电容器的一种装置，包括此电容器的差动桥式电路，如图 10.20 所示，U_0 为输出高频交流电压，差动电容器 C_1 和 C_2 构成电桥的两臂，Z_1 和 Z_2 为阻抗，R 为负载电阻。

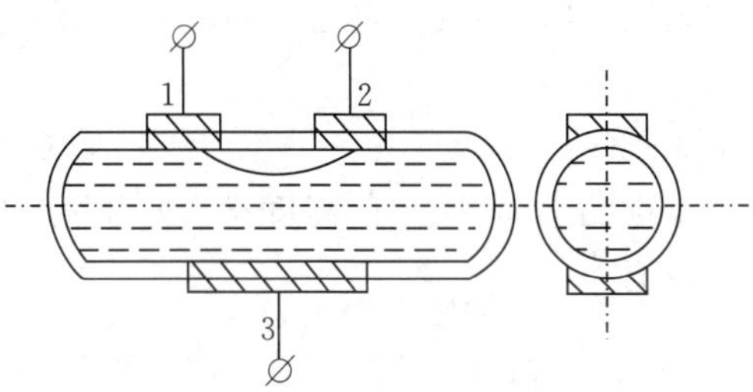

图 10.19　电子倾斜仪的结构

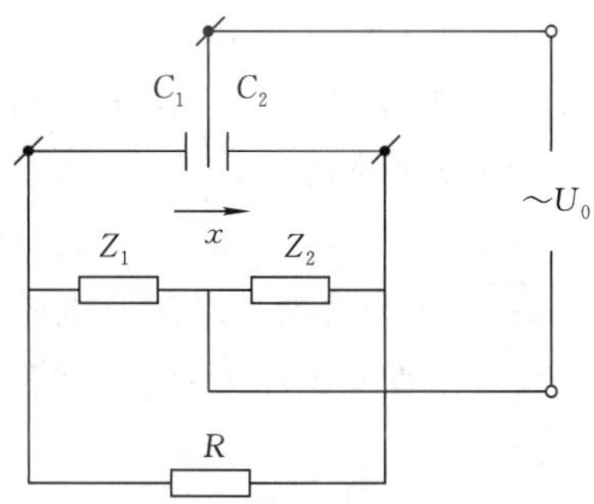

图 10.20　电容器的差动桥式电路

电子倾斜仪的工作原理是：当玻璃管水准器倾斜时，气泡向一旁偏移了 x，使电容器 C_1 和 C_2 的介电常数发生变化，引起电桥两臂阻抗发生变化，因而使桥接电路失去平衡，其变化被测量装置及时记录下来。

这种电子倾斜仪可固定安置在建筑物和设备的适当位置上，能自动、连续地进行倾斜观测，因而适用于动态变化观测。测量范围为 200″的电子倾斜仪，测定倾斜角值的中误差可达±0.2″。

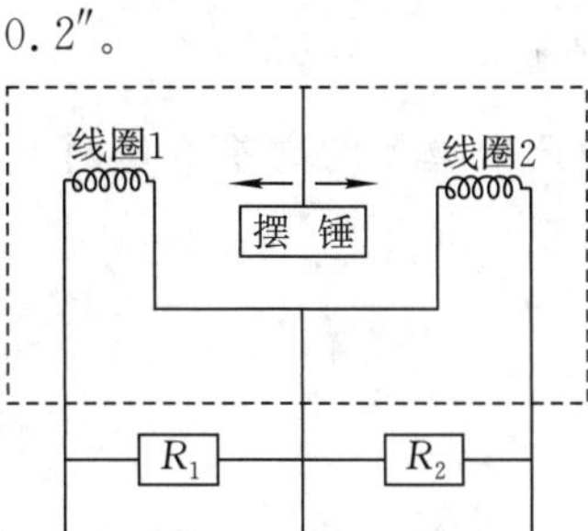

图 10.21　垂直钟摆式倾斜仪的测量电桥

3. 垂直钟摆式倾斜仪

采用这种倾斜仪可以测定地面的倾斜。它是将悬挂的摆锤安置在两线圈中间，形成差动线圈，将两线圈与两个电阻连接组成一个测量电桥，给电桥供以高频交流电压，如图 10.21 所示。在初始位置时，摆锤处于两线圈正中间，电桥平衡；但地面倾斜时，摆锤相对线圈运动，造成两线圈的电感不等，桥路失去平衡，利用电桥将电感量变化转化成电压变化。因而，由电表测得的电压变化可知地面倾斜量。为了达到遥测的目的，可将差动线圈安置在欲倾斜的地面，用电缆引到观测室与两个电阻联结组成测量电桥，也即构成遥测倾斜仪，这样可在室内遥测室外地面的倾斜量。

另外，还有一种鱼雷型双轴倾斜仪用于钻孔观测，通过标有间隔的绳索在钻孔中下放倾斜仪，并在这些间隔间读取倾斜仪读数，在重复测量下，能确定钻孔的完整断面图及其倾斜量。

影响倾斜仪测量精度的主要因素是温度。由于温度的变化会引起仪器零件的尺寸变化，并改变电子倾斜仪中液体气泡体积和钟摆式倾斜仪中保温油的黏稠性，同时电流属性也会随温度而变化。此外，仪器读数分辨率和读数误差也会影响测量精度。因此，在使用倾斜仪前，必须对其进行严格的检验和测定，以使测量中大部分误差得到补偿或者进行改正。

10.3.3　液体静力水准测量

液体静力水准测量是测定观测点高程的一种方法。如用于铺设电缆和各种自流下水管道时用其确定设计高程，进行金属结构和机组设备的安装测量，以及堤坝、桥梁、各种建筑物基础的沉陷与倾斜测量等。

下面分别介绍液体静力水准测量的基本原理、仪器结构、误差来源，以及具体应用方法等内容。

1. 基本原理

液体静力水准测量的基本原理可用图10.22说明。图中相联结的两个容器1、2分别安置在欲测的平面A与B上。当两个容器中装有同类均匀液体时，两液面将处在同一水平面上。高差Δh可用液面的高度H_1与H_2求得，即

$$\Delta h = H_1 - H_2 = (a_1 - a_2) - (b_1 - b_2) \tag{10.6}$$

式中，a_1、a_2分别为容器1、2的高度或读数零点相对于欲测平面A、B的高度；b_1、b_2分别为容器1、2中液面位置的读数值，也即读数零点至液面的距离。

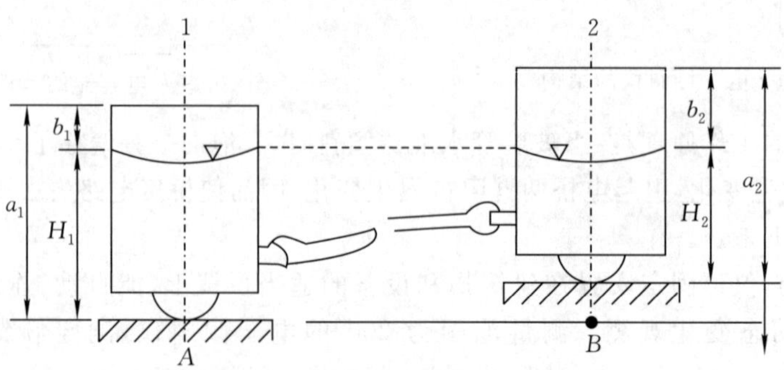

图10.22　液体静力水准测量的原理

由于容器的零点具有制造误差，所以由直接读取的液面读数算得的高差不是两平面的绝对高差。将两容器互换位置，则有

$$\Delta h = (a_2 - a_1) - (b'_2 - b'_1) \tag{10.7}$$

式中，b'_1与b'_2为容器中液面位置的新读数。

联合解算式(10.6)与式(10.7)，得

$$\Delta h = \frac{1}{2}((b_2 - b_1) - (b'_2 - b'_1)) \tag{10.8}$$

和

$$c = a_2 - a_1 = \frac{1}{2}((b_2 - b_1) + (b'_2 - b'_1)) \tag{10.9}$$

式中，c 为仪器常数，即两个液体静力容器的读数零点的差数，它取决于制造误差。在下面的叙述中，将用液体静力观测头来代替液体静力容器，观测头既包括盛有液体的容器，还包括读数设备和其他一些辅助的部件。

由上述推导可知，观测头零点差这个仪器常数可以用观测头互换位置，并采用两次读数的方法求得。而对于固定设置的液体静力仪器，一般不需要测 c 值，因为所有的观测可以是相对于起始观测(或某次观测)而言的。

2. 仪器的结构与读数

各种不同结构的液体静力水准仪，实际上只是定位和测定液面位置的方法有所不同。确定液面位置的方法有目视法、目视接触法以及其他一些方法。对于固定设置的精密静力水准测量仪器，可用电感传感器或光电传感器来确定液面位置的变化，以达到遥测的目的。

目视法仅用来较低精度的测量，在此不描述，而目视接触法确定液面位置的精度要比目视法高得多。如图 10.23 所示的是一种固定安置式液体静力水准仪，常用来测定建筑物(如混凝土大坝)的倾斜，它是采用目视接触法来测定液面位置的。该仪器由下列部件组成：

(1)观测头。观测头是一个直径为 17 cm，高为 30 cm 的圆柱体容器，上半部为储水装置，下半部为水位指示装置。水位指示装置由水位指针和测微圆环组成，水位指针的下半部刻有间隔为 1 mm 的两排分划(称为粗分划)，上、下互相错开 0.5 mm，粗分划的量测范围为 25 mm。测微圆环上刻有 50 个分划(称为细分划)，每一分划相应于水位指针移动 0.01 mm，测微圆环转动一周则表示水位指针在竖直方向上移动 0.5 mm。

观测头外壁有两个相互对称的玻璃圆窗，其中一个是进光窗；另一个是水位观测窗，窗的直径为 4 cm。

(2)连接软管。连接软管由橡皮管制成，分上下两根管，其中主管(下管)用作连通两水管间的水位，而上管则用作连通两管顶部的通气孔，使两管内的压力平衡。

(3)观测显微镜。观测显微镜用以提高观测精度，其放大倍率一般为 5 倍。

观测时，用手转动观测圆环，使水位指针移动，直到显微镜内所观测到的指针实像尖端与虚像尖端刚好接触(图 10.24)，此时即停止转动圆环，进行读数。

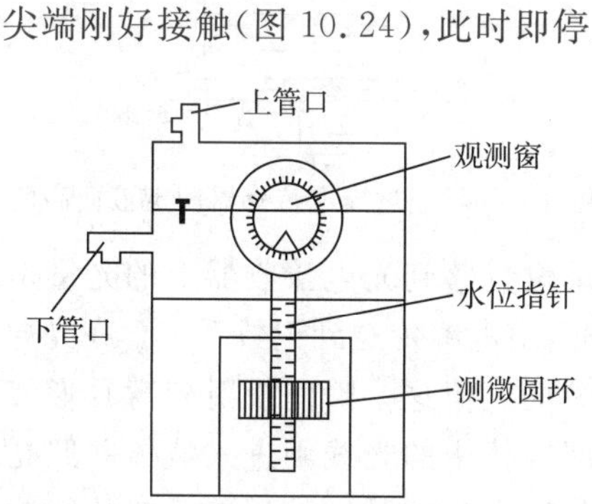

图 10.23　固定安置式液体静力水准仪

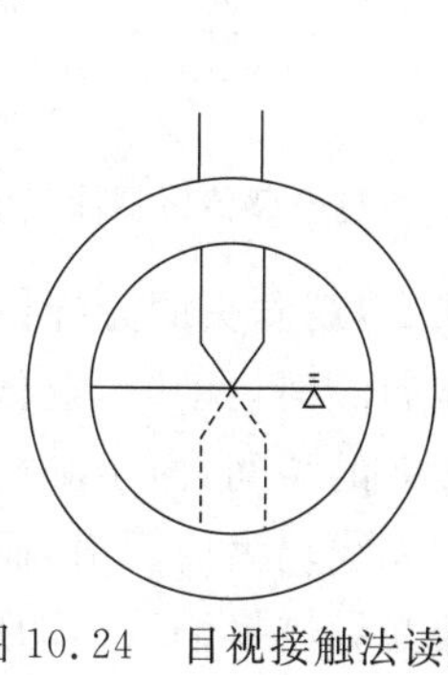
图 10.24　目视接触法读数

另外，还有一种悬挂式液体静力水准仪，也采用目视接触法确定液面位置，其原理与固定安置式的完全相同，只是结构要复杂些。该仪器适用于在室内进行液体静力水准测量，以查明基础的沉陷情况。

大多数目视接触法的仪器能高精度地确定液面位置，中误差可达±0.01 mm，但此类仪器的不足之处是不能进行遥测。

工程建筑物在营运期间一般都要经常检测，尤其在高温、高压、带电或有辐射的情况下，应该采用自动化的遥测仪器。图10.25就是通过电感传感器来测定液面高度变化的一种遥测仪器。

该仪器在有机玻璃容器中盛有液体，在浮子下面焊一稳定重量，使浮子上面的铁心始终处于铅直位置，在铁心外面套一电感线圈，组成电感传感器。

当容器中液面升降时，浮子带着铁心升降，由于铁心相对于电感线圈的上下移动，使线圈上的电感发生变化，用导线连接到离观测点一定距离的观测室内，再用专门的电桥将电感量的变化转换成电压变化，通过量测电压变化，便可知铁心的升降量，也即为容器内液面高度的变化量。

另一种是通过光电传感器来测定液面高度变化的遥测仪器，它是以光导体浸入液体时光在光导体中反射条件的变化为依据制成的。如图10.26所示就是通过光电传感器测定液面高度的一种遥测仪器。光从灯泡进入光导体，它是一个玻璃圆柱，从光的全内反射的角度考虑，下端应磨成圆锥形。在系统的底端装有光电接收器，利用电动机，使光导体向液面方向移动。光导体的位移传感器由灯泡、编码盘和光电接收器组成。

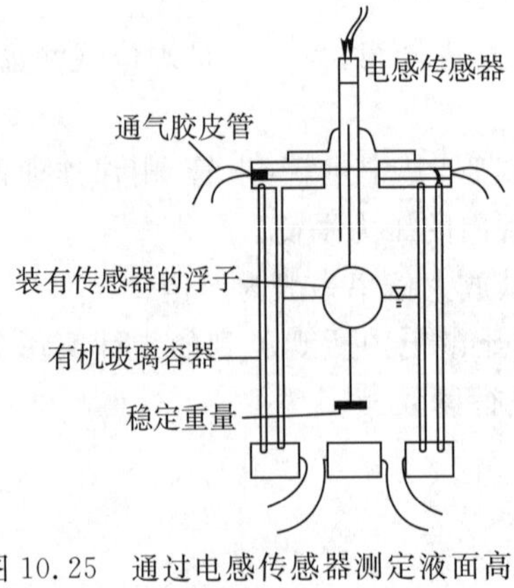

图10.25　通过电感传感器测定液面高度

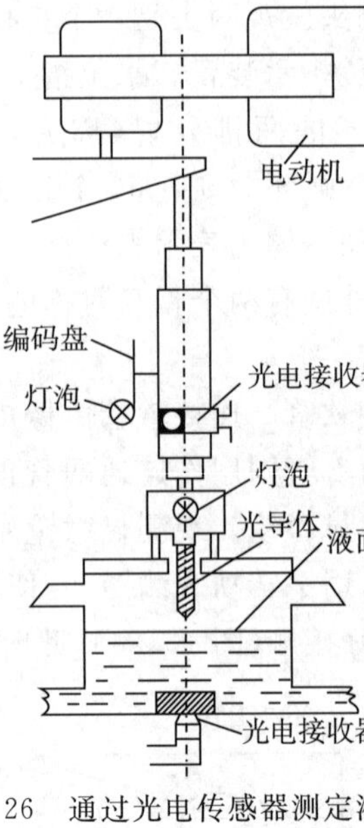

图10.26　通过光电传感器测定液面高度

在初始状态，观测头的光导体处于液面之上的记录位置落到光电接收器上的光量是不够的。当光导体向液面运动时，位移传感器产生计数脉冲，由电缆传送到记数系统。在光导体的尖端接触到液面的瞬间，由于湿润作用而产生弯月形液面。但这一瞬间投射到弯月形液面外部圆锥体中的光线仍为内反射，而处于弯月形液面内部锥体中的光线则进入液体并照亮光电接收器。由于光导体接触液面的那一瞬间，由光电接收器产生的脉冲使记数系统的脉冲记数停止，所以按脉冲的个数可以计算光导体的移动量，从而确定液面的位置。

这种能遥测的液体静力仪器，在原子能发电站等工程中用来检查设备基础的变形，精度可达±0.01 mm。

3. 误差来源

液体静力水准测量中对于确定液面位置精度有影响的误差主要来自仪器误差和外界条件的影响，而后者是其主要误差来源。

1)仪器误差

(1)仪器安置误差。

可移动的液体静力水准仪根据其安置在观测点上的方式不同可分为两类：悬挂式仪器和置放式仪器。仪器安置误差取决于观测点表面和仪器着落面的质量，以及它们的清洁程度。在工作前要仔细清除仪器着落面和观测点表面的灰尘和水汽，并在两次测量的间隙涂以润滑油。经验表明，仪器安置误差是很小的，不超过±0.01 mm。对于固定设置的液体静力水准仪以及对观测点高程进行相对观测(所有观测可以是相对于起始观测或某次观测而言)以获得观测点高程变化量的情况时，这项误差可以不考虑。

(2)液体静力水准仪观测头倾斜所引起的误差。

现代的悬挂式液体静力水准仪采用中心悬挂，即悬挂点与测量杆的移动轴线在同一铅垂线上，测量杆安置在容器的对称轴上且垂直于仪器底部。对于这种结构的仪器，由于观测头倾斜而引起的误差是很小的。

置放在观测点上的仪器，由于观测头的偏心安置可能产生的误差(图 10.27)可用式(10.10)计算，即

$$L_{AB}=L_{OA}\frac{\alpha}{\rho} \tag{10.10}$$

式中，L_{OA} 为偏心值，α 为倾斜角。

当 $L_{OA}=3$ mm，$\alpha=8'$时，$L_{AB}=0.007$ mm。为使观测头倾斜引起的误差变得很小，现代的液体静力水准仪上装有圆水准器，而悬挂式仪器不允许偏心悬挂。

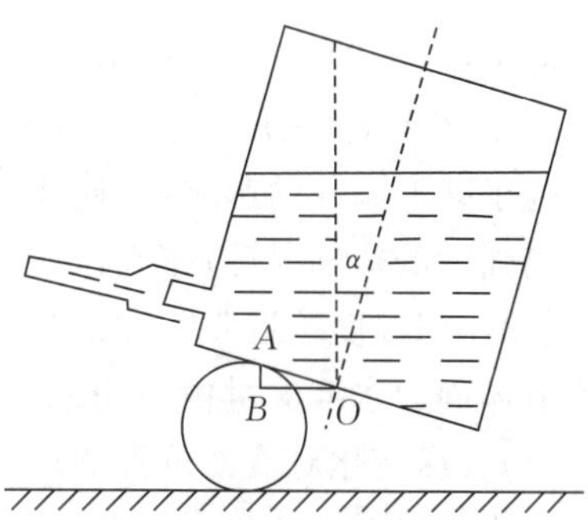

图 10.27　观测头倾斜产生的仪器误差

(3)量测设备的误差。

对于用目视接触法确定液面位置的仪器，误差主要来自测微圆环分划值误差和测量杆尖端与液面接触的误差，但它们数值都很小。对于可遥测的仪器，测定液面的精度主要取决于量测范围。因此，这类仪器主要在垂直位移量小、位移测量精度要求高的情况下应用。

(4)观测头的组合部件由于温度变化而产生的误差。

通常测量杆固定在观测头的外壳上，若观测头外壳是用铝制造，而测量杆用钢制造，温度变化将使外壳和测量杆变形而产生误差。当测量杆长 $l=0.1$ m，铝的线膨胀系数 $\alpha_{铝}$ 每摄氏度为 0.000 024，钢的线膨胀系数 $\alpha_{钢}$ 每摄氏度为 0.000 012。若温度变化 $\Delta t=10$℃，所产生的误差

$$\Delta=l(\alpha_{铝}-\alpha_{钢})\Delta t=12\ \mu\text{m}$$

为减弱该项误差，在设计仪器时，一是要缩短测量杆的长度，二是尽量采用线膨胀系数接近的金属来制造观测头的主要部件。

(5)液体漏损带来的误差。

各种液体静力水准仪的结构均包括各种密封垫圈、水龙头和软管接头，它们的密封性随时

间的推移可能会逐渐损坏，液体会缓慢地从仪器中漏掉，使得观测头中液面产生不均匀的变化，而给观测带来误差。因此，一旦发现液体漏损，应及时采取措施，加以解决。

2)外界条件的影响

(1)温度变化对液体静力水准测量精度的影响。

整个液体静力水准仪共同的、均匀的温度变化，使得各个观测头的液面产生均匀的变化。因而只在各观测头的温度环境不一样时才产生测量误差。

液体静力观测头温度的局部变化，实际上会经常遇到。如在车间内当观测点附近有热辐射源时，或者在露天的建筑工地上太阳光照射时和在长距离传递高程时，液体静力仪器个别观测头的局部受热或冷却，就会引起液体密度的改变，它表现为水平面高度的变化，如果不考虑这种现象，会使水准测量产生误差。

实际上，用液体静力水准仪作业时，可以计算由于温度变化所引起的液面位置的差数。例如标准温度 $t=20$℃时，有

$$\Delta h=\frac{h_{20}(\rho_{20}-\rho_1)}{\rho_1} \tag{10.11}$$

式中，h_{20} 为温度在 20℃时的液柱高度，ρ_{20} 为温度在 20℃时的液体密度，ρ_1 为作业温度时的液体密度。

液体的密度随温度 t 的变化呈非线性的变化，各种液体均可用多项式表示，即

$$\rho(t)=a_0+a_1t+a_2t^2+\cdots+a_nt^n$$

对于水，在 0℃～4℃时，$a_0=+0.999\,841$，$a_1=+68.333\,3\times10^{-6}$，$a_2=-9.50\times10^{-6}$；在 $>$4℃～$<$35℃时，则用 $a_0=+0.999\,849$，$a_1=+58.681\,3\times10^{-6}$，$a_2=-78.179\,7\times10^{-7}$。

为了减弱温度的影响，应使连接软管下垂量为最小；观测头中液柱的高度为最小；仪器尽量远离强大的热辐射源；露天作业尽量在夜间进行，白天则选在阴天进行观测；如用水作为充填液体时，当温度接近 4℃时观测的精度最高，因为这时水的密度随温度的变化不显著。在高精度液体静力水准测量中往往采用恒温系统。

(2)气压变化对液面位置的影响。

对于敞口式液体静力水准仪(特别是对长距离连通的仪器)，局部压力变化引起各容器间液体的再分配，压力差 Δp 被容器中液柱的压力所均衡而引起液面位置的变化为

$$\Delta h=\frac{\Delta p}{r}$$

式中，r 为液体的比重。

为避免大气压力差异的影响，容器需要严格加以密封，使不同容器的压力通过空气连通管得到平衡。

(3)液体静力水准仪容器中液体蒸发的影响。

液体的蒸发是温度越高蒸发越快，液面上的蒸汽排除越快蒸发也越快。敞口式静力水准仪，在各种条件下测得水的蒸发速度是 0..03～0.17 mm/h。当静力水准仪各部分液体蒸发不均衡时，会使测量产生误差。对于封闭式液体静力仪器，容器中水的蒸发影响就不用考虑。

(4)液体污染的影响。

敞口式液体静力水准仪，液体很容易会被污染，而引起液体密度的改变，使得温度影响的计算发生困难。因此，要求用具有防蚀层的金属来制造仪器的各种部件，并建议在水里加入

0.1%的福尔马林或者苯酚作为防腐剂。

液体静力水准仪中最广泛应用的液体是水，另一种较常采用的液体是酒精。与水相比，酒精可以在负温下使用(酒精的凝固温度是－117℃，沸点是＋78.5℃)，但是酒精的价格较高，体胀系数比水大得多，这就要求比较精确地测定温度，以便对测量结果加入相应的改正数。

对于距离不长的液体静力水准仪，也可采用汞作为充填的液体。汞的凝固温度为－39.4℃，因而它可在负温下工作。汞的密度大，当它作为敞口式液体静力仪的充填液体时，气压差对观测精度的影响最小。其体胀系数比水小得多，并且由于温度变化而引起的密度变化接近于线性。因此，当用汞作为充填液体时，用同样的精度来测定温度，所计算出的温度影响改正数就比较精确。

4. 具体应用

液体静力水准测量一般不用来建立等级高程控制，而大多是用来在特殊条件下进行工程水准测量。如在车间内受条件的限制，应用此法就比较合适。两个观测头的液体静力水准仪可用来测定机组和大型设备的倾斜和隆起。如安装汽轮机时，常要求两点之间高差以±10～15 μm 的精度来确定，此时利用精密液体静力水准仪要比精密水准仪有效得多。车间中桥式吊车轨道的检查，水准仪的安置和搬迁是十分困难的，而采用多个容器相联结的液体静力水准仪就能同时对若干点进行水准测量，这样就显得比较方便。

液体静力水准测量还特别适用于有辐射危险、爆炸危险或有蒸汽、尘埃等污染的情况下监视设备的稳定性。在这种情况下，若用一般水准测量方法，操作人员在现场的工作时间受到限制，要求测量工作必须迅速进行，这样就会降低观测精度，甚至还会出错。此外，用水准测量方法测定各点之间的高差时，不可能完全自动化。而应用液体静力水准测量时，不仅能对设备位置进行遥测，而且还能实现自动的连续监测。

为保证对建筑物上观测点位置的长期监测，应用固定设置的液体静力水准仪是合适的。例如，俄罗斯克拉斯诺亚尔斯克水电站重力坝的纵向廊道内就用固定设置的液体静力水准仪来测定大坝的沉陷，我国某水利枢纽重力坝的横向廊道里也用了固定设置的液体静力水准仪进行大坝的倾斜观测。

以前液体静力水准测量基本上是要处于同一水平的位置进行观测，测量范围受到限制。为克服这一缺点，开发出了用压力传感器测量液体压力的变化，从而使计算高差变化的仪器，扩大了测量范围。由于通过一种压力传感器，允许两容器之间的高差从过去的数厘米达到数米。这样就可用于跨河和跨海的水准测量，以及两点间高差达数米的水准测量。这种新的液体静力水准测量具有高精度、遥测、自动化、可移动和可持续测量等特点，已成为一种新的工程水准测量的方法。

10.4　水平位移监测网及观测标志

10.4.1　水平位移监测网

测定变形体的水平位移，需在水平位移特征处设置监测点，称为水平位移观测点。为了测取观测点的绝对位移，需要在变形区域之外设立稳定的点做参考，这样的参考点称为水平位移基准点，至少应有三个。基准点可采用带有强制归心装置的观测墩来提高观测仪器的对中精度。

当基准点远离监测的变形体时，为了便于观测，可在变形体区域离水平位移观测点较近、相对稳定的位置建立设站点，称为水平位移工作基点。在工作基点上直接对观测点进行观测。工作基点也可采用强制归心观测墩。

由水平位移基准点和工作基点组成的测量网称为水平位移监测基准网。基准网需要定期复测，目的是检查基准网点的稳定性，并求取工作基点的位移量。

由水平位移观测点、水平位移工作基点和部分水平位移基准点组成的测量网称为水平位移监测网。当监测网不与基准点联系时，称为相对网；当监测网中包含基准点时，称为绝对网。相对网监测变形体的变形，绝对网获取变形体的整体位移。

水平位移监测基准网和监测网一般使用独立坐标系，通常一次性布网，可采用三角形网、导线网、GNSS网和准直线（如视准轴线、激光准直线、垂线等）等形式。表10.2所列是《工程测量规范》为规范生产而设计的技术规格，实际应用中可根据监测项目的特点进行专项设计。

表10.2　水平位移监测（基准）网的主要技术要求

等级	相邻基准点的点位中误差/mm	平均边长/m	测角中误差/(″)	测边相对中误差	水平角观测测回数	
					1″级仪器	2″级仪器
一等	1.5	≤300	0.7	≤1/300 000	12	—
		≤200	1.0	≤1/200 000	9	—
二等	3.0	≤400	1.0	≤1/200 000	9	—
		≤200	1.8	≤1/100 000	6	9
三等	6.0	≤450	1.8	≤1/100 000	6	9
		≤350	2.5	≤1/80 000	4	6
四等	12.0	≤600	2.5	≤1/80 000	4	6

变形监测中的测量工作大多属精密工程测量范畴，相应的水平位移监测网和基准网属精密工程控制网。其网点的测量标志，除加工简单，便于埋设、使用和保存及外形美观等一般要求外，还要求标志有较高的复位精度，基准点有较高的稳定性。

10.4.2　强制对中装置

在水平位移观测时，需要在标志点上安放仪器和觇标。所谓较高的平面复位精度指这些仪器和工具在互换过程中不应产生显著的对中误差。

除锤球对中（对中精度约±3 mm）、光学对中（对中精度约±1 mm）外，强制对中是一种更精密的对中方法。强制对中装置采用机械接插件，其中一部分固定在标志顶部，其对称中心即作为平面标志的中心；另一部分与仪器或觇标连接，通过接插件使仪器或觇标的旋转中心精确地安置在平面标志的中心上。

强制对中装置取代了三脚架，因此标志体应高出地面1.2 m左右，使仪器高度便于观测员操作。标志体一般用混凝土或砖石砌成墩子形状，也可以用钢材制成。这时的标志体常称为观测墩。对中装置安置在观测墩顶上，其上表面应水平。

强制对中装置形式很多，最简单的方法是在观测墩顶面预先埋设基座中心连接螺旋，中心连接螺旋最好采用防锈的铜质材料。使用时将基座旋上，整平基座和仪器后即可进行观测。

这种对中方式的对中精度可达±0.2 mm。也可在观测墩顶面预先埋设基座，观测时只需将仪器装置与基座连接后进行整平即可。该装置的精度应优于前者。

目前在生产中使用较多的是三叉式对中装置，如图 10.28 所示。它是一个对中盘，盘上铣出三条辐射形凹槽，三条凹槽之间夹角为 120°。使用时，将基座底板卸掉，三只脚螺旋尖端在三条凹槽中安放好后，对中工作就完成了。

三叉式对中装置要求基座三个脚螺旋尖顶连线成正三角形，且仪器旋转轴通过该正三角形中心。为消除基座的加工误差，实际作业中可采取变换脚螺旋位置的办法，即脚螺旋在一个位置只测总测回数的 1/3。这种装置的对中精度可达±0.05 mm。

图 10.29 是三叉式对中装置的产品和埋设情况。

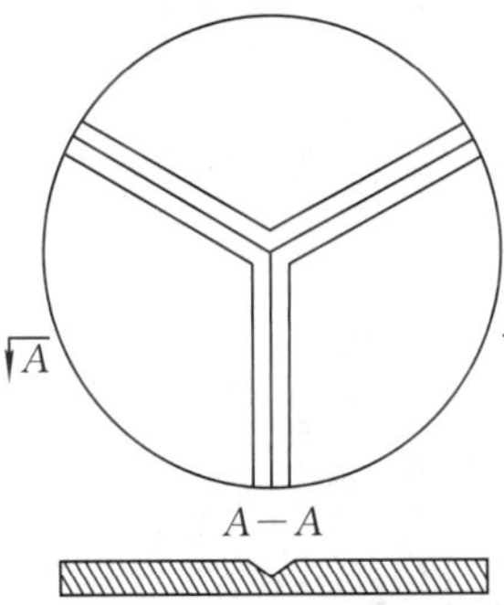

图 10.28　三叉式对中装置

图 10.29　三叉式对中装置实物图

三叉式对中装置的缺点是经纬仪必须先卸掉基座的底板才能使用，不仅麻烦，而且影响观测质量和速度。

球、孔式对中装置也是一种对中精度较高的装置，如图 10.30 所示，固定在观测墩上的对中盘有一个圆柱形对中孔，另有一个对中球(或圆柱)通过螺纹可以旋在基座的底板下，对中球外径与对中孔的内径匹配。旋上对中球的测量仪器通过球、孔接口，可以精确地就位在对中盘上。

为消除仪器旋转中心与对中球中心的偏差，测回之间也应变换对中球的位置。

使用该装置不需卸掉基座底板，而且压板也保证了仪器的稳定。

球、孔式对中装置的对中精度可达±0.05 mm。

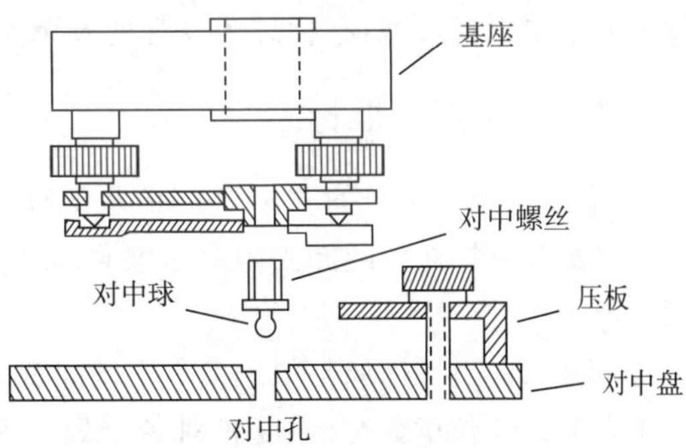

图 10.30　球、孔式对中装置

10.4.3　平面标志体

平面基准点的标志体应具有较高的稳定性，也即标志体在水平方向上是保持不动的。

1. 观测墩

在基岩较浅或土体稳定的地方，常用钢筋混凝土建造的观测墩作为平面控制点标志，如

图 10.31 所示。

2. **倒垂**

倒垂是一种埋设较深、稳定性很好的平面标志。图 10.32 是一种机械式倒垂。

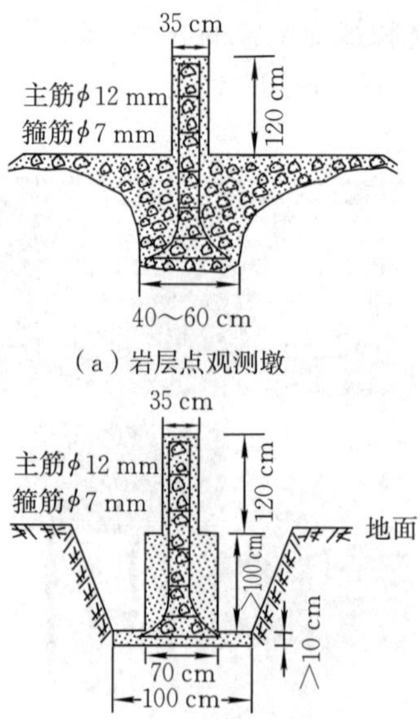

(a) 岩层点观测墩

(b) 土层点观测墩

图 10.31 观测墩

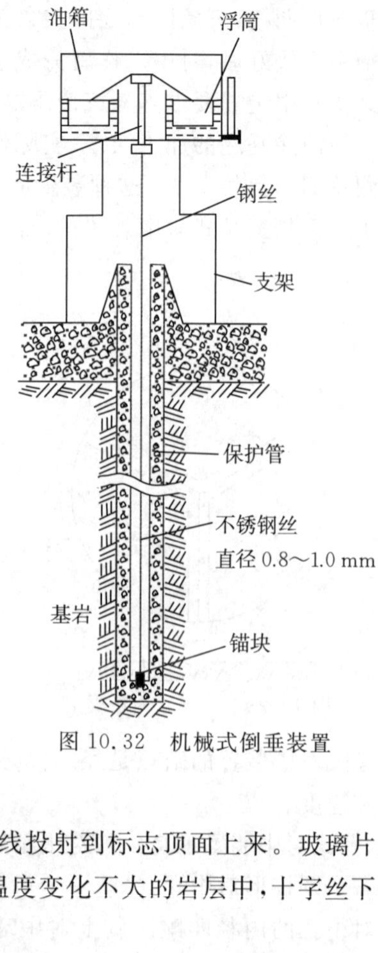

图 10.32 机械式倒垂装置

3. **光线传递式标志**

光线传递式标志是将固定在底层的中心点利用光线投射到标志顶面上来。玻璃片上的十字丝代表平面标志的中心，与混凝土结合在一起埋在温度变化不大的岩层中，十字丝下安置一灯泡，为方便更换灯泡，在标志旁设有进人孔。

10.4.4 平面点照准标志

对平面点照准标志的基本要求是易于对中和瞄准，另外还应该制作简单，使用方便。当然，对中要求是针对可装卸式照准标志的，如觇牌等，目前这类标志大多通过基座安装在对中盘上。

实验表明，当目标像与望远镜十字丝同宽、同样明亮，且具有同样反差时，瞄准精度最高。J2、J1 光学经纬仪读数窗内，度盘对径分划影像即具备该条件。当然这也成为照准标志制作的要求。

条形目标比圆形目标容易瞄准，故较多使用，且为保证效果，要求其长宽比大于 3。下面分析一下条形目标应具有的宽度。刻在玻璃上十字丝线条宽约为 6 μm，望远镜物镜的焦距约为 300 mm，故十字丝的角宽约为 $\frac{6}{300\times10^3}\times206\,265''=4''$，这也应是条形目标在望远镜中的成像宽。另外，不少观测员习惯用双丝去夹目标，用目标两侧空隙是否对称来判断是否瞄准，如

图 10.34 所示，设十字丝双丝间距为 τ（一般 $\tau = 30'' \sim 40''$），目标像两侧间隙宽为 b，则目标像宽 $d = \tau - 2b$。若 $b_{最小} \approx 5''$，则 $d_{最大} \approx 20'' \sim 30''$；若使 $b \approx d$，则 $d \approx 10'' \sim 13''$。一般认为 d 不宜小于 b，否则要用单丝瞄准。因此，目标像宽应在 $4'' \sim 30''$ 之间。

关于目标的颜色，淡色一般选白或淡黄，深色一般选黑或红。

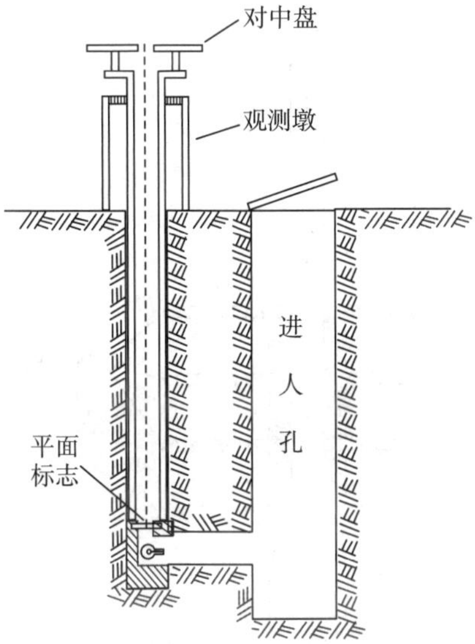

图 10.33　光线传递式标志

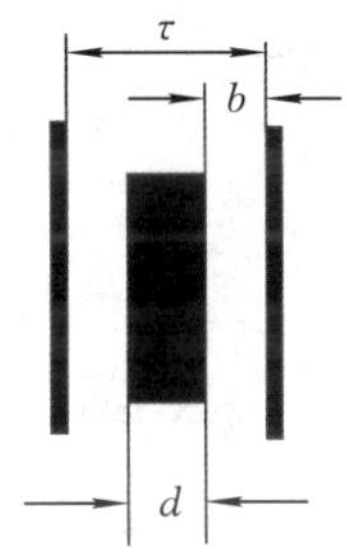

图 10.34　目标像与竖丝

在水平位移监测中，觇牌是常用的照准目标。图 10.35 是觇牌上的各种图案，供瞄准用。如前所述，图 10.35(a)所示的圆形图案已很少使用；图 10.35(b)是最简单的条形图案；图 10.35(c)有两种不同宽度的线条，可以适用不同长度的视线；图 10.35(d)和图 10.35(e)是图 10.35(c)的发展，淡色背景上的深色楔形便于双丝观测，而深色背景上的淡色楔形便于单丝瞄准；图 10.35(f) 是楔形图案的变形，并且加上两个用于竖直角观测的横楔；图 10.35(g) 以楔形为基础，是一种混合图案，细丝用于近距离瞄准，中间的圆孔可以在背面打灯光照明供夜间观测用；图 10.35(h) 中有几个目标，使用该觇牌时十字丝可以分别瞄准各线条并读数，以诸读数的中数为最后观测结果，可以提高瞄准和读数的精度。

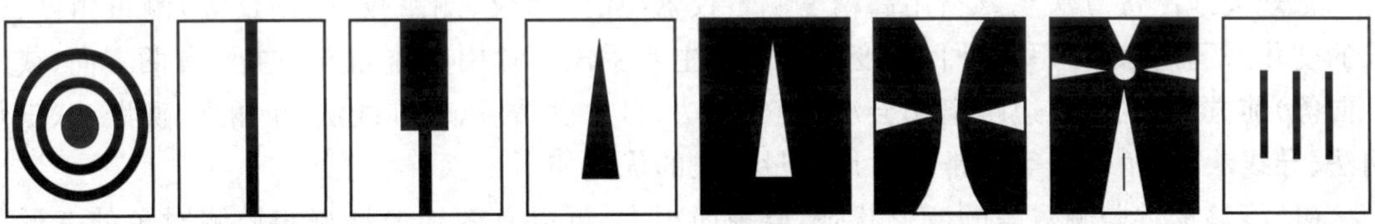

(a)　(b)　(c)　(d)　(e)　(f)　(g)　(h)

图 10.35　各种觇牌图案

用平面觇牌作照准目标不会产生相位差，但需面向观测仪器。立体照准目标可以供各个方向的测站进行瞄准，其各种形式如图 10.36 所示。图 10.36(a)和图 10.36(b)是旋入式杆标照准标志，底部有螺纹，可直接旋在对中装置中心螺旋上。图 10.36(c)、图 10.36(d)、图 10.36(e)和图 10.36(f) 为埋入式照准标志。图 10.36(c)和图 10.36(d)为顶部墙面标志，图 10.36(c)用于一般建筑，以直径约 12 mm 的钢筋做成弯钩尖形标志，埋入墙体内；图 10.36(d)用于高级建筑，可采用壁灯式标志（有机玻璃或铝合金等材料制成），在外粉刷时埋入墙体内。图10.36(e)和图10.36(f)为顶部上面标志,用钢筋焊接成三角形架式嵌入屋顶或用混凝土墩将钢筋标志浇灌在屋顶上。

立体照准目标在阳光照射下会产生部分明亮、部分阴暗而造成瞄准的相位差,克服的办法是设置折光板,图10.37是实例之一,其中套环可根据视线长度改变而更换。

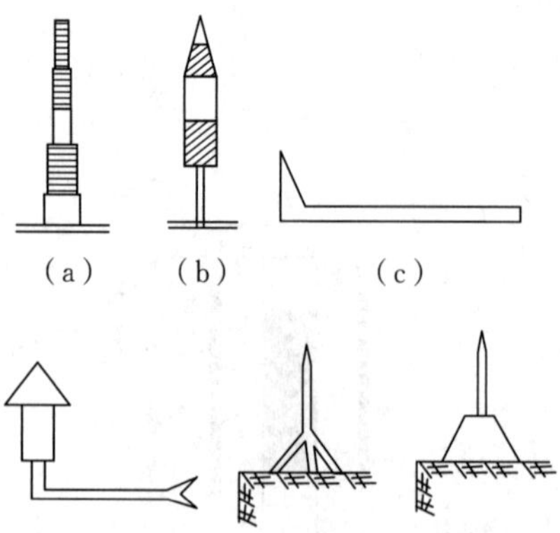

图10.36　各种立体照准标志

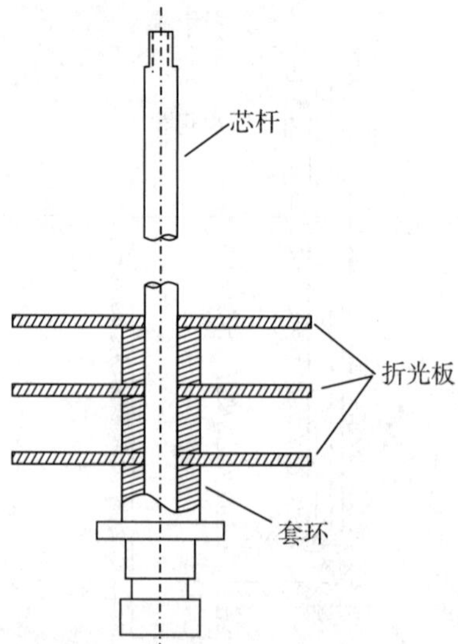

图10.37　无相位差照准标志

10.5　水平位移测量技术概述

可用于建筑物水平位移监测的技术很多,总体可分为常规大地测量方法、摄影测量方法、空间测量技术及专用测量方法四类,其中摄影测量方法和空间测量技术在变形监测中的应用在第11章介绍。本节对常规大地测量方法和专用测量方法进行介绍。

10.5.1　常规大地测量方法

常规大地测量方法主要指用高精度测量仪器(如经纬仪、测距仪、全站仪等)测量角度、边长的变化来测定水平位移,是目前变形监测的主要手段。常用的监测方法主要有两方向(或三方向等)前方交会法、双边距离交会法、极坐标法、自由设站法、视准线法、小角法、测距法、三角网法、导线法、边角网法等。常规大地测量方法的优点如下:

(1)能够提供监测对象的变形状态,监控面积大,可以有效地监测确定监测对象的变形范围和绝对位移量。

(2)观测量通过组成网的形式可以进行测量结果的校核和精度评定。

(3)灵活性大,能适用于不同的精度要求、不同形式的监测对象和不同的外界条件。

在监测自动化系统中,测量机器人正逐渐成为首选和主要仪器。测量机器人实际上是一种能代替人进行自动搜索、跟踪、辨识和精确照准目标并获取角度、距离、三维坐标及影像等信息的智能型电子全站仪。在工程变形监测中,有两种应用模式。

1. 固定式全自动持续监测

固定式全自动持续监测方式是基于一台测量机器人的有合作目标的变形监测系统,可实现全天候的无人值守监测。其结构与组成方式如图 10.38 所示。

(1)基站。基站用来架设测量机器人,要求有良好的通视条件,且牢固稳定。

(2)基准点。基准点三维坐标已知,应位于变形区域之外的稳固不动处,采用强制对中装置安置棱镜,一般应有 3～4 个,要求覆盖整个变形区域,除提供方位外,还为数据处理提供距离等差分基准。

(3)观测点。观测点布设于监测对象上,能体现区域变形的特征。

(4)控制中心。控制中心由计算机和监测软件构成,通过通信电缆控制测量机器人做全自动变形监测,可直接设在基站。若要进行长期的无人值守观测,应建立专用机房。

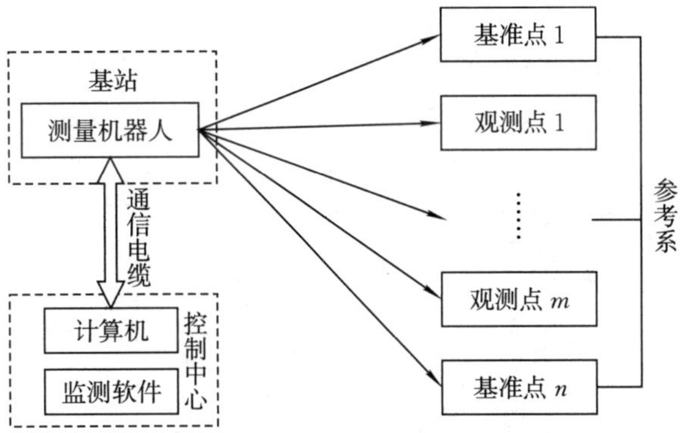

图 10.38　测量机器人变形监测系统

2. 移动式半自动变形监测

移动式半自动变形监测系统的作业与传统的观测方法一样,在各观测墩上安置整平仪器,输入测站点号,进行必要的测站设置;后视之后,测量机器人会按照预置在机内的观测点顺序、测回数,全自动地寻找目标,精确照准目标,记录观测数据,计算各种限差,做超限重测或等待人工干预等。完成一个测点的工作之后,人工将仪器搬到下一个施测的点上,重复上述工作,直至所有外业工作完成。这种移动式网观测模式可大大减轻观测者的劳动强度,而且获得的成果精度更好。

10.5.2　专用测量方法

水平位移监测的专用方法包括应变测量和基准线测量,还可用测斜仪测量相对位移。与常规大地测量方法相比,它们具有下列特点:

(1)测量过程简单。

(2)容易实现自动化观测和连续观测。

(3)提供的是局部变形信息。

1. 应变测量

应变测量根据其工作原理可以分成两类:

(1)通过测量两点间距离的变化来计算应变;

(2)直接用传感器测量应变。设两点间的距离为 l,第二周期测量时距离变化了 Δl,那么

$$\varepsilon = \frac{\Delta l}{l}$$

为两点间的平均线应变。当距离 l 和变形体的尺寸相比很小时,所得到的应变可看成是某一点处的。

通过精密测量距离的变化来计算应变的方法有机械法和激光干涉法两种。机械法用因钢丝、石英棒等作为长度标准,长度的变化用机械—电子传感器测量。精度一般为几十微米。激光干涉法可以测到几百米,甚至几千米,测量精度在 10^{-7} 以上,真空中可达 4×10^{-10}。

直接用传感器测量应变所采用的应变传感器实质上是一个导体(金属或很窄的箔条),埋

设在变形体中，由于变形体的应变使导体伸长或缩短，从而改变了导体的电阻。导体电阻的变化用电桥测量，通过测量电阻值的变化就可以计算应变。

2. **基准线测量**

基准线测量用于测定某一方向上点位的相对变化，包括很多方法，如活动觇牌法、小角法、激光准直法、引张线法、导线法、激光铅直仪法、正(倒)垂垂直准直法等。

3. **测斜仪测量**

测斜仪是观测分层水平位移的常用仪器。测斜仪一般由测头、导向滚轮、连接电缆及读数设备等部分组成。其工作原理是利用重力摆锤始终保持铅直方向的特性。弹簧铜片上端固定，下端靠着摆线；当测斜仪倾斜时摆线在摆锤的重力作用下保持铅直，压迫簧片下端，使簧片发生弯曲，由粘贴在簧片上的电阻应变片测出簧片的弯曲变形，即可知道测斜仪的倾角，从而推算出测斜管的位移。其测量原理如图10.39所示。

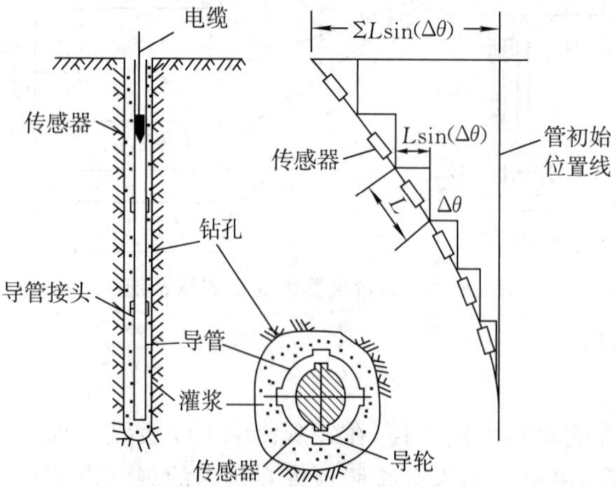

图10.39　测斜仪工作原理

当测斜管埋设得足够深时，则可认为管底是位移不动点，管口的水平位移为各分段位移增量的总和，即

$$\Delta_n = \sum_{i=1}^{n} l_i \sin(\Delta\theta_i)$$

式中，l_i 为各分段测读间距，$\Delta\theta_i$ 为各分段上测斜管的倾角变化。

测斜仪观测水平位移时，在需要观测的结构物体上埋设测斜管，测斜管内径上有两组互成90°的导向槽，将测斜仪顺导向槽放入测斜管内，逐段一个基长(测点间距)进行测量。测量数据经计算即可描述出测斜管随结构物变形的曲线，以此可计算出测斜管每个基长上的轴线与铅垂线所成倾角的水平位移。

10.6　视准线法测量水平位移

在许多工程建筑物中，人们常常最关心建筑物沿某一特定方向上的水平位移，专门解决这一问题的方法称为基准线法。

基准线法的原理是通过建筑物轴线(如大坝、桥梁轴线)或平行于建筑物轴线的固定不动的铅直平面为基准面，根据它来测定建筑物相对于基准线的水平变化。

依建立基准线使用工具和方法的不同，常用的基准线法有视准线法、激光准直法、引张线法、直伸三角网法等。本节讨论视准线法，视准线法包括活动觇牌法和小角法。

10.6.1　活动觇牌法

活动觇牌法是通过一种精密的附有读数设备的活动觇牌直接测定观测点相对于基准面的偏离值。它需要专用的仪器和照准设备：精密视准仪或精密经纬仪。活动觇牌如图10.40所示，特点是觇牌上有分划尺，最小分划值为 1 mm，用游标尺可直接读到 0.1～0.01 mm。

如图 10.41 所示，将视准仪安置在基准线端点 A 上，端点 B 安置固定觇牌；用视准仪瞄准 B 点的固定觇牌，将视线固定；把活动觇牌安置于观测点 C 上，移动活动觇牌使照准标志与视准仪的十字丝重合，在分划尺与游标上读数；然后移动觇牌从相反方向再重新对准视线并读数。一个测回进行上述观测 4 次，共观测 2～4 测回，每测回开始和结束都要重新瞄准 B 点，检查仪器及目标有无变动。以上为往测，然后将仪器迁到 B 点，固定觇牌放到 A 点，同法测量 2～4 测回。最后，往返测依距离进行加权平均。

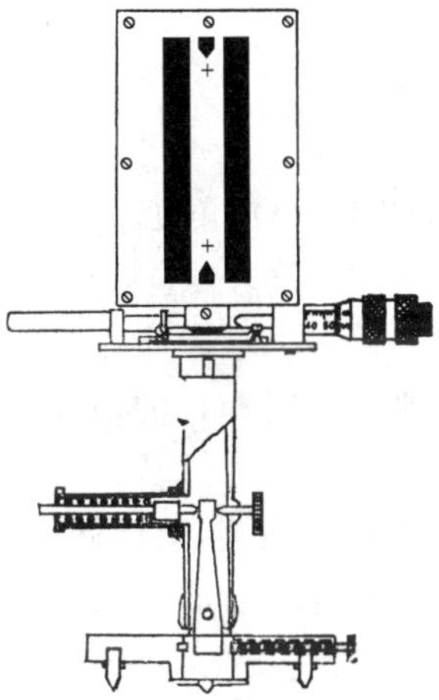

图 10.40　活动觇牌

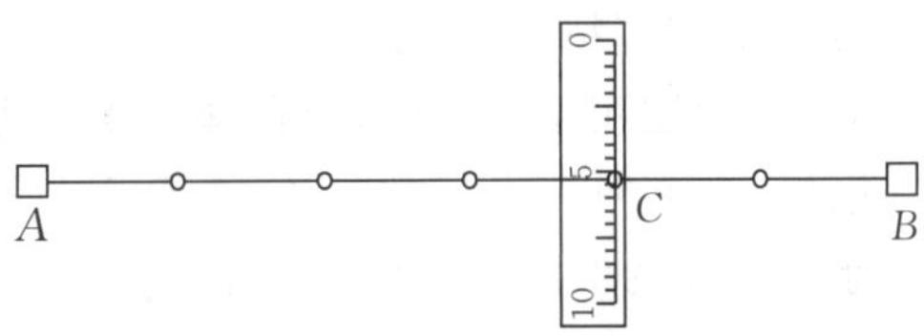

图 10.41　活动觇牌法测偏离值

活动觇牌法的主要技术要求包括：视准线应离开障碍物 1 m 以上，各测点偏离视准线的距离不应大于 2 cm，所有点均应采用有强制对中装置的观测墩，观测前应对觇牌的零位差进行测定等。

活动觇牌法的主要误差影响因素是瞄准误差。监测精度为视准线长度的 1/100 000。

10.6.2　小角法

小角法是利用精密经纬仪精确地测出基准线方向与测站点到观测点的视线方向之间所夹的小角，从而计算观测点相对于基准线的偏离值。

如图 10.42 所示，AB 是基准线，i 是观测点，i' 是 i 点在基准线上的投影，Δ_i 是偏离值，利用精密经纬仪（如 J1 型）精密测量小角 α_i，并测量 A 到 i' 的距离 s_i，便可计算出偏离值为

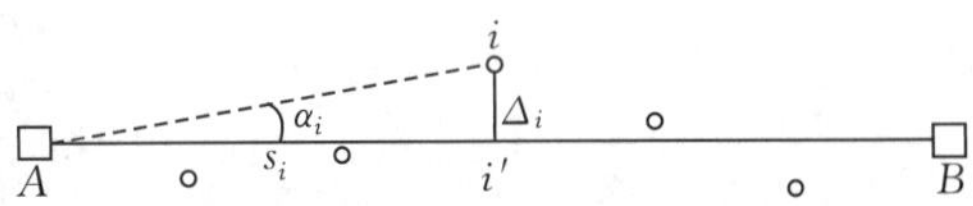

图 10.42　小角法测偏离值

$$\Delta_i = \frac{\alpha_i}{\rho} \times s_i \tag{10.12}$$

对式(10.12)线性化，并写成中误差形式有

$$m_{\Delta_i}^2 = \left(\frac{\alpha}{m_{\Delta_i}}\right)^2 + \left(\frac{s}{m_{\Delta_i}}\right)^2 = \left(\frac{s}{\rho} m_{\alpha_i}\right)^2 + \left(\frac{\alpha}{\rho} m_{s_i}\right)^2 \tag{10.13}$$

现在使式(10.13)右边第二项，也即测距误差影响可忽略不计，有

$$\frac{s}{m_{\Delta_i}} \leqslant \frac{1}{3} m_{\Delta_i} \quad 或 \quad \frac{\alpha}{\rho} m_{s_i} \leqslant \frac{1}{3} m_{\Delta_i}$$

将式(10.12)代入得

$$\frac{m_{s_i}}{s_i} \leqslant \frac{m_{\Delta_i}}{3\Delta_i} \tag{10.14}$$

如果要求 $m_{\Delta_i}=0.5\ \mathrm{mm}$,且设偏离值 $\Delta_i=40\ \mathrm{mm}$,则有$\frac{m_{s_i}}{s_i}\leqslant\frac{1}{240}$;当 $\Delta_i=100\ \mathrm{mm}$ 时,距离测量精度也仅要求$\frac{m_{s_i}}{s_i}\leqslant\frac{1}{600}$。通常距离测量精度不低于$\frac{1}{2\,000}$,因此,距离测量误差影响常可忽略。小角法测量偏离值的误差公式可写成

$$m_{\Delta_i}=\frac{m_{\alpha_i}}{\rho}s_i \tag{10.15}$$

小角法的主要技术要求包括:视准线应离开障碍物 1 m 以上,小角角度不应超过 30″,所有点均应采用有强制对中装置的观测墩等。

关于小角法,补充说明如下:

(1)式(10.15)既可用于误差分析,也可用于方案设计,即在给定 m_{Δ_i} 的前提条件下,可求求出小角的观测精度 m_{α_i}。

(2)小角法用于生产时,应在基准线的两个端点分别设站进行观测,然后做加权平均。例如,观测点等间隔分布,如图 10.43 所示,设点的间距为 s,测角误差为 m_β。先在点 A 架设经纬仪测量点 i 的偏离值,有

$$\Delta_i=\frac{\alpha_i}{\rho}\times i\times s$$

$$m_{\Delta_i}=\frac{m_\beta}{\rho}\times i\times s$$

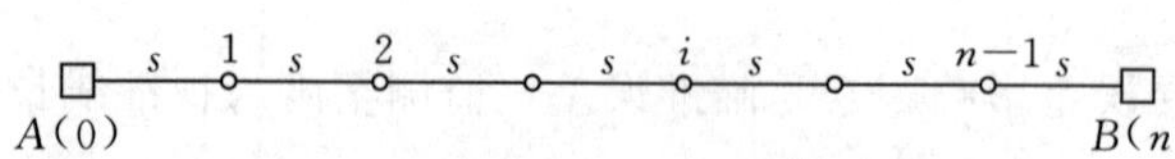

图 10.43 求等间隔观测点的偏离值

若在点 B 架设经纬仪测量点 i 偏离值,有

$$\Delta_i'=\frac{\alpha_i'}{\rho}\times(n-i)\times s$$

$$m_{\Delta_i'}=\frac{m_\beta}{\rho}\times(n-i)\times s$$

取两次测量结果的加权平均值

$$\hat{\Delta}_i=\frac{m_{\Delta_i'}^2\Delta_i+m_{\Delta_i}^2\Delta_i'}{m_{\Delta_i'}^2+m_{\Delta_i}^2}=\frac{i(n-i)}{(n-i)^2+i^2}\times((n-i)\alpha_i+i\alpha_i')\times\frac{s}{\rho} \tag{10.16}$$

其中误差为

$$m_{\hat{\Delta}_i}=\frac{i(n-i)}{\sqrt{(n-i)^2+i^2}}\times\frac{m_\beta}{\rho}\times s \tag{10.17}$$

由该式可以证明,在靠近端点 A、B 处,$m_{\hat{\Delta}_i}$ 最小,靠近中间处,$m_{\hat{\Delta}_i}$ 最大。

(3)若在图 10.43 中的点 $1,2,\cdots,n-1$ 上,均观测了左角 $\beta_1,\beta_2,\cdots,\beta_{n-1}$,则成为等边直伸无定向导线。若记

$$\Delta\beta_i = \beta - 180^\circ \quad (i = 1, 2, \cdots, n-1)$$

则可求得各观测点相对于基准线 AB 的偏离值为

$$\Delta_i = \left(\left(1 - \frac{i}{n}\right)\sum_{j=1}^{i-1} j\,\Delta\beta_j + \frac{i}{n}\sum_{j=i}^{n-1}(n-j)\,\Delta\beta_j\right) \times \frac{s}{\rho} \quad (i = 1, 2, \cdots, n-1) \tag{10.18}$$

及

$$m_{\Delta_i} = \sqrt{\frac{2i^2(n-i)^2 + i(n-i)}{6n}} \times \frac{m_\beta}{\rho} \times s \quad (i = 1, 2, \cdots, n-1) \tag{10.19}$$

又

$$\alpha_i = \frac{\Delta_{i+1} - \Delta_i}{s} \times \rho = \frac{1}{n}\left(-\sum_{j=1}^{i} j\,\Delta\beta_j + \sum_{j=i+1}^{n-1}(n-j)\,\Delta\beta_j\right) \quad (i = 0, 1, \cdots, n-1) \tag{10.20}$$

和

$$m_{\alpha_i} = m_\beta\sqrt{\frac{i(i+1)(2i+1) + (n-i-1)(n-i)(2n-2i-1)}{6n^2}} \quad (i = 0, 1, \cdots, n-1) \tag{10.21}$$

经分析可知，m_{Δ_i} 在导线中间最大，而 m_{α_i} 在导线两端最大。以 $i = \frac{n}{2}$ 代入式(10.19)得

$$m_{\Delta_{\frac{n}{2}}} = \sqrt{\frac{n^3 + 2n}{48}} \times \frac{m_\beta}{\rho} \times s \tag{10.22}$$

以 $i = 0$ 或 $i = n - 1$ 代入式(10.21)得

$$m_{\alpha_0} = m_{\alpha_{n-1}} = m_\beta\sqrt{\frac{(n-1)(2n-1)}{6n}} \approx m_\beta\sqrt{\frac{n-1.5}{3}} \tag{10.23}$$

另外，二者的最小值分别为

$$m_{\Delta_1} = m_{\Delta_{n-1}} = \sqrt{\frac{(2n-1)(n-1)}{6n}} \times \frac{m_\beta}{\rho} \times s \approx \sqrt{\frac{n-1.5}{3}} \times \frac{m_\beta}{\rho} \times s \tag{10.24}$$

$$m_{\alpha_{\frac{n-1}{2}}} = m_\beta\sqrt{\frac{n^2-1}{24n}} \approx m_\beta\sqrt{\frac{n}{24}} \tag{10.25}$$

当 $n = 2$，即仅有一个中间点时，式(10.18)成为

$$\Delta_1 = \frac{s}{2} \times \frac{\Delta\beta_1}{\rho}$$

或者，当两边长不相等时，可把此式扩展成

$$\Delta = \frac{s_1 s_2}{s_1 + s_2} \times \frac{\Delta\beta}{\rho} \tag{10.26}$$

该式有很多实际用处，还可由此式推导两个、三个中间点时的偏离值计算公式。

(4) 可每点设站，但只当角的两边相等时才进行观测。具体来说，就是在点 1 观测 ∠A12；在点 2 观测 ∠A24、∠123；在点 3 观测 ∠A36、∠135、∠234…… 这种方案称为对称观测法，对消除调焦误差对测角的影响是有利的。

(5)在所有点设站，观测所有的水平方向，可得到高精度的偏离值。这种方案称为全组合观测法，形成直伸三角网。

10.7　激光准直测量

10.7.1　氦氖激光器

激光器的种类很多，在测量实践中用得最多的是氦氖激光器。图10.44是常用的氦氖激光器原理图。在此激光器中工作物质是氖原子，电极通直流电后管子内有高能电子运动。通过碰撞，电子与氦原子交换部分能量，使氦原子激发至高能态，即 $H_e + e_1 = H_e^* + e_2$。处于亚稳态的受激氦原子与处于基态的氖原子碰撞交换能量，氦原子失去能量而回到低能态，氖原子进入受激态，即 $H_e^* + N_e = H_e + N_e^*$。氖原子不同能态间的跃迁产生不同的辐射，其中3s能级向2p能态跃迁时产生波长为6328Å（1Å＝10^{-10} m）的红光。

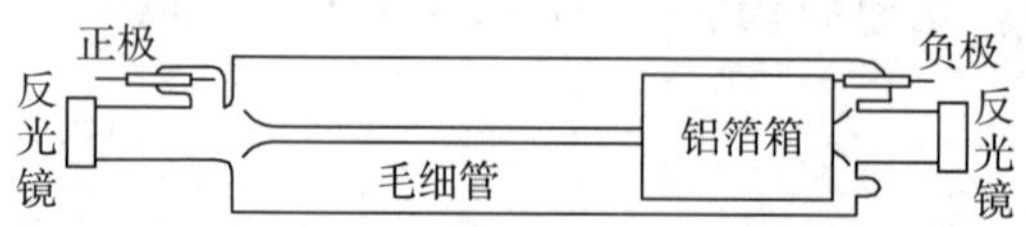

图10.44　氦氖激光器原理

激光管两端的反射镜构成谐振腔，它们使运动方向垂直于镜面的光子在管内往返运动，在运动过程中，它们使处于高能态的氖原子产生受激辐射，受激辐射光子的方向、相位、频率均与碰撞光子相同，结果使在这个方向运动的相位和频率都相同的光子越来越多，也即在此特定方向上光量得以放大。相比之下其他方向的光子通过管壁逸散而得不到放大。光在谐振腔内振荡放大的过程中通过一块反光镜透射出一束强光，即所需的激光。

理论上激光器两端的反光镜可以是平面镜，两个平面镜应严格平行，否则会影响光的振荡放大。但是即使制造时对得很准，在使用过程中受震动和热变形的影响也会使不平行度超过允许的界限。为避免发生这种情况，实际上激光器两端的反光镜都略呈凹弧形。这时激光束将不是严格的平行光束，而是具有一定的发散角的光束，对于长约250 mm、外径约40 mm、毛细管内径约2 mm的激光管，发散角约为250″。

氦氖激光管的有效功率较小，具有上述参数的激光管工作电压约为2 000 V，最佳工作电流约为5 μA。输入功率约为10 W，输出功率约为1～2 MW，即效率约为0.01%～0.02%。

为了提供合适的电源，必须有专用的电源箱。若用市电作能源，则电源箱的作用在于先整流，再倍压。先提供较高的触发电压4 000～6 000 V，之后提供能维持氦氖激光管连续输出激光的工作电压，也可以用蓄电池作为能源。

10.7.2　波带板激光准直测量

1. 光的相干性

因为光具有波动性，所以如机械波那样，当两列光波频率相同、方向相同、相位相同或相位差恒定时，这两列光波将产生干涉现象。

设一对相干光源为

$$\left.\begin{aligned} e_1 &= a\cos(\omega t - \varphi_1) \\ e_2 &= a\cos(\omega t - \varphi_2) \end{aligned}\right\} \tag{10.27}$$

两波合成后

$$e = A\cos(\omega t - \theta) \tag{10.28}$$

其中

$$\left.\begin{aligned}\theta &= \arctan\frac{\sin\varphi_1+\sin\varphi_2}{\cos\varphi_1+\cos\varphi_2}\\ A &= a\sqrt{2+2\cos(\varphi_2-\varphi_1)}\end{aligned}\right\}\tag{10.29}$$

光强 $I \propto A$。

如图 10.45 所示，设在光源 S 和接收点 K 之间有一光屏，SK 直线与光屏交于 O 点。在 O 处开个小孔，在距 O 点 r 的 A 处也开一个小孔。自 S 点发出的光线可以经过 O 点而到达 K 点；同时，由于衍射，光也有一部分经 A 点到达 K 点。二者的光程差为

$$\Delta=\sqrt{p^2+r^2}+\sqrt{q^2+r^2}-p-q \xlongequal{\text{因为 } r \ll p(\text{或 } q)} \frac{r^2}{2}\left(\frac{1}{p}+\frac{1}{q}\right) \xlongequal{\text{记为}} \frac{r^2}{2}\times\frac{1}{f}\tag{10.30}$$

式中，f 称为焦距。光程差 Δ 导致两列光在 K 点的相位差为

$$\varphi_2-\varphi_1=\frac{2\pi\Delta}{\lambda}\tag{10.31}$$

式中，λ 为波长。对氦氖激光来说 $\lambda=6328\text{Å}$。所以在 K 点，两列光合成后的振幅为

$$A=a\sqrt{2\left(1+\cos\frac{2\pi\Delta}{\lambda}\right)}\tag{10.32}$$

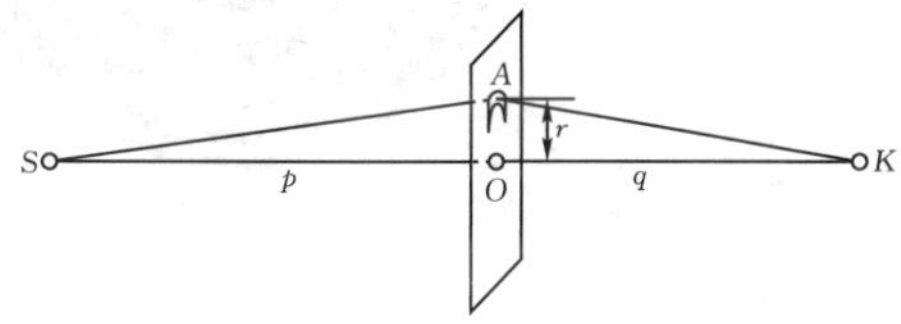

图 10.45　光的相干性

可见，不同的 Δ 将导致 $A>a$ 或 $A\leqslant a$，我们希望得到 $A>a$，如 $A>\sqrt{2}a$；使 Δ 变化的因素有 p、q、r，现在我们假定 p、q 固定，r 变化。

由

$$A=a\sqrt{2\left(1+\cos\frac{2\pi\Delta}{\lambda}\right)}>\sqrt{2}a\tag{10.33}$$

得

$$\cos\frac{2\pi\Delta}{\lambda}>0\tag{10.34}$$

或

$$i\lambda-\frac{\lambda}{4}<\Delta_i<i\lambda+\frac{\lambda}{4}\quad(i=1,2\cdots)\tag{10.35}$$

或

$$i\lambda-\frac{\lambda}{4}<\frac{r_i^2}{2f}<i\lambda+\frac{\lambda}{4}\quad(i=1,2\cdots)\tag{10.36}$$

或

$$\sqrt{2if\lambda-\frac{f\lambda}{4}}<r_i<\sqrt{2if\lambda+\frac{f\lambda}{4}}\quad(i=1,2\cdots)\tag{10.37}$$

记

$$r'_i=\sqrt{2if\lambda-\frac{f\lambda}{4}}\tag{10.38}$$

$$r''_i=\sqrt{2if\lambda+\frac{f\lambda}{4}}\tag{10.39}$$

则

$$r_i' < r_i < r_i'' \quad (i=1,2\cdots) \tag{10.40}$$

此即 A 处缝的尺寸，且式(10.40)代表多个缝。

2. 波带板准直测量的设备

准直测量设备包括：①氦氖激光器；②波带板；③激光探测器。波带板有圆形和方形两种，如图 10.46 所示。圆形波带板聚焦呈一亮点，方形波带板聚焦呈一个明亮的十字线。

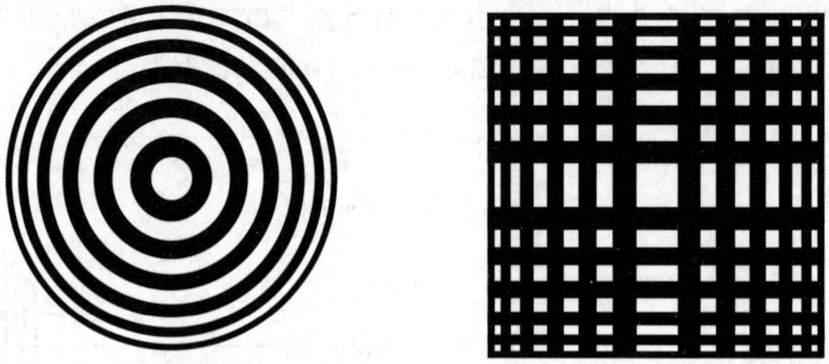

(a) 圆形波带板　　(b) 方形波带板

图 10.46　激光波带板

3. 测量原理

如图 10.47 所示，在基准点 A 安置激光器，在基准点 B 安置探测器，在待测点 i 安置一特定的波带板。当激光照满波带板时，在 B 点探测器上测得 Δ_i，从而

$$\delta_i = \frac{s_{Ai}}{s_{AB}} \Delta_i \tag{10.41}$$

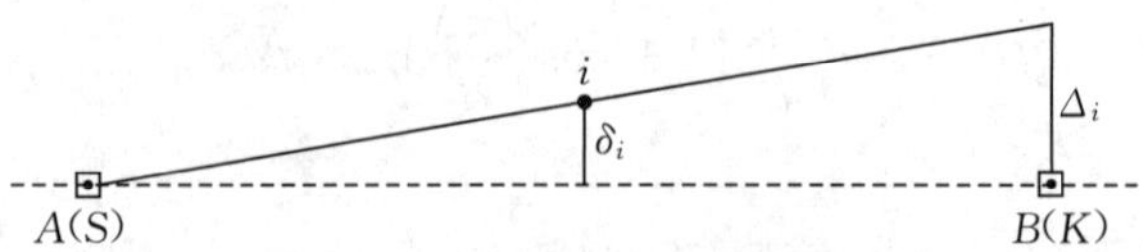

图 10.47　激光波带板准直测量

当光源 S、接收点 K 与 A、B 不重合时，仿前可测得 A、i、B 相对于 SK 的偏离值 δ'_A、δ'_i 和 δ'_B，参考图 10.48 可求得

$$\delta_i = \delta'_i - \frac{s_{Bi}\delta'_A + s_{Ai}\delta'_B}{s_{AB}} \tag{10.42}$$

可消除激光器和探测器的对中误差影响。

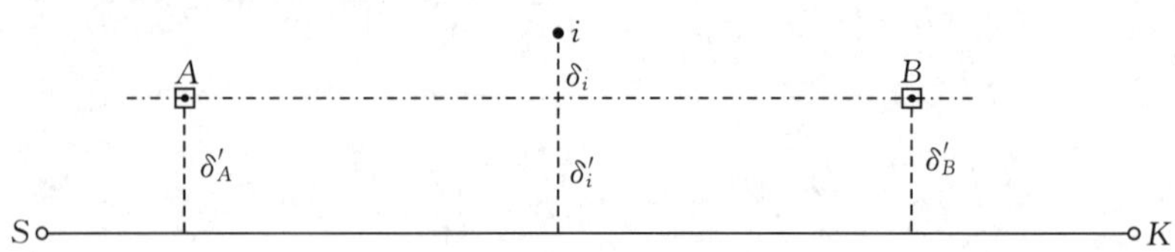

图 10.48　偏离值的改化

4. 测量精度

利用波带板可以把几百米以外的点光源经聚焦后形成直径约 1 mm 的点，因此即使在接收屏上用肉眼判断其中心位置，精度也很高。实验表明用这种装置准直，测定偏离值的精度可达测线长的 10^{-6}。如果将高精度激光准直系统安装在真空管道内，准直精度可达 10^{-7}。

10.8　引张线法测量水平位移

柔性弦线两端加以水平拉力引张后自由悬挂，则它在竖直面内呈悬链线形状，它在水平面上的投影应是一条直线，利用此直线作为基准线可以测定附近测点的横向偏离值，这种方法称为引张线法。

显然，引张线法可以用来测定建筑物相对于引张线的横向水平位移，这在水坝变形监测中有较多的应用，一般将引张线布置在坝体廊道内、坝顶或土坝坡面上。两端点应尽可能布设在两岸地基稳定处。若端点布设在坝体上，则端点处需用倒垂线或其他措施测定端点的位移。

10.8.1　引张线的装置

引张线的装置由端点、测点、测线(不锈钢丝)与测线保护管等四部分组成。

1. 端点

端点由墩座、夹线装置、滑轮、重锤连接装置及重锤等部件组成，见图10.49。

墩座采用钢筋混凝土或金属结构。夹线装置是端点的关键部件，它起着固定不锈钢丝位置的作用。为了不损伤钢丝，夹线装置的V形槽底及压板底部镶嵌铜质类的较软金属。端点处用以拉紧钢丝的重锤，其重量视钢丝允许拉力而定，一般为10～50 kg。

2. 测点

测点由浮托装置、标尺、保护箱组成，如图10.50所示。

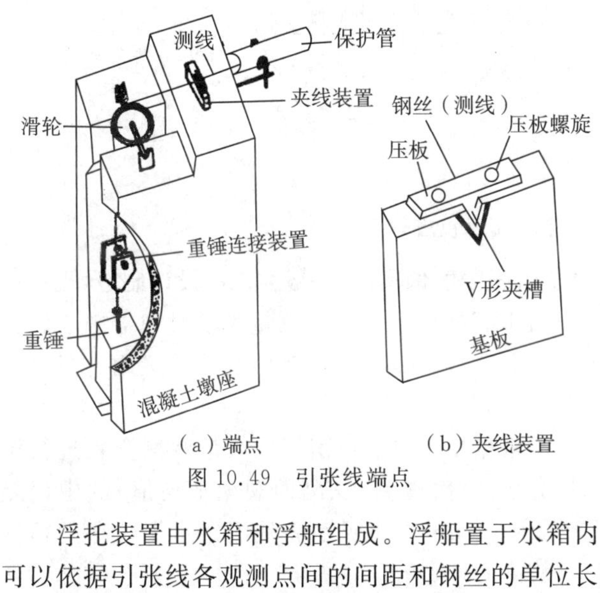

(a)端点　　(b)夹线装置

图10.49　引张线端点

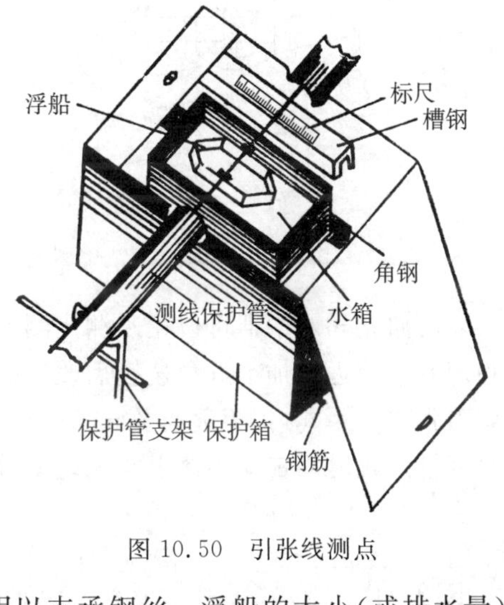

图10.50　引张线测点

浮托装置由水箱和浮船组成。浮船置于水箱内，用以支承钢丝。浮船的大小(或排水量)可以依据引张线各观测点间的间距和钢丝的单位长度重量来计算。一般浮船体积为排水量的1.2～1.5倍，而水箱体积为浮船体积的1.5～2.0倍。

标尺由不锈钢制成，其长度为15 cm左右。标尺上的最小分划为1 mm，用带有分划板的显微镜测量，读数可达0.1 mm。它固定在槽钢面上，槽钢埋入大坝廊道内，并与之牢固结合。引张线各观测点的标尺基本上位于同一高度面上，尺面应水平，其刻划线平行于引张线。

保护箱用于保护观测点装置，同时也可以防风，以提高观测精度。

3. **测线及其保护管**

测线一般采用直径为0.6～1.2 mm的不锈钢(碳素钢丝),在两端重锤作用下引张为一直线。保护管保护测线不受损坏,同时起防风作用。保护管可用直径大于10 cm的塑料管,以保证测线在管内有足够的活动空间。

10.8.2　引张线水平位移观测

假定钢丝两端固定不动,因而引张线是固定的基准线,由于各测点上标尺是与坝体固连的,所以对于不同的观测周期,钢丝在标尺上的读数变化值,就直接表示该观测点的位移值。观测钢丝在标尺上的读数方法很多,读数显微镜法是其中的一种,如图10.51所示,该法是利用刻有测微分划线的读数显微镜进行的,测微分划线最小刻划为0.1 mm,可估读到0.01 mm。由于通过显微镜后钢丝与标尺分划线的像都变得很粗大,所以采用由测微分划线量取标尺分划(靠近钢丝的一部分)左边缘与钢丝左边缘的距离 a,然后再用测微分划线量取它们右边缘之间的距离 b,此两距离的平均值即为标尺分划中心与钢丝中心的距离,将它加到相应的标尺整分划值上即量得钢丝在标尺上的读数。

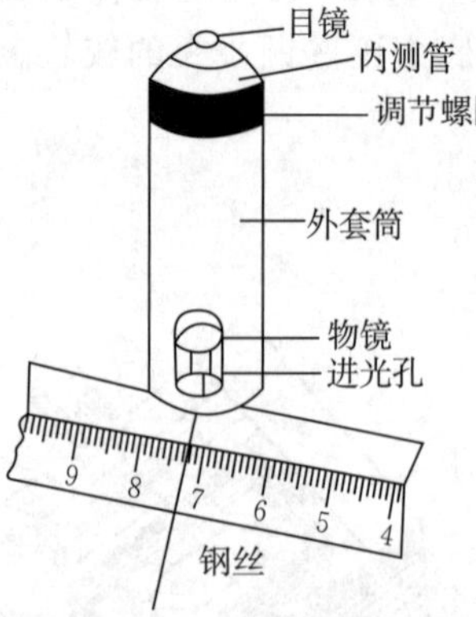

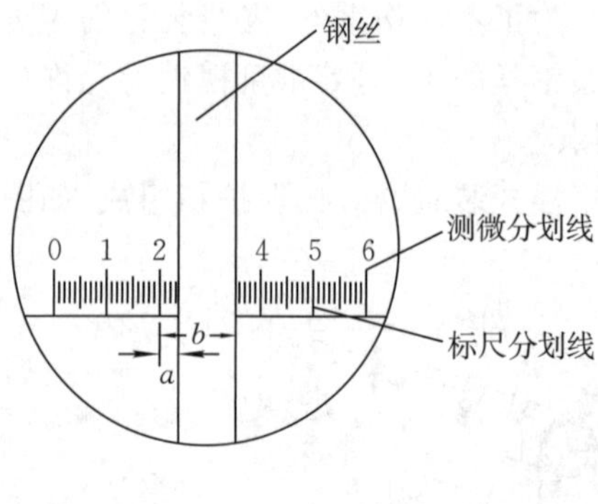

图10.51　读数显微镜法

反向光学对中器可以用来测定测点相对于引张线的偏离值,一般需专门设计制造,也可以利用一个望远镜加上五角棱镜后改造而成,如图10.52所示。为了测量光学对中器中心轴偏离引张线的距离,把望远镜及五角棱镜装在滑块上,滑块在轨道上移动,其移动量用一只百分表测量。轨道固定在坝体上与测线垂直。

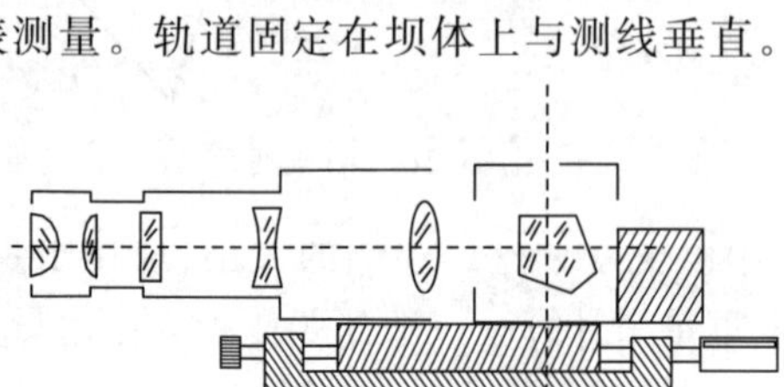

图10.52　反向光学对中器

根据生产单位对引张线大量观测资料进行统计分析,一次观测(三测回观测平均值)的中误差为±0.03 mm。可见引张线测定水平位移的精度是较高的。

随着变形位移监测自动化程度的不断提高,引张线观测技术也由人工观测向自动化观测的方向发展。在实现引张线自动观测时,目前大多数情况是在浮托引张线法的基础上增加了自动读数设备,形成引张线自动观测系统。而这种系统在全自动观测时存在一些问题:①回避了引张线观测前的检查和调整工作,在自动观测时不能确定测线是否处于正常状态;②忽略了测回间对测线进行拨动的程序要求,不能有效地检验和消除浮托装置所引起的测线复位误差;③浮液长期不进行更换会污染或变质,增加了对浮船的阻力,增大了测线的复位误差。所以这种引张线在实际应用中,还需要人为干预,不能实现真正意义上的自动观测系统。为了解决引张线实现自动化中的各种问题,最根本的方法就是在系统中取消浮托装置,这样不但可以减少误差的因素,提高引张线的综合精度,而且可以简化引张线的观测程序,便于实现完全的自动化观测系统。无浮托引张线观测原理与有浮托的基本相同,但其采用密度较小、抗拉强度较大的特殊线材作为引张线,且取消了各测点的水箱和浮托装置,设备较简单,可以实现引张线观测的全自动化。

10.9　建(构)筑物主体倾斜和挠度测量

建(构)筑物的主体倾斜指建筑中心线或其墙、柱等,在不同高度的点对其相应底部点的偏移现象。建(构)筑物主体倾斜测量的任务是测定建筑物顶部相对于底部或各层间上层相对于下层的水平位移与高差,分别计算整体或分层的倾斜度、倾斜方向及倾斜速度。刚性建筑的整体倾斜,可通过测量顶面或基础的差异沉降来间接确定。

建(构)筑物的主体挠度指建筑的基础、上部结构(或构件)等在弯矩作用下因挠曲引起的垂直于轴线的线位移。挠度可根据建(构)筑物各层倾斜值计算得到;也可用挠度计、位移传感器等设备直接测定;刚性基础的挠度可由基础的差异沉降来间接确定。

在建(构)筑物主体倾斜和挠度测量中,观测点及底部固定点应沿着对应测站点的建筑主体竖直线在顶部和底部上下对应布设;对于分层倾斜,应按分层部位上下对应布设。观测点标志可采用埋入式照准标志。当有特殊要求时,应专门设计;不便埋设标志的塔形、圆形建筑以及竖直构件,可以照准视线所切同高边缘确定的位置或用高度角控制的位置作为观测点位;位于地面的测站点和定向点,可根据不同的观测要求,使用带有强制对中装置的观测墩或混凝土标石;对于一次性倾斜观测项目,观测点标志可采用标记形式或直接利用符合位置与照准要求的建筑特征部位,测站点可采用小标石或临时性标志。

建筑物主体倾斜和挠度的观测精度应根据建筑物的倾斜量、挠度量允许值来确定。

建筑物主体倾斜和挠度的观测周期可视变形速度每 1～3 个月观测一次。当遇基础附近因大量堆积或卸载、场地降雨长期积水等而导致变形速度加快时,应及时增加观测次数。施工期间的观测周期,可参照沉降观测。倾斜和挠度观测应避开强日照和风荷载影响大的时间段。

10.9.1　从建(构)筑物外部进行观测的方法

当从建(构)筑物的外部进行观测时,测站点的点位应选在与倾斜方向成正交的方向线上距照准目标 1.5～2.0 倍目标高度的固定位置。这时,倾斜观测方法有经纬仪测水平角法、投点法、前方交会法和摄影测量法。

1. 经纬仪测水平角法

当从建(构)筑物的外部进行观测时,使用经纬仪测小角法可获得较高的测量精度。其原理是用经纬仪测量建筑物顶部点与底部点的水平夹角,结合测站到测点的水平距离,可得顶部点相对于底部点在水平面上的偏移,将该偏移值除以顶部点与底部点的高差即得建筑物的倾斜。

如图10.53所示，通过水平角观测，可得建(构)筑物的顶部点 C 相对于底部点 D 的水平偏移分量，即

$$\delta_A=\frac{\Delta\alpha}{\rho}s_{AD} \tag{10.43}$$

$$\delta_B=\frac{\Delta\beta}{\rho}s_{BD} \tag{10.44}$$

设点 C 相对于点 D 总的水平偏移分量为 δ，则由图10.53(c)可得

$$\delta_B=\delta\cos\theta$$

$$\delta_A=\delta\cos(\gamma-\theta)$$

其中 γ 为交会角。联立两式求解得

$$\delta=\frac{\sqrt{\delta_A^2+\delta_B^2-2\delta_A\delta_B\cos\gamma}}{\sin\gamma} \tag{10.45}$$

$$\theta=\arctan\frac{\delta_A-\delta_B\cos\gamma}{\delta_B\sin\gamma} \tag{10.46}$$

因此得倾斜值

$$i=\frac{\delta}{H}$$

倾斜方向由 θ 确定。

由式(10.45)和式(10.46)可以看出，当交会角 $\gamma=90°$ 时

$$\delta=\sqrt{\delta_A^2+\delta_B^2} \tag{10.47}$$

$$\theta=\arctan\frac{\delta_A}{\delta_B} \tag{10.48}$$

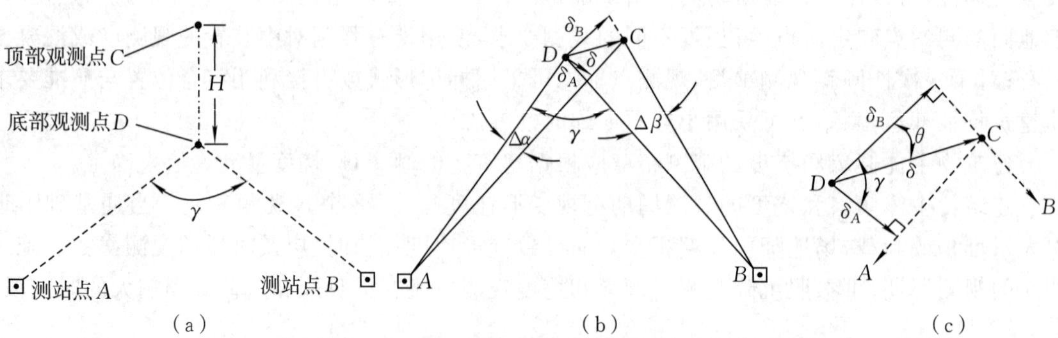

图10.53　经纬仪测小角法测量建筑物倾斜

现在分析 m_δ，为此先分析 m_{δ_A} 和 m_{δ_B}。由式(10.43)可得

$$m_{\delta_A}=\pm\sqrt{\left(\frac{m_{\Delta\alpha}}{\rho}\right)^2 s_{AD}^2+\left(\frac{\Delta\alpha}{\rho}\right)^2 m_{s_{AD}}^2} \tag{10.49}$$

在一般测距精度下，式(10.49)右边第二项可忽略，即

$$m_{\delta_A}=\frac{m_{\Delta\alpha}}{\rho}s_{AD} \tag{10.50}$$

同理

$$m_{\delta_B}=\frac{m_{\Delta\beta}}{\rho}s_{BD} \tag{10.51}$$

令测角精度相同，即 $m_\alpha = m_\beta, m_{\Delta\alpha} = \sqrt{2} m_\beta, m_{\Delta\beta} = \sqrt{2} m_\beta$，将其代入式(10.50)和式(10.51)，并进一步代入式(10.49)，可得

$$m_\delta = \sqrt{2}\ \frac{m_\beta}{\rho} \sqrt{s_{AD}^2 \sin^2\theta + s_{BD}^2 \cos^2\theta} \tag{10.52}$$

实际测量时，在测站可能照准的不是 C、D 点本身，而是它们的替代，如视线所切同高边缘确定的位置或用高度角控制的位置。

若 C、D 点为建(构) 筑物某层的上、下边缘点，则求得的倾斜值即为该层的倾斜值。某层的上、下边缘点也是该层与相邻层的层间点，从最底层向上，设有层间点 $k(k=0,1,2,\cdots,n$，第 0 点位于建(构) 筑物底部)，各层的倾斜值依次记为 $i_j(j=1,2,\cdots,n)$，各层高记为 h_j，则第 k 点的挠度定义为该点相对于第 0 点的水平位移，计算公式为

$$\delta_i = \sum_{j=1}^{k} i_j h_j \quad (j=1,2,\cdots,k) \tag{10.53}$$

2. 投点法

投点法观测时，在建(构)筑物底部观测点位置安置水平读数尺等量测设施。在每测站安置经纬仪，依次瞄准建(构)筑物上各观测点，然后向下投影，在尺子上读数，正、倒镜读数平均值作为该点的水平位移分量，即经纬仪测水平角法中的 δ_A 或 δ_B，然后的计算也类同。

3. 前方交会法

在前方交会法中，基线端点的选设应顾及测距或长度丈量的要求，并与观测点组成最佳构形，交会角宜为 60°～120°。水平位移计算，可采用经纬仪测水平角法，也可根据上、下两点坐标差计算。

4. 摄影测量法

当建筑立面上观测点数量多或倾斜变形量大时，可采用激光扫描或数字近景摄影测量方法。

10.9.2　从建(构)筑物的内部观测主体倾斜的方法

当利用建筑或构件的顶部与底部之间的竖向通视条件进行主体倾斜和挠度观测时，可将通道底部中心点作为测站点。

1. 激光铅直仪观测法

在顶部适当位置安置接收靶，在其垂线下的地面或地板上安置激光铅直仪或激光经纬仪，按一定周期观测，在接收靶上直接读取或量出顶部的水平位移量和位移方向。作业中仪器应严格置平、对中，应旋转 180°观测两次取其中数。对超高层建筑，当仪器设在楼体内部时，应考虑大气湍流影响。

2. 激光位移计自动记录法

位移计安置在建筑物底层或地下室地板上，接收装置设在顶层或需要观测的楼层，激光通道可利用楼梯间梯井，测试室设在靠近顶部的楼层内。当位移计发射激光时，从测试室的光线示波器上可直接获取位移图像及有关参数，并自动记录成果。

3. 正垂线法

在建筑物内有供挂垂线的上下通道和专用设备等条件时，可在通道的顶部或需要观测的高度设一支点，锚固直径为 0.6～1.2 mm 的不锈钢丝，钢丝下端连接一个与垂线相适应的锤

球，在通道底层地板上固定一油桶，内装黏性小、不冰冻的液体，将锤球放在油桶内使钢丝拉紧、稳定成垂线。观测时，由底部观测墩上安置的量测设备（如坐标仪、光学垂线仪、电感式垂线仪），按一定周期测出各测点的水平位移量。

4. 吊锤球法

在建筑物顶部或需要的高度观测点位置上，直接或支出一点悬挂适当重量的锤球，在垂线下的底部固定读数设备（如毫米格网读数板），直接读取或量出上部观测点相对于底部观测点的水平位移量和位移方向。

10.9.3　利用差异沉降量间接确定建筑整体倾斜的方法

1. 倾斜仪测记法

有多种类型的倾斜仪可供使用，如水管式倾斜仪、水平摆倾斜仪、气泡倾斜仪、电子倾斜仪等，一般都具有连续读数、自动记录和数字传输的功能。监测建筑物上部层面倾斜时，仪器可安置在建筑物顶层或需要观测的楼层的楼板上；监测基础倾斜时，仪器可安置在基础面上，以所测楼层或基础面的水平角变化值来反映和分析建筑物倾斜的变化程度。

2. 测定基础沉降差法

在建筑物基础上选设观测点，采用水准测量方法，以所测各周期的沉陷差换算求得建筑物整体倾斜度及倾斜方向。如图10.54(a)所示，根据沉降值 s_1、s_2 的差异可求出倾斜或倾斜变化量为

$$\alpha_{12}=\frac{s_1-s_2}{L} \tag{10.54}$$

再如图10.54(b)所示，根据沉降值 s_1、s_2、s_3 的差异可求出挠度或挠度变化量

$$f=\frac{s_2-\dfrac{L_2 s_1+L_1 s_3}{L}}{L}=\frac{L_2(s_2-s_1)+L_1(s_2-s_3)}{L^2} \tag{10.55}$$

式中，$L=L_1+L_2$。

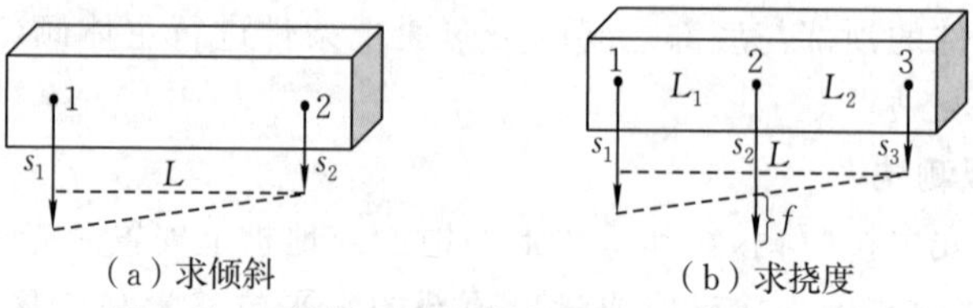

（a）求倾斜　　（b）求挠度

图10.54　根据差异沉降求基础的倾斜和挠度

10.10　裂缝测量

建筑物由于差异沉陷和其他外界因素的影响，墙体会产生裂缝。裂缝测量的任务是在垂直于裂缝两侧附近布设观测点，定期量测其宽度、长度、走向及发展速度，以监视建筑物的安全。

当建筑物多处产生裂缝时，应对裂缝进行编号，并绘制裂缝位置图，也可用照片表示。要选择主要的或变化大的裂缝进行观测，每条裂缝至少布设两组（两侧各一个标志为一组）观测

标志，一组在最宽处，另一组在其末端，观测时要注明日期。

裂缝观测标志应具有可供量测的明晰端面或中心。观测期较长时，可采用镶嵌或埋入墙面的金属标志、金属杆标志（图 10.55）或楔形板标志（图 10.56）；观测期较短或要求不高时可采用油漆平行线标志或用建筑胶粘贴的金属片标志。要求较高、需要测出裂缝纵横向变化值时，可采用坐标方格网板标志（图 10.57）。

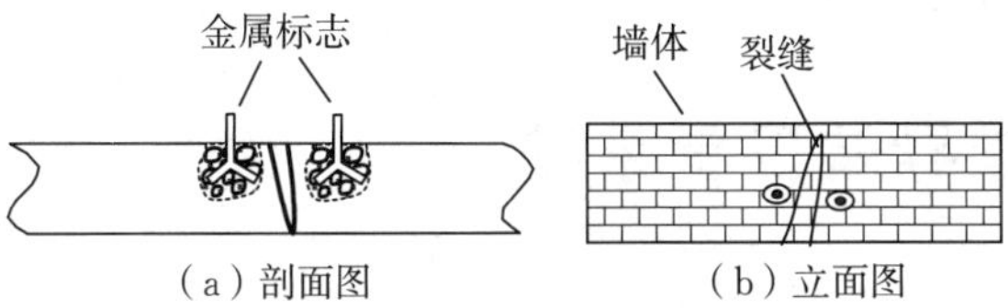

图 10.55　金属杆标志

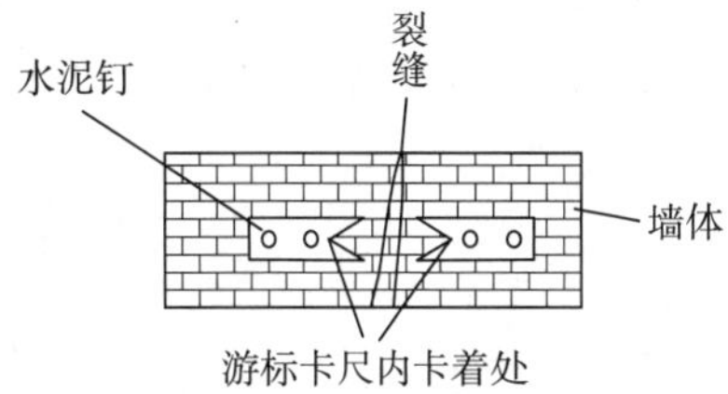

图 10.56　楔形板标志

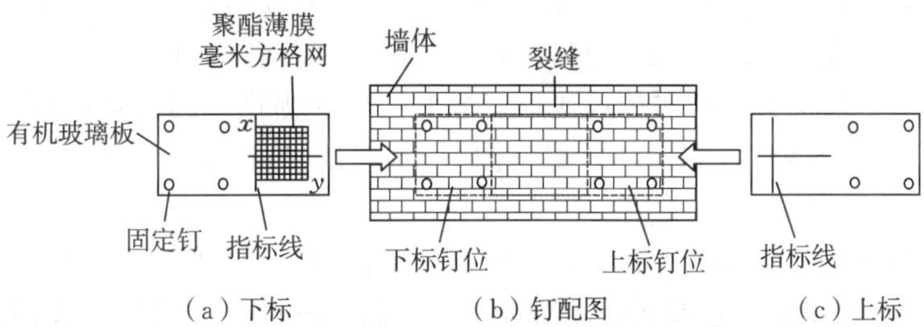

图 10.57　坐标方格网板标志

对于数量不多、易于量测的裂缝，可视标志形式不同，用比例尺、小钢尺或游标卡尺等工具定期量出标志间距离求得裂缝变化值，或用方格网板定期读取“坐标差”计算裂缝变化值。对于较大面积且不便于人工量测的众多裂缝可采用近景摄影，然后使用摄影测量方法，或图像处理的方法，解求裂缝的宽度和深度。该法效率高，也容易实现测量的自动化。目前裂缝观测仪采用现代电子成像技术，将被测结构裂缝原貌成像于主机显示屏幕上，通过屏幕上高精准激光刻度尺，可自动判读出真实可靠的裂缝宽度数据。采用裂缝观测仪测量裂缝宽度操作简单，且精度高，常应用于桥梁、隧道、墙体、混凝土路面、金属表面等裂缝宽度的检测。

裂缝测量的周期应视其裂缝变化速度而定。开始时可半月测一次，以后一个月左右测一次。当发现裂缝加大时，应增加观测次数，直至几天或逐日一次的连续观测。

第11章　变形监测新技术

这一章简单介绍应用于变形监测数据采集的一些新技术，包括全球导航卫星系统、雷达干涉测量、近景摄影测量、光纤传感器及激光扫描技术。

11.1　全球导航卫星系统

11.1.1　GNSS变形观测的特点

(1)测站间无须通视。由于GNSS定位时测站间无须直接通视，从而使GNSS变形观测网的布设更为自由、方便，并可省去中间传递过渡点，从而节省费用。

(2)同时监测三维位移。很多传统变形观测方法只能提供一维测量(如水准测量、引张线测量等)或二维测量(如大部分三角网、交会测量、垂线测量等)结果，而GNSS测量可以很容易地提供三维变形数据。

(3)可全天候观测。GNSS测量不受气象条件的限制，在风雪雨雾中仍能进行正常观测。这一特点对于结构健康监测尤为重要，因为在恶劣气象条件下，如强风或暴雨发生时，很多结构(如坝体、桥梁、高层建筑及边坡等)的健康状态更加需要监测。

(4)易于实现观测自动化。由于GNSS接收机的数据采集工作可以自动进行，而且一般接收机又为用户预留了必要的接口，很容易将GNSS变形观测系统构建成无人值守的自动观测系统，从而实现从数据采集、传输、处理、分析、报警到入库的全自动化。自动变形观测可以降低观测成本，提高观测资料的可靠性，也可以很容易地提高数据采样率，掌握监测对象变形的更多信息，有利于后继的变形分析工作。另外，这一特点为难以到达的区域，如偏僻的边坡或坝体的监测提供了便利。

(5)具有严格定义的参考系统。GNSS变形观测数据很容易纳入严格定义的全球参考系统。

利用GNSS技术进行变形观测也存在一些缺点，主要表现在以下两方面。

(1)观测受现场环境影响。GNSS测站周围的物体，如房屋、围墙、广告牌、大面积水域等，可能遮挡GNSS信号或造成信号多路径误差。另外，GNSS测量也会受到测站周围的电磁场的影响，所以GNSS测站应远离大型发电机、变压器、高压线及微波信号发射台、转播台等。因此，理想的GNSS测站位置和需要观测的点位可能不一致。

(2)GNSS信号受大气影响，尤其是电离层及对流层的影响。虽然大部分情况下对于几千米以内的观测范围而言这些影响可以通过差分计算消除或削弱，但有时由于参考站与监测站之间的距离或高程差较大，残余的大气影响仍然严重。例如，有时在火山或高层建筑物监测时这些误差会反映出来。

11.1.2　GNSS变形观测的实施

1. 观测站选择与标志建立

选择GNSS测站的位置时应考虑变形观测的需要及影响GNSS观测的各种因素。测站应远离各种可能造成多路径误差及磁场的物体。为了保持点位的稳定及便于长期观测，一般应设立稳固的标石。另外，GNSS天线最好离开地面一定距离，如半米以上，以避免或减少地面造成的多路径误差。参考站应设在稳定的点位上。监测站与参考站应尽量靠近，其高差不应太大。

2. GNSS观测模式的选择

GNSS用于变形观测时，可选用定期重复观测或连续观测的模式。

定期重复观测模式适用于观测较缓慢的变形，其重复观测的频率可根据变形速率确定，如几天到几年。此时，定期重复观测模式一般采用静态相对定位的方法，数据处理与分析一般于观测之后进行。

使用连续观测模式时，GNSS接收机长期保留在测站上，连续采集数据，获得变形观测数据序列。虽然连续观测模式也是对测点进行重复性的观测，但其观测数据是连续的、具有较高的时间分辨率。根据变形体的不同特征，GNSS连续性观测可采用静态相对定位和动态相对定位两种数据处理方式进行观测。例如，大坝在超水位蓄洪时可能需要实时监视其变形状况，这时就要求观测系统具有实时的数据传输、处理与分析的能力。当然，有的观测对象虽然要求较高的时间采样率，但是数据解算和分析可以是事后的。如桥梁的静荷载、动荷载试验和高层建筑物的振动测量，其观测的目的在于获取变形或动态变化信息，数据处理与分析可以事后进行。

当使用连续观测模式时，如果在每一个监测点上都安置一台GNSS接收机，势必造成高额的仪器设备费用的投入及当事件(如滑坡)发生时仪器的损失。基于这一考虑，香港理工大学与河海大学及澳大利亚的研究人员在2000年左右合作研制了“多天线GNSS变形观测系统”。其思路是采用一个特制的天线转换开关来实现多个GNSS天线与一台接收机相连接，接收机按预先设定的程序分时扫描每一个天线并实现GNSS卫星的跟踪观测。这样在每一个监测点上，仅需安置一个GNSS接收天线即可，与传统采用的GNSS接收机阵列相比，其优点是大大地节省了GNSS硬件费用的支出，同时在灾害发生时也不必担心有昂贵的仪器设备损失。另一方面，这个系统自动化程度高，当紧急情况发生时可以发出警报，警报可以通过无线广播或有线电话发出。图11.1为香港理工大学研制的两个多天线GNSS数据采集系统。

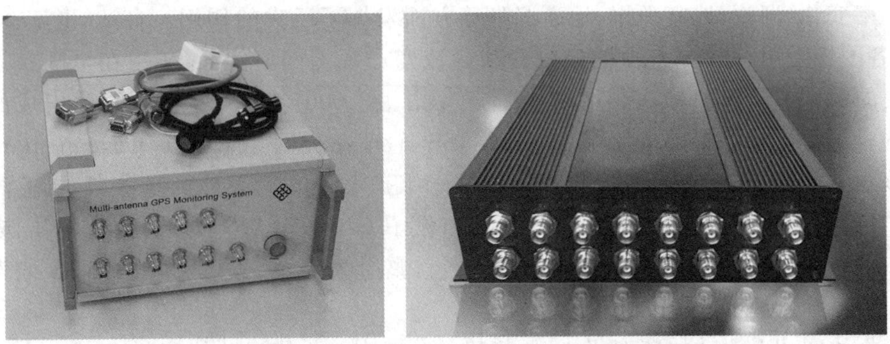

图11.1　多天线GNSS数据采集系统

一机多天线GNSS系统已成功应用于大型滑坡、水坝、大桥等工程结构的变形观测。通过大量应用实践证明GNSS一机多天线变形观测系统拥有与常规GNSS观测方法相当的观测精度。

3. 数据采集与传输

采用定期重复观测模式时,数据采集时一般在测站上先将数据记录在接收机的存储器上,回到办公室后再将数据下载到计算机上进行处理和分析。对于连续观测模式而言,数据采集时一般实时或定时地将观测数据通过有线或无线通信网络传输到办公室,整个过程可在计算机控制下自动进行。

4. GNSS 数据处理

对于高精度 GNSS 变形观测网,要想获得满意的结果,选择好的数据处理方法十分重要。不同的数据处理方法往往会得到不同的观测结果,进而影响到位移的计算。因此,对于高精度 GNSS 变形观测网,正确地进行基线处理,选择正确的观测网平差方法,确立一个对变形分析比较有利的参考基准,是变形观测数据处理的关键。数据处理可分为静态数据处理和动态数据处理两种方式。

对于较长基线的高精度 GNSS 观测网的静态数据处理,常采用高精度 GNSS 数据解算软件完成,比较著名的软件有美国麻省理工学院研制开发的 GAMIT/GLOBK 软件、瑞士的 BERNESE 软件和美国 NASA 喷气实验室研制开发的 GIPSY/OASIS 软件等。目前,GNSS 动态观测数据处理主要采用的是整周模糊度动态解算法(ambiguity resolution on-the-fly,简称 OTF 法)。对于较小规模的 GNSS 观测网,如工程规模的变形监测网,已经开发了一些单历元求解算法及其相应的软件。这些观测网可以实现毫米级的实时观测精度,适用于实时结构健康监测等。

11.1.3　GNSS 变形观测技术的应用

1. 地壳形变观测

早在 20 世纪 80 年代后期,美国南加利福尼亚州的地震中心小组便沿着州内地震断层布设了间距为 10～15 km 的多个 GNSS 跟踪站阵列,根据这些 GNSS 跟踪站测得的变形量为地震预报提供信息。后来,在国际 GNSS 服务组织的统一协调和世界各国相关研究机构的共同努力下,GNSS 在地球动力学领域的应用得到长足发展。在监测全球板块运动、地极运动、地球自转速率变化、潮汐、地震预报、地面沉降等方面发挥了巨大的作用。自 20 世纪 90 年代以来,世界各国纷纷用 GNSS 布设地壳运动和区域变形观测网。例如,美国在全国布设了满足各类需要的综合 GNSS 自动观测网络;日本布设了由 1000 多个 GNSS 永久站组成的地壳形变观测网;欧洲布设了覆盖整个欧洲的 GNSS 连续观测网(EUREF permanent network, EPN),该观测网由 200 个连续观测站组成,用于维护 ETRS89 大地测量参考系,监测地壳变形,以及对流层大气延迟等;加拿大在其西部布设了 GNSS 变形阵列;其他如埃及、澳大利亚等国也布设了 GNSS 观测网。我国已建立了覆盖整个大陆及周边地区的 GNSS 地壳运动观测网络。

由于板块间相对运动的速率很小,要精确地分辨有关板块运动的信息,要求相对定位精度要小于 10^{-7},甚至更低。这对经典大地测量技术来说,是很难实现的。目前,研究全球板块运动的主要设备有甚长基线干涉测量系统(very long baseline interferometry, VLBI)、卫星激光测距系统(satellite laser ranging, SLR)和 GNSS。VLBI 的特点是基线长、精度高。实践表明,对于几千千米长的基线,其定位精度可达数厘米,即相对精度约达 10^{-8};利用 SLR 也可以达到类似的精度。但是,这两种定位技术的共同缺点,是设备较为复杂,投资巨大,只能在少数的基准站使用。根据经验，一般大的形变均接近于板块的边缘，典型的板块边界宽约为 30～300 km。所以，就区域性板块运动的研究工作而言，尤其当需要的观测站数较多时，GNSS 测量技术就具有显著的优越性。

目前，GNSS 在几十千米到数百千米的范围内能以毫米级和亚厘米级的精度测量水平大陆板块的位移。国际 GNSS 服务组织通过国际合作在全球各大海洋和陆地板块上布设了 200 多个 GNSS 观测基准站，连续对这些观测站进行精密定位，测定各大板块的相互运动速率，以确定全球板块运动模型，并用来研究板块的现今短时间运动规律，与地球物理和地质研究的长期运动规律进行比较分析，研究地球板块边沿的受力和形变状态，预测地震灾害。GNSS 用于测定地球自转参数的结果，证实 GNSS 的应用不限于区域范围，用于全球可以与其他空间大地测量技术相媲美。

2. 大坝变形观测

水库的大坝，由于受水压力及其他因素的影响，可能会产生形变。为了确保大坝安全，需要对大坝的变形进行连续观测，这样可以验证大坝的设计性能，及时发现异常并及时采取措施。采用 GNSS 技术进行大坝变形观测，大大提高了观测速度，降低了观测工作的劳动强度，能快速及时地提供观测成果。大坝变形观测应定期进行，当发生水库空库、最高水位、高温、低温、水位骤变、位移量显著增大及地震、洪水等情况时，应及时增加观测次数，并及时提供观测结果。

图 11.2 为使用 GNSS 观测的国内某大坝，系统由 6 个坝体监测点和左右岸各一个基准点组成。1997 年 7 月投入试运行，连续观测，并实时将观测资料传输至控制中心，进行处理、分析、储存。系统反应时间小于 10 min(即每 10 min 解算及更新一次观测结果)。

图 11.2　使用 GNSS 监测的某大坝

3. 高层建筑物变形观测

高层特别是超高层建筑，有的高达数百米，且高宽比大，其对抗风、抗震的要求很高。在风雨的影响下，建筑物上部将产生侧向位移，为了保证建筑结构的安全，特别是能承受暴风雨、强台风的袭击，在结构设计中应进行严格的侧移设计。必要时，应对已建工程进行监测，为建筑结构的安全评价提供数据，并对原设计进行验证。

GNSS作为一种新方法，由于其硬件和软件的发展与完善，特别是高采样率(目前有的已高达50 Hz)GNSS接收机的出现，在大型结构体动态特性和变形监测方面已表现出其独特的优越性。应用GNSS不仅具有精度高、速度快、操作简便等优点，而且利用GNSS技术、计算机技术、数据通信技术及数据处理与分析技术进行集成，可实现从数据采集、传输、管理到变形分析及预报的全自动化、实时进行高层建筑物的动态变形监测。近几年来，一些大型工程建筑物已开展了卓有成效的GNSS动态观测试验与测试工作。图11.3为利用GNSS技术观测的某大厦。该大厦的主体结构高309.95 m，桅杆顶高383.95 m，地面以上69层，加上机电层共81层。GNSS在用于监测该大厦在强风作用下的结构动力特性时达到了很好的观测效果。

4. 滑坡监测

GNSS监测系统可长期安装于有潜在滑坡危险的边坡上，监测边坡的稳定性以及其变形趋势。监测结果可用于研究滑坡发生的概率以及估算滑坡可能发生的时间。监测系统还可以根据变形量和变形速率发出滑坡的预警信息，以便撤离边坡周围的居民或采取其他相应措施。图11.4为安装于中国香港某边坡上的多天线GNSS系统。该系统观测到了显著的边坡滑动，且边坡滑动很明显地与该地区的降雨量有关，见图11.5。此类GNSS滑坡监测系统经常与其他传感器(如倾斜仪)相配合使用。

图11.3　使用GNSS监测的某大厦

图11.4　使用多天线GNSS监测的中国香港某边坡

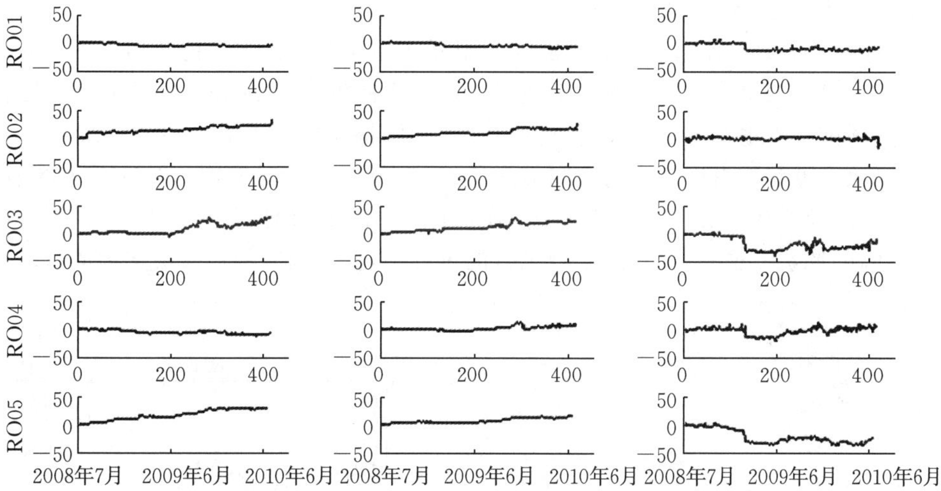

（a）北方向位移　（b）东方向位移　（c）高程方向位移

图 11.5　多天线 GNSS 监测到的 5 个监测点的三维变形时间系列

11.2　雷达干涉测量

雷达干涉测量(interometry SAR，InSAR)是自 20 世纪 60 年代发展起来的一种遥感技术。InSAR 是合成孔径雷达遥感成像与电磁波干涉两大技术的融合，该技术使用微波雷达成像传感器对地表进行主动遥感成像，采用一系列数据处理方法，从雷达影像的相位信号中提取地面的地形或变形信息。

InSAR 技术用于变形观测时具有测量精度高(毫米到厘米级)、空间分辨率高(1～10 m)、不受云雨天气限制等特点，在研究地震形变、火山运动、冰川漂移、地面沉降以及山体滑坡等方面，已经表现出极好的应用前景。

InSAR 技术可与具有高时间分辨率特征、基于离散点观测的传统大地测量方法(如三角和三边测量、GNSS 定位和水准测量等)形成互补优势，利用其高空间分辨率、连续空间覆盖的特性，为地面信息采集、地球物理研究和形变灾害监测等提供经济的空间对地观测新途径。此外，雷达遥感可弥补可见光、近红外被动遥感受天气及气候条件限制的技术缺陷。

在数据处理方面，已有的空间对地观测技术，例如光学航空摄影测量、可见光与近红外遥感等，主要是针对所获取影像的灰度信息进行处理和分析，而 InSAR 技术则将雷达影像的相位信息作为信号处理和分析的焦点，因此在影像的处理算法和处理流程上也显现出其独特性。

11.2.1　SAR 成像原理与图像特征

InSAR 技术主要是利用覆盖同一地区的多幅 SAR 影像来提取有用信息，更确切地说，是从它们所产生的干涉相位图来提取地形或形变信息。因此，了解 SAR 影像的获取原理是理解干涉实质的前提。本节将首先介绍真实孔径侧视(side-looking)雷达成像的机理，然后介绍合成孔径侧视雷达成像的基本原理，最后介绍 SAR 图像的基本特征。

1. 真实孔径侧视雷达成像

雷达成像采用的是斜距投影方式，图11.6显示了雷达对地面成像的几何配置。搭载雷达的平台可以是飞机、卫星或航天飞机。雷达以一定的侧视角 θ_0 向地表一侧发射椭圆锥状的微波脉冲束，椭圆锥的轴垂直于平台飞行方向。这个椭圆锥状的微波脉冲束在地表形成一个辐照带，这个辐照带可看作由许多小的空间面元所组成，每一个面元将雷达脉冲后向散射回去，由雷达接收并记录下来。实际上，如图11.7所示，对于影像平面内某一行像素，不同雷达斜距 R 对应于不同的像素。这样，在雷达平台飞行的过程中，一定幅宽的地表被连续成像。

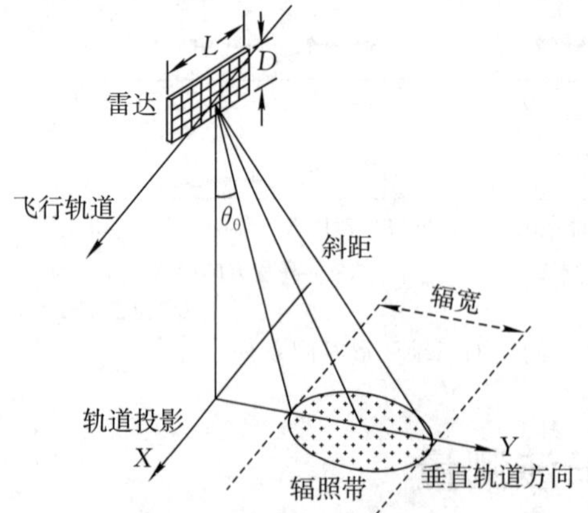

图11.6　雷达成像几何

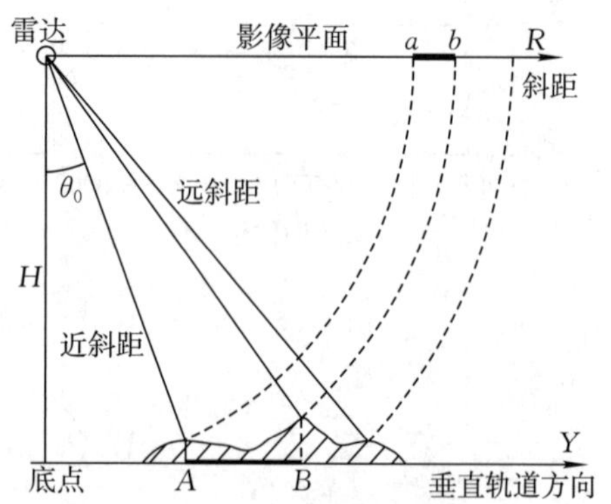

图11.7　雷达斜距投影

可区分两个相邻目标的最小距离称为雷达影像的空间分辨率。显然，这个距离越小，分辨率越高，如图11.8所示，沿雷达飞行方向即方位向和雷达斜距方向的分辨率分别为 ΔX 和 ΔR，将斜距分辨率 ΔR 投影到水平地面时，则变为斜距向地面分辨率 ΔY。方位向分辨率的计算公式为

$$\Delta X = \frac{R\lambda}{L} \tag{11.1}$$

式中，R 为雷达斜距；λ 为雷达所采用的微波波长；L 为雷达天线长度，即雷达天线方位向的尺寸。实际上，ΔX 就是雷达辐照带的沿轨道方向的宽度。斜距分辨率和斜距向地面分辨率分别为

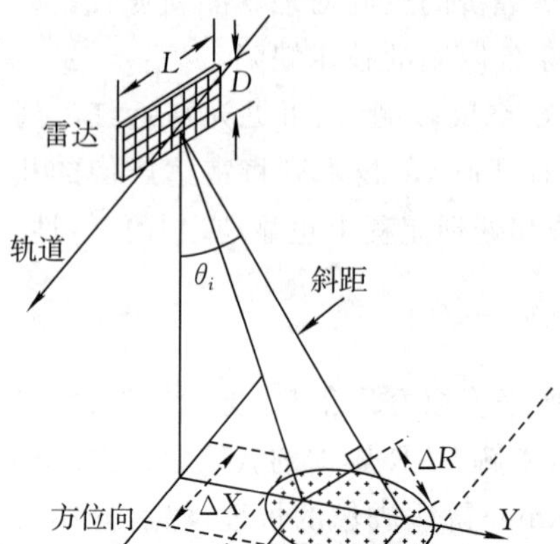

图11.8　成像雷达分辨率

$$\Delta R = \frac{c\tau_P}{2} \tag{11.2}$$

$$\Delta Y = \frac{\Delta R}{\cos(90-\theta_i)} = \frac{c\tau_P}{2\cos(90-\theta_i)} \tag{11.3}$$

这里，c 为光速，τ_P 为脉冲宽度，θ_i 为侧视角。实际上，随着侧视角 θ_i 在一定范围内的变化，因为 ΔR 为定值，则 ΔY 也在一定的范围内变化；也就是说，雷达斜距向的地面分辨率是变化的，越靠近底点，斜距向地面分辨率越低，越远离底点，斜距向地面分辨率越高。如果雷达侧视角为0，即正对底点成像，那么，靠近底点的地面分辨率将非常糟糕，这也正是为什么成像雷达一定要侧视的主要原因。值得注意的是，较航空摄影测量的中心投

影方式,雷达斜距投影方式是较为特殊的。

式(11.1)至式(11.3)说明了雷达斜距或斜距向地面分辨率仅与雷达波特征和雷达侧视角有关,而与雷达天线的大小无关,但是方位向分辨率主要由雷达天线的长度所决定。例如,若 ERS-1/2 卫星雷达(C 波段,$\lambda=5.66$ cm)在真实孔径成像模式上操作,为了达到 10 m 方位向分辨率,将需要 5 km 长的雷达天线,这是一般飞行平台难以承受的。也就是说,常规真实孔径成像雷达系统不可能获得沿搭载平台飞行方向具有高分辨率的图像,而在合成孔径雷达成像模式下,这一问题得到了很好的解决。

2. 合成孔径侧视雷达成像

当雷达沿其轨道飞行时,被成像的地面目标与雷达间存在相对运动,因而被地面反射回来的雷达脉冲频率产生漂移,这就是美国人 Carl Wiley 发现的多普勒频移(Doppler frequency shift)现象。合成孔径雷达正是利用这一物理现象来改善雷达成像的方位向分辨率的。图 11.9 显示了合成孔径侧视雷达成像的几何。设一个具有长度为 L 的真实孔径雷达天线从点 a 移动到点 b 再到点 c,则被成像点 O 的雷达斜距会由大变小再变大,这样雷达接收从地面点 O 反射回来的脉冲频率会产生变化,即频率漂移由大变小。通过精确测定这些接收脉冲的雷达相位延迟并跟踪频率漂移,最后可相应地合成一个脉冲,使方位向的目标被锐化,即提高方位向分辨率。相对于真实孔径雷达方位向分辨率来说,合成孔径雷达的方位向分辨率被大大改善,此时 ΔX 可近似地表达为

$$\Delta X=\frac{L}{2} \tag{11.4}$$

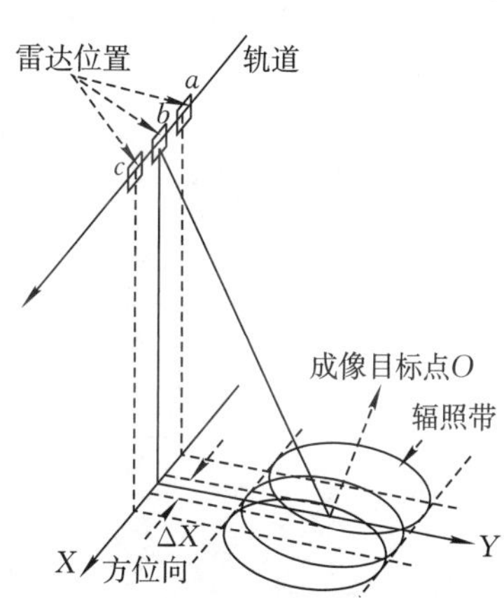

图 11.9　合成孔径雷达成像几何

这意味着方位向分辨率仅由雷达天线的长度确定。例如,ERS-1/2 操作在合成孔径雷达成像模式下,使用长度为 10 m 的天线,便可获得 5 m 左右的方位向分辨率。

机载或星载雷达系统基于侧视成像几何所获取的粗数据须经计算机聚焦和滤波处理才能形成 SAR 影像,也就是说,"合成孔径"的概念是通过数据处理来实现的。

3. SAR 图像的基本特征

SAR 系统所获取的粗数据在经过地面预处理后形成单视复数影像,每一像素可用一个复数 $a+bi$ 表示,其振幅值对应于地面分辨单元的散射强度,相位主值是雷达波沿斜距方向传播的总波数的尾数。这两个信息分量可用一个复数$(a+bi)$来表达,即

$$P\Rightarrow a+b\mathrm{i}=\sqrt{a^2+b^2}\,\mathrm{e}^{\mathrm{i}\varphi} \tag{11.5}$$

式中,$\sqrt{a^2+b^2}$ 为振幅(对应灰度信息),$\varphi=\arctan(b/a)$ 为相位值。振幅越大,表示地表反射强度越大。反射强度的大小取决于雷达侧视角度、雷达波长、雷达极化方式、表面朝向、表面粗糙度等因素。如平静的湖面在雷达灰度图像中呈全黑,而城市则呈现为亮区域。

从像素的信息量来看,SAR 图像比可见光遥感影像要丰富,可见光遥感影像的每一像素仅包含灰度信息。从视觉效果来看,SAR 灰度影像远没有可见光遥感影像(含航摄像片)清晰,这主要是由于雷达成像时无法避免所谓的斑点噪声效应。因此,要获得好的视觉效果,一般要进行多视处理即平滑处理,以牺牲分辨率而提高信噪比。

InSAR 主要是基于相位信息的处理来提取有用信息的,理解相位信息的机理就显得非常

重要。如图 11.10 所示，雷达相位不仅与几何斜距 R（从雷达平台到地表分辨单元平均反射面的距离）有关，而且地表分辨单元内部诸地物对总体观测相位有加权和的贡献，即分辨单元内每一地物到平均反射面的几何距离 ρ_{ε_i} 引起相位延迟，每一地物具有不同的物理后向散射特性从而引起相位延迟，具体相位分量理论表达式如图 11.10 所示。这就说明了 SAR 图像像素所记录的相位信息不仅包含距离信息，而且还包含地面分辨单元诸要素的附加相位贡献，而后者表现出极大的随机性，因此一般被视为噪声，对干涉分析带来不便。此外，值得注意的是相位的整周数是未知的，正确恢复干涉相位的完整值是干涉处理中极具难度且又十分重要的环节。

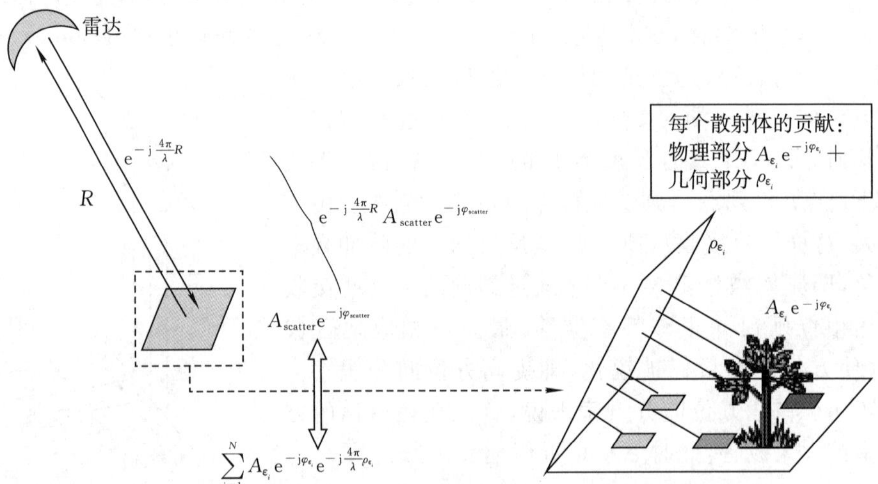

图 11.10 SAR 成像时地面分辨单元的后向散射特性和相位观测值的构成

11.2.2 InSAR 基本原理

从历史上来看，InSAR 技术的发展起源于 Thomas Young 于 1801 年完成的“杨氏双缝光干涉实验”。从两条狭缝射出的波束具有不同的传播距离，也就是波的相位不一致，这样引起波的叠加或削减，从而在白板上可观察到明暗相间的条纹，也就是所谓的“干涉条纹”。InSAR 正是基于这一原理而发展起来。

雷达影像既记录了地面目标的辐射强度信息，也记录了与斜距（雷达天线到地面分辨单元）有关的相位信息。将覆盖同一地区的两幅 SAR 影像对应像素的相位值相减便可得到一个相位差图，即所谓干涉相位图。这些相位差信息是地形起伏和地表形变（如果存在）等因素贡献之和的体现。InSAR 正是利用相位信号来分离和提取有用信息（如地面高程或地表形变）的。

本小节将首先介绍 InSAR 干涉相位的形成机理，然后分析其构成成分以及干涉测量的基本原理。

1. 干涉相位的形成

对于具有双 SAR 天线的机载系统来说，两个 SAR 天线以一定间距分开安装在同一飞机上，两个传感器中心连线构成的空间向量称为基线且与飞机航线垂直，基线长度保持不变。在星载 SAR 情况下，一般采用单天线操作模式，而卫星以一定的时间间隔和轻微的轨道偏离(两个轨道几乎平行)重复对某一局部地区成像,也可构成与机载 SAR 类似的干涉几何配置系统,如图 11.11 所示,只是基线不再以物理形式存在。一般来说机载基线长度为数米至数十米,而重复轨道雷达卫星基线可达数百米到数千米。

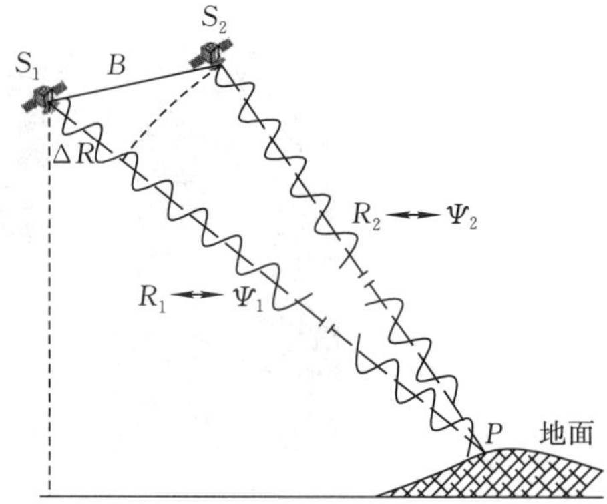

图 11.11　InSAR 系统干涉相位的形成

在图 11.11 中,S_1 和 S_2 分别表示卫星两次成像时的相对位置,传感器接收到来自地面目标的 SAR 回波信号分别为 ω_1 和 ω_2,经成像处理后得到的影像分别称其为主、从影像,分别包含地面目标的散射强度 $|\omega|$ 和与斜距 R 有关的相位信息 Ψ。ω_1 和 ω_2 为复信号,可表示为

$$\left.\begin{aligned}\omega_1(R_1) &= |\omega_1|\exp(j\Psi_1)\\ \omega_2(R_2) &= |\omega_2|\exp(j\Psi_2)\end{aligned}\right\} \tag{11.6}$$

卫星两次成像时轻微的轨道偏离导致信号对地面入射角的差异,使得两幅 SAR 影像不完全重合,为此必须首先进行配准处理,对配准后的图像逐像素进行复共轭相乘,就得到复干涉纹图

$$\omega_1(R_1)\cdot\omega_2^*(R_2) = |\omega_1||\omega_2|\exp[j(\Psi_1-\Psi_2)] \tag{11.7}$$

雷达接收信号中的相位 Ψ 由两部分贡献组成:一是与雷达信号往返路径相关的相位,二是地表具有不同散射特性的散射体造成的随机相位,即有

$$\left.\begin{aligned}\Psi_1 &= 2\,\frac{2\pi}{\lambda}R_1 + \psi_1^{\text{scatter}}\\ \Psi_2 &= 2\,\frac{2\pi}{\lambda}R_2 + \psi_2^{\text{scatter}}\end{aligned}\right\} \tag{11.8}$$

式中,λ 为雷达系统波长,ψ_1^{scatter} 和 ψ_2^{scatter} 表示不同散射特性造成的随机相位,系数“2”表示往返双程。假设两次成像期间地表散射体没有随机扰动,即 $\psi_1^{\text{scatter}}=\psi_2^{\text{scatter}}$,则两信号的相位差(即干涉相位)为

$$\Phi = \Psi_1-\Psi_2 = \frac{4\pi}{\lambda}(R_1-R_2) = \frac{4\pi}{\lambda}\Delta R \tag{11.9}$$

式(11.9)表明干涉图中的相位 Φ 取决于信号的路径差 ΔR,两者成比例关系,这就使根据相位差提取斜距差或斜距变化成为可能。

需要指出的是,在实际的干涉处理中,由于经过三角函数运算,Φ 丢失了相位整周数,所以只能得到干涉相位的主值(即缠绕相位),必须借助合适的解缠方法恢复相位完整值。

由于相位差的周期性变化,干涉图实际上是以条纹形式表现出来。各影像的成像时间和时间间隔如表 11.1 所示,覆盖某地区的两个干涉像对所生成的干涉相位图如图 11.12 所示。

表 11.1　某地区两个干涉对的影像成像时间和时间间隔

编号	主影像	从影像	时间间隔/d
1	1996-03-25 (ERS-1)	1996-03-26 (ERS-2)	1
2	1996-06-03 (ERS-1)	1996-06-04 (ERS-2)	1

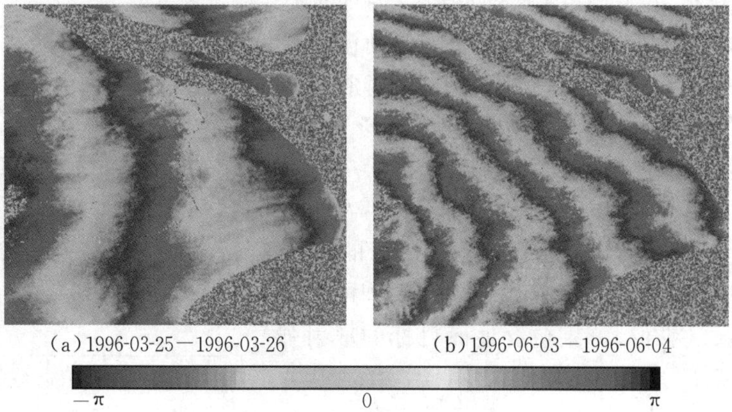

图 11.12　某地区的干涉相位图

从上述干涉对所生成的干涉条纹图来看，陆地区域干涉图条纹较为清晰，多数条纹都是连续的，而对于水域地区干涉图较为模糊，部分区域条纹极为紊乱，这主要是由噪声所致。用于衡量干涉相位图质量的定量指标，通常采用如下的噪声测度。

2. 干涉相位的噪声测度

一般采用相干性测度 γ 来衡量干涉相位的噪声程度，这是意大利普拉蒂(Prati)等于1993年首次提出的干涉相位图质量评价的量化标准。干涉相干系数的定义为

$$\gamma=\frac{E[M\cdot S^{*}]}{\sqrt{E[|M|^{2}]E[|S|^{2}]}} \tag{11.10}$$

式中，$E[\ ]$ 表示数学期望值，M、S 分别表示主、从影像复数集，$*$ 为复数的共轭算子。γ 的绝对值范围为$[0,1]$，若 γ 的绝对值为0，则意味着两景影像完全不相干；而 γ 的绝对值若为1，则意味着两景影像完全相干，没有噪声，重复观测期间地表没有发生任何变化。

在实际计算中，对于某一分辨单元来说，其相干系数 γ 是取包围该像元的一定范围(如 $m\times n$ 大小的窗口)内的邻近像素复数信息来估计，具体表达式为

$$\gamma=\frac{\left|\sum_{i=1}^{m}\sum_{j=1}^{n}M(i,j)S^{*}(i,j)\right|}{\sqrt{\sum_{i=1}^{m}\sum_{j=1}^{n}|M(i,j)|^{2}\sum_{i=1}^{m}\sum_{j=1}^{n}|S(i,j)|^{2}}} \tag{11.11}$$

通过逐点计算以各像元为中心的 γ 值，可以得到反映整个区域干涉相位质量的相干系数图，图11.13为图11.12中干涉对所对应的干涉相干图。

相干系数的大小反映了各像元上干涉相位的质量。因此在图11.13中，越亮的区域，其相干性越高，相位噪声越小，干涉相位数据的质量越高。高质量的干涉相位有利于后续的相位解缠及高精度的地表三维重建，如图中的中心城区。而越暗的区域，其相干性越差，相位噪声越大，这将导致干涉测量精度和可靠性的降低甚至干涉测量完全失败，如图中的水域。

此外，像元的信噪比(SNR)也是衡量噪声程度的一个定量指标，相干系数与信噪比之间的关系可以表示为

$$\gamma=\frac{\mathrm{SNR}}{1-\mathrm{SNR}} \tag{11.12}$$

从式(11.12)可进一步看出，相干系数越高的目标，其信噪比越大，反之则越小，两者对干涉相位噪声程度的衡量是一致的。

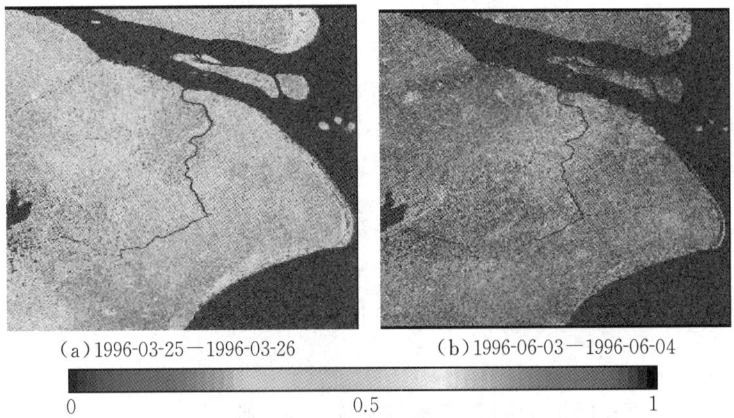

图 11.13　某地区的干涉相干图

在干涉处理的影像中，必须具备足够数量的高信噪比目标，以此保证干涉测量成果的精度与可靠性。

3. 干涉相位成分分析

在非零基线（即两次成像的卫星轨道不完全重合）情况下，干涉相位主要由以下几个分量构成。

(1)参考相位，也称为平地相位(flat-earth trend phases)。由参考基准面（一般采用参考椭球面）引起的系统性相位称为参考相位 (φ_{flat})。在理想平地情况下，即使地面无起伏，干涉图也会出现密集的条纹，这是由于雷达侧视成像入射角的差异导致斜距差变化引起的。

其构成机理如图 11.14 所示，图中 P_1 和 P_2 为理想平地上的两点，δR_1 和 δR_2 分别为雷达中心 S_1 和 S_2 至 P_1 和 P_2 的斜距差，θ_1 和 θ_2 分别为天线位置 S_1 观测 P_1 和 P_2 的侧视角，B 为基线，则有 $\delta R_1 = B\cos\theta_1$，$\delta R_2 = B\cos\theta_2$。由于有 $\theta_1 > \theta_2$，显然有 $\delta R_1 < \delta R_2$，而 $\varphi_1 = \delta R_1 \times \frac{4\pi}{\lambda}$，$\varphi_2 = \delta R_2 \times \frac{4\pi}{\lambda}$，则有 $\varphi_1 < \varphi_2$。

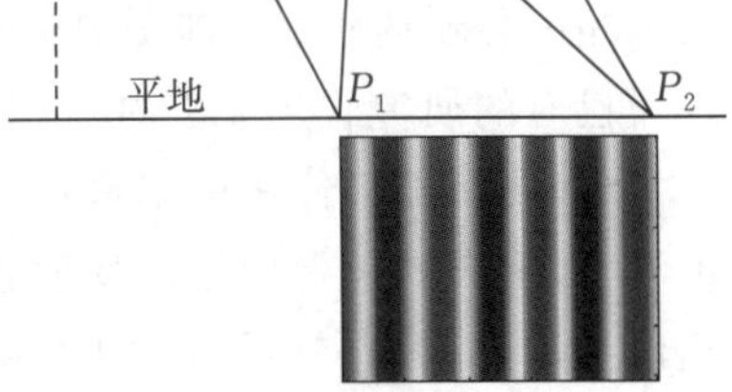

图 11.14　理想平地状态下的斜距差变化规律

由此可见，相位差（即干涉相位）由近距点到远距点呈递增趋势，而实际计算所得到的数据是其相位主值，故呈现出如图 11.14 所示的周期性密集条纹，相位差在 $-\pi \sim \pi$ 范围内周期性变化。

(2)地形相位(φ_{topo})。图 11.14 为理想平地状态下干涉相位的周期性变化，当实际存在地形起伏时，地面高程引起的相位与参考相位叠加构成较为复杂的干涉条纹。

(3)形变相位(φ_{def})。若两次成像期间地表发生位移，引起斜距差 δR 的变化，从而反映于干涉相位。

(4)大气相位(φ_{atm})。雷达发射的微波信号穿越大气层过程中，不同密度的大气介质尤

其是对流层对信号传播会产生路径延迟，即有

$$\left.\begin{aligned}\Phi_1 &= \frac{4\pi}{\lambda}(R_1 + R_{\text{atm1}}) \\ \Phi_2 &= \frac{4\pi}{\lambda}(R_2 + R_{\text{atm2}})\end{aligned}\right\} \tag{11.13}$$

式中，R_1、R_2 分别表示地面点到两天线的斜距，R_{atm1}、R_{atm2} 分别表示两次成像时产生的大气延迟影响。干涉相位为两次相位之差

$$\varphi = \Phi_1 - \Phi_2 = \frac{4\pi}{\lambda}(R_1 - R_2) + \frac{4\pi}{\lambda}(R_{\text{atm1}} - R_{\text{atm2}}) \tag{11.14}$$

式中，$\frac{4\pi}{\lambda}(R_1 - R_2)$ 为地面起伏和可能的地表形变之相位总和，$\frac{4\pi}{\lambda}(R_{\text{atm1}} - R_{\text{atm2}})$ 为两次大气相位延迟的差异。

在理想情况下，若两次成像期间大气条件完全一致，则 $(R_{\text{atm1}} - R_{\text{atm2}}) = 0$，大气延迟抵消。而在实际应用中，大气的不一致性既表现在时间尺度上，即不同时间不同季节的大气状态可能不一致，也表现在空间尺度上，即不同地理区域可能存在不尽相同的大气条件。若不能完整地提取或剔除大气相位分量，则其贡献很容易被误认为是地形起伏或地表形变，这极大降低了 InSAR 技术提取地形或地表形变信息的可靠性。

(5)相位随机噪声（φ_{noi}）。如两次成像时不同的系统热噪声所引起的相位差异等。

在上述多个成分共存情况下，干涉相位是所有贡献分量的总和，即

$$\varphi = \varphi_{\text{flat}} + \varphi_{\text{def}} + \varphi_{\text{atm}} + \varphi_{\text{pro}} + \varphi_{\text{noi}} \tag{11.15}$$

在 InSAR 实际应用中，直接差分得到干涉相位可能为多个贡献分量的叠加，为此必须采取合适的策略分离各相位分量，以提取有用的地面信息，如高程或形变。

11.2.3　DInSAR 地表形变测量

1. 观测几何

前面分析了初始干涉相位可能包括多个贡献分量，如参考趋势面相位、地形因素、地表形变、大气延迟和随机噪声等。为提取其中的地表形变信息，具有显著影响的参考面相位和地形因素相位必须从初始干涉图中予以去除，即所谓的二次差分干涉(Diferential InSAR，DInSAR)。

已有的研究提出了三种方法进行二次差分干涉(以下讨论均忽略大气和噪声影响)。

(1)两轨法。使用两幅雷达图像和一个外部数字高程模型。两幅雷达图像用于形成一个干涉对，生成既包含地表形变信息又包含地形因素的干涉图，根据外部数字高程模型反演地形相位并从干涉相位中予以去除，则可得到仅包含地表形变信息的干涉图。

(2)三轨法。使用三幅雷达图像形成两个干涉对，一个为地形对，另一个为地形—形变对，从地形—形变干涉相位中直接扣除地形对中仅反映地面高程信息的相位数据，则可得到地表形变相位图。

(3)四轨法。使用四幅雷达图像形成两个干涉对，分别为地形对和地形—形变对，将前者的地形相位按比例关系映射于地形—形变干涉相位中并予以去除，从而得到反映地表位移的相位信息。

实质上，两轨法和四轨法是相似的，只不过后者是使用干涉的方法产生地形数据，而两轨

法无须产生数字高程模型，直接从地形—形变对的干涉相位中去除地形干涉对的相位。

图 11.15 说明了两轨法和四轨法的观测几何。对于地面点 P，若在两次成像期间发生位移 d，反映在干涉相位上的数值为

$$\varphi_d=\varphi_m-\varphi_r-\varphi_t \tag{11.16}$$

参考趋势面相位

$$\varphi_r=\frac{4\pi}{\lambda}B_{/\!/}^0 \tag{11.17}$$

地形因素相位

$$\varphi_t=\frac{4\pi}{\lambda}\frac{B_{\perp}^0\ h}{R_1\sin\theta_0} \tag{11.18}$$

从初始干涉相位中扣除参考面相位和地形相位后就得到仅反映地表形变的相位。

图 11.16 为三轨法差分的观测几何，三轨法差分干涉相位为

$$\varphi_d=\varphi_{m_2}-\varphi_{e_2}-\varphi_{t_2} \tag{11.19}$$

包含地形和形变信息干涉对的参考趋势面相位和地形相位分别为

$$\left.\begin{aligned}\varphi_{e_2}&=\frac{4\pi}{\lambda}B_{/\!/2}^0\\ \varphi_{t_2}&=\frac{B_{\perp 2}^0}{B_{\perp 1}^0}\varphi_{t1}\end{aligned}\right\} \tag{11.20}$$

其中，φ_{t_1} 为地形干涉对的干涉相位

$$\varphi_{t_1}=\varphi_{m_1}-\varphi_{e_1}=\varphi_{m_1}-\frac{4\pi}{\lambda}B_{/\!/1}^0 \tag{11.21}$$

其中，$B_{/\!/}^0$ 和 $B_{\perp}^0$ 分别代表基线(轨道偏移)在雷达参考视线方向上的平行和垂直投影分量，下标 1 和 2 代表不同的卫星或干涉对，θ_0 为雷达参考视线的侧视角度，λ 为雷达波长，R 为雷达斜距，h 为地表相对于参考面的高程。对二次差分干涉图进行相位解缠且得到绝对相位差 φ_{abs} 后，反映地表沿雷达视线方向(line of sight，LOS)的斜距变化量 ΔR 可计算得到

$$\Delta R=\frac{\lambda}{4\pi}\varphi_{\text{abs}} \tag{11.22}$$

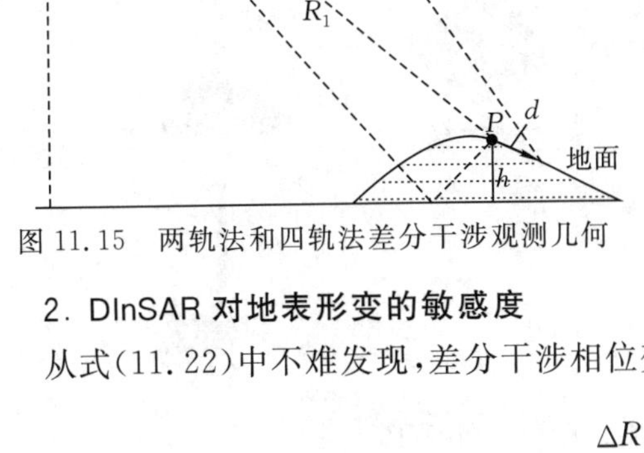

图 11.15　两轨法和四轨法差分干涉观测几何

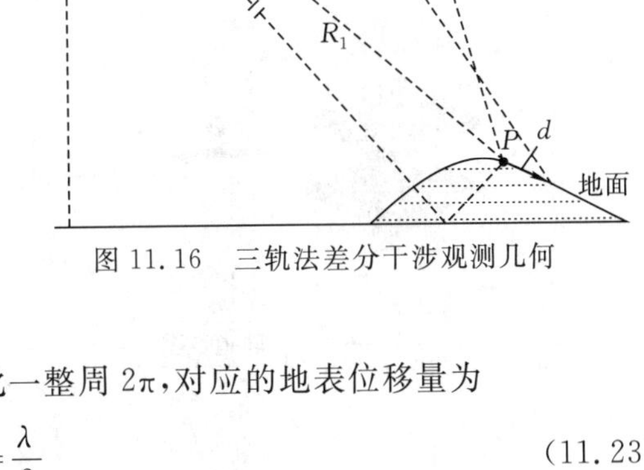

图 11.16　三轨法差分干涉观测几何

2. DInSAR 对地表形变的敏感度

从式(11.22)中不难发现，差分干涉相位变化一整周 2π，对应的地表位移量为

$$\Delta R_{2\pi}=\frac{\lambda}{2} \tag{11.23}$$

即DInSAR对形变测量敏感度为雷达波长的一半。如对于ERS C波段(5.6 cm)系统来说,形变测量敏感度为2.8 cm。

从式(11.19)至式(11.22)可以看出,如果基线长度为零,即两次轨道完全重合,由式(11.16)和式(11.19)所计算的直接差分干涉相位中将不包含参考面和地形起伏的相位贡献,无须做二次差分,直接差分干涉相位图就反映了地表形变情况。因此,对于DInSAR形变测量来说,基线越短越有利。

一般说来,InSAR系统对地表形变的敏感度远远高于对地形的敏感度。例如,一个垂直基线为100 m的ERS干涉对,1 m的高差变化仅仅对应着约4.5°的干涉相位变化,远小于ERS干涉系统的约40°噪声水平,因此使得这样的高差实际不可测。然而,对于二次差分干涉来说,沿雷达视线1 cm的形变量对应着127°的干涉相位变化。因此,DInSAR对地表位移是相当敏感的,从理论上来说,DInSAR具有毫米级形变测量精度的潜力。

11.2.4 InSAR数据处理过程

前面分析了干涉相位的构成及干涉测量的基本原理,本小节将具体介绍InSAR的数据处理流程及关键算法。

1. 干涉处理流程

对于单像对干涉处理,在干涉数据处理实施之前,必须选择合适的干涉像对和其他辅助数据(如外部DEM,用于地形相位分量的去除),以保证干涉测量结果的可靠性。由前面的介绍可知,干涉像对的选择原则是:对DEM生成来说,干涉基线既不能太长也不能太短;对于地表形变探测来说,干涉基线越短越好。在选取了有效的干涉数据集后,就可以对它们进行干涉处理,具体步骤包括SAR图像配准、干涉图的生成、参考面和地形影响去除、相位解缠、地理编码等。

图11.17为基于DInSAR技术提取地表形变的干涉处理流程图。

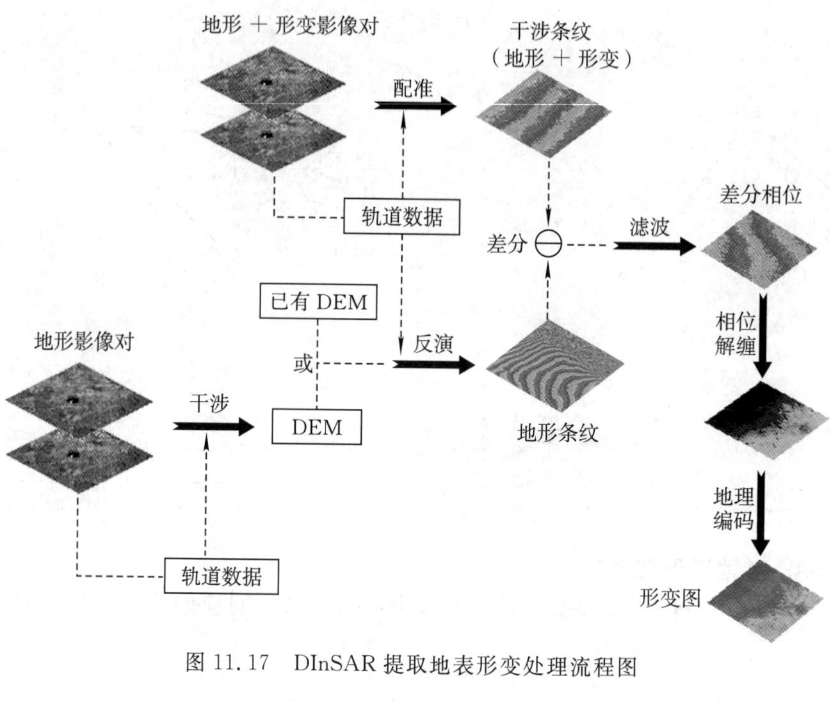

图11.17 DInSAR提取地表形变处理流程图

2. 图像配准

从单个像对的 SAR 复数影像来提取地形起伏或地表形变信息，首要面临的问题便是将沿重复轨道（存在轻微偏移）获取的覆盖同一地区的图像进行精确配准。SAR 图像的配准就是计算参考影像（主影像）与待配准影像（从影像）之间在方位向和距离向的坐标映射关系，再利用这个关系对待配准影像实行坐标变换和重采样。因为轨道偏移量较小（一般在 1 km 左右），而轨道高度为数百千米，因此，在重复轨道影像重叠区域内，同名像点对间的坐标偏移量具有一定的变化规律，一般可使用一个高阶多项式来拟合。

干涉测量要求影像配准精度必须达到子像元级。一般分两个阶段来实施，即粗配准和精配准。粗配准可利用卫星轨道数据或选取少量的特征点计算待配准影像相对于参考影像在方位向（影像列方向，用 t 坐标表示）和距离向（影像行方向，以 r 表示）的粗略偏移量，目的是为影像精确配准中的同名像素搜索提供初值。而精配准首先是基于粗略影像偏移量和影像匹配算法，从主从影像上搜索出足够数量的且均匀分布在重叠区域内的同名像点对，然后使用多项式模型来描述两影像像素坐标偏差，即主从影像同名像点对的坐标差（$\Delta r,\Delta t$）可表示为主影像坐标（r,t）的函数表达式（多项式，如二次），即

$$\left.\begin{aligned}\Delta r &= a_0 + a_1 r + a_2 t + a_3 r^2 + a_4 t^2 + a_5 rt \\ \Delta t &= b_0 + b_1 r + b_2 t + b_3 r^2 + b_4 t^2 + b_5 rt\end{aligned}\right\} \tag{11.24}$$

基于所得到的同名像点坐标偏移量和最小二乘算法，求解多项式模型参数 a_i 和 b_i（$i=0,1,\cdots,5$），这样便完成了影像对坐标变换关系的建立。最后利用这一模型对从影像进行重采样，使从影像取样到主影像空间。重采样的可选方法较多，包括最邻近点法、双线性内插法、双三次样条内插法等。实验证明，双三次样条内插法能满足干涉处理高精度的要求。

3. 干涉图的生成与滤波

将主影像与重采样后的从影像做复数共轭相乘，产生复数形式的干涉图。然后从干涉图中提取相位主值分量图，即可得到一次相位差图。需要注意的是，干涉相位在 $-\pi$ 到 $+\pi$ 内变化，一个完整的变化呈现为一个干涉条纹，但每一像素上存在相位整周模糊度问题。

为评价干涉相位质量的高低，一般采用相干性测度 γ 来衡量，通过逐一像素计算相干系数，得到一个与干涉相位图对应的相干图。从计算机显示效果来看，越亮的区域，相干系数越高，干涉相位的条纹越清晰，干涉相位观测量越可靠，反之，相干系数越低，干涉条纹越模糊，干涉相位噪声越大。

为了提高干涉相位的信噪比，我们可以采用空间滤波方法，如多视处理，通过对复数信号进行平滑，实现减弱干涉相位噪声的目的。统计分析表明，尽管单一 SAR 图像上的相位信号服从$[-\pi,+\pi]$的均匀分布，但从两幅 SAR 图像所提取的干涉相位则服从似高斯分布，其概率密度函数可表达为以雷达干涉相干系数和多视数作为参数的函数关系。雷达相干性可通过增加多视数来提高，即通过加大局部空间平滑的程度以牺牲空间分辨率来提高信噪比，多视数越大且相干系数越高，干涉相位的中误差越小。

4. 参考面和地形影响去除

在 11.2.3 小节中已经指出，一次差分干涉相位是多种因素如参考趋势面、地形起伏、地表位移和噪声等的综合反映。对于地形测量来说，一般事先根据先验信息，选择不包含形变信息的干涉对来处理，以减少干涉相位的构成成分。因此，直接相位差分值主要包含参考面（一般选择参考椭球面）和地形起伏的贡献。为了使后续相位解缠变得容易，一般先将椭球参考面

的相位分量从直接差分相位中去除。值得注意的是，相对于地形贡献来说，在初始干涉相位中参考椭球面的贡献是占主导地位的，这就是为什么一次差分干涉相位图看起来呈现为大致与轨道相平行的条纹，有效干涉基线越长，干涉条纹越密集；地形坡度越大，干涉条纹越密集；地形越复杂，条纹曲率变化越明显。当我们去除掉参考面的贡献后，地形相位条纹便清晰地显现出来，其表现形状与地形等高线的形状一致。

对于形变测量来说，尽管可以选择短基线的干涉对来处理，但参考椭球面和地形贡献的影响仍然是不可忽视的。为了提取形变信息，参考趋势面和地形起伏的相位贡献必须从一次差分相位中去除，也就是所谓的二次差分。所剩余的干涉条纹越密集、形变越显著则梯度越大。

1）参考面干涉相位去除

在所选定的坐标参考框架（如WGS-84）下，可以利用轨道（基线）数据来计算同名像点的参考斜距差 ΔR_{ref} 及参考面干涉相位。当所求出数量足够且均匀分布在重叠区域内的同名像点的多个参考斜距差之后，可使用 n 阶（如3阶）多项式模型来描述这种参考斜距差大小在重叠区域内的变化规律，即

$$\Delta R_{\text{ref}}(r,t)=\sum_{i=0}^{n}\sum_{j=0}^{i}a_{i-j,j}r^{i-j}t^{j} \tag{11.25}$$

这里的多项式系数可采用最小二乘法来求解。一旦建立上述模型，每一分辨单元的参考椭球面干涉信息 RI（复数值）便可采用如下公式来计算，即

$$RI(r,t)=\cos\left(\frac{4\pi}{\lambda}\Delta R_{\text{ref}}(r,t)\right)+i\cdot\sin\left(\frac{4\pi}{\lambda}\Delta R_{\text{ref}}(r,t)\right) \tag{11.26}$$

最后依据

$$I_1(r,t)=I(r,t)\cdot RI^*(r,t)=M(r,t)\cdot S^*(r,t)\cdot RI^*(r,t) \tag{11.27}$$

式中，I、I_1 分别为干涉相位和去除参考面相位的干涉相位；M、S 分别为主影像及从影像的像素值。

参考面相位可从初始干涉图中予以去除，以形成新的干涉图 I_1。

2）地形干涉相位去除

为了提取地表形变信息，不仅需要从干涉图 I_1 中去除参考面相位的贡献，而且还必须使用仅包含地形起伏信息的其他干涉图 IT_2 进一步扣除地形的相位贡献。对于“三轨”或“四轨”差分干涉方法来说，IT_2 使用一个SAR图像对来生成，且基于上一节描述的比例化关系进行处理，而对于两轨法来说，IT_2 使用外部DEM（可采用数字地图来生成）并结合轨道数据来模拟，具体的数学模型如上节所述。设绝对意义下的地形干涉相位为 $\varphi_{\text{topo}}(r,t)$，则相应的复数值可表达为

$$IT_2(r,t)=\cos(\varphi_{\text{topo}}(r,t))+i\cdot\sin(\varphi_{\text{topo}}(r,t)) \tag{11.28}$$

最后，形变干涉图 DI 可表达为

$$DI(r,t)=I_1(r,t)\cdot IT_2^*(r,t) \tag{11.29}$$

5. 相位解缠

为了获得地表高程或沿雷达斜距方向上的地表位移量，我们必须确定干涉相位图（地形 I_1，形变 DI）中每一像素的相位差整周数，此工作称为相位解缠，是干涉数据处理中的难点和重点，也是干涉数据处理中的关键算法。

目前，相位解缠算法较多，但主要归结为以下两类：

(1)基于路径控制的积分法。

(2)基于最小二乘法的整体求解算法。

积分法的思路是：对缠绕相位图的每一像素，首先求其沿行向和列向的一阶差分，然后对一阶差分连续积分即可求得解缠相位。由于干涉图中存在奇异点，积分路径应受到约束以免局部干涉相位的误差传播，故这种算法的关键是按一定的原则对奇异点定位并连接它们作为积分路径的“防火墙”，即积分时不能穿越这些路径。

最小二乘算法的思想是：在解缠后的相位梯度与缠绕相位梯度差异平方和为最小的意义下整体求解，使用带权估计方法可削弱奇异相位对解缠结果的影响。然而，大量的实验已经证明积分法比最小二乘法更加稳健、可靠。

必须强调，相位解缠是一个十分棘手的问题。主要原因是三方面的：首先，尽管目前 SAR 成像系统的空间分辨率较高，但是其均匀的取样率对一些特别的区域(呈现高频信号)来说是不够的。典型的例子如快速起伏的地形(如悬崖、陡坡等)和过度的地表位移区域(如地震引起的断层破裂带)，不足的取样率导致相位信号失真，这严重阻碍了这些特别区域内的连续相位重建。其次，相位噪声会导致相位解缠失败，当相位噪声达到 π 时，很难将它们与真实相位信号区分开来。最后，干涉图可能包含一些“岛屿”，在这些岛屿内，因相位质量高，相位解缠能够顺利进行，然而，其他区域噪声太严重，致使相位解缠无法进行，在这种情况下，要将这些孤立的岛屿内的解缠结果统一到同一系统中(即确定相对相位)，没有先验信息的支持是无法完成的。典型实例如由河道隔开的区域、海岛区域、多植被覆盖地区等。

6. 地理编码

前面的干涉处理都是在雷达侧视成像下的斜距多普勒坐标系统中，最后需要将所有产品改正到某种地图投影坐标系统中，将斜距多普勒坐标系转换到地图投影坐标系的过程称为地理编码。

之所以要进行地理编码，主要来自两方面的原因：一方面由于雷达侧视成像机理和地面起伏所导致的图像几何变形(如叠掩、山顶前倾等)，需要对 SAR 图像进行正射纠正；另一方面为方便分析对照，SAR 图像及其产品必须与常规的地面坐标系统具有统一坐标系(如大地坐标、高斯投影平面坐标等)。实际上，在两轨法差分干涉中，已经使用到地理编码的反向过程，将已有的 DEM 结合卫星轨道参数反演出雷达斜距投影下的干涉相位图并从初始干涉相位中去除地形相位，这就需要将地理坐标系下的 DEM 转换为雷达侧视投影的斜距多普勒坐标系，两者正好互为逆过程。

为处理方便，地理编码通常采用与卫星轨道数据坐标系统相一致的参考椭球框架(如 WGS-84)，借助轨道状态矢量与成像几何关系(如多普勒方程、斜距方程和椭球面方程)。可计算出 SAR 图像每一分辨单元所对应的地面点三维坐标(如大地经度、纬度及大地高)。然后采用某种投影方式如横轴墨卡托投影，将大地坐标投影到地图平面坐标系下，得到地面非规则格网的数字高程模型或形变场，进一步采用一定的内插方法(如移动二次曲面拟合法、克里金插值法等)可取样为规则格网的 DEM 或形变场。

11.2.5　InSAR 技术探测地表形变的局限性

随着雷达成像系统的不断发展，尤其是星载 SAR 系统的发射升空，干涉数据较易获得。

国际上在加强干涉理论研究的同时，掀起了干涉应用的高潮。近年来，InSAR 技术与 GNSS 和水准测量等离散点监测技术相结合，在高分辨率、高精度地捕获各种地球物理现象引起的地表位移方面已经表现出极大的潜力。

然而，重复轨道雷达差分干涉的应用目前却受到两大因素的制约：一是时空失相干引起严重的相位噪声；二是大气相位延迟降低形变测量结果的可靠性。沿重复轨道获取两幅 SAR 图像的时间间隔越长，干涉相位的噪声越严重，即所谓的时间失相干越严重。时间失相干可影响观测质量，甚至导致形变测量失败，尤其使长期累积形变（如地震震前和震后形变、火山运动）的监测变得非常困难；获取两幅 SAR 图像的轨道空间间隔越大，干涉相位噪声水平也会越高，即空间失相干越严重，这限制了有效干涉测量对的可用数量。因缺乏与 SAR 成像时间同步的高分辨率地面气象数据，从干涉结果中扣除大气的影响也相当困难。目前，这两类棘手的问题都没有得到很好解决，这无疑制约了 DInSAR 技术在区域地表形变探测方面的普及应用。

从干涉相位的形成机理来看，雷达相位不仅与几何斜距（从雷达平台到地表分辨元平均反射面的距离）有关，而且地表分辨元内部诸地物对总体观测相位有加权和的贡献。从微观上来看，一方面，分辨元内每一地物到平均反射面的不同几何距离贡献不同的相位延迟；另一方面，每一地物具有不同的物理后向散射特性（即电离常数不同）而引入不同的相位延迟。对于星载重复单天线干涉系统来说，由于地表分辨元内部结构不可能保持不变，如植被的生长、土壤湿度变化等都会导致分辨元内部的附加相位延迟变化，因此，这种附加相位的随机性噪声在相位差分时难以抵消。研究表明，使用长波段的 JERS-1 SAR 系统（L 波段，23.5 cm）比使用短波段的 ERS-1/2 SAR 系统（C 波段，5.6 cm）或 TerraSAR（X 波段，3.1 cm）更能稳健地保持相位的时间相干性，尤其是对植被覆盖区域。目前，常规 DInSAR 技术用于观测缓慢累积的形变具有较低的成功率，这是因为长时间间隔干涉相位的相干性难以保证；而突发性的形变（如地震）容易监测，这是因为短时间间隔干涉相位的相干性容易得到保证。这就是当前干涉技术应用最普遍且最有效的是地震形变场探测的主要原因。

因此，时间基线是 DInSAR 技术应用于区域地表形变探测的一个重要限制，尤其是在植被覆盖地区，时间间隔稍长即可能导致相位严重失相干而无法获得可靠的干涉测量成果。这就可能造成可用数据的时间覆盖密度不足，无法获得地表长期运动过程的足够采样数据。

此外，相位相干程度的高低还取决于其他两种因素：传感器的热噪声和空间失相干。空间失相干是由于不同雷达侧视角导致雷达反射信号的差异。一般情况下，单通双天线系统几乎不存在空间失相干，而星载重复单天线系统受时态和基线失相干的影响较为显著。获取两幅 SAR 图像的轨道空间间隔越大，干涉相位噪声水平也会越高，这限制了有效干涉测量对的可用数量，使得干涉测量仅仅只能局限在部分满足基线条件的 SAR 影像上进行，这对于那些长期累积的微小地表形变探测来说，监测工作变得异常困难甚至成为不可能。

影响干涉测量精度和可靠性的另一重要因素是大气延迟。易变的大气条件（气压、温度和相对湿度）可能导致不同的相位延迟，这种不一致性既表现在时间尺度上（如不同季节、不同年份获取的 SAR 影像），也表现在空间尺度上（如地理区域性大气差异）；同样，这种附加相位在相位差分时难以抵消，严重的大气延迟会模糊甚至掩盖其他感兴趣的信号。若不能完整地提取或剔除大气相位分量，则其贡献很容易被误认为是地形起伏或地表形变，这极大降低了 InSAR 技术提取地面高程或地表形变的可靠性。特别地，在沿海地区相对湿度变化无常，极端条件下，气象延迟可导致数百米的高程误差和数十厘米的形变误差，给这些地区的干涉应用带来很大的制约。泽博克（Zebker）等于 1997 年的试验研究表明，在空间基线为 100～400 m 条件下，大气中 20％相对湿度的变化，将导致 10～14 cm 的形变误差，80～290 m 的地形误差。目前，要从干涉结果中直接去除大气的影响较为困难，因为很难获得与雷达成像同步且空间分辨率足够高的地面气象数据。

另外，InSAR 技术还受到卫星轨道误差以及数字地面高程模型误差的影响。在干涉图中确定并去除大的趋势项可以帮助降低轨道误差的影响，原因是轨道误差对于干涉图的影响经常表现为较为明显的趋势项，但是此方法并不能保证将轨道误差彻底去除。近年来高分辨率 SAR 影像越来越普及，高分辨率 SAR 影像的空间分辨率经常高于现有的数字地面高程模型的空间分辨率，因此在数据处理时，数字地面高程模型的误差会传播到 InSAR 解算结果，影响解算结果的精度。

11.2.6　InSAR 时间序列分析

InSAR 时间序列分析方法是在传统 InSAR 方法的基础上发展起来的 InSAR 数据处理方法，旨在克服传统 InSAR 方法的一些缺陷。该方法使用同一地区不同时间获取的一系列 SAR 影像，解算该地区在时间上保持高相干性的散射体（如深林区域裸露的岩石、道路及建筑物等，简称为相干点）的形变，包括形变速率及形变序列等。意大利费雷蒂（Ferretti）等于 2000 年提出的永久散射体（permanent scatterers，PS）干涉测量技术属于最早的 InSAR 时间序列分析方法。其后其他一些 InSAR 研究组先后提出了基于不同思路的时间序列分析方法，包括小基线 SBAS（small baseline subset）以及 TCP（temporarily coherent point）等。这些方法的主要区别在于其选取相干点以及时间序列解算的方法不同。

InSAR 时间序列分析方法在一定程度上解决了相干性随时间降低的问题，同时可以有效地抑制大气延迟及数字地面模型误差的影响。

对于相同的一组数据，当使用不同的 InSAR 时间序列分析方法时，所得到的解算结果往往也存在一定的差异。因此，还需要对此类方法进行进一步的发展和优化，尤其在其解算结果的质量控制上。

11.2.7　InSAR 应用实例

1. 地震形变探测

本小节以台湾西部作为实验区域，使用多幅 ERS-1/2 SAR 影像数据进行干涉处理，展示 InSAR 技术在地表形变探测方面的应用，最后分析 InSAR 技术目前所受制约因素。

1999 年 9 月 21 日，台湾西部发生了罕见的 7.6 级大地震，震中位于南投县集集镇附近（震中位置为 N23.87°，E120.75°）。已有的研究表明该地震主要沿老的约 80 km 长的车龙辅断层破裂，断层呈南北走向，低角度逆冲且向东倾斜。地震影响区域内的 GNSS 测量结果已显示出了明显的地表位移。基于四轨差分干涉方法，使用四幅 ERS-1/2 SAR 图像探测该地震所引起的地表形变，其中，1999 年 5 月 6 日和 1999 年 10 月 28 日由 ERS-2 获取的两幅图像形成“地形＋形变”干涉对（影像中心垂直基线长度为 20 m）；而 1996 年 5 月 15 和 16 日分别由 ERS-1 和 ERS-2 所获取的两幅图像形成一个“地形”干涉对，用于建立扣除地形影响所需的数字高程模型。

图 11.18 显示了最后所生成的同震形变干涉图(覆盖范围约 1 500 km^2),每一干涉条纹代表 2.8 cm(雷达波长的一半)的斜距向(雷达至地面分辨元方向)地表位移,研究区域内呈现共约 10 个弧形干涉条纹,相当于斜距向地表位移在空间尺度上呈相对总量为 28 cm 的分布,显著的非均匀地表位移是车龙辅逆冲断层应力释放的结果。这些同震干涉条纹与其他的地震研究结果是相符的:南部弯曲度较小的干涉条纹主要反映了因车龙辅断层左旋逆冲破裂引起的显著地表形变,北部的条纹呈向东弯曲趋势,这涉及另一个紧接车龙辅断层北端且呈东西走向的断层系统右旋逆冲破裂。从图 11.18 可以看到,越靠近断层,干涉条纹率越高,也就是地表形变的梯度越大。参照 GNSS 三维形变观测结果可知,这些同震干涉条纹反映了地表位移引起震前和震后两次成像间卫星到地表的雷达斜距变短情况,此外,最显著的位移发生在近断层的台中市范围内,水平位移 70～140 cm,大致呈东南向,城市下沉为 10～30 cm。

对图 11.18 中的相位进行解缠,便得到绝对差分相位,可逐像素计算出沿雷达视线方向的地表位移量,将其与利用地震位错模型所反演出的地表形变场(图 11.19)进行比较,可以看出,两者整体上呈现出较高的一致性。

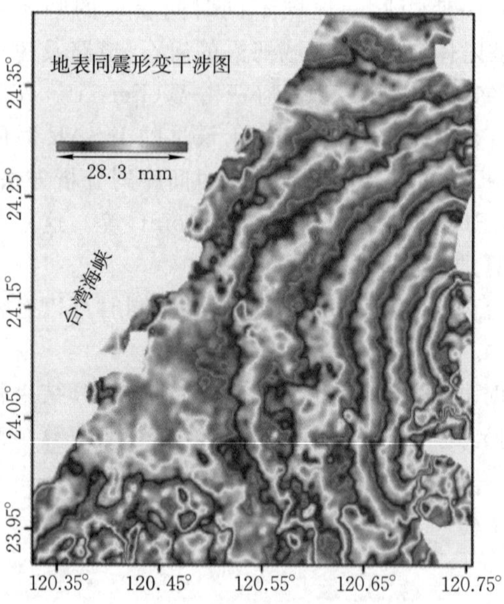

图 11.18　同震形变干涉图

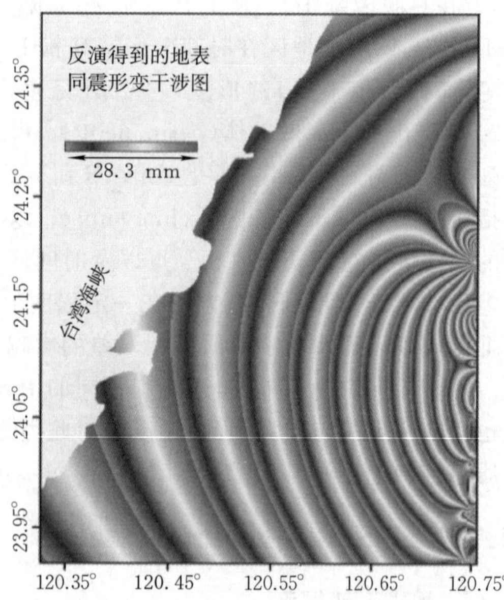

图 11.19　利用位错模型反演的形变图

进一步定量分析,以测区内的 19 个 GNSS 点上同震形变观测结果作为比较标准,分析干涉形变测量结果的精度。表 11.2 列出了这些 GNSS 点上的两类观测结果比较情况,注意表中已将 GNSS 所测量的三维地表位移矢量投影到雷达视线方向上,得到一维位移量(必须指出,InSAR 仅能观测到一维形变量)。从两类结果的差异统计分析可知:两类观测的相干性程度为 0.95、差异值均值近似为 0(−0.02 cm)、差异值标准偏差为 1.3 cm。这说明所得到的干涉形变观测量的综合精度约为 1 cm。但是,在少数 GNSS 点(如 AF15 和 AF16)上,吻合程度不高,值得指出的是,GNSS 观测为单点位移,而 InSAR 所观测的是一个面元上的均值位移,在这个面元内部过渡的非均匀位移分布会严重地影响两类观测量的可比性。此外,GNSS 有限的高程精度也是影响两类结果可比性的原因之一。

表 11.2　19 个 GNSS 点上 DInSAR 与 GNSS 形变结果对比

GPS 点名	纬度/(°)	经度/(°)	GPS 形变/cm	DInSAR 形变/cm	差异/cm
A247	24.02044	120.40778	−8.3	−8.1	−0.2
AF09	24.03731	120.51428	−9.5	−8.8	−0.7
AF13	23.94653	120.69767	−16.5	−15.9	−0.6
AF14	24.01502	120.64324	−17.4	−17.2	−0.2
AF15	24.09426	120.64775	−12.2	−15.2	+3.0
AF16	24.03643	120.66834	−19.2	−21.3	+2.1
AF17	24.15659	120.63185	−13.7	−15.4	+1.7
AF18	24.21601	120.52691	−8.4	−8.4	0.0
AF21	24.21644	120.57254	−12.6	−10.6	−2.0
AF26	24.22169	120.65141	−15.0	−13.9	−1.1
AF28	24.01601	120.60064	−10.9	−11.5	+0.6
G090	24.31193	120.56194	−6.9	−7.3	+0.4
G091	24.37942	120.58882	−5.4	−5.7	+0.3
G103	24.26055	120.71809	−17.1	−15.4	−1.7
M326	24.25417	120.57509	−10.4	−9.5	−0.9
M428	24.32745	120.62201	−11.2	−10.2	−1.0
M904	24.29847	120.60678	−11.3	−10.9	−0.4
TECS	24.35633	120.65511	−7.1	−7.9	+0.8
WNTS	24.13813	120.58446	−9.4	−8.9	−0.5

2. 桥梁变形监测

上海东海大桥全长 32.5 km，桥面 31.5 m 宽，其中部分桥体为拉索支撑（图 11.20）。此实验使用 TCP InSAR 方法处理四景覆盖该桥梁的 PALSAR 卫星获取的 SAR 影像，以测量桥梁的形变。该四景影像的获取日期分别为 2009 年 1 月 12 日、2009 年 2 月 27 日、2009 年 4 月 14 日，以及 2009 年 7 月 15 日。在该桥上发现 517 个相干点（图 11.21）。图 11.22 为通过 TCP 方法解算得到的这些相干点的形变值。该结果表明在 2009 年 1 月 12 日至 2009 年 7 月 15 日，该桥梁出现的最大的形变值为 1.2 cm，且出现在拉索支撑的部位，而桥梁的其他部位的形变量非常小。

图 11.20　上海东海大桥

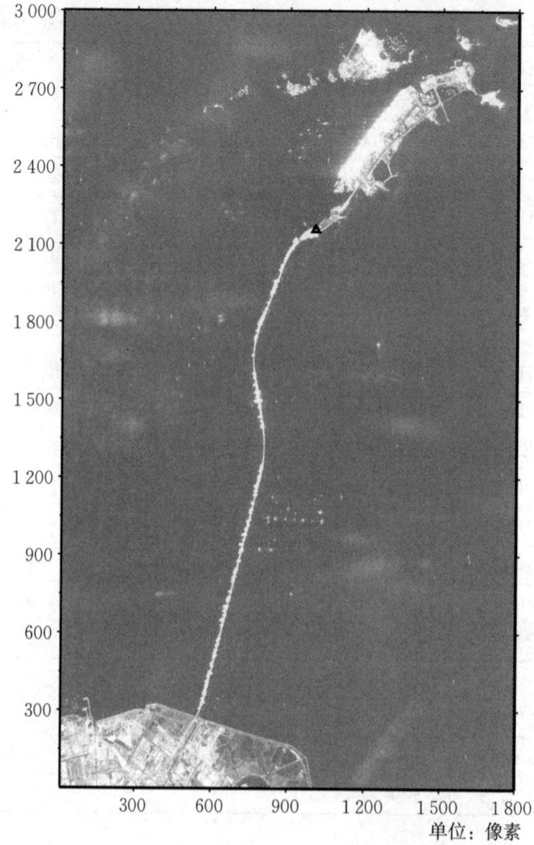

图 11.21 东海大桥上的相干点

图 11.22 InSAR 时间序列分析确定的相干点的形变值

11.3　近景摄影测量

用近景摄影测量方法观测变形时，首先在变形体周围的稳定点上安置摄影机或录像机，对变形体摄影，然后通过内业量测和数据处理得到变形信息。近景摄影测量用于变形观测具有以下优点：

(1)像片信息量丰富，可以同时获得变形体上大批目标点的变形信息。

(2)摄影像片完整地记录了变形体在不同时间的状态，便于日后对成果的查核、比较和分析。

(3)外业工作量小、效率高、劳动强度低。

(4)可用于监测不同形式的变形(缓慢、快速或动态变形)。

(5)观测时不需接触观测对象，可以观测人不易到达的地方。

然而，近景摄影测量需要使用专门的仪器设备(如摄影机、图像处理系统等)。另外，当观测范围较大时，近景摄影测量的精度有时不能满足实际需要。

使用近景摄影测量进行变形观测有三种基本方式：固定摄影站的时间基线法(或称视差法)、立体摄影测量法和多测站交会法。时间基线法使用在同一个摄影站上两个不同时刻拍摄的像片，量测同一目标像点的左右和上下视差，这些视差乘上像片比例尺即为目标点的位移。这种方法仅能测定二维变形，不能获得目标点沿摄影机主光轴方向的位移。立体摄影测量法是在两个或两个以上测站对变形体进行摄影，构成立体像对，然后通过内业处理得到观测对象的三维变形信息。多测站交会法是在两个或两个以上测站对变形体摄影，然后量测影像上可以识别的测点的像点坐标，建立观测方程，使用最小二乘法计算测点三维坐标，通过在不同时间量测测点的坐标，确定测点的变形。

摄影测量使用的摄影机可以是量测相机，也可以是非量测相机。量测相机是专门为摄影测量制造的相机，在像框上有框标。非量测相机即一般摄影机，易于适应各种摄影条件，而且价廉，但一般非量测相机的内方位元素未知，常常不够稳定，且镜头畸变较大。尽管非量测相机在结构上有上述不利因素，但这些因素可以通过测量方案设计和严密的数学处理加以克服。因此，非量测相机目前普遍用于近景摄影测量。

摄影测量所获得的资料可以通过模拟法、解析法和数字法处理。模拟法的精度较低，所以在变形观测中较少使用。解析法是用坐标量测仪量测像点坐标，然后通过数学模型建立像点坐标和物点坐标的关系，从而计算目标点的坐标。解析法又可分为单摄影站的时间基线法，多影像空间后方交会、前方交会、光束法及直接线性交换法。有关的数学模型在摄影测量课程中已有详细介绍，所以这里不再多述。

数字摄影测量是目前摄影测量中使用最多的方法。数字摄影测量使用数字摄影机直接获取物体的数字影像，然后利用数字处理技术和影像匹配技术获得同名像点的坐标，进而计算对应物点的坐标。数字摄影测量的数据处理工作可以是离线的(事后处理)或在线的(实时处理)。后者需要建立摄影机与计算机之间的数据通信系统，以便实时将影像传输到计算机上进行处理。实时在线数字摄影测量为变形监测提供了更加广阔的发展空间。

11.4　激光扫描技术

4.5 节介绍了使用激光扫描技术可以获得反映物体表面三维形状及其反光特性的"点云"。很明显，如果对监测目标重复扫描，然后比较不同时刻扫描得到的点云所确定的物体形状，则可观测物体表面随时间的变形。

使用激光扫描观测变形时，首先要在观测对象附近的适当位置安装扫描仪，有些扫描仪允许仪器对中在点位上，有些仪器不允许。在扫描前，先在扫描对象周围设立一些控制点，在控制点上安装标志(常用球形标志)，并测量其坐标。这些控制点是拼合或比较各次扫描点云的基准点，也是测量坐标系与仪器内部坐标系的转换媒介，其位置必须保持稳定。为了确定观测对象的变形，可以在变形体表面安装多个涂色的球形标志(其反光强度不同于变形体)；根据点云颜色和形状，从扫描点云中将球形标志分辨出来，用软件建立球模型并输出球心坐标，通过比较各时段扫描数据中相同球心的坐标变化来提取变形体的变形信息。另外，也可以根据点云数据建立变形体的三维模型，用模型求差的方法分析变形。

激光扫描所获取的点云数据包含了大量的粗差和系统误差。此外，点云数据中还包含大量的冗余信息，这些冗余信息虽然对数据拼接有帮助，但对后续的三维建模和数据分析帮助不大，并且占用大量的存储空间。因此，在三维建模前首先要进行数据预处理，包括粗差剔除、模型拼接、参考系统一、数据压缩、三维建模及变形分析等步骤。

地面激光扫描的精度主要受仪器本身和外界环境因素的影响，其中包括步进器的测角精度、仪器的测时精度、激光信号的信噪比、激光信号的反射率、回波信号的强度、背景辐射噪声的强度、激光脉冲接收器的灵敏度、仪器与被测点间的距离、仪器与被测目标面所形成的角度等。目前，地面激光三维扫描的单点定位精度一般可以达到亚厘米级，该精度可以满足一些结构物和山体滑坡变形观测的需要。

目前，地面激光三维扫描仪器的价格仍然非常昂贵，在某种程度上限制了该技术的广泛应用。另外，地面激光三维扫描变形监测的数据处理方法及软件也有待进一步发展和完善。

11.5　光纤传感器技术

光纤是光导纤维的简写，是一种传导光的重要工具。光纤作为光的传导工具时，通常其一端连接至发光二极管或激光器，另一端连接到接收装置。由于光在光纤内的传导损耗比电在电线内传导的损耗低得多，所以光纤被广泛用作长距离的信息传递。

光纤传感器技术是结合光纤、光通信和光电子技术发展起来的传感器技术。光纤传感器可以用于测量形变、应变、加速度、温度、压力、转矩、电流等。

常用的变形测量光纤传感器的设计如图 11.23 所示。该传感器由两条单模光纤组成，一条固定在所监测的结构物上，称为测量光纤。当结构物变形时，光纤的长度相应地改变。另一条安装在测量光纤的附近，与测量光纤处于同样的环境内，称为参考光纤。参考光纤不固定在任何结构上，因而处于松动状态，通常将其安装在一条保护管内，保护管与测量光纤并行，且长度大致相同。由于两条光纤处于相同的环境内，所以它们受环境的影响也相同。在光纤传感器用于监测形变时，最基本的观测量为两条光纤的光学路径的长度差，此观测量受环境变化的影响(如温度引起的长度以及折射系数的变化等)非常有限。

图 11.23 中,发光二极管①向传感器发出具有一定相干长度(如 30 μm)的光束,该光束由耦合器②分开为强度相同的两个光束,分别沿两光纤发射。两光束由光纤端点的镜面发射回去,在耦合器②处重新汇合。汇合后的光束再由耦合器③分为两个强度相同的部分,一个由位置固定镜面反射回去,另一个由移动镜面④反射回去,两个镜面的位置精确已知。反射的光束在耦合器③处汇合。移动镜面④在变形测量的范围内扫描,当两个镜面之间的路径差与两个光纤的路径差相同时,汇合的光束生成干涉条纹(图 11.24),其中中间的峰值与旁边的两个峰值间的距离与两个光纤之间的路径差相同。

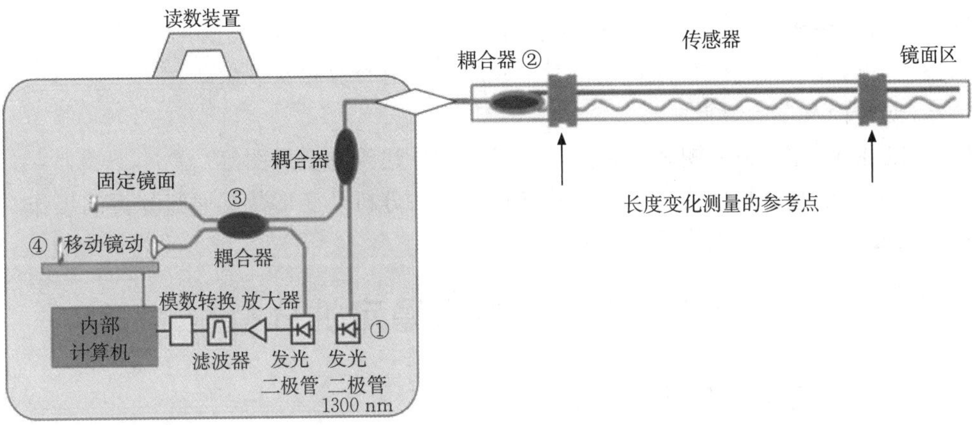

图 11.23　低相干双干涉仪光纤传感器设计

另一常用的光纤传感器的设计基于光纤布拉格光栅原理。布拉格光栅是光纤上可以造成周期性折射系数变化的很短的光纤段落。当一个宽频光束发射到光纤时,每个布拉格光栅会反射一特定波长的光波,同时允许其他波长的光波通过。这样,同一个光纤可以串联多个传感器,各传感器分别利用不相重叠的波长。

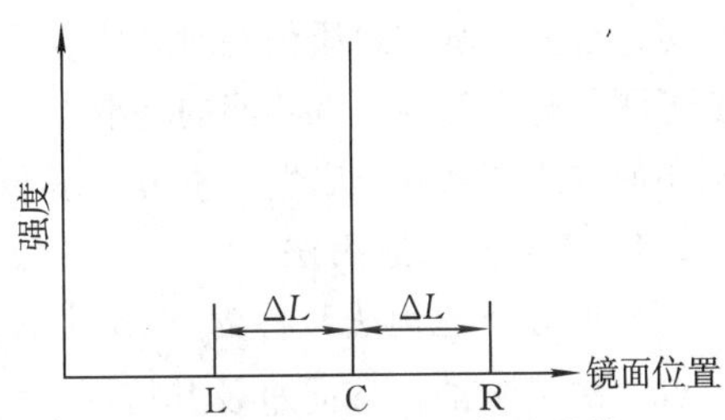

图 11.24　典型的干涉条纹峰值

光纤传感器目前已被广泛用于监测各类结构物的变形或应变,包括边坡、桥梁、坝体、高层建筑、道路及铁路路基、地下管线设施等。

光纤传感器的主要优点是观测精度高,一般在一个微米或更高的水平,远高于大部分其他观测方法的精度。光纤传感器的采样率很高,很容易实现 100 Hz 或更高,这有助于观测到一些动态性高的变形现象。例如,光纤传感器可用来观测地震波通过时岩石边坡的动态反应。另外,光纤传感器几乎不受环境变化(如温度、湿度以及电磁场变化等)的影响。当变形测量的现场环境恶劣时,这一特点尤为重要。最后,布拉格光栅系统可以允许一条光纤连接多个传感器,因此使得传感器安装更加容易及安全。

光纤传感器的主要缺点:一是系统的费用偏高,一般远高于传统传感器;二是光纤传感器的耗电量较高,如果使用太阳能供电系统,耗电量是需要考虑的一个重要因素;三是光纤传感器的测量范围有限,如有些光纤传感器产品能够测量的最大变形值为光纤本身长度(两固定点之间的长度)的 0.75%(伸长变形)或 0.5%(压缩变形),当变形值超过此范围时,传感器可能变得不准确,停止工作,或受到损坏。

第12章　变形观测数据处理

变形观测数据处理包括整理、整编观测资料，计算测点坐标和变形量，以及分析变形的显著性、规律及成因等。变形观测数据处理是变形测量中非常重要的一部分，它可以直接影响变形测量工作的结论及对所测变形的理解。

观测资料的整理、整编工作主要内容包括：

(1)对观测记录进行核校，检查是否有记录或是否有计算错误现象。

(2)数据存档及存入数据库。

(3)绘制相应的图表(如测站分布图、变形过程线、建筑物变形图等)。

下面主要介绍变形数据分析中参考基准点稳定性分析及变形数据回归分析的工作。之后简单地讨论变形量的统计规律及成因分析。

12.1　观测基准点稳定性分析

12.1.1　基准点稳定性分析与统计检验

变形观测网中有些点在两次观测期间保持稳定，而有些点则处于一定的运动状态。虽然有时可以根据工程与地质信息对某些点的稳定性做出判断，但这些判断往往是不准确的。因此，在变形测量时有必要对观测网的基准点进行一定周期的重复观测，以计算它们的位移，再辅以统计检验的方法判断其稳定性。本节介绍变形监测网基准点稳定性分析与检验的一些常用方法。

1. 变形分析通用法

变形分析通用法又称为"逐次定权迭代法"或"稳健法"。令 $\boldsymbol{d}$ 和 $\boldsymbol{Q}_d$ 为测量平差得到的基准点两次观测的位移向量及其协因数矩阵。$\boldsymbol{d}$ 和 $\boldsymbol{Q}_d$ 随测量网所选用的参考基准而变化。这里假定测量平差时使用"内制约"或"最少制约"的方法定义测量网的基准。对 $\boldsymbol{d}$ 和 $\boldsymbol{Q}_d$ 做如下变换，即

$$\left.\begin{aligned}\tilde{\boldsymbol{d}} &= [\boldsymbol{I}-\boldsymbol{H}(\boldsymbol{H}^{\mathrm{T}}\boldsymbol{P}\boldsymbol{H})^{-1}\boldsymbol{H}^{\mathrm{T}}\boldsymbol{P}]\boldsymbol{d}=\boldsymbol{S}\boldsymbol{d}\\ \boldsymbol{Q}_{\tilde{d}} &= \boldsymbol{S}\boldsymbol{Q}_d\boldsymbol{S}^{\mathrm{T}}\end{aligned}\right\} \tag{12.1}$$

式中，$\boldsymbol{S}=\boldsymbol{I}-\boldsymbol{H}(\boldsymbol{H}^{\mathrm{T}}\boldsymbol{P}\boldsymbol{H})^{-1}\boldsymbol{H}^{\mathrm{T}}\boldsymbol{P}$，$\boldsymbol{H}$ 为内制约法定义基准时所使用的基准制约矩阵，$\boldsymbol{P}$ 是基准点的权矩阵，一个基准点的稳定性越高，其相对权越大，定义基准时所起的作用也越大。由于预先不知道各点的稳定程度，因此很难确定权矩阵 $\boldsymbol{P}$，所以采用逐次迭代的方法。开始时，取$\boldsymbol{P}=\boldsymbol{I}$，由式(12.1)求得 $\tilde{\boldsymbol{d}}$。在第 $k+1$ 次迭代时，取

$$P_i(k+1)=\frac{1}{|\tilde{\boldsymbol{d}}_i(k)|} \tag{12.2}$$

式中，$P_i(k+1)$ 为第 $k+1$ 次迭代时 i 点的权，$\tilde{\boldsymbol{d}}_i(k)$ 为第 k 次迭代后 i 点的位移量。那么

$$\tilde{\boldsymbol{d}}(k+1)=[\boldsymbol{I}-\boldsymbol{H}[\boldsymbol{H}^{\mathrm{T}}\boldsymbol{P}(k+1)\boldsymbol{H}]^{-1}\boldsymbol{H}^{\mathrm{T}}\boldsymbol{P}(k+1)]\cdot\tilde{\boldsymbol{d}}(k)$$

整个迭代计算过程进行到相邻两次位移向量的差值小于某一预选限差为止。

$\tilde{\boldsymbol{d}}(k+1)$ 的协因数矩阵 $\boldsymbol{Q}_{\tilde{d}}$ 为

$$\boldsymbol{Q}_{\tilde{d}} = \boldsymbol{S}\boldsymbol{Q}_{d}\boldsymbol{S}^{\mathrm{T}} \tag{12.3}$$

实际计算时，可能 $\tilde{\boldsymbol{d}}(k)$ 中的某些元素 $\tilde{d}_i(k)$ 会接近于零，相应的权则趋于无穷大，造成数值计算的不稳定。为此，可以设置下限值 δ，如果 $|\tilde{\boldsymbol{d}}_i(k)|<\delta$，取相应的权 $P_i=P_0$（P_0 为一预先确定的较大的正常数）；如果在下次计算过程中，$|\tilde{\boldsymbol{d}}_i(k+1)|\geqslant\delta$，则 P_i 又做相应的变化。另一种方法是把式(12.2)的定权方案换成

$$P_i(k+1)=\frac{1}{|\tilde{\boldsymbol{d}}_i(k)|+c} \tag{12.4}$$

式中，c 为一个小的正数，这样做可以避免数值计算不稳定的问题。最后计算结果趋近于

$$\sum_i |\tilde{\boldsymbol{d}}_i(k+1)| = \min$$

这是向量 $\tilde{\boldsymbol{d}}$ 的一次最小范数。

这里采用一次范数最小准则只是为了定义一个较理想的参考系，使位移场少受扭曲，有利于变形模型的初步鉴别，而不是用于参数估计。在上述的迭代定权计算中，一般经过几次迭代就可以达到预期目的。

对于一维参考网，可以不需要迭代，只要把各点的位移按大小顺序排列，然后将位移大小处于中间的那一点的权定义为 1，其他权为 0，就可以构成矩阵 $\boldsymbol{P}$。有了 $\boldsymbol{P}$ 以后，最后的位移向量及其协因数矩阵由式(12.1)计算。

设 $\tilde{\boldsymbol{d}}$ 和 $\boldsymbol{Q}_{\tilde{d}}$ 为上述方法最后得到的位移向量及其相对应的协因数矩阵，第 i 点的位移和协因数矩阵分别为 $\boldsymbol{d}_i$ 和 $\boldsymbol{Q}_{d_i}$，根据所计算的位移是否落在测点的置信椭球之内就可以判断这些点的稳定性。也可以通过位移 $\boldsymbol{d}_i$ 的二次型来判别该点的稳定性。

对于三维网，当 $\dfrac{\boldsymbol{d}_i^{\mathrm{T}}\boldsymbol{Q}_{d_i}^{-1}\boldsymbol{d}_i}{3\hat{\sigma}_0^2} > F(\alpha;\ 3,\ n_2)$ 时，认为该点是不稳定的，否则是稳定的。式中，$\hat{\sigma}_0^2$ 为两次观测的联合后验方差因子，α 为显著水平，n_2 为 $\hat{\sigma}_0^2$ 的自由度。

对于二维网和一维网，相应的统计量分别为

$$\frac{\boldsymbol{d}_i^{\mathrm{T}}\boldsymbol{Q}_{d_i}^{-1}\boldsymbol{d}_i}{2\hat{\sigma}_0^2} > F(\alpha;\ 2,\ n_2) \tag{12.5}$$

$$\frac{\boldsymbol{d}_i^2}{\hat{\sigma}_0^2 q_{d_i}} > F(\alpha;\ 1,\ n_2) \tag{12.6}$$

式中，q_{d_i} 为 $\boldsymbol{Q}_{\tilde{d}}$ 中的第 i 个对角元素。

2. Hannover 方法

这个方法主要由汉诺威大学的佩尔策(Pelzer H)和尼迈尔(Niemeire W)提出。方法的基本思想是先进行两周期图形一致性检验(或称“整体检验”)，如果检验通过，则所有基准点是稳定的，否则则有不稳定的点存在。寻找不稳定点的方法是“尝试法”，依次去掉每一点，计算图形不一致性减少的程度，使图形不一致性减少最大的那一点被认为是不稳定的点，排除不稳定点后再重复上述过程，直到图形一致性检验通过为止。

设 $\tilde{\boldsymbol{d}}$ 和 $\boldsymbol{Q}_{\tilde{d}}$ 分别是用内制约法平差所得到的基准点位移向量和协因数矩阵，位移向量的二次型为

$$\Delta R = \bar{\boldsymbol{d}}^{\mathrm{T}} (\boldsymbol{Q}_{\bar{d}})^{+} \bar{\boldsymbol{d}} \tag{12.7}$$

图形一致性检验统计量为

$$T = \frac{\Delta R}{n_x \hat{\sigma}_0^2} \overset{?}{\leqslant} F(\alpha;\ n_x,\ n_2) \tag{12.8}$$

式中，n_x 为$\boldsymbol{Q}_{\bar{d}}$ 的秩，n_2 为后验方差因子 $\hat{\sigma}_0^2$ 的自由度。如果检验(12.8)不能通过，把 ΔR 分解成统计上独立的两部分为

$$\Delta R = \Delta R_{(i)} + w_i \tag{12.9}$$

式中，w_i 是 i 点位移的二次型，计算时先把 $\bar{\boldsymbol{d}}$ 和$(\boldsymbol{Q}_{\bar{d}})^{+}$ 分解为

$$\left.\begin{aligned} \bar{\boldsymbol{d}} &= \begin{bmatrix} \bar{\boldsymbol{d}}_M \\ \bar{\boldsymbol{d}}_F \end{bmatrix} \\ (\boldsymbol{Q}_{\bar{d}})^{+} &= \begin{bmatrix} \boldsymbol{P}_{MM} & \boldsymbol{P}_{MF} \\ \boldsymbol{P}_{FM} & \boldsymbol{P}_{FF} \end{bmatrix} \end{aligned}\right\} \tag{12.10}$$

式中，下标 M 对应于点 i，下标 F 对应于其他点。然后做如下变换，即

$$\left.\begin{aligned} \tilde{\boldsymbol{d}}_M &= \bar{\boldsymbol{d}}_M + \boldsymbol{P}_{MM}^{-1} \boldsymbol{P}_{MF} \bar{\boldsymbol{d}}_F \\ \tilde{\boldsymbol{P}}_{FF} &= \boldsymbol{P}_{FF} - \boldsymbol{P}_{FM} \boldsymbol{P}_{MM}^{-1} \boldsymbol{P}_{MF} \end{aligned}\right\} \tag{12.11}$$

由此可得

$$\left.\begin{aligned} w_i &= \tilde{\boldsymbol{d}}_M^{\mathrm{T}} \boldsymbol{P}_{MM} \tilde{\boldsymbol{d}}_M \\ \Delta R_{(i)} &= \bar{\boldsymbol{d}}_F^{\mathrm{T}} \tilde{\boldsymbol{P}}_{FF} \bar{\boldsymbol{d}}_F \end{aligned}\right\} \tag{12.12}$$

对所有的基准点都进行分解，计算 w_i 和 $\Delta R_{(i)}$。所有 w_i 中最大的一个所对应的点为不稳定点。利用剩下的 $\Delta R_{(i)}$，重复上述过程，直到图形一致性检验(12.8) 通过为止。

3. Bonn 方法

这个方法主要由科赫(K. R. Koch)提出。与 Hannover 方法一样，先进行两期观测图形一致性检验，当检验失败后，也是用“尝试法”鉴别不稳定的点。但是鉴别的方法不一样，先从内制约法平差所得的位移和其置信区间(如椭球或椭圆)，找出定义参考系所需要的最少个数的稳定点(位移和置信区间相比最小者)，用它们定义参考系，得出新的位移向量。再从余下的点中选出位移最小的一个点，用加权 S-变换 * 将其与其他已选出的稳定点一起用来定义参考系，进行整体稳定性检验。当检验通过时，再选出下一个位移最小的点，重复上述过程，直到所有的稳定点都选出为止。

4. Delft 方法

这个方法由代尔夫特理工大学大地测量计算中心考克(J. Kok)提出，主要应用巴尔达粗差探测理论。此方法的特点为：

(1)在所有的检验中，先验方差因子 σ_0^2 被认为是已知的。

(2)以图形一致性检验作为判断基准点稳定性的根据。检验(12.8)变成

$$T = \frac{\Delta R}{n_x \sigma_0^2} \overset{?}{\leqslant} F(\alpha;\ n_x,\ \infty) \tag{12.13}$$

* 见式(12.1)。

其中

$$\Delta R=\bar{\boldsymbol{d}}^{\mathrm{T}}(\boldsymbol{Q}_{\bar{d}})^{+}\bar{\boldsymbol{d}}=\bar{\boldsymbol{d}}^{\mathrm{T}}\boldsymbol{P}_{\bar{d}}\bar{\boldsymbol{d}}$$

(3)整体图形一致性检验失败后，逐点计算统计量，用“尝试法”寻找不稳定点。不管是一维、二维或三维网，统计量都是一维的。对于某一点 i，一维统计检验量为

$$w_i=\frac{\boldsymbol{e}_i^{\mathrm{T}}\boldsymbol{P}_{\bar{d}}\bar{\boldsymbol{d}}}{\sigma_0\sqrt{\boldsymbol{e}_i^{\mathrm{T}}\boldsymbol{P}_{\bar{d}}\boldsymbol{e}_i}} \tag{12.14}$$

式中，$\boldsymbol{e}_i$ 是一个向量，指明需要检验的是 i 点在某一方向上的位移分量。例如，对于平面网，相应于 x 方向、y 方向及与 x 轴成 45°方向的向量 $\boldsymbol{e}_i$ 分别为

$$\begin{array}{l}(0\quad 0\quad \cdots\quad 1\quad 0\quad 0\quad \cdots\quad 0)\\(0\quad 0\quad \cdots\quad 0\quad 1\quad 0\quad \cdots\quad 0)\\(0\quad 0\quad \cdots\quad \underbrace{1\quad 1}_{\text{对应于}i\text{点}}\quad 0\quad \cdots\quad 0)\end{array}$$

一般主要检验位移在坐标轴方向上的分量。当

$$|w_i|\geqslant\sqrt{F(\alpha_1;\ 1,\ \infty)} \tag{12.15}$$

则认为 i 点是不稳定的，将其从参考网中分离出来，再重复检验过程。式中，α_1 为一维检验显著水平。根据巴尔达的理论，它与 α 是相互联系的。如果有多个 $|w_i|$ 满足式(12.15)，每次选取最大的一个作为不稳定点。

12.1.2 不稳定点位移的计算

在所有不稳定点找出以后，还要估计它们的位移。构成如下的变形模型，即

$$\boldsymbol{d}+\boldsymbol{\delta}=\bar{\boldsymbol{B}}\boldsymbol{c} \tag{12.16}$$

式中，向量 $\boldsymbol{c}$ 为不稳定点的位移，$\bar{\boldsymbol{B}}$ 为相应的模型矩阵。例如，一个具有 m 点的平面参考网，利用上面的方法判断 i 点和 j 点可能不稳定，那么 $\boldsymbol{c}$ 和矩阵 $\bar{\boldsymbol{B}}$ 分别为

$$\boldsymbol{c}=[u_i\quad v_i\quad u_j\quad v_j]^{\mathrm{T}}$$

$$\underset{4\times 2m}{\bar{\boldsymbol{B}}^{\mathrm{T}}}=\begin{bmatrix}0&0&\cdots&1&0&0&\cdots&0&0&\cdots&0\\0&0&\cdots&0&1&0&\cdots&0&0&\cdots&0\\0&0&\cdots&0&0&0&\cdots&1&0&\cdots&0\\0&0&\cdots&\underbrace{0\quad 0}_{\text{对应}i\text{点}}&&0&\cdots&\underbrace{0\quad 1}_{\text{对应}j\text{点}}&&\cdots&0\end{bmatrix}$$

变形向量 $\boldsymbol{d}$ 的权矩阵为

$$\boldsymbol{P}_d=\boldsymbol{N}_1(\boldsymbol{N}_1+\boldsymbol{N}_2)^{-}\boldsymbol{N}_2 \tag{12.17}$$

式中，$\boldsymbol{N}_1$、$\boldsymbol{N}_2$ 分别为第一期和第二期观测网平差时的法方程系数矩阵。这里法方程系数矩阵为未加任何基准约束之前的系数矩阵，因此是秩亏的。

根据最小二乘原理，不稳定点的位移和它们的协因数矩阵为

$$\hat{\boldsymbol{c}}=(\bar{\boldsymbol{B}}^{\mathrm{T}}\boldsymbol{P}_d\bar{\boldsymbol{B}})^{-1}\bar{\boldsymbol{B}}^{\mathrm{T}}\boldsymbol{P}_d\boldsymbol{d} \tag{12.18}$$

$$\boldsymbol{Q}_{\hat{c}}=(\bar{\boldsymbol{B}}^{\mathrm{T}}\boldsymbol{P}_d\bar{\boldsymbol{B}})^{-1} \tag{12.19}$$

12.1.3 实例

图 12.1 为一个沉降监测水准测量参考网，其中圆圈内的数字为测线内的水准测量测站数。两期观测得到的高程差列于表 12.1 中。高程差的权 $p_{IK}=n_0/n_{IK}$，其中 n_{IK} 为 I、K 两点

间测线的测站数。取 $n_0=2$，各条测线高程差的权也列于表12.1。

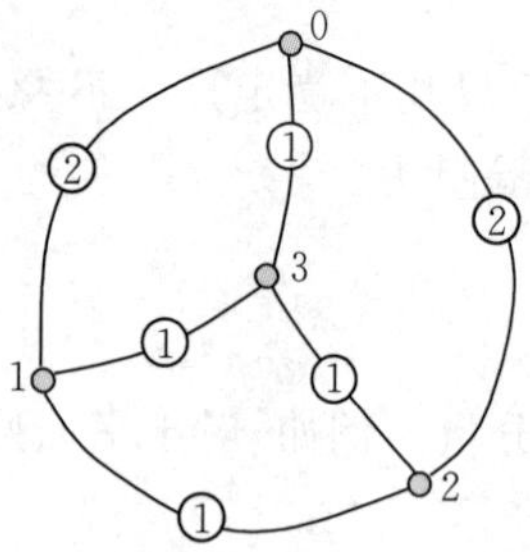

图12.1　沉降监测水准基准网

表12.1　水准网观测成果

测线	高程差观测值/mm		权
	第一期观测	第二期观测	
h01	45.2	46.9	1
h12	265.8	265.6	2
h20	−310.3	−312.2	1
h03	−26.2	−24.0	2
h31	70.8	70.6	2
h23	−336.5	−336.0	2

1. 水准网平差

平差时设0号点为固定点，其高程为35.500 m，第一期水准网平差求得的水准点高程（单位为m）为

$$\boldsymbol{H}^{(1)}=\begin{bmatrix}H_0^{(1)}\\H_1^{(1)}\\H_2^{(1)}\\H_3^{(1)}\end{bmatrix}=\begin{bmatrix}35.500\ 00\\35.544\ 79\\35.810\ 46\\35.473\ 92\end{bmatrix}$$

平差残差的二次型为

$$(\hat{\boldsymbol{v}}^{\mathrm{T}}\boldsymbol{P}\hat{\boldsymbol{v}})^{(1)}=0.269$$

第二期水准网平差求得的水准点高程（单位为m）为

$$\boldsymbol{H}^{(2)}=\begin{bmatrix}H_0^{(2)}\\H_1^{(2)}\\H_2^{(2)}\\H_3^{(2)}\end{bmatrix}=\begin{bmatrix}35.500\ 00\\35.546\ 70\\35.812\ 20\\35.476\ 10\end{bmatrix}$$

所对应的平差残差的二次型为

$$(\hat{\boldsymbol{v}}^{\mathrm{T}}\boldsymbol{P}\hat{\boldsymbol{v}})^{(2)}=0.100$$

该水准网共有6条水准测线，4个待定水准点高程，参考系秩亏数为1，因此多余观测值数为3。

首先检验两期观测的后验方差因子，原假设为

$$H_0:(\hat{\sigma}_0^2)^{(1)}=(\hat{\sigma}_0^2)^{(2)}$$

选取检验的显著水平 $\alpha=0.05$。因为

$$\frac{(\hat{\sigma}_0^2)^{(1)}}{(\hat{\sigma}_0^2)^{(2)}}=\frac{0.089\ 7}{0.033\ 3}=2.69<F(0.05;3,3)=9.3$$

所以原假设成立。计算联合后验方差因子

$$\hat{\sigma}_0^2=\frac{3(\hat{\sigma}_0^2)^{(1)}+3(\hat{\sigma}_0^2)^{(2)}}{6}=0.061\ 6$$

由两期观测结果计算各高程点的位移值（单位为mm）为

$$\boldsymbol{d}=\boldsymbol{H}^{(2)}-\boldsymbol{H}^{(1)}=\begin{bmatrix}0.00\\1.91\\1.74\\2.18\end{bmatrix}$$

其协因数矩阵为

$$\boldsymbol{Q}_{d}=\boldsymbol{Q}_{H^{(1)}}+\boldsymbol{Q}_{H^{(2)}}=\begin{bmatrix}0&0&0&0\\0&0.74&0.45&0.40\\0&0.45&0.47&0.40\\0&0.40&0.40&0.60\end{bmatrix}$$

2. **变形分析通用法鉴别不稳定参考点**

根据位移向量一次范数最小的原则，把各点位移值按大小顺序排列为

$$(0.00\quad 1.74\quad 1.91\quad 2.18)$$

取中间的一个点的位移值作为参考系的平移参数。这里由于点的个数为偶数，中间的点有两个，可以取其中的任一个，如取 1.74 mm，相当于把 2 号点作为固定点的经典平差。变换后的位移向量 $\tilde{\boldsymbol{d}}$（单位为 mm）及其协因数矩阵 $\boldsymbol{Q}_{\tilde{d}}$ 为

$$\tilde{\boldsymbol{d}}=[-1.74\quad 0.17\quad 0.00\quad 0.44]$$

$$\boldsymbol{Q}_{\tilde{d}}=\begin{bmatrix}0.74&0.29&0&0.34\\0.29&0.58&0&0.29\\0&0&0&0\\0.34&0.29&0&0.54\end{bmatrix}$$

$\boldsymbol{Q}_{\tilde{d}}$ 由式(12.1)中的 $\boldsymbol{Q}_{\tilde{d}}=\boldsymbol{S}\boldsymbol{Q}_{d}\boldsymbol{S}^{\mathrm{T}}$ 计算而得，其中

$$\boldsymbol{H}^{\mathrm{T}}=[0.50\quad 0.50\quad 0.50\quad 0.50]$$

$$\boldsymbol{P}=\begin{bmatrix}0&0&0&0\\0&0&0&0\\0&0&1&0\\0&0&0&0\end{bmatrix}$$

$$\boldsymbol{S}=\boldsymbol{I}-\boldsymbol{H}(\boldsymbol{H}^{\mathrm{T}}\boldsymbol{P}\boldsymbol{H})^{-1}\boldsymbol{H}^{\mathrm{T}}\boldsymbol{P}=\begin{bmatrix}1.00&0&-1.00&0\\0&1.00&-1.00&0\\0&0&0&0\\0&0&-1.00&1.00\end{bmatrix}$$

$\tilde{\boldsymbol{d}}$ 也可通过式(12.1)中的 $\tilde{\boldsymbol{d}}=\boldsymbol{S}\boldsymbol{d}$ 计算而得。

取显著水平 $\alpha=0.05$，检验各点变形的显著性，统计量为

$$\frac{\boldsymbol{d}_{0}^{2}}{\hat{\sigma}_{0}^{2}\boldsymbol{Q}_{d_{0}}}=66.4>F(0.05;1,6)$$

$$\frac{d_{1}^{2}}{\hat{\sigma}_{0}^{2}\boldsymbol{Q}_{d_{1}}}=0.8<F(0.05;1,6)$$

$$\frac{d_{3}^{2}}{\hat{\sigma}_{0}^{2}\boldsymbol{Q}_{d_{3}}}=5.8<F(0.05;1,6)$$

检验结果显示 0 号点可能不稳定。

3. **计算不稳定点的位移**

按照式(12.16)和式(12.17),建立观测方程和权矩阵为

$$\begin{bmatrix}0.00\\1.91\\1.74\\2.18\end{bmatrix}+\boldsymbol{\delta}=\begin{bmatrix}1\\0\\0\\0\end{bmatrix}\boldsymbol{c}$$

$$\boldsymbol{P}_d=\frac{1}{2}\boldsymbol{N}=\begin{bmatrix}2.0 & -0.5 & -0.5 & -1.0\\-0.5 & 2.5 & -1.0 & -1.0\\-0.5 & -1.0 & 2.5 & -1.0\\-1.0 & -1.0 & -1.0 & 3.0\end{bmatrix}$$

由式(12.18)及(12.19)得到

$$\hat{\boldsymbol{c}}=-2.00\ \text{mm}$$

$$\boldsymbol{Q}_{\hat{c}}=0.5$$

这里如果用 $\tilde{\boldsymbol{d}}$ 代替 $\boldsymbol{d}$ 进行上述计算,所得结果完全一样。

对 $\hat{\boldsymbol{c}}$ 进行统计检验,证明 $\hat{\boldsymbol{c}}$ 是显著的。把 $\hat{\boldsymbol{c}}$ 代入观测方程计算残差向量得

$$\boldsymbol{\delta}=[-2.00\quad -1.91\quad -1.74\quad -2.18]^{\mathrm{T}}$$

残差向量二次型

$$\Delta R=\boldsymbol{\delta}^{\mathrm{T}}\boldsymbol{P}_d\boldsymbol{\delta}=0.366$$

模型检验

$$\frac{\Delta R}{2\hat{\sigma}_0^2}=3.0<F(0.05;2,6)=5.1$$

因此,所选的模型是正确的,即除了0号点以外,监测网中不再有明显的不稳定点。

4. **其他方法鉴别不稳定参考点**

利用内制约法平差,得到位移向量(单位为 mm)及其协因数矩阵为

$$\bar{\boldsymbol{d}}=[-1.46\quad 0.45\quad 0.28\quad 0.72]^{\mathrm{T}}$$

$$\boldsymbol{Q}_{\bar{d}}=\begin{bmatrix}0.288 & -0.113 & -0.113 & -0.063\\-0.113 & 0.230 & -0.055 & -0.063\\-0.113 & -0.055 & 0.230 & -0.062\\-0.062 & -0.063 & -0.062 & 0.188\end{bmatrix}$$

1)图形一致性检验

首先使用 Hannover 方法,因为

$$\frac{\bar{\boldsymbol{d}}^{\mathrm{T}}\boldsymbol{P}_{\bar{d}}\bar{\boldsymbol{d}}}{n_x\hat{\sigma}_0^2}=\frac{8.386}{3\times 0.0616}=45.38>F(0.05;3,6)=4.8$$

所以,网中有不稳定的参考点存在。

用 Delft 方法需要用先验方差因子,假设已知 $\sigma_0^2=0.07$,并设一维检验的显著水平 $\alpha_1=0.001$,检验功效 $\beta=0.80$,从诺模图查得 $\alpha=0.006$,统计检验量的分位值为 $F(0.006;3,\infty)=4.2$,图形一致性检验

$$\frac{\bar{\boldsymbol{d}}^{\mathrm{T}}\boldsymbol{P}_{\bar{d}}\bar{\boldsymbol{d}}}{n_x\sigma_0^2}=\frac{8.386}{3\times 0.07}=39.9>4.2$$

所以，检验发现网中存在不稳定点。

2)不稳定点的鉴别

用 Hannover 方法时，先用式(12.11)对每一点位移做变换，然后用式(12.12)计算 w_i，其结果列于表 12.2 中。

表 12.2　用 Hannover 方法分解位移向量二次型

点名	$\tilde{d}_i$	w_i	$\Delta R_{(i)}=\Delta R-w_i$
0	−2.00	8.00	0.39
1	0.34	0.29	8.10
2	0.10	0.03	8.36
3	0.96	2.76	5.63

这里

$$P_d=\frac{1}{2}N=\begin{bmatrix}2.0 & -0.5 & -0.5 & -1.0\\ -0.5 & 2.5 & -1.0 & -1.0\\ -0.5 & -1.0 & 2.5 & -1.0\\ -1.0 & -1.0 & -1.0 & 3.0\end{bmatrix}$$

是不同$(Q_{\bar{d}})^+$中的一个，所以计算时可以使用。

从表 12.2 看出，0 号点的 w 值最大，因此，认为它是不稳定点。排除 0 号点后，剩余的二次型函数 $\Delta R_{(0)}=0.386$。再做图形一致性检验

$$\frac{\Delta R_{(0)}}{(n_x-1)\hat{\sigma}_0^2}=\frac{0.386}{2\times 0.0616}=3.13<F(0.05;2,6)=5.1$$

所以，除 0 号点外，其他 3 个点是稳定的。

用 Bonn 方法时，在图形检验失败后，首先选择最少个数的、有最小位移的(内制约法平差所得的位移)点定义参考系。在本例中，选择 2 号点定义参考系，用式(12.1)做加权 S-变换，得到新的位移向量；然后通过检验逐次把位移最小的点作为稳定点，直到检验不能通过为止。计算结果列于表 12.3 中。

表 12.3　用 Bonn 方法的分析结果

稳定点	检验量	分位值 ($\alpha=0.05$)	位移向量/mm			
			0 号点	1 号点	2 号点	3 号点
2			−1.74	0.29	0	0.34
2,1	1.36	6.0	−1.89	0.14	−0.15	0.19
2,1,3	1.67	5.1	−1.95	0.08	−0.21	0.13
2,1,3,0	45.38	4.8				

以上结果表明，1、2 和 3 号点为稳定点，但加入 0 号点作为稳定点时使检验失败，所以 0 号点是不稳定的。

12.2　回归分析原理

12.2.1　曲线拟合

将观测得到的变形结果拟合到一些曲线上，可以帮助确定变形的趋势，也可以利用所拟合的曲线对观测所得结果进行外推等趋势分析。

曲线拟合可以用以下基本方程来描述

$$Y_t = f(t,\theta) + \varepsilon_t \tag{12.20}$$

式中，Y_t 为观测值；ε_t 为观测误差；$f(t,\theta)$ 为描述所拟合曲线的函数，其中 t 及 θ 为已知及待定的参数。下面为一些典型的趋势模型。

多项式趋势模型

$$Y_t = a_0 + a_1 t + \cdots + a_n t^n \tag{12.21}$$

对数趋势模型

$$Y_t = a + b\ln(t) \tag{12.22}$$

幂函数趋势模型

$$Y_t = at^b \tag{12.23}$$

指数趋势模型

$$Y_t = a\mathrm{e}^{bt} \tag{12.24}$$

双曲线趋势模型

$$Y_t = a + \frac{b}{t} \tag{12.25}$$

修正指数模型

$$Y_t = L - a\mathrm{e}^{bt} \tag{12.26}$$

Logistic 模型

$$Y_t = \frac{L}{1 + \mu\mathrm{e}^{-bt}} \tag{12.27}$$

Gompertz 模型

$$Y_t = L\mathrm{e}^{\lfloor -\beta\mathrm{e}^{-\theta t} \rfloor} \quad (\beta > 0,\ \theta > 0) \tag{12.28}$$

12.2.2 多元线性回归分析原理

变形往往是由多方面的因素引起的。例如，高层建筑物的变形可能是建筑物本身的重量、日照、风荷载等作用产生的。而混凝土大坝的变形是由水库中水压力的作用、坝内温度的变化、建筑材料的徐变、基础地基的塑性变形等造成的。

回归分析法、力学分析法和混合模型法常用来确定变形和变形原因之间的关系。除此之外，一些其他的分析方法，如时间序列分析模型、灰色系统分析模型、卡尔曼滤波模型、人工神经网络模型、频谱分析法等方法，有时也用于有关研究。本节仅介绍多元线性回归在变形分析中的应用。

1. 多元线性回归进行变形测量资料分析

多元线性回归分析法是研究一个变量（因变量）与多个因子（自变量）之间的非确定关系（相关关系）的最基本方法。该方法通过分析所观测的变形（效应量）和外因（原因）之间的相关性，建立荷载-变形之间关系的数学模型。其数学模型可表示为

$$y_t = \beta_0 + \beta_1 x_{t1} + \beta_2 x_{t2} + \cdots + \beta_p x_{tp} + \varepsilon_t \quad (t = 1,2,\cdots,n;\ \varepsilon_t \sim N(0,\sigma^2)) \tag{12.29}$$

式中，$y_t, x_{t1}, \cdots, x_{tp}$ 为 t 时刻变形量的观测值及影响该变形量的各因子取值，共有 n 组数据；p 表示因子个数。具体分析步骤如下。

1）建立多元线性回归方程

多元线性回归数学模型如式(12.29)所示，可用矩阵表示为

$$\boldsymbol{y}=\boldsymbol{x\beta}+\boldsymbol{\varepsilon} \tag{12.30}$$

式中，$\boldsymbol{y}$ 为 n 维变形量的观测值(因变量)，$\boldsymbol{y}=[y_1\ \ y_2\ \ \cdots\ \ y_n]^{\mathrm{T}}$；$\boldsymbol{x}$ 是一个 $n\times(p+1)$ 矩阵，它的元素是可以精确测量或可控制的一般变量的观测量或它们的函数(自变量)，其形式为

$$\boldsymbol{x}=\begin{bmatrix}1 & x_{11} & x_{12} & \cdots & x_{1p}\\ 1 & x_{21} & x_{22} & \cdots & x_{2p}\\ \vdots & \vdots & \vdots & & \vdots\\ 1 & x_{n1} & x_{n2} & \cdots & x_{np}\end{bmatrix}$$

$\boldsymbol{\beta}$ 是待估计参数向量(回归系数向量)，$\boldsymbol{\beta}=[\beta_0\ \ \beta_1\ \ \cdots\ \ \beta_p]^{\mathrm{T}}$；$\boldsymbol{\varepsilon}$ 是服从同一正态分布 $N(0,\sigma^2)$ 的 n 维随机向量，$\boldsymbol{\varepsilon}=[\varepsilon_1\ \ \varepsilon_2\ \ \cdots\ \ \varepsilon_n]^{\mathrm{T}}$。

由最小二乘原理可求得 $\boldsymbol{\beta}$ 的估值 $\hat{\boldsymbol{\beta}}$ 为

$$\hat{\boldsymbol{\beta}}=(\boldsymbol{x}^{\mathrm{T}}\boldsymbol{x})^{-1}\boldsymbol{x}^{\mathrm{T}}\boldsymbol{y} \tag{12.31}$$

事实上，模型(12.29)只是对问题初步分析所得的一种假设，所以在求得多元线性回归方程后，还需要对其进行统计检验。

2)回归方程显著性检验

实际中，事先并不能判断因变量 y 与自变量 $x_1,x_2,\cdots,x_p$ 之间是否有线性关系。在做线性回归分析之前，线性回归模型(12.29)只是一种假设。尽管这种假设常常不是没有根据的，但在求得线性回归方程之后，还需要对回归方程进行统计检验，以确定原有的假设是否成立。如果因变量 y 与自变量 $x_1,x_2,\cdots,x_p$ 之间不存在线性关系，则模型(12.29)中 $\boldsymbol{\beta}$ 为零向量，即有原假设

$$\boldsymbol{H}_0:\beta_i=0\quad(i=1,2,\cdots,p) \tag{12.32}$$

将此原假设作为模型(12.29)的约束条件，求得统计量

$$F=\frac{S_{回}/p}{S_{剩}/(n-p-1)} \tag{12.33}$$

式中，$S_{回}=\sum_{i=1}^{n}(\hat{y}_i-\bar{y})^2$，称为回归平方和；$S_{剩}=\sum_{i=1}^{n}(y_i-\hat{y}_i)^2$，称为剩余平方和或残差平方和；$\hat{y}_i$ 为 y_i 的最小二乘估值；$\bar{y}=\frac{1}{n}\sum_{i=1}^{n}y_i$。在原假设成立时，统计量 F 应服从 $F(p,n-p-1)$ 分布，故在选择显著水平 α 后，可用下式检验原假设，即

$$P\{|F|\geqslant F_{1-\alpha,p,n-p-1}\mid \boldsymbol{H}_0\}=\alpha \tag{12.34}$$

对回归方程的有效性(显著性)进行检验。若式(12.34)成立，即认为对于显著水平 α，y 对 x_1，$x_2,\cdots,x_p$ 有显著的线性关系，即回归方程是显著的。

2. 回归系数显著性检验

回归方程显著，并不意味着所有自变量 $x_1,x_2,\cdots,x_p$ 对因变量 y 的影响都显著。因此，有必要从回归方程中剔除那些可有可无的自变量，重新建立更为简单的线性回归方程。如果某个变量 x_j 对 y 的作用不显著，则式(12.29)中该变量前面的系数 β_j 就应该取为零。因此，检验因子 x_j 是否显著的原假设应为

$$H_0:\beta_j=0$$

由式(12.29)可估算求得

$$\left.\begin{aligned} E(\hat{\beta}_j) &= \beta_j \\ D(\hat{\beta}_j) &= c_{jj}\sigma^2 \end{aligned}\right\} \tag{12.35}$$

式中,c_{jj} 为矩阵 $\boldsymbol{c}_x = (\boldsymbol{x}^{\mathrm{T}}\boldsymbol{x})^{-1}$ 中主对角线上第 j 个元素。于是在原假设成立时,统计量

$$\left.\begin{aligned} &(\hat{\beta}_j - \beta_j)/\sqrt{c_{jj}\sigma^2} \sim N(0,1) \\ &(\hat{\beta}_j - \beta_j)^2/c_{jj}\sigma^2 \sim \chi^2(1) \\ &S_{剩}/\sigma^2 \sim \chi^2(n-p-1) \end{aligned}\right\} \tag{12.36}$$

故可组成检验原假设的统计量

$$F = \frac{\hat{\beta}_j^2/c_{jj}}{S_{剩}/(n-p-1)} \sim F(1, n-p-1) \tag{12.37}$$

它在原假设成立时服从 $F(1, n-p-1)$ 分布。分子 $\hat{\beta}_j^2/c_{jj}$ 通常又称为因子 x_i 的偏回归平方和。选择相应的显著水平 α,可得分位值 $F_{1-\alpha,1,n-p-1}$,若统计量 $|F| > F_{1-\alpha,1,n-p-1}$,则认为回归系数 $\hat{\beta}_j$ 在 $1-\alpha$ 的置信度下是显著的,否则是不显著的。

在进行回归因子显著性检验时,由于各因子之间的相关性,当从原回归方程中剔除一个变量时,其他变量的回归系数将会发生变化,有时甚至会引起符号的变化,因此对回归系数进行一次检验后,只能剔除其中的一个因子,然后重新建立新的回归方程,再对新的回归系数逐个进行检验,重复以上过程,直到余下的回归系数都显著为止。

12.2.3　逐步回归计算

逐步回归计算在 F 检验的基础上逐个接纳显著因子进入回归方程。当回归方程接纳一个因子后,由于因子之间的相关性,可使原先已在回归方程中的其他因子变得不显著,因而需要从回归方程中将其剔除。所以在接纳一个因子后,必须对已在回归方程中的所有因子的显著性进行 F 检验,剔除不显著的因子,直到没有不显著因子后,再对未选入回归方程的其他因子用 F 检验来确定是否接纳其进入回归方程。在此过程中,每次只接纳一个新的因子。反复运用 F 检验,进行剔除和接纳,直到得到所需的最佳回归方程。

逐步回归的计算方法可概括如下:

(1)由定性分析确定对因变量 y 的影响因子,设有 q 个。对每一个影响因子进行一元线性回归分析,计算其相应的残差平方和 $S_{剩}$,然后选取与最小的 $S_{剩}$ 相对应的因子作为第一个入选回归方程的因子。对该因子进行 F 检验,当其影响显著时,接纳该因子进入回归方程。

(2)再分别依次选取余下的 $q-1$ 个因子的每一个,与上面已经选取的因子一起建立二元线性方程,计算它们的残差平方和及各因子的偏回归平方和,选择与 $\max(\hat{\beta}_j^2/c_{jj})$ 对应的因子为预选因子,做 F 检验,若影响显著,则接纳该因子进入回归方程。

(3) 选取第三个因子,方法同(2),计算它们的残差平方和及各因子的偏回归平方和,同样,选择 $\max(\hat{\beta}_j^2/c_{jj})$ 的因子为预选因子,做 F 检验,若影响显著,则接纳此因子进入回归方程。在选入第三个因子后,对原先已入选的回归方程的因子应重新进行显著性检验,在检验出不显著因子后,应将它剔除出回归方程,然后继续检验已入选的回归方程因子的显著性。

(4)在确认选入回归方程的因子均为显著因子后,则继续开始从未选入方程的因子中挑选显著因子进入回归方程,其方法与步骤 (3)相同。反复运用 F 检验进行因子的剔除与接纳,直至得到所需的回归方程。

多元线性回归分析应用于变形测量数据分析主要包括以下两个方面：

(1) 变形的成因分析，当式(12.29) 中的自变量 $x_{t1}, x_{t2}, \cdots, x_{tp}$ 为因变量的不同影响因子时，则式(12.29) 可用来分析与解释变形与引起变形因子之间的因果关系。

(2) 变形的预测预报，当式(12.29) 中的自变量 $x_{t1}, x_{t2}, \cdots, x_{tp}$ 在某一时刻的值为已知或可观测时，则式(12.30) 可预测变形体在该时刻的变形。

由于在式(12.29) 中，自变量 $x_{ti}(i=1,2,\cdots,p)$ 是作为确定性因素，$\{y_t\}$ 的统计性质由 $\{\varepsilon_t\}$ 确定，$\{y_t\}$ 序列彼此相互独立，都是同一总体 y 的不同次独立随机抽样值，式(12.29) 反映了变形值相对于自变量 $x_{ti}(i=1,2,\cdots,p)$ 之间的相关性，而没有体现不同时间变形量之间的相互依赖性及变形的连续性。因此，多元线性回归分析应用于变形测量数据分析是一种静态的数据分析方法，所建立的模型是一种静态模型。

12.2.4 非线性回归分析原理

在一般情况下，类似于式(12.20)，变形观测值 y 可表示为

$$\boldsymbol{y}=f(x,\boldsymbol{\theta})+\varepsilon \tag{12.38}$$

式中，x 为已知变量；$\boldsymbol{y}$ 为变形量的观测值；ε 为 $\boldsymbol{y}$ 的随机误差；$\boldsymbol{\theta}=[\theta_1 \ \cdots \ \theta_p]^{\mathrm{T}}$ 为未知参数；f 为模型函数，它的函数形式已知，但含有未知参数 $\boldsymbol{\theta}$。如果 f 是 $\boldsymbol{\theta}$ 的线性函数，则式(12.38) 为前面叙述的线性回归模型，否则该式为非线性回归模型。对于非线性回归模型，式(12.38) 中的 n 个观测值为

$$y_t=f_t(x,\boldsymbol{\theta})+\varepsilon_t \quad (t=1,2,\cdots,n) \tag{12.39}$$

现在的问题是通过观测值 $y_1, y_2, \cdots, y_n$ 对模型及其参数进行统计回归分析。

非线性回归模型的求解实际上是多个非线性参数的寻优问题，目前还没有一种对各种情况都适用的通用方法。这里主要介绍计算非线性模型参数的高斯-牛顿法。

对于形如式(12.38) 的非线性模型，设有 p 个待估参数 $\boldsymbol{\theta}=[\theta_1 \ \theta_2 \ \cdots \ \theta_p]$，预先给定参数的初始值 θ_0，对模型函数在 θ_0 处做一阶泰勒级数展开得

$$f(x,\boldsymbol{\theta})=f(x,\theta_0)+\left.\frac{\partial f(x,\theta)}{\partial \theta_1}\right|_{\theta=\theta_0}\Delta\theta_1+\cdots+\left.\frac{\partial f(x,\theta)}{\partial \theta_p}\right|_{\theta=\theta_0}\Delta\theta_p \tag{12.40}$$

从而

$$y_i+v_i=f(x_i,\theta_0)+\left.\frac{\partial f(x_i,\theta)}{\partial \theta_1}\right|_{\theta=\theta_0}\Delta\theta_1+\cdots+\left.\frac{\partial f(x_i,\theta)}{\partial \theta_p}\right|_{\theta=\theta_0}\Delta\theta_p \tag{12.41}$$

令 $l_i=y_i-f(x,\theta_0)$，$\Delta\boldsymbol{\theta}=(\Delta\theta_1,\Delta\theta_2,\cdots,\Delta\theta_p)$，写成矩阵形式为

$$\boldsymbol{L}+\boldsymbol{V}=\boldsymbol{A}\Delta\boldsymbol{\theta} \tag{12.42}$$

其中

$$\boldsymbol{A}=\begin{bmatrix}\dfrac{\partial f_1}{\partial\theta_1} & \cdots & \dfrac{\partial f_1}{\partial\theta_p}\\ \vdots & & \vdots\\ \dfrac{\partial f_n}{\partial\theta_1} & \cdots & \dfrac{\partial f_n}{\partial\theta_p}\end{bmatrix},\ \boldsymbol{L}=\begin{bmatrix}l_1\\ \vdots\\ l_n\end{bmatrix},\ \boldsymbol{V}=\begin{bmatrix}v_1\\ \vdots\\ v_n\end{bmatrix}$$

按最小二乘原理 $\boldsymbol{V}^{\mathrm{T}}\boldsymbol{V}=\min$ 可得

$$\Delta\boldsymbol{\theta}=(\boldsymbol{A}^{\mathrm{T}}\boldsymbol{A})^{-1}\boldsymbol{A}^{\mathrm{T}}\boldsymbol{L} \tag{12.43}$$

由于参数 $\boldsymbol{\theta}$ 无任何先验信息，必须迭代求解。设第 k 步求得的参数解为 $\boldsymbol{\theta}^{(k)}$，则第 $k+1$ 步计算步骤为：

(1)对模型函数在 $\boldsymbol{\theta}^{(k)}$ 处按泰勒级数展开，重新线性化，组成如式(12.42)矩阵形式的观测方程式。

(2)按最小二乘法解得第 $k+1$ 步的参数解 $\boldsymbol{\theta}^{(k+1)}$，$\boldsymbol{\theta}^{(k+1)}=\boldsymbol{\theta}^{(k)}+\Delta\boldsymbol{\theta}$，若 $\|\boldsymbol{\theta}^{(k+1)}-\boldsymbol{\theta}^{(k)}\|<\varepsilon$，迭代结束，否则重复上述步骤。

若残差不收敛或收敛速度很慢，可尝试使用麦夸脱法，此时最小二乘准则变为

$$\boldsymbol{V}^{\mathrm{T}}\boldsymbol{V}+z\Delta\boldsymbol{\theta}^{\mathrm{T}}\Delta\boldsymbol{\theta}=\min \tag{12.44}$$

参数解

$$\Delta\boldsymbol{\theta}=(\boldsymbol{A}^{\mathrm{T}}\boldsymbol{A}+z\boldsymbol{I})^{-1}\boldsymbol{A}^{\mathrm{T}}\boldsymbol{L} \tag{12.45}$$

式中，z 为阻尼因子，一般取值为 1～10。

高斯-牛顿法是一种线性逼近的方法，因此也称为非线性最小二乘法。这种近似的可行性和对模型参数所做推断的有效性取决于模型的非线性强度。当模型的非线性强度很强时，估计值对初始值的依赖性大，而且收敛速度慢，有时响应曲面可能多于一个极小值，这时不能保证收敛到正确的最小值；反之模型接近线性时，模型对初始值的依赖性不大，而且模型的收敛速度快。因此，应尽可能地寻找非线性强度弱的非线性模型。

从非线性模型的求解过程可以看出，即使假定 ε_t 是独立同分布且具有零均值和有限方差 σ^2 的正态随机变量，由于非线性回归模型的最小二乘估计量 $\hat{\boldsymbol{\theta}}$ 不是 y_t 的线性组合，因此 $\hat{\boldsymbol{\theta}}$ 一般也不服从正态分布，它也不是 $\boldsymbol{\theta}$ 的无偏估计和最小方差估计。然而当模型接近线性时，最小二乘估计量 $\hat{\boldsymbol{\theta}}$ 的性质会接近于正态、无偏和最小方差性。

当矩阵 $\boldsymbol{A}^{\mathrm{T}}\boldsymbol{A}$ 为病态时，方程组求解误差增大，甚至不收敛，这时可以考虑用岭估计进行求解。

12.3 变形量的统计规律及成因分析

根据实测变形值整编的表格和图形，可以显示变形的趋势、规律和幅度。例如，如图 12.2 所示，某混凝土坝各种变形过程线可以明显地看出坝的年周期变形规律，由其近似正弦曲线的情况可看出，建筑物的变形是弹性的。从如图 12.3 所示土石坝的沉陷过程线则可看出，虽然建筑物也有年周期性的沉陷变化，但其长期沉降趋势却很明显。

经过长期观测，初步掌握了变形规律后，可以绘制观测点的变形范围图。绘制时，可先绘制观测点变形过程曲线，然后用 2 倍的变形值的中误差绘制变形值的变化范围，变形范围图可以用来初步检查观测是否有粗差，同时也可初步判断建筑物是否有异常变形。如图 12.4 所示为某水坝观测点的变化范围。

利用长期观测掌握的建筑物变形范围的数据资料来判断建筑物运营是否正常，这在一般情况下是可行的。但对异常情况，如大坝遇到特大洪水，变形值超过变化范围时的观测资料用来判断坝体是否正常就缺乏必要的理论根据。此外，这种方法也无法对变形的原因做出解释。

要搞清楚变形的规律，必须分析引起变形的因素。现以大坝的变形原因为例进行如下讨论。

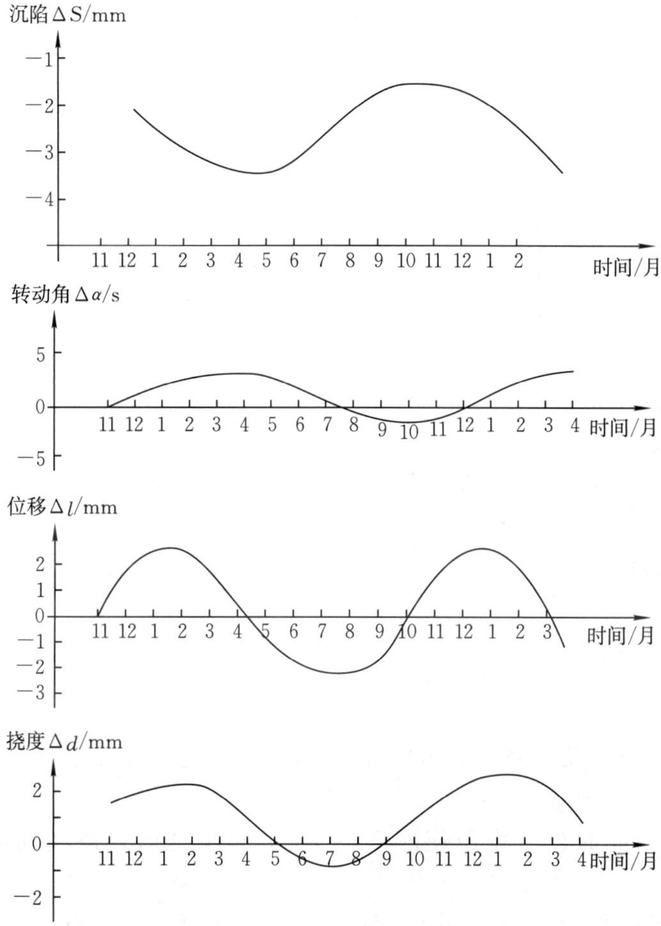

图 12.2　某混凝土坝的变形过程线

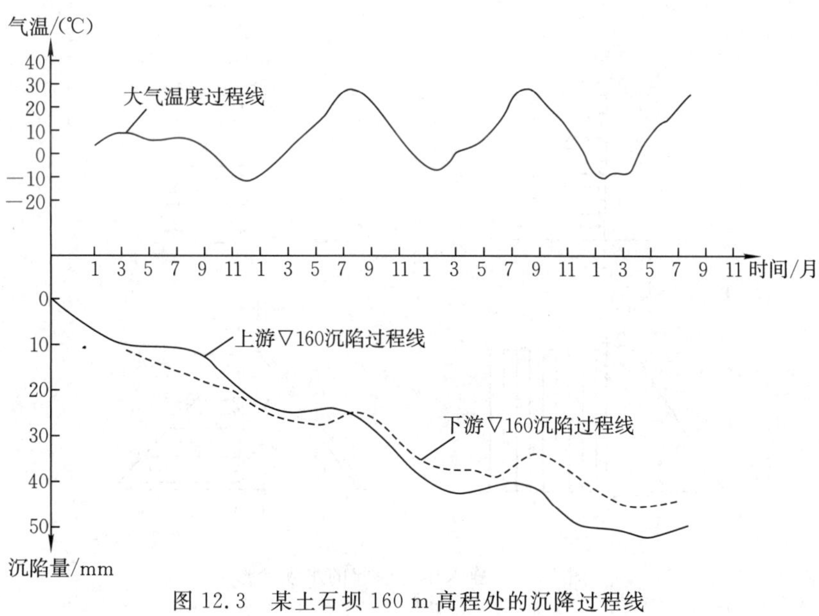

图 12.3　某土石坝 160 m 高程处的沉降过程线

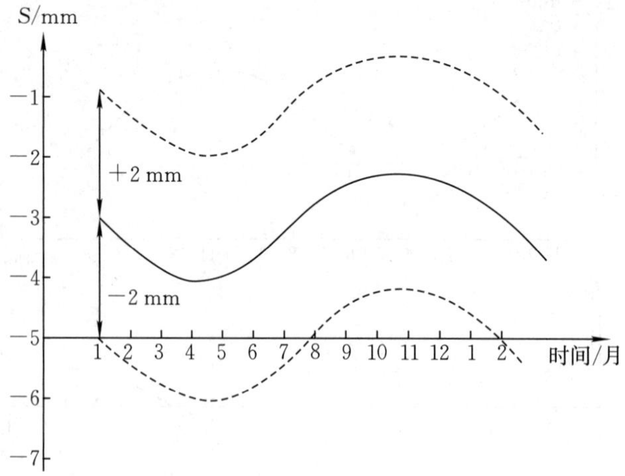

图 12.4　某水坝观测点的变化范围

12.3.1　静水压力

静水压力引起的变形，有以下四种可能情况：

(1)在静水压力的作用下，由于坝体不同高度处不同水平推力的作用，使坝体产生挠曲变形 b，见图 12.5(a)。

(2)由于水库水压力及坝底扬压力的作用，使坝体产生向下游转动而引起的变形 r，见图 12.5(b)。

(3)由于水库水体的重力作用使库底变形，引起坝基向上游转动而引起的变形 u，见图 12.5(c)。

(4)由于剪应力对坝底接触带的作用，在静水压力作用下产生的滑动 s，见图 12.5(d)。对于重力坝来说，滑动是绝对不允许产生的，因为滑动就意味着坝体失去稳定，有毁坏的危险。

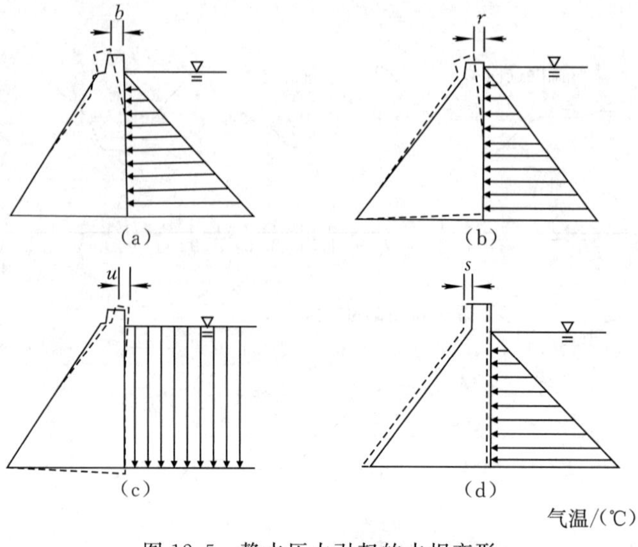

图 12.5　静水压力引起的水坝变形

12.3.2　坝体的温度变化

坝体上、下游混凝土温度变化是不同的，如在夏季，坝下游面混凝土由于烈日的曝晒，其温度高于气温，但在坝的上游面，大部分混凝土浸在库水面之下，其温度将低于气温。在冬季，情况恰好相反。这种现象可以使坝体产生季节性摆动(图 12.6)。坝体温度变化引起混凝土的收缩与膨胀是坝顶沉陷的主要原因。

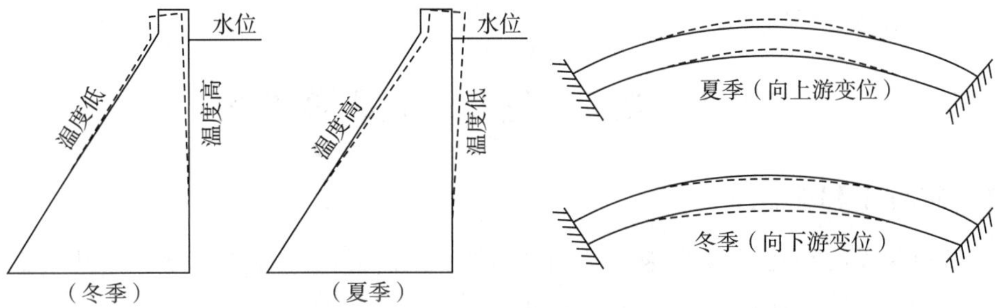

图 12.6　坝体温度变化引起的变形

对于运营初期的大坝，坝体本身混凝土产生的放热升温与冷却降温，也将使坝体产生不同的变形。

例如，经回归分析确定的某水坝坝顶一点由温度影响的位移为

$$E(t) = -0.28753\sin(\omega t) - 8.47094\cos(\omega t) + 1.10182\sin(2\omega t) - 0.00422\cos(2\omega t)$$

式中，$\omega = 2\pi/$ 年；t 为时间，单位为年。

12.3.3　时效变化

时效变化是由于建筑材料的变形(如混凝土的收缩、徐变)以及基础岩层在荷载作用下引起的变形所产生的。它的特点是施工期与运营初期比较大，随着时间的推移而渐趋稳定。时效变化为不可逆变形。

我国水库，由于水量来源一般是在春夏季节，故这时水位逐渐升高，到秋冬季节时水位下降，呈现以年为周期的变化。由于大气气温与水库水温(也与气温有关)所引起的坝体混凝土温度也呈现年周期变化。水库水位与混凝土温度的这种季节性的周期变化，造成了坝体变形的周期性变化(图 12.2)。

时效变化在土石坝沉陷过程线(图 12.3)中可明显地看出。在许多混凝土坝变形成果分析中，也证实了时效变化的明显存在。

根据我国水坝观测资料的分析可知，对于坝顶的位移，温度影响往往比水位影响大。坝顶沉陷的主要因素是温度和水位的变化。对于坝基来说，库水位变化是垂直位移和倾斜变形的主要因素，而温度影响可以忽略。

第13章 变形监测工程实例

本章介绍几种常见的变形监测实例，即基坑工程、工业与民用建设，水工建筑物、桥梁工程、地铁隧道、滑坡变形监测。

13.1 基坑支护工程变形监测

13.1.1 基坑工程概念

随着城市建设的高速发展和地下空间的开发利用，基坑工程越来越多。基坑工程指建(构)筑物基础工程或其他地下工程(如地铁车站、地下车库、地下商场和人防通道等)施工中所进行的基坑开挖、降水、支护(围护)和土体加固等综合性工程。基坑开挖深度一般大于6 m的称为深基坑工程。

基坑支护指基坑开挖过程中所设置的坑壁支护结构和撑锚体系，其功能是挡土止水、节约施工用地、保护周围环境和作为建筑物地下空间利用的外墙结构等。支护结构的类型主要有钢板桩支护、地下连续墙、柱列式灌注桩排桩支护、内支撑和锚杆支护、土钉墙支护和深层搅拌水泥土桩支护等。

在深基坑开挖的施工过程中，基坑内外的土体将由原来的静止土压力状态向被动和主动土压力状态转变，应力状态的改变引起围护结构承受荷载，并将导致围护结构和土体的变形，这样将引起基坑坑内土体的隆起，基坑支护结构及其周围土体的沉降和侧向位移等。一旦围护结构及土体的内力、变形的量值超过允许的范围，将导致基坑失稳破坏，或对周边环境造成不利影响。因此，基坑施工期变形监测的任务是监视围护结构以及土体的稳定状态(内力和变形)，其目的是：

(1)监测基坑工程的变化，确保基坑支护结构和相邻建筑物的安全。

(2)检验设计的参数和各种假设的正确性，指导基坑开挖和支护结构的施工。

(3)用反分析法来修正计算参数和理论公式，指导设计。

基坑工程变形监测工作，对时间和空间的准确性要求很高，工作拖延或失误造成的影响往往是难以补救的。因此，在基坑开挖前应制订详细的监测方案，主要包括监测目的、监测内容、测点布置、监测方法、监测项目报警值、监测报表等。

监测对象和项目的选择，关系到基坑工程的安全施工，盲目增加监测项目是对工程费用的浪费；但任意削减监测项目，可能造成严重事故。应根据基坑工程的安全等级、地质条件和围护结构的类型确定监测对象和项目。一般包括：

(1)围护结构完整性及强度监测。

(2)围护结构的沉降和水平位移监测。

(3)围护结构应力监测。

(4)支护结构内外压力监测。

(5)支护结构内外孔隙水压力监测。

(6)表层土体沉降、水平位移以及深层土体分层沉降和水平位移监测。

(7)地下水位变化监测。

(8)邻近基坑的建筑物和管线道路等设施变形监测。

(9)支撑轴力监测。

(10)基坑坑底隆起监测。

基坑监测的时段是从基坑开挖直至建筑结构体施工至地面或土体回填结束。

基坑工程监测的预警值和预警机制是信息化施工的重要部分。监测的警戒值就是设定一个定量化指标，在其允许的范围内认为工程是安全的，并对周围环境不产生危害；否则认为工程是非稳定的或危险的，并将对周围环境产生有害影响，需调整施工工序或优化原设计方案。因此，测试项目警戒值的确定至关重要。一般情况下，每个警戒值应由两部分控制，即允许的累计变化量和允许变化速率。确定预警值是一项十分复杂的研究课题，没有统一的定量化计算模式和确定准则，通常都是根据工程地质勘查报告给定的岩性指标、基坑设计的技术参数及区域性经验来确定。确定的原则是：

(1)满足设计计算的要求，不可超出设计值。

(2)满足测试对象的安全要求，达到保护目的。

(3)对于相同的保护对象，应针对不同的环境和不同的施工因素而确定。

(4)满足各保护对象主管部门提出的要求。

(5)满足现行相关规范、规程的要求。

(6)在保证安全的前提下，综合考虑工程质量和经济等因素，减少不必要的资金投入。

总之，确定的警戒值是以达到监测目的、保证基坑工程安全和周围环境的安全，使工程能够顺利地进行为目标。

13.1.2　地铁地下车站基坑工程监测实例

1. 工程概况

某市地铁地下车站建筑的基坑工程，位于市中心高层建筑密集区的城市主干道上，基坑长约363 m、宽24～36 m，深约19 m，设计等级为Ⅰ级，采用盖挖逆作法施工。基坑场地处于古河道与Ⅰ级掩埋阶地交接地带，其下存在Ⅱ～Ⅲ级掩埋阶地，地质形态复杂。水文地质为浅层孔隙潜水层，地下水位为0.8～1.8 m。根据设计要求及施工区段的地质、支护结构的特点和所处的周边环境条件，确定的监测项目有：

(1)围护结构顶部沉降监测。

(2)围护结构顶部水平位移监测。

(3)围护桩(墙)测斜。

(4)围护结构与中间桩差异沉降监测。

(5)支撑轴力监测。

(6)围护结构裂缝及渗水监测。

(7)地下水位及孔隙水压力监测。

(8)周边地表沉降观测。

(9)邻近建筑物变形监测。

(10)邻近地下管线观测。

测点布设见图 13.1。

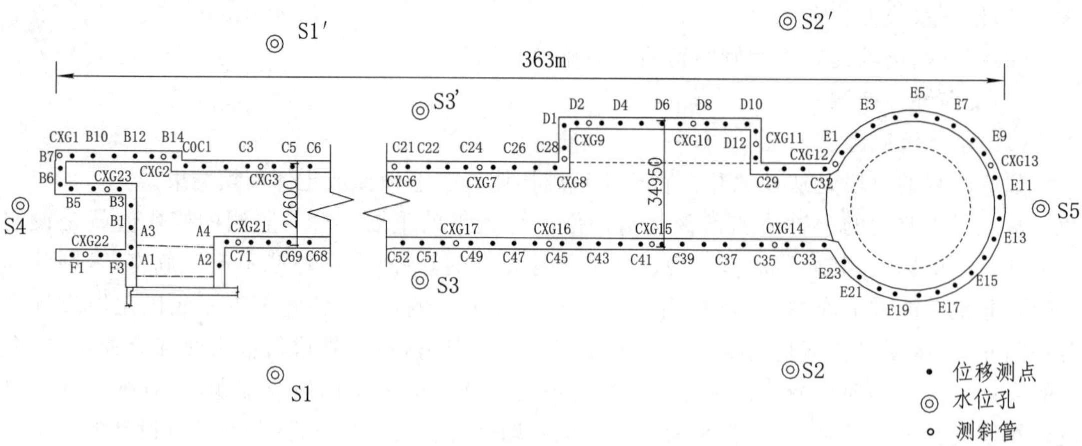

图 13.1　某地下车站基坑测点布置平面图

2. 监测方法

1)围护结构顶部沉降监测

(1)沉降测点和基准点的布设。

沉降测点布设在围护墙顶两根水平支撑间的跨中部位，以及基坑阳角部位，测点间隔为 5～15 m，共布设测点约 80 个，观测标志采用钻孔镶嵌直径为 10 mm 的膨胀螺栓，螺栓顶面为高程测量立尺点。每个点用红漆编号。

基准点设置在基坑外 100 m 的稳定基础上，基坑施工对其基本无影响，为复核其稳定性，在不远处另设了一个校核水准基点。

(2)沉降监测方法。

沉降观测采用几何水准方法测量，基准点与沉降测点之间构成闭合水准路线，采用德国蔡司 Ni007 自动安平水准仪配备因瓦合金水准尺观测，按建筑变形一级测量精度要求实施，即观测点测站高差中误差不超过 ±0.15 mm，环线闭合差不超过 $0.3\sqrt{n}$（n 为测站数）。

以基准点高程为起算值，按闭合水准路线平差可获得各测点本期高程。某测点本期高程与上期高程之差即为该测点的本期沉降量，本期高程与首期高程之差则为该测点的累积沉降量。根据这些结果做出位移变化图，整理出日报表，报送有关部门。

2)围护结构顶部水平位移监测

水平位移测点与沉降测点的标志相互兼用，不另外布点，膨胀螺栓的中心切割“十”字标志，即为水平位移对中点。

(1)水平位移监测方法。

根据基坑顶口的几何形状特点，水平位移采用视准线法和全站仪极坐标法两种方法观测。前者的优点是简便、直接、速度快、精度高，因此，基坑矩形长边直线段的测点(约 60 个点)采用该方法，而右侧圆弧段和左侧矩形短边直线段则采用全站仪极坐标法。

视准线设置了 MN 和 JK 两条，M、N 和 J、K 为其工作基点；A、B 为全站仪极坐标法测量的工作基点，位于基坑约 30 m 的三层楼高平台上，如图 13.2 所示。

视准线法利用 2″级全站仪测小角 $\Delta\beta$ 计算出水平偏离值，如图 13.3 所示，P 点的水平偏离值 ΔP 为

$$\Delta P=\frac{\Delta\beta}{\rho}D \tag{13.1}$$

式中，$\rho=206\ 265''$，D 是测站点 M 到观测点 P 之间的平距。两期观测的水平偏离值之差即为水平位移。

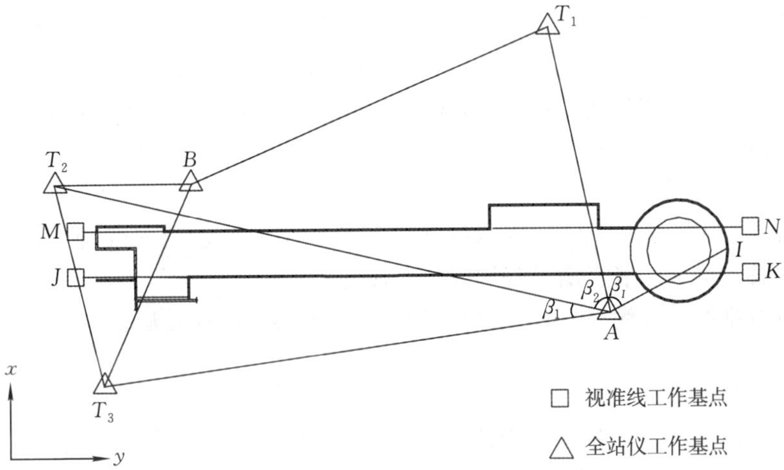

图 13.2　水平位移监测

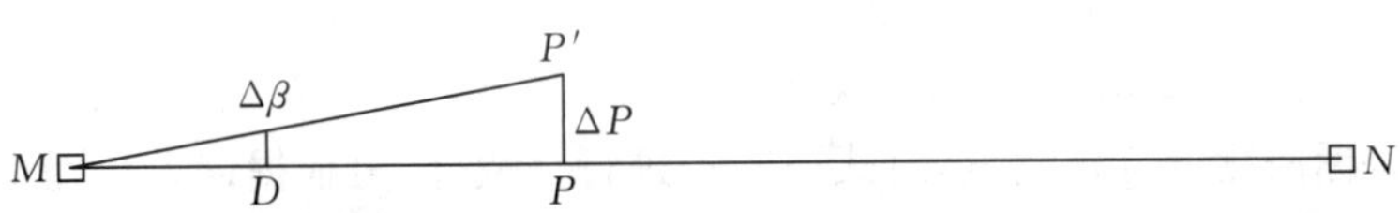

图 13.3　视准线法测量水平位移

如图 13.2 所示，全站仪极坐标法测量位移测点原理，对某位移测点 I，若设站于 A 点，利用 1″ 级全站仪同时测定水平角 β_I 和水平距离 D_{AI}，则该点的平面直角坐标(x_I，y_I)为

$$\left.\begin{aligned}x_I&=x_A+D_{AI}\cos(\alpha_{AT_1}+\beta_I)\\y_I&=y_A+D_{AI}\sin(\alpha_{AT_1}+\beta_I)\end{aligned}\right\} \tag{13.2}$$

式中，(x_A，y_A)为基准点 A 的坐标；α_{AT_1} 为基准线 AT_1 的方位角，两期观测结果之差(Δx_I，Δy_I)即为 I 点的水平位移。其中 Δx_I 为南北方向位移量，Δy_I 为东西方向位移量。

设计要求地下连续墙顶水平位移允许值为 2 cm，当大于 2 cm 时，立即采取加强支撑措施。根据水平位移值做出位移变化图，整理出日报表，报送有关部门。

(2)水平位移工作基点的稳定性监测。

基坑支护工程水平位移监测的难点之一就是工作基点位置的选定。为不受基坑变形影响，工作基点应尽可能离基坑远一些，但城市工地施工场地比较狭小，工作基点要想离基坑远一些很难做到。不过，工作基点离基坑近一些也有优点，例如在一个工作基点上可以观测到全部位移测点，同时也能大大提高对位移点的测量精度。当然，不管工作基点离基坑远近，都必须对其进行稳定性监测。为提高工作效率，尽可能使仪器不换站，因此，采用边角后方交会法来监测 A、B 工作基点稳定性。图 13.2 中的 T_1、T_2、T_3 三点是固定点，为地铁首级控制网点，位于基坑约 150～200 m 的高层建筑物楼顶。检验 A 点稳定性时，仪器架在 A 点，每次观测两个角度 β_1 和 β_2，观测三条边长(平距)D_{AT_1}、D_{AT_2}、D_{AT_3}。利用间接平差法求取 A 点的本期坐标，本期坐标与上期坐标的差值在 2 ～ 3 倍的测量中误差之内，则认为 A 点是稳定的，其坐标值不做修正，仍用上期的(x_A，y_A)值；反之则采用本期的计算坐标值来监测位移测点。例如在实测中，对β_1和β_2用2″级全站仪各测2测回，平距D_{AT_1}、D_{AT_2}、D_{AT_3}测1测回(读数4次)，经间接平差精度估算可得A点坐标精度为$m_{X_A}=m_{Y_A}=\pm0.76$ mm，AT_1边的方向中误差为$m_{\alpha_{AT_1}}=\pm2.5''$。本期坐标与上期坐标的差值超过±2 mm时才进行$A$点的坐标修正。

工作基点B的稳定性监测方法与A点类似。视准线工作基点M、N和J、K也采用边角后方交会法来监测其稳定性，由于4个点都位于地面，无法全部观测到T_1、T_2、T_3三点，交会的三个固定点则分别利用校测后的A、B和T_1、T_2、T_3中的任意三点，在多于三个方向通视时，尽可能选择较优的交会角。

(3)观测点精度估算。

一般基坑支护工程变形观测要求点位测量中误差不应超过±2 mm，下面分析上述两种测量基坑水平位移点的方法能否满足基坑变形监测的要求。

首先分析视准线法观测精度，对式(13.1)全微分并转成中误差后得

$$m_{\Delta P}^2=\left(\frac{D}{\rho}m_{\Delta\beta}\right)^2+\left(\frac{\Delta\beta}{\rho}m_D\right)^2 \tag{13.3}$$

分析式(13.3)，由于$\Delta\beta$是个很小的角值，而D由测距仪观测，m_D的量值也仅几毫米，所以等式右端第二项可忽略不计，因此，视准线法观测精度主要取决于$m_{\Delta\beta}$的量值。设最不利的点$D=200$ m，$m_{\Delta\beta}=2.0''$，小角度观测2测回，则$m_{\Delta P}=1.37$ mm，即使再考虑工作基点±0.76 mm的误差，$m_{\Delta P}$仍小于2 mm。可见，视准线法观测精度能满足基坑变形监测的要求。

全站仪极坐标法测量位移测点，对式(13.2)进行全微分，再根据误差传播定律可得

$$\left.\begin{aligned}
m_{x_I}&=\sqrt{m_{x_A}^2+\cos^2(\alpha_{AT_1}+\beta_I)\times m_{D_{AI}}^2+D_{AI}^2\times\sin^2(\alpha_{AT_1}+\beta_I)\times\frac{m_{\beta_I}^2+m_{\alpha_{AT_1}}^2}{\rho^2}}\\
m_{y_I}&=\sqrt{m_{y_A}^2+\sin^2(\alpha_{AT_1}+\beta_I)\times m_{D_{AI}}^2+D_{AI}^2\times\cos^2(\alpha_{AT_1}+\beta_I)\times\frac{m_{\beta_I}^2+m_{\alpha_{AT_1}}^2}{\rho^2}}
\end{aligned}\right\} \tag{13.4}$$

式中，m_{X_A}、m_{Y_A}和$m_{\alpha_{AT_1}}$为工作基点A的起始数据误差，由边角后方交会精度预估有$m_{X_A}=m_{Y_A}=\pm0.76$ mm，$m_{\alpha_{AT_1}}=\pm2.5''$；现场监测采用的全站仪标称精度为$m_{\beta_I}=\pm2''$，$m_{D_{AI}}=\pm(2\text{ mm}+2\times10^{-6}\times D)$。根据现场实际情况，取$D_{AI}=60$ m，由全站仪的仪器精度可知：$m_{\beta_I}=\pm2''$，$m_{D_{AI}}=\pm2.12$ mm，观测2测回，另外，经反复试验，$\alpha_{AT_1}+\beta_I=45°$为最不利条件，不妨取$\alpha_{AT_1}+\beta_I=45°$。将上述数据代入式(13.4)，则预估出观测点坐标的精度为

$$\left.\begin{aligned}
m_{X_I}&=\pm1.78\text{ mm}\\
m_{Y_I}&=\pm1.78\text{ mm}\\
m_I&=\pm\sqrt{m_{X_I}^2+m_{Y_I}^2}=\pm1.86\text{ mm}
\end{aligned}\right\} \tag{13.5}$$

因此，用全站仪极坐标法也可以满足基坑监测精度需要。

3)围护桩(墙)测斜

(1)测斜管布设。

根据基坑平面和支撑布设形式，测斜管布设在基坑每边中间区域；30 m左右布设一根，约布设23根。测斜管具体位置根据支护结构设计计算，布设在围护桩(墙)设计计算变形较大的

部位；根据周围环境情况，在需要进行保护的建筑物、构筑物和地下管线与连续墙处布设，如图 13.1 所示。测斜管选用直径为 70 mm 带“十”字内导槽的高精度 PVC 塑料管直接安放在墙体内混凝土中。为确保观测效果，测斜管安放深度为 20～25 m。

(2)量测方法。

观测仪器选用 CX-01 型测斜仪，每间隔 $L=0.5$ m 且 0°～180°两次测读，仪器观测精度不超过±1.0 mm。测量时，把测斜仪放入测斜管中，保持一段时间，使测斜仪与管内温度基本一致，待显示仪读数稳定后开始测量。以管顶为基准，用全站仪测出该点的绝对水平位移 δ_0，用测斜仪测量出倾角 φ_i，如图 13.4 所示，则可推算出测斜管从管口往下数第 n 测量段处的水平偏移量为

$$\delta_n=\delta_0+\sum_{i=1}^{n}L\sin\varphi_i \tag{13.6}$$

从而做出测斜曲线图，如图 13.5 所示。

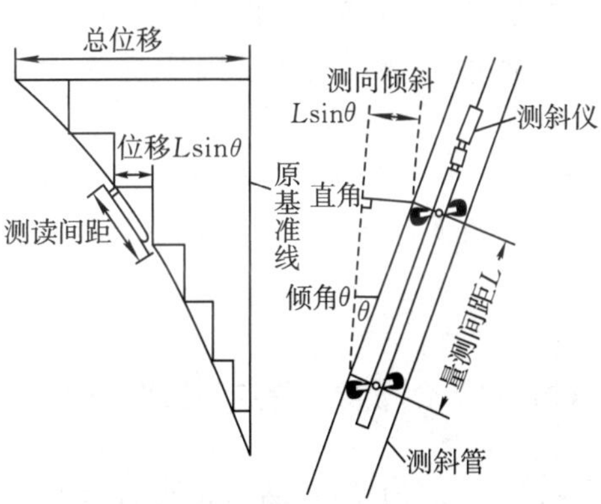

图 13.4　测斜仪量测原理

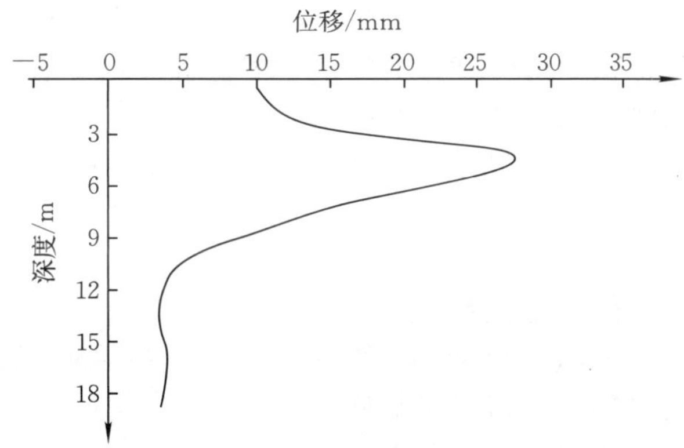

图 13.5　7 号测斜孔第 16 期的实测位移曲线

(3)其他项目监测方法。

——围护结构与中间桩差异沉降监测。围护结构顶部沉降根据现场实际情况，将监测点布置在相对较危险的地段上和尽可能靠近建筑物处，以便确保邻近建筑物的安全。中间柱差异沉降观测将测点布置在连续墙与中间桩轴线上，以便能及时反映出水平位移和沉降。测点直接布设在立柱桩上方的支撑面上。沉降监测用精密几何水准按照国家一等水准精度测量。水平位移监测用全站仪极坐标法，测量点位中误差控制在±2.0 mm 内。高差与水平距离同初测值不符，说明有沉降和位移，可分析位移方向和沉降趋势。

——周边地表沉降观测。测点布设在基坑结构矩形长边两侧，各布设两条平行基坑结构的监测点，每 20 m 一个点。用水准仪监测地面高程。按国家一等水准测量技术要求作业，高程中误差控制在±0.3 mm 内，相邻点高差中误差控制在±0.1 mm 内，环线闭合差控制在 $0.1\sqrt{n}$（n 为测站数）内。

——围护结构裂缝及渗水监测。围护结构裂缝及渗水采用巡视法。每天巡视并详细地对基坑内的裂缝和渗漏水情况做详细记录。

——支撑轴力监测。在开挖基坑内，沿基坑纵向每两个开挖段布设一组钢支撑轴力计，采用 1/1 000 分辨力轴(反)力计测量。

——地下水位及孔隙水压力监测。地下水位观测孔沿基坑长边和短边布设，保证短边至

少有1个孔，长边至少有3个孔，考虑到观测资料要能够反映出地下水流梯度的大小，因此在基坑外南侧和北侧分别布置两排孔（第一排为 $S3$，第二排为 $S1$、$S2$），北侧两排孔（第一排为 $S3'$，第二排为 $S1'$、$S2'$），如图13.1所示，东西两端各设1个孔（$S4$、$S5$），共8个水位观测孔，孔位于地面建筑物附近，每个观测孔的孔顶均附加保护盖。采用钢尺（点测）水位仪测量，量测方法是用仪器的探头沿水位管下放，当碰到水时，上部的接收仪发出蜂鸣声，通过信号线的刻度读数，直接测得地下水位距管口的距离，读数精度为±1 mm，管口高程用精密水准仪定期与基准水准点连测。提供每次测试的地下水位高程本次和累计变化量成果表，绘制地下水位变化曲线图，根据孔隙水压力消散速率控制沉桩速率，监控基坑开挖降水情况及基坑开挖对周围土体扰动范围及程度。

——邻近建筑物变形监测。基坑周边为城市商贸中心，建筑物密集，大楼林立。有一幢6层高的百货大楼、一幢56层的商贸广场、一幢2层高的古建筑电影院、一幢44层高的金融大厦和国际商城。为监测周边高层建筑结构安全，根据建筑沉降观测相关规范和实际情况，测点布设原则：在建筑物的四角、大转角处；高低层建筑物、新旧建筑物、纵横墙等的交接处两侧；建筑物缝和沉降缝两侧、基础埋深相差悬殊处、不同结构的分界处；框架结构的基础柱上，能及时反映出沉降、倾斜、裂缝的位置，沿基坑深2～3倍、周边60～80 m的建筑共布点300个。监测方法采用精密几何水准，按国家一等水准精度技术要求作业。建筑物倾斜观测是在两个垂直方向设置不少于6个点，每三点为一组，通过观测同一垂直面的垂直度来确定建筑物是否有变形情况。

3. 警戒值的确定

各项监测的报警值按一级基坑和车站的设计值为依据，并结合现场的特点和实践经验，对一些项目提出以下警戒值。

(1)基坑连续墙测斜。矩形直段的墙体最大位移量为30 mm，大圆盘的连续墙墙体最大位移量为35 mm，变形速率不超过2 mm/d。

(2)基坑地下水位动态监测。基坑降水或开挖时引起坑外水位下降不超过1 000 mm，或日变化量不超过500 mm。

(3)支撑弯矩及轴力监测。支撑实际弯矩及轴力不超过设计值的80%。

(4)连续墙顶的位移。墙体最大的位移量为20 mm，变形速率不超过2 mm/d。

(5)基坑周边地面变形观测。沉降不超过3 mm/d。

(6)周边建筑物位移观测。沉降和水平位移不超过30 mm，每天变化不超过5 mm。

(7)地下管线变位。煤气管道沉降或水平位移均不得超过10 mm，变化速率不超过2 mm/d；自来水管道沉降或水平位移均不得超过30 mm，变化速率不超过5 mm/d。

4. 监测频率及结果

原则上，基坑开挖前到车站结构顶板浇筑完毕，每天监测1次；顶板浇筑后至挖土回填完毕，每周观测1～2次。该基坑在整个开挖和车站结构施工过程中围护桩顶沉降和水平位移均未达到预警值，其余监测项目同样如此，说明基坑是安全稳定的，对基坑围护工程和邻近建筑的影响在允许范围内，既保证了基坑工程的安全，也保护了周边建筑。因而，该基坑的设计和施工是成功的。

13.2　工业与民用建筑变形监测

13.2.1　概述

工业与民用建筑通常都是建造在压缩性地基上，当建筑物兴建后，改变了地面的原有状态，并对地基施加了外力，从而引起地基及其周围地层的变形；建筑物本身及其基础，也由于地基的变形及其外部荷载与内部应力的作用而产生变形。因此，工业与民用建筑从施工开始前，到全部工程竣工后的一段时间内，应按施工与设计的要求进行沉降、位移和倾斜等变形观测。一般分两部分：一部分是观测高层建筑施工造成周围邻近建(构)筑物和支护结构的变形，以保证安全和正确指导施工。这是直接为施工服务的变形观测，该项变形监测内容与方法已在13.1 节做了详细介绍，不再赘述。另一部分是在整个施工过程中和竣工后，观测建筑物自身各部位的变形，以检查施工质量和工程设计的正确性，并为有关地基基础与结构设计反馈信息，本节主要是对该方面进行介绍。

工业与民用建筑的基础沉降是最主要的监测项目，相关规范中都规定为必测项目。我们知道，由沉降监测资料可以计算基础的绝对沉降值、均匀沉降值、不均匀沉降值和平均沉降值。由不均匀沉降值可以计算建筑主体结构的相对倾斜和相对弯曲(挠度)。基础的不均匀沉降可以导致建筑物的扭转。当不均匀沉降产生的应力超过建筑物的允许应力时，会导致建筑物产生裂缝。也就是说，建筑物本身产生的倾斜与裂缝，起因是基础不均匀沉降。均匀沉降不会使建筑物出现断裂、裂缝和缺口等现象，但绝对值过大的均匀沉降也会引起一些麻烦。例如，建筑物的地下部分的地面可能下降到地下水位以下，因而使建筑物的地下部分被淹没。所以，工业与民用建筑的倾斜(包括不均匀沉降和施工误差引起的)是必要的监测项目，而裂缝可根据结构变形大小再确定是否监测。

由于工业与民用建筑的主要监测内容是基础沉降和建筑物本身的倾斜，其监测精度应根据建筑物的允许沉降值、允许倾斜度、允许相对弯矩来决定，同时也要考虑其沉降速度。建筑物的允许变形值大多是由设计单位提供的，一般可直接套用。根据允许变形值，可按 1/10～1/20 的要求来确定变形监测的精度，由变形监测的精度确定使用的测量仪器和测量方法。

工业与民用建筑变形监测的周期，在结构加载施工期(如大楼封顶前)，通常根据荷载增加的时间来确定。例如，大楼每增高一层的加载后监测 1 次；建筑结构加载全部完毕后，则采取定期监测，周期大小可根据变形的速率确定，一般当结构稳定后就停止监测。

13.2.2　某高教公寓主体结构沉降与倾斜监测实例

1. 工程概况

某高教公寓共有 10 幢 32 层和 34 层大楼，为了掌握大楼施工过程中的变形情况，建设方委托三家监测单位对 10 幢大楼进行主体结构沉降和垂直度监测，下面介绍由某单位承担的 3 幢大楼的监测情况。

主体结构的沉降观测分三个阶段进行：①主体施工阶段(即从±0.000 到结构封顶)；②封顶至竣工阶段；③竣工后一年。根据《建筑变形测量规程》(JGJ8—2007)，主体施工阶段，大楼每施工两层观测 1 次，大楼封顶至竣工阶段每个月观测 1 次，竣工后一年每六个月观测 1 次，每幢楼共计观测25次。

主体结构的垂直度观测仅在主体施工阶段(即从±0.000到结构封顶)进行,大楼每施工四层观测1次,每幢楼共计观测8次。

2. 主体结构沉降监测

沉降变形监测采用水准测量的方法,多次重复测定埋设在大楼上的沉降监测点相对于基准点的高差随时间的变化量。其具体做法是:在大楼施工影响区域外建立三座水准基点BM0、BM1和BM2,在三座建筑物旁分别建一个工作基点BM3、BM4、BM5,这六个点布设成一条闭合水准环形路线水准监测网;再由工作基点BM3、BM4、BM5分别围绕3号、4号、5号楼构成三条独立的闭合水准路线测定大楼的12个沉降监测点标高,如图13.6所示。这样,按照制订的监测周期定期进行一次精密水准测量,将测量的外业成果用严密平差的方法,求出各工作基点和沉降监测点的高程最或是值,某一沉降监测点的沉降量即为首次观测求得的高程与该次复测求得的高程之差。当然,用这种方法求得的沉降量中,除了该点本身的沉降量外,尚受到两次水准测量误差的影响,因此,在大楼结构沉降变形分析中,还要分析沉降监测精度,研究水准测量中的问题。

1)基准点和沉降监测点标志的构造和埋设

水准基点BM0、BM1和BM2,是作为沉降监测基准的水准点,一般要求埋设在基岩上或沉降影响范围之外稳定的建筑物基础上。该高教公寓为新开发小区,周边只有低矮民房和农田,地质为古秦淮河故道,岩层在地下60 m深,难以寻找到绝对稳定的基础埋设水准基点。因此,水准基点只能在大楼施工影响区域外约200 m处埋设混凝土标,结构形式如图10.5所示。水准基点设置三座构成水准基点组,为了检查其本身的高程有否变动,在三座水准基点的中心位置设置固定测站,每次测量前测定三点间的高差,以判断水准基点的稳定性。

工作基点BM3、BM4和BM5是水准基点和沉降监测点之间的联系点,与水准基点构成水准监测网,其点位尽可能地靠近监测大楼,只要保证每次观测期间的稳定即可,因此,点的标志结构采用浅埋混凝土标,如图10.7所示。

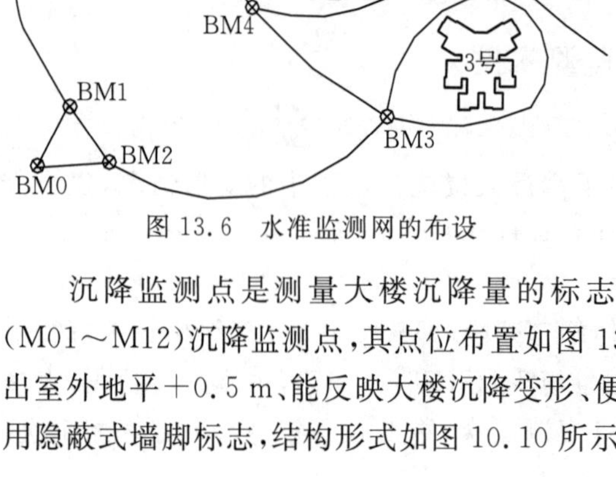

图13.6　水准监测网的布设

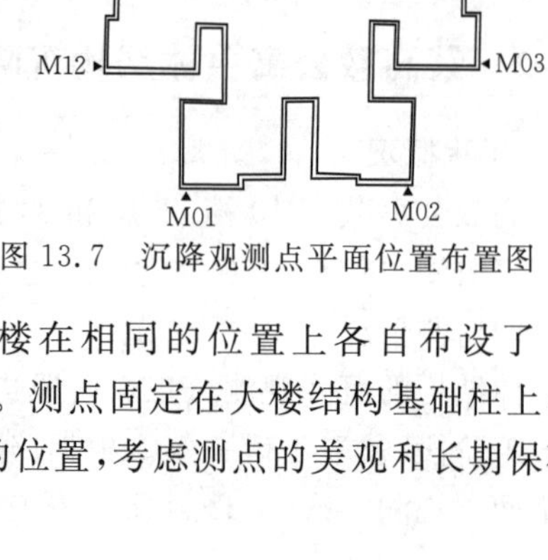

图13.7　沉降观测点平面位置布置图

沉降监测点是测量大楼沉降量的标志,三幢大楼在相同的位置上各自布设了12个(M01～M12)沉降监测点,其点位布置如图13.7所示。测点固定在大楼结构基础柱上,且高出室外地平+0.5 m、能反映大楼沉降变形、便于测量的位置,考虑测点的美观和长期保存,采用隐蔽式墙脚标志,结构形式如图10.10所示。

2)监测与平差

测量采用德国蔡司 Ni007 精密自动安平水准仪以及配套的因瓦水准尺以几何水准测量方法实施观测。以《建筑变形测量规程》中的一级变形观测的技术指标为要求，即沉降观测点测站高差闭合差不超过±0.15 mm，往返较差及环线闭合差不超过± $0.3\sqrt{n}$（n 为测站数），最弱点的高程中误差不超过±1.0 mm。平差以 BM1 为起算点，采用假设高程，经严密平差直接计算出三幢大楼的各自 M01～M12 的高程。

3)沉降监测数据分析

三幢大楼首期监测均在基础施工完毕第一层建筑混凝土浇筑后进行，3号楼为1998年11月14日，4号楼为1998年10月18日，5号楼为1998年11月3日，于2000年3月28日结束最后一期观测。三幢楼沉降观测累计沉降量见表13.1。

表13.1　大楼沉降监测累计沉降量成果表　单位:mm

楼号	M01	M02	M03	M04	M05	M06	M07	M08	M09	M10	M11	M12
3号	3.4	6.0	5.1	5.8	4.1	5.1	7.2	6.8	4.6	4.5	7.3	6.4
4号	6.3	6.3	4.3	7.9	7.2	4.7	12.9	8.7	5.2	4.7	7.1	5.8
5号	3.8	1.7	4.1	6.7	2.6	2.8	5.8	6.7	5.0	6.1	7.0	5.2

(1)累计沉降量分析。

从表13.1中可以看出:3号楼累计沉降量最大值是7.3 mm(M11点)，M11点的平均下沉速度为0.015 mm/d(即每天下沉0.015 mm)；累计沉降量最小值是3.4 mm(M01点)，M01点的平均下沉速度为0.007 mm/d；累计沉降量的平均值约为5.2 mm，平均下沉速度为0.011 mm/d。

4号楼累计沉降量最大值是12.9 mm(M07点)，M07点的平均下沉速度为0.025 mm/d；累计沉降量最小值是4.3 mm(M03点)，M03点的平均下沉速度为0.008 mm/d；累计沉降量的平均值约为6.8 mm，平均下沉速度为0.010 mm/d。

5号楼累计沉降量最大值是7.0 mm(M11点)，M11点的平均下沉速度为0.014 mm/d；累计沉降量最小值是1.7 mm(M02点)，M02点的平均下沉速度为0.003 mm/d；累计沉降量的平均值约为4.8 mm，平均下沉速度为0.009 mm/d。

从三幢楼的累计沉降量和下沉速度来看，数值均较小，说明大楼基础稳定，施工质量优良，工程处于理想状况。

(2)不均匀沉降分析。

不均匀沉降对建筑物的结构影响较大，因此，《高层建筑施工手册》中未对累计沉降量提出限值要求，而对不均匀沉降提出了限值要求，规定由不均匀沉降引起的倾斜度不得超过2‰。

现将三幢大楼的7条边由不均匀沉降引起的倾斜度结果列于表13.2。

表13.2　三幢楼不均匀沉降引起的倾斜度分析表

楼号	M01～M02 /‰	M03～M04 /‰	M05～M06 /‰	M06～M07 /‰	M08～M09 /‰	M09～M10 /‰	M11～M12 /‰
3号	0.15	0.06	0.15	0.16	0.17	0.01	0.08
4号	0.00	0.32	0.38	0.63	0.30	0.07	0.12
5号	0.12	0.23	0.03	0.23	0.13	0.15	0.16

由表13.2中数据可以得出：3号、4号、5号三幢大楼的不均匀沉降量最大值分别为0.17‰、0.63‰和0.23‰，都在限差要求范围之内，且远小于限差值。

3. 主体结构垂直度观测

影响大楼主体结构垂直度（竖向偏差）的既有施工误差的因素，也有基础不均匀沉降引起大楼倾斜的因素。为了保证建成后的大楼垂直度达到设计要求，受业主委托，对大楼施工过程中的垂直度进行监测，由于高教公寓大楼不均匀沉降量很小，因此，所监测的垂直度大小主要是由施工误差引起的。垂直度指其外墙的铅垂度，《建筑工程质量检验评定标准》（GB 50300—2001）中规定，高层建筑外墙面垂直度不应超过 $H/1\ 000$（H 为建筑高度），且不超过30 mm。在检测建筑的垂直度中，由于整体墙面检测不便，通常评定大楼垂直度是通过测定大楼建筑外墙面转折处棱角线的铅垂度，如对于一个平面为矩形的建筑就是测定四面墙构成的4条棱角线。而本高教公寓平面是个燕式形状，棱角线较多，设计确定监测大楼10条棱角线来评定大楼的整体垂直度状况，10条棱角线为C01～C10，如图13.8所示。具体做法是在大楼基础层±0.00平台浇筑完毕后，分别测定C01～C10处棱角顶点的平面坐标，该次测量称为首期观测，当大楼施工至 i 层 h 高度时，再观测 i 层的C01～C10处棱角顶点的平面坐标（实际上是在混凝土浇筑前测量立模的角点，这样若垂直度偏大可进行修正）。某一棱角线的垂直度即为首次观测的平面坐标与该次观测的平面坐标之差相对于楼层高度 h 的比。

设某一棱角线在基础层测量的棱角点平面坐标为 (x_0, y_0)，现施工到第 i 楼层，测量的该层棱角点平面坐标为 (x_i, y_i)，第 i 楼层高为 h_i，该点垂直度则为

$$K = \frac{\sqrt{(x_0 - x_i)^2 + (y_0 - y_i)^2}}{h_i} \tag{13.7}$$

该点相对基础层的倾斜方向为

$$\alpha = \arctan \frac{y_0 - y_i}{x_0 - x_i} \tag{13.8}$$

测量棱角线角点的坐标可采取外控法或内控法，前者是利用全站仪架设在建筑物周边的控制点上直接测量建筑的角点坐标，它适用于拟建建筑物外围施工场地比较宽阔，且建筑高度较低的情形。高教公寓为高层建筑，使用滑模爬架施工，因此，只能采取内控法测量。具体做法如下。

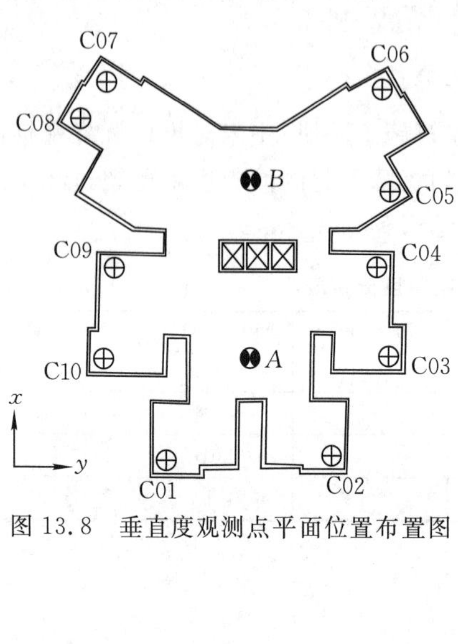

图13.8　垂直度观测点平面位置布置图

1）±0.00层的墙角点坐标测量

在大楼基础层±0.00平台浇筑时，预埋相距约45 m的 A、B 两个基准点（图13.8），以 A 为原点，AB 方向为 x 轴建立直角坐标系；分别在 A、B 两点上架设日本索佳SET2C全站仪（测角精度±2″，测距精度3 mm+2×10^{-6}×D），测量出±0.00层的C01～C10处各棱角顶点的平面坐标 (x_0, y_0)。

2）基准点投测

按照要求，大楼每增高四层测量1次。当大楼施工到需要测量的第 i 层时，首先进行基准点投测，即将±0.00层的 A、B 两个基准点铅垂投测到第 i 层。基准点投测可以采用吊垂线坠法、天顶准直法和天底准直

法。天顶准直法由于投测精度高被广泛采用，它是使用能测设天顶方向的专用仪器，进行基准点竖向投测，常用的测设天顶方向的仪器有：配有 90°弯管目镜的激光经纬仪、激光准直仪、自动天顶准直仪及自动天顶—天底准直仪等。本工程是采用激光准直仪投测，具体实施步骤如下：

(1)将激光准直仪分别安置在±0.00 层的基准点 A、B 上，仔细对中，严格整平；在 A，B 点铅垂方向上的各施工楼层均预留直径为 200 mm 的孔洞，在孔洞上方放置画有不同直径圆圈的透明塑料板(或透明有机玻璃板)，作为接收光靶。

(2)仪器起动后，激光束(红光点)竖直向上，投射在接收光靶上，观测仪器人员用对讲机指挥施工楼层上人员，移动光靶，使激光束(红光点)正好对准接收光靶的十字中心，然后转动照准部 180°，再投测一次，如果两次投测的红光点不重合，取其中间点作为该楼层的投测点位置。接收光靶也可用一块无圆圈的玻璃板，用照准部 0°、90°、180°、270°等四个位置分别向上投测，在接收光靶上分别得到如图 13.9 所示的 A'_1、A'_2、A'_3、A'_4 四个投测点，将 $A'_1A'_3$ 连线与 $A'_2A'_4$ 连线相交，即得到投测点位 A'。一般再重复 1 次，如两次相差在限差以内，取其中点作为最后结果。

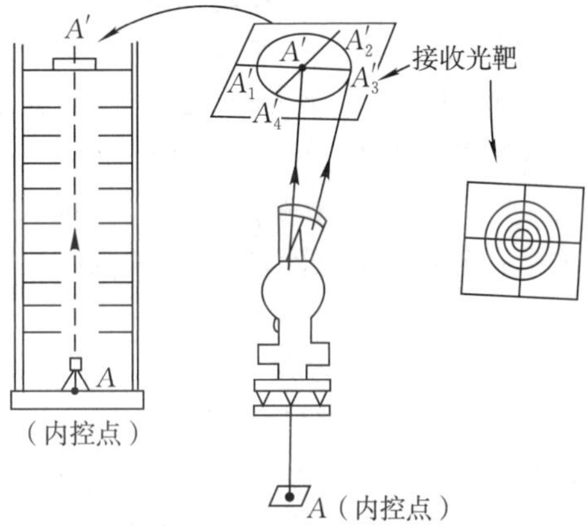

图 13.9　激光垂准仪投测法

(3)复核检查。当 A'、B' 全部投测完毕后，再用钢尺丈量 $A'B'$ 水平距离，若 $A'B'$ 与 AB 之差在极限测量误差范围内，即完成投测，否则重新投测 A'、B'。

3) *i* 层的墙角点坐标测量

基准点 A、B 投测到 i 层得到 i 层基准点 A'、B'后，在 A'(或 B')点上架设全站仪，以 B'(或 A')点作为定向方向，用极坐标法即可测量出 i 层的 $C01$～$C10$ 处各棱角顶点的平面坐标(x_i，y_i)。

4)垂直度计算

将观测值(x_0，y_0)和(x_i，y_i)代入式(13.7)和式(13.8)，即可计算出第 i 层位置的各条棱角线的垂直度及偏差方向，根据其值分析是否超过 H/1 000 且不超过 30 mm 的施工要求。

5)精度分析

±0.00 层的墙角点坐标的测量误差主要来源于全站仪的对中误差、定向误差，以及极坐标测量的测角误差和测距固定误差(因边长较短，测距比例误差可忽略)。全站仪的对中误差、定向误差一般在±1 mm 以内，极坐标测量误差可按式(13.5)估算，经计算在±2 mm 以内，因此，±0.00 层的墙角点坐标测量的误差不会超过±2.5 mm。

第 i 层的墙角点坐标的测量误差除了上述误差外，还有使用激光准直仪进行竖向投测误差，其投测点的点位误差主要来源于仪器光学对中误差、准直仪自身误差以及投测点位标定误差。一般认为仪器光学对中误差可控制在±1 mm 以内(即 $m_1=\pm1$ mm)；投测点位标定误差 m_2 可取±0.5 mm；本工程使用的激光准直仪标称垂准精度为 1/30 000，按本楼最高楼层高 $H=96$ m 估算，准直仪自身误差 $m_3=3.2$ mm，则投测本身的点位中误差 M_1 为

$$M_1=\sqrt{m_1^2+m_2^2+m_3^2}=\pm3.39\ \text{mm} \tag{13.9}$$

如顾及极坐标测量中误差 $M_2=\pm2.5$ mm，则 i 层的墙角点坐标的测量中误差 M 为

$$M=\sqrt{M_1^2+M_2^2}=\pm4.21\ \text{mm} \tag{13.10}$$

13.3　水工建筑物变形监测

13.3.1　概述

1. 安全监测重要性

水工建筑物是水利枢纽中调控水的建筑设施，主要有堤坝、船闸、溢洪建筑物等。20世纪50年代以来，我国已建成约10万座堤坝，其中15 m以上的大坝约2万座，30 m以上的大坝约3 000座。它们在灌溉、供水、发电、防洪、航运等方面发挥着巨大的作用。随着水利资源的深入开发，坝址的地质条件越来越复杂，大坝的规模也向高、大方向发展，如近几年来建成的150 m以上的高坝有二滩、龙羊峡、乌江渡、东江、白山、刘家峡、三峡、岩滩、小湾、龙滩和拉西瓦等大坝。因此，大坝安全问题已引起政府和人们的普遍关注。大坝一旦失事，瞬间的大量非计划泄放库水将给下游人们的生命财产造成巨大损失。20世纪以来，相继发生了美国蒂顿(Teton)土石坝、法国马尔巴塞(Malpasset)拱坝、意大利瓦伊昂(Vajaut)拱坝、我国板桥和石漫滩等水库的垮坝事件，给相关国家带来了惨重的灾害和巨大的经济损失，引起人们对大坝安全监测的高度重视。

2. 监测内容与方法

根据大坝的监测目的，大坝安全监测的项目主要有变形监测、应力应变监测、渗流量和水质监测、温度监测，以及大坝周围环境监测等。由于变形和渗流监测能直观地反映在各种荷载作用下的大坝运行性态，许多大坝性态出现异常，最初都是通过变形和渗流观测值出现异常得到反映的，因此变形和渗流监测被视为大坝安全最重要的监测项目。内部观测也比较重要，其观测成果可以用来反馈和检验设计与施工。

变形监测常用控制网、视准线、引张线、激光准直和垂线等方式观测。对混凝土坝，采用垂线观测坝体位移尤为普遍；内部观测使用振动弦式、电阻应变式等应变计，然后用数学测定装置、直接读应变数，并配电脑进行观测数据的处理，绘制图表；测缝计通常采用三向或二向测缝计；扬压力或测压孔水位通常采用压力表、电测水位器、示数水位器、压气U形管、遥测水位器和测深钟等仪表；渗流量采用漏水量测定装置、量水堰等观测。在我国大坝变形监测领域中，经历了20世纪50年代开始研究和使用的人工变形监测系统，70年代开始研究和使用的以传感器、激光技术和全站仪TPS为基础的自动化变形监测系统以及90年代开始研究的GPS自动化变形监测系统等发展阶段，实现了大坝等水工建筑物的遥控和自动化监测目标。下面简要介绍大坝外部变形监测常用的几种方法。

(1)视准线法测量大坝水平位移。它是在大坝两端稳定的基岩上埋设固定工作基点，其连线构成视准线，沿视准线在坝体上每隔适当的距离(通常按每个坝块)埋设水平位移观测点，在这两个固定的工作基点上架设经纬仪观测这些测点相对视准线的偏角，从而计算得到水平位移。对于坝长超过500 m和折线型坝，需在坝体中间和转折处增设非固定的工作基点，但应考虑该基点的位移。

(2)引张线法测量大坝水平位移。它是在大坝两端工作基点间拉紧一根钢丝作为基准线，然后观测坝体上各测点对该基准线的距离变化量来计算水平位移。为了防止风等外界环境因素的影响，引张线需套在保护管内。

(3)前方交会法测量大坝水平位移。它是利用河道两岸两个及以上的稳定已知点，在其上架设全站仪，观测定向控制点至坝体上各位移观测点的角度和距离，进行边角网平差，得到坝体位移点的平面坐标值；不同时间观测的坐标值之差就是该点的相对水平位移。

(4)几何水准测量法测量大坝垂直位移。它是在大坝两岸不受坝体变形影响的地方设置水准基点或起测基点，在坝体上设置适当的垂直位移点，用水准测量原理测量垂直位移点的高程变化。由于工程要求的精度不同，可分为精密水准和普通水准测量垂直位移。

(5)连通管法(液体精力水准)测量大坝垂直位移。它是将起测基点和各垂直位移点用连通管连接，再灌入液体，待液体平静后测量各点到液面的高度，从而计算出各垂直位移点相对起测基点的高度；不同时间的计算高度之差，就是大坝的相对垂直位移。

(6)垂线观测法测量大坝的水平位移监测和挠度。垂线分为正垂线和倒垂线两种方法。正垂线是在坝体的观测井等的上部悬挂带重锤的不锈钢丝，在重锤的重力作用下，垂线稳定时即处于铅直状态。将正垂线作为基准线，沿正垂线设置测点可观测得到坝体不同高程的水平位移，不同高程的水平位移之差即为坝体的挠度。倒垂线是将不锈钢丝的下端锚固在坝基下的岩体深处，上端连接在坝顶支架上油箱的浮筒处，在浮筒的浮力作用下，垂线稳定时即处于铅直状态，其观测方法和监测原理与正垂线相同。

(7)激光准直变形监测系统测量大坝水平位移。它是利用激光的方向性强、亮度高、单色性和相干性好等特点和波带板激光衍射原理进行设计的。激光源和光电探测器分别安装在大坝一侧的发射端和另一侧的接收端(大坝两端点的位置可由正、倒垂线法进行测量)，波带板安装在坝体变形观测点处。当需要测量大坝某变形点时，调节该点的波带板处在工作位置，从激光器发射出的激光束照满波带板后在接收端上形成干涉图像，按照三点准直方法，在接收端上测定图像的中心位置，从而就可求出水平位移、垂直位移。

(8)全站仪TPS变形监测法测量大坝水平位移。它是集电子经纬仪、光电测距仪于一体，进行自动采集、处理和储存观测数据。带电动马达驱动和程序控制的TPS全站仪结合激光、通信及CCD技术，可以实现测量的全自动化，集自动目标识别、自动照准、自动测角、自动测距、自动跟踪目标、自动记录于一体的测量系统，俗称测量机器人。在大坝周围通视条件好并且稳定的地方设置基准站，架设测量机器人；在大坝两端稳定的地方设置基准点和坝体上合理的位置布置位移监测点，架设反射棱镜。测量机器人在计算机的控制下，自动照准目标棱镜，采集基准点、变形测点的水平角、垂直角和距离数据，全自动实时平差得到变形监测点的三维坐标，两次结果之差就是大坝的相对水平位移和垂直位移。我国已在小浪底等工程成功地应用了该方法。由于测量机器人是靠光的反射进行工作的，将受到通视条件、天气等环境因素的影响，使其使用范围受到限制并且可能被GNSS变形监测系统代替。

(9)GNSS大坝变形监测主要用于测定水平位移和垂直位移(沉陷)。通常在大坝两岸不受坝体变形影响的地方设置GNSS基准站(通过国家精密大地控制网和天文水准测定并转换为WGS-84参考坐标)，在大坝上合理布置几个位移观测点，然后在各点架设接收机接收卫星信号，通过传输网络把各点的观测数据送到中心服务器，结合基准站已知的坐标进行GNSS网平差，得出位移观测点的空间三维坐标，两历元(周期)的空间三维坐标之差就是大坝的相对水平位移和垂直位移(沉陷)。

3. 监测资料整理分析与反馈方法

由于大坝的特殊性和重要性，安全监测资料的整理分析及反馈工作必须细致深入，并尽可能采用多种方法，包括各种数学物理模型方法，进行综合分析论证，最大限度地保证分析预报结果准确可靠。

1）大坝安全监测资料的整编

在对安全监测数据进行分析处理之前，必须对监测资料进行汇集、审核、整理、编排，使之集中、系统化、规格化和图表化，并刊印成册。其目的是便于应用分析，向需用单位提供资料和归档保存。观测资料整编，通常是在平时对资料已有计算、校核甚至分析的基础上，按规定及时对整编年份内的所有观测资料进行整编。

2）大坝安全监测数据处理过程

通常大坝外部条件的自变量变化都很大，因而大多数被观测的因变量的变化范围也是相当宽的，即使在特性正常时也是如此。安全监控首先要使观测结果与能够正常反映外部条件的预测数值或范围（理论模型）联系起来，由此对采集的观测数据进行计算、处理和分析，从而获取对大坝安全较为可靠的评价。对各种不同类型的大坝，以及不同地质条件的大坝基础，应针对具体工程特点，选用不同的监测资料及分析反馈方法。

3）监测资料的定性分析

对监测资料进行定性分析前，先将观测成果以报表形式打印出来，然后对成果进行初步分析，以了解变形最大值产生的部位，再在初步分析的基础上，确定关键部位、重点部位以及最大变形部位，绘制其测点变形过程线、分布图和相关图。根据图形资料，分析变形规律，变形与水位、气温的关系，并将变形值与相同工况条件大坝变形值进行比较，了解变形是否在设计范围内。若建立预报模型，则应与预报模型进行比较。

4）变形监测预报

变形监测数据所反映的是大坝运行的过去或现在的状况，为便于决策和消除隐患，一般还要根据监测资料对未来一定时期大坝的运行状况进行预报。常用变形预报的数学模型有统计模型、确定性模型、时间序列分析模型、灰色系统模型、神经网络模型、小波模型、突变模型，以及模式识别技术等。

统计模型就其本质而言是一种后验模型，它需要有在某一合适的观测日期内按时间序排列的自变量和因变量的一系列数据，将它们之间用回归方法建立相互关系的方程式，该方程式能用来解释大坝的过去性态和预测将来发生的变化。

确定性模型对坝的结构分析一般采用强度理论或有限元法来完成自变量和因变量之间的关系，是一种“先验”预报方法。

时间序列模型可对“动态变形”用傅里叶变换法进行分析；灰色系统模型只需少量样本就可建立预报模型；神经网络模型可以模仿人脑进行智能化分析处理；小波模型既适用于线性变形也适用于非线性变形，不仅能分析整体变形还能分析局部变形。

不论是哪种预报模型，都有其各自的优点，但由于大坝运行过程中影响因素的复杂性和变化的不定性，很难在模型中予以概括，因而各种模型也都有其不完善的一面。因此，在预报的时候，对预报的结果需做充分而综合的分析。同时，如何使这些不同模型的预报结果尽量准确可靠，并都通过简单通用的方式得到实现，也是今后模型预报研究的发展方向。

13.3.2 某水电站大坝安全监测实例介绍

1. 工程简介

水电站拦河坝为混凝土双曲拱坝，坝顶高程为 294 m，最高坝高为 157 m，底宽为 35 m，顶宽为 7 m，厚高比为 0.223。坝顶中心弧长为 438 m，中心角为 82°，内半径为 302.3 m，坝体共分为 29 个坝块。坝区地震基本烈度为 6°，大坝地震设防烈度为 8°。水库为多年调节水库，万年校核水位为 293.40 m，千年校核水位为 289.00 m，正常蓄水位为 285.00 m，防洪限制水位为 284.00 m，死水位为 242.00 m，水库总库容为 $95.65\times10^8\ m^3$。

水电站枢纽属一等工程，主要建筑物有拦河大坝、引水道、坝后式厂房、两岸滑雪式溢洪道、一级放空兼泄洪洞和二级放空洞等。电站装机容量为 52.5×10^4 kW，1 号、2 号、4 号机容量为 12.5×10^4 kW，3 号机容量为 15×10^4 kW，多年平均发电量为 12.3×10^8 kW·h，年利用为 2 640 h。

坝址区位于流域峡谷的上段，两岸山高大于 500 m，峡谷呈“V”形，两岸对称，河谷宽高比为 2∶1，岸坡 45°～50°。大坝地基主要为侵入岩，地质构造属新华夏构造系。花岗岩体中的流线 NNW，流层较平缓略倾向下游。坝址区有不同程度的断层和节理裂隙分布。

该工程于 1978 年 3 月破土动工，1987 年 10 月首台机组发电，1989 年 10 月 4 台机组全部建成投产，1992 年竣工，水电站拦河坝是当时国内第一座已建成的最高的双曲拱坝。

2. 监测系统概况

水电站大坝现有安全监测项目包含变形监测、渗流监测、内观仪器三大类 11 个观测项目，具体有坝体垂直位移、坝区平面控制网、坝区一等水准网、垂线观测、前方交会、水轮机层与尾水平台垂直位移、断层裂隙、扬压力、两岸地下水、坝体渗漏、砼内部观测等项目，共计有 1 205 个测点，详见表 13.3。

表 13.3 大坝安全监测项目汇总表

类别	序号	监测项目	装设位置	测点数	观测方式	观测频率	观测仪器
变形监测	1	坝体垂直位移	坝顶及 291、250、205、175、145 五层观测廊道	86	人工	1 次/1 月	Ni002 精密水准仪、精密水准尺
	2	坝区平面控制网	两岸坝肩、上下游库区	8	人工	1 次/2 年	ME5000 激光测距仪、棱镜
			跨河边长	8	人工	1 次/2 月	ME5000 激光测距仪、棱镜
	3	坝区一等水准网	坝顶及下游库区	61	人工	1 次 2 年	NA3003 精密水准仪、精密水准尺
	4	正、倒垂线	坝体、坝区、电梯井	32	人工 自动	2 次/1 月 4 次/1 天	CG-3A 双向垂线观测仪 RZ-25/50 电容感应式垂线坐标仪
	5	前方交会	坝体、电梯井、左右滑雪道	34	人工	1 次/2 月	ME5000 激光测距仪、棱镜
	6	水轮机层、尾水平台垂直位移	水轮机层、尾水平台	24	人工	1 次/3 月	Ni002 精密水准仪、精密水准尺
	7	断层 $F2$、$F3$ 和裂隙 $K5$、$K6$ 变位	▽ 274 观测廊道、▽ 162 的 K5 观测洞、▽ 140 的 K6 观测洞	8	自动	4 次/1 天	DSG 型水平变形测量仪
渗流监测	8	扬压力	各高程廊道	24	人工	1 次/1 月	测绳、压力表
	9	两岸地下水	左右岸山坡、175、270 廊道	13	人工	1 次/2 月	地下水位仪、测绳
	10	坝体渗漏	145、162、185、215、274 廊道	14	人工	2 次/1 月	量筒、量杯、秒表
内观仪器	11	砼内部观测	坝体 137 高程至 250 高程	893	人工 自动	1 次/1 月 1 次/1 周	GARZ-5A 数字比例电桥 DAMS-2 测量系统
合计				1 205			

3. 垂直位移监测设施

1)坝区一等水准网

水库在静水荷载作用下,将引起岩体产生垂直位移,这种位移的范围涉及整个库区和坝区。为了掌握坝区岩体垂直位移的变化规律和作为枢纽建筑物垂直位移监测的基准,大坝在坝顶及下游布置了包括水准基点组(J1-1、J1-2、J1-3 和 J1-4)、工作基点、岩体垂直位移等测点在内的一等水准网,共计 29 个测点,如图 13.10 所示。测量使用 Ni002 精密水准仪配合 3 m 股钢尺,按照国家一等水准测量精度实施观测,每年定期观测 1 次。

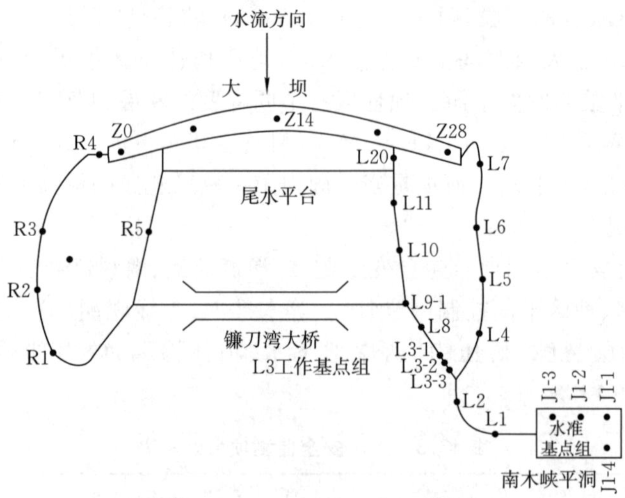

图 13.10 大坝一等水准网

通过对坝区一等水准网历年观测资料采用统计检验的方法进行点位稳定性分析得知,大坝一等水准网 29 个测点中有 18 个水准点基本稳定,无显著位移;有 11 个测点认为存在位移,其中 10 个点自 1997 年以来的变化都呈现规律性,累积沉降都在其最大变幅之内,明显与水库水位的变化对坝区岩体产生的影响有关,而其中沉降最大的点是 $R4$,自 1997 年以来下沉了 9.57 mm,仅在 2001—2003 年间就下沉有 6.34 mm,该点既是大坝右岸坝肩岩体变形监测点,还是坝顶垂直位移监测的工作基点。坝区一等水准网在大坝变形监测中既发挥了监测坝区岩体的垂直位移,又为坝体垂直位移工作基点提供了校核。

2)坝体垂直位移监测

如图 13.11 所示,坝体垂直位移监测点布设在 291、250、205、175、145 五层观测廊道中,其中 291 廊道有 28 个沉陷点,3 对倾斜点;250 廊道有 22 个沉陷点,3 对倾斜点;205 廊道有 5 对倾斜点;175 廊道有 12 个沉陷点,1 对倾斜点;145 廊道有 4 个沉陷点。

坝体垂直位移监测先以 R4 为工作基点,RJ 为工作基点校核点,观测路线从右岸 R4 基准点开始,将高程引测至各廊道中的工作基点 AZ0、BZ1、CZ1、DZ13、EZ4 上,最后符合到左岸的 L7 点,构成附合水准路线。然后再通过工作基点 AZ0、BZ1、CZ1、DZ13、EZ4 监测各廊道沉陷测点与倾斜测点。

291 廊道以 AZ0 为工作基点引测至廊道的各个测点。每个坝段布设一个沉降观测点,测点编号为 AZ0 至 AZ28,共有 28 个沉陷测点;3 对倾斜测点,编号为 AL3、AL5、AL7。

250 廊道以 BZ1 为工作基点,共 22 个沉陷点,测点编号为 BZ2 至 BZ24;3 对倾斜测点,编号为 BL3、BL5、BL7。

205 廊道有 5 对倾斜测点，编号为 CZ1、CZ3、CZ5、CZ7、CZ9。

175 廊道以 DZ13 为工作基点，共 12 个沉陷测点，测点编号为 DZ1 至 DZ12；3 对倾斜测点。

145 廊道以 EZ4 为起测点，共 3 个沉陷点，测点编号 EZ1 至 EZ3。

坝体垂直位移观测从 1986 年开始观测，以当年 10 月 20 日测值为基准值，每月观测 1 次，用 Ni002 精密水准仪按二等水准精度要求测量。

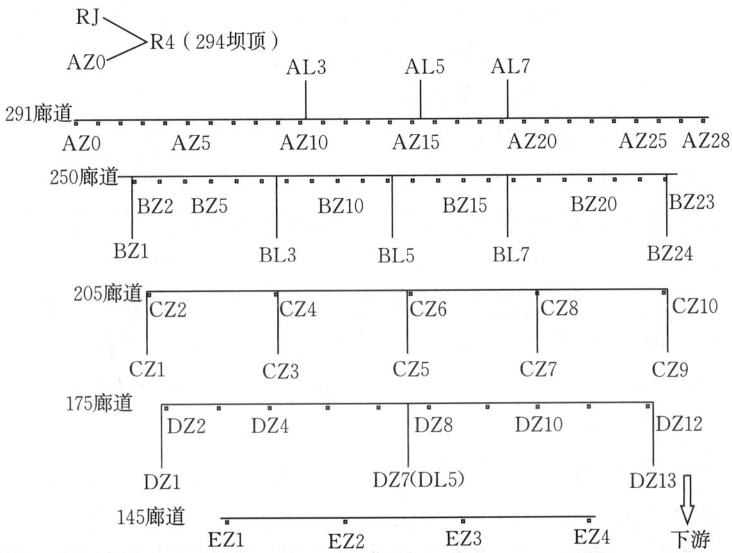

图 13.11　坝体垂直位移监测示意图

3）水轮机层、尾水平台垂直位移监测

水轮机垂直位移监测设施共布置 16 个测点（G1～G16），沿水轮机上游侧和下游侧布置，如图 13.12 所示，测量路线：L20—C2—G1—G4—G5—G8—G9—G12—G13—G16—G15—G14— G11— G10—G6—G3—G2—G1。尾水平台垂直位移监测系统共布置 8 个测点（V1～V8），如图 13.13 所示。测量路线：L20—C2—V1—V3—V5—V7—V8—V6—V4—V2。均用 Ni002 精密水准仪按二等水准精度要求测量。

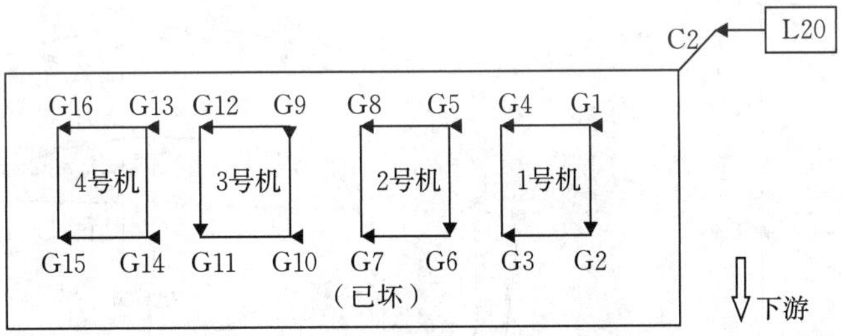

图 13.12　水轮机层测点布置图

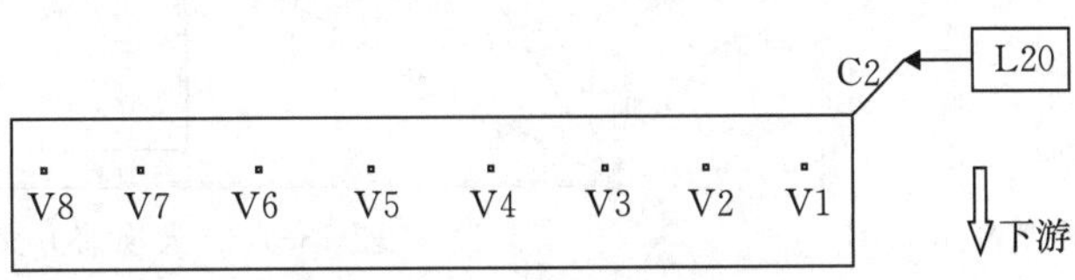

图 13.13　尾水平台测点布置图

4. 水平位移监测设施

大坝水平位移监测包括坝区平面控制网、前方交会，以及正、倒垂线等监测设施。

1)平面控制网监测设施

坝区平面控制网用于监测坝区两侧岩体的水平位移，同时为大坝水平位移提供基准点。由3个四边形，8个控制网点组成。右岸从上游至下游4个控制点，其编号为TS7、TS5、TS2、TS3，左岸从上游至下游4个控制网点，其编号为TS8、TS6、TS1、TS4；总共观测18条边组成严密多余测边网，如图13.14所示，其中TS1、TS2、TS5、TS6四个点位于S1、S2、S5、S6垂线观测房中。观测采用ME5000精密测距仪(仪器标称精度为$0.2\ mm+0.2\times10^{-6}\times D$)，边长观测每边测量四测回，均对向观测，一测回读数间互差限值为±0.2 mm。(注：大坝的左、右岸是人站在大坝上面朝向下游方向，其左手方向为左岸，右手方向为右岸。)

由于坝区两岸岩体位移方向理论上是朝向迎水面，也就是两岸岩体是相对运动的，因此，控制网观测采用对全网观测及跨河边长观测两种监测方式进行。跨河边长观测是利用控制网测点进行对河边长观测，分为TS1－TS2、TS3－TS4、TS5－TS6、TS7－TS8四组对向观测边。控制网全网观测比较烦琐，监测频率为每两年1次；跨河边长观测简洁，监测频率为每两月1次。在四条跨河边长中，TS7－TS8边最长，距离约为567 m，则跨河边长测量中误差精度为$m_s=0.2\ mm+0.2\times10^{-6}\times0.567\ km=0.312\ mm$。因此，当岩体有微小水平位移时，完全可以通过跨河边长监测发现。

坝区平面控制网采用独立坐标系，以294 m高程拱冠上游坝面中点为原点(1000，1000)。

2)前方交会监测设施

大坝前方交会监测设施用于监测坝体的水平位移，采用测边交会法，使用ME5000高精度测距仪测量。如图13.15所示，前方交会监测设施共布设37个点，其中1(TS1)、2(TS2)、3(TS3)是前方交会工作基点，为坝区平面控制网点；4～37为坝体位移监测标点，这34个位移监测标点中，有18个点位于291 m高程的坝后桥，从右至左测点编号为4～21；7个点位于250 m高程的坝后桥，从右至左测点编号为22～28；滑雪道左右各3个点，右滑雪道自上而下编号为29～31，左滑雪道自上而下编号为35～37；电梯井共3点，自上而下的编号为32～34。观测除21点由工作基点2、3点交会外，其余各点均由工作基点1、2点交会，每两个月测量1次。

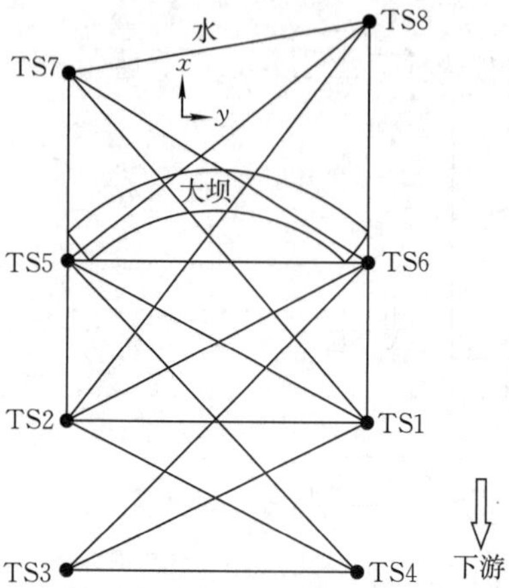

图13.14 坝区平面控制网示意图

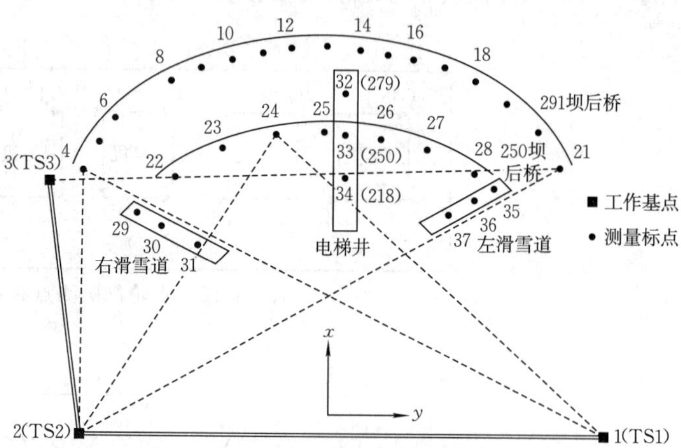

图13.15 大坝前方交会

3)正、倒垂线监测设施

大坝有正垂线 9 条,倒垂线 11 条,共计 20 条,其中有 5 个坝体正、倒垂线组,6 个坝区垂线(组)和 1 条电梯井正垂线。大坝坝体和坝区垂线分布见图 13.16。

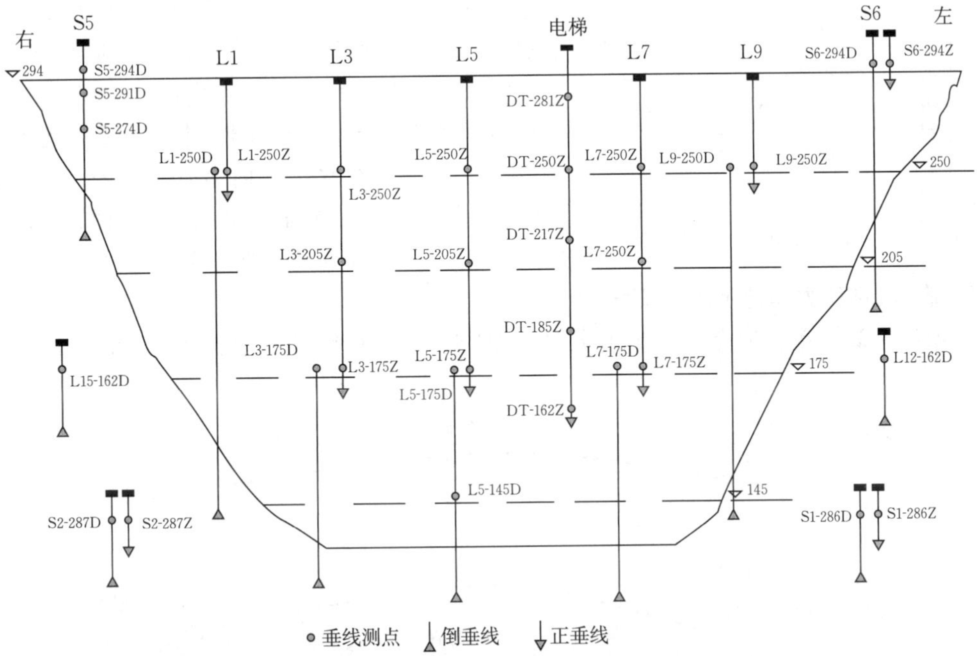

图 13.16　大坝坝体和坝区垂线分布图

20 条垂线共有 32 个测点,分列如下:

(1)坝区 10 个测点。S1 垂线组位于左岸距水工楼下方 300 m 左右公路边的亭子内,有正、倒垂线各一条,分别设 1 个测点,布置在 286 m 高程面上;S2 垂线组位于右岸,与 S1 亭子相对,有正、倒垂线各一条,在 287 m 高程面上每条垂线上各设 1 个测点;S5 只有 1 条倒垂线,位于右岸坝肩亭子内,共有 3 个测点,分别布设在 294 m、291 m、274 m 高程面上;S6 垂线组位于左岸坝肩亭子内,有正、倒垂线各一条,在 294 m 高程面上各有 1 个测点;L12 和 L15 各有倒垂线一条,分别位于左岸厂房交通洞中和右岸厂房的观测房内,各在 162 m 高程面上设 1 个测点。

(2)坝体 17 个测点。共有 L1、L3、L5、L7、L9 五个正、倒垂线组。其中,L1、L9 分别位于 5 号、20 号坝块;L3、L7 分别位于坝体 1/3 和 2/3 拱圈处,与坝中轴线对称;L5 垂线为坝体拱冠中轴线。17 个测点分布在 3 个高程面上,其中,250 m 高程面上有布 7 个测点,分别布置在 L1、L9 正、倒垂线组上各 1 个, L3、L5 、L7 正垂线上各 1 个;205 m 高程面上有 L3、L5、L7 共 3 个正垂测点;175 m 高程面上有 L3、L5、L7 共 6 个正、倒垂测点;145 m 高程面上只有 L5 1 个倒垂测点。

(3)电梯井 5 个测点。设在电梯井内的正垂线 DT 上,在 162 m、185 m、217 m、250 m、281 m 高程面上各有 1 个测点。

大坝垂线自动化监测系统于 2001 年 6 月改造完成后,垂线采用人工测量和自动化测量两种方法进行观测。人工观测采用武汉地震研究所仪器厂生产的 CG-3A 型双向短量程光学垂线仪;自动化观测仪为南京南瑞大坝及工程监测公司研制的 RZ-25 型电容感应式垂线坐标仪和 RZ-50 型电容式垂线仪。

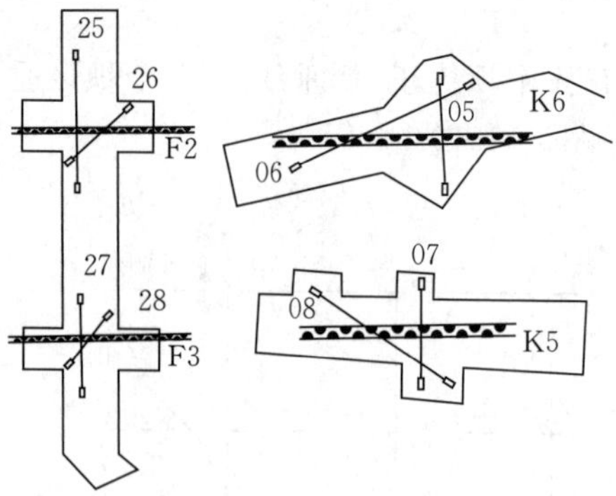

图 13.17　断层裂隙测点布置图

5．断层、裂隙监测设施

断层、裂隙测点布置如图 13.17 所示。F2 和 F3 断层的监测点设在大坝右岸坝肩 274 m 高程平硐内。K5 裂隙的监测点设在大坝右坝头下 162 m 高程灌浆平硐中，K6 裂隙的监测点设在大坝左坝头下 140 m 高程灌浆平硐中。每个监测点由两台 DSJ 或 DSD 断层活动测量仪组成。两台仪器交叉布置，分别测量断层或裂隙上下盘在水平面内沿垂直于断层走向的运动（法向分量）、在水平面内沿断层走向的运动（剪切分量）。F3、K5 和 K6 还伴随有温度测量。

6．渗流、扬压力和地下水监测设施

大坝设有渗漏量监测点 14 个、扬压力监测孔 24 个和地下水监测点 13 个，如图 13.18 所示。

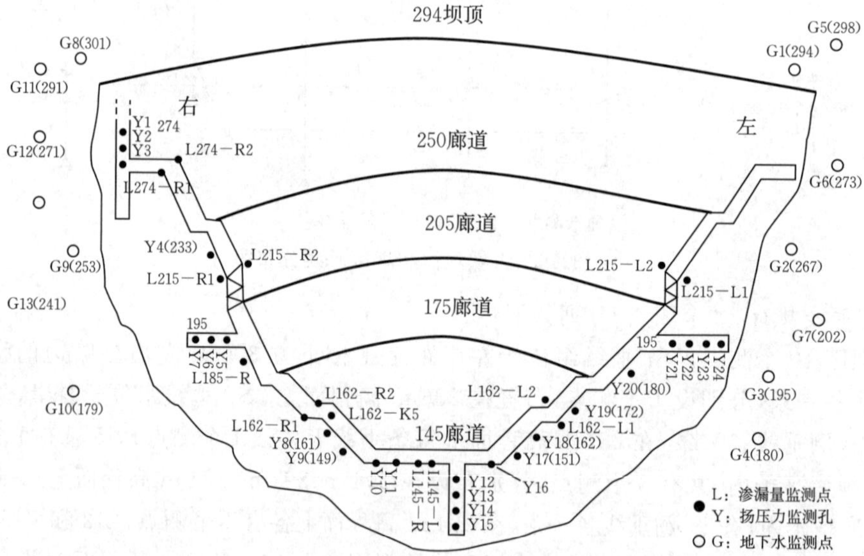

图 13.18　大坝扬压力、渗漏量、地下水分布图

其监测设施及测点布置情况如下。

（1）渗漏量监测点。11 个渗漏量监测点分别布置在右岸 274、215、162 廊道的上下游侧，185、145 廊道中；左岸 215、162 廊道的上下游侧，以及右坝头下 162 m 高程灌浆平硐中的 K5 裂隙监测点旁。

（2）扬压力监测孔。扬压力监测孔按监测断面形式布设，在拱冠 16 坝块 145 廊道的支廊道设置了 1 个横向扬压力监测孔监测断面，孔号为 Y12～Y15；在右 9 和左岸 22 坝块的 195 支廊道各布置了 1 排扬压力监测孔，孔号分别为 Y5～Y7 和 Y21～Y24；在右岸 1 坝块 274 廊道布置了 1 排扬压力监测孔，孔号分别为 Y1～Y3；在 7、12～15、17～21 坝块各布置了 1 个扬压力监测孔，孔号分别为 Y4、Y8～Y11、Y16～Y20。扬压力监测孔的布置情况如表 13.4 所示。

（3）地下水监测点。为监测两岸拱座绕坝渗流和地下水动态的变化情况，以验证和检查防渗帷幕的有效性和耐久性，在两岸拱座山体浅部布置了地下水位动态长期观测系统，左岸

7 孔、右岸 6 孔，编号分别为 G1～G7 和 G8～G13，其孔位设在坝前至坝后地下水有可能变高和消失的整个渗流区域，分别布置在左岸的山坡 298 m、175 m 廊道出口 180 m、武警楼 273 m、围墙 294 m、267 m、202 m、195 m 和右岸的山坡 301 m、175 m 廊道出口 179 m、271 m、253 m、241 m 等高程的位置附近。

(4)测量方法。渗漏量监测采用容积法，测量时将渗漏水引入容器(通常为量筒或量杯)内，利用容器与秒表测定渗漏水的容积与充水时间(一般为 1 min，且不得少于 10 s)，即可求得渗漏量。排水观测采用量筒、量杯和秒表以容积法观测，每月观测 2 次。扬压力无压管采用测绳法测量管内水位。有压孔采用压力表测读，最小读数 0.001 MPa(少量为 0.005 MPa)，测绳精度为 2 cm，观测频率现为每月观测 1 次。绕坝渗流测孔均为无压孔，采用测绳法测量，每孔每次观测两个测回，取均值作为该次观测值记录。观测频率两月观测 1 次。

表 13.4 大坝扬压力监测点考证

孔号	高程/m	测量方法	位置	所在坝块
Y1	274.07	测绳	右岸 274 廊道	
Y2	274.31	测绳	右岸 274 廊道	1
Y3	274.08	测绳	右岸 274 廊道	
Y4	233.73	测绳	右岸 233 斜廊道	7
Y5	195.18	压力表	右岸 195 支廊道	
Y6	195.17	压力表	右岸 195 支廊道	9
Y7	195.22	压力表	右岸 195 支廊道	
Y8	161.00	压力表	右岸 161 斜廊道	12
Y9	149.48	压力表	右岸 150 斜廊道	13
Y10	145.78	压力表	145 廊道	14
Y11	145.57	压力表	145 廊道	15
Y12	145.81	压力表	145 廊道之支廊道	
Y13	145.59	压力表	145 廊道之支廊道	16
Y14	145.40	压力表	145 廊道之支廊道	
Y15	145.57	压力表	145 廊道之支廊道	
Y16	145.53	压力表	145 廊道	17
Y17	151.15	压力表	左岸 151 斜廊道	18
Y18	162.29	压力表	左岸 162 斜廊道	19
Y19	172.63	压力表	左岸 173 斜廊道	20
Y20	180.93	压力表	左岸 181 斜廊道	21
Y21	195.07	压力表	左岸 195 支廊道	
Y22	195.15	压力表	左岸 195 支廊道	22
Y23	195.07	压力表	左岸 195 支廊道	
Y24	195.04	压力表	左岸 195 支廊道	

7. 内部观测仪器监测设施

大坝内部观测仪器包括无应力计、砼温度计、测缝计、基岩位移计、渗压计、裂缝计、钢筋计、库水温度计等监测仪器。上述各种仪器测点分别布设在伸缩节、射流泵房，以及不同高程的廊道、坝后桥内。安装数量为 953 支，详细情况如图 13.19 所示。内部观测仪器均为差动电阻式，温度计采用四芯电缆，其他仪器采用五芯电缆，测读采用中国水利水电第八工程局有限公司生产的 GARZ-5A 数字比例电桥。

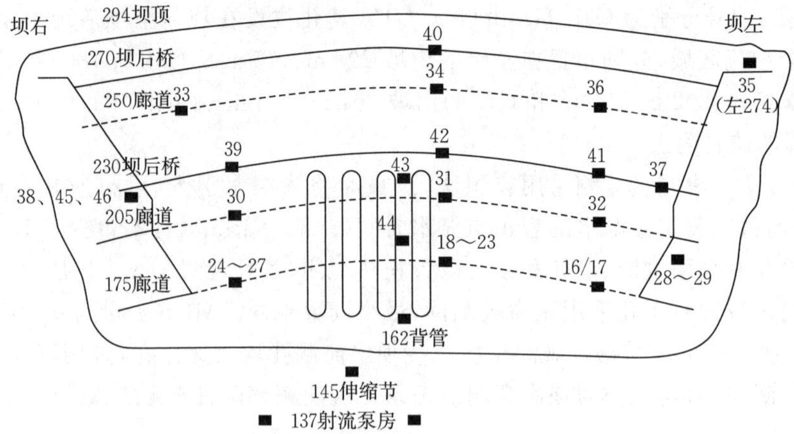

图13.19　内部观测仪器集线箱布置

13.4　桥梁工程变形监测

13.4.1　概述

大型桥梁，如斜拉桥、悬索桥，自20世纪90年代初期以来在我国如雨后春笋般地发展起来。这种桥梁的结构特点是跨度大、塔柱高，主跨段具有柔性特性。在这类桥梁的施工测量中，人们已针对动态施工测量做了一些研究并取得了一些经验。在竣工通车运营期间，如何针对它们的柔性结构与动态特性进行监测也是人们十分关心的另一问题。尽管目前有些桥梁已建立了了解结构内部物理量变化的"桥梁健康系统"，它对于了解桥梁结构内力的变化、分析变形原因无疑有着十分重要的作用。然而，要真正达到桥梁安全监测之目的，了解桥梁的变化情况，还必须及时测定它们几何量的变化及大小。因此，在建立"桥梁健康系统"的同时，研究采用大地测量原理和各种专用的工程测量仪器和方法建立大跨度桥梁的监测系统也是十分必要的。

1. 变形监测内容

根据我国最新颁发的《公路技术养护规范》(JTGH 10—2009)中的有关规定和要求，以及大跨度桥梁塔柱高、跨度大和主跨梁段为柔性梁的特点，桥梁工程变形监观测的主要内容包括：桥梁墩台沉陷观测、桥面线形与挠度观测、主梁横向水平位移观测、高塔柱摆动观测。为了进行这些项目的测量，还必须建立相应的水平位移基准网与沉陷基准网。

2. 监测系统布置

1)桥墩沉陷与桥面线形观测点布置

桥墩(台)沉陷观测点一般布置在与墩(台)顶面对应的桥面上，桥面线形与挠度观测点布置在主梁上。对于大跨度的斜拉段，线形观测点还与斜拉索锚固着力点位置对应，桥面水平位移观测点与桥轴线一侧的桥面沉陷和线形观测点共点。

2)塔柱摆动观测点布置

塔柱摆动观测点布置在主塔上塔柱的顶部、上横梁顶面以上约1.5 m的上塔柱侧壁上，每柱设两点。

3)水平位移观测基准点布置

水平位移观测基准网应结合桥梁两岸地形地质条件和其他建筑物分布、水平位移观测点的布置与观测方法，以及基准网的观测方法等因素确定。一般分两级布设，基准网布设在岸上稳定的地方并埋设深埋钻孔桩标志，在桥面用桥墩水平位移观测点作为工作基点，用它们测定桥面观测点的水平位移。

4)垂直位移观测基准网布置

为了便于观测和使用方便，一般将岸上的平面基准网点纳入垂直位移基准网中，同时还应在较稳定的地方增加深埋水准点作为水准基点，它们是大桥垂直位移监测的基准；为统一大桥两岸的高程系统，在大桥两岸的基准点之间应布置一条过江水准路线。

3. 监测方法与成果精度

1)GNSS 定位系统测量平面基准网

为了满足变形观测的技术要求，考虑到基准网边长相差悬殊，对基准网边长采用相对精度应达到不低于 1/120 000 和边长误差不超过 ±5 mm 的双控精度指标。由于工作基点多位于大桥桥面，它们与基准点之间难以全部通视，可采用 GNSS 定位系统施测。为了在观测期间不中断交通，且避开车辆通行引起仪器的抖动和干扰 GNSS 接收机的信号接收，对设置在桥面工作基点的观测时段应安排在夜间作业，尽可能使其符合静态作业条件以提高观测精度。

2)精密水准测量建立高程基准网和沉陷观测

高程基准网与桥面沉陷观测均按照《国家一、二等水准测量规范》(GB/T 12897—2006)的二等技术规定要求实施，并将垂直位移基准网点、桥面沉陷点、过江水准路线之间构组成多个环线。高程基准网的观测采用精密水准仪；高程基准网中的过江水准测量，可采用三角高程测量方法，用两台精密全站仪同时对向观测。

3)全站仪坐标法观测横向水平位移

众所周知，直线型建筑物的水平位移常采用基准线法观测，它的实质是测定垂直于基准线方向的偏离值。为充分发挥全站仪的优点，桥面水平位移观测可采用类似基准线法原理的坐标法，以直接测定观测点的横坐标。某市长江二桥采用该法观测横向水平位移，根据对全桥 136 个观测点的结果进行了统计分析，在未顾及视线长度不等对 y 坐标的精度影响的条件下，求得 y 坐标的精度为 ±0.48 mm，远高于桥梁监测技术中的精度要求(±3 mm)。

4)智能型全站仪(测量机器人)测定高塔柱的摆动

塔柱摆动观测可采用智能型全站仪 TCA2003，其标称测角精度为 0.5″，测距精度为 $\pm(1\ \text{mm}+1\times10^{-6}\times D)$。它可以实现自动寻找和精确照准目标，自动测定测站点至目标点的距离、水平方向值和天顶距，计算出三维坐标并记录在内置模块或计算机内。由于它不需要人工照准、读数、计算，有利于消除人为的影响，减少记录计算出错的概率，特别是在夜间也不需要给标志照明。该仪器每次观测记录一个目标点所用时间不超过 7 s，每点观测 4 测回的时间也仅 30 s。一周期观测 10 个点以内一般不会超过 5 min，其观测速度之快是人工无法比拟的。

某市长江二桥采用该法测定高塔柱的摆动，为了评定该法的精度，利用车流量很少的夜间观测成果进行了统计分析。仿照桥面水平位移观测的统计分析方法，对视线长度为 800 m 的观测点，根据夜间 6 周期的观测资料进行了统计分析计算，求得 $m_x=0.034$ mm，$m_y=0.61$ mm，它表明该方法具有较高的精度，可以满足塔柱动态观测的精度要求。

4. 成果整理分析

观测成果的整理分析主要包括：每期观测后计算基准点的坐标、高程及其变化量，桥墩、桥面沉陷观测点、线形点的高程及变化量，桥面水平位移观测点的 y 坐标及横向位移。根据这些变形量绘制相应的变形曲线。

13.4.2 某市长江二桥变形监测实例

1. 工程概况

某市长江二桥全长 21.337 km，由南汊、北汊大桥和南岸、八卦洲及北岸引线组成。其中，南汊大桥为钢箱梁斜拉桥，桥长为 2 938 m，主跨为 628 m；北汊大桥为钢筋混凝土预应力连续箱梁桥，桥长为 2 172 m，主跨为 3×165 m。全线还设有 4 座互通立交桥、4 座特大桥、6 座大桥。该桥设计标准为双向六车道高速公路；设计速度为 100 km/h；设计荷载为汽—超 20，挂—120；路基宽为 33.5 m，桥面宽为 32 m（不含斜拉索锚固区）。

为了建立长江二桥全线结构物的竣工线型和位置基准，并对南汊大桥、北汊大桥及八卦洲引线（软土地基）等重要路段、桥墩进行位移监测，为今后大桥维修、验收等工作留下起始数据，需要对其进行变形监测。

2. 监测内容和方法

1）*索塔及基础*

对索塔主要监测塔基础位移（三维）和塔顶水平变化（二维）。对于南汊大桥，塔基础位移监测点布置在约 9 m 高程面的塔柱上，塔顶水平变化监测点布置在塔顶柱体上，上下游塔柱和塔柱南北侧各布置一测点，如图 13.20 所示。南北塔共计布置 17 个监测点，其中北塔为 9 个点；对于北汊大桥，基础位移监测点设在江中 22 号、23 号、24 号、25 号四个桥墩的墩柱上，每个桥墩的上下游墩柱各布置 1 个点，共计 8 个点，点位也设在约 9 m 高程面上，如图 13.21 所示。

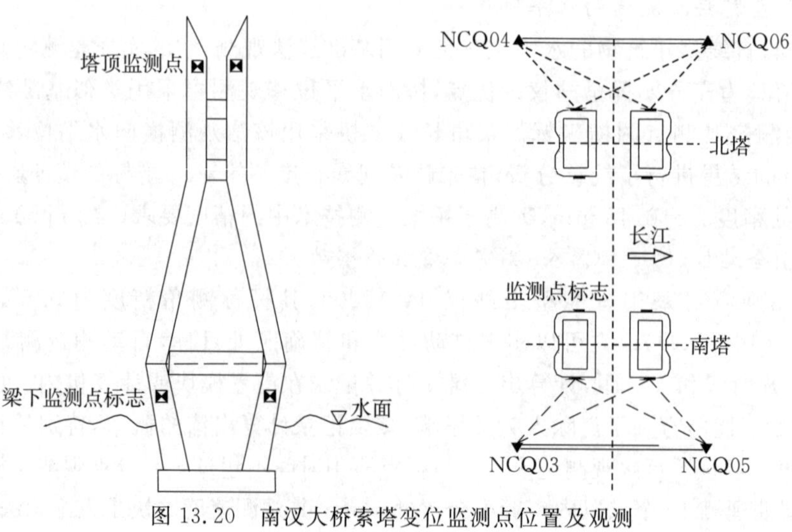

图 13.20 南汊大桥索塔变位监测点位置及观测

索塔及基础变位情况为每三个月观测 1 期。测量使用徕卡 TC2003 全站仪，以三维前方交会法进行角度观测 4 测回，观测方法如图 13.20 和图 13.21 所示。南汊、北汊大桥皆以竣工时恢复的首级控制网为基准，经平差计算获得三维坐标，为便于塔柱变位方向分析，平差计算采用桥轴坐标系。

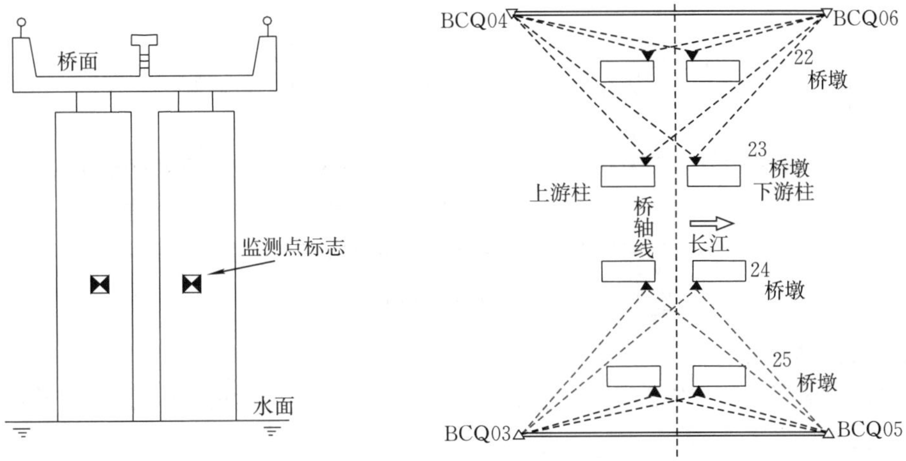

图 13.21　北汊大桥桥墩变位监测点位置及观测

2)桥面线形(挠度)

桥面线形包括桥面标高及桥中线，在长江二桥主桥施工期间，南汊大桥和北汊大桥的轴线和标高精度均控制在±5 mm 范围内，桥面上按一定的间距设有监测点。桥面铺装完毕后，观测点全部遭埋没。因此，必须重新建立桥面线形监测观测点，并做周期性监测。

由于南汊大桥和北汊大桥桥轴线均是桥轴坐标系的 X 轴，且当时施工中的施工控制精度均较高，此外，长江二桥首级控制网已得到了全面恢复，因此，可以认为南汊大桥和北汊大桥的桥轴线仍是桥轴坐标的 X 轴。今后维修等工作若需检测桥轴线，仅需通过首级控制网的控制点即可进行检查，桥轴线监测点可不考虑恢复，仅需重新建立标高(挠度) 监测点。

新建的桥面标高监测点沿全桥布设，每隔 40 m 设 1 个点，主桥(钢箱梁)段点位布在桥梁中央分隔带护栏上，利用防护栏的铆钉头作为观测标志，共设 28 个点；引桥为上下游幅结构，因此，每隔 40 m 上下游幅各设 1 个点，点位设在大桥防撞护栏一侧路边上，采用围棋子做测量标点，用强力胶将其粘贴在路面上，四周用红色油漆标注。南引桥共布 42 个点，北引桥共布 46 个点。南汊、北汊大桥测点布设位置示意图如图 13.22 和图 13.23 所示。

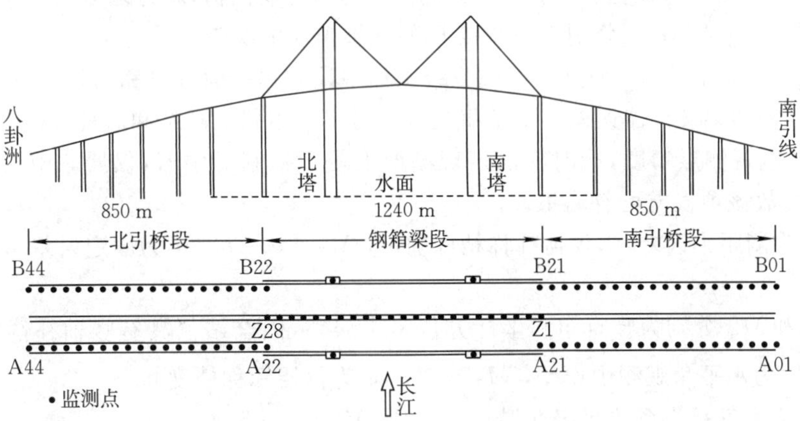

图 13.22　南汊大桥桥面挠度监测点位置

桥面标高为每三个月观测 1 期。观测采用精密几何水准测量方法，以国家二等水准精度和要求进行。水准基点设在两岸桥下墩台上。

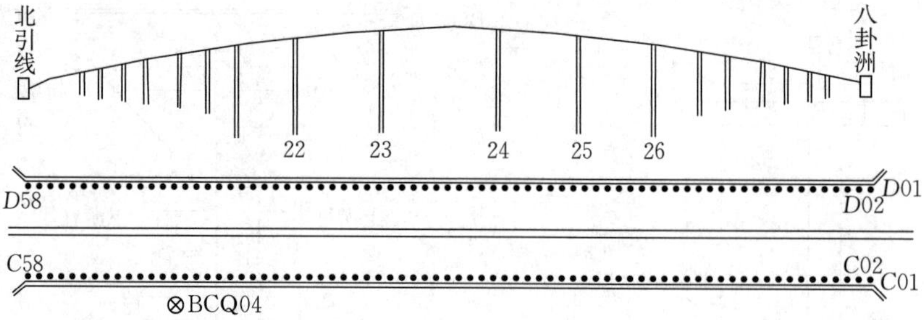

图 13.23　北汊大桥桥面挠度监测点位置

3)主梁及主塔应力

对桥梁施工时,用施工监控设置的应力观测断面的观测点继续进行应力观测,研究主梁及主塔的应力变化。

4)斜拉索索力

对全桥 244 根斜拉索用频率法测量斜拉索索力变化情况。

以上观测项目在交工验收后第 1 年内每半年观测 1 次,以后每年观测 1 次。若出现地震、风暴等特殊荷载或结构出现异常情况,需增加观测次数。

3. 精度分析

1)全站仪测量的精度分析

全站仪测量空间点三维坐标中误差为

$$\left.\begin{aligned} M_{X_P}^2 &= M_{X_N}^2 + M_S^2\cos^2V\cos^2A + \frac{S^2M_V^2\sin^2V\cos^2A}{\rho^2} + \frac{S^2M_A^2\cos^2V\cos^2A}{\rho^2} \\ M_{Y_P}^2 &= M_{Y_N}^2 + M_S^2\cos^2V\sin^2A + \frac{S^2M_V^2\sin^2V\sin^2A}{\rho^2} + \frac{S^2M_A^2\cos^2V\cos^2A}{\rho^2} \\ M_{H_P}^2 &= M_{H_N}^2 + M_S^2\sin^2V + \frac{S^2M_V^2\cos^2V}{\rho^2} + \frac{S^4}{4R^2M_K^2} + M_i^2 + M_r^2 \end{aligned}\right\} \quad (13.11)$$

式中符号及意义说明如下:

(1) V 代表竖直角观测值,A 为坐标方位角,S 为斜距观测值,R 为地球半径,$\rho = 206\,265''$。

(2) M_{X_P}、M_{Y_P} 和 M_{H_P} 分别为观测点 P 的三维坐标中误差。

(3) M_{X_N}、M_{Y_N} 和 M_{H_N} 分别为测站三维坐标中误差的平面分量和高程分量,包括控制点本身点位中误差和架设仪器误差。由于每次观测时都采用同一测站和后视方向,因此,控制点本身误差不影响观测点精度,同时在固定观测墩上使用强制对中器,仪器对中误差可控制在 0.1 mm 之内,故该项误差可忽略不计。

(4) M_S 为测距中误差,由仪器标称精度确定,$M_S = a + bS$,a 为固定误差,b 为比例误差系数。

(5) M_V 和 M_A 分别为竖直角和坐标方位角中误差,因全站仪具有竖轴补偿器,故 $M_V = M_A = M_\beta$(M_β 为水平角观测中误差,$M_\beta = \sqrt{2}u$,u 为仪器标称精度)。

(6) M_K 为大气折光系数代表性误差,一般取 $M_K = 0.05$。

(7) M_i 为棱镜对点中误差,M_r 为棱镜高测量中误差,因监测点棱镜用强制对中器固定在桥塔顶部,此两项误差可忽略不计,故 $M_i = M_r = 0$。

将式(13.11)中平面误差部分合并得

$$\left.\begin{aligned} M_{X,Y}^2 &= M_S^2\cos^2 V + \frac{S^2 M_\beta^2}{\rho^2} \\ M_H^2 &= M_S^2\sin^2 V + \frac{S^2 M_V^2\cos^2 V}{\rho^2} + \frac{S^4}{4R^2 M_K^2} \end{aligned}\right\} \tag{13.12}$$

当取距离最大为 500 m，竖直角最大为 20°，采用测距标称精度为$\pm(1+1\times10^{-6}\times S)$mm，测角标称精度为$\pm1''$，补偿器精度为$\pm0.3''$的全站仪观测 1 测回，代入式(13.12)计算，可以得出 $M_{X_Y}=\pm3.71$ mm，$M_H=\pm3.83$ mm。在实际工程中，全站仪实际观测精度一般要比标称精度低，若假定实际测角精度为$\pm2''$，测距精度为$\pm(2+2\times10^{-6}\times S)$mm，补偿器精度为$\pm0.3''$，观测 1 测回，代入式(13.12)计算，可以得出 $M_{X_Y}=\pm7.41$ mm，$M_H=\pm6.82$ mm；若观测 2 测回，则 $M_{X_Y}=\pm5.24$ mm，$M_H=\pm5.03$ mm。可见，增加观测测回数或缩短观测距离可以提高精度。

2)沉降变形观测的精度分析

假设 $M_{H_i}^J$，$M_{H_{i-1}}^J$ 和 $M_{H_i}^K$，$M_{H_{i-1}}^K$ 分别为 J 点和 K 点在第 i 和 $i-1$ 周期观测所得的高程中误差，则 J 点和 K 点的沉降量中误差分别为

$$(M_{\Delta H}^J)^2 = (M_{H_i}^J)^2 + (M_{H_{i-1}}^J)^2 \tag{13.13}$$

$$(M_{\Delta H}^K)^2 = (M_{H_i}^K)^2 + (M_{H_{i-1}}^K)^2 \tag{13.14}$$

于是 J 点和 K 点不均匀沉降量的中误差为

$$(M_{\Delta H_{JK}})^2 = (M_{H_i}^J)^2 + (M_{H_{i-1}}^J)^2 + (M_{H_i}^K)^2 + (M_{H_{i-1}}^K)^2 \tag{13.15}$$

由于每周期观测时，均采用同一观测方案，由同一台仪器和同一组人员，在外界环境大致相同的条件下进行观测，故假设

$$M_{H_i}^J = M_{H_{i-1}}^J = M_{H_i}^K = M_{H_{i-1}}^K = M_H$$

则有

$$(M_{\Delta H_{JK}})^2 = 4M_H^2$$

$$M_{\Delta H_{JK}} = 2M_H \tag{13.16}$$

大桥塔基础承台上的监测点距最远基准点不超过 600 m，精密水准测量每测站水准路线长一般不超过 60 m，则由基准点到监测点的测站数为 $n=600/60=10$，所以

$$M_H = M_{站}\sqrt{n} \tag{13.17}$$

式中，$M_{站}$为每一测站精密水准所测高差的中误差。

采用每千米观测高差中误差为±0.3 mm 的精密水准仪进行观测，每千米按 16 测站考虑，则

$$M_{站} = \pm\frac{0.3}{\sqrt{16}} = \pm0.075(\text{mm}) \tag{13.18}$$

于是每一监测点沉降量的中误差为

$$M_{\Delta H_{ij}} = 2M_H = 2\sqrt{10}\times(\pm0.075) = \pm0.47(\text{mm}) \tag{13.19}$$

故采用每千米观测高差中误差为±0.3 mm 的精密水准仪进行观测，符合《国家一、二等水准测量规范》中对仪器的要求，足以把超过±1.0 mm 的不均匀沉降量反映出来。

4. 观测结果及其分析

1)南汉大桥索塔变位

该项监测共进行了 9 期，从坐标变化量来看，塔顶变形较大，在某年 6 月的测量中出现过

最大变化量值：X 方向(南北向)为＋68.0 mm(向南)，Y 方向(东西向)为＋63.7 mm(向下游)。这是索塔柱受日照、风力作用所至，属正常现象。

对塔基础9期监测的坐标(X、Y、Z)变化量均在±10.0 mm以内变动，但也偶尔出现较大的最大变化量，其量值 X 方向为－11.0 mm(向北)，Y 方向(东西向)为＋21.2 mm(向上游)，H 方向(垂直向)为＋18.0 mm(向下)，该变化量主要由测量误差所致，并非塔基础发生了位移。因为，在对桥墩所采用的前方交会测量方法虽是变形监测中常规和有效的方法，对塔柱观测所使用的仪器也是较高精度的测量仪器，但由于所监测的点均在江中，人无法直接到达，另外还存在许多不利因素，如交会角较小、交会距离长、大气折光和水汽蒸发等等，这些因素均大大降低了测量精度。以"北塔南向下游梁下"点为例，监测点离岸上两控制点距离分别为1 014 m和1 011 m，交会角为16°，根据误差理论分析可知，仅观测误差就达±12.2 mm，若考虑大气折光等其他因素，测量误差还将更大些。因此，可以认为南北索塔基础未出现明显位移。从对索塔下横梁上门洞内水准点(钢箱梁吊装前建立的)连测结果，其差值较小，也可以认为索塔基础未出现沉降位移。

2)南汉大桥桥面线形(挠度)

该项监测共进行了8期，从监测结果比较可以看出，主桥段标高变化为－23.4～＋15.2 mm。综合8期的观测结果可以看出，桥梁线形(标高)明显存在季节性的变化规律，随着环境温度的变化而升降，这种变化量值在钢箱梁段尤为明显，最大处近3 cm。将各期观测结果用Excel图形显示桥面线形变化曲线，可以看出南汉桥桥面未产生挠曲变化。

13.5　地铁隧道结构变形监测

随着经济的发展，越来越多的城市兴建了地铁工程。地铁隧道建造在地质复杂、道路狭窄、地下管线密集、交通繁忙的闹市中心，其安全问题不容忽视。无论在施工期还是在运营期都要对其结构进行变形监测，以确保主体结构和周边环境安全。

同时，地铁隧道是承载列车运行的构筑物，其结构体狭长，柔性度大，埋深浅；当结构受力失衡后，极易使狭长的隧道发生局部变形，从而造成轨道线形的变化，影响列车的运行。因此，对地铁隧道结构进行变形监测有着非常重要的意义：一是掌握隧道本身及其周围环境(地面建设、地下水、不良地质等)影响引起的沉降和位移状况，以便采取措施防止继续变形、危害结构，保障运营安全；二是累积监测数据，分析变形规律，为地铁轨道、设备检修及后续地铁设计、施工提供参考依据。

《城市轨道交通工程监测技术规范》(GB 50911—2013)将地铁隧道结构变形监测分为"长期变形监测"和"专项监测"两类。"长期监测"是针对城市轨道交通运营期间，对其线路中的隧道、高架桥梁、路基和轨道结构及重要的附属结构等进行竖向位移监测，必要时还应对隧道结构进行净空收敛监测，它是对地铁隧道结构长期运营自身变形的监测，所以也称为永久监测。由于这项工作是对地铁全线结构永久性的监测，通常只能采取人工测量方法。

由于地铁通常位于城市中心区域、繁华街区等黄金地段，刺激和拉动了地铁沿线规划工程的兴起，城市的开发建设项目常常会毗邻地铁而建，其中不乏超深超大的基坑工程不可避免地对既有或在建地铁车站、隧道和附属设施的结构稳定性造成影响，进而影响地铁结构设施的可靠性、耐久性和安全性。在基坑施工过程中，特别是土方开挖及施工降水等施工阶段会引起周围地基地下水位和应力场的变化，导致周围地基土体产生变形，从而造成隧道结构产生沉降、位移、隆起、扭曲、倾斜等变形。隧道变形过大将会导致隧道管片变形、开裂、渗漏，甚至导致管片的破坏，对地铁的安全运营构成极大的威胁。鉴于此，国家建设部于 2005 年发布了《城市轨道交通运营管理办法》，来强化对地铁设施的保护。规定了地铁地下车站与隧道安全保护区和特别保护区的范围，并对地铁控制保护区内的活动进行了规定：地下车站和隧道外边线外侧 5 m 内为特别保护区，禁止任何工程施工；外边线两侧各 50 m 内为安全保护区范围(也叫规划控制区范围)，在区内施工必须防止施工对隧道周围土体带来的扰动，并需进行地铁结构变形监测，从而出现了轨道交通“专项变形监测”，也称保护区变形监测。

长期监测和专项监测从监测范围、监测内容、监测方法、监测频率和周期都有本质区别，下面分别介绍。

13.5.1　地铁隧道结构长期变形监测

1. 监测内容和方法

地铁隧道结构长期变形监测内容需根据地铁隧道结构设计、国家相关规范和类似工程的变形监测，以及当前地铁所处阶段来确定。地铁隧道结构变形监测主要内容如图 13.24 所示。

地铁隧道结构变形监测
- 隧道水平位移监测
  - 区间隧道水平位移监测
  - 隧道相对地下车站水平位移监测
- 隧道垂直位移监测
  - 区间隧道沉降监测
  - 隧道与地下车站沉降差异监测
- 隧道断面收敛变形监测

图 13.24　地铁隧道结构变形监测内容

对于不同的地铁隧道结构变形监测项目，所用监测方法和仪器也不相同。通常，对于隧道垂直位移和水平位移监测，需通过大地测量或者自动化测量的方法利用精密水准仪、精密全站仪或智能全站仪进行；而对于隧道断面收敛变形监测，则要通过物理测量的方法(如收敛仪(计))进行。

2. 变形监测网(点)的布设

由于地铁隧道结构变形监测具有范围大、要求精度高和监测时间长等特点，因此，必须根据地铁隧道结构设计、国家相关规范和地铁隧道结构实际状况，从地铁隧道结构整体来考虑，拟定统一要求的变形监测网(点)。

1)变形监测基准网(点)的布设

变形监测基准网(点)是变形监测的基础，基准网(点)布设的一般原则是：基准网(点)应布设在变形体或变形区之外，且地质情况良好，不易破坏的地方。但是，根据地铁隧道的实际情况，从经济性和可操作性考虑，基准网(点)全部布设在地铁外是不可取的。如果监测基准网(点)全部布设在地铁外，一是增加了引测进入地铁隧道的工作量；二是引测进地铁时，因测量条件差，测边短，俯、仰角大，测量精度很难得到保证和控制。此外，在隧道内布设基岩基准点也不合适。而地铁车站所处的地质条件一般较好，遇到不良地质，都进行地基处理，所以通常将车站看作一个大的稳定的刚体，相对隧道变形要小得多；另外，个别车站发生变形，也可从相邻车站的位置关系反映出来，不至于对监测基准网(点)体系造成影响。因此，地铁变形监测基准网

(点)通常建立在车站上，可选择车站的铺轨控制基标或埋设的特殊点作为变形监测的基准点。

(1)水平位移监测基准网(点)。地铁结构水平位移监测主要是监测隧道相对于车站的变形，通常在车站左右线按要求各埋设一条边作为基准边，基准点间距离应在 120 m 以上，车站之间成附合导线形式，左右线间成闭合导线。

(2)垂直位移监测基准网(点)。对于垂直位移监测，监测基准网主要由水准基点和工作基点构成。水准基点一般布设于地铁外部(国家或地区高程控制点最佳)，工作基点布设在地铁车站内，可与水平位移监测基准点共用。监测基准网宜布设成附合水准路线或沿上、下行线隧道成结点水准路线形式。根据地质条件和车站结构的稳定状况确定定期观测的周期，采用国家一等水准技术要求施测，但观测限差则应按严格的变形监测指标控制，否则平差后的工作基点高程中误差太大，难以检验出工作基点发生的沉降位移，使隧道沉降监测时附合水准路线无法测合。

2)变形监测点的布设

(1)水平位移监测点布设。

水平位移监测点边应尽量布设成长边，减少导线边数，以减少误差的累积。依据地铁线路所处的地质情况，地质条件好的地段，50～70 m 设一水平位移监测点；地质条件不良的地段，40～60 m 设一水平位移监测点。

(2)垂直位移监测点布设。

——区间隧道沉降监测点。通常，区间隧道沉降监测点与水平位移监测点共用，地质条件不良的地段可根据实际情况适当加密。

——隧道与地下车站沉降差异监测点。隧道与地下车站沉降差异监测点的布设较为简单，只需在隧道与车站交接缝两侧约 1 m 处的道床上布设一对沉降监测点，直接监测两点间高差即可，如图 13.25 所示。

(3)隧道断面收敛变形监测点。

隧道断面收敛变形监测点的布设，一般根据隧道所处地质条件、所用收敛计以及隧道断面形状等实际情况而定。如在圆形断面隧道内的布设如图 13.26 所示，只要定期用收敛计测量 AC 和 BD 的长度变化，即可得知隧道横断面收敛变形大小。

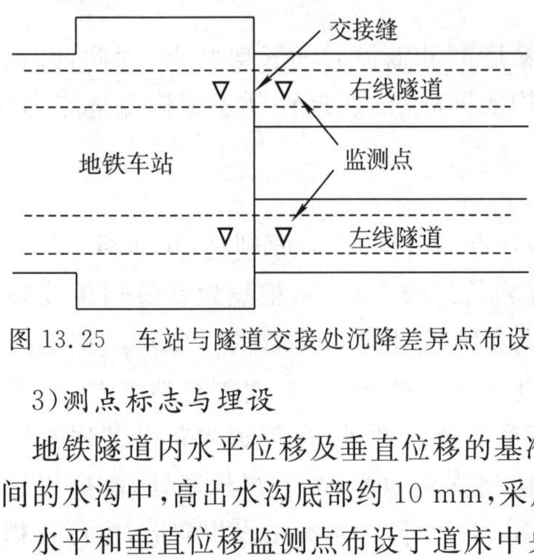

图 13.25 车站与隧道交接处沉降差异点布设

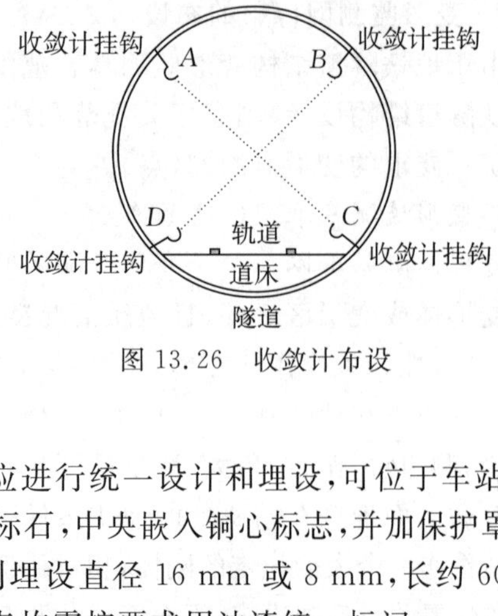

图 13.26 收敛计布设

3)测点标志与埋设

地铁隧道内水平位移及垂直位移的基准点标志应进行统一设计和埋设，可位于车站道床中间的水沟中，高出水沟底部约 10 mm，采用混凝土标石，中央嵌入铜心标志，并加保护罩。

水平和垂直位移监测点布设于道床中央，可分别埋设直径 16 mm 或 8 mm，长约 60 mm 的圆头实心铜质或不锈钢标志。基准点与变形监测点均需按要求用油漆统一标记。

3. 变形监测的实施

1)测量作业

测量遵循"以基准点为基础，先控制，后加密"的原则。为了能更客观地反映变形的实际情况，每次测量采用的仪器、设备、观测人员及观测程序应相同。测量作业应严格按照《工程测量规范》和《国家一、二等水准测量规范》以及《地下铁道、轻轨交通工程测量规范》(GB 50308—1999)对应的测量等级和要求进行，做好过程控制。一般以每一区间为一测量单元，即从一个车站附合至另一车站。

2)监测数据处理与分析

监测数据处理与分析主要包括监测基准网点的稳定性分析和地铁隧道结构形变情况分析。通常，隧道断面收敛变形情况可由收敛计读数经相关方法计算处理得到，而水平和垂直位移则较为复杂。因此，下面主要介绍水平和垂直位移监测数据的处理和分析过程。

(1)监测基准网点的稳定性分析。

隧道结构水平位移、垂直位移的判断均参照监测基准网点，如果基准点不稳定，所求位移即失真。在对监测基准网做周期性观测后，其点位观测值的变化是观测误差还是点位的真实变化，必须加以区分。另外，点位稳定性分析还可为监测基准网提供稳定或相对稳定的基准信息，以便于平差基准的选取。

稳定性分析通常应用统计检验的方法，首先对监测基准网做几何图形一致性检验，即稳定点的整体检验，以判明该网在两期观测之间是否发生了显著性变化。如果检验通过，则认为所有的网点是稳定的；否则，再用动点检验法依次寻找动点，直到通过检验为止。

(2)隧道水平位移、垂直位移分析。

地铁的隧道结构体为条形状，呈现一定的柔性，在地质条件不稳固状态下极易产生变形，而地下车站结构体相对较大，位移要比隧道小得多。在工程管理中，无论从结构安全还是行车安全上考虑，密切关注的是隧道相对车站的位移。所以，对隧道的水平位移和垂直位移分析应重点分析隧道相对于车站的位移，也就是变形监测点相对于工作基点的变化。

隧道变形监测点数量较多，且相邻测点之间的结构体呈现一定的刚度，如果仅仅对单一变形测点的变化进行分析，既不方便，又不能全面地反映隧道纵向的整体沉降情况。所以，变形分析宜采取整体分析，可按隧道的上、下行线逐条或区间逐段去分析。较直观的方法是将监测的报表绘制成"监测点位移量曲线图"，即将每一期各测点的累计沉降量(或本期沉降量)曲线绘制在以隧道里程(或测点)为横轴，位移量为竖轴的坐标系中；同样方法绘制"监测点位移速率曲线图"，这样便能直观地从图上看出整条隧道的沉降情况、规律和趋势。必要时还可将隧道纵向地质剖面图及隧道纵断面绘制在"监测点位移量曲线图"下方，更有利于分析隧道沉降的成因，做出正确推测。

隧道如建在地质稳固的基础上或经历长期的稳定，相邻期监测计算的高程变化量会很小，可以采取统计检验的方法对隧道监测点做稳定性检验，以判明隧道监测点两期测值的差异是否为测量误差引起的。

4. 地铁结构长期变形监测实例

某市地铁1号线西延工程，线路全长4.82 km，其中地下隧道长3.93 km，设有奥体中心、元通和中胜三座地下车站。西延线隧道坐落在具有高含水量、高压缩性、高灵敏性、低强度、易变形特征的软—流塑淤泥粉质黏土层中，为长江漫滩，覆盖层厚度大，基岩埋没深，大部分层厚达 30～40 m，地质状况较差。隧道为双洞矩形，采取顺作法施工。主体结构于 2003 年年底施工结束，2004 年 2 月完成顶板土回填，2005 年 9 月通车运营。

1）沉降监测概况

2004 年 9 月开始对隧道底板做沉降监测，考虑到河西地区正处于开发高峰，隧道周边大量的施工工地在降水作业，道路在修筑，即使地下车站也处在较大的沉降过程中，因此，监测基准网决定选择固定基准。但西延线隧道周边大区域的地质不稳定，无法建立稳定可靠和长期使用的水准基点，设想的基岩标因地下岩层埋深大、建设成本高未能付诸实施，水准基点利用了距离隧道 3.3 km 处的国家Ⅱ等水准点 NT04，并在结构相对稳定的三座车站内分别布设了三个工作基点 BM1、BM2、BM3，与 NT04 组成图 13.27 所示的监测基准网。

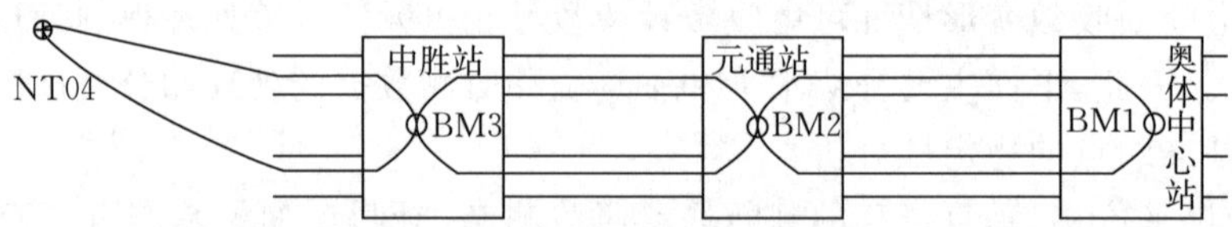

图 13.27　西延线隧道监测基准网

隧道内的沉降监测点布设在两轨外侧的道床上，按隧道结构的施工浇筑段每段设 1 个点，测点间距平均为 24 m，左右线隧道分别布设了 153 个沉降测点，部分点兼用了控制基标；每座车站还设置了 4 对隧道与车站的沉降差异监测点，布设形式如图 13.28 所示。

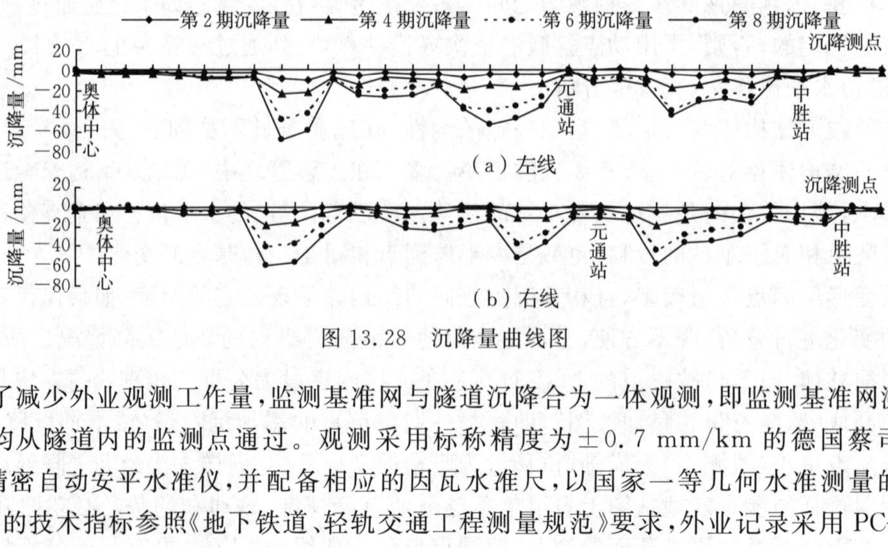

图 13.28　沉降量曲线图

为了减少外业观测工作量，监测基准网与隧道沉降合为一体观测，即监测基准网测量的水准路线均从隧道内的监测点通过。观测采用标称精度为±0.7 mm/km 的德国蔡司生产的 Ni007 精密自动安平水准仪，并配备相应的因瓦水准尺，以国家一等几何水准测量的方法施测，观测的技术指标参照《地下铁道、轻轨交通工程测量规范》要求，外业记录采用 PC-E650 计算机和自编的程序电子手簿。观测频率为每月 1 次，在每月的 15～18 日进行，截至 2005 年 8 月共观测了 12 期。

2）数据处理

每期观测后，首先对图 13.27 网进行经典平差，以 NT04 为基准，计算出 BM1、BM2、BM3 的高程，然后采用平均间隙法，以当期与首期两期观测做检验进行工作基点稳定性分析，若存在不稳定点，再用限差检验法以 2 倍中误差作为极限误差寻找动点，并做高程值的修正。最后，以隧道两侧的工作基点构成的附合水准路线平差计算每条隧道内的沉降测点高程。

表 13.5 为前 8 期工作基点高程变化量统计表，各期经基准点的稳定性检验，工作基点 BM1、BM2 和 BM3 分别在第 2、6 和 4 期沉降了 −2.7 mm、−2.1 mm、−2.3 mm，说明三个车站在不同时期发生了沉降。当检验出工作基点下沉后，在以后各期做稳定性检验中，则以当期观测与该期观测做比较。

表 13.5　工作基点高程变化量统计表

点名	距离/km	极限误差/mm	高程变化量/mm						
			第 2 期	第 3 期	第 4 期	第 5 期	第 6 期	第 7 期	第 8 期
BM1	7.22	±1.6	−0.8	−2.7	0.1	1.4	−0.3	−1.0	1.3
BM2	5.36	±1.4	0.6	−0.4	−1.3	−1.3	−2.1	−1.2	0.8
BM3	3.92	±1.2	0.6	−0.2	−2.3	−0.5	0.9	−0.2	−0.9

3）隧道沉降分析

将西延线隧道观测结果按左右线分别绘制“监测点沉降量曲线图”和“监测点沉降速率曲线图”，图 13.28、图 13.29 为前 8 期部分测期部分测点的曲线图。

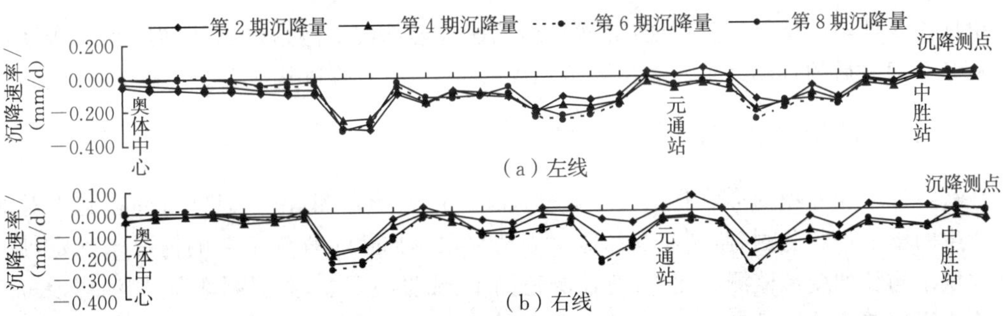

图 13.29　沉降量速率曲线图

从图中可以看出：

(1)整条隧道出现了不同程度的下沉，左右线沉降存在相同的变化规律：

——隧道产生了三个较长的沉降槽，总长度约为 910 m，分布及沉降情况见表 13.6。

——累计沉降量不超过 2 cm 的隧道长度共 1 414 m，2～4 cm 的共 1 447 m，4～6 cm 的共 432 m；沉降量超过 6 cm 的共 200 m。

表 13.6　三个沉降槽分布及沉降情况

里程区间	长度/m	最大沉降量/mm	
		左线	右线
K0+840～K1+090	250	67.4	60.3
K1+700～K2+000	300	52.5	51.4
K2+760～K3+120	360	44.6	58.6

——三个沉降槽的过程曲线在逐期降低，表明沉降还在继续；其他区间段的曲线开始重合，沉降趋于稳定。

——在前 6 期，隧道的沉降速率在不断变大，第 6 期之后开始逐渐收敛，所以，图 13.29 的沉降速率曲线前 6 期是逐期下降，而第 8 期的曲线则处在了第 6 期上面。表 13.7 统计了隧道各区段部分测期的平均沉降速率。

表 13.7　区间段平均沉降速率统计表

单位:mm/d

里程区间	左线					右线				
	第2期	第4期	第6期	第7期	第8期	第2期	第4期	第6期	第7期	第8期
K0＋000～K1＋051	－0.015	－0.020	－0.028	－0.025	－0.021	－0.007	－0.011	－0.015	－0.014	－0.010
K1＋051～K1＋200	－0.303	－0.327	－0.354	－0.318	－0.065	－0.156	－0.233	－0.255	－0.247	－0.228
K1＋200～K1＋800	－0.101	－0.116	－0.128	－0.111	－0.102	－0.012	－0.075	－0.091	－0.071	－0.066
K1＋800～K2＋000	－0.172	－0.223	－0.268	－0.257	－0.108	－0.238	－0.243	－0.250	－0.233	－0.229
K2＋000～K2＋900	－0.025	－0.032	－0.050	－0.047	－0.034	－0.016	－0.126	－0.135	－0.133	－0.122
K2＋900～K3＋140	－0.149	－0.187	－0.227	－0.192	－0.139	－0.103	－0.142	－0.186	－0.184	－0.174
K3＋140～K4＋106	0.003	－0.015	－0.022	－0.021	－0.018	－0.005	－0.039	－0.061	－0.057	－0.052

(2)经实地踏勘和分析,三个沉降槽形成的原因如下:

——周边环境影响。整个河西在大面积施工和降水,造成地面在整体下沉。

——土质原因。地质条件均较差,淤泥粉质黏性土层厚度基本上均在 20 m 以上。

——地面荷载影响。三个沉降槽上方都有道路横向通过,沉降期间正处于道路修建中,直至第 6 期施工才基本结束。

根据前 8 期观测结果和隧道的沉降情况,地铁管理部门对隧道进行了加固和道床修整处理。从第 9 期之后的观测结果已看出隧道加固获得了效果,隧道基本上处于稳定状态。

13.5.2　地铁隧道结构专项变形监测

地铁隧道结构专项变形监测也称地铁隧道保护区变形监测,由于只针对周边施工对地铁结构产生的影响进行监测,监测范围和监测周期都根据周边工程施工影响情况来确定,所以,它与地铁结构长期变形监测相比,具有监测范围小、测量项目多、监测频率高、监测周期短等特点。由于周边工程施工是动态的,监测必须实时反映施工对隧道结构变形的影响,因此,地铁隧道保护区变形监测通常采用自动化方法监测。

1. 监测内容

地铁隧道保护区变形监测主要内容如图 13.30 所示。

地铁隧道保护区变形监测
- 隧道水平位移监测
  - 区间隧道水平位移监测
  - 隧道相对地下车站水平位移监测
- 隧道垂直位移监测
  - 区间隧道沉降监测
  - 隧道与地下车站沉降差异监测
- 隧道断面、收敛变形监测
  - 区间隧道净空收敛变形监测
  - 区间隧道拱顶沉降变形监测
  - 区间隧道断面形状变形监测
- 车站侧墙垂直度监测

图 13.30　地铁隧道保护区变形监测

2. 监测方法

对于不同的地铁隧道保护区,变形监测内容、监测方法和仪器也不尽相同。通常,对于隧道垂直位移监测,常使用高精度的水准仪、静力水准仪或电水平尺来进行监测。对于水平位移和收敛监测而言,则使用基于高精度全站仪的自动化测量方法来进行监测;对于隧道断面形状变形监测,则需要通过全站仪对隧道断面进行单点序列扫描,通过断面形状拟合的方法进行监测。

监测周期应根据施工进度、隧道的地质条件和稳定状况确定。在降水和基坑开挖期，每天至少测量1次。

1）水平位移监测

水平位移监测基准点左右线各自独立布设，分别布设6～8个，分布在变形区域外80～120 m位置，形成附合导线。控制网的首期坐标采用一点一方向的无约束平差方法。由于隧道保护监测控制网的特殊性，没有多余观测，为了提高监测控制网的可靠性，控制网观测时采用多测回、多时段方法。水平位移变形监测平面坐标系的X轴与轨道平行，Y轴垂直于轨道，以指向基坑为正。

水平位移监测点一般布设在隧道道床的两轨中间或者一边，监测点之间的间距根据变形监测区域的地质条件确定，通常间隔10～20 m布设一个测点。对水平位移监测点的观测通常采用自由设站法，通过测量基准点后方交会获得自由设站点的坐标，然后用极坐标法测量位移监测点的坐标。

2）垂直位移监测

按照《城市轨道交通工程测量规范》(GB 50308—2008)，沉降监测基准网执行Ⅱ等垂直位移监测控制网的技术要求，监测基准网网形宜布设成闭合水准路线或沿上下行线隧道布设成结点水准路线形式。所以，垂直位移监测基准点一般布设在变形区域外80～120 m，左右线各布设4个，分布在变形区域外两侧；左右线区间8个基准点形成闭合路线。

沉降监测点一般布设在隧道道床的两轨中间，间隔和水平位移一致。沉降监测点与基准点布设成附合水准路线。由于隧道沉降的特殊性，一般不选择固定基准平差，常选择拟稳基准平差或重心基准平差。

若隧道保护区附近还有车站，还需在车站与隧道的相接处布设差异监测点。布设示意图见图13.25。

3）隧道断面、收敛变形监测

隧道净空收敛变形监测就是定期地对布设在隧道两侧腰线上的一条水平基线进行测量，测量基线在不同时间段内的变化量以及监测点的位移，计算隧道收敛变形的大小，分析在不同时间段内收敛变形趋势，并做出收敛变形预报。

目前对隧道净空收敛测量的方式主要有接触式测量和非接触式测量两种。接触式测量主要有巴赛特收敛测量系统、收敛仪；非接触式测量主要运用伺服全站仪收敛测量系统，其测量时可以选择有无反射棱镜、反射片和手持棱镜等方式进行。

隧道净空收敛监测断面中的测点布置如图13.31所示。

隧道断面测量方法是利用全站仪内置的断面测量程序来实现。将全站仪架设在隧道中心线附近，通过无反射测距对管片内壁以等距或等角的方式进行测距、测角，得到当前隧道管片内壁轮廓点的三维坐标值，即斜距、水平角、垂直角。针对这一测量项目，徕卡公司研制了全站仪隧道断面测量系统，最为典型的为TM30断面数据采集及处理系统。这种数据采集方法具有操作简单、测量精度高、测量时间短等优点。测点布置如图13.32所示。

4）车站侧墙垂直度监测

对在影响区域内的区间侧墙进行垂直度监测，在侧墙上下各设1个监测点，然后在底板上固定位置用全站仪测量各点至全站仪的水平距离，根据水平距离变化量和侧墙高度，计算侧墙倾斜度，其变化倾斜度不大于2‰。

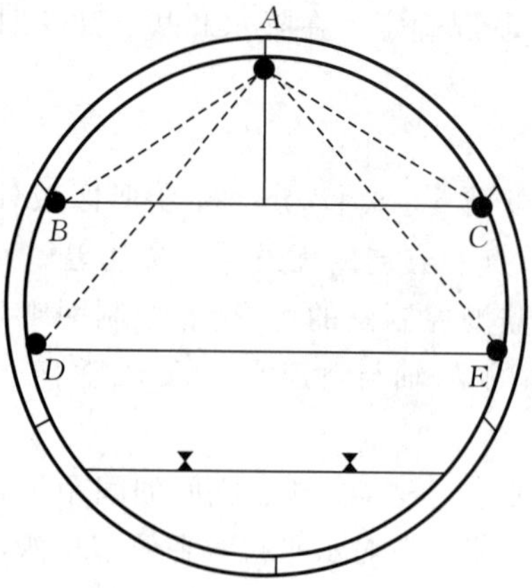

图 13.31　断面点位布置

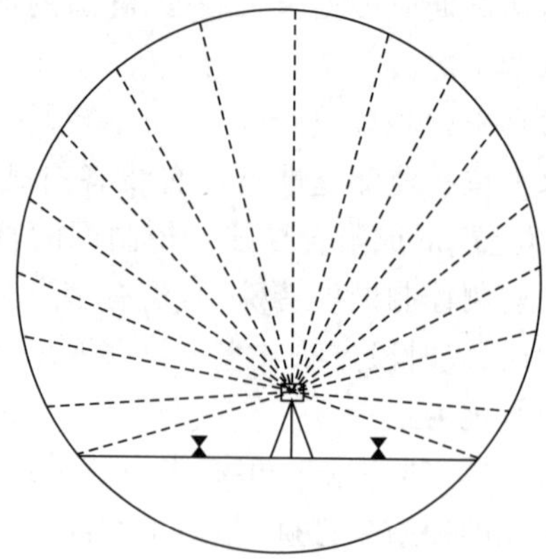

图 13.32　全站仪断面测量

另外一种方法是在监测断面同一铅垂线的上下部布设小棱镜，断面的垂线方向设置固定测站，采用 TM30 进行观测，测量棱镜的三维坐标。倾斜率的计算以向基坑方向倾斜为正，反之为负。

3. 地铁保护区自动化监测

随着基坑施工工艺的改进，建设速度通常很快，因此，对地铁保护区监测的效率有着更高的要求。采用人工观测方法存在费时、劳动强度大、效率低等弊端，加之测量只能在地铁停运期间进行，每天测量时间只有 2～3 h。在这么短的时间内很难保证监测工作的完成和成果的可靠性，更难以实时监控周边施工对地铁结构变形的影响。因此，实现地铁保护区自动化变形监测是非常必要的。

1）自动化监测系统的功能要求

地铁保护区自动化监测系统应该满足以下几点：

(1)实时性。地铁隧道的结构变化，对地铁的运行影响是巨大的。因此，自动化监测系统要能保证在第一时间获取监测数据，随时掌握地铁隧道的变形量和变化趋势。在观测过程中，系统应该做到对监测点进行有效、可靠的跟踪与测量，并在较短的时间内把数据发送到控制终端完成数据的处理与分析。

(2)自动化。在对系统进行前期设置并给出监测命令后，软件能够控制仪器在没有任何外界干扰的情况下严格地按照测量命令独立地进行观测，并对测量的原始数据进行存储、处理和分析。

(3)智能化。自动化监测系统应该具备适应监测环境和解决突发情况的能力。例如，观测时段棱镜被列车遮挡，导致仪器无法进行观测或测量结果超限等问题。

(4)远程数据传输。在地铁的运营时段，测量人员无法进入隧道内采集观测数据。因此，系统必须具有快速、稳定的远程数据传输功能，把监测数据第一时间发送给计算机进行处理，及时分析隧道内的变形情况。

(5)数据的处理与分析。能对海量的原始监测数据进行存储和管理，并对原始数据进行处理和分析，剔除测量过程中的误差，获得最符合实际变形的数据。

2）自动化监测系统的结构

地铁保护区自动化监测系统整体结构如图 13.33 所示。

从图中可以看出地铁保护区自动化监测系统主要包括三大子系统，即数据采集系统、数据远程通信系统和数据处理与分析系统。

(1)数据采集系统主要是利用一台或多台数据采集设备，在实时监控模式下，以事先设定的时间间隔不断地进行数据采集工作，实现自动化和智能化的数据采集。

(2)数据远程通信系统主要负责向全站仪传输命令和监测数据的远程传输。常见通信方式有有线通信和无线通信。有线通信方式主要有通信电缆和光纤，无线通信方式主要有GPRS、3G、4G 和数据电台等。

(3)数据处理与分析系统主要是对监测数据进行处理和分析，包括对原始数据进行存储、去除粗差、差分改正等，并用改正后的数据计算改正后的三维坐标、变化量等；根据基本参数和评判识别准则，对异常数据进行标识，绘制变化曲线等。

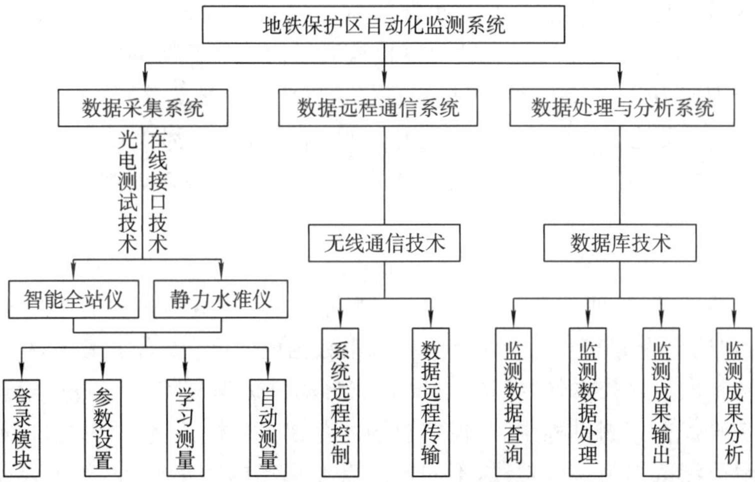

图 13.33　自动化变形监测系统的整体结构

3)基于智能型全站仪的自动化变形监测系统

智能型全站仪的自动化变形监测系统在地铁保护期监测中最为适用，如图 13.34 所示。该系统使测量人员能够远程控制测量仪器进行数据采集，在控制中心与测量机器人间建立可靠的通信链路，在采集设备端和控制中心各安装一个无线通信模块，将采集设备保存的自动观测原始数据通过自带串口连接到无线模块，再由发送模块使用固定的 IP 地址将数据通过移动公网络发送到监控中心的计算机中。监控计算机可通过互联网接收数据，实现控制全站仪自动观测和监测数据远程传输的目的。

图 13.34　基于全站仪自动化监测系统

系统的建立主要利用全站仪自动采集技术、网络通信传输技术、SQL Server 数据库技术以及 GeoCOM 接口技术，并结合计算机语言，实现自动化监测所需各项工作的全面对接，使地铁隧道变形全站仪自动化远程监测控制成为可能。

(1)光电测试技术。

全站仪自动采集技术是集成了光电测试技术、计算机技术和自动控制技术，具有高灵敏、非接触式和高精度等特点，能够实现三维形貌、实时性和相关性测量，已成为一种无法取代的测试技术，是当前的先进技术之一。

由徕卡公司生产的高精度智能型全站仪 TM30 是光电测试技术和计算机技术完美结合的真正体现。TM30 全站仪具有测量精度高，超长测程及多种测量功能，能够满足目前自动化监测要求，使地铁保护区自动化监测成为可能。在地铁保护区监测中，TM30 全站仪与早期的同类产品相比，具有以下几大突出优势：

——精度高。角度测量精度能达到 0.5″，TM30 全站仪采用连续、四重角度探测技术，测量精度比对径测量提高 30％。有棱镜测距精度为 $\pm(0.6\ \mathrm{mm}+1\times10^{-6}\times D)$，无棱镜测距精度为 $\pm(2\ \mathrm{mm}+2\times10^{-6}\times D)$，可以有效提高地铁隧道内变形监测的精度。

——目标识别能力。TM30 全站仪自动目标识别距离一般为 2 000 m，最大识别距离可达 3 000 m，恶劣环境下可达 1 200 m。由于隧道内监测环境一般都比较恶劣，而且监测区域狭长，也比较特殊，因此该技术可以使仪器在地铁隧道内设站时有效地避开危险站点，使设站更加灵活。

——转速快。TM30 全站仪采用压电陶瓷驱动技术，该技术既能够提高仪器的转速，又能够较好地减少仪器的磨损，使仪器更经久耐用，特别适合地下隧道多尘的监测环境。仪器转速最大为 180°/s，加速度为 $360°/s^2$，大大节约了采集数据的时间，提高了工作效率。

——小视场技术。该技术使 TM30 全站仪在自动目标识别状态下，对棱镜的分辨能力得到很大提高。它确保在监测过程中，当仪器视场内存在多个棱镜，仪器都能准确地识别正确的目标。地铁隧道监测范围为狭长地段，不同监测点在视场内距离较近，传统仪器无法识别，而 TM30 全站仪的小视场技术很好地解决了这一问题。

——二次开发。测量人员可以通过徕卡公司提供的 GeoC＋＋、GeoCOM 接口技术对 TM30 全站仪进行二次开发，建立自动化观测系统，大大地减少测量的人力、物力，提高了工作效率。

由于 TM30 全站仪具有上述各种优点，因此该款仪器被广泛地应用在各种工程项目监测中。它可以有效地对隧道断面、水平位移、收敛等进行监测，因此地铁保护区自动化监测系统多以 TM30 全站仪作为数据采集仪器，来实现地铁隧道保护区的自动化变形监测。

(2)无线传输技术。

随着网络通信技术的不断发展，逐渐出现了 GPRS、CDMA、3G、4G 等无线传输技术，应用网络无线通信技术能实现客户端与服务器之间的无线远程连接，实现实时人机对话，完成对仪器的远程控制。采用合理的通信技术，测量人员无须进入地铁隧道内部，只要在控制中心就可以实现对测量机器人的控制，实现了真正意义上的远程控制。该技术是建立地铁保护区自动化监测系统不可缺少的关键技术。

(3)SQL Server 数据库技术。

SQL Server 是由美国微软公司开发和推广的，具有强大的数据库创建、开发、设计和管理功能。它支持多种查询和数据分析，并提供了几乎所有的数据库操作，包括数据库的创建、维护、作业、警告、数据复制、转换等。

(4)GeoCOM 接口技术。

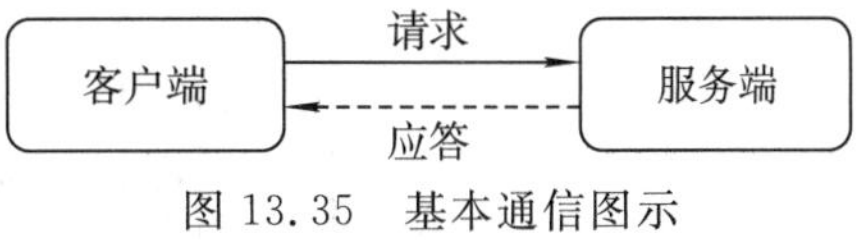

图 13.35　基本通信图示

自动化监测系统多利用 GeoCOM(地理数据通信接口)作为开发接口,它是对 TPS(测速仪、经纬仪和全站仪定位系统)系列全站仪进行二次开发的免费平台,可以使用户通过计算机调用仪器上已有子系统。GeoCOM 通信是基于点对点协议进行的,如图 13.35 所示,客户端为外接设备,一般是远程计算机,服务器是测量机器人。

(5)智能型全站仪自动化监测方法。

——水平位移自动化监测。全站仪自动化监测通常采用徕卡 TM30 全站仪,并使用自动化远程测控系统操作仪器,完成数据采集及处理分析。

在监测区域范围之外设置 7 个(JS1～JS7)工作基点,在 JSB 处设站,利用 7 个工作基点采用后方交会获得 JSB 点坐标,测量过程中自动对 7 个工作基点稳定性进行校核,剔除不稳定点;然后,逐点测量位移监测点坐标。测量方式如图 13.36 所示。

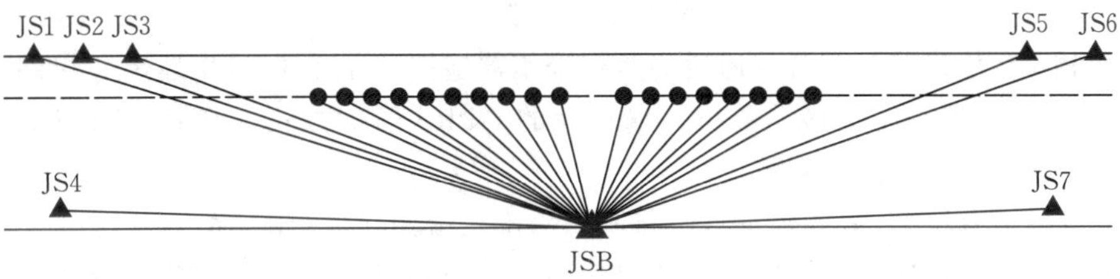

图 13.36　水平位移测量

——断面及收敛变形自动监测。断面变形监测点是在每个断面的拱顶、两侧拱腰及拱肩对称位置、道床与隧道壁交接处偏上位置各布置一个点,每个断面共设 7 个监测点,通过测量 7 个点的坐标解算隧道断面变形,绘制断面主要特征点变化图。通过对称点(如图 13.37 中 7—3、6—2、4—1)的长度变化可获得隧道收敛变形。7 个点采用小棱镜标志,布设见图 13.38。自动化监测断面棱镜的布设位置与数量同断面变形人工监测。在 JSB 处安放全站仪。利用设置在变形区域之外的 7 个工作基点以后方交会的方法进行设站。首次观测时以人工照准方法进行测量,获取各断面监测点三维信息,历次观测时,先进行后方交会设站,调取各监测点三维信息进行自动化数据采集。

断面及收敛变形测量可与水平位移自动化测量同时完成。观测方式如图 13.38 所示。

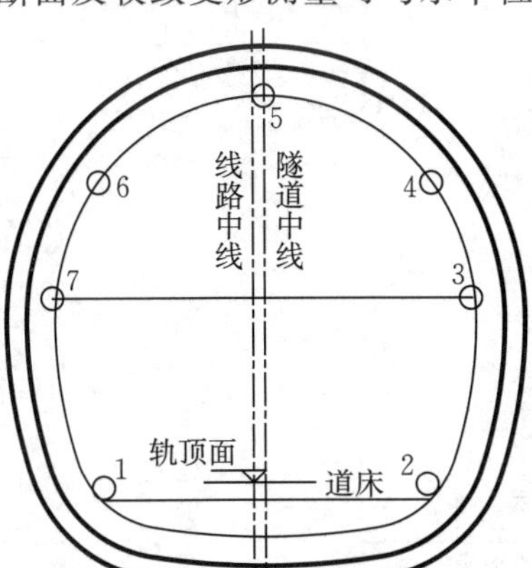

图 13.37　断面及收敛监测点布设

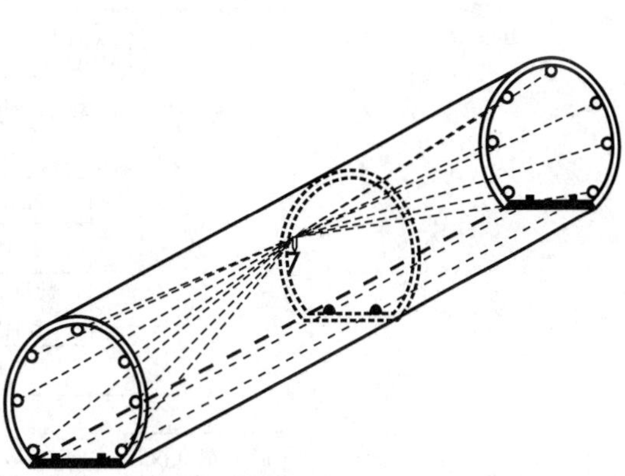

图 13.38　全站仪断面及收敛自动化测量

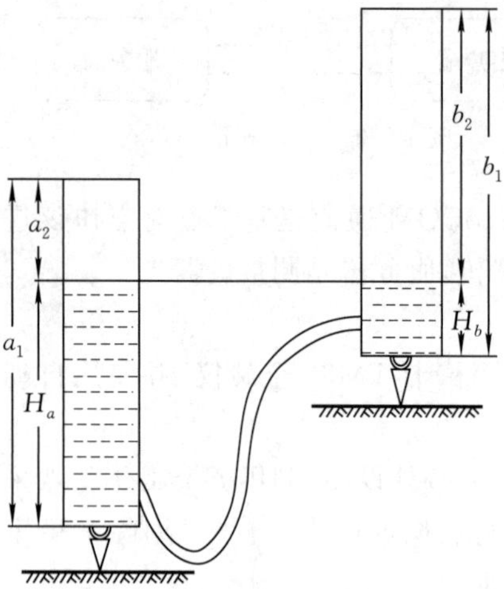

图 13.39 液体静力水准仪原理

4)基于液体静力水准仪的自动化变形监测系统

液体静力水准是地铁保护期沉降自动化监测很有效的方法,它是依据液体连通器原理(图 13.39),用传感器测量每个监测点容器内液面的相对变化,然后通过计算求出各监测点相对于基准点的相对沉降量。

沉降自动化监测通常采用 RJ 型液体静力水准仪进行监测,具体步骤如下:

(1)静力水准仪安置在定制的支架上固定于隧道侧壁大致同一高度,传感器固定在支架上,相隔 10 m 安置一套仪器,并保证各仪器安装高度不超过测量的限界。

(2)采用 RJ-S-50 型传感器,量程 100 mm 可以适应隧道竖向坡度的变化,精度为±0.1~±0.2 mm,可以满足测量精度要求。

(3)每组 6 台传感器与一台 6 通道的数据采集器连接,4 台数据采集器串联组网。控制计算机与数据采集器采用无线移动数据传输单元的 GPRS 通信方式。观测期间使用专用的数据采集单元(DAU)进行数据采集。

(4)由于隧道有坡度,需要根据坡度将静力水准仪分组,同一组的静力水准仪大致在同一高度,各组静力水准仪连接部位需布设两台静力水准仪以传递高程。安装位置如图 13.40 所示,数据采集如图 13.41 所示。

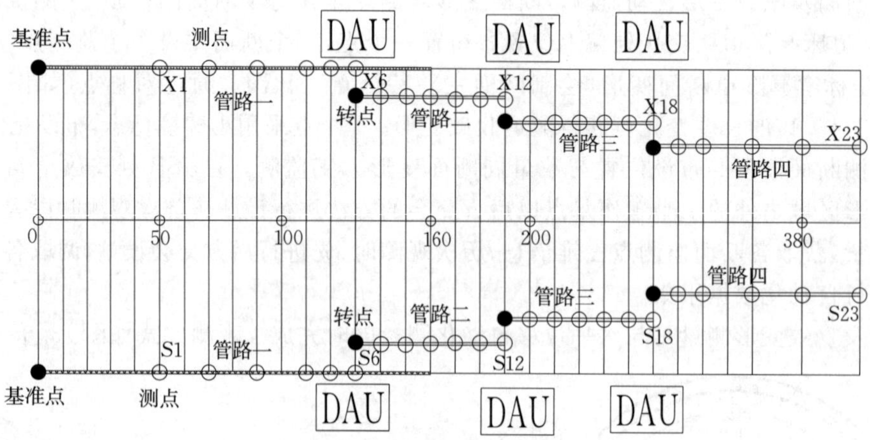

图 13.40 静力水准仪安装位置示意

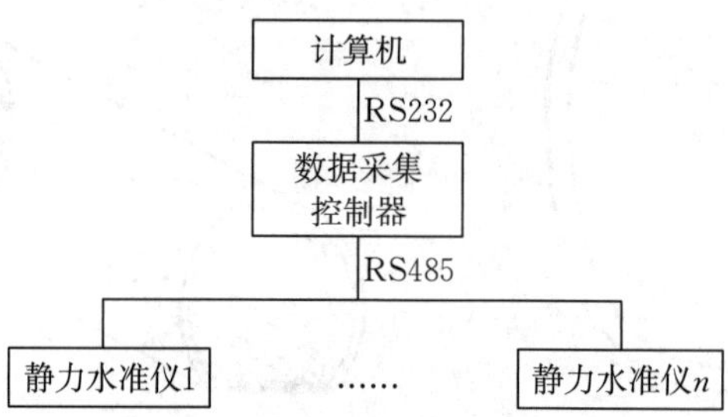

图 13.41 静力水准仪测量系统

根据静力水准仪点位的分布情况，对静力水准仪测量公式进行推导，即 i 测点第 j 测次相对于首次基准点的相对高程变化量为

$$H_{ij}=(Z_{ij}-Z_{i0})-(Z_{1j}-Z_{10}) \tag{13.20}$$

式中，Z_{ij}、Z_{i0} 分别为第 i 测点仪器的第 j 次和首次读数；Z_{1j}、Z_{10} 分别为基准点仪器第 j 次和首次读数。由于保护区内隧道高差较大，兼顾高差情况与仪器量程，设置了三个转点传递高程，在转点之后的测点相对于基准点的高程变化量为

$$H_{ij}=Z_{ij}-Z_{i0}-Z_{1j}-Z_{10}+H_{nj} \tag{13.21}$$

式中，H_{nj} 为第 n 个转点第 j 次测量相对于基准点的高程变化量。由此公式计算所得高程变化量，正值表示下沉，负值表示上浮。

4. 变形监测实例

1) 工程概况

某基坑施工场地位于运营中的地铁一号线玄武门站—新模范马路站区间西侧，长度约为 80 m。车站主体距基坑外边线约 8.9～13.6 m；区间距基坑外边线约 11.6～12.4 m。基坑面积约 13 763.1 m^2，周长约 489.3 m，开挖深度为 −12.20～−18.35 m，与地铁结构平面位置关系见图 13.42。

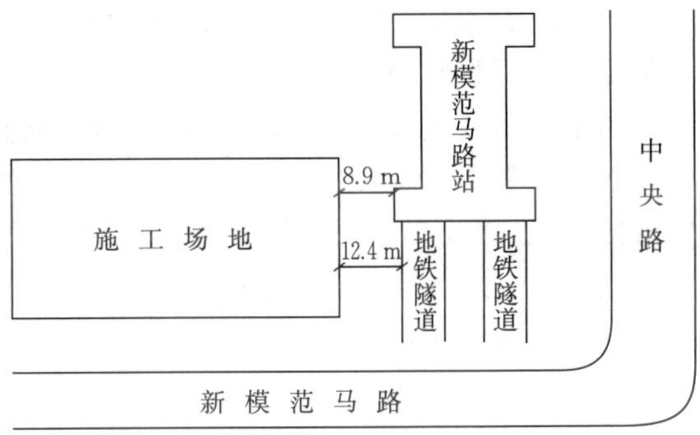

图 13.42　基坑与地铁结构平面位置关系图

根据工程实际情况，该保护期变形监测采取了自动和人工相结合的方法监测。

(1) 自动化监测。

自动化监测内容为隧道水平位移、隧道拱顶沉降、隧道拱底沉降、隧道断面变形和隧道收敛变形。自动化监测采用两台高精度的测量机器人徕卡 TM30 全站仪，上下行线隧道各安置 1 台。测量方法采用自由设站法，在变形区域内通视所有控制点与变形监测点的位置作为自由设站点安置仪器，上下行依次瞄准隧道两端的控制点（上行 JS1、JS2、JS3、JS4、JS5；下行 JX1、JX2、JX3、JX4、JX5），逐一观测自由设站点到控制点的边长、水平角和竖直角，基于边角后方交会，测量数据传输到控制中心，通过间接平差计算得到自由设站点的高精度三维坐标，利用即时获得的测站点坐标，控制仪器重新设站，瞄准控制点 JS2（或 JX2）定向，完成对水平位移点、沉降点（拱顶及拱底沉降）、隧道断面（收敛）变形点的三维坐标测量。监测点布设如图 13.43 所示（每个监测点位置也是隧道的断面变形和收敛变形监测位置），图 13.44 为水平位移监测示意图。

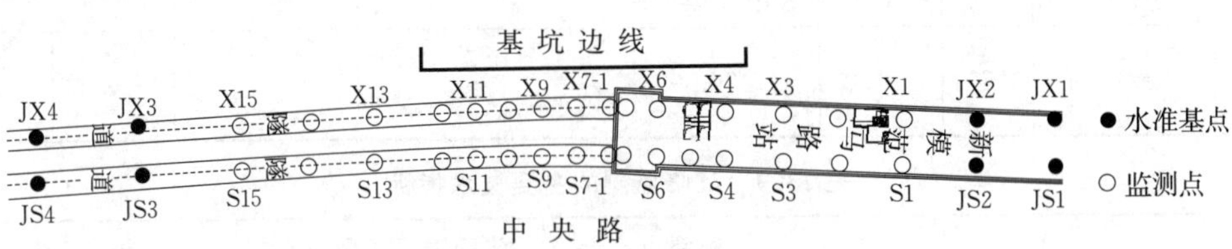

图 13.43　监测点布设

区间隧道左右线各布设 7 个断面监测点（上行线 DMS7～DMS13；下行线 DMX7～DMX13），与对应的沉降监测点（上行线 S7-1～S13；下行线 X7-1～X13）所在断面重合。上下

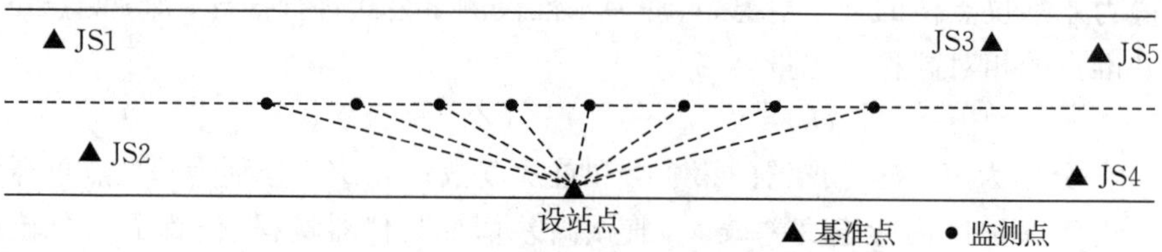

图 13.44　水平位移监测

行线 14 个监测断面由控制中心控制仪器进行自动序列扫描各测点，开发的变形分析系统自动拟合求出各监测断面的变化量和隧道中心线的变化。

(2)人工监测。

人工监测项目为隧道拱底沉降和侧墙垂直度监测，人工监测隧道拱底沉降主要是检核自动化测量的可靠性和稳定性。

为了减弱基坑施工对工作基点稳定性的影响，沉降监测基准点远离变形区 80～120 m，布设在轨道底板上。如图 13.45 所示，上下行线在变形区外各布设 4 点(JX1、JX2、JX3、JX4；JS1、JS2、JS3、JS4)，共计 8 个点。基坑边线对应车站及区间隧道范围内左右线约每 10 m 布设一个点(上行线 S4～S12；下行线 X4～X12)，边线对应范围外左右线每 20 m 布设一个点(上行线 S1～S3，S13～S15；下行线 X1～X3，X13～X15)。采用独立高程系统，JS1 点高程为起算点，平差时采用中心基准。

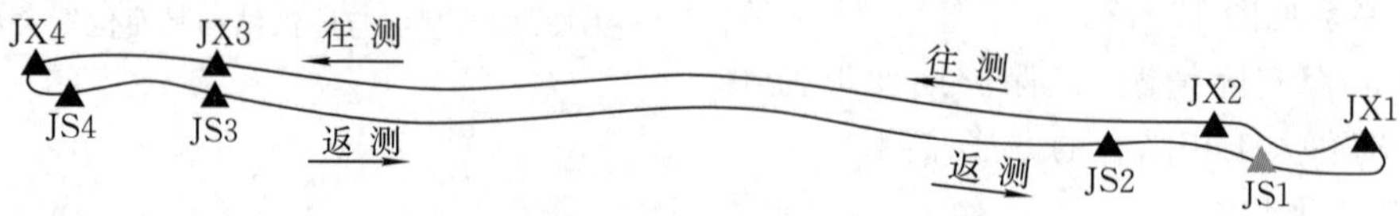

图 13.45　沉降监测控制网布设

邻近项目基坑的车站主体侧墙布设 5 个垂直度监测断面(CZ3～CZ7)，这些断面与对应的沉降监测点(X3～X7)所在断面重合。

2)变形监测的实施

(1)技术要求。

参照《城市轨道交通工程测量规范》要求，监测控制网的技术要求如表 13.8 至表 13.10 所示。

表 13.8　监测控制网的主要技术要求

等级	相邻基准点点位中误差/mm	平均边长/m	测角中误差/(″)	最弱边相对中误差	全站仪标称精度	水平角观测测回数	距离观测测回数	
							往测	返测
Ⅱ	±3.0	150	±1.8	≤1/70 000	±0.5″ $\pm 0.6+1\times 10^{-6}\times D$	6	6	6

表 13.9　沉降监测的主要技术指标

等级	仪器型号	水准尺	高差中误差/mm	相邻点高差中误差/mm	前后视距差累计差/m	往返较差，附合或环线闭合差/mm
Ⅱ	DINI	因瓦	±0.5	±0.3	≤3	$\pm 0.3\sqrt{n}$

表 13.10 沉降监测控制网的主要技术要求 单位:mm

等级	相邻基准点高差中误差	测站高差中误差	测站高差中误差	检测已测高差之较差
Ⅱ	±0.5	±0.15	±0.3	±0.4

(2)控制指标。

依据相关技术规范要求,变形监测主要控制指标分为报警值、警戒值和允许值。通常警戒值设为报警值的两倍,允许值为报警值的三倍。各监测项目的控制指标如表 13.11 所示。

表 13.11 监测控制指标 单位:mm

序号	监测项目	报警值	警戒值	允许值
1	水平位移	±3.3	±6.7	±10.0
2	隧道断面	±5.0	±10.0	±15.0
3	隧道收敛	—	—	—

目前有关规范未提出明确的有关隧道收敛变形允许值指标,根据某地铁严格限制荷载作用下结构变形小于 $1‰ \times D$ 的设计要求,取其 1/2 作为管径收敛测量精度指标,按隧道内径 $D=5\,500$ mm,计算隧道收敛测量的中误差≤±3 mm。

3)数据处理与分析

(1)控制网。

控制网作为变形监测的控制基准,其测量精度及稳定性非常重要,而自由设站法测量时,自由设站点位于变形区域内,而且是变形监测点测量的控制站,其点位精度更是至关重要。以某地铁监测实例控制网测量数据分析,其控制网测量精度如表 13.12 和表 13.13 所示。

表 13.12 控制网测量数据平差计算主要精度

月份(2011 年)	测角中误差/(″)		最弱边相对中误差	自由设站点位精度/mm		
	min	max		x	y	z
5	0.06	0.61	1/168 000	0.6	0.7	0.4
6	0.06	0.61	1/133 000	0.6	0.7	0.4
7	0.27	0.65	1/168 000	0.7	0.8	0.5
8	0.27	0.65	1/168 000	0.5	0.4	0.4
9	0.27	0.65	1/168 000	0.4	0.4	0.3
10	0.27	0.65	1/168 000	0.5	0.5	0.4

表 13.13 控制网测量数据平差计算主要精度

月份(2012 年)	测角中误差/(″)		最弱边相对中误差	自由设站点位精度/mm		
	min	max		x	y	z
1	0.27	0.65	1/168 000	0.4	0.4	0.4
2	0.27	0.65	1/168 000	0.4	0.4	0.4
3	0.27	0.65	1/168 000	0.4	0.4	0.3
4	0.27	0.65	1/168 000	0.4	0.4	0.3
5	0.27	0.65	1/168 000	0.4	0.4	0.4
6	0.33	0.83	1/133 000	0.5	0.4	0.3
7	0.27	0.65	1/168 000	0.4	0.4	0.4

分析表 13.12 和表 13.13 数据可知,当基坑工程刚开始施工时,破坏了地铁隧道周围压力

及荷载的平衡，导致地铁隧道结构的受力情况突然发生变化，控制网测量的精度呈现一定的波动状态，但波动幅度不大，满足表13.8中监测控制网的技术要求；随着施工单位在施工过程中及时采取一系列保护措施，地铁隧道结构的周围环境慢慢恢复平衡，由表13.12中数据可知，与监测控制网的精度基本保持一致，控制点处于稳定状态，尤其是自由设站点的精度满足作为控制站对变形监测点进行测量的稳定性要求。

(2)水平位移监测点点位精度分析。

由于基坑靠近隧道的下行线，故取下行线数据进行分析。根据基于边角交会的自由设站法测量数据，计算水平位移监测点点位精度如表13.14所示。

表13.14　水平位移监测点点位精度统计　　单位：mm

点名	x	y	z	点位中误差	点名	x	y	z	点位中误差
X1	0.66	0.38	0.25	0.80	X8	0.51	0.49	0.29	0.76
X2	0.65	0.35	0.27	0.79	X9	0.59	0.39	0.23	0.74
X3	0.65	0.33	0.29	0.78	X10	0.64	0.30	0.24	0.75
X4	0.65	0.31	0.21	0.75	X11	0.65	0.30	0.22	0.74
X5	0.65	0.30	0.30	0.77	X12	0.65	0.30	0.18	0.74
X6	0.65	0.30	0.28	0.76	X13	0.65	0.31	0.29	0.78
X7	0.64	0.30	0.28	0.76	X14	0.65	0.34	0.31	0.80
X7-1	0.64	0.31	0.30	0.77	X15	0.66	0.37	0.30	0.81

根据设计要求，水平位移监测点位精度应在1.0 mm以内。分析表13.14中的数据，测点X1、X15布设在测区的两端，距离测站较远，其点位中误差相对较大，在1.0 mm之内。x方向中误差为0.51～0.66 mm，均值为0.64 mm；y方向中误差为0.30～0.49 mm，均值为0.33 mm；z方向中误差为0.21～0.31 mm，均值为0.27 mm。x、y、z方向的中误差均满足地铁保护区水平位移的监测要求且各监测点的中误差为0.74～0.81 mm。

变形监测点位移的累计变化代表地铁隧道结构的形变状态，监测点累计变化量最大值统计如表13.15所示。

分析表13.15中数据，监测点累计变化量的最大值均在报警值范围控制内，由于基坑位于地铁隧道下行线一侧，下行线的监测点点位变化情况较上行线数量多，浮动大，但基本没有监测点的变动是危险的，考虑测量本身误差和监测环境因素的影响，监测点的变化情况属于正常现象。

表13.15　监测点累计变化量最大值统计

月份(2011年)	水平位移变形监测					
	点号	变化量/mm	变化速率/(mm/d)	点号	累计变化量/mm	累计变化速率/(mm/d)
6	S9	−2.6	−0.1	X1	2.5	0.1
7	S1	−2.6	−0.1	X15	−3.1	−0.1
8	S10/X15	2.7/−2.7	±0.09	X15	−2.9	−0.1
9	S9	−2.3	−0.08	X1	2.8	0.1
10	X1/X12	−2.4/2.4	±0.08	X8/X9/X10	3.2	0.1
11	S15	1.7	0.06	S2	2.0	0.07
12	X12/S14	−1.6/1.6	±0.06	X7-1	2.9	0.1

续表

月份（2011 年）	水平位移变形监测					
	点号	变化量/mm	变化速率/(mm/d)	点号	累计变化量/mm	累计变化速率/(mm/d)
1	S3	1.2	0.04	X1	−2.4	−0.08
2	S1/X12	1.4/−1.4	±0.07	X3/X7/X11	−2.7	−0.09
3	S6/S13	1.4	0.05	X2/X3/X11	−2.9	−0.1
4	S6/S11	1.4/−1.4	±0.05	X11	−2.5	−0.08
5	S7/X13	1.4/−1.4	±0.05	X3/S4	−2.4/2.4	±0.08
6	S15/X1	−1.5/1.5	±0.05	S15/S1	−2.5/2.5	±0.08

由于基坑工程靠近地铁隧道下行线一侧，对其产生的影响也是最明显的，取 X7～X13、X7-1 水平位移监测点每隔 5 周期的变化情况进行精度分析。分析图如图 13.46 所示。

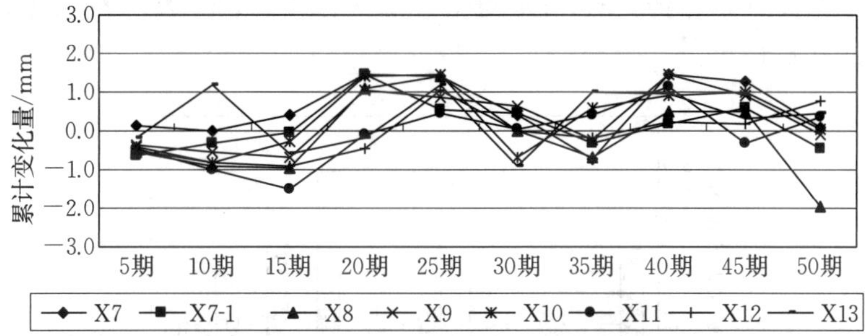

图 13.46　下行线水平位移变化分析图

分析图 13.46，部分水平位移监测点持续动态变化。基坑刚开挖时，对周围环境的影响较小，地铁隧道结构周围土层相对稳定，受力及荷载相对平衡，监测点的位移量变化情况不大，基本在±1 mm 范围内；随着基坑施工进度的加深，地铁隧道周围土层压力的平衡遭到破坏，压力出现不均匀变动，监测点的位移量出现较大范围的跳动，但基本控制在±2 mm 范围内，整体呈稳定趋势，未达到报警值，可以保证地铁的安全运营。

(3)隧道净空收敛和拱顶沉降监测精度分析。

由表 13.16 和表 13.17 可以得出：各测点的 x、y、z 方向的中误差，x 方向比 y、z 方向的中误差都要大，但都满足小于 1 mm 的要求；各测点的点位中误差为 0.15 mm，均小于 1 mm；各测线的平均累计收敛变化量都小于 1 mm，考虑到测量误差，可以认为隧道收敛趋于稳定。

从表 13.18 中可以看出拱顶下沉（A—BC 和 A—DE）累计变化量都小于 1 mm，且 A—BC 和 A—DE 的变化符合得很好，说明这种处理方法的符合精度很高，可以认为该方法在拱顶下沉监测中可以满足测量精度要求。

表 13.16　收敛点点位精度

测点	坐标各方向中误差/mm			点位中误差
	x	y	z	
A	0.625	0.411	0.235	0.784
B	0.702	0.373	0.282	0.843
C	0.725	0.277	0.263	0.819
平均	0.684	0.354	0.260	0.815

表 13.17　测线精度

测线	平均累计收敛变化量/mm	测线中误差/mm
$A-B$	0.21	0.70
$A-C$	0.11	0.81
$B-C$	0.13	0.71

表 13.18　拱顶沉降累计统计　　单位:mm

测点	第 10 期	第 20 期	第 30 期	第 40 期
$A-BC$	0.3	0.2	0.4	0.7
$A-DE$	0.2	−0.1	0.5	0.6

图 13.47 为隧道下行线 8 号断面收敛，由图中变化情况可知，断面监测点累计最大变形量在±2 mm 范围内，整体变形呈现稳定的趋势，并未出现明显隆起或凹陷等突变情况；收敛监测点的水平距离基本保持一致，变化量在 2 mm 以内，变形较小，隧道纵向间距并未出现明显的内敛或外扩情况。

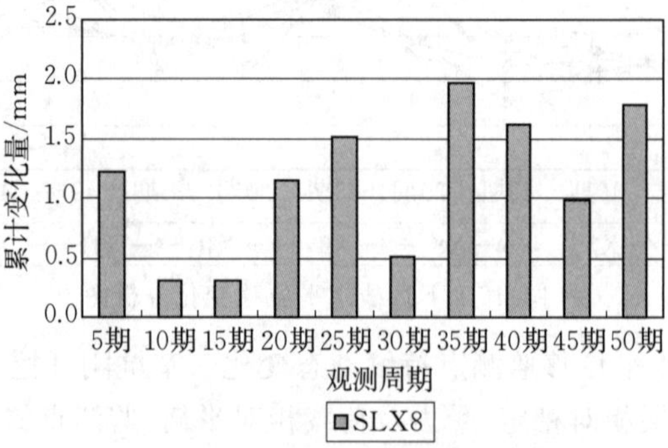

图 13.47　隧道收敛变形分析

(4)隧道断面拟合精度分析。

取隧道某一断面的监测数据，每隔 5 周期进行变形分析，其变形情况如图 13.48 至图 13.50 所示。

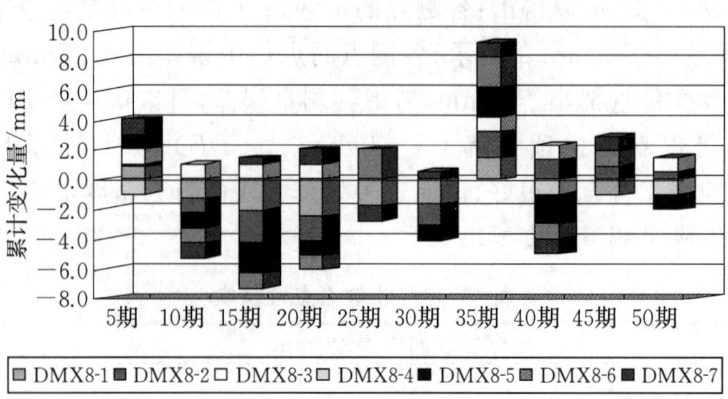

图 13.48　隧道断面变形分析

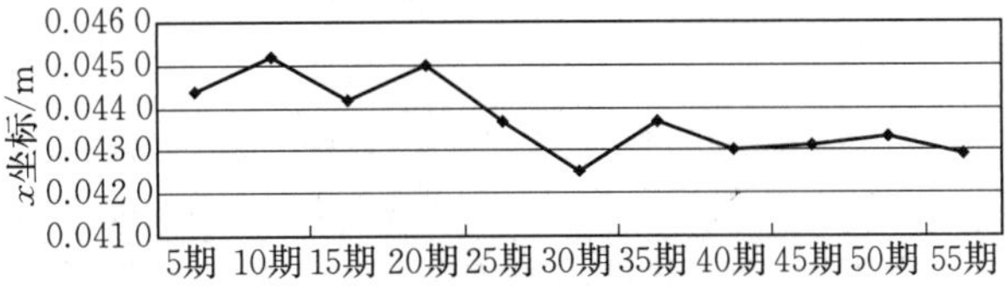

图 13.49 隧道断面拟合中心 x 坐标曲线

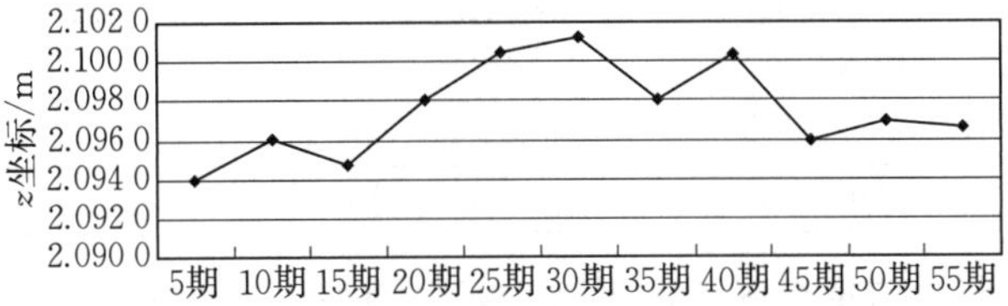

图 13.50 隧道断面拟合中心 z 坐标曲线

图 13.48 为隧道下行线 8 号断面，由图中变化情况可知，断面监测点累计最大变形量在 ±2 mm 范围内，整体变形呈现稳定的趋势，并未出现明显隆起或凹陷等突变情况。图 13.49 和图 13.50 为下行线 8 号断面拟合中心的曲线图，从图中可以看出拟合出的断面中心 z 坐标随着监测期数的增加逐渐变大，这主要是基坑开挖时土层压力的卸载，向基坑方向发生位移。到监测后期，z 坐标逐渐平稳，是因为基坑主体结构已完成，隧道所受压力趋于稳定。结合水平位移和收敛监测，从整体来看，在监测期间隧道未出现明显的内敛或外扩情况。

13.6 滑坡监测

13.6.1 概 述

滑坡通常指一定自然条件下斜坡上的土体或岩体，受河流冲刷、地下水活动、地震及人工切坡等因素的影响，在部分土体或岩体重力的作用下，沿着一定的软弱面或软弱带，整体或分散地顺坡向下滑动的自然现象，它是工程建设中经常遇见的问题。

因出现的频度和广度远远大于地震事件，所以说滑坡是人类面临的最广泛、受害最重和时间最长的地质灾害。世界诸多国家和地区均有滑坡多发地区或发生过大型滑坡，我国也是一个崩塌、滑坡、泥石流等地质灾害发生十分频繁和灾害损失极为严重的国家，尤其是西部地区，每年由此造成的直接经济损失约 200 亿元人民币。而且，直接由工程建设诱发的崩塌、滑坡灾害事件也屡见不鲜。

为了把由于可能的大规模滑坡造成的危害减小到最低程度，就必须对滑坡体进行监测。通过对滑坡体位移(形变)的周期性监测，可以了解并掌握滑坡体未来的发展变化趋势和变形破坏机理，对其趋势进行预测，进行短期的特别是临滑预报，为斜坡治理工程提供设计依据，达到预报和减灾防灾的目的。

1. 监测内容

滑坡监测内容包括滑坡形变监测、滑坡变形破坏的相关因素监测及滑坡诱发因素监测。具体内容如表 13.19 所示。

表 13.19 滑坡监测内容一览

监测项目	监测内容
地质宏观监测	滑坡裂隙(拉张裂隙、剪切裂隙、鼓张裂隙、扇形裂隙等)、建筑物裂缝和泉水动态等;地表隆起、位移(如沟谷变窄)、地面沉降、塌陷等
地表位移监测	滑体的三维位移量、位移方向、位移速率等绝对位移量
深部位移监测	深部裂缝、滑带等点与点之间的绝对位移量和相对位移量
地表水监测	与滑体有关的河、沟、渠的水位、水量、含沙量等动态变化及农田灌溉用水的水量和时间
地下水监测	钻孔、井水水位及水压力、泉水的动态变化等
气象指标监测	降雨量、降雪量、融雪量、气温、蒸发量等

不同类型的滑坡监测的重点内容也不同。如降雨型土质滑坡应主要监测地下水、地表水和降水动态变化,降雨型岩质滑坡还应增加监测裂缝的充水情况、充水高度等内容。冲蚀型及明挖型滑坡应主要监测前缘的冲蚀和开挖情况,坡角被切割的宽度、高度、倾角及其变化情况,坡顶及谷肩处裂缝发育情况与充水情况。洞掘型滑坡应进行倾斜、地声和井下地压监测。土质型滑坡可不进行地声和地应力监测。另外,同一类型的滑坡由于其诱发因素不同,其监测的重点也不同。例如,同为土质型滑坡,我国南方红土地区的滑坡,主要诱发因素是降雨,重点监测的是雨量及降雨时间的连续性;而在我国西北的黄土地区,部分滑坡是由于冻融导致滑坡产生,所以重点监测温度变化所引起的土中含水量的变化。

2. 监测方法

从滑坡的监测内容来看,滑坡监测应该是由多种监测方法相结合的。它既要监测地面、地下变形,同时也要监测诱发因素和相关因素。对于不同的监测目的、不同的滑坡发育阶段及不同的滑坡类型所选择的滑坡监测方法也不同。常用的监测方法有简易观测法、设站观测法、仪表观测法和远程监控法等。

1)简易观测法

简易观测法主要是对滑坡发育过程中的各种迹象,如地表裂隙、鼓张、沉降、坍塌、建筑物变形及地下水位变化、地温变化等进行定期监测、记录,掌握滑坡的动态变化和发展趋势。其中,最常用的是对地表裂隙、建筑物变形的监测。在裂隙处设置简易监测标志,定期测量裂隙长度、宽度、深度的变化,以及裂隙的形态和开裂延伸方向等。由于滑坡体在滑动过程中各部位受力性质和大小不同,滑速也不同,因而不同部位产生不同力学性质的裂隙,有滑坡后部的拉张裂隙、滑坡体中前部两侧的剪切裂隙、滑体前缘的鼓张裂隙和滑坡舌部的扇形裂隙。除此之外,还有一些滑坡标志,如封闭洼地、滑坡鼓丘、滑坡泉、马刀树、醉汉林等。

该方法的特点是获取的信息直观可靠、简单经济、实用性较强,适应于对正在发生灾害的边坡进行观测。但也存在内容单一、精度低和劳动强度大等缺点。

2)设站观测法

设站观测法是指在充分了解现场的工程地质背景的基础上,在滑坡上设立变形监测点(成线状、网络状),在变形区影响范围之外稳定地点设置固定观测站,用测量仪器(如水准仪、摄影仪、全站仪、GPS接收机等)定期监测变形区内网点的三维 (x、y、z) 位移变化的一种行之有效的监测方法。按照所用仪器和观测方法,一般可分为大地精密测量法、GPS测量法和近景摄影测量法。

(1)大地精密测量法。

该方法即采用高精度光学和光电测量仪器，如精密水准仪、经纬仪和全站仪等仪器，通过测角和测距来完成监测任务。监测边坡的二维（x、y 方向）水平位移常用前方交会法、距离交会法等；监测水平方向位移常用视准线法、小角法、测距法等；监测边坡的垂直位移常用几何水准测量法、精密三角高程测量法等。

大地精密测量法长期以来受到滑坡工程监测人员的高度重视，是由于具有如下优点：①能确定边坡地表变形范围；②量程不受限制；③能观测到边坡体的绝对位移量；④精度高；⑤通过三维测量能提供点位坐标和高程；⑥测量数字化，能和计算机技术结合形成系统，实时性强；⑦一机多测点，效率高。鉴于以上诸多优点，该法可适用于不同变形阶段的位移监测，一直为滑坡监测的主要方法，特别是近年来高精度自动跟踪全站仪的出现使得大地精密测量法的优点得到了进一步的发挥，但也受到地形通视条件限制和气象条件的影响，工作量大、周期长、连续观测能力差。

(2)GNSS 测量法。

近年来，GNSS 作为现代大地测量的一种技术手段，已广泛应用于滑坡、地面沉降、地震、地裂缝等地质灾害监测中。通过跟踪 GNSS 卫星连续不断地传送到全球的电磁波，系统可获取经度、纬度及三维坐标。GNSS 法以坐标、距离和角度为基础，用新值与初始坐标之差反映目标的运动，来实现监测变形的目的。

GNSS 应用于滑坡监测有以下优点：①观测点之间无须通视，选点方便；②观测不受天气条件的限制，可以进行全天候的观测；③观测点的三维坐标可以同时测定，对于运动的观测点还能精确地测出它的速度；④在测程较大时，其相对精度较高，优于精密光电测距仪；⑤作业简单方便，投资低。

此法适用于滑坡不同变形阶段的地表三维位移监测，特别适用于地形条件复杂、起伏大或建筑物密集、通视条件差的滑坡监测。存在的问题是在高山地区卫星信号易被遮挡，多路径效应较为严重，对测量有一定影响。另外，接收机的价格较贵，妨碍其推广应用。但随着人们对 GNSS 观测技术的进一步研究，特别是 GNSS 一机多天线系统以及伪卫星观测技术，使得上述问题在一定程度上得到了较好的解决。

(3)近景摄影测量法。

该方法是把近景摄影仪放置在两个不同的固定测点上，同时对边坡范围内观测点摄影构成立体像对，利用立体坐标仪量测像片上观测点三维坐标的一种方法。主要适用于变形速率较大的滑坡水平位移及危岩陡壁裂缝变化监测。

其优点是操作方便、外业省时省力，可以同时测定多个观测点在某一瞬间的空间位置，所获得的像片资料是滑坡地表变化的实况记录，并且可以随时进行比较。缺点是观测的绝对精度低，受气候条件影响较大，但仍可满足滑坡体处于速变、剧变阶段的监测要求。

3)仪表观测法

仪表观测法指用精密仪表对变形斜坡进行地表及深部的位移、倾斜(沉降)动态、裂缝变化，以及地声、应力应变等物理参数与环境影响因素进行监测。目前，监测仪器的类型一般可分为位移监测、地下倾斜监测、地下应力测试和环境监测四大类。

4)远程监控法

伴随着电子技术及计算机技术的发展，各种先进的自动监控监测系统(如高精度自动跟踪全站仪监测系统、GNSS一机多天线监测系统以及“3S”集成技术等)相继问世,为滑坡的自动化连续遥测创造了条件。远距离有线或无线传播是该方法最基本的特点,由于其自动化程度高,可全天候连续观测,故省时、省力和安全,是当前和今后一个时期滑坡监测发展的方向。

3. 监测点布设原则

首先应确定主要监测的范围,在该范围内按监测方案的要求确定主要滑动方向,按主要滑动方向及滑动面范围确定测线,然后选取典型断面,布设测线,再按测线布设相应观测点。

考虑到平面及空间的展开布设,各个测线可按一定规律形成监测网。监测网的形成可一次完成,也可分阶段按不同时期和不同要求形成。

对于关键部位如可能形成滑动带、重点监测部位和可疑点,应加密监测测点。

4. 监测周期和频率

对于不同类型、不同阶段的滑坡,根据其所处的阶段和规模,以及滑坡变形的速率等因素,滑坡变形监测的周期及频率有所不同,应视具体情况而定。

5. 监测资料的处理与分析

对于不同的滑坡监测方法,其监测资料的处理与分析也不尽相同。但从整体上来讲,基本都是通过计算监测量的变化值来分析滑坡变形特征,掌握滑坡变形规律和机理,预测其变形趋势。

变形观测的数据分析主要有两种方法:一种是用确定性模型进行分析,另一种就是使用统计模型。在滑坡监测中,由于滑坡往往是一个极其复杂的发展演化过程,采用确定性模型进行滑坡的分析和预报是非常困难的。目前国际、国内常用的滑坡预测手段还是传统的统计模型。统计模型也可以分为两类,一类是多元回归模型,另一类是非线性回归模型。多元回归模型的优点是能逐步筛选回归因子,但对除了时间因素外的其他因素的分析仍然非常困难和少见。非线性回归模型在许多情况下能较好地拟合观测数据,但其最大的缺点是不能进行因子的筛选。因此,各个模型有着各自的优缺点,在对监测资料进行处理与分析时,应根据滑坡的变形特征以及监测要求合理选择模型,准确预测滑坡变形趋势,及时报警。

13.6.2 监测实例

近年来,随着人们对滑坡监测技术的进一步研究,以及一系列先进测量仪器的出现,滑坡监测技术得到了迅速的发展,一些新技术如GNSS一机多天线技术、自动跟踪全站仪观测技术和InSAR技术等在滑坡监测中得到了应用,滑坡监测迈向了一个新的台阶。下面以GPS一机多天线技术在小湾水电站边坡监测中的应用为例,对滑坡监测做一介绍。

小湾水电站枢纽区左岸为南涧县,右岸为凤庆县。河谷呈“V”字形,两岸山坡陡峻,在高程1 600 m以下,两岸平均坡度为40°~42°,部分地段为悬崖绝壁。2号山梁饮水沟堆积体分布在左岸坝前饮水沟下游侧山坡地段,其坡面平均坡度为32°~35°。堆积层组成物质主要为块石层,在自然状态下是稳定的,但由于堆积体靠近左坝肩,坝肩开挖时必然触及堆积体前缘,可能引发堆积体失稳。虽然对堆积体实施了降坡、支护等工程措施,但形成的340 m高边坡的稳定性是影响工程顺利进行的重要因素。另外,在坝肩左右岸上下游附近形成的高边坡坡度陡、高差大,也是监测的重点对象。

1. 2号山梁体GPS网的构成与施测

GPS网由16个测点构成:14个测点均匀覆盖在2号山梁体10条马道上,每条马道分布有 1 个或 2 个监测点；2 个基准点距离 2 号山梁体的监测点 3～4 km，其中一个位于右岸稳固山体上，另一个位于业主公司的 5 号楼上，监测点分布如图 13.51 所示。

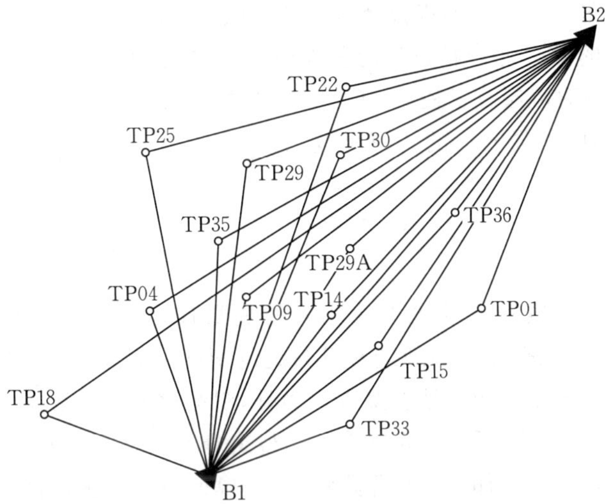

图 13.51　监测点分布

GPS 监测的最大缺点是费用高昂，如分批观测则需要较长周期。在此使用了 GPS 一机多天线监测系统(GMAS)解决了以上问题。利用快速静态定位理论和滤波技术，能在很短的不连续的时间段内快速确定整周模糊度，专用天线减弱多路径效应的影响，大大提高了观测精度；一台 GPS 接收机连接 8 个天线，可以监测 8 个点的变形，大大降低了设备投入。此系统可以根据需要定时或实时进行监测。GMAS 综合了微波技术、计算机实时控制技术、大地测量数据处理和定位算法等，在保证每个 GPS 天线能同时至少观测到 4 颗卫星的情况下，由计算机控制进行数据采集和处理，实现实时监测的变形分析和预报，同时，方便了接收机以及数据传输终端的管理和维护。

在 2 号山梁体工程监测中，监测点 TP25、TP22、TP30、TP36、TP29、TP35 接在一台多天线控制器的 6 个通道上，TP01、TP04、TP09、TP14、TP15、TP18、TP29A、TP33 接在另一台多天线控制器的 8 个通道上。因此，包括 2 个基准点在内的 16 个测点只使用了 4 台 GPS 接收机和 4 套 GPRS 数据传输终端。控制器设置为每个天线工作 10 min 左右，全天连续轮回地接收各个通道的 GPS 数据，同时在其中加入天线对应的测站信息，并实时将数据发回到控制中心。基准站的数据直接发回到控制中心，在控制中心，一台服务器用来接收无线传输过来的数据，并把不同测站的数据整理分类，方便后续的数据解算和成果的提交。

GPS 观测采用静态定位模式，数据采样间隔为 5 s，卫星截止高度角为 15°，点位精度因子值不大于 6，选取所有可见的健康卫星。

为适应小湾工地上任何意外的发生，GPS 采集的数据除了发往控制中心外，也部分存储在接收机 64MB 的 CF 卡上，并在控制器中保留最近 100 h 的数据，实现双备份。同时，所有设备均使用 UPS 供电，保证电压的稳定以及断电后的持续供电。

2. GPS 监测数据处理

1)基准点坐标的获取

基准点的坐标精度直接影响监测成果，因此，需慎重选择基准点埋设的地理条件及其坐标系框架。本次测量选取的基准点是使用昆明天文台永久跟踪站的ITRF97框架下的精确坐标作为起算数据，选用国际GNSS服务组织提供的SP3精密星历，可以很好地确定和预报轨道信息参数。数据处理采用非差模型以及经过电离层改正后的相位观测值和伪距观测值。解算中采用观测瞬时历元的IGS综合精密星历和地球自转参数，求解实数模糊度解。采用萨斯塔莫伊宁(Saastamoinen)对流层改正模型，每3h求解对流层尺度因子参数。加入了周边IGS全球联合站的数据求解，以加强图形的几何尺度，最终得出基准点的WGS-84三维直角和大地坐标系坐标。

2)监测网点的解算

(1)观测质量问题。

由于控制器是分时采集数据，并将多个不同的观测时段合并，而一般静态GPS测量要求连续观测至少1h以上的数据才会达到毫米级的定位精度。因此，常规的解算整周期模糊度，求其双差解往往达不到边坡监测的精度要求。而且，观测数据的质量受地理条件的限制，监测点卫星的精度因子偏高，随机GPS解算软件不能得出令人满意的结果。

考虑到以上因素，使用专门的GPS解算软件，并根据当地情况，将解算的监测点WGS-84坐标转换为符合当地条件的站心坐标。解算软件只需要RINEX观测文件，并使用广播星历，就可以直接寻找共同观测时段，由两个基准点计算出监测点的坐标。算法上，软件主要以单历元解算为主。每个历元中，采用变形后的监测点和基准点上的载波相位观测值组成双差观测值$\Delta\nabla\varphi_c{}'$(含整周期模糊度$\Delta\nabla N$及整周期计数$\Delta\nabla \mathrm{int}(\varphi)$)，用变形前的监测点位置和基准点位置计算的双差值$\Delta\nabla\varphi_c$根据两者之差可求出变形矢量$\Delta\mu$，组成误差方程

$$V=(\Delta\nabla\varphi_c-\Delta\nabla\varphi_c{}')-\frac{1}{\lambda(\Delta\mu\Delta L)} \tag{13.22}$$

式中，V为双差观测值的残差；λ为载波波长；$\Delta\mu=[\delta_x-\delta_y-\delta_z]$，$(\delta_x,\delta_y,\delta_z)$为监测点的变形量；$\Delta L=[l_P-l_Q,m_P-m_Q,n_P-n_Q]^{\mathrm{T}}$，$(l_P,m_P,n_P)$是监测点至某颗卫星$P$的方向余弦，$(l_Q,m_Q,n_Q)$是监测点至某颗卫星$Q$的方向余弦。

如果变形量很小，对该差值的影响远小于1个周期，则在数据处理时可绕开“周跳的探测与修复”及“整周期模糊度的确定”等问题，使数据处理大为简化。由于监测点每天位移量很小，而且变形前初始坐标容易得到，因此，这种算法可以满足GPS对边坡监测的精度要求。

(2)气候问题。

由于气候变化对边坡监测的影响也很大，因此，在解算中引入萨斯塔莫伊宁、霍普菲尔德(Hopfield)等多种对流层参数模型，同时使用经过严格检验的空盒气压表、通风干湿温度计测定周围环境的气压、干温和湿温，周期性地改正模型参数，以修正观测结果。

(3)多路径问题。

首先，检验测点处是否存在多路径效应的影响。短期内由于卫星每天轨道的近似性，多路径效应影响呈周期性(即近似为24 h为1个周期)。利用每个通道接收10 min数据计算一个结果，1 h通道循环1次，一天中有$n=24$个结果，构成时间序列，如$v_1^i,v_2^i,\cdots,v_n^i$(v为计算坐标的某一分量，上角标i代表第i天，n为一天中计算结果的总数)。根据两天的结果，由式(13.23)计算其相关系数ρ。若ρ比较大(如$\rho>0.8$)，说明其有很强的多路径影响存在。然后，在测点附近采取必要措施，如覆盖吸收微波的材料、调整天线的高度等。

$$\rho=\frac{\sum_{n=1}^{24}(v_n^i-\overline{v^i})(v_n^{i+1}-\overline{v^{i+1}})}{\sqrt{\sum_{n=1}^{24}(v_n^i-\overline{v^i})^2\sum_{n=1}^{24}(v_n^{i+1}-\overline{v^{i+1}})^2}} \tag{13.23}$$

(4)测点的坐标精度评定。

用统计方法计算测点的坐标精度(以一坐标分量为例,如 v 分量)。

两个基准点测量同一测点坐标分量的差值 $\mathrm{d}v$ 为

$$\mathrm{d}v_i=v_{1i}-v_{2i} \tag{13.24}$$

式中,i 为测定次数,$i=1,2,\cdots,n$;v_1 和 v_2 分别为由基站 B1 和 B2 所测坐标值,那么差值的中误差为

$$m_{\mathrm{d}v}=\sqrt{\frac{\sum_{i=1}^{n}\mathrm{d}v_i^2}{n}} \tag{13.25}$$

而测点最终坐标是两个基站所测坐标的平均值,即

$$\bar{v}_i=\frac{v_{1i}+v_{2i}}{2} \tag{13.26}$$

其中误差为

$$m_v=\frac{m_{\mathrm{d}v}}{2} \tag{13.27}$$

解算出的结果数据量越大,用这种统计方式进行的精度评定越可靠。

3. 变形趋势的拟合

通过已知测量数据拟合监测点的未来变形趋势,并做出及时、准确的预报,是位移监测的最终目的。这里用二次曲线拟合坐标的变化,设 $v_1,v_2,\cdots,v_n$ 为时间 $t_1,t_2,\cdots,t_n$ 的坐标分量,则

$$v_i=a_0+a_1(t_i-t_1)+a_2(t_i-t_1)^2 \tag{13.28}$$

式中,a_1 为运动速度,a_2 为加速度。

用最小二乘法解算 a_1 和 a_2 有

$$\begin{bmatrix}v_1\\v_2\\\vdots\\v_n\end{bmatrix}+\begin{bmatrix}\varepsilon_1\\\varepsilon_2\\\vdots\\\varepsilon_n\end{bmatrix}=\begin{bmatrix}1&0&0\\1&(t_2-t_1)&(t_2-t_1)^2\\\vdots&\vdots&\vdots\\1&(t_n-t_1)&(t_n-t_1)^2\end{bmatrix}\begin{bmatrix}a_0\\a_1\\a_2\end{bmatrix} \tag{13.29}$$

式中,ε_i 为观测误差。

式(13.29)写成矩阵形式为

$$\boldsymbol{l}+\boldsymbol{\varepsilon}=\boldsymbol{A}\boldsymbol{x} \tag{13.30}$$

则

$$\hat{x}=\begin{bmatrix}\hat{a}_0\\\hat{a}_1\\\hat{a}_2\end{bmatrix}=(\boldsymbol{A}^{\mathrm{T}}\boldsymbol{A})^{-1}\boldsymbol{A}^{\mathrm{T}}l \tag{13.31}$$

由此得出 $\hat{a}_0$、$\hat{a}_1$ 和 $\hat{a}_2$，估计出的运动速度和加速度还需进行统计检验，以确定其显著性。计值的精度计算公式为

$$\begin{bmatrix} m_{\bar{a}_0}^2 & a & b \\ c & m_{\bar{a}_1}^2 & d \\ e & f & m_{\bar{a}_2}^2 \end{bmatrix} = m_{\bar{v}}(\mathbf{A}^{\mathrm{T}}\mathbf{A})^{-1} \tag{13.32}$$

式中，$m_{\bar{a}_1}$、$m_{\bar{a}_2}$ 为估计的速度和加速度的中误差，a、b、c、d、e、f 为矩阵其他元素。

如果

$$\hat{a}_1 > 2m_{\bar{a}_1},\ \hat{a}_2 > 2m_{\bar{a}_2} \tag{13.33}$$

则速度和加速度两者都是显著的，否则不显著(意味着误差是稳定的)。

如果

$$\hat{a}_1 > 2m_{\bar{a}_1},\ \hat{a}_2 < 2m_{\bar{a}_2} \tag{13.34}$$

则加速度分量不显著，而速度分量为显著。

变形预报只有当 $\hat{a}_1$、$\hat{a}_2$ 两者都显著，或者 $\hat{a}_1$ 或 $\hat{a}_2$ 是显著的才有意义。设 $\hat{a}_1$、$\hat{a}_2$ 是显著的，那么，t_{n+1} 时刻相对于 t_1 时刻的变形为

$$\mathrm{d}v_{n+1} = \hat{a}_1(t_{n+1} - t_1) + \hat{a}_2(t_{n+1} - t_1)^2 \tag{13.35}$$

由于预报是一种外推的过程，随着外推时间的加长，预报精度也要降低。因此，随着观测量的增加，应不断更新参数 $\hat{a}_1$ 和 $\hat{a}_2$。

在前期的40天监测过程中，1 380 m 高程以上的点位由于地势较高，受遮挡少，因此水平位移观测精度平均为2～3 mm，垂直高程位移观测精度平均为4～7 mm。1 380 m 高程以下的一系列点位处于施工工地中心，附近的护栏、锚索及护坡材料遮挡较严重，水平位移观测精度平均为3～6 mm，垂直高程位移观测精度平均为4～10 mm。

GPS以其全天候、高精度、全自动观测等优点被广泛应用于滑坡监测中。但在小湾水电站枢纽区的边坡监测中，由于地理环境恶劣、气候变化大，加之GPS易受外界观测条件、卫星及接收机钟差自身的影响，使得监测成果出现不规则的抖动，精度受到很大影响，尤其垂直方向观测精度有待提高，需要改进现有的算法。此外，还需建立适合当地环境的气候模型，来平滑GPS的解算结果。

第 14 章　工业设备形位检测

随着现代工业的迅速发展，工业设备的尺寸越来越大，结构更加复杂，工艺水平和自动化程度也大大提高，对加工产品的质检精度要求也越来越高。从而使工业设备形位检测在现代工业生产过程中得到越来越多的应用。

工业设备形位检测应用于工业设备的定位、安装、校正和工业产品的质量检验中。

14.1　概　述

14.1.1　工业设备形位检测的任务和特点

工业设备形位检测的任务是：在工业设备安装时，根据设计和工艺的要求，将设备构件按规定的精度和工艺流程的需要安置到设计位置；在工业设备检修时，对设备构件的位置进行检测，使设备构件能够调整到正确位置；在工业生产过程中，对生产部件进行外形检测，以校核生产部件外形和设计外形的差别。工业设备形位检测与一般的测量工作相比具有以下特点：

(1)工业设备形位检测的测量精度高。工业设备形位检测的对象不同、测量范围的大小不同，对测量的精度要求也不相同。在精度衡量标准上，有的用点位误差表示，有的用相对误差表示。一般来说，工业设备形位检测的点位误差要求为 0.05～2.00 mm，其相对误差要求高于 1/50 万。

(2)工业设备形位检测往往受到现场条件的限制。工业设备形位检测通常是在现场测量，测量仪器和测量方法的选择与现场测量的条件密切相关。这些条件包括通视条件、照明条件、测量仪器是否受到最短测量距离的限制、是否有震动和噪声以及是否处在高温和辐射环境等。

(3)工业设备形位检测有时受到工作时间的限制。在工业设备检修时进行形位检测往往会受到工作时间的限制。在自动化生产线上，设备检修一般需要停产。因此，检测时间的长短直接影响经济效益。在工业生产过程中，对于生产线上产品的外形检测，如钢板的宽度和厚度、玻璃的平整度需要快速的检测方法和较高的采样频率。

(4)工业设备形位检测更多地需要专用的仪器设备。由于工业设备形位检测的特殊性，除应用水准仪、经纬仪和全站仪外，更多地需要专用的仪器设备，如自动因瓦测距尺、激光跟踪仪、激光准直测量系统、数字工业摄影测量系统、静力水准测量系统，以及一些测量传感器等。

14.1.2　工业设备形位检测方法

常用的工业设备形位检测方法有电子经纬仪(或全站仪)基于前方交会的测量方法、全站仪(或激光跟踪仪)基于极坐标的三维坐标测量方法、数字近景摄影测量方法，以及激光准直测量方法。

(1)电子经纬仪(或全站仪)基于前方交会的测量方法。通常利用两台高精度电子经纬仪构成经纬仪工业测量系统,对所测物上的目标点进行前方交会,计算目标点的三维坐标。由于高精度电子经纬仪具有1″或1″以内的测角精度,因此,在短距离范围内这种方法可得到极高的点位精度。

(2)全站仪(或激光跟踪仪)基于极坐标的三维坐标测量方法。全站仪的发展,测距精度可达到±1 mm以内,甚至更高。特别是激光跟踪仪,利用激光干涉原理测距,测距精度为±10 μm/m。从而可只使用一台全站仪(或激光跟踪仪)进行三维坐标测量。对于大型的物体,可方便地在多个测站上测量。

(3)数字近景摄影测量方法。工业设备形位检测是近景摄影测量应用的一个方面,特别是对表面形状复杂、测量点密集、目标不可接近,以及处于运动状态物体的检测。随着CCD相机分辨率的提高和数字图像处理技术的发展,数字近景摄影测量与传统的近景摄影测量相比,具有测量精度高、效率高和自动化程度高的优点,在工业设备形位检测中得到广泛应用。

(4)激光准直测量方法。激光准直分为激光束准直和波带板激光准直。激光准直测量主要用于大型机械设备制造和安装中的直线度测量、平面度测量和轴与孔的同心度测量。

14.1.3 选择工业设备形位检测方法的原则

针对各种不同工业设备形位检测对象和不同检测方法的特点,正确地选择工业设备形位检测方法,做出合理的检测方案是很重要的。

(1)选择工业设备形位检测用的电磁波测距仪或扫描仪,其测量精度可为±(0.02～2)mm。但是,要求的测量精度越高,则所测量的距离就得越短。

(2)基于测角仪器(如电子经纬仪或全站仪)的最佳极限高精度是最短视距与仪器测角中误差的乘积。可见,缩短观测距离和选用高精度仪器,是保证工业设备形位检测精度的根本保证。测角仪器的极限高精度是±0.5″,但是照准目标的调焦误差会影响测角精度。

(3)近景摄影测量的极限高精度是像点点位中误差与影像比例尺分母的乘积。可见,增大构像比例尺和提高像点点位精度是保证近景摄影测量精度的基本措施。摄影测量像点点位的极限高精度是±0.5 μm。

(4)对于运动物体的形位检测,进行直接测量或摄影测量的传感器的工作频率是重要技术指标,高速摄像机提供每秒2 000幅的摄像频率,位移传感器提供每秒1 000次的测距频率。

14.1.4 工业设备安装精密测量控制网的建立

随着高精度全站仪和激光跟踪仪在工业设备安装和检修测量中的应用,对于一般小型设备的安装和检修,只需要建立一些参考点,通过自由设站,就可传递测量坐标,通常不需要建立专门的控制网。但对于大型设备的安装和检修,特别是需要分段、分块安装的情况,则需要建立安装测量控制网。这种控制网相比常规的测量控制网,边长短、范围小,其精度与设备安装的精度要求有关。对于大型精密设备,安装测量控制网控制点的点位中误差通常要求在±1 mm以内。工业设备安装精密测量控制网的建立参见5.5节。

14.2　经纬仪工业测量系统

14.2.1　系统的构成和测量原理

经纬仪工业测量系统是由两台电子经纬仪与一台计算机及附件构成，其测量原理是以三维空间交会理论为基础。如图 14.1 所示，该系统以 A 点经纬仪三轴的交点为原点(0,0,0)，以过原点的铅直方向为 z 轴，以两仪器三轴交点 A、B 的连线 AB 在水平面上的投影为 y 轴，以垂直于 yz 平面的方向为 x 轴。

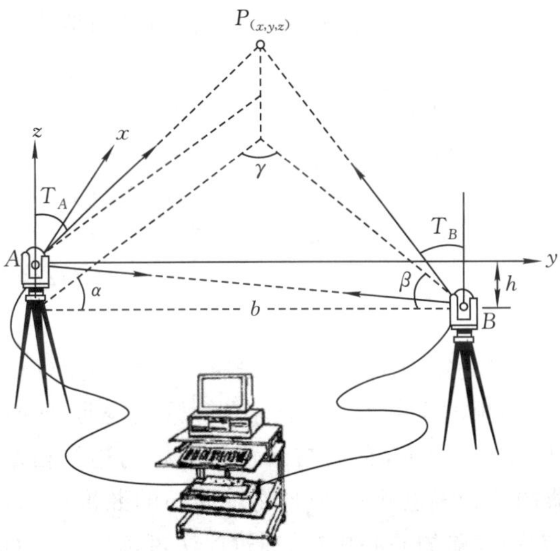

图 14.1　经纬仪工业测量系统

在该坐标系中，设 AB 的水平投影为基线长 b，AB 的高差为 h。假定在交会观测之前，b 和 h 均已精确测定，且 A、B 站上的电子经纬仪互相对瞄十字丝，以获得基线作为水平角观测的零方向。这样，根据两经纬仪同时观测目标点 P 的水平角 α、β 和天顶距 T_A、T_B，即可求得目标点 P 的三维坐标为

$$\left.\begin{aligned} x &= b\,\frac{\sin\beta\sin\alpha}{\sin(\alpha+\beta)} \\ y &= b\,\frac{\sin\beta\cos\alpha}{\sin(\alpha+\beta)} \\ z &= \frac{1}{2}\left(b\,\frac{\sin\beta\cos T_A + \sin\alpha\cos T_B}{\sin(\alpha+\beta)} + h\right) \end{aligned}\right\} \tag{14.1}$$

由式(14.1)可以看出，为了精确测定目标点 P 的三维坐标，必须已知基线长度 b 和 A、B 间的高差 h，并在较短的视线范围内观测水平角 α、β，且保证两仪器以基线方向作为观测的零方向。这就是说，在观测目标点 P 的水平角 α、β 和天顶距 T_A、T_B 之前，还须进行定向元素的测定。

14.2.2　定向测量

1. 绝对定向

所谓绝对定向就是测定两仪器间的基线长 b 和两仪器横轴的高差 h。由于两仪器之间的距离很短，直接测量有较大的难度，通常采用间接测定方法。

如图 14.2 所示，在靠近测站附近便于观测的地方安置一长度已知的尺子(如 2 m 横基尺、因瓦杆尺、石英杆尺等)作为标准长度 d，然后由 A、B 两站上的经纬仪分别观测尺子两端标志 1、2 的水平角 α_1、α_2、β_1、β_2 和天顶距 T_{A1}、T_{A2}、T_{B1}、T_{B2}。

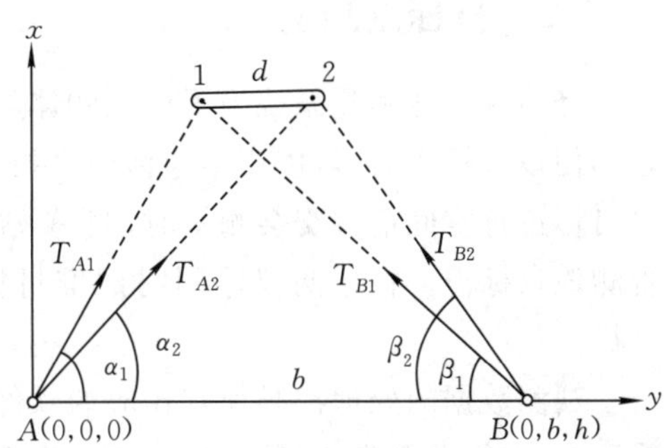

图 14.2　绝对定向

为确定基线长 b，先假定一近似基线长度 b_0，即可按式(14.1)解算出1、2两点的近似坐标 x_1^0、y_1^0、z_1^0 和 x_2^0、y_2^0、z_2^0，由此可计算出1、2两点的近似距离 d_0，即

$$d_0=\sqrt{(x_1^0-x_2^0)^2+(y_1^0-y_2^0)^2+(z_1^0-z_2^0)^2}$$

按相似原理，即可求出假定基线长与实际基线长的比例 K，即

$$K=\frac{d}{d_0}=\frac{b}{b_0}$$

由此可得基线的实际长度 b 为

$$b=\frac{d}{d_0}b_0=Kb_0 \tag{14.2}$$

两台仪器中心的高差 h，可根据两台仪器对点1、2的观测值，各计算出高差，然后取平均值，即

$$h'=S_{A1}\cot T_{A1}-S_{B1}\cot T_{B1}$$

$$h''=S_{A2}\cot T_{A2}-S_{B2}\cot T_{B2}$$

$$h=\frac{1}{2}(h'+h'')=\frac{b}{2}\left(\frac{\sin\beta_1\cot T_{A1}-\sin\alpha_1\cot T_{B1}}{\sin(\alpha_1+\beta_1)}+\frac{\sin\beta_2\cot T_{A2}-\sin\alpha_2\cot T_{B2}}{\sin(\alpha_2+\beta_2)}\right) \tag{14.3}$$

2. 相对定向

所谓相对定向就是使两仪器以基线方向作为观测的零方向，其方法是将两仪器的望远镜均调至无穷远处的情况下，互相照准对方望远镜分划板的十字丝，由平行光管原理表明，此时两望远镜的视准轴已相互平行，但并不重合。如图14.3所示，它们与两仪器中心的连线相差一个小角度 ε。消除 ε 的常用方法是在对方仪器的物镜前套上一个与物镜同心的照准标志，并重新对本测站仪器的望远镜进行调焦，照准对方物镜前的同心标志，通过此法可以减小 ε 的值。利用上述重复操作和逐渐趋近的方法可以使两仪器的视准轴逐渐趋近到重合位置，重合精度可达1.3″。

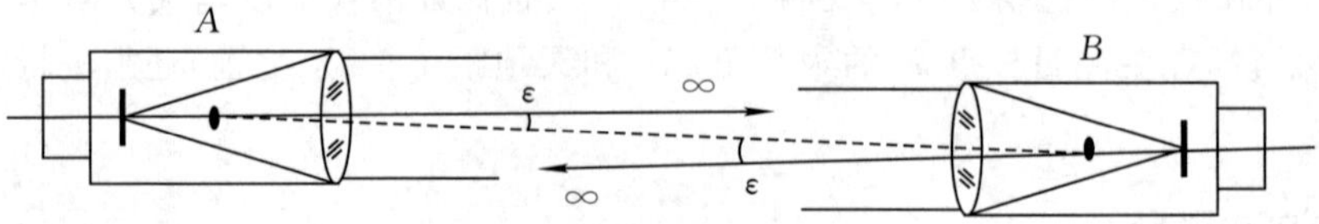

图14.3　相对定向

14.2.3　目标点测定

经纬仪工业测量系统为了测定物体的空间几何形状，首先应在待测物体上设置相应标志，若不便设置标志时，可以用半导体激光投射到物体上，以激光光斑作为物点标志。两台经纬仪对目标进行空间前方交会测量时，当 A 站(设为主机)观测某点标志时，B 站(设为副站)同时观测该点标志。根据两仪器同时照准目标点的观测值，即可按式(14.1)计算出物点的空间坐标。

观测数据的处理都必须有相应的软件。最基本的软件包括：各种测量计算及平差程序(基线测定、空间前方交会等)，编辑程序(建立坐标文件、打印输出等)和运算处理程序(坐标变换、各种线和面的拟合等)。

14.2.4　精度分析

由式(14.1)可以看出,空间前方交会点的点位精度主要受两种误差的影响:一种是起算数据 b、h,以及两测站仪器的相对定向的精度影响;另一种是交会时方向观测误差的影响。前者对交会点位的影响具有系统误差特性,尽管采用了前述间接测定方法测定 b 和 h,但由于多余观测少,仍使 b 和 h 存在着剩余误差 Δb 和 Δh,它们对交会点位的影响成比例关系,即

$$\delta_x = \frac{\Delta b}{b} x$$

$$\delta_y = \frac{\Delta b}{b} y$$

$$\delta_z = \frac{\Delta b}{b} z + \frac{1}{2} \Delta h$$

相对定向误差对交会点位的影响可以用定向方向作为未知数,即由 A 点照准 B 点的方向值和由 B 点照准 A 点的方向值,以及 AB 的天顶距方向作为三个定向未知参数。把相对定向过程中的剩余误差作为定向未知数的改正数。每观测一个目标点 I,有四个观测值(r_{AI}、r_{BI}、T_{AI}、T_{BI}),就有一个多余观测,即产生一个条件,即

$$z_{IA} - z_{IB} - h = 0$$

式中,z_{IA}、z_{IB} 分别为 A 站和 B 站观测的天顶距所计算的目标点 I 的 z 值。

将上式用观测的函数表示,并对其线性化,即可建立带有未知参数的条件方程式,若观测 n 个目标点,就有 n 个带三个未知参数的条件方程式,根据带有未知数的条件观测平差理论可以解求出三个定向参数的改正数,在计算目标点的三维坐标时,就可以消除相对定向误差的影响,提高目标点的精度。

方向观测误差(包括水平方向误差 m_β 和天顶距方向误差 m_T)对交会点位的影响具有偶然误差特性,由式(14.1)可求得交点的坐标误差为

$$m_x^2 = \frac{m_\beta^2}{\rho^2} x^2 \left(\cot^2\alpha + \cot^2\beta + 2\cot^2(\alpha+\beta) \right)$$

$$m_y^2 = \frac{m_\beta^2}{\rho^2} y^2 \left(\cot^2\alpha + \cot^2\beta + 2\cot^2(\alpha+\beta) \right)$$

$$m_z^2 = \frac{m_T^2}{\rho^2} b^2 \left(\frac{\sin^2\beta \csc^4 T_A + \sin^2\alpha \csc^4 T_B}{\sin^2(\alpha+\beta)} \right)$$

由以上分析可以看出:空间前方交会点的精度除了与基线长 b、测角精度 m_β 和 m_T 有关之外,还与交会点的位置、交会图形(α、β、T)有关。随着天顶距 T 的减小,m_z 的精度则迅速下降。因此,在作业中,应适当地选择测站位置,确定合适的交会图形,特别要注意交会点与测站点之间的高差不能太大。

14.2.5　多个测站观测的测站点平差

为了精确地确定各设备点的位置及其相对关系,一般都采用多于两个测站的空间交会测量。这样便产生了多余观测,同时也产生了测站点的平差问题,测站点的平差通常采用坐标平差方法。

多个测站的坐标系如图 14.4 所示,设有 n 个测站点,坐标原点可以任选一台仪器的位置

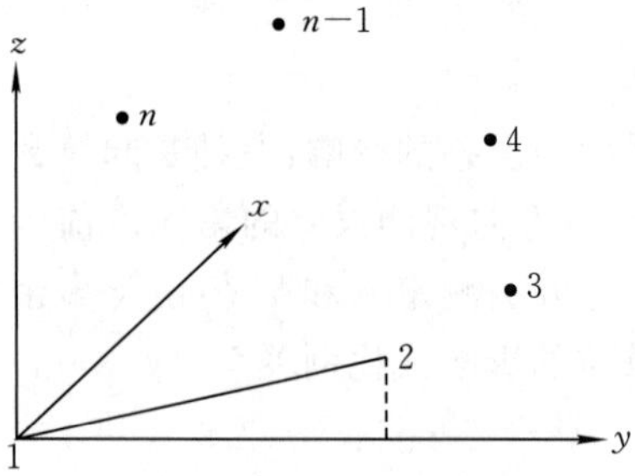

图 14.4　多个测站的坐标系

来建立，这里设1号点为坐标原点，1点到2点的水平连线为 y 轴，以过原点的铅直方向为 z 轴，以垂直于 yz 平面的方向为 x 轴。对于通视的两点间均可进行斜距、水平方向和垂直方向的观测，并可列出它们的误差方程式。

斜距误差方程式可表示为

$$v_{ij}^{S}=\left(\frac{\delta S_{ij}}{\delta x_i}\right)\mathrm{d}x_i+\left(\frac{\delta S_{ij}}{\delta x_j}\right)\mathrm{d}x_j+\left(\frac{\delta S_{ij}}{\delta y_i}\right)\mathrm{d}y_i+\left(\frac{\delta S_{ij}}{\delta y_j}\right)\mathrm{d}y_j+\left(\frac{\delta S_{ij}}{\delta z_i}\right)\mathrm{d}z_i+\left(\frac{\delta S_{ij}}{\delta z_j}\right)\mathrm{d}z_j+(S_{ij}^{0}-S'_{ij}) \tag{14.4}$$

式中，$\frac{\delta S}{\delta x}$、$\frac{\delta S}{\delta y}$ 为斜距对 x、y 的偏导数，S'_{ij} 为斜距观测值，S_{ij}^0 为斜距近似值。斜距近似值由近似坐标求得，即

$$S_{ij}^{0}=\sqrt{(x_j^0-x_i^0)^2+(y_j^0-y_i^0)^2+(z_j^0-z_i^0)^2}$$

则

$$\frac{\delta S_{ij}}{\delta x_i}=-\frac{\delta S_{ij}}{\delta x_j}=-\frac{x_j^0-x_i^0}{S_{ij}^0}$$

$$\frac{\delta S_{ij}}{\delta y_i}=-\frac{\delta S_{ij}}{\delta y_j}=-\frac{y_j^0-y_i^0}{S_{ij}^0}$$

$$\frac{\delta S_{ij}}{\delta z_i}=-\frac{\delta S_{ij}}{\delta z_j}=-\frac{z_j^0-z_i^0}{S_{ij}^0}$$

方位角误差方程式可表示为

$$v_{ij}^{B}=\left(\frac{\delta B_{ij}}{\delta x_i}\right)\mathrm{d}x_i+\left(\frac{\delta B_{ij}}{\delta x_j}\right)\mathrm{d}x_j+\left(\frac{\delta B_{ij}}{\delta y_i}\right)\mathrm{d}y_i+\left(\frac{\delta B_{ij}}{\delta y_j}\right)\mathrm{d}y_j+(B_{ij}^{0}-B'_{ij}) \tag{14.5}$$

式中，B'_{ij} 为方位角观测值，可由已知方位角和方向观测值推算求得。B_{ij}^0 为方位角近似值，可写成

$$B_{ij}^{0}=\arctan\frac{x_j^0-x_i^0}{y_j^0-y_i^0}$$

则

$$\frac{\delta B_{ij}}{\delta x_i}=-\frac{\delta B_{ij}}{\delta x_j}=-\frac{y_j^0-y_i^0}{\bar{S}_{ij}^{0\,2}}$$

$$\frac{\delta B_{ij}}{\delta y_i}=-\frac{\delta B_{ij}}{\delta y_j}=-\frac{x_j^0-x_i^0}{\bar{S}_{ij}^{0\,2}}$$

式中，$\bar{S}_{ij}^0$ 为近似平距。

天顶距误差方程式可表示为

$$v_{ij}^{S}=\left(\frac{\delta T_{ij}}{\delta x_i}\right)\mathrm{d}x_i+\left(\frac{\delta T_{ij}}{\delta x_j}\right)\mathrm{d}x_j+\left(\frac{\delta T_{ij}}{\delta y_i}\right)\mathrm{d}y_i+\left(\frac{\delta T_{ij}}{\delta y_j}\right)\mathrm{d}y_j+\left(\frac{\delta T_{ij}}{\delta z_i}\right)\mathrm{d}z_i+\left(\frac{\delta T_{ij}}{\delta z_j}\right)\mathrm{d}z_j+(T_{ij}^{0}-T'_{ij}) \tag{14.6}$$

式中，T_{ij} 为天顶距观测值，T_{ij}^0 为天顶距近似值，可写成

$$T_{ij}^0 = \operatorname{arccot}\frac{z_j^0 - z_i^0}{\overline{S}_{ij}^0}$$

则

$$\frac{\delta T_{ij}}{\delta x_i} = -\frac{\delta T_{ij}}{\delta x_j} = -\frac{(x_j - x_i)(z_j - z_i)}{S_{ij}^{0\,2}\overline{S}_{ij}^0}$$

$$\frac{\delta T_{ij}}{\delta y_i} = -\frac{\delta T_{ij}}{\delta y_j} = -\frac{(y_j - y_i)(z_j - z_i)}{S_{ij}^{0\,2}\overline{S}_{ij}^0}$$

$$\frac{\delta T_{ij}}{\delta z_i} = -\frac{\delta T_{ij}}{\delta z_j} = \frac{\overline{S}_{ij}^0}{S_{ij}^{0\,2}}$$

误差方程式的总数为斜距、方位角和天顶距的观测个数之和。选取观测的权，按最小二乘原理即可解求各点坐标增量，并将其加到各点的近似坐标值上，就可获得各点坐标平差值。

14.2.6　应用

经纬仪工业测量系统在机械、航天航空等工业部门应用很广，如飞机制造工业中，为了检测飞机机体的对称性、扭转和倾斜等，可以利用空间三维前方交会法直接测定其表面实际形状与设计形状的差异。此时，应在飞机机身各部分布置一些目标点，在飞机周围布置相应的测站，如图 14.5 所示，布置有 5 个测站，可以同时或分别在测站上安置电子经纬仪，并将它们与一台计算机连接；然后按前方交会法测定目标点的空间位置，并利用系统软件进行数据处理，以确定飞机机身的对称性及是否存在扭转；最后判定其装配是否满足误差要求。经纬仪工业测量系统同样可用来检查汽车、火车外形的几何尺寸。

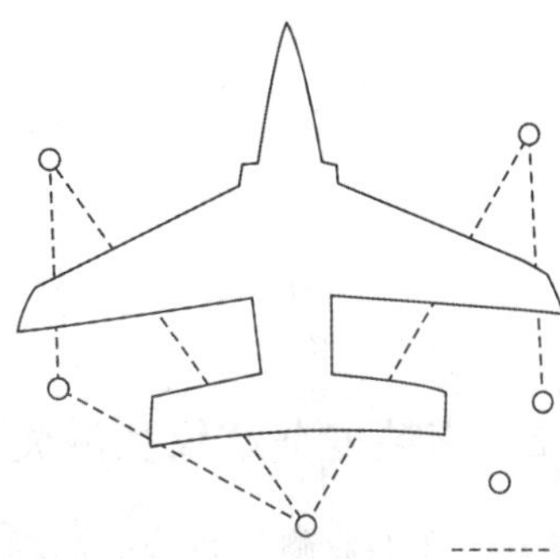

图 14.5　飞机机体检测

经纬仪工业测量系统除上述应用外，还可用于测定工业机器人触觉点在空间运动的瞬间位置，确定其是否符合设计要求；在无线电大型抛物面天线骨架、反射片元件的安装与校正中，也可采用上述方法进行测量。总之，经纬仪工业测量系统应用的实例很多，在此不一一列举。

14.3　全站仪工业测量系统

14.3.1　系统的构成和测量原理

随着全站仪测量精度和自动化程度的提高，由一台高精度全站仪（或者是激光跟踪仪）及反射棱镜构成的三维工业测量系统得到广泛应用，其测量原理是极坐标测量。全站仪工业测量系统的坐标系如图 14.6 所示，以全站仪三轴的交点 O 为原点，y 轴平行于 A、B 连线的水平投影。以过原点的铅直方向为 z 轴，以垂直于 yz 平面的方向为 x 轴。在测站上按极坐标测量方法分别观测 A、B 两点的水平方向 α_A、α_B 和天顶距 T_A、T_B 及斜距 S_A、S_B，则不难求出 A、B 两点在上述坐标系中的三维坐标，即

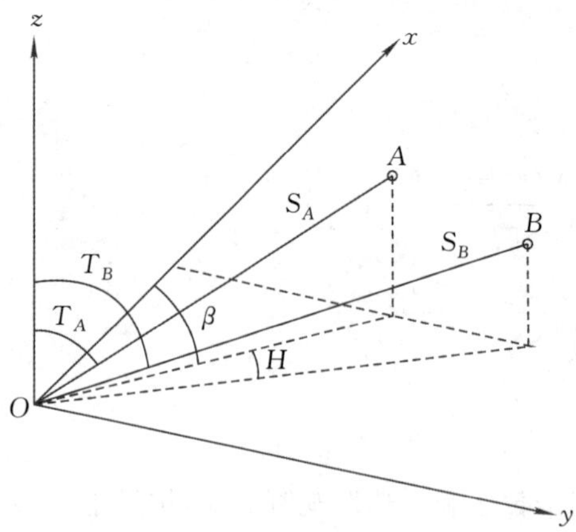

图 14.6　全站仪工业测量系统的坐标系

$$\left.\begin{aligned} x_A &= S_A \sin T_A \cos\beta \\ y_A &= S_A \sin T_A \sin\beta \\ z_A &= S_A \cos T_A \end{aligned}\right\} \tag{14.7}$$

同理得

$$\left.\begin{aligned} x_B &= S_B \sin T_B \cos(\beta + H) \\ y_B &= S_B \sin T_B \sin(\beta + H) \\ z_B &= S_B \cos T_B \end{aligned}\right\} \tag{14.8}$$

式中，$H=\alpha_B-\alpha_A$，β为OA方向与x轴之间的夹角。

由图14.6中可以看出，若A、B为已知点，在任意设置测站点的情况下，都可以建立以AB的平行线为y轴的上述坐标系。这时只要求出OA方向与x轴之间的夹角β即可，顾及$y_A=y_B$，则有

$$S_A \sin T_A \sin\beta = S_B \sin T_B \sin(\beta + H) \tag{14.9}$$

将式(14.9)展开和整理后，即可得

$$\cot\beta = \frac{S_A \sin T_A}{S_B \sin T_B \sin H} - \cot H \tag{14.10}$$

显然，β可以根据观测数据S、T、H计算求得。实质上，解求β是实现测站坐标系的定向。经测站坐标系定向后，即可进行目标点的测定。对于空间任意点P，在该坐标系中的坐标为

$$\left.\begin{aligned} x_P &= S_P \sin T_P \cos(\beta + H_P) \\ y_P &= S_P \sin T_P \sin(\beta + H_P) \\ z_P &= S_P \cos T_P \end{aligned}\right\} \tag{14.11}$$

式中，$H_P=\alpha_P-\alpha_A$。

14.3.2　高精度全站仪和激光跟踪仪

用于三维工业测量系统的高精度全站仪除测角精度高以外，一般测距精度也应很高。如徕卡TDRA6000全站仪。该仪器具有自动目标识别技术以及单人操作反射镜跟踪，测角精度为0.5″，在30 m测量范围内的三维点测量不确定度为0.25 mm。徕卡TDRA6000全站仪为超大尺寸构件的精密测量提供了一种方便手段，可在600 m测量空间进行标准反射球模式与非接触(无反射球)两种模式下的三维测量。

激光跟踪仪是一种高精度三维工业测量仪器，绝对坐标测量精度可达±10 μm/m，其测量原理和全站仪基本相同，仅是测距方式和跟踪方式不同。现以徕卡LTD 800激光跟踪仪为例，介绍距离测量和跟踪方式。

徕卡LTD 800激光跟踪仪的距离测量部分，包括单频激光干涉法距离测量装置、鸟巢、绝对距离测量装置和反射器。干涉法距离测量只能测量相对距离，如需要测量仪器中心到空间点的绝对距离，必须给出一个基准距离。仪器中心到鸟巢的距离(基准距离)是已知的，当反射器从鸟巢开始移动，测量出反射器移动的相对距离，再加上基准距离就得到绝对距离。有些跟踪仪在测量过程中，一旦激光束被阻断，就必须重新开始测量。徕卡LTD 800激光跟踪测量仪上安装有相机，在绝对距离测量装置的配合下，跟踪仪系统会重新找回反射镜，并由绝对距

离测量装置赋予初始距离值，好像激光束从未被挡断一样。

徕卡 LTD 800 激光跟踪仪对反射器的跟踪主要由位置检测器(position detector，PSD)来完成，反射器反射回的光经过分光镜时，有一部分光进入位置检测器。当反射器移动时，这一部分光将会在位置检测器上产生一个偏移值。根据偏移值，位置检测器就会控制马达转动，直到偏移值为零，从而达到跟踪的目的。

激光跟踪仪与全站仪不同的是仪器没有对中装置，当用于较大范围在多个测站上测量时，需要建立高精度控制网，然后采用自由设站方法确定激光跟踪仪中心的坐标，再进行一个测站上的测量工作。

14.3.3　精度分析

由式(14.11)可知，确定 P 点的主要误差来源是水平方向、天顶距、斜距的测量误差(m_α、m_ν、m_S)以及坐标系的定向误差等。在仅顾及观测误差影响的情况下，可求得

$$\left.\begin{aligned}
m_x &= m_S \sin^2 T \cos^2(\beta + H) + \frac{m_\nu^2}{\rho^2} S^2 \cos^2 T \cos^2(\beta + H) + \frac{m_\alpha^2}{\rho^2} S^2 \sin^2 T \sin^2(\beta + H) \\
m_y^2 &= m_S^2 \sin^2 T \sin^2(\beta + H) + \frac{m_\nu^2}{\rho^2} S^2 \cos^2 T \sin^2(\beta + H) + \frac{m_\alpha^2}{\rho^2} S^2 \sin^2 T \cos^2(\beta + H) \\
m_z^2 &= m_S^2 \cos^2 T + \frac{m_T^2}{\rho^2} S^2 \sin^2 T
\end{aligned}\right\} \tag{14.12}$$

由式(14.12)可以看出，目标点 P 的位置误差除了与观测精度有关之外，还与该点相对测站点的位置有关。

14.3.4　应用

全站仪三维工业测量系统设站非常方便灵活，测程较远，特别适合于测量范围大的场合。激光跟踪仪三维工业测量系统具有测量精度高、实时快速、动态测量、便于移动等优点，在航空航天、汽车制造、电子工业、高能粒子加速器工程，以及大尺寸计量行业中有广泛应用。

在船舶工业制造中，可应用全站仪三维工业测量系统进行船体的合笼装配测量。通常是将全站仪安置在船体附近的任意位置，在船体轴线两端的骨架上粘贴一反射片作为轴线标志，建立以 y 轴的坐标系。然后在缝线焊接处贴上反射片，依次测定船体合笼缝上各点的空间坐标，并相应地进行调整使其位于设计位置，以保证将缝线两侧的钢板焊接在一起时构成符合设计的整船体。利用这种方法测量时，对测站位置的选择无特殊要求，只要求便于安置仪器和能照准设置在船体各处的反射片即可。观测数据记录和存储在电子手簿中，并利用相应的软件进行处理，显示合笼缝各反射片的空间位置和调整值。

全站仪三维工业测量系统也可用于测定抛物面天线的表面形状。如测定某天文台口径为 25 m 的射电望远镜的主反射面的变形。测量时，将全站仪安置在离天线约 100 m 的观测墩上，任意测定两点以确定坐标系，然后在主反射面的每块面板上粘贴反射片，顺时针由外向内一圈一圈地测定测点的坐标。在观测过程中测定温度和气压，以对测量距离进行改正。各点坐标数据处理时，需进行抛物面拟合，确定主反射面各块面板的变形，同时可按实际位置进行调整，使各面板构成一个新的主反射面。

如图14.7所示，是用徕卡高精度全站仪与美国实用动力数字千斤顶构成的自动定位和调整系统，可广泛应用于磁悬浮轨道梁、各种大型构件的自动定位和调整。

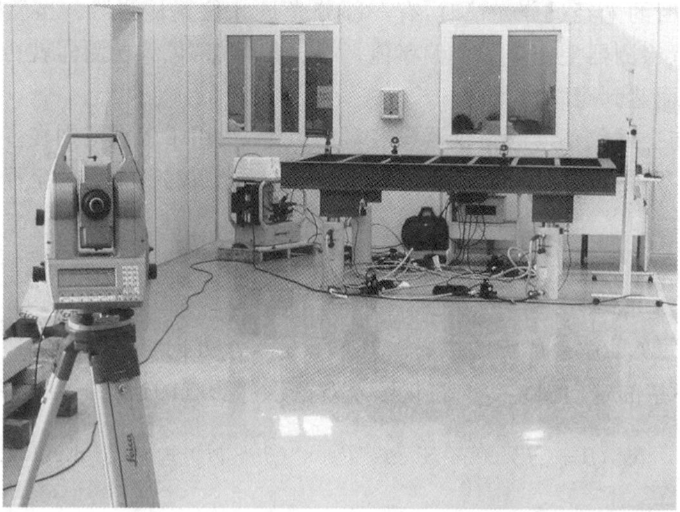

图14.7　高精度全站仪检测大型构件

激光跟踪仪由于具有测量速度快，测量精度高等特点，在大型工业设备、实验设施的安装检测和产品质量的检测等工作中有广泛应用。现以激光跟踪仪在某汽车生产厂内的应用作一介绍。

为了检测汽车在制造过程中的制造误差，采用了一套基于CCD相机摄影测量原理的在线检测设备，共有29个CCD传感器安装在不同部位，通过统一的图像处理得到整个车身的外形，并和设计CAD模型进行比较，其结果反馈给制造过程，以提高制造质量。为了统一这29个CCD传感器在设计坐标系下的坐标，在设备安装过程中需要对每个CCD传感器进行校准和定向，确定其工作坐标系和设计坐标系的转换参数。传感器校准的做法是：用特制的测量标志放在CCD传感器的最佳测量位置（作为CCD摄影测量的控制点，一般在上、下、左、右放置4个点即可），通过图像处理得到测量标志在CCD传感器工作坐标系下的坐标；同时用激光跟踪仪确定这些标志点在设计坐标系下的坐标，输入到系统中进行定向解算，得到坐标转换参数。这时激光跟踪仪的测量坐标系应先转换到设计坐标系下，然后用激光跟踪仪测量各控制点的坐标，所得坐标即为设计坐标系下的坐标。

14.4　数字近景摄影工业测量系统

14.4.1　近景摄影测量原理

近景摄影测量是通过摄影手段来确定百米范围内物体的外形和运动状态。利用CCD或CMOS摄像机不需要胶片就可以直接获得被测物的数字影像，这种直接基于数字影像的近景摄影测量，称为数字近景摄影测量。在摄影测量中，物点、摄像中心和像点这三点在一条直线上，称为共线方程。对于单摄像机的情况，如果摄像中心和像点已知，就可以确定像点和摄像中心组成的唯一射线，而物点必然在此射线上。但是物点在此射线上的具体位置无法确定。

在使用两台或多台摄像机的条件下，利用各个摄像机的摄像中心和像点组成的射线都应该通过空间物点，即各射线应在物点相交的原理就可以对空间物点进行交会定位。如图 14.8 所示为多台摄像机对空间物点 P 成像的示意图，物点 P 为摄像中心 S_i 和相应的像点 p_i 组成的射线的交点。

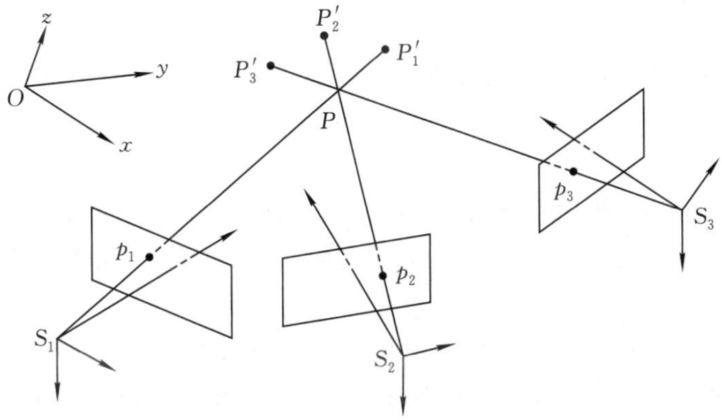

图 14.8　多台摄像机三维交会

多摄站测量空间物点坐标的数据处理基础是共线条件方程，具体解算可分两种模式：一种是先定向，再进行坐标测量的分步解算模式；另一种是定向与坐标测量同时进行的整体解算模式。

1. 像点坐标误差方程式的一般形式

共线条件方程是描述摄影中心 S、像点 p 及物点 P 位于一直线的关系式。设像点坐标为 x、y，像片外方位元素为 X_S、Y_S、Z_S、ω、φ、κ，物方点坐标为 X、Y、Z，内方位元素为 x_0、y_0、f，像点坐标因某种系统误差产生的改正值为 Δx、Δy，则共线条件方程可写为

$$\left.\begin{aligned} x-x_0+\Delta x &= -f\frac{a_1(X-X_S)+b_1(Y-Y_S)+c_1(Z-Z_S)}{a_3(X-X_S)+b_3(Y-Y_S)+c_3(Z-Z_S)} \\ y-y_0+\Delta y &= -f\frac{a_2(X-X_S)+b_2(Y-Y_S)+c_2(Z-Z_S)}{a_3(X-X_S)+b_3(Y-Y_S)+c_3(Z-Z_S)} \end{aligned}\right\} \tag{14.13}$$

共线条件方程式(14.13)是非线性关系式，对该方程式的各种观测值进行最小二乘平差处理时，应将方程线性化，则像点坐标改正数方程式（误差方程式）为

$$\begin{bmatrix} v_x \\ v_y \end{bmatrix} = \begin{bmatrix} \dfrac{\delta x}{\delta X_S} & \dfrac{\delta x}{\delta Y_S} & \dfrac{\delta x}{\delta Z_S} & \dfrac{\delta x}{\delta \omega} & \dfrac{\delta x}{\delta \varphi} & \dfrac{\delta x}{\delta \kappa} & \dfrac{\delta x}{\delta X} & \dfrac{\delta x}{\delta Y} & \dfrac{\delta x}{\delta Z} \\ \dfrac{\delta y}{\delta X_S} & \dfrac{\delta y}{\delta Y_S} & \dfrac{\delta y}{\delta Z_S} & \dfrac{\delta y}{\delta \omega} & \dfrac{\delta y}{\delta \varphi} & \dfrac{\delta y}{\delta \kappa} & \dfrac{\delta y}{\delta X} & \dfrac{\delta y}{\delta Y} & \dfrac{\delta y}{\delta Z} \end{bmatrix} \begin{bmatrix} \Delta X_S \\ \Delta Y_S \\ \Delta Z_S \\ \Delta \omega \\ \Delta \varphi \\ \Delta \kappa \\ \Delta X \\ \Delta Y \\ \Delta Z \end{bmatrix} - \begin{bmatrix} x-\bar{x} \\ y-\bar{y} \end{bmatrix} \tag{14.14}$$

式中，$\bar{x}$、$\bar{y}$ 为用近似参数计算的像点坐标。

将式(14.14)中的未知数分为外方位元素、物方点坐标和内方位元素，则有

$$\begin{bmatrix} v_x \\ v_y \end{bmatrix} = \begin{bmatrix} c_{11} & c_{12} & c_{13} & c_{14} & c_{15} & c_{16} \\ c_{21} & c_{22} & c_{23} & c_{24} & c_{25} & c_{26} \end{bmatrix} \begin{bmatrix} \Delta X_S \\ \Delta Y_S \\ \Delta Z_S \\ \Delta\omega \\ \Delta\varphi \\ \Delta\kappa \end{bmatrix} + \begin{bmatrix} -c_{11} & -c_{12} & -c_{13} \\ -c_{21} & -c_{22} & -c_{23} \end{bmatrix} \begin{bmatrix} \Delta X \\ \Delta Y \\ \Delta Z \end{bmatrix} - \begin{bmatrix} l_x \\ l_y \end{bmatrix} \tag{14.15}$$

将式(14.15)写成矩阵形式，得到像点坐标误差方程式的一般形式为

$$\boldsymbol{V} = \boldsymbol{A}_1\boldsymbol{X}_1 + \boldsymbol{A}_2\boldsymbol{X}_2 - \boldsymbol{L} \tag{14.16}$$

2. 分步解算

多摄站交会时，假如将摄站看作是已知的控制点，则对目标点的测量就是空间前方交会。这种确定各摄站的方向和位置的过程称为系统定向，包括相对定向和绝对定向。

1)系统定向

当物方空间存在控制点，摄影后每张像片均覆盖一定数量的控制点，则基于共线条件方程，利用单像片空间后方交会即可求解各像片的外方位元素，完成系统定向。在式(14.16)中，控制点坐标可视为真值，即 $X_2=0$，仅需求解外方位元素未知数 X_1，则式(14.15)变为

$$\begin{bmatrix} v_x \\ v_y \end{bmatrix} = \begin{bmatrix} c_{11} & c_{12} & c_{13} & c_{14} & c_{15} & c_{16} \\ c_{21} & c_{22} & c_{23} & c_{24} & c_{25} & c_{26} \end{bmatrix} \begin{bmatrix} \Delta X_S \\ \Delta Y_S \\ \Delta Z_S \\ \Delta\omega \\ \Delta\varphi \\ \Delta\kappa \end{bmatrix} - \begin{bmatrix} l_x \\ l_y \end{bmatrix} \tag{14.17}$$

即

$$\boldsymbol{V} = \boldsymbol{A}_1\boldsymbol{X}_1 - \boldsymbol{L}$$

对于每一个控制点，都可以按式(14.17)列出两个方程式。因此，只要有3个不在一条直线上的控制点，就可以列出6个方程式，即可求得该像片的6个外方位元素值。当控制点多于3个时，可按最小二乘平差计算。

2)坐标测量

系统定向后，各摄站的方位为已知值，那么在式(14.16)中，$\boldsymbol{X}_1=\boldsymbol{0}$，则式(14.15)变为

$$\begin{bmatrix} v_x \\ v_y \end{bmatrix} = \begin{bmatrix} -c_{11} & -c_{12} & -c_{13} \\ -c_{21} & -c_{22} & -c_{23} \end{bmatrix} \begin{bmatrix} \Delta X \\ \Delta Y \\ \Delta Z \end{bmatrix} - \begin{bmatrix} l_x \\ l_y \end{bmatrix} \tag{14.18}$$

即

$$\boldsymbol{V} = \boldsymbol{A}_2\boldsymbol{X}_2 - \boldsymbol{L}$$

物方点的每一个相应像点均可以按式(14.18)列出两个方程式。当物点在两张以上的像片上成像时，就可以用最小二乘平差解算出该点的坐标。

在14.3.4小节检测汽车应用中，采用的基于CCD相机摄影测量原理的在线检测设备，就是按分步解算模式，算出各检测点的坐标。

3. 整体解算

把控制点的像坐标、待定点的像坐标以及其他数据(如相对控制)均视为观测值，整体地求

解像片的外方位元素值和待定点的空间坐标的方法称为整体解算，这就是摄影测量中的光线束平差解法。

在整体解算时，像点坐标的误差方程式有两类，即控制点像点坐标的误差方程式和待定点像点坐标的误差方程式，以矩阵形式表示，即

$$\left.\begin{aligned} \boldsymbol{V}_1 &= \boldsymbol{A}_{11}\boldsymbol{X}_1 - \boldsymbol{L}_1 \\ \boldsymbol{V}_2 &= \boldsymbol{A}_{12}\boldsymbol{X}_1 + \boldsymbol{A}_{22}\boldsymbol{X}_2 - \boldsymbol{L}_2 \end{aligned}\right\} \tag{14.19}$$

当在一些物方点之间测量了距离作为相对控制时，则有

$$S_{ij} = \sqrt{(X_i - X_j)^2 + (Y_i - Y_j)^2 + (Z_i - Z_j)^2}$$

其相应的误差方程式可写为

$$\boldsymbol{V}_3 = \boldsymbol{B}\boldsymbol{X}_2 - \boldsymbol{L}_3 \tag{14.20}$$

只要有足够的观测值（控制点像点坐标、待定点像点坐标和相对控制），就可按最小二乘平差解算出像片的外方位元素值和待定点的空间坐标。

14.4.2　工业摄影测量的摄像设备

工业摄影测量最常用的摄像设备是 CCD 相机，摄影测量的精度主要取决于相机的分辨率等性能。以下介绍几种数字相机。

1. INCA 摄像机

INCA 摄像机是美国 GSI 公司 1996 年生产的一种智能化的摄像机，它是专为摄影测量目的而制造的一种数字摄影测量摄像机。

INCA 摄像机的基本硬件是美国柯达公司的 Megaplus 摄像机，以及和它联成一体的集成式计算机（装在相机背后）。

INCA 摄像机如图 14.9 所示，设置有近轴光源。INCA 摄像机对现场所摄影像当即处理，可立刻处理出现的问题，诸如漏拍、摄像方向不佳、后交效果不好，以及出现精度不好的点位等。

2. Rollei Q16 量测摄像机

德国禄来技术有限公司生产的 Rollei Q16 量测摄像机，如图 14.10 所示，是一种高分辨率数码相机。其 CCD 芯片面积达 60 mm×60 mm，分辨率为 4 096×4 096 像素（1 600 万像素），像素大小为 15 μm。可选镜头焦距为 40～80 mm，可配备近轴光源，影像数据存储在便携式数据存储设备上或直接与计算机相连。

图 14.9　INCA 摄像机

图 14.10　Rollei Q16 摄像机

3. V-STARS 数字摄影测量系统

V-STARS 数字摄影测量系统是由瑞士原徕卡公司和美国瑞谷公司联合推出的，如图 14.11 所示。它通过两台高分辨率的柯达数字相机对被测物同时拍摄，得到物体的数字影像，经计算机图像处理后得到精确的 X、Y、Z 坐标。

V-STARS 系统为保证最佳的图像量测精度和效果，被测点的标志采用特制的回光反射标志。数字相片的相对定向和绝对定向采用磁性定向标志，与标准尺放在物方空间，同时被拍摄到图像中。相对定向由鼠标控制，而影像匹配则由计算机自动完成。该系统在近距离范围内测量精度可达到 0.1～0.3 mm。

14.4.3 结构光三维测量系统

结构光三维测量是基于双像机交会测量法原理，将双像机交会中的一个像机用事先约定好的结构投影光来代替，利用投影系统和成像系统的几何信息来进行三维形貌测量。结构光三维测量系统主要由结构光投影器、摄像机、图像采集及处理系统组成。结构光类型有条纹光栅、正交光栅、点阵等，根据不同的应用对象，可设计不同的结构光形式。下面介绍条纹结构光测量方法。

这种方法采用光学投射器将光栅投影于物体表面，在表面上形成由被测物体表面形状所调制的光栅条纹三维图像，如图 14.12 所示。该三维条纹图像由处于另一位置的摄像机拍摄，从而获得光栅条纹的二维变形条纹图像。条纹的变形程度取决于光学投射器与摄像机之间的相对位置和物体表面形状。直观上，条纹在法线方向的位移（或偏移）与物体表面深度成比例，扭结表示了平面的变化，不连续显示了表面的物理突变或间隙。当光学投射器与摄像机之间的相对位置一定时，由变形的条纹图像便可重现物体表面形状，即可进行三维形貌测量。

图 14.11 V-STARS 数字摄影测量系统

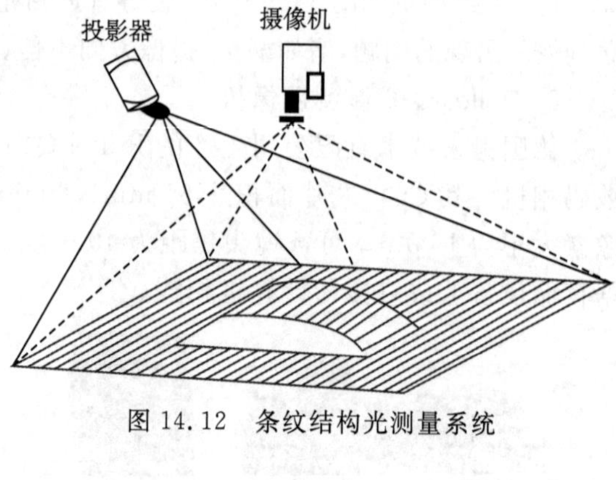

图 14.12 条纹结构光测量系统

14.5 激光测量系统

14.5.1 激光准直测量系统

激光准直测量按测量原理可分为激光束准直和波带板激光准直。激光束准直是直接利用激光束的直线性，因此，准直测量精度受激光束本身的漂移影响，测量距离越远测量精度就越低，一般用于短距离准直测量。波带板激光准直是利用激光的相干性，采用三点准直方法，激光只作为点光源，而不作为准直线，因此避免了对激光束高稳定性的要求。但波带板激光准直的波带板需按测量距离预先设计制作好，这对一般场合下使用受到限制。波带板激光准直主要用于长距离高精度准直测量，如长距离基准线测量、直线加速器安装测量等。

在工业设备检测中常用激光束准直仪。下面介绍瑞典大马力尼公司生产的 Easy-Laser 激光测量系统。

Easy-Laser 激光测量系统由多种激光发射器、激光接收器、显示单元和安装夹具组成，根据测量的对象选用不同的激光发射器、激光接收器和安装夹具。激光发射器采用半导体激光器，激光波长为 635～670 nm，是红色可见光。激光接收器采用 PSD 器件，PSD 器件是在感应面的两端加适当电压，如图 14.13 所示。激光打到感应面的不同位置则会在两端产生不同的电流，其分析的是模拟量，通过 A/D 转换，以数字显示测量值。

Easy-Laser 激光测量系统在工业设备检测中可用于大型机械的直线度测量、平面度测量和同心度测量。

1. 平面度测量

如图 14.14 所示，将一旋转激光发射器放置在被测平面任意一个角上，调整后将其激光扫过一个 90°范围的平面。另将激光接收器依次按工艺要求放置在被测平面的分布点上，读取每一个位置相对于激光平面垂直于平面方向上的偏移量。将这些数据记录后，按工艺要求选择三点决定的平面作为基准面，或根据全部点拟合一个平面作为基准面，这样，其他点的偏差量就可计算出来。

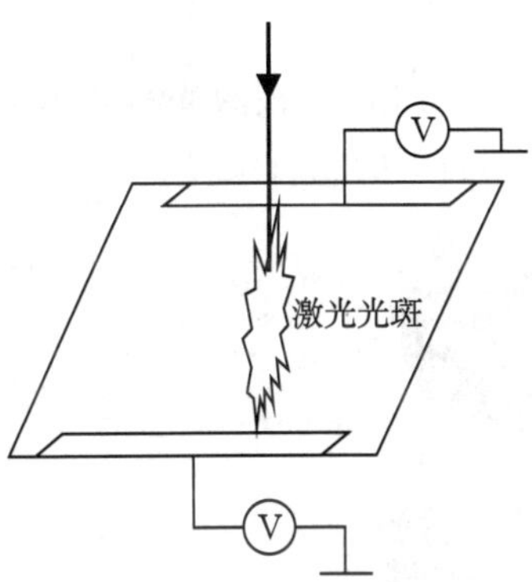

图 14.13　PSD 器件

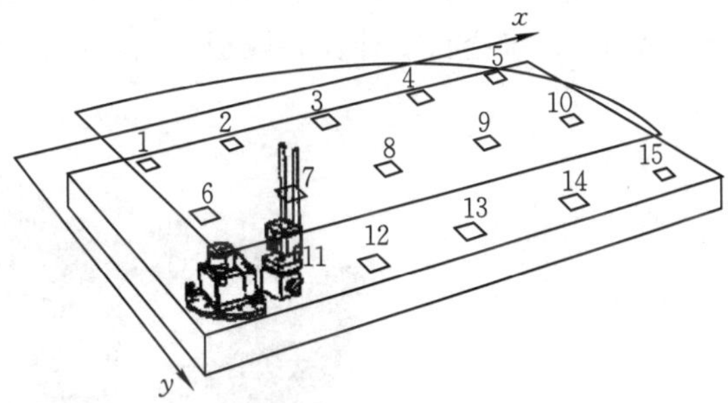

图 14.14　平面度测量

2. 同心度测量

同心度测量的激光发射器如图 14.15 所示，该激光发射器有三个带磁力的刚性支撑杆，支撑杆可调节长度以适应不同直径的测量对象，当进行半圆测量时三个支撑杆可以全部安装在激光器下部，激光束可以方便地在底盘上进行水平和垂直方向的微调。

放于圆内的同心度测量的激光接收器如图 14.16 所示，该接收器有 8 套可调节支撑杆，并有凸轮锁紧装置。

测量时，激光发射器安装在第一个圆孔内，激光接收器按测量顺序依次安装于各圆孔内，读取水平和垂直方向的测量数据。测量完成后，可以任意两孔为基准，显示其他孔在水平和垂直方向的偏差值。图 14.17 是 5 个孔的测量结果，其中 1 点和 5 点为参考点。

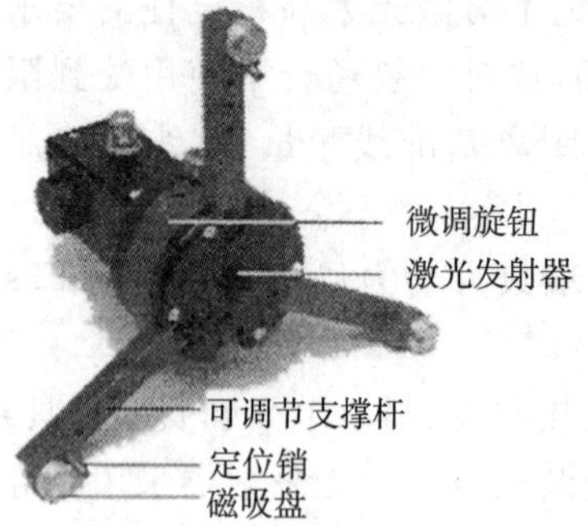

图 14.15　激光发射器

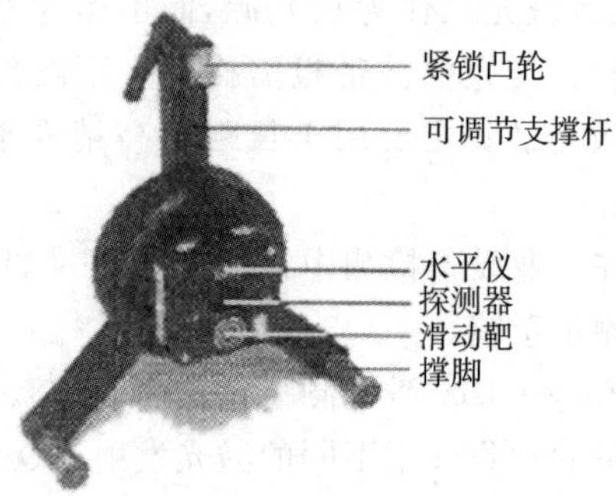

图 14.16　激光接收器

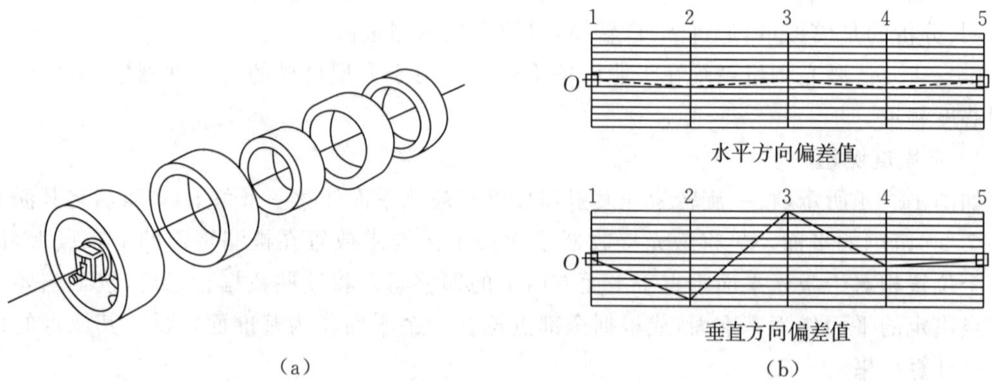

图 14.17　同心度测量

激光测量系统用于大型汽轮机隔板的同心度测量如图 14.18 所示，该激光接收器支架连接于横梁上，系统会自动计算各隔板之间轴心在水平和垂直方向上的相对位置。

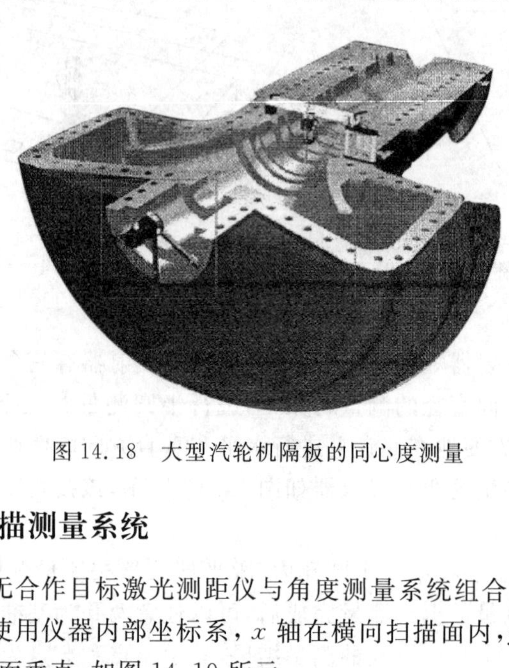

图 14.18　大型汽轮机隔板的同心度测量

14.5.2　三维激光扫描测量系统

三维激光扫描仪是无合作目标激光测距仪与角度测量系统组合的自动化快速测量系统。三维激光扫描测量一般使用仪器内部坐标系，x 轴在横向扫描面内，y 轴在横向扫描面内与 x 轴垂直，z 轴与横向扫描面垂直，如图 14.19 所示。

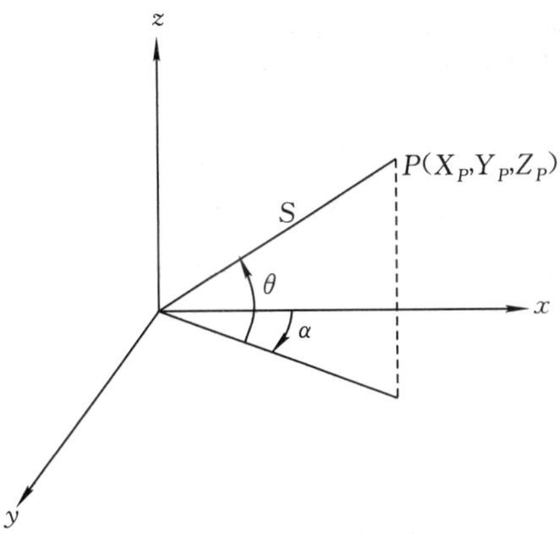

图 14.19　三维激光扫描测量坐标系

目前三维激光扫描仪主要采用脉冲测距法，其测量的工作原理是扫描仪激光器发射激光脉冲，经目标反射后由接收器接收，通过测量激光脉冲的飞行时间获得距离观测值 S，精密时钟控制编码器同步测量横向扫描角度观测值 α 和纵向扫描角度观测值 θ。由图 14.19 可知，目标点的坐标值为

$$\left.\begin{aligned} X_P &= S\cos\theta\cos\alpha \\ Y_P &= S\cos\theta\sin\alpha \\ Z_P &= S\sin\theta \end{aligned}\right\} \tag{14.21}$$

脉冲测距的精度较低，一般为 3 mm。2002 年，徕卡公司推出一种调频相干激光雷达扫描仪 LR200，其测量精度与激光跟踪仪相当。

激光雷达扫描仪 LR200 进行测量时也提供三个观测值，即水平角、高度角和距离，其测距采用精密比对的测量方式。激光雷达测距时，向被测物体发射一束红外调制光，经物体表面反射后被激光雷达接收。调制光在向被测物体发射的同时，也向仪器内部的一段固定长度的光纤发射，该段光纤长度已知，当发向被测物体的调制光往返传播时，另一部分光也在固定长度光纤内反复传播。当发向被测物体的光返回激光雷达接收器时，只需计算出另一部分光在光纤内传播的距离，即可求得仪器到被测物体的距离。

激光雷达扫描仪在测量过程中，完全由与之连接的计算机控制。激光雷达扫描仪在飞机、汽车部件检测，以及大型天线测量中已得到推广应用。

14.5.3　激光位移计

目前被广泛采用的一种激光位移计是基于三角测量原理的位移测量仪，如图 14.20 所示，其基本组成是激光器、成像物镜、光电位敏接收器、信号处理及测量结果显示系统。激光束在被测物体表面上形成一个亮的光斑，成像物镜将该光斑成像到光敏器件上，产生电信号。当被测物体移动时，其表面上光斑相对成像物镜的位置发生改变，相应的其像点在光敏器件上的位置也要发生变化，两者之间的关系为

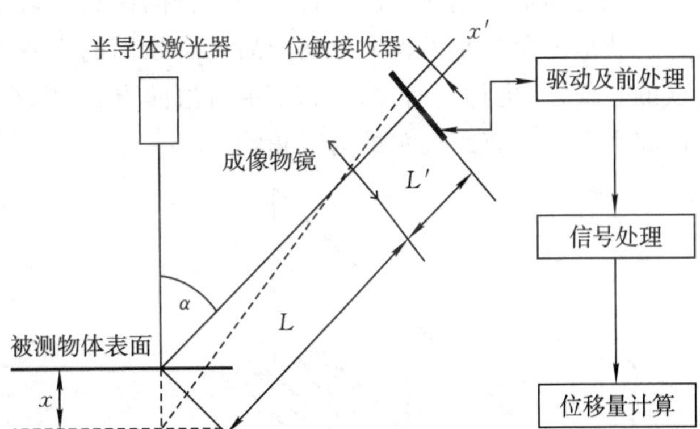

图 14.20　三角法激光位移测量仪原理

$$x = \frac{x'L}{L'\sin\alpha - x'\cos\alpha}$$

式中，x、x' 分别是被测物位移和光敏器件上像斑的位移；L、L'、α 分别是系统的结构参数，是根据具体使用要求而选定的。由此可见，精确地测量 x' 就可以得到被测物体的位移量。

激光位移测量仪用于工业生产，测量被测物体表面形状的变化以及测量加工尺寸，对产品的质量进行自动控制。

14.6　高速铁路无砟轨道几何状态测量

为保证高速列车在运行时的安全性，以及乘坐旅客的舒适度，高速铁路的轨道必须具备高平顺性和高稳定性。轨道的高精度铺设是实现轨道初始高平顺性的保证。我国高速铁路轨道采用无砟轨道，为保证无砟轨道的铺设精度，除建立高精度轨道铺设控制网(CPⅢ网)外，轨道几何状态测量同样十分重要。

14.6.1　无砟轨道的几何形位和允许偏差

无砟轨道的几何形位主要有轨距、水平、轨向、高低、三角坑。

轨距是同一轨道横截面内左右钢轨顶面以下 16 mm 处间的最短距离，如图 14.21 所示。

水平是同一轨道横截面上左右钢轨顶面所在水平面的高度差，不包含曲线上设置的超高。

轨向是钢轨内侧轨距点垂直于轨道方向偏离轨距点平均位置的偏差，如图 14.22 所示。

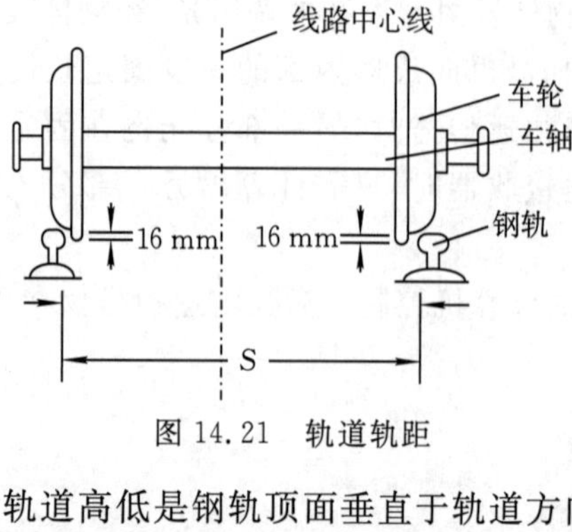

图 14.21　轨道轨距

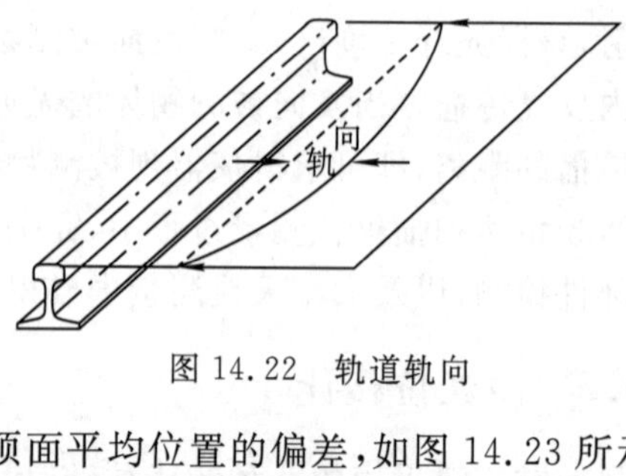

图 14.22　轨道轨向

轨道高低是钢轨顶面垂直于轨道方向偏离钢轨顶面平均位置的偏差，如图 14.23 所示。

轨道三角坑是沿轨道方向前后两个断面的水平差，如图 14.24 所示。轨道三角坑反映轨顶的平面性，也称扭曲，图 14.24 中轨顶四点 A、B、C、D 不在一个平面上，C 点到 A、B、D 三点构成平面的垂直距离 h 即为三角坑。

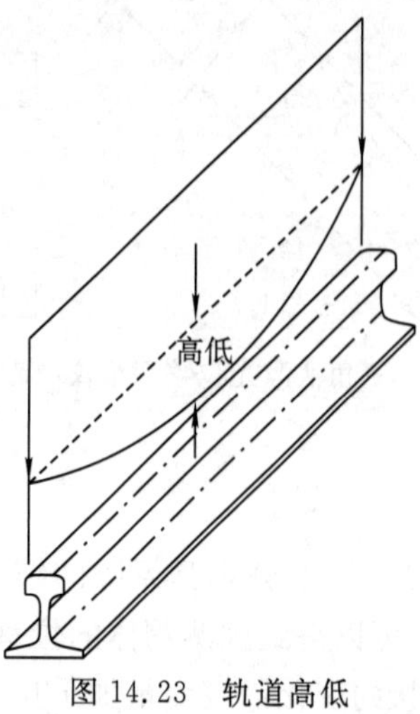

图 14.23　轨道高低

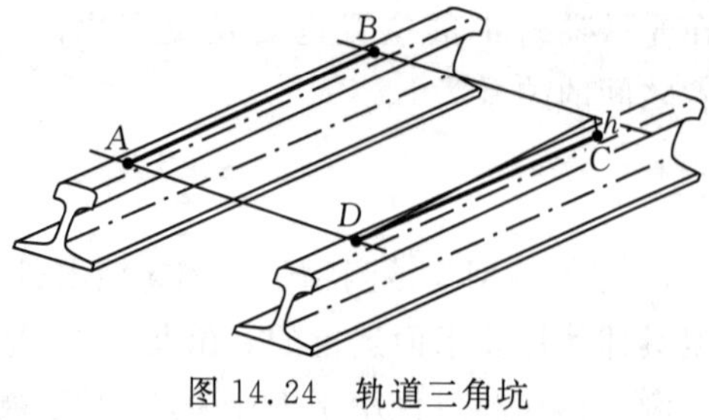

图 14.24　轨道三角坑

无砟轨道静态平顺度允许偏差如表 14.1 所示。

表 14.1　无砟轨道静态平顺度允许偏差　单位:mm

序号	项　目	旅客列车设计行车速度 v/(km/h)	
		200	200<v≤350
1	轨距	+1 −2	±1
2	高低(弦长 10 m)	2	2
3	轨向(弦长 10 m)	2	2
4	三角坑(基长 6.25 m)	3	2
5	水平	2	1

注:轨距变化率不得大于 1‰。

14.6.2　轨道测量

轨道测量以 CPⅢ控制点为基础,由高精度全站仪和轨道测量小车联合作业,轨道测量系统数据流程如图 14.25 所示。

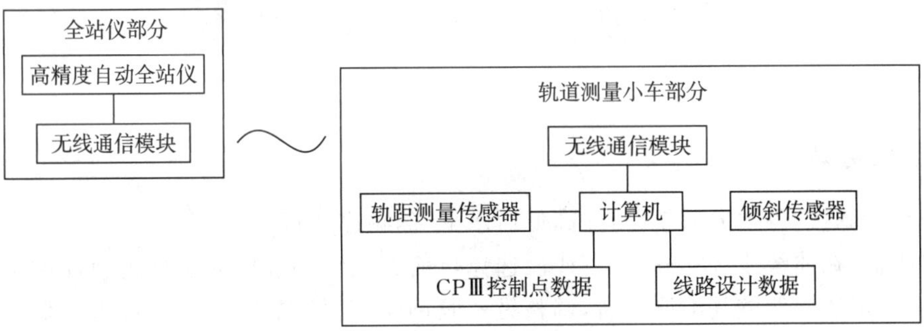

图 14.25　轨道测量系统数据流程

在轨道测量起点安置轨道测量小车,按测量方向离轨道测量小车 50～70 m 处靠近轨道中线架设全站仪,进行平面和高程自由设站,观测邻近的 8 个 CPⅢ控制点(图 14.26)。观测值无线传输给轨道测量小车的控制计算机,计算全站仪仪器中心的坐标和高程,设站的点位中误差应小于 0.7 mm。然后由全站仪观测轨道测量小车上的棱镜,观测值传输给轨道测量小车的控制计算机,计算棱镜中心的三维坐标,控制计算机同时接收轨距传感器和倾斜传感器的信号,由控制计算机经处理后给出轨道的调整量。

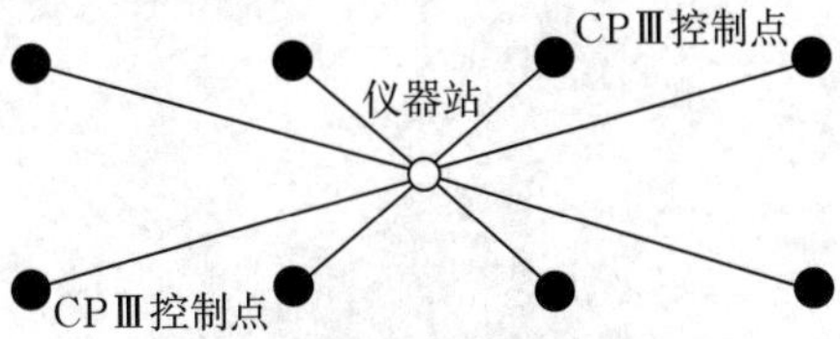

图 14.26　轨道测量自由设站

逐点测量轨道的位置,直到轨道测量小车接近全站仪约 10 m 处时,将全站仪移到下一测站(测站间隔为 50～60 m),设站时必须有 4～6 个 CPⅢ控制点与上一设站观测的 CPⅢ控制点相同。轨道测量小车应退回约 10 m 与原轨道测量的一个位置重合。然后由全站仪逐点观测轨道测量小车上的棱镜，进行轨道测量。对于重合点的两次测量，其轨道中线在垂直于线路方向上的限差不应大于 2 mm，平面位置、高程可取平均值或加权平均值，轨距及超高取平均值。

轨道测量小车目前使用较多的是由瑞士安博格公司生产的 GRP1000 轨道测量小车。测量精度：轨距为±0.3 mm，水平为±0.5 mm（相对于 1 435 mm 轨距）。配套的全站仪是徕卡 TC 1201 等。轨道测量如图 14.27 所示。

图 14.27　轨道测量

14.6.3　轨道调整

调整量计算按“先轨向后轨距，先高低后水平”的顺序进行。

轨向调整，在曲线段选择高股，直线段选择与前方曲线高股同侧钢轨为轨向调整基准股；轨距调整，固定轨向调整基准股钢轨，调整另一股钢轨；高低调整，在曲线段选择低股，直线段选择与前方曲线低股同侧钢轨为高低调整基准股；水平调整，固定高低调整基准股钢轨，调整另一股钢轨；最后进行轨面高程和轨道中线调整。

经轨道调整量计算后，形成正式“调整量表”，用于现场调整。轨道调整前应将调整量和调整位置标在轨枕上（图 14.28），并摆放相对应的调整件，然后进行轨道调整安装。

图 14.28　轨道调整量现场标记

现场调整。按照确定的原则和顺序对轨向、轨距，高低、水平进行调整。轨向、轨距调整（轨道平面调整），区间轨道通过更换轨距块来实现，车站道岔通过更换偏心锥来实现；高低、水平调整（轨面高程调整），区间轨道、车站道岔均通过更换调高垫板来实现。

轨道经一次调整后，应进行轨道复测。复测时，设站位置应与上次测量设站位置错开，以对上次轨道测量搭接处进行检核。轨道精测与调整有可能会多次进行，才能满足轨道平顺性的要求。

主要参考文献

陈永奇,1988.变形观测数据处理[M].北京:测绘出版社.

冯文灏,2004.工业测量[M].武汉:武汉大学出版社.

黄桂平,李广云,2003.电子经纬仪工业测量系统定向及坐标解算算法研究[J].测绘学报,32(3):256-260.

黄腾,孙景领,陶建岳,等,2006.地铁隧道结构沉降监测及分析[J].东南大学学报(自然科学版),36(2):262-266.

雷林源,2003.城市地下管线探测与测漏[M].北京:冶金工业出版社.

李青岳,陈永奇,2008.工程测量学[M].3版.北京:测绘出版社.

李天荣,2005.城市工程管线系统[M].2版.重庆:重庆大学出版社.

李志伟,李宏,郭泽林,1992.城镇道路交通与管线规划[M].北京:中国建筑工业出版社.

刘国祥,2006.利用雷达干涉技术监测区域地表形变[M].北京:测绘出版社.

潘正风,程效军,成枢,等,2009.数字测图原理与方法[M].2版.武汉:武汉大学出版社.

孙现申,赵泽平,2004.应用测量学[M].北京:解放军出版社.

王莫,2011.三维激光扫描技术在故宫古建筑测绘中的应用研究[J].故宫博物院院刊(6):143-156,163.

王志坚,杨友元,李明领,等,2012.武广铁路客运专线无砟轨道精密工程测量[M].北京:中国铁道出版社.

张正禄,司少先,李学军,等,2007.地下管线探测和管网信息系统[M].北京:测绘出版社.

张正禄,2013.工程测量学[M].2版.武汉:武汉大学出版社.

Anon, 2005. Manual of Hydrography[M]. Monaco: International Hydrographic Bureau.

Bossler J D, 2002. Manual of Geospatial science and technology[M]. New York: Taylor &Francis.

INAUDI D, VURPILLOT S, 1999. Monitoring of concrete bridges with long-gage fiber opticsensors[J]. Journal of Intelligent Material Systems and Structures, 10(4): 280-292.

KENNIE J T M , PETRIE G, 1996. Engineering surveying technology[M]. London: Blackie Academic & Professional.

ZHANG L, DING X L, LU Z, et al., 2014. A Novel multitemporal InSAR model for joint estimation of deformation rates and orbital errors[J]. IEEE Transactions on Geoscience and Remote Sensing, 52(6): 3529-3540.